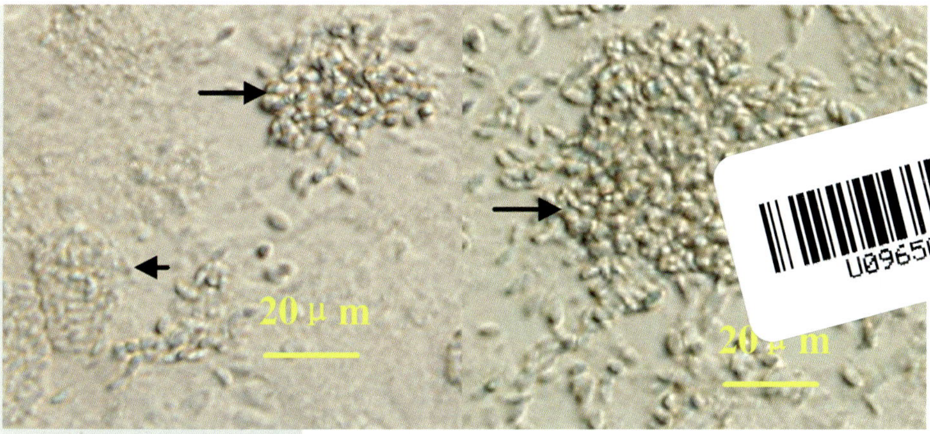

彩图 1　Vero 细胞培养中的新孢子虫速殖子（刘群　邓冲　供图）

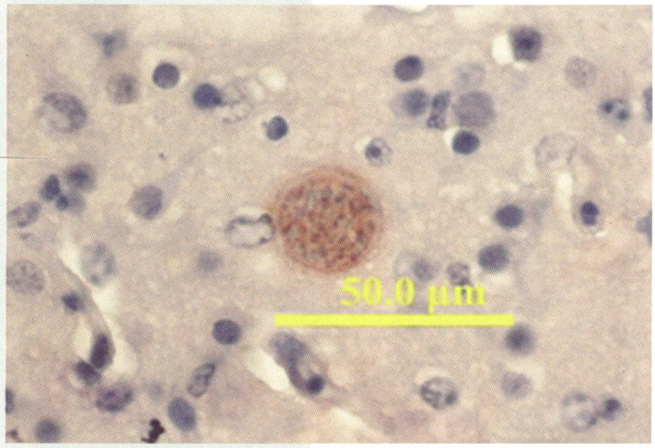

彩图 2　流产胎牛脑组织中的新孢子虫包囊（免疫组化）
（刘群　邓冲　供图）

彩图 3　羊狂蝇蛆（中国农大）

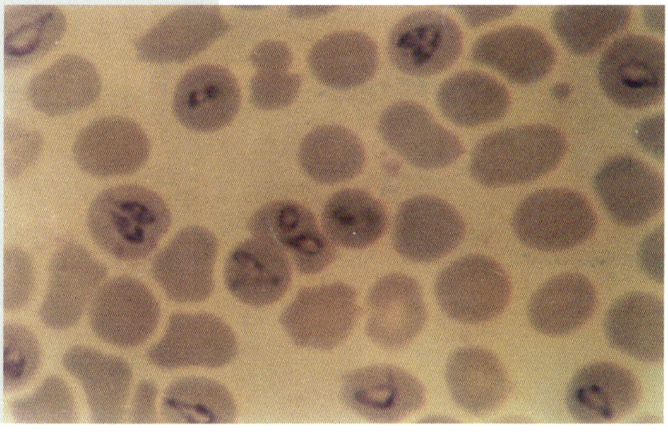

彩图 4　双芽巴贝斯虫
（白啓）

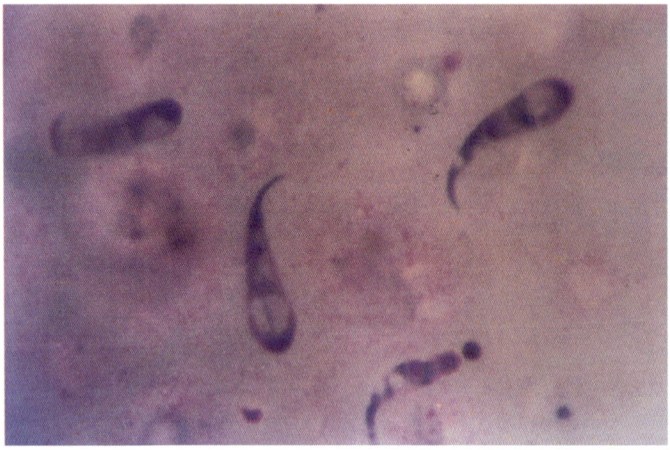

彩图 5　牛巴贝斯虫在微小牛蜱饱血雌虫血淋巴中发育形态（白啓）

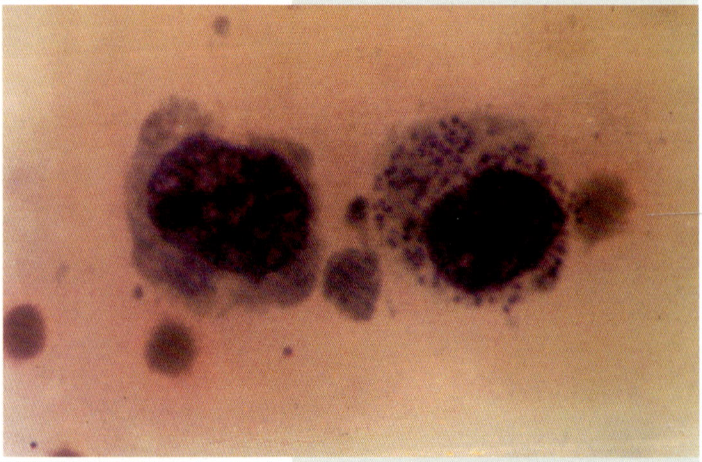

彩图 6　环形泰勒虫裂殖体（白啓）

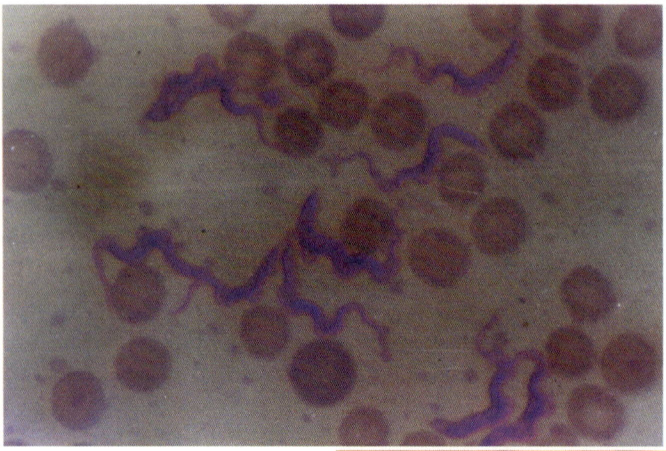

彩图 7　伊氏锥虫（李祥瑞等）

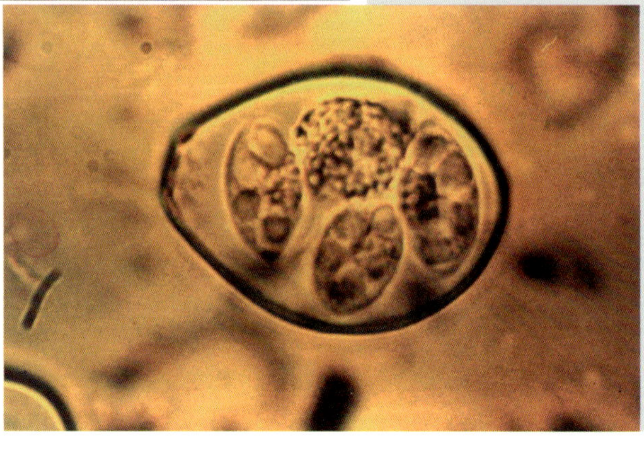

彩图 8　兔肠艾美耳球虫孢子化卵囊（殷佩云等）

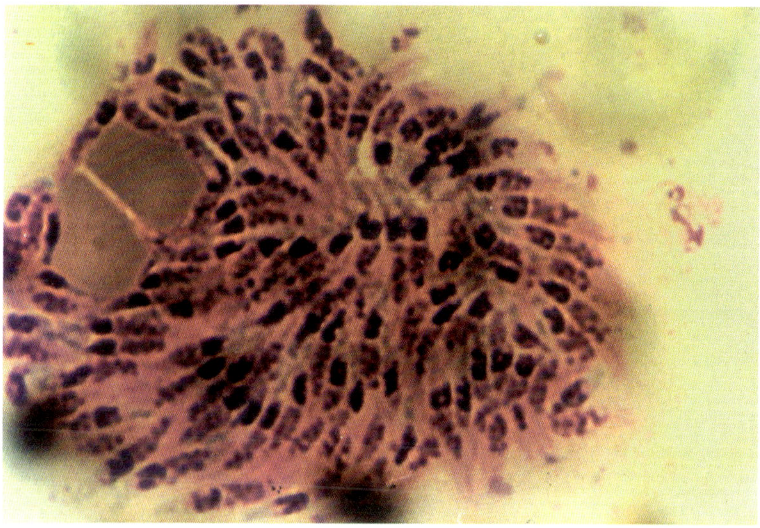

彩图 9　兔肠艾美耳球虫裂殖体（殷佩云等）

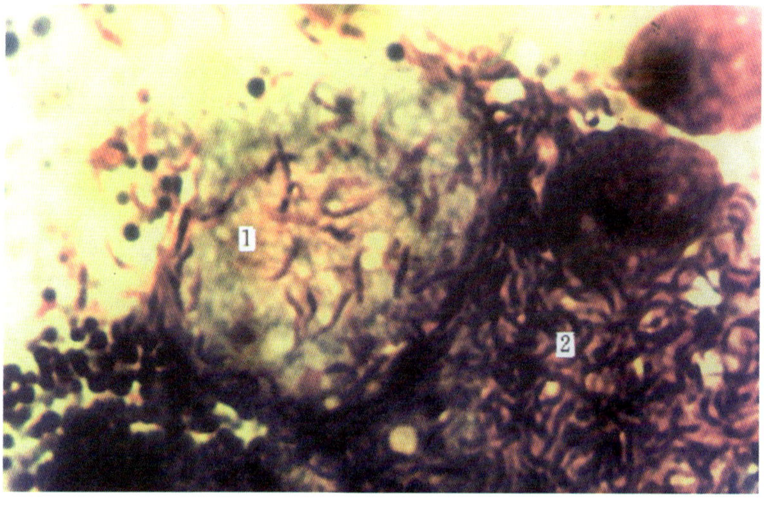

彩图 10　兔肠艾美耳球虫配子（殷佩云等）
1. 大配子　2. 小配子

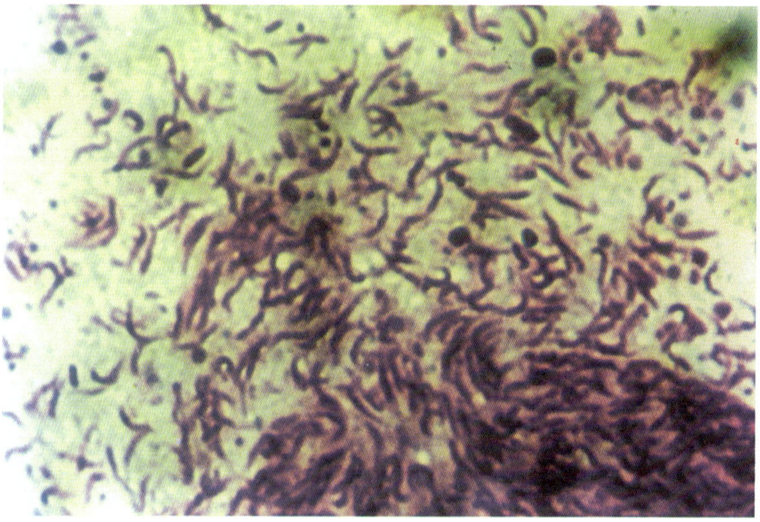

彩图 11　兔肠艾美耳球虫的小配子体与小配子（殷佩云等）

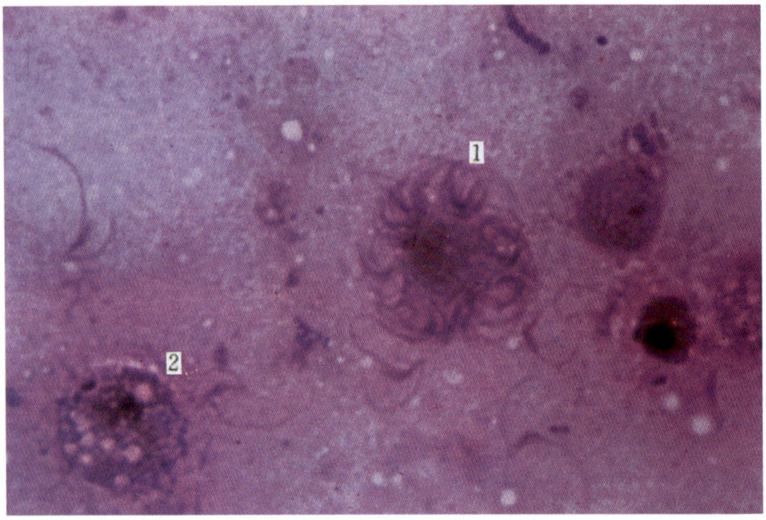

彩图12　鸭毁灭泰泽球虫（殷佩云等）
1. 小配子体 2. 大配子体

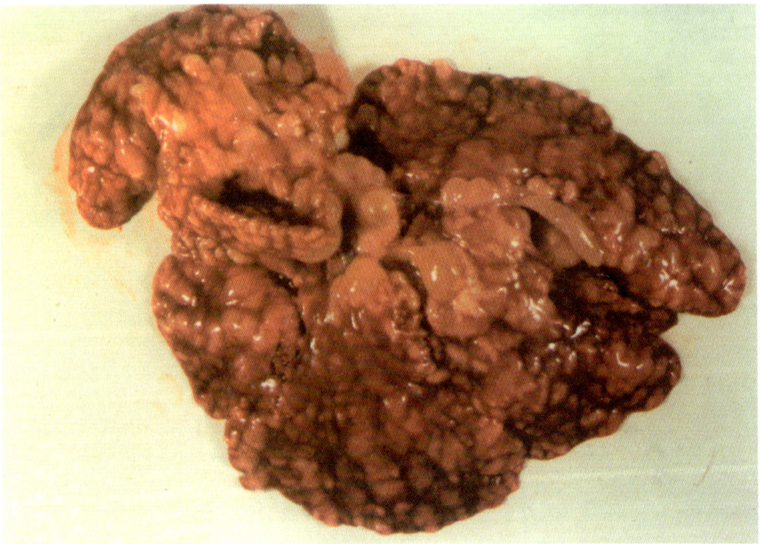

彩图13　斯氏艾美耳球虫病的兔肝病变（殷佩云等）

彩图14　鸭患毁灭泰泽球虫病时所排血便，鸡患柔嫩艾美耳球虫病时也有类似症状(殷佩云等)

家畜寄生虫学

（第二版修订版）

孔繁瑶　主编

兽医专业用

中国农业大学出版社

图书在版编目(CIP)数据

家畜寄生虫学/孔繁瑶主编. —2 版(修订版). —北京:中国农业大学出版社,2010.2(2019.12 重印)

ISBN 978-7-81117-923-1

Ⅰ. 家… Ⅱ. 孔… Ⅲ. 家畜疾病-寄生虫学-高等学校-教材 Ⅳ. S852.7

中国版本图书馆 CIP 数据核字(2009)第 224709 号

书　　名 家畜寄生虫学(第二版修订版)

作　　者 孔繁瑶　主编

策划编辑 潘晓丽　　**责任编辑** 潘晓丽

封面设计 郑　川　　**责任校对** 陈　莹　王晓凤

出版发行 中国农业大学出版社

社　　址 北京市海淀区圆明园西路 2 号　　**邮政编码** 100193

电　　话 发行部 010-62731190,62818525　　读者服务部 010-62732336

编辑部 010-62732617,2618　　出　版　部 010-62733440

网　　址 http://www.cau.edu.cn/caup　　**E-mail** cbsszs@cau.edu.cn

经　　销 新华书店

印　　刷 涿州市星河印刷有限公司

版　　次 2010 年 3 月第 2 版　　2019 年 12 月第 8 次印刷

规　　格 787 mm×1 092 mm　16 开本　32 印张　790 千字　彩插 2

定　　价 80.00 元

第二版修订版编写人员名单

主　编　孔繁瑶

副主编　周源昌　刘　群

编　者　孔繁瑶（中国农业大学）
蒋金书（中国农业大学）
刘　群（中国农业大学）
周源昌（东北农业大学）
路义鑫（东北农业大学）
汪志楷（南京农业大学）
李德昌（吉林大学）
安　健（北京农学院）

第二版编写人员名单

主　编　孔繁瑶

副主编　周源昌

编　者　孔繁瑶　周源昌　汪志楷　李德昌　蒋金书

第一版编写人员名单

主　编　中国农业大学　孔繁瑶

编著者　中国农业大学　孔繁瑶
内蒙古农牧学院　兰乾福　秦建雍
山西农业大学　赵树英
中国人民解放军兽医大学　刘文多
湖南农学院　詹杨桃
华南农学院　许鹏如　陈淑玉
广西农学院　张毅强
南京农学院　汪志楷
福建农学院　陈天铎
云南农业大学　夏　逊
甘肃农业大学　李如钺

审定者　中国农业大学　熊大仕　蒋金书　林昆华　殷佩云
山东农学院　潘亚生　卢燕生
吉林农业大学　李培元
山西农业大学　王立群
华中农学院　刘钟灵
新疆八一农学院　王善志
四川农学院　赖从龙　沙国润
贵州农学院　杨鄂修
北京市门头沟兽医站　王义成　陈铁铮　张玉忠
于保林　张复英

内容简介

此教材为《家畜寄生虫学》第二版的修订版，是为了适应当前高等农业院校兽医专业（动物医学专业）教学需要对第二版教材进行的修订、删节和补充。本书基本保持了第二版教材的框架结构，全书内容共分5篇，分别为总论、兽医蠕虫学、兽医昆虫学、兽医原生动物学和技术。下分20章，总论的6章包括了寄生虫与宿主、寄生虫病的流行病学和地理分布、寄生虫病的免疫、寄生虫病的防治措施、寄生虫学的发展状况和我国在寄生虫病防治工作方面的成就及寄生虫的分类和命名规则；各论部分包括了吸虫病、绦虫病、线虫病、棘头虫病、蜱螨、昆虫、鞭毛虫病、梨形虫病、孢子虫病、寄生虫病的实验诊断技术、寄生虫病的免疫学和分子生物学诊断技术以及寄生虫标本的采集、保存和观察方法等内容。书末附各种寄生蠕虫虫卵图谱和各种宿主的寄生虫名录。本书在第二版的基础上，主要改动如下：重新撰写了梨形虫病，较大地拓展了原书的内容；针对当前寄生虫病诊断中新技术的应用，增加了免疫学和分子生物学诊断技术；增加了危害严重的一种新病——新孢子虫病；对犬恶丝虫病进行了改写；删除了原附录二抗寄生虫药；对原附录三中的宿主及其寄生虫译为中文，因而成为宿主及其寄生虫的中英（拉）对照名录。

本书主要作为高等农业院校兽医（动物医学）专业的教材，同时可作为广大的兽医寄生虫学科研人员、教师、临床兽医工作者以及检验检疫人员的参考书和工具书。

第二版修订版前言

此教材为《家畜寄生虫学》第二版的修订版。修订的指导思想仍如第二版前言所述，在此不再重复。既言修订，当然是做了一些改动、补充或删节，兹对其中较大改动简述如下：

(1)梨形虫病部分由李德昌重新改写；

(2)防治技术部分，汪志楷增写了免疫与分子生物学技术；

(3)刘群增写了犬恶丝虫病的内容，并新增了新孢子虫病一节；

(4)鉴于 W. C. Cambell 和 R. S. Rew 1986 年所开列的抗寄生虫药一览表已历时太久，不再收录；

(5)宿主与寄生虫一项仍保留，并增添了中译名。

鉴于原作者多已步入耄耋之年，难堪总编之重负，故请中国农业大学刘群、北京农学院安健二君对修订和补充的内容做通盘的考量和统合。

孔繁瑶

2009 年 11 月

再版前言

本书是1981年出版的《家畜寄生虫学》的修订本。20世纪70年代末80年代初期，作者的思想上还存在着许多局限性，如内容上过分地偏重农业家畜的寄生虫，对伴侣动物和野生动物的寄生虫几乎只字不提；再如，那时检索文献的手段还很落后，参考书奇缺，为了学生学习上的方便，在内容上出现了求多求全的弊病，如此等等，针对第一版中的缺点和问题，这个修订本改动如下：

(1)在内容的选择上，紧紧把握住服务于培养兽医师（而不是培养寄生虫学家）这个宗旨；

(2)针对农牧业发展的现状和趋势，拓宽一些内容，也压缩一些内容，如增加了伴侣动物、实验动物、野生动物和人兽共患寄生虫病，压缩了对某些农畜寄生虫病的繁冗的叙述；

(3)力求反映20世纪80年代以来国内外寄生虫学领域的新成就；

(4)鉴于抗寄生虫药的发展极快，剂型复杂多样，似无对原料药做过多阐释之必要，故此删去了第一版中的药物篇，而代之以一个药物一览表；

(5)体例完全以寄生虫的分类为基准。对个别分类地位有不同意见的虫种，一般按照习惯的做法或照顾学习的方便予以安置。例如，膨结线虫，目前多数学者认为应属于无尾感器类，应和毛尾线虫并列，并独立于其他各种线虫之外。但也有些学者认为膨结线虫的外部和内部特征相似于蛔虫，应与蛔虫并列。遇此情况，我们就从病原体之重要性和学习上的方便进行编排，而不完全依分类而定了。

写作分工如下：总论和线虫病由孔繁瑶编写；吸虫病和绦虫病由周源昌编写；蜱螨和梨形虫病由李德昌编写；昆虫、鞭毛虫病和技术篇由汪志楷编写；孢子虫病由蒋金书编写；殷佩云编写了线虫和原虫病中的部分内容。伴侣动物与野生动物寄生虫病引用了林昆华的部分资料。以上系一大体分工，互有穿插的部分不再一一赘述。

由于作者的知识水平所限，讹误之处在所难免，请读者不吝指正。

编　者

1997.5

第一版前言

这本《家畜寄生虫学》包括寄生虫学总论、兽医蠕虫学、兽医昆虫学、兽医原生动物学、技术和药物6篇，兹就本书的内容和选材说明如下：

一、在寄生虫种类的选择上，是从全国范围着眼的，有一些遍布各地，有一些局限于某些地区，危害性或大或小，流行性或强或弱。因此，不同地区使用本书作为教材时，应在内容上有所取舍，有所侧重，因地制宜，结合实际。

二、寄生虫学总论中之免疫学部分和技术与药物两篇，均自成体系，以便教师和科研人员参考。但在教学上，则可以结合某些寄生虫病的寄生虫宿主关系、诊断和治疗等方面的实际需要，择其有关和有用的内容加以讲解，不必把它们作为系统讲授的篇章。

三、本书的读者对象，除高等农业院校兽医专业学生外，还可以供作兽医寄生虫学的科研人员、教师和兽医实际工作者的参考用书。

编　者

目　　录

第一篇　总　　论

第二篇　兽医蠕虫学

第三篇　兽医昆虫学

第四篇　兽医原生动物学

第五篇　技　　术

附 录

第一篇

总　论

寄生(寄生生活 parasitism)是许多种生物所采取的一种生活方式,或者说是生物间相互关系的一种类型。在这一关系中,包括寄生物(parasite)和宿主(host)两个方面。寄生物暂时地或永远地寄生在宿主的体内或体表,并从宿主身上取得它们所需要的营养物质。寄生物包括动物和植物:营寄生生活的植物(植物性寄生物)有细菌和真菌等,如鼻疽杆菌之寄生于马,结核杆菌之寄生于牛和人,例子很多,不胜枚举,研究这方面内容的是微生物学;探讨其所引起的疾病的学科,在兽医学方面称传染病学;营寄生生活的动物(动物性寄生物),我们专称之为寄生虫(parasite),如寄生于猪和人小肠中的蛔虫,寄生于人、牛和其他若干种哺乳动物的门脉和肠系膜静脉中的血吸虫等。以寄生虫作为研究对象的寄生虫学(parasitology)是动物科学的一个重要分支。

宿主也有动物和植物之分,人和家畜,还有各种鸟类和鱼类等,都是动物,是许多寄生物的宿主;宿主为植物的,如各种农作物和蔬菜等,它们的体内和体表也有许多种寄生物(如细菌、真菌、病毒和线虫等),这些又构成另外的科学领域,一般地说,可归属于植物保护学的范围。

在上述的这种生活方式中,或者说在两种生物的这种结合中,宿主给对方提供了居住的场所,提供了保护;那么,宿主从这种结合中得到了些什么呢?一般地说,有3种情况:

(1)共栖(偏利共生 commensalism)。寄生物得到好处,但并不酬谢对方,亦不损害对方,通常把此种关系称作共栖。

(2)互利共生(mutualism)。结合双方互有裨益。例如,寄居于反刍动物瘤胃中的和寄居于马属动物大结肠中的若干种纤毛虫,它们帮助宿主消化植物纤维;属于这种结合类型的,还有普遍存在的动物与某些细菌或真菌的结合,这些寄生物向宿主提供必不可少的维生素,互利共生甚至可以发展为一种固定的、永久的关系,达到彼此不可分离的程度,例如,白蚁和寄生在它们肠道里的鞭毛虫的关系。

(3)寄生(parasitism)。指寄生物带给宿主以不同程度的危害,这种结合常常是伴随着宿主的疾病过程,甚至导致宿主的死亡。

有些研究者把上述3种情况统称为共生(symbiosis),然后再依相互间的利害关系细分为共栖、互利共生和寄生。然而,我们给予寄生的这个定义尚不免带有某些主观的成分和人为的色彩,很难说是严格的、准确的。因为有许多种寄生物在大多数情况下,是作为共栖物存在的,是没有致病性的,只有在它们的数量异常增多时,或当宿主发生某种生理变化时,或寄生物也发生某种生理变化时,概括起来说,就是在相互制约的关系上发生某种变化时,这种寄生物才由共栖物转化为病原体,在动物和人的寄生物中有许多这样的例子。

在动物界还存在着另一种生活方式,即肉食动物的生活方式,或称掠夺,那是和寄生完全不同的。例如,可以从以下几个方面加以区别:肉食动物摄取其捕获物的整个身体或肢解其某些部分,并常常致对方死亡,寄生虫则只摄取宿主的部分物质,有时使宿主发病或死亡;肉食动物的身体比它们的捕获物要大或强壮,各自独立生活,双方遭遇是短暂的,寄生虫比其宿主的身体弱小得多,寄居于宿主的体内或体表,持续较长的时间;肉食动物比其捕获物的繁殖率低,个体数目少,寄生虫的繁殖率远比宿主为高,个体数目要比宿主多得多;此外还有许多重要的区别,所以,肉食动物依赖其捕获物和寄生虫依赖其宿主有着本质的不同。

所有的动物和植物,原本都是自立生活的,在它们互相为了争夺空间,争夺食物,总之是为了争取生存而竞争的漫长岁月中,只有那些善于调解其自身以适应于外界环境者始得生存,始得不被自然力的选择所淘汰。在这个过程中,属于动植物两界各不同门类的许多种生物,转化为与另一种生物相结合而取得住所和食物。从现在的某些寄生关系来看,其相互间良好的适应性表明它们之间的关系已经存在了很长时间,可能为若干万年;有一些寄生虫显示出在较为晚期才演化为从事寄生生活;另一些则为兼营寄生,尚具可逆性;有的则具有对寄生生活的早期适应性。

线虫是用以说明由自立生活到寄生生活这一演变过程的最好的例子,它们之中的不同类型显示了在这一过程中由"浅"入"深"的不同阶段,例如:

(1)在海洋、淡水和陆地土壤中存在着许多自立生活的线虫。

(2)从事低级阶段的植物寄生生活的线虫。此等线虫生活在植物根部附近,以其口针穿刺植物组织,以植物的组织、汁液为食,但不进入植物体内。这是最初期的寄生生活。

(3)植物寄生生活。某些线虫的幼虫侵入并生活在植物组织中,它们在植物宿主体内发育成熟;雌虫的卵通过植物组织的崩解而进入土壤,卵在土壤中孵化为幼虫,感染新的植物宿主。

(4)腐食性动物寄生生活。有些线虫在土壤中营自立生活,并不寄生;但当幼虫没有足够的有机食物的时候,它们就侵入一个无脊椎动物的体内(形成或不形成包囊),这时它们没有什么显著的发育。待到这个无脊椎动物宿主因其他原因死亡之后,幼虫就以它的尸体为食,并发育到性成熟;它们可能在这个无脊椎动物的尸体里度过好几个世代,这是最初级阶段的动物寄生生活。

(5)腐食性的幼虫阶段和动物寄生性的成虫阶段相交替的生活史。虫体在无脊椎动物宿主体内发育到性成熟,交配,产生后代;幼虫仍寄生在这个宿主体内,直到宿主死亡,此后幼虫利用宿主的尸体为食,并发育到感染阶段。当感染幼虫被另一个无脊椎动物宿主吞咽以后,它们即获得了新宿主。这较之前者就大大前进了一步。

(6)寄生于动物的雌雄同体(或孤雌生殖)的雌虫与自立生活的雌雄性虫体的世代交替。寄生在哺乳动物肠道的雌虫(行孤雌生殖,或可能为雌雄同体)产生后代,并排出宿主体外。这些幼虫可以在自然界发育为自立生活的雌、雄虫,并连续繁衍几个世代,也可以由此种幼虫和(或)自立生活之雌虫所产的幼虫在自然界发育为感染幼虫,侵入宿主体内,发育为寄生型雌虫。例如,寄生于家畜的类圆线虫就是这样。

(7)完全连续的寄生生活。这是已经完全适应于寄生生活的类型,已无自立生活的任何需要。例如,马尖尾线虫,它们的雌虫在马的肛门周围和会阴部产卵。当在卵壳里发育形成感染幼虫的时候,这种卵就能够感染同一个或另外的马匹。除去虫卵排出之后到再次感染之前这段间隙之外,它们世世代代生活在马的大肠中。

从以上这7个片断中,我们可以看到由自立生活到初期的寄生,直至对寄生的完全适应这一过程的大体轮廓。实际上,在前述各相邻类型之间都还存在一些过渡形式,限于篇幅的关系,这里不再一一赘述。属于绦虫纲和吸虫纲的寄生虫(绦虫和吸虫),从总体上来说,是比线虫更为适应于寄生的种类,它们之中已经没有自立生活的类型。属于节肢动物的寄生虫中(大多数为体外寄生虫),也可以看到对寄生之适应程度的变化,我们只要观察一下蚊子、臭虫、虱子和一些蝇蛆的习性就一目了然了。结论就是,寄生虫是由自立生活的种类在特定的历史条件下演化而来的。由一个自立生活的种类演变为一种寄生虫,必须长时间地经历一系列的复杂的代谢变化,直至变为对宿主的组织或体液等的完全依赖,即代谢的依赖;在此后的过程中,仍然是经常存在的寄生虫和宿主的相互适应、相互影响,这些都是十分复杂的生物学问题。寄生虫向宿主讨取营养,回赠给宿主的是它们的代谢产物,在这一点上,它们之间是怎样相互反应、对答的呢？寄生虫不必然或不宜于给宿主以过多的损害，因为宿主的毁灭就意味着寄生虫失去了生存条件，二者之间的关系应在长期的历史过程中逐渐改善。那么共栖、互利共生和寄生之间的关系和界限又是怎样的呢？这些都只有在弄清寄生虫-宿主的全部生理生化关系之后，才可能得出科学的阐述。就这本教科书来说，它不可能探讨寄生的全部内容，而主要是以家畜的各种病原性寄生虫及其所引起的疾病（寄生虫病）作为研究对象，并根据寄生虫之动物分类学的属性分别汇集为蠕虫学（Helminthology）、昆虫学（Entomology）和原生动物学或原虫学（Protozoology），作为本书的主要篇章。

家畜寄生虫病学是包含一般生物学和兽医学内容的综合学科，是以多种学科为其基础的。譬如，寄生虫的形态学、分类学、生物学和生态学都是本学科的重要内容，没有这些方面的知识，就不能正确地鉴定病原体的类别，判定它们的生活史及其所引起的疾病的流行病学等，也就不能拟定正确的防治措施，而这些都是以一般生物学或动物学的知识为基础的。对于寄生虫病的研究，包括病因学、症状学、病理学、诊断学、治疗学、药理药物学和免疫学等方面的内容，理所当然地，在学习本门课之前，必须具备这些方面的基础知识。

家畜寄生虫病学是为保障各种养殖业的发展，保护人民身体健康和维护良好的生活环境服务的。动物性食品是人类食物的重要组成部分，是改善人民生活条件的最重要的物质手段。寄生虫对畜禽等的危害性十分严重，它们的种类多（可以有几种直至几十种同时存在于一个家畜体内），散布广泛，常以一种极为隐蔽的方式摧残动物的身体健康，损害其繁殖性能，抑制幼年动物的发育生长，从而大大削弱其生产性能，降低畜产品的数量和质量。本门学科在保护人民身体健康方面的重要性日益引起广泛的重视，人畜共患的寄生虫病的研究正在发展成为一个专门的领域，同时也是食品卫生方面的重要课题。

有一些寄生虫只需要一个专门的宿主；有一些能寄生于多种宿主，或在不同的发育阶段需要不同的宿主。如果一个寄生虫拥有多数脊椎动物，特别是哺乳动物宿主，其中包括人的时候，就构成了人畜共患的寄生虫病，就有可能在人畜之间蔓延流行，危害人类的健康，自然也危害家畜的健康。有的寄生虫病在人和某些家畜（或某些野兽）中同等地、普遍地存在，人和那些家畜（或野兽）都是该寄生虫的天然宿主，具有这种属性的寄生虫病被称为互源性人畜共患病（amphixenoses）。有一些寄生虫以某些脊椎动物为其最适宜的天然宿主，人较不敏感，人与动物之间可以互传，但由动物传给人为主要流向，习惯上称这类疾病为动物源性人畜共患病（zooanthroponoses）。与此相反，有一些疾病主要存在于人，但也可以感染其他脊椎动物，可以互传，而以人传给其他动物为主要流向，这类病被称为人源性人畜共患病（anthropozoonoses）。

人畜共患病之危害人体健康的事例是很多的。例如，普遍存在于我国南方各省的日本分体吸虫，其成虫阶段寄生于人和多种家畜，以及许多野生动物，不但严重地影响着广大人民的身体健康和农业生产，还由于其为人畜共患，宿主种类甚多，给防治工作造成很大困难。又如，我国有一些少数民族地区，嗜食生肉或烹调过嫩的肉，容易发生绦虫病和旋毛虫病，有时造成严重的疾患。因吃生猪肉而患旋毛虫病致死的病例在云南、西藏等地均有报道。

家畜寄生虫病学之于人、畜健康的关系于兹可见。

第一章 寄生虫与宿主

一、寄生虫的类型

由于寄生虫-宿主关系的历史过程的长短和相互间适应程度的不同，以及特定的生态环境的差别等因素，使这种关系呈现多样性，从而也使寄生虫显示为不同的类型。

专性寄生虫 有些寄生虫只寄生于一种特定的宿主，对宿主有严格的选择性，例如，人的体虱只寄生于人，马的尖尾线虫只寄生于马属动物等。这种相互间都具有严格的特异性的情况，称为某种寄生虫是某种宿主的专性寄生虫和某种畜主是某种寄生虫的专性宿主。但这种专一性在某些寄生虫或宿主，在某种特殊的情况下，不是绝然不变的。譬如，有时给宿主去除脾脏或施行免疫抑制处理时，可以使它们感染从来不感染的寄生虫，这就使某些专性寄生虫失去了它们的专一性。

多宿主寄生虫 有些寄生虫能寄生于多种宿主，如肝片形吸虫可以寄生于绵羊、山羊、牛和另外许多种反刍兽，还有猪、兔、海狸鼠、象、马、犬、猫、袋鼠和人等多种动物。寄生虫的这种多宿主性导出了人畜共患病的概念，已如前述。有一些多宿主的寄生虫在宿主与宿主之间通过一种媒介传播。例如，伊氏锥虫可以寄生于马、牛、水牛、骆驼和象等多种家畜和野兽（还可以感染鼠、兔、犬、虎等多种动物），在天然情况下，宿主与宿主之间的传播是通过虻和螯蝇等吸血昆虫（媒介）进行的。又如杜氏利什曼原虫，寄生于人（引起黑热病）、犬、狼等肉食兽和一些啮齿动物，在这些宿主之间的传播是靠白蛉进行的。这一类的例子很多，此外还有许多其他类型的多宿主寄生虫。多宿主寄生虫（包括各种类型的人畜共患病），是一个复杂的生物学现象，它们涉及多种脊椎动物，有时包括人，有的还包括一种或几种节肢动物（媒介），最后还必定要联系到它们共同的外界环境。这样一个复合的整体，其各部分的相互影响、相互制约，必定要引导人们走向对宿主-寄生虫关系之生态学和进化观的深入研究。有的研究者提出说，对宿主最缺乏选择性的多宿主的寄生虫，是最富于“流动性”的，对它们的动态的研究，具有理论的和实际的双重意义。

就寄生虫之对于寄生的适应程度，或者说就一种有机体之生活方式的基本性质来看，可以把寄生虫分为以下几种类型：

固需寄生 寄生虫已经变为完全依赖于寄生生活而不能脱离其宿主，称为固需寄生。如绦虫、吸虫和大多数寄生线虫。

兼性寄生 有一些寄生虫尚处于寄生的低级阶段，属于兼性寄生。例如，有些蝇类（绿蝇、丽蝇、金蝇等）的幼虫，即所谓伤口蛆，它们可以生活于动物的尸体上，也可以寄生在活体的伤口中。

从寄生虫之寄生时间的长短方面来说，有暂时寄生、定期寄生和永久寄生的区别。

暂时寄生 寄生虫只在宿主体表短暂地寄生，如蚊子、臭虫等。

定期寄生 马胃蝇的成虫是自立生活的，虫卵产在马毛上，幼虫寄生在马的胃里，成熟幼虫随马粪排出，在土壤中化蛹，再羽化为成虫。有人称这种情况为定期寄生，意即它们一生中只一定时期（幼虫期）寄生，以区别于一般的暂时寄生。但这种寄生虫已属于对寄生高度适应的类型，马胃蝇及与之相近似的一些蝇类，均系寄生的幼虫期历时甚长，由宿主取得营养，储备营养；成虫期寿命甚短，不摄食，和蚊子、臭虫显然已不能等量齐观了。

永久寄生 指寄生虫终生不离开宿主，如旋毛虫就是这样，它们总是随着一个宿主的肌肉（如猪肉），直接经口转入另一个宿主的体内，从无间隔。很明显，永久寄生型的都是对寄生生活具有高度适应性的。

就寄生虫在宿主身体上的寄生部位来说，有内寄生和外寄生之别。

内寄生虫 寄生虫寄生于宿主的内部器官，其中以消化道的寄生虫最多，呼吸系统、泌尿系统、神经系统、循环系统、肌肉、体腔和淋巴结等处也都有寄生虫。

外寄生虫 寄生虫寄生于宿主的体表，如皮肤、毛发。有的属于永久寄生，如虱子，它们总是由一个宿主的体表，通过接触转移到另一个宿主的体表；有的属暂时寄生，如蚊子、臭虫。有一些寄生虫，虽然通常称为外寄生虫，但实际上它们常常是在体内，例如疥螨，它们在宿主皮肤的浅层挖掘隧道，在隧道中生活。

应该说，上述关于寄生的各个范畴都是和寄生虫-宿主的适应性相关联的。

假寄生一词是指某些本来是自立生活的有机体偶尔主动地侵入或被动地随食物带进宿主体内。发生这种情形时，有的“寄生虫”能在宿主体内生活一段时间。如粉螨科的某些螨类，正常生活于谷物、糖和乳制品中，误入人的肠、泌尿道和呼吸道时，可能引起相应器官的一时性出血性炎症，当它们死亡以后，其躯壳便随排泄物或分泌物排出。也有些假寄生虫对宿主不引起任何危害，但当它们被发现时，可能被缺乏经验的化验人员误诊为某种无名的寄生虫病。

二、宿主的类型

有些寄生虫的发育过程很复杂，不同的发育阶段寄生于不同的宿主，例如，幼虫和成虫阶段分别寄生于不同的宿主；有的甚至需要 3 个宿主，并且都是固定不变的。这样就出现了不同类型的宿主（所谓成虫，一般是指性成熟阶段的虫体，所以，也就是能产生虫卵或幼虫的虫体）。

终末宿主（final host） 成虫或有性繁殖阶段寄生的宿主称为终末宿主。例如，猪带绦虫的成虫寄生于人的小肠，所产虫卵随粪便排出并被猪吞咽之后，在猪的肌肉中发育为幼虫，人吃猪肉时，吃进了有生命力的幼虫，它们便在人的小肠中发育成熟。人是猪带绦虫的终末宿主。

中间宿主（intermediate host） 幼虫或无性繁殖阶段寄生的宿主。如前所述的猪带绦虫，其成虫寄生在人的小肠，幼虫寄生在猪的肌肉中，猪是猪带绦虫的中间宿主。

寄生于家畜的吸虫，都是需要中间宿主的。有的需要一个中间宿主，这时，这个唯一的中间宿主无例外地是螺（软体动物）；有的要两个中间宿主，这时便依其发育阶段的前后，分别称为第一中间宿主和第二中间宿主。第一中间宿主照例是螺，第二中间宿主的类别、情形各自不同，如有的是鱼，有的是某些节肢动物等。例如，华支睾吸虫，成虫寄生于人和犬、猫、猪等动物的胆管，虫卵随宿主粪便排到自然界；从虫卵孵出的幼虫在某些种螺的体内发育，其最后一个幼虫形式称尾蚴；尾蚴离开螺体，转入某些鲤科鱼类的体内，成为囊蚴；终末宿主因吃鱼而遭受感染。这里螺是华支睾吸虫的第一中间宿主,鱼是它的第二中间宿主。有的书上称第二中间宿主为补充宿主,这两个名词是同义语。

保虫宿主 如果一种多宿主的寄生虫可以寄生于家畜和野生动物,从流行病学的角度看,野生动物被称为这种家畜寄生虫的保虫宿主。如肝片形吸虫可寄生于牛、羊和多种野生反刍兽,那么,那些野生反刍动物就是牛、羊肝片形吸虫的保虫宿主。又如日本分体吸虫可寄生于人和耕牛,从人类分体吸虫病流行病学的角度看,耕牛是日本分体吸虫的保虫宿主,它们是人的感染来源。因此,一般书籍中常用的保虫宿主一词,常常不反映寄生虫宿主关系的实质,而只说明一种从防治该寄生虫出发、区别宿主之主次、予以不同对待的一种相对观念。

贮藏宿主 有时某些寄生虫的感染幼虫转入一个并非它们生理上所需要的动物体内,但保持着对宿主的感染力,这个动物被称作贮藏宿主。例如,寄生于家禽和某些野鸟的气管比翼线虫,它们的卵在自然界发育到感染阶段的时候(卵壳内含有一个感染幼虫),既可以直接感染鸟类,也可以被蚯蚓、某些昆虫或软体动物吞食,暂时地寄居在它们体内,以后随同蚯蚓、昆虫或软体动物之被啄食而感染鸟类。这些类似中间宿主的动物称为贮藏宿主。从这个例子来看,感染幼虫先集中在贮藏宿主体内,显然增加了感染鸟类的机会。有的书籍中称贮藏宿主为传递宿主。

通过寄生现象 有些寄生虫的幼虫,有时误入一个非专性宿主体内,进行一个时期的发育之后,终因环境不适而死亡。这种情况称为通过寄生现象。这实际是寄生虫-宿主关系极不适应的一种状态,故常带给宿主以严重的损伤。

带虫现象 有时一种寄生虫病在自行康复或治愈之后,或处于隐性感染之时,宿主对寄生虫保持着一定免疫力,但也保留着一定量的虫体感染,这时我们称这种宿主为带虫者,称这种状态为带虫现象。带虫者最容易被人们忽略,常把它们视为健康动物。其实,带虫者在经常不断地向周围环境中传播病原。在寄生虫病的防治措施中,对待带虫者是个极为重要的问题。带虫动物的健康状态下降时,可导致疾病复发。

媒介 通常是指在脊椎动物宿主间传播寄生虫病的一种低等动物,更常指的是传播血液原虫的吸血节肢动物。例如,蚊子在人与人之间传播疟原虫,蚊子是疟原虫的传播媒介。蜱在牛与牛之间传播双芽巴贝斯虫,蜱是双芽巴贝斯虫的传播媒介,如此等等。媒介只是一个通常为了方便而使用的名词,完全不反映寄生虫-宿主关系的实质。就拿疟原虫和双芽巴贝斯虫来说,它们是在媒介——蚊子和蜱的体内进行有性繁殖的。

三、寄生虫感染的来源和途径

蠕虫中之大多数寄生于宿主的消化道,其次是呼吸道和泌尿系统等处,一般是以虫卵或幼虫的形式随宿主的排泄物或分泌物等散布到自然界;寄生于消化道的原虫也常常与此相类似,它们在自然界的存在形式多系包囊。这其中又常有两种类型:一种是直接型的发育史,即没有中间宿主的发育史;一种是间接型的,即需要中间宿主的发育史。可表示如下:

(1)宿主→外界环境:土、水、饲料等→宿主。

(2)宿主→中间宿主→宿主。

寄生于血液中的原虫和一些寄生于血液、体腔和其他组织中的蠕虫(丝虫),常通过吸血的节肢动物传播:

(3)宿主→媒介→宿主。

大多数寄生于生殖道的寄生虫通过交配传播：

(4)宿主→宿主。

很多外寄生虫通过褥草、挽具、鞍具、衣服或床上用品等传播，或借动物与动物的皮肤接触传播：

褥草、挽具、鞍具等

(5)宿主→宿主。

还有由自身到自身的传播，这种情况是比较少见的。

以上是寄生虫的生活史类型及其传播途径的简要概括，但不是全部的概括。在论及寄生虫之感染来源的时候，可归纳为以下几个方面，也就是说，宿主从以下这些方面遭受寄生虫的感染。

土、水和食物　这主要是第一种生活史类型的主要感染来源。例如猪蛔虫，它们的虫卵随宿主的粪便排出体外，在自然界具有较适宜的温度和湿度的条件下，胚胎在卵壳里发育成为具有感染力的幼虫。卵可以随粪便污染土壤、饮水和饲料，猪是由于摄食了含有感染幼虫的虫卵而遭受感染的。蛔虫也就从而完成了由一个宿主到另一个宿主……由一个世代到下一个世代的传播、发育过程。鸡球虫(原生动物)的传播方式与此相似，随鸡粪排出的是球虫的卵囊，卵囊在自然界完成其孢子发育过程之后，随土、水或食物感染其他鸡只。通过这种方式传播的寄生虫，有的研究者称为土源性寄生虫。不难想到，预防这种寄生虫的关键措施是粪便管理和环境卫生，所以，也是很难彻底预防的一类寄生虫。另一种类型的随食物感染宿主的寄生虫是肝片形吸虫，它们的尾蚴由中间宿主——螺的体内游出之后，在一些水生植物上形成囊蚴，终末宿主因摄食带有囊蚴的水生植物而受感染，属于这种类型的还有寄生于猪和人小肠中的姜片吸虫。

昆虫及其他无脊椎动物和脊椎动物　这是第二种生活史类型的感染来源。例如猪肺线虫，它们的虫卵随宿主粪便排出体外之后，须被蚯蚓(环节动物)吞咽，之后在蚯蚓体内发育为感染幼虫，猪是因为吞食了带有感染幼虫的蚯蚓遭受感染的。猪大棘头虫的幼虫在金龟子(昆虫)体内发育为感染幼虫，金龟子成为猪大棘头虫的感染来源。前述的猪带绦虫，猪肉是人的感染来源；华支睾吸虫，鱼是人的感染来源。有人称这类寄生虫为生物源性寄生虫，与土源性的相比，较易于防治。

在第三种类型的生活史，寄生虫的感染来源于媒介。例如，牛的双芽巴贝斯虫，是由蜱传播的。在蠕虫中，寄生于马项韧带中的颈盘尾丝虫是由库蠓传播的。

以上是作为感染来源之主要方面，此外还有一些其他的类型，不一一赘述。

感染途径是指寄生虫通过什么方式和/或什么门户感染宿主。最为常见的是经口感染，如前述的第一种和第二种发育史类型。前述的第三种发育史类型属于经皮肤感染。但是，经皮肤感染还有另外一种方式，也是由寄生虫的发育史类型决定的，如日本分体吸虫的尾蚴直接经皮肤进入终末宿主体内，类圆线虫的感染幼虫也是这样。接触感染有两种情况，一种是通过黏膜接触，如交配感染，马的马媾疫(锥虫)、牛的胎毛滴虫和人的阴道毛滴虫均属于此；另一种是借皮肤接触，例如绵羊的痒螨病。马的疥螨病可以通过挽具、鞍具感染；人的体虱常通过衣服或床上用品传播。这些都可以划入接触感染的范围。

经胎盘感染不甚普遍。先天性弓形虫病属于这种情况。当孕妇感染原发性弓形虫病时，常造成胎儿的先天性弓形虫病，严重的可能酿成脑和(或)眼球损伤，直至胎儿死亡和流产；绵羊也常发生先天性弓形虫病。某些种蛔虫和血吸虫也有经胎盘感染的情况。

主要的感染途径大体如此。

四、寄生生活的建立

宿主遭受寄生虫的感染需具备一定的条件，其首要的条件是：周围环境中存在着对该宿主是特异性的，即可以寄生于这种宿主的寄生虫，并且这种寄生虫有处于感染阶段的虫体；宿主与寄生虫接触的机会；通过为寄生虫所必需的感染途径。譬如猪感染蛔虫，首先必须在它的周围环境中存在着猪蛔虫，如果不是猪蛔虫，而是鸡蛔虫或者猫蛔虫，那自然不存在感染的可能性；自然还必须有处于感染阶段的虫卵，那就是由初排出的一个受精卵经过一定时间的发育，形成幼虫，再经过一次蜕皮，而最终进入感染阶段(这个过程都是在卵壳内进行的)。在此之前，虫卵对猪没有感染力。有了这些必要的因素之后，如果猪能够接触到它们，并以经口的方式进入小肠的话，感染就成为可能了。再如牛的双芽巴贝斯虫病，如果一个健康牛群中不存在能够传播双芽巴贝斯虫的蜱的话，当然不可能发生本病；有了传播双芽巴贝斯虫的特异性的蜱，并且它们体内确也有双芽巴贝斯虫，但虫体不处于感染阶段，感染仍是不可能的。只有当蜱体内存在着处于感染阶段的虫体，并且这些蜱有叮咬吸血的机会时，才具备感染的可能性。

有的书籍中，称寄生虫的感染为侵袭，用以区别于细菌和病毒等的感染；也有的把感染一词用于原虫和蠕虫等内寄生虫，把侵袭一词用于虱子、蚊子等外寄生虫。

寄生虫进入宿主体内之后，能否建立寄生生活，也须视许多条件而定。有时一种寄生虫进入一个非特异性宿主体内之后，可以生活一段时间，最后终因环境不适而死亡。例如，土耳其斯坦乌毕吸虫的尾蚴，可以钻进人的皮肤，引起稻田皮炎，但不能像进入它们的特异性终末宿主——羊、牛等家畜体内那样，沿循环系到肠系膜静脉寄生，它们也不能在人的皮肤中继续发育，最后在侵入的局部死亡。

那些侵入其所固需的特异性宿主体内的寄生虫，也并非都能在宿主体内建立生活。它们通常还要被动地或主动地经历或长或短的移行(migration)，到达它们的特异性的寄生部位，即它们专门嗜好的居住场所，这就是寄生虫的器官特异性或组织特异性；它们还要经历一系列的发育阶段，然后在它们寄生的部位发育成熟。在这一过程中，有些虫体可能失去生存的机会。

这个过程，有的简单，有的复杂。毛首线虫的感染性虫卵(内含感染幼虫)进入宿主体内以后，在十二指肠中孵化，脱壳的幼虫移行到盲肠，附着在黏膜上，发育为成虫。猪蛔虫的移行途径比较复杂，虫卵在小肠中孵化以后，幼虫即钻入肠壁血管，随血流到达肝脏。此后经心脏转入肺，在那里蜕皮两次，然后由细支气管上行，经气管和咽，重新返回小肠，再经一次蜕皮后发育为成虫。犬钩虫和马韦氏类圆线虫的感染幼虫经皮肤钻入宿主体内，由血流带至肺，此后取与蛔虫相同的途径到达小肠。

肝片吸虫的囊蚴在牛、羊等终末宿主的十二指肠中脱囊，然后钻破肠壁，进入腹腔，继之又穿过肝包膜，到肝实质中移行，最后由肝实质进入胆管，生长为成虫。日本分体吸虫的尾蚴直接钻入宿主的皮肤，然后随血流经肺转入体循环，到门脉发育为成虫；误行至其他器官的不能发育成熟。

泰勒原虫的子孢子随着蜱的唾液进入牛体内之后，先在网状内皮细胞里进行复分裂繁殖——由单核虫体经过生长和核分裂而成为一个多核的大裂殖体，后者再裂解为多个单核的大裂殖子，二者的反复，是为无性世代。以后在这种分裂过程中，分化形成另一种多核体，即小裂殖体，它们裂解之后的小裂殖子进入红细胞，是为配子体。配子体不进行分裂繁殖，它们只有在转入蜱体之后始得进行另一阶段的发育。

如上所述，寄生虫在进入宿主体内之后，均需经历或长或短，或复杂或简单的移行和发育过程，始得到达它们的寄生部位，确立其寄生生活。在这个过程中，寄生虫所遭遇的最大挑战是宿主的抵抗力。一般来说，寄生虫在移行时，和宿主的接触愈是密切，其所激发的抵抗力愈为显著。譬如，蛔虫的由肝到肺的移行，就往往使宿主产生易于查知的抗体，应用于诊断某些蛔虫病的微量沉淀试验就是以此为根据的：当将蛔虫幼虫浸入有抗体的血清中培养时，有的于数小时之内即可在虫体的口孔、排泄孔和肛门部分生成沉淀物，并且数量不断增加，直至幼虫死亡；在没有抗体的血清中，即不产生此种沉淀物。

有的研究者证明，用一定量的抗肝片形吸虫免疫血清，注射到人工感染同种囊蚴后两天的牛、绵羊，或大鼠的腹腔中，能使它们得到对肝片形吸虫感染的一定程度的保护力。这就说明，肝片形吸虫的幼虫在通过肠壁前往肝脏的路程中并非“一帆风顺”。

除去抗体的因素之外，寄生虫也还会遇到别的方面的障碍。还以肝片形吸虫为例，有的人报告说，牛由于肝脏中含有较多的结缔组织基质（和绵羊相比），这就成为移行幼虫的罗网，无异于给了牛以抵抗肝片形吸虫的天然屏障；而此后由于幼虫刺激所带来的结缔组织增生，又给再感染的幼虫带来了更多的麻烦。还有人报告说，牛在感染肝片形吸虫后 16～30 周间，排出其胆管中的大量虫体，这可能是由于胆管钙化，成虫陷于饥饿引起的。

在原生动物中，一些寄生于血液中的锥虫，直接生活在宿主的循环抗体之中。但它们的抗原物质具有高度变异性，致使宿主仍然极易发生感染，容易复发和缺乏持久的免疫力。它们甚至可以从原始虫株建立抗原性不同的新世代。这是寄生虫的调整机能——抗原的巨大变异性保护着它们。

有一些经口感染、不经移行、直接到达其寄生部位的肠道蠕虫，如肉食兽的带绦虫，马的尖尾线虫等，常不引起细胞的或体液的免疫反应，因此，容易发生再感染或重复感染。

寄生虫得以在宿主体内建立生活的另一个原因，可能是将宿主的蛋白质结合进它们自身的构造中去，从而把自己“乔装打扮”起来，避开了宿主的免疫监视。

总之，寄生虫在进入宿主体内以后，仍需不断地调整它们自己，以适应于外界环境（宿主），才能最后在它们所固需的部位建立生活。

另一个重要的问题是，一个寄生虫在其生活史中，由什么因子激发和控制其各阶段发育的变化？例如，肝片形吸虫的囊蚴，当它们附着在水生植物的茎叶上时，它们处于静止状态，不进行发育，然而一旦被吞咽到终末宿主体内，它们就会活动起来，并穿过肠壁，向它们的特异性的寄生部位——胆管移行；此后又是什么因子激发它们由肝实质进入胆管。再如猪蛔虫，是什么因子激发它们沿着血管向肺移行，又是什么因子促使它们沿支气管、气管再次返回消化道。这种激发和控制的机制都是虫体建立寄生生活的绝对必要的条件，这是极为复杂的寄生虫-宿主关系问题，也是极为复杂的生理生化问题。

五、寄生生活对寄生虫的构造、发育和繁殖的影响；外界环境对寄生虫的影响；寄生虫间的相互影响

由自立生活转变为寄生生活，这是生活方式上的一个很大变化。在特定的外界环境中，寄生虫必须具备什么样的构造或条件，才更有利于去寻求和获得宿主，以及具备什么样的构造或条件，才更有利于在宿主体内生存并繁衍后代，这是对于向寄生生活转化的一系列的选择性因素。或者从另一个角度来说（用不十分严格的话来说），寄生虫为了寻求并获得宿主，和以后在宿主体内建立生活的需要，必须在长期的演化过程中，发生一系列的形态和机能的变化；因为和它们的自立生活的祖先来比，它们有着完全不同的要求和生活条件。

不同类型的寄生虫有着不同性质的变化和发展趋势。例如线虫，寄生生活有使之普遍增大的趋势，各种自立生活线虫的平均大小要显著地小于寄生线虫。吸虫似乎不是以这种方式适应寄生生活，而是发生了生活史的显著的复杂化。

普遍存在于各类寄生虫之中的适应性变化是附着器官的发展。寄生虫为了保留在宿主的体内或体表，逐渐产生或发展了一些特殊的器官，那就是附着器官。例如，吸虫和绦虫的吸盘、小钩、小棘；线虫的唇、齿板、口囊等；消化道原虫的鞭毛、纤毛和伪足，既是运动器官，也是附着器官。节肢动物（外寄生虫）为了附着于宿主的身体，其适应性的变化也是非常显著的。例如，吸血虱具有健壮的爪，可以牢固地握住宿主的毛发。另一些节肢动物在不同的发育阶段需要有不同形式的附着器官。例如，牛皮蝇的卵需要有附着于宿主体毛上的特殊构造，它们借助于一个柄黏附在毛上，这样，幼虫孵化以后，就可以就近钻进宿主的皮肤；马胃蝇的卵没有柄，但也由一个特殊的构造黏附在马毛上，以后幼虫在马胃里寄生，用一对强壮的口钩牢固地附着在胃黏膜上。

为了适应寄生生活，有些寄生虫的体形发生了变化。例如，虱子和臭虫的背腹扁平的身体，跳蚤的两侧扁平的身体和特别发达的、适于跳跃的腿等。各种节肢动物寄生虫的口器都发生了适于吸血或啮食皮屑毛发的形态变化。

寄生生活使许多寄生虫失去了运动器官。吸虫的第一个幼虫阶段——毛蚴，以纤毛作为运动器官，在水中游动，并侵入螺体；最后一个幼虫阶段——尾蚴，游出螺体，以其尾部作为运动器官；此后当它们侵入第二中间宿主或终末宿主体内之后，就不再有专门的运动器官了。属于双翅目昆虫的绵羊虱蝇，失去了双翅，但加强了足和爪，使更加适应于寄生生活。

寄生生活引起了营养关系的变化，使许多寄生虫的消化器官简单化，以至趋于消失或完全消失。吸虫的消化器官是简单的，其程度又各自不同，如有些吸虫的消化道呈简单的瓶形或袋状（复世代吸虫：胃口亚目），有一些是由一个食道接连两根盲肠，通常都没有肛门。绦虫和棘头虫全然没有消化器官，依靠体表直接从宿主的肠道中吸取营养。节肢动物寄生虫中的牛皮蝇和马胃蝇，成虫的口器已完全废退。线虫还较多地保留着自立生活的痕迹，消化器官比较发达。

寄生生活的结果和伴随着一些构造的废退，也出现了某些生理生化功能的丧失，例如，失去了制造某些消化酶的能力等。

如我们在前面所说过的，寄生并不像字面上所意味着的那种“容易和舒适”的生活，大多数寄生虫的后代往往要通过相当复杂的生活环境，经历许多困难的条件，才能得到转移到另一个

新宿主的机遇。因此，只有那些发展形成巨大生殖能力的有机体，才能在自然力的长期选择下，被“优选”为寄生的虫种。因此，大多数寄生虫都具有发达的生殖器官，有巨大的繁殖能力。

线虫是雌雄异体的，雄虫通常较小，活动性较强。为了增加交配和受精的机会，有些线虫的雄虫经常以其特殊的交配器官附着在雌虫的阴门部。最为突出的例子是寄生于鸡的气管比翼线虫，它们的雌雄虫永远处于交配状态。寄生线虫的生殖能力通常远远超过自立生活线虫，后者的子宫里一般只有少量虫卵，而寄生线虫则完全不同。例如，人蛔虫（雌虫体长 30～35 cm），每天产卵 200 000 个以上，一个雌虫的体内含有大约 27 000 000 个虫卵；马蛔虫（雌虫体长 18～47 cm），每年约产 6 000 万个卵，每天约产 170 000 个卵；犬钩虫（雌虫体长 14～16 mm），每天产卵 7 700～28 400 个；捻转血矛线虫（雌虫体长 18～30 mm），每天产卵 5 000～6 000 个。

绦虫是雌雄同体的动物，并且在它们的每一个节片中都具有独立的雌雄性器官，这样就大大增加了它们繁衍后代的机会。有一位寄生虫学家曾详细地观察过寄生一条扩展莫尼茨绦虫的绵羊，从羊消化道中总共排出了 4 000 个节片，总长度约 6 m，每个节片平均含 10 000～20 000 个六钩蚴，所以，六钩蚴的总数为 4 000 万～8 000 万个。寄生于人小肠的牛带绦虫（无钩绦虫）平均每个孕卵节片中含 80 000 个六钩蚴，有的研究者报道，一条虫一年内可以排出 2 500 个孕卵节片，那么每年排出的六钩蚴总数就是 2 亿个。有的带科绦虫的幼虫，还在它们的中间宿主体内进行无性繁殖，这是一种有性繁殖和无性繁殖-终末宿主和中间宿主相交替的发育史类型。例如，寄生于狗小肠中的多头绦虫，它们的一个虫卵就可以在绵羊和牛等动物的脑或脊髓中，发育成一个含有许多头节的多头蚴，这个多头蚴上的一个头节又可以在狗的小肠中生长为一条多头绦虫；另一个例子是细粒棘球绦虫，它的幼虫（棘球蚴）在中间宿主体内所进行的无性繁殖更为突出，由一个虫卵所产生的头节有时多至无法计数。自然，当一个多头蚴或一个棘球蚴被狗吞食之后，绝不是它们的每一个头节都能生长为成虫，但总归是增加了使终末宿主获得感染的可能性。

大多数吸虫也是雌雄同体，两性生殖器官占据了身体的大部分体积。它们的幼虫在中间宿主——螺的体内有一个无性繁殖的过程，因此，当一个毛蚴进入螺体之后，经过一定时间，就会有许多个尾蚴从螺体内溢出。有报道说，孟氏分体吸虫的一个毛蚴，可以在螺体内借无性繁殖，生成 100 000～250 000 个具有感染性的尾蚴。吸虫的发育史都是由终末宿主体内的有性繁殖阶段和中间宿主体内的无性繁殖阶段交替进行的。

棘头虫是雌雄异体。有人报告说，在一条猪大棘头虫的雌虫体内，检查到 1 000 万个含有棘头蚴的虫卵，这还只是在某一时间所进行的抽查，尚不能判断其全部的产卵能力。

有些原生动物具有复杂的发育繁殖过程，例如球虫，它们的一个卵囊（合子），可以在自然界以孢子生殖的方式，在其中分裂形成 8 个子孢子；一个含有 8 个子孢子的鸡盲肠球虫卵囊被鸡吞咽之后，可以由这 8 个子孢子借裂殖增殖的方式，在 4～5 天内，生成大约 1 800 000 个裂殖子。以后它们又转为有性繁殖，大小配子结合为合子，形成卵囊，排出体外。梨形虫的发育方式和球虫相似，但其有性繁殖阶段转入蜱的体内进行，最后在蜱的唾液腺中形成巨额的子孢子，这就使得由蜱感染家畜较易获得成功。这是有性繁殖和无性繁殖-终末宿主和中间宿主互相更迭的发育史。

由寄生生活所引起的繁殖力的增强由上可见。然而寄生虫并非全以这种方式适应寄生生活，许多节肢动物寄生虫的繁殖率都是比较低的。例如，一个纹皮蝇的雌虫只生 500～800 个卵，不比一般蝇类（如家蝇和厩蝇等）为高。羊虱蝇直接产幼虫，一个雌虫总共只生 10～15 个幼虫。疥螨和痒螨产卵也不甚多。一般来说，此等寄生虫的后代都有较好的发育条件和生存环境，例如，纹皮蝇的幼虫可以直接钻进牛的皮肤，羊虱蝇的幼虫粘着在羊毛上化蛹，疥螨在宿主皮肤中的隧道里生卵等。这种生存条件（其安全性或危险性）和繁殖率高低之相关，是生物学中饶有兴趣和十分复杂的问题。

寄生虫的外界环境是双重的。在它们处于寄生状态时，宿主是它们的直接的外界环境，无疑对寄生虫有着连续的、重要的影响，而宿主以外的广大自然界又以其气候和可供宿主食用的各种物质通过宿主间接地施加影响于寄生虫。在它们处于自立生活状态时，广大自然界是它们的直接外界环境，其中包括气候、水土和宿主的行为等。

气候、水土等自然条件对于吸虫、绦虫和线虫之处于自立生活状态的、或处于无脊椎动物中间宿主体内的虫卵或幼虫，都有重要的影响。例如，肝片形吸虫的卵，在低于 10℃的温度中不能发育，但能在不甚低的条件下长期地保持着生命，最多可达两年半之久；一旦温度回升，即可恢复发育。低于 0℃时，对处于发育到后期的胚胎或已形成的毛蚴都有致死作用，但对早期阶段的胚胎或未分割的卵细胞，则在短期内不引起它们的死亡。水的深度与天然光线的强弱一般对于卵的发育没什么影响。干燥对于任何发育阶段的胚胎都有致死作用。处于粪便中的卵，只有当粪便至少含 60%水分时，始能保持其生命，水分低于 50%时，卵迅速死亡。毛蚴的孵化也依赖于外界条件：冷与暗能制止孵化，在实验条件下，向培养物中加入新鲜的、含气量较高的和 pH 值适宜的水，有助于毛蚴的孵化；降低水中的盐含量亦有助于孵化。在自然界，降雨有造成上述条件的作用，故降雨是刺激毛蚴孵化的重要自然条件。同样地，上述诸自然因素对于毛蚴的活动，对于它们的中间宿主——螺及在螺体内发育的其他幼虫阶段都有重要影响。尾蚴从螺体内排出，也一定程度地受外界环境因素的影响。一般来说，温暖的气候有利于尾蚴的排出，但这并非是普遍的规律性。某些种吸虫的尾蚴从螺体中排出的数量有季节性变化，这一点常和终末宿主的活动性相关。例如，有些吸虫，在夏季通常以其成虫阶段寄生于鸟类，在冬季，主要以幼虫阶段寄生于螺。如此，尾蚴从螺体内大量排出的时间主要在温暖季节来临之际。在这种情况下，大自然界的各种状况，中间宿主及其体内的各发育阶段的吸虫幼虫和终末宿主之间，就形成了十分复杂而又协调的生态关系。

寄生于家畜的绦虫，基本上没有在宿主体外进行的发育过程（没有游离存在于自然界的活动性幼虫），所以，自然界的各种因素都是通过宿主间接影响它们的。有的研究者报告说，寄生于鸡的有轮赖利绦虫和节片戴文绦虫，多在下午的后段时间排出孕卵节片，据推测可能与其中间宿主（蛞蝓、甲虫）的夜间的活动性相关。果真如此，那么是鸡的生理状态影响它们脱卸孕卵节片呢？还是午后晚些时候的什么自然情况影响到鸡的生理状态呢？这是寄生虫与其直接外界环境和间接外界环境之间的历史性的复杂关系。有人报告说，鸡和绵羊发生食物缺乏和饥饿时，能引起寄生于它们体内的有轮赖利绦虫（鸡）和扩展莫尼茨绦虫（羊）节片脱落减少或停止，或引起节片内六钩蚴生产的减少或停止，有时甚至使虫体排出宿主体外。这也是自然环境间接地影响于寄生虫的。

许多种线虫的卵在自然界发育，孵化出的幼虫营自立生活，直到感染阶段；也有一些线虫的幼虫始终居住在卵壳内。这时，自然界的气候和水土诸因素都直接作用于它们。线虫发育所要求的温度条件，基本上和吸虫相似。有一些线虫的幼虫，在较高的温度条件下，可以较快地发育到感染期，但它们的体质较弱，侵袭能力较低。需要中间宿主的线虫，在宿主、寄生虫和自然环境之间同样存在着复杂的生态关系。许多方面基本上和吸虫、绦虫相似。

原生动物的情况也是差不多的。有些原虫的包囊阶段直接暴露于自然界，气候因素对它们的影响很大。有些原虫由媒介传播，气候地理诸条件首先作用于媒介，影响到它们的存在及其出、没、消、长，往往使此类原虫所引起的疾病带有明显的地理性或季节性。有时媒介是否适宜和作用于媒介的气温条件，还可能影响病原体毒力的强弱。

牛皮蝇和马胃蝇的蛹期是在土壤中度过的，潮湿对它们很不利，一经到了多雨地区，牛马的感染率往往逐年减少，有时甚至绝迹。

综上所述，自然界的气候地理诸条件总是直接或间接地影响着寄生虫及其宿主，构成复杂的生态关系，并使许多种寄生虫病带有地理色彩和季节性，人们研究这方面的规律，对于防治寄生虫病有着特别重要的意义。

在同一个宿主体内，不同种寄生虫间的关系是很复杂的，有时似乎互不干扰，有时呈现拮抗作用或协同作用。同种寄生虫内部也是相互影响的，在这方面，涉及寄生虫种群的大小和宿主的免疫状态，也是颇为复杂的问题。

在马的大结肠中，通常同时存在着大量不同种的纤毛虫（原生动物）和大量不同种的线虫，但似乎看不出它们之间的相互影响。有人报告，在一个绵羊的消化道内，同时发现 20 000 条捻转血矛线虫，6 400 条环纹奥斯特线虫，5 585 条克氏古柏线虫和 7 800 条脆亮毛圆线虫。

有的研究者报告说，有一种淡水螺（*Stagnicola emarginata*）可以作为 21 种吸虫幼虫的中间宿主（枭形科 7 种，斜睾科 6 种，分体科 2 种，棘口科 1 种，其他 5 种），但通常只有两种同时寄生在一个螺的体内，这一类的例子还很多。一般认为，当一种毛蚴钻进已被另一种吸虫寄生的螺体时，就会受到某种抵制作用。有人报告说，寄生于人肠道的蛔虫和短小膜壳绦虫有拮抗作用，两者的数量关系成反比，猪的大棘头虫和猪蛔虫之间也有类似的情况，当猪的小肠里有大量棘头虫时，往往没有猪蛔虫，相反，寄生有大量蛔虫时，常常没有棘头虫。有的研究者报告说，人小肠内有蛔虫与钩虫寄生时，对兰氏贾第鞭毛虫的发育和繁殖有抑制作用；相反，有短小膜壳绦虫寄生时，对兰氏贾第鞭毛虫产生有利的作用。

有些实验表明，同种的多数个体寄生于一个宿主时，虫体的生长往往受到阻碍，并且生殖率降低。有人报告说，寄生于鼠的一种绦虫，在一个宿主体内有 1～15 条时，每天从鼠粪中排出的六钩蚴的总数都是保持恒定的，也即是说，虫体数越多时，每虫所生的六钩蚴越少。但对于这种现象，尚不易做出准确的解释。有的人认为，这种现象并非营养分配所致，而是虫体间某种相互关系造成的。

六、寄生虫与宿主的相互影响

如前所述，寄生虫侵入宿主体内之后，多数要经过一段或长或短的移行，最终到达其特定的寄生部位，发育成熟。寄生虫对宿主的影响一般是贯穿于移行和寄生的全部过程中的。然而，这种影响并不能全部为我们的诊断方法所查知。从寄生虫侵入之日起，到引起宿主最早出现临床症状的那一段时间，人们习惯称为潜伏期。潜伏期与临床症状期并不完全与寄生虫对宿主的影响相对应。

寄生虫对宿主的影响是多方面的，通常表现在以下几个方面：

吸收宿主的营养　营养关系是寄生虫-宿主的最本质的关系，直接取得未被宿主纳入组织细胞的营养物质，是这种关系中的一种形式。一般认为，许多种肠道寄生虫是直接吸取宿主的营养物质的。但这种关系以及对宿主的影响常不限于一般的得失和宿主营养物数量的减少。从某些实验看，有的肠道寄生虫似乎并不使宿主损失很多的基本营养物质。例如，有人研究寄生于鼠的长膜壳绦虫（*Hymenolepis diminuta*）的营养问题，发现：①从鼠的饲料中取消蛋白质，对绦虫没什么影响。②从食物中取消碳水化合物，对虫体危害很大，阻碍虫体生长，甚至使虫体不能在肠道中生存，不仅如此，连碳水化合物类型的不同（如使用淀粉、葡萄糖或蔗糖等），都可以影响到长膜壳绦虫体形之大小。这究竟是由于虫体对不同类型的碳水化合物的吸收情况不同呢？抑或是不同类型之碳水化合物造成了肠道环境的变化（如通过肠道菌），而间接影响到虫体呢？③在各种维生素里，只有缺少维生素 C 时，才影响虫体的生长和六钩蚴的产生等；但在母鼠，如食物中缺少复合维生素 B，则对虫体有害。角鲨饥饿时，引起其体内的绦虫减重，口服淀粉，可使减重停止，说明碳水化合物对绦虫的普遍的作用。此外，宿主食物中之碳水化合物的质和量对许多其他蠕虫的生长和产卵也有明显作用。有的实验还表明，鸡蛔虫不需要维生素 A、复合维生素 B 和维生素 D，也是通过变换宿主饲料的方法而得出的实验结果。

这些事实似乎证明了另外一个方面，就是一般所认为的由肠道内容物摄取营养的寄生虫，并不完全把宿主的食物作为它们所需物质的唯一来源。因此，人们就不应简单地看待那些所谓由肠道内容物摄取营养的寄生虫，笼统地认为它们吸取少量营养无足轻重。这些问题的阐明有待于寄生虫的生理生物化学的深入研究。有的报告说，人被阔节双槽绦虫寄生时所发生的恶性贫血，是虫体夺取了宿主的大量维生素 B_{12} 造成的。

吸取宿主的血液 有许多种寄生虫吸食宿主的血液。最为典型的例子如犬钩虫，它们把部分小肠黏膜纳入口囊中，然后借助于食道的收缩和舒张，连续吸血。这种吸吮动作每分钟可达 120～250 次，这时肠管也配合以缓慢的活动。根据一名寄生虫学家估计，每一条犬钩虫所吸的血液，连同从虫口溢出的加在一起，24 h 可达 0.36 mL，最多的可达 0.7 mL；另一人估计，一条强壮的虫体，吸血可达 0.84 mL。如此，犬钩虫和与之食性相似的寄生虫，对宿主的危害就相当严重了。有的研究者认为，犬钩虫只吸收血液的液体部分，但也有人在虫体肠道中发现崩解的红细胞，甚至发现宿主组织的碎片。多数寄生虫学家认为，犬钩虫和人的十二指肠钩虫，借吸血从氧化血红蛋白中取得氧的生理需求远远超过其对营养的需要。在许多家畜体内都有类似钩虫这样的吸血者。

吸虫中也有许多以血液为食的。节肢动物中的吸血虱、虻、厩蝇、虱蝇、蚤、蜱和刺皮螨等都是直接由宿主的皮肤吸食血液。

消化、吞咽或破坏宿主的组织细胞 有的研究者提出，某些吸虫可以分泌消化酶于宿主的组织上，使组织变性溶解为营养液，然后吸入体内，作为食物。例如，枭形科吸虫就主要是采取这种方式。它们将宿主的肠绒毛紧握在附着器间，使绒毛充血，继之发生血管破裂，它们先把血液吸食，然后将绒毛溶解吸收。

线虫中也有类似的情况。旋尾线虫常常用它们的发达的口囊牢固地吸着在宿主的消化管壁上，或者生活在管壁上所形成的瘤肿中，于是引起周围组织的发炎和坏死，并吞食渗出物和分解的组织。据一些研究人员报告，泡翼（*Physaloptera*）、筒线（*Gongylonema*）和旋尾（*Spirocerca*）等属的一些线虫都属于这种食性。当取虫体寄生部位的消化管壁作切片观察时，就会看到虫体周围组织的溶解和炎症变化，在虫体的消化道里可以观察到宿主组织的碎片。寄生于马的普通圆线虫，除吸血外，也吞食组织碎片。绵羊夏柏特线虫也是将宿主的肠黏膜纳入口囊，吞食宿主的组织。有些原生动物系细胞内寄生，使寄生的细胞遭受破坏，如球虫破坏肠上皮细胞，双芽巴贝斯虫破坏红细胞等。

宿主的组织细胞反应 寄生虫从许多方面影响宿主，如前所述的吸血和消化吞咽组织细胞便是其中的一部分。除此以外，寄生虫的代谢产物，某些寄生虫的毒性分泌物，用于消化宿主组织的溶血酶、消化酶，为了便利吸血，用于防止宿主血液凝固的抗凝血物质，以及可能存在于某些寄生虫的用于对抗宿主消化酶的特殊物质等，都作为一种异物而带给宿主以刺激；还有一个方面是寄生虫对于宿主的机械性作用，如对于其邻近组织的压迫，拥挤堵塞所造成的血管或其他组织的损伤等。所有这一切都作为一种诱因而导致宿主的组织细胞反应。

许多种寄生虫能引起宿主的细胞反应，在虫体寄生的局部，出现细胞的异常增生，例如，肝片形吸虫寄生时的胆管上皮，分体吸虫寄生时的肠黏膜等。有时可能使细胞失去功能或发生化生(metaplasia)现象。有的研究者描述旋毛虫感染时说，幼虫钻进宿主肌纤维内，引起机械性损伤。这种损伤激发肌纤维出现再分化，从而产生较高的代谢水平，给幼虫提供了更适宜的生化环境。随后宿主出现了保护性反应，在虫体周围，甚至在虫体内部出现钙盐沉着；如果宿主没有这种应答，并且旋毛虫的数量过多时，就会引起宿主的死亡。有些吸虫附着在肠绒毛上，由于机械性的压迫和刺激，引起上皮脱落，黏液渗出增多，继之发生压迫性萎缩和坏死，组织剥脱，充血，嗜伊红细胞和浆细胞浸润和固定的组织成分增生，这是一种免疫反应。犬患恶丝虫病时，常发生肾小球基底膜增厚和部分内皮细胞的增生(肾小球肾炎)，临床症状为蛋白尿。研究者认为这是一种Ⅲ型超敏反应，是由针对犬恶丝虫的抗体所形成的免疫复合物引起的。

许多器官感染寄生虫以后，常发生血管壁增厚的现象，这就会阻碍该器官正常功能的进行。如脑部有蠕虫时，可以造成神智混乱。肝感染吸虫时，引起肝功能异常。还可能出现代谢紊乱，如血清的生化变化等。

寄生虫的机械性压迫或损伤可以诱发炎症，继之是结缔组织增生。宿主总是"企图"把寄生虫和自身隔开，包围寄生虫，使它不能逃脱。有人用伶鼬带绦虫(*Taenia mustelae*)的卵饲喂小田鼠，在前两周间，有的宿主出现严重的肝损伤和内出血；另一些小田鼠在感染8天以后开始发现有幼年绦虫，它们突破肝包膜，到处移行，有的出现于皮下、胸腺和腹腔等处，引起出血。到感染后第17天左右，就围绕着幼虫形成包膜了。

在有些情况下，炎性反应可能发展为肿胀或组织变性，或可能出现瘤型增生。如某些种结节虫的幼虫在牛、羊、猪肠壁中引起的结节，大口柔线虫在马胃壁中形成的瘤肿和致瘤筒线虫(*Gongylonema neoplasticum*)在大鼠食道壁上所形成的瘤肿等。

有时可以见到一个寄生虫已被包围在宿主的组织中，这种组织由淋巴网状细胞构成，它们的生长是以淋巴细胞、浆细胞和巨噬细胞的聚集为先驱的。有人观察了皮肤利什曼原虫病的情况：先是被利什曼原虫寄生的巨噬细胞增生，以后到出现淋巴细胞和浆细胞浸润时，这种增生即行停止，局部病变转为平息。

寄生虫感染的开始阶段 与炎性反应和组织损伤相伴发生的是嗜中性细胞的聚集，常多聚集于濒死或已死的虫体周围，其真正的功能不详。此后多由淋巴细胞和巨噬细胞所取代。嗜伊红细胞增多也是许多种寄生虫病的特征，一般出现于炎症的晚期阶段。当用粗头带绦虫(*Taenia crassiceps*)的囊尾蚴接种于小鼠腹腔以后，宿主的腹腔液和血液中即出现白细胞增多现象，嗜伊红细胞的数目由每毫升不到100个，上升至每毫升95 000个。腹腔中单核细胞和淋巴细胞的数目亦见增多。到小鼠开始康复时，白细胞与嗜伊红细胞数量增多最为显著，至完全康复时，即降至最低数量。宿主抵抗力的强弱与嗜伊红细胞数量的多少呈正相关。

某些寄生虫(如钩虫)的吸血，常引起一系列的症状。如人患十二指肠钩虫时，男人的红细胞可以由正常的 5 000 000 个/mL 下降到 2 000 000 个/mL，血红蛋白可降至正常的 30%以下，随之而来的便是皮肤黏膜苍白，无力，气喘，心悸，脉弱，水肿，腹部不适，食欲不定，并常有异食癖等。某些寄生虫性的贫血，还可能由于造血器官不能正常地执行其功能，或不能得到生成正常血细胞的必需物质，如阔节双槽绦虫所引起的恶性贫血，牛梨形虫和锥虫等血液原虫引起Ⅱ型超敏反应，它们的抗原物质与红细胞表面相接合，致使红细胞被当成了异物，被溶血性补体溶解，在临床上表现为严重的贫血。造成贫血的原因还可能包括：红细胞被虫体寄生；整个宿主身体的复杂的变化，包括脾脏及其他器官的反应；缺氧，酸中毒；吞噬作用；血管内皮的变化和温度的影响等。

某些寄生虫体内的激素性物质或其他物质，既作用于虫体自身，有时也作用于宿主，在实验中曾发现过引起宿主的不正常生长和发育的情况。有人用实验证明，受孟氏分体吸虫幼虫感染的螺，在感染实验的前几周内，其螺壳的直径均比对照螺为大，再后即出现生长受阻的现象。有的寄生虫学家报告说，拟谷盗属(*Tribolium*)昆虫的幼虫(还有其他昆虫幼虫)，在严重感染微粒子原虫(*Nosema*)时，生长得既快且大，但未达成熟即告死亡。研究者从这种原虫的孢子中浸出一种黄色油质物，当将这种物质注入蚕的幼虫体内时，也产生类似的作用，并证明这种物质和正常的蜕皮激素有着相似的功能。这就证明寄生虫能以某种类似宿主激素的物质影响宿主。在哺乳动物中也有类似的情况，有人报道，似孟氏叠宫绦虫(*Spirometra mansonoides*)的裂头蚴的头节中，含有一种类似胰岛素的物质，研究人员将这种头节接种到去除垂体的大鼠体内时，大鼠出现了异常的生长。但这种事例，在家畜寄生虫病中尚缺报道。

上述各种反应，有许多属于宿主对寄生虫的免疫应答。但这种保护性反应常给宿主以严重的损伤，甚至超过虫体自身的所作所为。例如，当人和各种家畜患分体吸虫病时，有些产在肠壁血管中的虫卵被血流带至肝脏，随后为结缔组织所包围。这种反应会导致肝硬化，以及随之而来的一系列严重病状。或许可以这样说，许多种寄生虫病所致的功能性变化和器质性变化、症状和病变，常常是由宿主的组织细胞反应引起，并以这种反应为特征的。

机械性障碍 如多量蛔虫聚集在小肠所造成的肠堵塞，个别蛔虫误入人或猪胆管中所造成的胆管堵塞等；有时许多虫体团集在肠管的某一局部，引起肠蠕动的不平衡，导致肠扭转或套叠。这些都会造成严重的后果。

引入其他病原体 许多种寄生虫在宿主的皮肤或黏膜等处造成损伤，给其他病原体的侵入创造条件。还有一些寄生虫，其自身就是另一些微生物或寄生虫的固定的或生物学的传播者。例如，某些种蚊虫传播人和猪、马等家畜的日本乙型脑炎，某些蚤传播鼠疫杆菌，某些蜱传播牛无浆体病和梨形虫病，鸡异刺线虫传播火鸡组织滴虫病(黑头病)，某些蚊虫传播人和家畜的丝虫等。也有一些寄生虫并非另一些病原体的必然的固定的传播者，但偶尔可以将某种病原菌带入宿主体内，如有人报告，猪长刺后圆线虫的幼虫可传播猪流感病毒，旋毛虫幼虫可以将淋巴细胞性脉络丛脑膜炎病毒引进豚鼠体内等。

以上所述是寄生虫对宿主之影响的一些主要方面。但应注意，影响能否构成寄生虫病，还需视许多条件而定。对一个宿主来说，不同种或不同株的寄生虫，毒力不同，或者说宿主与寄生虫的相互适应性不同，这就出现了能否引起疾病或疾病之轻重不同等问题。在同一种寄生虫的情况下，寄生虫的数量不同，其所造成的影响势必不同。在宿主方面，其健康状态、营养情况、年龄、性别等都对寄生虫病的轻重产生影响。一般来说，自身健康、营养良好的动物抵抗力较强，含丰富的蛋白质、维生素（特别是维生素 A、维生素 C）和必需矿物质的饲料，通常能大大提高动物的抵抗力。

年龄免疫是普遍现象，一般年龄较大的，抗病力较强。有些寄生虫主要感染幼年动物，如牛蛔虫和马蛔虫主要寄生于犊牛和马驹，有些寄生虫主要感染儿童，如短小膜壳绦虫。某些寄生虫在不同性别的宿主表现为不同的感染率和感染数量。有的研究者报告说，母狗对犬钩虫的抵抗力出现于比较幼年的时期，它们和比它们大的成年公狗相比，对犬钩虫的始发感染具有较强的抵抗力。这是涉及年龄与性别两种因素的错综复杂的关系。

宿主对寄生虫的影响　宿主受到寄生虫的影响以后，可能发生不同程度的病变，出现不同的症状表现；或为无症状感染；或在幼畜表现为生长发育停滞或迟缓等。但不论是哪一种情况，宿主都以一种回答性反应（免疫应答）影响寄生虫。有时宿主具有较强的抵抗力（特别是在能得到全价营养的情况下），它们所产生的抗体对虫体有抵制作用：有时能抑制虫体的生长，或降低其繁殖力，或缩短其生活期限，甚至可以杀灭寄生虫；或者能阻止虫体对组织的附着，使之排出体外，或能沉淀或中和寄生虫的产物。例如，有人试验用牛带绦虫的六钩蚴感染牛，用 400 000 个六钩蚴才能在牛肌肉中得到 11 000～30 000 个牛囊尾蚴；并且有的报告说，牛感染这种囊尾蚴后，就产生了对再感染的抵抗力。研究证明，患球虫病的鸡、兔血清中，均产生体液抗体；并从患柔嫩艾美耳球虫的鸡盲肠内容物里浸出了免疫球蛋白，从而证明了肠黏膜产生抗体的功能和局部抗体的存在。虽然对这些抗体之作用于虫体的方式及其保护能力尚不完全明了，但在离体试验中确实证明了抗体对寄生虫具有毒害作用。

但宿主对寄生虫的抵抗力常常是不完全的免疫。当宿主-寄生虫关系处于某种平衡状态，寄生虫保持着一定数量，而宿主也不呈现可以用一般试验和临床方法测知的症状时，那就是带虫免疫了。带虫免疫是寄生虫感染中极为普遍的现象。有一些主要寄生于幼龄动物的寄生虫，在宿主发育成熟后，它们或被排出，或残留部分虫体于宿主体内，例如，健康的成年马体内一般没有或有少量副蛔虫，健康的成年绵羊体内一般没有或有少量的莫尼茨绦虫等，均属此种情况。

第二章 寄生虫病的流行病学和地理分布

第一节 流行病学

一、流行病学的定义

流行病学或称流行学，在本学科的范围内，是研究动物群体的某种寄生虫病的发病原因和条件，传播途径，发生发展规律，流行过程及其转归等方面之特征的。流行病学当然也包括对某些个体的寄生虫病之上述诸方面的研究，因为个体的疾病，有可能在条件具备时，发展为群体的疾病；但流行病学的研究更着重于群体。从以上的定义看，流行病学涉及许多方面，概括起来说，它包括了寄生虫与宿主和足以影响其相互关系的外界环境因素的总和。外界环境又包括生物的与非生物的两个方面。不同的寄生虫和这两方面的关系各有侧重：如前述的土源性寄生虫和非生物环境的关系要密切些；生物源性寄生虫理所当然地和外周的特定生物直接相关；但又很少有一种寄生虫只是截然地和其中一个方面相联系。还有一个特别值得提到的方面是社会因素，人类的各种活动都对寄生虫-宿主关系及其周围环境起着巨大影响。属于积极方面的是人类应用科学对外周环境的改造，如改善衣着、居住、饮食和工作条件，讲究卫生，消灭害虫害兽，改善家畜的饲养管理等，由于这些活动，可能使某些寄生虫的流行减弱，或在若干地区被消灭，使原来成片的分布变为分割的、嵌花式的分布。人类的不科学的盲目活动，可能造成消极的结果，如人类的不合卫生的条件和习惯，家畜的不合理的饲养和盲目迁移（如进出口）等，都可能造成寄生虫病的流行或更趋严重。

为了便于说明，不妨举肝片形吸虫病为例，粗略说来，它的流行必须涉及下列因素及其相互关系：

(1)地理环境，特别是湖泊、河流、沼泽和水田等的分布情况；气候条件，包括不同年份的气候变化；动物种类，特别是可以作为保虫宿主的野生动物，如各种野生反刍兽、兔和某些啮齿类动物。

(2)在上述的大环境中的牛羊牧场，其饲养管理方式和卫生条件，如饲料和饮水的来源，粪便的管理和使用，是否在湖、河等水边放牧等。

(3)在该地区和牧场周围，肝片形吸虫的中间宿主——螺的生存情况。

(4)有否防治措施，驱虫和灭螺办法是否合理等。

下一步是从前述的几个方面进行调查，得出详细的材料和数据，然后做出分析和判断。譬如，要根据当地不同年份的温度变化，弄清肝片形吸虫卵和幼虫在哪个月份能够进行发育，螺在哪些月份活动，何时数量最多，最终得知牛羊在一年中的什么月份开始最初的感染和感染的终止期；有些什么重要的保虫宿主，它们的习性如何，在散布肝片形吸虫病上起什么作用；家畜是怎样遭受感染的，是由于在河边放牧呢，抑或是来源于其他途径；用什么药驱虫，驱虫前后对家畜采取什么措施；如此等等。有了这些资料，我们就可以进行分析，从而可对流行原因和传播途径等方面做出判断了。

说到这里，研究流行病学的意义和重要性便不言而喻了。可以这样说，没有流行病学的资料，便没有制定防治措施的根据。改变流行病学条件，改造自然环境，使之向不利于寄生虫存在的方面转化，是防治措施的重要组成部分。

研究流行病学还是探索某些未知的寄生虫生活史的先导。很多寄生虫生活史的发现，是从流行病学的研究得到启发的。譬如一个有中间宿主的寄生虫，它的流行必然和中间宿主的活动分不开，如果我们准确地掌握了这种病的分布地区和流行季节，这就为我们圈定了寻找这种中间宿主的时间范围和地理范围，排除了许多的盲目性，增加了成功的机遇。

不同的寄生虫病各有不同的流行病学特点。不同的寄生虫病又往往相互影响，有时某一种寄生虫病的存在，构成了另一寄生虫病的流行因素。最为显著的例子，如寄生于鸡盲肠的异刺线虫，它们的虫卵可以携带组织滴虫。这样，鸡异刺线虫的存在，就成为鸡与火鸡组织滴虫病的重要流行因素了。

有时一个动物群体对某种寄生虫具有一定的抵抗力，使这种寄生虫病在这个群体中保持着一种适度但又稳固的发生发展水平，人们习惯称为地方性或风土性疾病；如果流行甚盛，叫做高度地方性病。有时一种新病，或一新的虫株被引入一个没有抵抗力的动物群体，造成突然的、相当猛烈的暴发，叫做时疫性或流行性病。如果一种病只是偶然地在少数个体中发生，称为散发。广泛散布、甚至可能遍布全世界的疾病叫做泛发。这些都是用于形容疾病之流行性质的术语。在寄生虫病中，较常见的情况多属地方性，如牛梨形虫病之于疫区的土种耕牛；时疫性者，如由无梨形虫病区输入疫区的良种牛之暴发梨形虫病。

二、流行病学的内容

基本的流行病学资料包括以下的一些内容：

1. 从寄生虫幼虫感染宿主到它们成熟排卵所需的时间

这个问题对于那些有季节性的蠕虫病特别重要。排卵可以用诊断方法测知，如果掌握了这个数据，就可以推知最初的感染时间及其移行过程的长短，对制定防治措施极其有用。

2. 寄生虫在宿主体内的寿命

长寿的寄生虫会长期地向自然界散布该种病原体。例如，寄生于人的牛带绦虫，其寿命可达5年以上，这样，一人患病，就可能使许多牛感染囊尾蚴病。短命的，其寄生期可能不到一年，甚至不到半年。例如，绵羊的莫尼茨绦虫只有2～6个月，一般3个月，而绵羊感染又有季节性，主要是夏季，这样，绵羊患病就可能出现间断期。这些都是十分重要的流行病学资料，常常构成各该种寄生虫病流行的主要特征，对防治措施的制定和实施有重要的参考价值。

3. 寄生虫的散播及其在自然界的生存条件

寄生虫以何种形式或什么发育阶段排出宿主体外，它们对外界环境的耐受性怎样，所需要的发育条件如何，在一般条件下和某些特殊的条件下发育到感染阶段所需的时间，在自然界保持存活、发育和感染能力的期限等。例如，猪蛔虫是以卵的形式排至自然界，卵壳很厚，对温度、湿度的变化和对各种消毒药剂都有较强的耐受性，能在一般的条件下经1个月左右发育到感染期，并能长期保持生命力，可长达5年之久。这就使那些严重污染、卫生条件不良的发病点具有顽固、难以消除的特性，这就是蛔虫病的流行病学特征。寄生于牛、羊支气管的网尾线虫便是另一种情形，它们的第一期幼虫随宿主粪便排出，裸露的虫体对气温和湿度变化的耐受性远远比不上有卵壳庇护的蛔虫幼虫。它们在一般的条件下经过10天左右发育到感染期。然而，它们在自然界的三个幼虫期，一般都不能在我国北纬40°以北地区的牧场上越冬，这就使牛、羊网尾线虫病的发生带有明显的季节性，相应地，驱虫和预防也应有不同的特点。这里需要研究的问题还包括各种不同的温度、湿度、光照和各种化学物质对不同发育阶段的虫体的影响。多数吸虫卵需要在水中发育，绦虫卵在进入中间宿主体内之前，也有一段时间停留在自然界，都各有不同的特点和要求。

4. 寄生虫的中间宿主

许多种寄生虫需要中间宿主，这就要研究中间宿主的情况。例如，吸虫需要螺作为中间宿主，这就不但要研究吸虫的卵和毛蚴在自然界所需要的发育条件、生存条件和感染螺体的机遇和条件，而且还必须研究螺的分布，密度，习性，栖息地，每年中的出没时间，越冬地点，以及有无它们的天敌等。事情的另一方面自然要涉及：吸虫幼虫进入螺体的可能性；在螺所能适应的生存条件下，它们体内的吸虫幼虫的生长发育情况；随着螺的分布和习性的不同，吸虫尾蚴在自然界的分布以及此后它们遭遇第二中间宿主或终末宿主的机遇，及其他一系列问题。最为重要的具体数据是，螺在一年中的什么时候开始活动，虫卵在一年中的什么时候开始发育，又在一年中什么时候开始有第一批尾蚴由螺体内溢出，以及螺在什么时候蛰伏越冬。知道这些，从而也就可以得知宿主感染的大体时间了。这都和疾病的发生和防治密切相关，都是疾病流行的重要因素。

对于一些以无脊椎动物为中间宿主的绦虫和线虫，需要研究的流行病学资料和吸虫大同小异，可不必一一赘述。多种原虫和线虫中的丝虫以吸血节肢动物为媒介，例如，梨形虫以蜱为媒介，锥虫以虻为媒介，牛、马的腹腔丝状虫以蚊为媒介等。对于它们，就要弄清媒介的滋生地，习性，活动规律，直到它们的全部生物学。这一类疾病随着媒介的有无、出没而呈现明显的地区性和季节性。

5. 贮藏宿主

还要注意到某些寄生虫的贮藏宿主，搞清它们和病原体接触的可能性和家畜与贮藏宿主遭遇的机会。如我们在第一章所提到的气管比翼线虫的例子，对于鸡粪便的处理和杜绝鸡与蚯蚓和某些节肢动物的接触，就成为防病的重要环节了。

6. 寄生虫感染的来源与途径

寄生虫的感染需要有一定的来源和经过一定的途径。当研究某一种寄生虫病时，必须把这种病的具体的和主要的感染来源和感染途径弄清楚，不然便不足以谈防治。例如，猪可以由掘食土壤中的金龟子幼虫或夜晚捕食灯下的金龟子成虫而感染大棘头虫；羊可以经口或经皮肤感染钩虫；牛、马可以因虻或螫蝇的叮咬而感染伊氏锥虫；猪可以经口或经皮肤感染有齿冠尾线虫(经口时，或由于吞食感染幼虫，或吞食携带感染幼虫的蚯蚓)，如此等等，都必须确定它们在具体条件下的主要感染来源和途径，这是流行病学研究的重要课题。

7. 宿主遭受感染的内在因素

终末宿主方面的各种因素，都或多或少地关系到疾病的流行，绝非只有病原体一方便能构成疾病。家畜的营养状态非常重要。一般来说，当营养贫乏，某些基本物质缺少的时候，宿主对于寄生虫的抵抗力即行全面减退，这种现象，在许多消化道寄生虫尤为显著。这或许说明，当营养不足的时候，内部环境有所改变。虽然在这方面还有许多不同的试验结果和意见，但总的印象是健康的宿主通常寄生虫较少，随着健康程度的下降，寄生虫的数量增多。有人用金丝雀进行感染疟原虫的试验，发现在始发感染时，食物贫乏的鸟，症状比较严重，持续时间较长，死亡和复发率都高。一般患病者由于制造免疫球蛋白的需要，对于蛋白质的需求量较高，这就给营养不良的动物造成更多的亏损。由此可见，营养不良是疾病流行的重要因素。

动物的品种不同，年龄不同，对疾病的耐受力也有所不同，尤其是品种的不同，常表现出很大的差异。性别也是个不可忽视的因素。

家畜的管理涉及病原体散布等多方面的问题。例如，放牧的猪容易因掘食蛴螬和蚯蚓而感染棘头虫和肺线虫；也容易因摄入人粪而感染囊尾蚴。在水边放牧牛、羊和由水边割草作饲料，都容易使牛、羊和兔感染肝片形吸虫病。水生饲料喂猪容易使猪感染姜片吸虫病。鸡舍、猪舍卫生条件不良时，容易造成蛔虫的严重污染。马厩拥挤，卫生条件不良时，容易引起疥癣、蛲虫病和蛔虫病的泛滥。所有这些，都必须在各该种疾病的流行病学调查中搞清楚管理因素所起的作用。大多数蠕虫的虫卵或幼虫都是随宿主粪便排到自然界的，所以，粪便的管理和使用直接关系到许多蠕虫的散播和疾病的流行。

配种制度不健全容易使马媾疫和牛毛滴虫病泛滥。

牧场的卫生条件不佳和在山林/草原放牧的牛、羊，容易遭受蜱的叮咬而感染梨形虫病，蜱的叮咬是梨形虫病流行的先决条件。

所有这些都告诉我们，无论在调查一个已知的疾病或未知的疾病时，都要详细地了解宿主方面的各种情况，分析其中哪些与疾病有关，并找出其中最主要的因素。

8.人的因素

人的不科学的、盲目性活动往往会促进人类自身和家畜的寄生虫病的发生和发展。例如，人无厕所或粪便管理不严时，容易造成猪、牛囊尾蚴病的流行。肉品的检验和管理制度不严时容易造成人绦虫和狗绦虫病的流行，接着就变成了家畜囊虫病、多头蚴病和棘球蚴病流行的直接致因。家畜的运输可能给当地引进或向外地输出新病。合乎科学的改造自然的行动会减少某些寄生虫病的流行，或使之被控制或趋于消灭。

9.自然状况

自然界的状况对于寄生虫病的存在、分布、发生和发展有着重要的影响。例如，在我国的北方地区没有日本分体吸虫、人猪的姜片吸虫和猪肾虫（但近年来由于猪的移动，猪肾虫在我国北方已有零星的散布）。这其中又有不同的情况：猪肾虫是由于虫体在外界的发育需要较高的温度和湿度，北方地区一般缺乏此种条件；日本分体吸虫和姜片吸虫还涉及中间宿主方面的许多因素。温度、湿度等条件除直接或间接地影响寄生虫的地理分布之外，就是对于那些遍布世界的某些虫种，也使它们在不同地区出现不同的流行情况。各种圆线虫（如马的圆线虫、反刍兽的毛圆线虫和犬钩虫等），其各期幼虫的行为最易受温、湿度变化的影响。有的研究者报告说，犬钩虫的幼虫生活在土壤颗粒间由毛细管作用所形成的水膜中，并且随着土壤水的升降而上行下行，此系一种固定的反应性，而不是由于水的搬运作用。由此可见，湿度对于钩虫幼虫非常重要，所以，在干燥和缺雨的地区就较少有钩虫，甚至没有。温度的影响也很大。钩虫的感染幼虫不吃食物，能量来源于它们体内贮藏的营养物质。温度升高和湿度的变化能引起幼虫活动性的加强，它们沿垂直方向移行，做接触物体的动作，这样就增加了贮藏物的消耗，缩短了它们的寿命，有时在死亡之前，已因饥饿而失去钻穿宿主皮肤的能力。日照也有重要关系，有人报告说，钩虫幼虫在日光直射的土壤上，寿命平均只5天，在淡阴影下为6周，在深阴影下为8周。土壤的状况也颇有影响，圆线虫一类的幼虫在遇到不利情况时，便下行退避到土壤中去。由于幼虫有随外界条件而沿垂直方向移行的习性，所以，幼虫的生活力在很大程度上与土壤的结构有关，疏松的沙质土壤对幼虫有利，致密而不易透水的黏土中常常没有钩虫。有人报告说，把含钩虫卵的粪便埋入结构疏松的土壤中90 cm，以后它们的幼虫还可以移行到表面上来；如果是纯粹的黏土，其移行深度不超过15 cm。水和土壤的酸碱度对虫卵和幼虫的发育也有影响，但一般寄生虫的适应性较宽，所以，在一般情况下不起显著的作用。如犬钩虫卵的发育以pH值6～7为最适宜，但能适应于pH值4.6～9.4的范围。气候、水土在寄生虫病流行上的意义，由此可见一斑。

纬度的不同，海拔的高低，无疑都对气候、光照和土壤等方面产生重要的影响，随之也将影响到寄生虫病的分布和流行。在同一地区，随着年雨量的不同和温度的变异，有些寄生虫病的流行情况也可能有很大的差异。如有些地区，平素干旱，肝片形吸虫病极不显著，但偶遇多雨之年，椎实螺数量剧增，伴随着出现肝片形吸虫病的普遍暴发；在这种情况下，平时的带虫者起了重要的散播作用。一年之内的季节更迭也使许多种寄生虫有消长的变化，一般来说，多是夏季感染，细别之又有许多不同的情形，这就是所谓的季节动态。弄清寄生虫的季节动态，对防治工作有重要意义。

地理和气候的不同必将影响到植被和动物区系的不同，后者的不同又将更为直接地影响到寄生虫的分布。那些有中间宿主的虫种，必定依赖于中间宿主（动物区系的一部分）的分布自不待言；那些没有中间宿主的寄生虫，也常与家畜以外的其他动植物保持着各式各样的关系。蜱的分布常和植被的状况密切相关，如硬蜱多散布于潮湿的森林地带，血蜱多在平原山麓草原，革蜱常在半沙漠地带等，这种植被的不同又和地理气候条件相关联。由于蜱种的分布不同，又造成了梨形虫病之分布的差异，如牛巴贝斯虫以硬蜱为媒介，马巴贝斯虫以革蜱为媒介等。山林中的野兽常成为许多家畜寄生虫的感染来源，如牛、羊和多种野生反刍兽有共同的寄生虫，所以，一个地方的野生反刍兽区系必然影响到牛、羊寄生虫的散布和流行。多头绦虫和细粒棘球绦虫的成虫寄生于犬、狐和豺等野生肉食兽，因此，当地野生肉食兽的种群组成及其数量势必和家畜的多头蚴病和棘球蚴病有所关联。

兽医工作者或寄生虫学工作者应当对重要寄生虫病进行溯本追源的观察，找出准确的线索，查明患者的种别、品种、年龄、性别及其各自的数量，分布范围，感染来源，有无媒介和媒介的性质，感染机遇，发病动态和扩散趋势，用生物统计学的方法处理发病率和死亡率等各种数据；调查患者的家族史，研究它们的相关性。对于广泛存在的慢性寄生虫病，例如，大多数的蠕虫病，必须调查足够数量的个体，计算其感染率和感染强度。要研究季节动态，应当由各级业务管理机构长期累积资料，研究分析疾病的年度动态，消长趋势或周期。每一项研究都要联系当地的饲养管理情况和生产水平，那是各种疾病的最重要的背景材料。这些就是研究流行病学的基本方法。

第二节　地理分布

在前一节中已经谈到过动植物的分布和地理气候条件的关系，由于动物区系和植被的不同，又直接或间接地影响到寄生虫的分布。地球上的地理区是这样划分的，以赤道为基准线，自赤道向南和向北各 23°28′划出两条环线，即南、北回归线，介于两条回归线之间的地带称作热带，在这个区域内，一年中最冷的月份，其温度不低于 20℃。在回归线的外侧，南北各有一个地带，称为亚热带，这里的全年平均温度不低于 20℃。北半球的热带等温界大体通过我国的雷州半岛、美洲的墨西哥湾和阿拉伯也门共和国及与之在同一纬度上的非洲地带。亚热带等温界大体通过我国长江流域、美国的中、南部和地中海的南岸等处。南半球的热带等温界通过澳大利亚的北部、南美洲中部和非洲南部。亚热带等温界大体通过澳大利亚的南部、南美洲南部和非洲的南端附近。南极圈和北极圈的两个环线分别距南北极 23°28′。温度是不可能以一条规则的纬度线截然划分的，等温界是与回归线平行，但不吻合的曲线，地理区划与等温界间之所以出现差异，是由海拔高度、陆地的广度和海流等因素造成的。

由于纬度的高低，陆地与海洋面积的比例，海拔高度，风和寒暖流等诸方面因素的影响，地球上不同区域的温度和湿度出现了显著的差异，并直接地规定了植被的类型，间接地决定了动物的区系。但气候条件虽是影响动物分布的重要因素，却不是唯一的因素，细考之，还有生物的移动、地质的变迁等许多方面的问题牵涉在内。根据动物基本类型的不同，在世界上划分为 6 个主要的动物区，即古北区，包括了整个欧洲、北部亚洲，其在我国的南界大约在长江流域，基本上是欧亚大陆的温带地区；远东区，包括了我国的长江以南地带，还有印度、巴基斯坦和中南半岛诸国，均位于热带和亚热带；新北区，主要是北美，其地理位置与古北区相似；澳大利亚区，其陆地部分主要在南半球的热带和亚热带；埃塞俄比亚区，基本上包括整个非洲，还有阿拉伯半岛的一部分，分布在赤道两侧的热带和亚热带；新热带区，主要是中南美洲，大部分位于热带和亚热带。

动物区系的不同，就意味着宿主、中间宿主和媒介的不同，而且必然影响到寄生虫的分布。特别是那些对宿主的选择性比较严格的寄生虫，总是随着其特异性宿主的分布而存在。例如，寄生于牛、羊、马等多种哺乳动物的刚果锥虫(*Trypanosoma congolense*)和布氏锥虫(*T. brucei*)，都是分布在非洲的热带地区，这是和它们的媒介——舌蝇(采采蝇)的分布相一致的。这种情况是媒介的分布决定寄生虫的分布，没有特异性的媒介，便没有与之相应的寄生虫。而和布氏锥虫非常近似的伊氏锥虫(*T. evansi*)却遍布于古北区、埃塞俄比亚区、远东区和新热带区，因为它们的媒介——虻几乎到处存在。终末宿主的分布当然也决定寄生虫的分布，例如，象的一些特异性寄生虫只存在于有象的地区。气候无疑能影响寄生虫的分布，如猪肾虫在我国长江以南极为普遍，但在自然情况下不存在于北方。所以，宿主与环境二者都影响或决定寄生虫的分布。并且，一般来说，同种宿主的生态环境不同时，其寄生虫的类别也有所不同，生态环境越复杂，寄生虫的种类往往越多。

然而这种情况并不是一成不变的，动物的移动无疑是影响寄生虫分布的重要因素。某些鱼类和鸟类迁移所引起的寄生虫区系的变化，是寄生虫地理分布和生态学方面的重要研究课题。就与家畜有关的方面来说，也有许多事例。譬如活跃锥虫(*T. vivax*)，本来也是一种以舌蝇为媒介，和刚果锥虫与布氏锥虫有着共同地理区的种类，但现在却也见于南美和毛里求斯等地。有些研究者认为，这是近百年内随着牛的运输迁往新热带区的；原本它们需要在舌蝇喙部发育，如今已经改为由虻类进行机械性的传播，并已定居于该地。又如有的研究者认为，伊氏锥虫可能是肇源于非洲“舌蝇区”的布氏锥虫，也是由于宿主的搬运，使它们离开了“舌蝇区”，并被迫变成了由虻进行机械性传播的生活方式，当然，这是一个相当漫长的过程。近年来，我国华北和东北的一些省份由南方采买生猪，也把猪肾虫带到了北方，但由于气候的不适，它们的虫卵和幼虫能够在自然界发育的季节很短，因此，据目前观察，似乎可以保持生存，不能广泛散布。同样，人类的迁移也把一些寄生虫病带往新的地方，通常在具备适宜的气候，必要的中间宿主和相似的生活习惯时，这些寄生虫便扩散到了新的疆土。近代交通工具以空前速度和频率往来于各大洲间，给某些动物的移动造成了有利条件。据目前所知，由飞机搬运的昆虫便有属于双翅目（蚊、蝇）、半翅目（臭虫）、鳞翅目（蝶、蛾）、鞘翅目（甲虫）和膜翅目（蚁、蜂）等许多分类单元的种类。由轮船和火车携带动物那更是早已有的了。我国的南北交通曾经使南方的蟑螂大量北移；白蚁也不例外。据报道，大约距今 67 年前，由西部非洲将冈比按蚊（*Anopheles gambiae*）输入了巴西，引起了疟疾的暴发性流行，患者 300 000 人以上，死亡 16 000 余人。人类的旅行和牲畜与野生动物的运输可以将许多蠕虫病带往新地区。

某些隔绝的地方及其动物区系常常保持着其固有的某些特殊的寄生虫种类。有的寄生虫保持在一些野生动物宿主之中，其分布范围完全相应于宿主的分布，并局限于一定的区域。例如，细粒棘球绦虫与多房棘球绦虫的某些亚种可能就是这样的。在一般情况下，它们保持感染于狐狸、犬、狼、野猫（终末宿主）和一些野生反刍兽、啮齿类、有袋类（中间宿主）动物之间，循环不已。还有一些血液原虫、病毒、立克氏体和细菌保持感染于它们的媒介（蜱，各种吸血昆虫）和哺乳动物或鸟类宿主之间，也是由动物区系之地理分布形成的。这一类情况，有时称为疫源性疾病，一旦对人类或家畜“开放”，可能造成严重后果，这是由于新宿主和新寄生虫之间的适应性问题造成的，对于生产和人类卫生常有实际意义。

地理上相隔遥远的宿主可以有同种的寄生虫。有时在两个相隔甚远的地区之间，确实存在某些寄生虫之分布上的隔离（有的甚至是海洋的隔断）。但也有时所谓隔断，实际是人们还没有发现它们的缘故。宿主的长距离移动，无论在其旅行途中或到达一个新的栖息地之后，通常都要失去某些虫种，但在其风土适应的过程中，通常也要保留原栖息地一些寄生虫。广泛分布于世界各地的动物宿主，随其足迹之所至，它们的寄生虫往往也遍布各地，特别是那些土源性寄生虫更是这样。家畜的驯养本来就是遍及全世界的，所以，它们的多数寄生虫较少有地理性；加之近代交通和商业的发达，家畜之交换运输的频繁，更加增加了家畜寄生虫的这种广泛散布的性质。

以上就是寄生虫的地理分布方面的一些普遍的规律性，它们有助于我们对寄生虫病流行病学的更为深刻的理解和判断，对防治和检疫工作都有指导意义。当然，地理分布的意义绝不局限于家畜疾病方面，这些规律性还有其另外方面的意义。就地理分布的理论性问题来说，还需要研究探讨许多其他方面的规律性，诸如寄生虫的分布类型和宿主的分布类型之间的相关性；同种宿主的不同生态环境与其寄生虫的种类和分布上的相关性；寄生虫、宿主和中间宿主在演化上的关系；宿主与其寄生虫的发源地和它们的移动路线；大陆块的漂流和寄生虫分布的关系；宿主间的分类学关系与其特异性寄生虫间之分类学关系的关联性等，限于本书的性质和篇幅，这里不再一一叙述。

第三章　寄生虫病的免疫

寄生虫存在于宿主体内是多种因素使之得以建立的。当寄生虫“试图”制伏宿主，在宿主体内建立生活时，宿主则“试图”抗御寄生虫，遏制其危害，这就是免疫反应，或称免疫应答。寄生虫与宿主的相互应答，对于双方有着同等的重要性；寄生虫必须克服宿主的这种反应，始得生存。这就自然而然地将寄生虫学与免疫学交织在一起，免疫寄生虫学已迅速发展为一个新的研究领域。

寄生虫感染宿主的潜在能力是多方面的，因此，任何一种单一的抗寄生虫效应都不可能承担起全部的保护功能。事实是宿主为了抑制寄生虫的侵袭和增殖并将寄生虫排出，需要动员多形式的免疫应答。对于抗寄生虫免疫的了解，目前仍很有限，大多数的资料是从受控于实验室的宿主-寄生虫系统所进行的实验研究得来的。有关保护作用的确切机制以及在某些情况下何以失去效力的知识，不仅是饶有兴味的理论性问题，而且对于制定控制战略也是必不可少的。在宿主抗寄生虫的免疫应答中，必须考虑以下几个一般性的概念：①寄生虫病原体具有异源性。②慢性经过是大多数寄生虫感染的特征，因此，持续的抗原性刺激是宿主-寄生虫相互作用中的主要因素；这也是寄生虫宿主长期相互适应的结果。③寄生虫的免疫逃避主要是由于 a. 抗原变异；b. 寄生虫体表披被了宿主的抗原；c. 寄生虫释放的可溶性抗原阻断了特异性抗体的免疫反应或与抗体形成免疫复合物，从而抑制了免疫反应。这是与防止寄生虫再感染（或排斥寄生虫）不同的机制。④慢性寄生虫感染的伴随免疫状态和高丙种球蛋白血症可能会造成严重的功能性后果。⑤许多种寄生虫尚处于进化状态，能在相对短的时间内发生明显的遗传和抗原变异。⑥在天然宿主的先天性免疫中存在着明显的、由遗传决定的差异。⑦人类及其他灵长类、小鼠、大鼠和多种其他实验动物处理复合抗原（如多种寄生虫抗原）的能力差异很大。

宿主对寄生虫的免疫，表现为免疫系统对寄生虫的识别和试图清除寄生虫的反应，和免疫的基本范畴一样，包括非特异性免疫和特异性免疫。宿主对寄生虫的非特异性免疫是在进化过程中形成的，具有遗传和种的特征。特异性免疫又称获得性免疫，是宿主的免疫系统对寄生虫特异性抗原的识别，是免疫活性细胞与寄生虫的抗原相互作用的全过程，其结果导致宿主产生体液免疫、细胞免疫以及记忆反应。宿主对寄生虫的免疫常常是特异性免疫在非特异性免疫的协同下起作用。

一、获得性免疫的类型

宿主感染寄生虫以后，大多可以产生获得性免疫。由于宿主种类、寄生虫虫种以及宿主与寄生虫之间相互关系的不同，获得性免疫可大致分为 3 种类型。

（1）缺少有效的获得性免疫。人体感染杜氏利什曼原虫时，虫体在巨吞噬细胞内繁殖和传播，很少出现自愈。只有在用药物治愈以后，获得性免疫才明显出现。

(2)非清除性免疫(non-sterilizing immunity)。这是寄生虫感染中常见的一种免疫类型。寄生虫感染常常引起宿主对重复感染产生获得性免疫,此时宿主体内的寄生虫并未完全被清除,而是维持在低水平。如用药物清除宿主体内残留的虫体,免疫力随即消失。通常称这种免疫状态为带虫免疫(premunition)。例如,患双芽巴贝斯虫的牛痊愈以后,通常仍有少量红细胞内含有虫体,此时对重复感染具有一定的免疫力。如虫体全被清除,免疫力亦随之消失。

(3)消除性免疫(sterilizing immunity)。这是寄生虫感染中少见的一种免疫类型。动物感染某种寄生虫并获得对该寄生虫的免疫力以后,临床症状消失,虫体完全被清除,并对再感染具有长期的特异性抵抗力。如大鼠感染路氏锥虫(*Trypanosoma lewisi*)后,只出现短时间的虫血症,接着虫体完全被消灭,出现持久的特异性免疫。

二、获得性免疫的效应机制

获得性免疫对寄生虫所产生的效应在不少情况下是抗体与细胞两者协同发挥作用。在细胞免疫中,有细胞毒性 T 细胞、巨噬细胞、中性粒细胞、嗜酸性粒细胞等参与作用。

(1)免疫球蛋白介导的免疫反应。在疟原虫,属于 IgG 的保护性抗体作用于红细胞内期释出的裂殖子而使之凝集,从而阻止它们再侵入新的红细胞。这种反应是抗体与抗原的反应。弓形虫的速殖子、速殖体阶段是在宿主细胞内进行的。当速殖体分裂为大量速殖子时,被寄生的细胞遭受破坏而随之崩解,速殖子即游离于体液内,对于这种尚未侵入细胞的游离虫体,抗体与补体的联合作用能够消灭它们。这种反应即补体-免疫球蛋白介导的细胞溶解。在疟疾,属于 IgG 的保护性抗体可包裹有成熟裂殖体寄生的红细胞,起调理作用,有利于巨噬细胞的吞噬。这种反应是免疫球蛋白-巨噬细胞介导的入胞现象。又体外试验表明,曼氏血吸虫童虫的表膜上可以结合抗体,而后,嗜酸性粒细胞附着其上,损伤虫体,这种现象属于抗体依赖、细胞介导的细胞毒作用。

(2)细胞介导的免疫反应。在细胞介导的免疫反应中,具有细胞毒作用的效应细胞可以是细胞毒性 T 细胞、巨噬细胞或自然杀伤细胞(natural killer cell)。在感染利什曼原虫的动物体内,致敏淋巴细胞接触含有无鞭毛体的巨噬细胞或从巨噬细胞释放出的无鞭毛体都可产生细胞毒作用,使靶细胞或病原体溶解。宿主对细胞内弓形虫速殖体、速殖子的免疫应答是细胞免疫。这种机制发生的步骤是:①致敏的 T 细胞抗原受体与弓形虫核糖核蛋白(抗原)起反应,从而导致 T 细胞分裂和分化,即分化为淋巴因子生成细胞、细胞毒性效应细胞与记忆细胞;②淋巴因子生成细胞释放淋巴因子,作用于巨噬细胞,使它们首先能抵抗弓形虫的致死作用,然后通过解除对溶酶体和吞噬体融合的阻碍使溶酶体发挥作用,杀伤细胞内的虫体;③细胞毒性 T 细胞还能破坏速殖体和受弓形虫感染之细胞的作用;④干扰素能激活巨噬细胞和刺激细胞毒性 T 细胞,使能有效地抵抗弓形虫。

三、寄生虫感染的变态反应

变态反应或称超敏反应,是处于免疫状态的机体,再次接触相应抗原或变应原时出现的异常反应。常导致组织损伤,产生免疫病理变化。宿主感染寄生虫以后所产生的免疫反应,一方面可以表现为对再感染的抵抗力;另一方面也可发生对宿主有害的变态反应。

1. 过敏反应型(Ⅰ型超敏反应)

主要见于蠕虫感染。蠕虫的变应原刺激机体产生反应素(主要是IgE,还有IgG)。IgE结合于肥大细胞和嗜碱性粒细胞表面,当相同的变应原再次进入机体,与附着于细胞表面的IgE结合时,导致细胞出现脱颗粒现象,从颗粒中释放出组织胺、5-羟色胺、缓慢反应物质(SRS-A)以及激肽等介质。这些介质具有使平滑肌收缩,提高血管通透性、扩张血管以及增加腺体分泌的作用,从而使机体迅速出现局部或全身的过敏反应症状。在释放这些介质的同时,还释放嗜酸性粒细胞趋化因子(ECF-A),动员并吸引嗜酸性粒细胞聚集,后者含有组织胺酶、芳基硫酸酯酶(arylsulfatase)等物质,可以灭活过敏反应所产生的介质,从而控制或停止变态反应的发展。

绵羊胃肠道线虫(尤其是捻转血矛线虫)的自愈现象就是局部Ⅰ型超敏反应。那些埋藏在皱胃和小肠黏膜中的幼虫,在进行第3次蜕皮时,分泌一种变应原作用的抗原;这种抗原与肥大细胞表面的IgE结合,导致肥大细胞脱粒和释放出血管活性胺、刺激平滑肌收缩和增加血管通透性。所以,在这一反应过程中,肠平滑肌剧烈收缩,因肠毛细血管通透性增加而有多量渗出液进入肠腔,从而导致大部分虫体被驱逐并排出体外。同样的反应亦见于犊牛肝片形吸虫病。

旋毛虫病时出现的发热、皮疹、水肿、血中嗜酸性粒细胞增多以及IgE滴度的增高,蛔虫幼虫通过肺部时出现的支气管哮喘和肺部嗜酸性粒细胞浸润,血吸虫再感染时,局部出现荨麻疹、皮下水肿、嗜酸性粒细胞增多一类的病理变化和症状都属于过敏反应型变态反应。棘球蚴病时,包囊破裂,大量囊液进入腹腔,可引起过敏性休克。蠕虫感染时,参与抗蠕虫的最重要的免疫球蛋白是IgE。IgE使肥大细胞脱粒,刺激过敏反应性嗜酸性粒细胞趋化因子释放,这种物质能调动体内贮存的嗜酸性粒细胞进入血液循环,因此,嗜酸性粒细胞增多就成了蠕虫感染的一个特征。在肠道蠕虫感染时,肠黏膜中的肥大细胞和杯状细胞增生。

节肢动物中的牛皮蝇幼虫也能引起这种反应。牛皮蝇幼虫在牛组织中移行时,如果偶尔破裂,其体液与致敏牛体液接触时,可能引起严重反应,甚至导致宿主死亡。马、牛遭蝇、蠓和蚋等叮咬可以引起变态反应性皮炎,症状为强烈瘙痒和荨麻疹。螨的刺激也引起同样的反应。

2. 细胞毒型(Ⅱ型过敏反应)

此型变态反应是抗体与附在宿主细胞膜上的抗原结合,如有补体参与作用,即引起细胞溶解。锥虫和巴贝斯虫的贫血属于细胞毒性变态反应,抗原物质与红细胞表面结合,使宿主自身的红细胞被当作异物而被溶解,造成严重的贫血。杜氏利什曼原虫的抗原吸附于红细胞膜上,血中的相应抗体(IgG或IgM)与这种抗原结合,然后补体与抗体结合,诱发补体各成分的连锁反应,最终引起红细胞的溶解,临床上出现贫血。

3. 免疫复合物型(Ⅲ型过敏反应)

此型变态反应是抗原与抗体在血内结合,形成抗原抗体复合物。这种复合物沉积于血管壁,并激活补体,产生白细胞趋化因子,引起中性粒细胞在局部积聚,释放蛋白溶解酶,损伤血管壁及邻近组织,引起血管炎。犬恶丝虫病、疟疾和血吸虫病出现的肾病属于免疫复合物型变态反应。

4. T细胞型(细胞介导的Ⅳ型超敏反应)

此型变态反应是T细胞介导的细胞免疫反应。已经抗原致敏的T细胞,当再次接触抗原时,出现分化、繁殖并释放淋巴素,在局部组织内形成以单核细胞为主的炎性反应。业已证明,曼氏血吸虫虫卵肉芽肿以及皮肤利什曼病的局部结节都属于 T 细胞型变态反应。在这类疾病,用相应抗原注射于皮肤,出现迟发性超敏反应;若将淋巴细胞或巨噬细胞加抗原培养,淋巴细胞转化试验和巨噬细胞游走抑制因子试验均为阳性。犬蠕形螨病和蚤咬性皮炎也属于此型变态反应。蜱吸血时,其唾液引起的局部细胞介导的超敏反应,能限制血液向蜱的口器中的流动;此时免疫复合物型超敏反应也与此有协同作用。

在寄生虫感染中,有的寄生虫病可同时存在多型变态反应。如曼氏血吸虫病同时有过敏反应型、免疫复合物型及 T 细胞型变态反应。

四、寄生虫的免疫逃避

寄生虫能在具有免疫力的宿主体内生存,这种现象称为免疫逃避(immune evasion)。形成免疫逃避的原因有以下几点:

(1)抗原变异。寄生于家畜的布氏锥虫和伊氏锥虫(*Trypanosoma brucei*,*T. evansi*)的表面抗原经常发生变异,不断形成新的变异体(variant),因而不受已经存在的抗体的作用,能在宿主体内长时间地存活下去。

(2)虫体体表获得宿主抗原。试验表明,血吸虫的早期童虫发育并移行至肺时,其表面抗原发生改变或被掩盖,因而可以逃避宿主免疫系统的识别。其原因之一是在虫体表皮的外层结合了宿主的血型物质糖脂。曼氏血吸虫能将宿主的红细胞抗原和组织相容性抗原吸附到自己的表面膜上。囊尾蚴也以同样方式吸附组织相容性抗原。

(3)释放可溶性抗原。在锥虫病、犬恶丝虫病及血吸虫病患者血清中有寄生虫的可溶性抗原。这类抗原能阻断由特异性抗体介导的、作用于虫体的免疫效应,或者与抗体形成免疫复合物,从而抑制免疫反应。

(4)解剖位置的隔离。寄生于胃肠道或生殖道的寄生虫常受到局部分泌物中抗体的作用,而血循环中的抗体则较少发挥作用。如球虫得以逃避循环抗体的攻击。

寄生虫感染引起的免疫缺陷 近年来,在动物试验中发现,宿主感染原虫或蠕虫时可降低对异种抗原的免疫反应,这属于次发性免疫缺陷(secondary immunodeficiency)。例如,伯氏疟原虫(*Plasmodium berghei*)、刚弟弓形虫(*Toxoplasma gondii*)、曼氏血吸虫及旋毛虫的感染都能降低动物的抗体反应和细胞反应。人体恶性疟原虫感染能降低宿主对破伤风类毒素及伤寒杆菌的抗体反应;冈比亚锥虫感染不仅降低宿主对伤寒杆菌的抗体反应,而且还降低细胞免疫反应;蛔虫感染能抑制人体接种伤寒和副伤寒疫苗后的抗体反应。

寄生虫感染诱发免疫缺陷的原因可能是多方面的。例如,T 细胞抑制的活力增强,巨噬细胞的功能缺陷,抗原竞争,寄生虫释放具有抑制免疫功能的物质等因素。寄生虫感染出现免疫缺陷可能使感染者较未感染者易于感染其他病原体,影响疫苗预防接种的效果,降低宿主对寄生虫感染的抵抗力或者使感染者易于发生肿瘤等。

第四章　寄生虫病的防治措施

各种寄生虫病严重地危害人类的健康，严重地危害畜牧业的发展及其产品的质量和数量，所以，防治寄生虫病是关系到人畜健康和经济发展的大事，是四个现代化的大事，也是四个现代化中的重要研究课题。

防治寄生虫病是个极其复杂的问题。有人这样说，寄生虫病的流行情况是外界环境状况的一种反映：消化道寄生虫病的蔓延说明卫生状况的低下，囊尾蚴病、旋毛虫病和棘球蚴病等的流行是人民生活贫困，缺乏卫生习惯和多方面欠缺管理制度的表现；若干由媒介(昆虫等)传播的疾病流行，常常说明居住条件的不良，如此等等。事实也正是这样。

由于寄生虫病和外界环境的联系如此密切，这就大大增加了防治工作的复杂性，使防治工作必须以流行病学的研究为基础，实施综合防治措施，才能收到较好的成效。综合防治措施的制定需以寄生虫的发育史、流行病学与生态学特征为依据。

消灭感染源　驱虫是综合防治中的重要环节，通常是用药物杀灭或驱除它们。这种措施有双重意义：一方面在宿主体内或体表杀灭或驱除寄生虫，从而使宿主得到康复；另一方面，杀灭寄生虫就是减少了病原体向自然界的散布，也就是对非寄生虫病患者的预防。驱虫可以在出现临床症状时实施，但在防治寄生虫病中，通常都是实施预防性驱虫，即按照寄生虫病的流行规律，定时投药，而不论其发病与否。如绵羊常在冬季服药驱除消化道中的线虫，使绵羊安全越冬，消除线虫翌春对绵羊的危害和对牧场的污染。又如在媒介蚊活跃季节，定期给犬使用伊维菌素，防治犬感染犬恶丝虫病。这种预防性驱虫一方面可以保护动物健康；另一方面可以使很多寄生虫在未成熟前被杀灭，对防止环境污染很有作用。“虫体成熟前驱虫”是利用寄生虫的生物学特性设计的积极杀虫措施，主要应用于绵羊莫尼茨绦虫。这种绦虫的中间宿主是地螨，夏季感染为主。随地螨被摄入羊小肠的幼虫平均 30 天成熟，排出孕卵节片，成虫寿命一般仅 3 个月，因此，第二年春季的羔羊和成年羊一般都是无虫的。如果我们知道当地绵羊感染这种绦虫的最早时间为 6 月上旬，那么 6 月下旬至 7 月上旬之间连续两次驱虫，则绵羊感染的大部分绦虫死于幼龄阶段，这就可以阻止羔羊发病，阻断虫体的发育循环，大大减少牧场污染。这种方法又称成虫期前驱虫。

环境卫生　环境是被寄生虫的卵、幼虫和包囊等污染的场所，也是宿主遭受感染的场所，做好环境卫生是减少或预防寄生虫感染的重要环节。环境卫生有两方面的内容：一方面尽可能地减少宿主与感染源接触的机会，例如，逐日清除粪便，打扫厩舍，便可以减少宿主与寄生虫卵或幼虫的接触机会，也减少了虫卵或幼虫污染饲料或饮水的机会；另一方面是设法杀灭外界环境中的病原体，例如，把粪便集中在固定的场所，堆积发酵，利用生物热杀灭虫卵或幼虫；也包括清除各种寄生虫的中间宿主或媒介等。驱虫后排出的粪便尤应严格处理。

阻断传播途径　利用寄生虫的某些生物学特性可以设计防治方案。轮牧是利用寄生虫的习性设计的生物防治办法之一。如某些绵羊线虫的幼虫在夏季牧场上需要多长时间发育到感染阶段，譬如是 7 天，那么我们便可以让羊群在第 6 天时离开，转移到新的牧场；原来的牧场可以放牧马，因为绵羊的线虫不感染马。如果我们还知道那些绵羊线虫的感染幼虫在夏季牧场上只能保持感染力 1.5 个月，那么 1.5 个月后，羊群便可返回牧场。又如残缘璃眼蜱的成虫传播牛环形泰勒虫病，这种蜱是圈舍蜱，在中国内蒙古地区，成蜱每年 5 月份出现，与环形泰勒虫病的暴发同步，均为每年一次。了解这个规律，使牛群于每年 4 月中、下旬离开圈舍，便可避开蜱的叮咬和疾病的暴发，又可在空圈时灭蜱。

寄生虫的中间宿主和媒介是较难控制的，可以利用它们的习性，设法回避或加以控制。如羊莫尼茨绦虫和马裸头绦虫的中间宿主是地螨，地螨畏强光，怕干燥；潮湿和草高而密的地带数量多，黎明和日暮时活跃。根据它们的这些习性采取避螨措施就可以减少绦虫的感染。在小型人工牧场上，应尽可能改善环境卫生，创造不利于各种寄生虫中间宿主（蚂蚁、甲虫、蚯蚓、蜗牛等）隐匿和滋生的条件。利用化学药剂防制各种无脊椎动物，容易污染环境，必须在严格控制下施行。利用天敌控制无脊椎动物中间宿主尚无成功的先例。

提高畜禽自身抵抗力 这是必不可少的措施，如给予全价饲料，使畜禽能获得必需的氨基酸、维生素和矿物质；改善管理，减少应激因素，使动物能获得舒服而有利于健康的环境。对于幼畜应给以特殊的照顾。

免疫预防 寄生虫病的免疫预防尚不普遍。蠕虫病中，牛肺线虫的致弱苗使用历史较长；牛血吸虫病的致弱虫苗尚处于试用阶段。原虫病中，鸡球虫病有强毒苗和致弱苗；牛泰勒原虫和巴贝斯原虫也都有致弱虫苗接种的方法。应用免疫预防可以减少化学物质对乳、肉、蛋和环境的污染，但已有的虫苗尚不够完善，可能还有潜在的危险，故应在兽医的监督下使用。

寄生虫的发育史复杂，必须针对其发育史和流行病学中的各个关键性环节，采取综合措施才能收到防治之效。单一驱虫和杀虫的做法常不能奏效，有时甚至是有害的，在经济上是浪费的，如很多驱虫药的失效和抗药虫株的出现便足以说明这一点。对于一些涉及面广的重要寄生虫病，如人畜共患的棘球蚴病和日本分体吸虫病等，必须有各级行政组织的参与，制定防治的总体方案和相应的法令，由各级行政组织依法实施，并加强管理、监督、宣传教育和组织协调，才能收到切实的效果。有些国家还对重要寄生虫病颁布法律，如新西兰有《棘球蚴病防治条例》；有的国家将某些寄生虫病定为“依法通报病”，如联合国《动物卫生年报》1970 年所开列的 65 项寄生虫病中，有疥螨病、痒螨病、肝片形吸虫病、马媾疫、牛双芽梨形虫病等 20 几项被不同国家列为依法通报病。

行政、组织和法令的作用已为一些发达国家消灭某些寄生虫病的实例所证明。

第五章　寄生虫学的发展状况和我国在寄生虫病防治工作方面的成就

古代人类普遍认为在人群或动物群体中流行的疾病系鬼神所致。这种对自然界的误解甚至延续到19世纪时期，最明显的事例是欧洲人直到19世纪80年代还认为疟疾是鬼神定期来临，当时法国学者Laveran(1880)经研究指出：疟疾是因为疟原虫侵入红细胞所致，首次对疟疾病因做出了科学解释。17世纪中叶，荷兰人雷文虎克发明了显微镜，放大率达300倍，他检查了多种动物包括人的粪便、齿垢和水等，所见的较大生物——以后可以做出分类鉴定的有兔肝球虫的卵囊、人肠道的兰氏贾第鞭毛虫、蛙肠中的玛瑙虫(*Opalina*)等，他显然还看见了球菌、杆菌和螺形菌等。自此打开了生物中的微观世界。人类文明的早期，阻碍生物学发展的一个错误观念是"自生论"。与雷文虎克同时代人意大利学者雷狄(Redi)就已经用实验方法推翻了自生论。

我国对寄生虫病的认识和防治有着悠久的历史，公元前2 700年皇帝内经中已有蛔虫病的症状记载。公元6世纪，后魏贾思勰所著《齐民要术》中，就记载过治疗马、牛、羊疥癣的方法，并已经认识到该病的传染性，说"羊有疥者，间别之，不别，相污染，或能合群致死"。9世纪，唐朝李石著《司牧安骥集》中有医治马浑睛虫的歌，提出了用手术取出虫体的疗法，歌曰，"恐他点药治疗难，开天穴内针得力"。明朝赵浚等(1399)著《新编集成马医方》中有关于蜱的记载。

19世纪中叶德国人Leuckart发现了肝片形吸虫的生活史，人类第一次探知吸虫的生活史奥秘，以此为引线，危害几亿人民健康的血吸虫病才得以控制。同时代人比利时学者von Beneden揭开了绦虫生活史的秘密。1893年美国人Smith和Kilborne发现牛双芽巴贝斯虫病的媒介为蜱，是人类第一次揭示出"虫媒病"，为阐明疟疾和黄热病等的传染机制奠定了基础。1878年英国人P. Manson发现了斑氏丝虫的传播媒介为蚊；其后英国人Ross在Smith及Kilborne和Manson的科研基础上，于1898年成功地揭示了鸟疟原虫的生活史，继之又发现了人疟原虫的生活史，为挽救受疟疾威胁的成千上万人的生命做出了贡献。寄生虫以多宿主的生活特点为人们提出了"虫媒病"的现象，在此基础上又衍生了自然疫源地的理论和景观生态学的概念。

近代科学的发展常常以多学科的交叉渗透为特征，于是在寄生虫学中又出现了寄生虫的生态学、生理学、生物化学、细胞学、免疫学等多分支学科。电子显微镜的出现给寄生虫的形态学和分类学以新的巨大的推动，人们可以窥探各类寄生虫的亚显微结构；许多现代物理学和化学的新技术都被应用到寄生虫学的各个领域之中。寄生虫学已经渡过对研究对象客观描述的阶段和实验寄生虫学阶段，步入免疫寄生虫学与生化-分子寄生虫学的新领域。

自新中国成立以来，在寄生虫病的研究与防治方面已取得了显著的进展。寄生虫学工作者在寄生虫的分类区系方面做了许多工作，提供了大量的基础资料。在区系分类基本明确的基础上，对若干种危害严重的寄生虫病的生活史与流行病学进行了大量深入细致的工作，或首次阐明了某些寄生虫的生活史；或提供了疾病的详细的地理分布情况，季节动态，传播方式，媒介与中间宿主的生物学特征以及感染途径等，为疾病的防治提供了科学依据。对于广泛或严重流行的疾病如弓形虫病、梨形虫病、伊氏锥虫病、血吸虫病、猪囊虫病和旋毛虫病等都已研制成功或广泛应用了敏感的、特异性强的、应用简便的免疫诊断方法。新型低毒、高效的抗原虫药、抗绦虫药、抗线虫药和杀蜱螨药都有研制和生产，已基本上步入国际先进行列。牛环形泰勒原虫裂殖体胶冻细胞苗已在流行区广泛应用，收到了良好的预防效果。弓形虫苗和旋毛虫疫苗已基本上研制成功。

近代分子生物学技术已经进入我国寄生虫学研究领域，核酸探针技术、PCR 技术、基因重组技术已被应用于锥虫病、利什曼原虫病和旋毛虫病等的病原鉴定、实验研究和疫苗研制当中。

但是也必须看到，我国寄生虫学的发展水平还是比较落后的，并且还存在着不少急需填补的空白。为了适应新形势的需要，推动现代农业、现代畜牧业的发展，我们应当刻苦钻研，肩负起发展我国的寄生虫科学，使之进入世界先进行列这一光荣而艰巨的任务。

第六章 寄生虫的分类和命名规则

人们为了认识和区别各种动物和植物，就必须给它们各自订立一个专门的名称，而在科学已成为全人类的共同财富的今天，又必须有一个为世界所公认的命名方法，并使每一种动物或植物都有一个举世公认的名称，就像每一种化学元素都有一个世界通用的名称一样。这个全世界统一的动植物命名规则叫做双名制命名法。用双名制命名法给一个动物(种)或一个植物(种)规定的名称，叫做这个动物(种)或这个植物(种)的科学名(或学名)。一种动物或植物的科学名均由两个字组成，第一个字是属名，也就是说这种动物或植物隶属于这个属，第二个字是种名。种名是定语。例：

Schistosoma japonicum Katsurada, 1904

说明：*Schistosoma* 是属名，中译名为分体(属)，属名的第 1 个字母应大写；*japonicum* 是种名，即"日本的"，种名的第 1 个字母小写。第 3 个字是命名人的名字，最后是命名年代，意即 Katsurada 1904 年定名。命名人的名字和命名年代在有些情况下可以略去不写。中译名全文为日本分体吸虫。

Schistosoma mansoni Sambon, 1907

说明：中译名即孟氏分体吸虫。种名是由人名 Manson 转化而来的，按照译名规则，种名用人名命名者，只译第一音，后加"氏"字。孟氏分体吸虫和日本分体吸虫同属分体属 *Schistosoma*，但为两个不同的种。

Cooperia hungi Mönnig, 1931

说明：中译名为洪氏古柏线虫。属名由人名 Cooper 转化而来，按照译名规则，属名用人名命名者，译全名，故称古柏属。

Haemonchus contortus (Rud., 1803)

说明：中译名为捻转血矛线虫。属名和种名都是用虫体的某些形态特征命名的。

Clonorchis sinensis (Cobbold, 1875) Looss, 1907

说明：中译名为中华支睾吸虫。括号中的人名，表示该人于 1875 年首先给这种吸虫定了名(当时称作 *Distoma sinense* Cobbold, 1875，中译名为中华双口吸虫)，其后 Looss 认为属名 *Distoma*(双口)不妥当，设一新属，即 *Clonorchis* Looss, 1907(支睾)，将本种纳入支睾属内，于是就成为现称的中华支睾吸虫。在分类学的书籍上，常作如下的写法：

Clonorchis sinensis (Cobbold, 1875) Looss, 1907 (*Synonym-Distoma sinense* Cobbold, 1875)，但在一般书籍中，通常可以只写原始定名人的名字，即带括号的名字。

分类 所有的动物(种)均属动物界(ANIMAL KINGDOM)，所有的植物(种)均属植物界(PLANT KINGDOM)。

在动物界中，又依各种动物间相互关系之密切程度，分别组成不同的分类阶元。相互关系密切的种(species)，同属于一个属(genus)；相互关系密切的属同属于一个科(family)；相互关系密切的科同属于一个目(order)；相互关系密切的目同属于一个纲(class)；相互关系密切的纲同属于一个门(phylum);门是界下的分类阶元。以上所述都是一些最主要的分类阶元。有时在上述分类阶元之间还有一些“中间”的阶元,如亚门(subphylum)介于门与纲之间,亚纲(subclass)介于纲与目之间,亚目(suborder)与总科(superfamily)介于目与科之间,亚科(subfamily)介于科与属之间,属下又分亚属(subgenus),种下有亚种(subspecies)或变种(variety)等。

兹将本书所讲述的各种重要寄生虫按分类系统列表如下:

寄生性蠕虫包括在扁形动物门、线形动物门和棘头动物门中。

扁形动物门 Platyhelminthes

单殖纲 Monogenea,主要是鱼皮肤和鳃的寄生虫

吸虫纲 Trematoda

盾腹亚纲 Aspidogastrea,大多数是软体动物的寄生虫,单宿主

孪体亚纲 Didymozoidea,鱼类组织包囊中的寄生虫

复殖亚纲 Digenea,家畜、家禽和人类的吸虫

枭形目 Strigeata

分体科 Schistosomatidae:分体属 *Schistosoma*;东毕属 *Orientobilharzia*

双穴科 Diplostomatidae

枭形科 Strigeidae

环肠科 Cyclocoelidae

盲腔科 Typhlocoelidae

杯叶科 Cyathocotylidae

短咽科 Brachylaemidae

双士科 Hasstilesiidae:双士属 *Hasstilesia*

棘口目 Echinostomata

片形科 Fasciolidae:片形属 *Fasciola*;姜片属 *Fasciolopsis*

前后盘科 Paramphistomatidae

前后盘属 *Paramphistomum*;殖盘属 *Cotylophoron*;

腹袋属 *Gastrothylax*;菲策属 *Fischoederius*;

卡妙属 *Carmyerius*

嗜眼科 Philophthalmidae

光孔科 Psilotrematidae

背孔科 Notocotylidae:背孔属 *Notocotylus*

棘口科 Echinostomatidae:棘口属 *Echinostoma*

斜睾目 Plagiorchiata

歧腔科 Dicrocoeliidae:歧腔属 *Dicrocoelium*;阔盘属 *Eurytrema*

前殖科 Prosthogonimidae:前殖属 *Prosthogonimus*

斜睾科 Plagiorchiidae

隐孔科 Troglotrematidae

并殖科 Paragonimidae:并殖属 *Paragonimus*

微茎科 Microphallidae

真杯科 Eucotylidae
后睾目 Opisthorchiata
后睾科 Opisthorchiidae:支睾属 *Clonorchis*;微口属 *Microtrema*
异形科 Heterophyidae
绦虫纲 Cestoidea
真绦虫亚纲 Eucestoda
圆叶目 Cyclophyllidea
裸头科 Anoplocephalidae:裸头属 *Anoplocephala*;副裸头属 *Paranoplocephala*;
莫尼茨属 *Moniezia*;曲子宫属 *Helictometra*;
无卵黄腺属 *Avitellina*
带科 Taeniidae:带属 *Taenia*;带吻属 *Taeniarhynchus*;
泡尾带属 *Hydatigera*;多头属 *Multiceps*;棘球属 *Echinococcus*
戴文科 Davaineidae:戴文属 *Davainea*;赖利属 *Raillietina*;对殖属 *Cotugnia*
双壳科 Dilepididae:钩棘属 *Unciunia*;复孔属 *Dipylidium*
膜壳科 Hymenolepididae:膜壳属 *Hymenolepis*;剑带属 *Drepanidotaenia*;
皱褶属 *Fimbriaria*;单睾属 *Aploparaksis*;双睾属 *Diorchis*;
剑壳属 *Drepanidolepis*;微棘属 *Microsomacanthus*
双阴科 Diploposthidae
漏斗科 Choanotaeniidae:漏斗属 *Choanotaenia*;变带属 *Amoebotaenia*
中绦科 Mesocestoididae:中绦属 *Mesocestoides*
假叶目 Pseudophyllidea
双叶槽科 Diphyllobothriidae:双叶槽属 *Diphyllobothrium*;
叠宫属 *Spirometra*;舌形绦属 *Ligula*
线形动物门 Nematoda
无尾感器纲 Adenophorea(Aphasmidia)
毛尾目 Trichurata
毛细科 Capillariidae:毛细属 *Capillaria*;线形属 *Thominx*;真鞘属 *Eucoleus*
毛形科 Trichinellidae:毛形属 *Trichinella*
毛尾科 Trichuridae(毛首科 Trichocephalidae):毛尾属 *Trichuris*
膨结目 Dioctophymata
膨结科 Dioctophymatidae:膨结属 *Dioctophyma*
有尾感器纲 Secernentia(Phasmidia)
杆形目 Rhabditata
小杆科 Rhabdiasidae
类圆科 Strongyloididae:类圆属 *Strongyloides*
圆线目 Strongylata
钩口科 Ancylostomatidae:钩口属 *Ancylostoma*;仰口属 *Bunostomum*;
旷口属 *Agriostomum*;球首属 *Globocephalus*
管圆科 Angiostrongylidae:管圆属 *Angiostrongylus*

网尾科 Dictyocaulidae:网尾属 *Dictyocaulus*
后圆科 Metastrongylidae:后圆属 *Metastrongylus*
食道口科 Oesophagostomatidae:食道口属 *Oesophagostomum*
原圆科 Protostrongylidae:原圆属 *Protostrongylus*;缪勒属 *Muellerius*;
刺尾属 *Spiculocaulus*;囊尾属 *Cystocaulus*
冠尾科 Stephanuridae:冠尾属 *Stephanurus*
圆线科 Strongylidae:圆线属 *Strongylus*;三齿属 *Triodontophorus*;
盆口属 *Craterostomum*;食道齿属 *Oesophagodontus*;夏柏特属 *Chabertia*
盅口科 Cyathostomidae(=毛线科 Trichonematidae)
盅口属 *Cyathostomum*(毛线属 *Trichonema*);杯环属 *Cylicocyclus*;
鲍杰属 *Bourgelatia*
比翼科 Syngamidae:比翼属 *Syngamus*
裂口科 Amidostomatidae:裂口属 *Amidostomum*;肩口属 *Epomidostomum*
毛圆科 Trichostrongylidae:毛圆属 *Trichostrongylus*;血矛属 *Haemonchus*;
奥斯特属 *Ostertagia*;马歇尔属 *Marshallagia*;古柏属 *Cooperia*;
细颈属 *Nematodirus*;似细颈属 *Nematodirella*;长刺属 *Mecistocirrus*;
猪圆线虫属 *Hyostrongylus*

蛔目 Ascaridata
异尖科 Anisakidae:异尖属 *Anisakis*
蛔科 Ascaridae:蛔属 *Ascaris*;副蛔属 *Parascaris*
蛔型科(禽蛔科)Ascaridiidae:蛔型属(禽蛔属)*Ascaridia*
弓首科 Toxocaridae:弓首属 *Toxocara*;新蛔属 *Neoascaris*;
弓蛔属 *Toxascaris*

尖尾目 Oxyurata
尖尾科 Oxyuridae:尖尾属 *Oxyuris*;钉尾属 *Passalurus*;住肠属 *Enterobius*;
无刺属 *Aspiculuris*;管线属 *Syphacia*
异刺科 Heterakidae:异刺属 *Heterakis*;肿尾属 *Ganguleterakis*
锥尾科 Subuluridae:锥尾属 *Subulura*

旋尾目 Spirurata
锐形科(华首科)Acuariidae:锐形属(华首属)*Acuaria*;
分咽属 *Dispharynx*;链首属 *Streptocara*;副柔线属 *Parabronema*
似蛔科 Ascaropsidae:似蛔属 *Ascarops*;泡首属 *Physocephalus*;
西蒙属 *Simondsia*
颚口科 Gnathostomatiidae:颚口属 *Gnathostoma*
筒线科 Gongylonematidae:筒线属 *Gongylonema*
柔线科 Habronematidae:柔线属 *Habronema*;德拉西属 *Drascheia*
泡翼科 Physalopteridae:泡翼属 *Physaloptera*
尾旋科 Spirocercidae:尾旋属 *Spirocerca*
旋尾科 Spiruridae

四棱科 Tetrameridae:四棱属 *Tetrameres*

吸吮科 Thelaziidae:吸吮属 *Thelazia*;尖旋尾属 *Oxyspirura*

驼形目 Camallanata

驼形科 Camallanidae

龙线科 Dracunculidae:龙线属 *Dracunculus*;鸟蛇属 *Avioserpens*

丝虫目 Filariata

丝虫科 Filariidae:副丝虫属 *Parafilaria*;恶丝虫属 *Dirofilaria*

盘尾科 Onchocercidae:盘尾属 *Onchocerca*

丝状科 Setariidae:丝状属 *Setaria*

棘头虫动物门 Acanthocephala

原棘头虫纲 Archiacanthocephala

寡棘吻目 Oligacanthorhynchida

寡棘吻科 Oligacanthorhynchidae:大棘吻属 *Macracanthorhynchus*

古棘头虫纲 Palaeacanthocephala

多形目 Polymorphida

多形科 Polymorphidae:多形属 *Polymorphus*;细颈属 *Filicollis*

节肢动物门 Arthropoda

甲壳纲 Crustacea,某些种类为鱼类寄生虫;有的种类为一些蠕虫的中间宿主

昆虫纲 Insecta

虱目 Anoplura

颚虱科 Linognathidae

血虱科 Haematopinidae

食毛目 Mallophaga

长角羽虱科 Philopteridae

短角羽虱科 Menoponidae

毛虱科 Trichodectidae

双翅目 Diptera

蚊科 Culicidae

蚋科 Simuliidae

蠓科 Ceratopogonidae

毛蠓科 Psychodidae

虻科 Tabanidae

狂蝇科 Oestridae

胃蝇科 Gasterophilidae

皮蝇科 Hypodermatidae

丽蝇科 Calliphoridae

蝇科 Muscidae

虱蝇科 Hippoboscidae

麻蝇科 Sarcophagidae

半翅目 Hemiptera

蚤目 Siphonaptera(Aphaniptera)

角叶科 Ceratophyllidae

蚤科 Pulicidae

蠕形蚤科 Vermipsyllidae

蛛形纲 Arachnida

蜱螨目 Acarina

蜱亚目(后气门亚目)Ixodides

硬蜱科 Ixodidae:硬蜱属 *Ixodes*;血蜱属 *Haemaphysalis*;

革蜱属 *Dermacentor*;璃眼蜱属 *Hyalomma*;

扇头蜱属 *Rhipicephalus*;牛蜱属 *Boophilus*;花蜱属 *Amblyomma*

软蜱科 Argasidae:锐缘蜱属 *Argas*;钝缘蜱属 *Ornithodoros*

疥螨亚目(无气门亚目)Sarcoptiformes

疥螨科 Sarcoptidae:疥螨属 *Sarcoptes*;背肛螨属 *Notoedres*;

膝螨属 *Cnemidocoptes*

痒螨科 Psoroptidae:痒螨属 *Psoroptes*;足螨属 *Chorioptes*;

耳痒螨属 *Otodectes*

肉食螨科 Cheyletidae:羽管螨属 *Syringophilus*

中(气)门亚目 Mesostigmata

皮刺螨科 Dermanyssidae:皮刺螨属 *Dermanyssus*

鼻刺螨科 Rhinonyssidae:新刺螨属 *Neonyssus*;鼻刺螨属 *Rhinonyssus*

恙螨亚目(前气门亚目)Trombidiformes

恙螨科 Trombiculidae:恙螨属 *Trombicula*;真棒属 *Euschongastia*;

新棒属 *Neoschongastia*

蠕形螨科 Demodicidae:蠕形螨属 *Demodex*

原生动物门 Protozoa

肉足鞭毛亚门 Sarcomastigophora

鞭毛虫总纲 Mastigophora

动物鞭毛虫纲 Zoomastigophorea

动体目 Kinetoplastida

锥体亚目 Trypanosomatina

锥体科 Trypanosomatidae:锥虫属 *Trypanosoma*;利什曼属 *Leishmania*

旋滴目 Retortamonadida

旋滴科 Retortamonadidae:唇鞭毛属 *Chilomastix*

根鞭毛目 Rhizomastigida

鞭毛阿米巴科 Mastigamoebidae:组织滴虫属 *Histomonas*

双滴目 Diplomonadida

六鞭科 Hexamitidae:六鞭属 *Hexamita*;贾第属 *Giardia*

毛滴目 Trichomonadida

毛滴虫科 Trichomonadidae：毛滴虫属 *Trichomonas*；
三毛滴虫属 *Tritrichomonas*
玛瑙虫总纲 Opalinata
肉足总纲 Sarcodina
根足纲 Rhizopodea
叶足亚纲 Lobosia
阿米巴目 Amoebida
内阿米巴科 Endamoebidae：肠阿米巴属 *Entamoeba*；内蜒属 *Endolimax*
复顶亚门 Apicocomplexa
孢子虫纲 Sporozoa
球虫亚纲 Coccidia
真球虫目 Eucoccida
艾美耳亚目 Eimeriina
艾美耳科 Eimeriidae：艾美耳属 *Eimeria*；等孢属 *Isospora*；
泰泽属 *Tyzzeria*；温扬属 *Wenyonella*
隐孢科 Cryptosporididae：隐孢属 *Cryptosporidium*
肉孢子虫科 Sarcocystidae：肉孢子虫属 *Sarcocystis*
弓形虫科 Toxoplasmatidae：弓形虫属 *Toxoplasma*
血孢子虫亚目 Haemosporina
疟原虫科 Plasmodiidae：疟原虫属 *Plasmodium*
住白细胞虫科 Leucocytozoidae：住白细胞虫属 *Leucocytozoon*
梨形虫纲 Piroplasmea
巴贝斯科 Babesiidae：巴贝斯属 *Babesia*
泰勒科 Theileriidae：泰勒属 *Theileria*
微孢子虫亚门 Microspora
微孢子虫纲 Microsporasida
微孢子虫目 Microsporida
微粒子科 Nosematidae：微粒子属 *Nesema*（蜂蚕）
黏孢子虫亚门 Myxospora
黏体科 Myxosomatidae（鱼）
纤毛虫亚门 Ciliophora
纤毛虫纲 Ciliata
毛口目 Trichostomatida
毛口亚目 Trichostomatina
小袋虫科 Balantidiidae：小袋虫属 *Balantidium*

第二篇

兽医蠕虫学

第七章 吸 虫 病

兽医吸虫学是研究寄生于动物，主要是家畜体内吸虫类的形态学、生活史、流行病学、致病作用、症状、诊断、免疫学与防治措施的科学。吸虫种类繁多，分布广泛，危害严重，有些还是人畜共患的吸虫，因此，严重影响人的健康和畜牧业生产。

第一节 绪 论

一、吸虫的形态和生理

1. 外表形态(图 7-1、图 7-2)

虫体多呈背腹扁平，为叶状、舌状，有的近似圆形或圆柱状，只有血吸虫为线状。体色一般为乳白色、淡红色或棕色。虫体大小相差悬殊，小的仅有 0.3 mm，大的可达 75 mm 以上。在虫体前端，围绕口孔处有一口吸盘(oral sucker)，用以固着宿主组织；多数种类在其腹面有腹

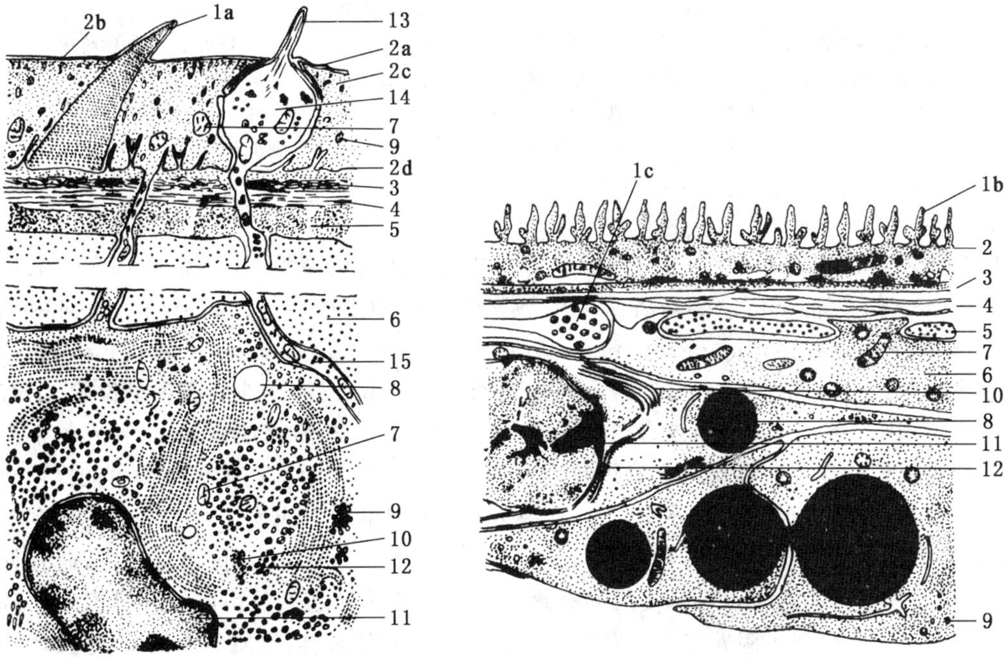

图 7-1 吸虫成虫(1)和雷蚴(2)体壁超微结构示意图

1:1a 体棘 1b 微绒毛 1c 胞饮囊 2. 角质层:2a 颗粒层 2b 外质膜 2c 基质 2d 基质膜 3. 基层 4. 环肌 5. 纵肌 6. 实质细胞 7. 线粒体 8. 脂滴 9. 分泌小体 10. 高尔基体 11. 细胞核 12. 内质网 13. 感觉纤毛 14. 感觉囊 15. 神经突

吸盘(ventral sucker),位置不定,有的在虫体后端,称后吸盘(posterior sucker),只起固着作用,与体内器官不通连。

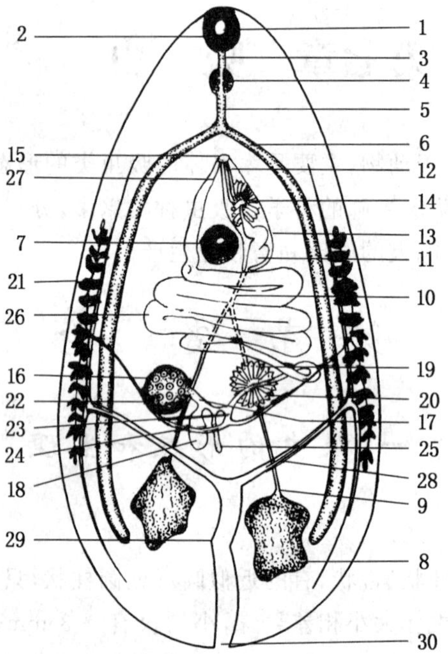

图 7-2 复殖吸虫成虫的形态(陈心陶)

1. 口 2. 口吸盘 3. 前咽 4. 咽 5. 食道 6. 盲肠 7. 腹吸盘 8. 睾丸 9. 输出管 10. 输精管 11. 贮精囊 12. 雄茎 13. 雄茎囊 14. 前列腺 15. 生殖孔 16. 卵巢 17. 输卵管 18. 受精囊 19. 梅氏腺 20. 卵模 21. 卵黄腺 22. 卵黄管 23. 卵黄囊 24. 卵黄总管 25. 劳氏管 26. 子宫 27. 子宫颈 28. 排泄管 29. 排泄囊 30. 排泄孔

2. 体壁

吸虫无表皮(epidermis),体壁由皮层和肌层组成,又称皮肌囊。无体腔,囊内含有大量的网状组织——实质(parenchyma),各系统的器官位居其中。皮层(tegument)从外向内包括 3 层:外质膜(external plasma membrane)、基质(matrix)和基质膜(basal plasma membrane)。皮层借助一些通道与深埋肌层下的皮层细胞(tegument cell)相连。外质膜为单位膜,上有微绒毛(microvilli),外质膜的外面被有颗粒层外衣,成分为酸性黏多糖或糖蛋白,具有抗宿主消化酶及保护虫体的作用。基质内含有线粒体和分泌小体。分泌小体的崩解产物可能提供或部分提供酸性黏多糖,可形成新的外质膜,以代替因宿主抗体损伤的部分。皮层还有体棘和感觉器,体棘是由结晶蛋白所组成的,位于基质膜之上,感觉器为一种小囊,位于基质中,向外伸出纤毛,向内与神经末梢连接,因此,皮层亦有感觉功能。基质膜之下是由胶原纤维组成的基层(basement layer),肌肉可附着其上。基层下的肌层包括外环肌、内纵肌与中斜肌,是虫体伸缩活动的组织。基质与基质膜下的皮层细胞之间有细胞质相连。皮层细胞很大,有许多胞质通道与基质相通。细胞内有一个细胞核,有发达的内质网、核糖体、吞噬体、线粒体和高尔基复合体。胞质内还有许多分泌小体。皮层是一个新陈代谢活跃的细胞单位,是寄生虫与宿主的生理生化的交互作用及缓冲层,具有分泌与排泄的功能,气体可以经皮层进出于虫体内外,因此,

相当一部分的 O_2 和 CO_2 的变换是通过皮层进行的。皮层与肠道一样具有吸收营养的功能，吸收以葡萄糖为主的物质，也可吸收氨基酸，为吸虫摄取营养物的重要途径。

3. 消化系统

一般包括口、前咽、咽、食道和肠管。口位于虫体的前端或亚前端，由口吸盘围绕，有或没有前咽，无前咽时，口下为咽，呈球形，肌肉质，咽后接食道，下分两条肠管，位于虫体的两侧，向后伸延至体后部，直或弯曲，其末端封闭称为盲肠。有的末端互相连接成环状；有的又合成一条；有的肠管有分支。食道的两侧常有腺体，各有小管通到虫体前端，无肛门，肠内废物自肠经口排出体外。

4. 排泄系统（图 7-3）

由焰细胞（flame cell，图 7-4）、毛细管、集合管、排泄总管、排泄囊和排泄孔等部分组成。焰细胞布满虫体的各部分，位于毛细管的末端，为凹形细胞，在凹入处有一束纤毛，纤毛颤动时很像火焰跳动，因而得名。焰细胞收集的排泄物，经毛细管、集合管集中到排泄囊，最后由末端的排泄孔排出体外，排泄液含有氨、尿素和尿酸。排泄孔的括约肌司孔的开闭。排泄囊为圆形、管形、“Y”形和“V”形等。排泄孔只有一个，位于虫体的末端，各期幼虫的排泄孔均有两个，尾蚴到形成尾部后，排泄孔即合而为一。焰细胞的数目与排列，在分类上具有重要意义。常用焰细胞公式来表示，如歧腔吸虫的焰细胞的公式为 $2[(2+2+2)+(2+2+2)]=24$，其前头的 2 表示虫体两侧，前面的（2＋2＋2）表示虫体前部的焰细胞数目，后面的（2＋2＋2）表示后部的焰细胞数目，说明该吸虫每侧各有 12 个焰细胞，每侧又分前后两组各 6 个，每组又分为 3 个小组，每小组有焰细胞 2 个。

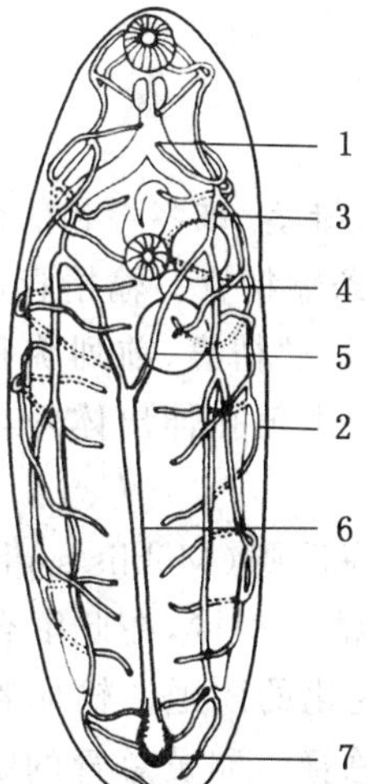

图 7-3　复殖吸虫的排泄系统（Cort）

1. 焰细胞　2. 毛细管　3. 前集合管　4. 后集合管
5. 集合总管　6. 排泄囊　7. 排泄孔

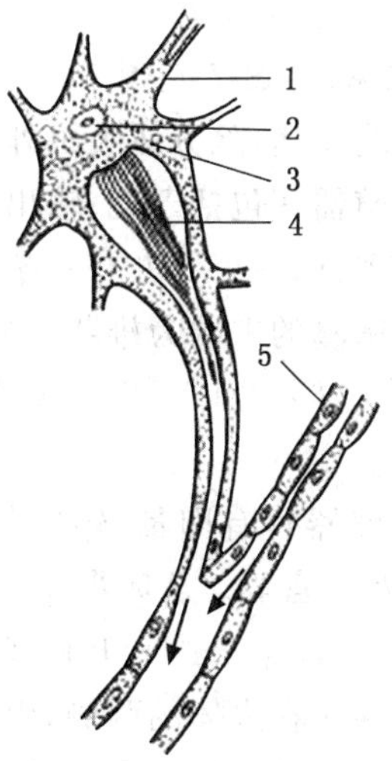

图 7-4　焰细胞的详细结构（Augustine）

1. 胞突　2. 胞核　3. 胞质
4. 纤毛　5. 毛细管

5. 淋巴系统（图 7-5）

单盘类、前后盘类和环肠类吸虫中有独立的淋巴系统，在虫体的两侧，它具有能收缩的管道，与肠管等有联系，管内充满液体，虫体的收缩可促进液流的运行。

6．神经系统（图 7-6）

咽的两侧各有一个神经节，彼此有横索相连，相当于神经中枢。两个神经节向前后各发出 3 对神经干，分布在虫体的背腹和两侧。向后发出的神经干有几条横索相连。由神经干发出的神经末梢分布到口、腹吸盘和咽等器官。在皮层中有许多感觉器，某些吸虫在其毛蚴和尾蚴时期常具有眼点，有感觉器官的功能。

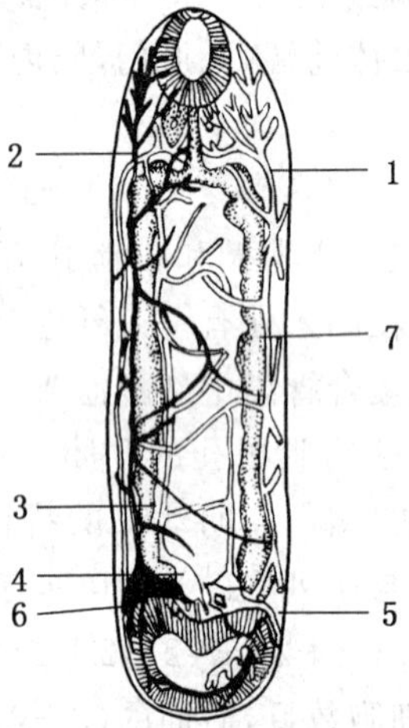

图 7-5　殖盘吸虫的淋巴系统

1. 背淋巴管　2. 腹淋巴管　3. 中淋巴管　4. 后中淋巴窦　5. 后背淋巴窦　6. 后腹淋巴窦　7. 盲肠

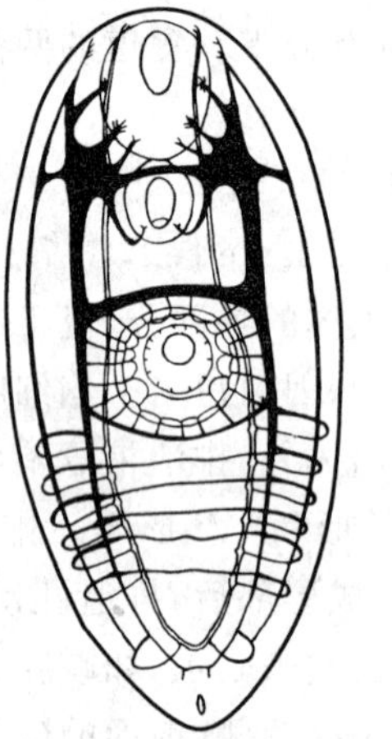

图 7-6　吸虫的神经系统（Faust）

7．生殖系统（图 7-7，图 7-8）

生殖系统发达，除分体吸虫外，皆雌雄同体。

雄性生殖器官包括睾丸、输出管、输精管、贮精囊、射精管、雄茎、雄茎囊和前列腺等。吸虫通常有两个睾丸，每个睾丸有一条输出管，两条输出管合为一条输精管。输精管远端膨大构成贮精囊。贮精囊的末端为雄茎。贮精囊和雄茎之间有前列腺。贮精囊、前列腺和雄茎常由雄茎囊包围着。雄茎开口于生殖窦或生殖孔。交配时，雄茎可经生殖孔伸出体外与雌性生殖器官相交接。

雌性生殖器官有卵巢、输卵管、受精囊、卵模（ootype）、梅氏腺（Mehlis's gland）、卵黄腺（vitellaria）及子宫等。从卵巢发出的管，称为输卵管，先与受精囊相接，在此汇合处有一小管称劳氏管（Laurer's canal），开口于虫体的背面，有人认为是退化的阴道。输卵管还与卵黄管相接。卵黄腺多在虫体的两侧，由左右两条卵黄管合为卵黄总管。卵黄总管的膨大处为卵黄囊。卵黄总管与输卵管汇合后的囊腔为卵模，其周围有腺体，称为梅氏腺。

卵由卵巢排出后，与受精囊的精子相遇而受精；由卵黄腺分泌的卵黄颗粒，经卵黄管与卵相遇进入卵模；梅氏腺的分泌物与卵黄颗粒凝聚在卵模中，结合形成卵壳。卵模与子宫起始部之间有子宫瓣（uterine valve），虫卵经过子宫瓣进入子宫。成熟的虫卵通过生殖孔排出体外。吸虫缺阴道。子宫末端具有肌肉质构造处，称为子宫颈（metraterm），一般具有阴道作用（图 7-9）。

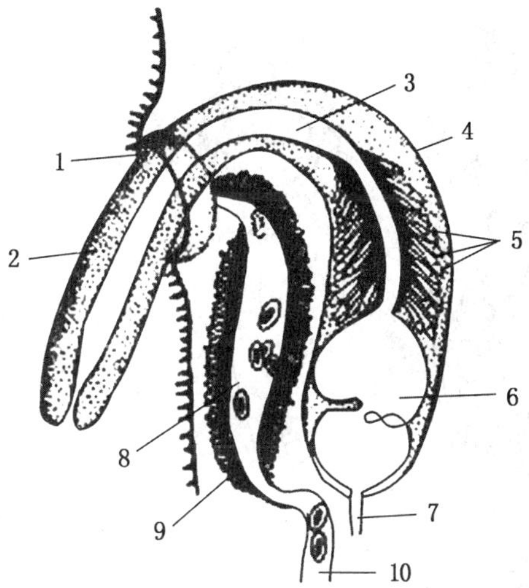

图 7-7　复殖吸虫雄性生殖器官的末端构造

1. 生殖腔　2. 雄茎　3. 射精管　4. 雄茎囊　5. 前列腺　6. 贮精囊　7. 输精管　8. 子宫颈　9. 子宫颈腺　10. 子宫

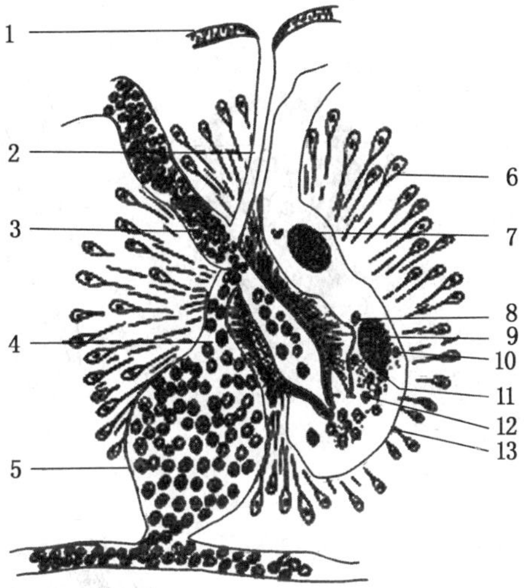

图 7-8　复殖吸虫雌性生殖器官之一部分

1. 外角皮　2. 劳氏管　3. 输卵管　4. 梅氏腺分泌物　5. 卵黄总管　6. 梅氏腺细胞　7. 卵　8. 卵模　9. 卵黄细胞　10. 卵的形成　11. 腺分泌物　12. 子宫瓣　13. 子宫

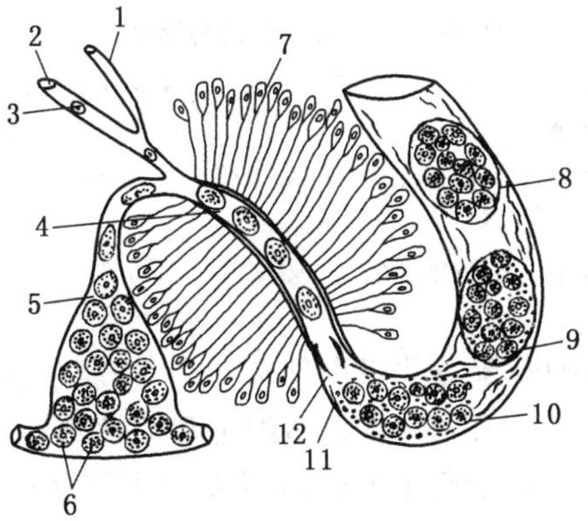

图 7-9　吸虫卵的形成过程

1. 劳氏管　2. 输卵管　3. 卵　4. 梅氏腺分泌物(厚壁)　5. 卵黄总管　6. 卵黄腺颗粒　7. 梅氏腺细胞　8. 形成的虫卵　9. 初形成的虫卵(卵壳较薄)　10. 小球状物　11. 精子　12. 子宫瓣

二、吸虫的发育

寄生于家畜体内的复殖吸虫的生活史较复杂，其主要特征是需要更换一个或两个中间宿主。第一中间宿主为淡水螺或陆地螺，第二中间宿主多为鱼、蛙、螺或昆虫等。发育过程经历虫卵、毛蚴、胞蚴、雷蚴、尾蚴和囊蚴各期(图 7-10)。

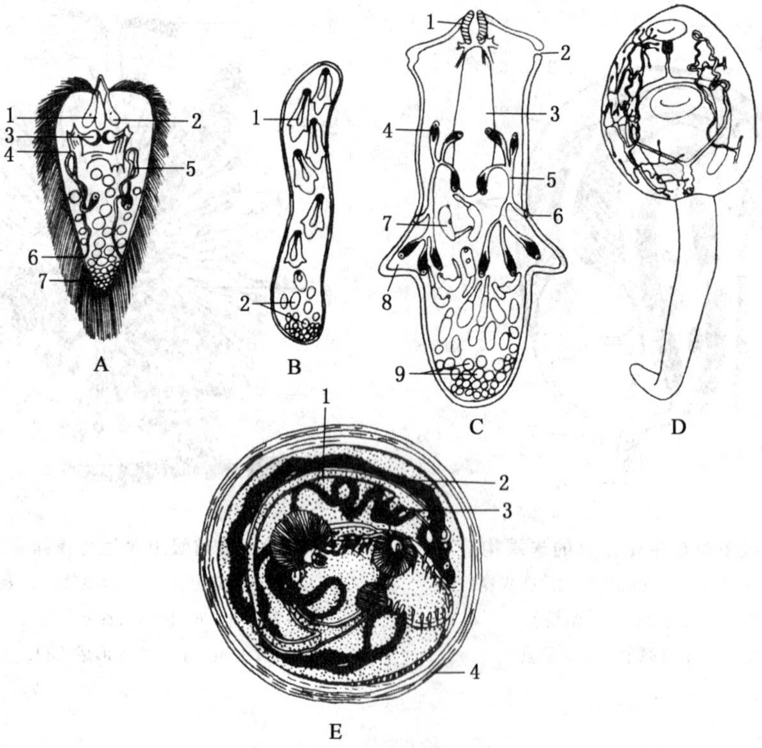

图 7-10 复殖吸虫的各期幼虫

A. 毛蚴:1. 头腺 2. 穿刺腺 3. 神经元 4. 神经中枢 5. 排泄管 6. 排泄孔 7. 胚细胞
B. 胞蚴:1. 子雷蚴 2. 胚细胞
C. 雷蚴:1. 咽 2. 产孔 3. 肠管 4. 焰细胞 5. 排泄管 6. 排泄孔 7. 尾蚴 8. 足突 9. 胚细胞
D. 尾蚴
E. 囊蚴:1. 盲肠 2. 侧排泄管 3. 侧排泄管 4. 囊壁

虫卵 多呈椭圆形或卵圆形,除分体吸虫外都有卵盖,颜色为灰白、淡黄至棕色。卵在子宫成熟后排出体外。有的虫卵在产出时,仅含卵细胞和卵黄细胞;有的已有毛蚴;有的在子宫内已孵化;有的必须被中间宿主吞食后才孵化,但多数虫卵需在宿主体外孵化。

毛蚴(miracidium) 体形近似等边三角形,外被纤毛,不食,但运动极活泼。前部宽,有头腺,1 对眼点(eye spots)。后端狭小,体内有简单的消化道和胚细胞及神经与排泄系统。排泄孔多为 1 对。当卵在水中发育时,毛蚴成熟后即推盖而出,游于水中;无卵盖的虫卵,毛蚴则破壳而出。游于水中的毛蚴,在 1～2 天内遇到适宜的中间宿主,即利用其头腺,钻入螺体内,脱去被有的纤毛,移行至淋巴腔内,发育为胞蚴(图 7-11)。

胞蚴(sporocyst) 呈包囊状,营无性繁殖,内含胚细胞、胚团及简单的排泄器。逐渐发育,在体内生成雷蚴。

雷蚴(redia) 呈包囊状,有咽和一袋状盲肠,还有胚细胞和排泄器,有些吸虫的雷蚴有产孔(birth pore)和一两对足突,有的吸虫仅有一代雷蚴,有的则存在母雷蚴和子雷蚴两期。尾蚴由产孔排出。缺产孔的雷蚴,尾蚴由母体破裂而出。尾蚴在螺体内停留一定时间,成熟的尾蚴即溢出螺体,游于水中。

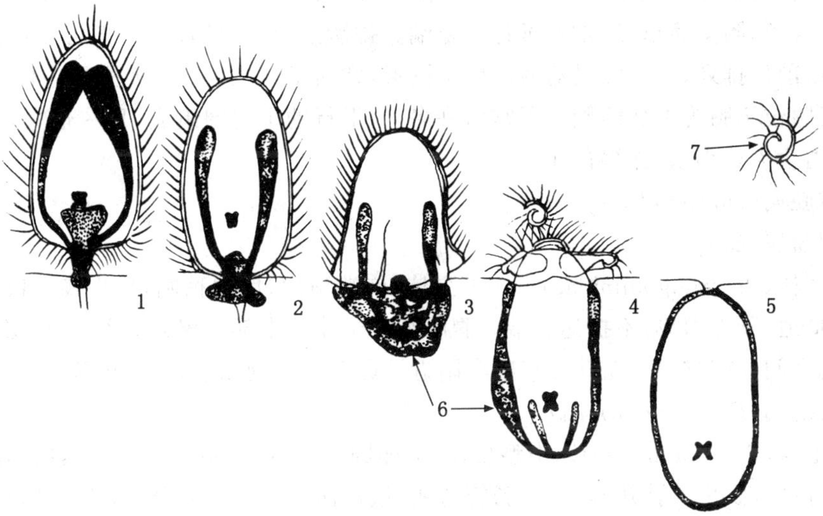

图 7-11 毛蚴侵入螺体的过程

1～5. 侵入的渐进过程 6. 侵入螺体内的部分虫体和侧分泌腺 7. 脱卸的纤毛外膜

尾蚴(cercaria) 由体部和尾部构成。能在水中活跃地运动。体表具棘,有 1～2 个吸盘。消化道包括口、咽、食道和肠管,还有排泄器、神经元、分泌腺和未分化的原始的生殖器官。尾蚴从螺体溢出,游于水中,在某些物体上形成囊蚴或直接经皮肤钻进宿主体内,脱去尾部,移行到寄生部位,发育为成虫。有些吸虫尾蚴需进入第二中间宿主体内发育为囊蚴。

囊蚴(metacercaria) 系尾蚴脱去尾部,形成包囊后发育而成,体呈圆形或卵圆形。体表常有小棘。有口、腹吸盘,还有口、咽、肠管和排泄囊等构造。生殖系统的发育有的只有简单的生殖原基细胞;有的则有完整的雌、雄性器官。囊蚴都通过其附着物或第二中间宿主进入终末宿主的消化道内,囊壁被胃肠的消化液溶解,幼虫即破囊而出,经移行,到达寄生部位,发育为成虫。

三、吸虫的分类

寄生于人畜的吸虫属扁形动物门(Platyhelminthes)、吸虫纲(Trematoda),吸虫纲下又分为 3 个亚纲:①盾复亚纲(Aspidogastrea),大多数为软体动物寄生虫,单宿主;②孪体亚纲(Didymozoidea),鱼类组织包囊中的寄生虫;③复殖亚纲(Digenea),家畜、家禽和人类的寄生吸虫均隶属于此。

现将与兽医有关的复殖亚纲的分科开列如下:

(1)片形科(Fasciolidae)。大型虫体,体扁叶状,具皮棘。口、腹吸盘紧靠。有咽,食道短,肠支多分枝。卵巢分枝,位于睾丸之前。睾丸前后排列,分叶或分枝。生殖孔居体中线上,开口于腹吸盘前。卵黄腺充满体两侧,延伸至体中央。缺受精囊,子宫位于睾丸前。

片形属(*Fasciola*)

姜片属(*Fasciolopsis*)

(2)歧腔科(Dicrocoeliidae)。中、小型虫体,体细长,扁平,半透明。体表光滑。具口、腹吸盘。有咽和食道,肠支简单,通常不抵达体末端。排泄囊简单,呈管状。睾丸呈圆形或椭圆形,并列、斜列或前后排列,位于腹吸盘后。卵巢圆形,常居睾丸之后。生殖孔居中位,开口于腹吸盘前。卵黄腺位于肠管中部两侧。子宫由许多上、下行的子宫圈组成,几乎充满生殖腺后的大部分空间,内含大量小型、深褐色卵。

歧腔属(*Dicrocoelium*)

阔盘属(*Eurytrema*)

(3)前殖科(Prosthogonimidae)。小型虫体,前端稍尖,后端稍圆,具皮棘。口吸盘和咽发育良好,有食道,肠支简单,不抵达后端。腹吸盘位于体前半部。睾丸对称,在腹吸盘之后。卵巢位于睾丸之间的前方。生殖孔在口吸盘附近。卵黄腺呈葡萄状,位于体两侧。

前殖属(*Prosthogonimus*)。

(4)并殖科(Paragonimidae)。中型虫体,类卵圆形,肥厚,具体棘。口吸盘在亚前端腹面,腹吸盘位于体中部,生殖孔在其直后,肠管弯曲,抵达体后端。睾丸分枝,位于体后半部。卵巢分叶,在睾丸前与子宫相对,卵黄腺分布广泛。寄生于肺部。

并殖属(*Paragonimus*)

(5)后睾科(Opisthorchiidae)。中、小型吸虫,虫体扁平,前部较窄,透明。口、腹吸盘不甚发达,相距较近。具咽和食道,肠支抵达体后端。生殖孔开口于腹吸盘前。缺雄茎囊。睾丸呈球形或分枝、分叶,斜列或纵列于体后部。卵巢通常在睾丸之前。卵黄腺位于体两侧。子宫弯曲于卵巢与生殖孔之间,很少延伸至卵巢之后。

支睾属(*Clonorchis*)

后睾属(*Opisthorchis*)

对体属(*Amphimerus*)

次睾属(*Metorchis*)

微口属(*Microtrema*)

(6)双士科(Hasstilesiidae)。虫体极小。口、腹吸盘几乎相等。具咽和食道,肠支抵达体后端。睾丸斜列于体后部。生殖孔位于亚中央或亚边缘。卵巢在睾丸的侧方。子宫位于体前部。卵黄腺位于体前半部两侧。

双士属(*Hasstilesia*)

(7)棘口科(Echinostomatidae)。中、小型虫体,呈长叶形。体前端具头冠(头领),上有1～2行头棘。体表被有鳞或棘。腹吸盘发达,位于较小口吸盘的近处。具咽、食道和肠支。肠支抵达体末端。生殖孔开口于腹吸盘之前。睾丸完整或分叶。纵列或斜列于体后半部。具雄茎囊。卵巢在睾丸之前,偏于右侧,缺受精囊。卵黄腺由粗颗粒组成,位于体两侧并常延伸至体中央睾丸之后。子宫在卵巢的前方,含有薄壳的虫卵。

棘口属(*Echinostoma*)

低颈属(*Hypoderaeum*)

棘缘属(*Echinoparyphium*)

棘隙属(*Echinochasmus*)

真缘属[*Euparyphium* (*Isthmiophora*)]

(8)前后盘科(Paramphistomatidae)。虫体肥厚,呈圆锥形、梨形或圆柱状。活时为白色、粉红色或深红色。体表光滑。前吸盘有时有1对突出袋(posterior pockets),后吸盘位于体后端,肌肉发达。有时具有大的腹袋(ventral pouch)。缺咽,有食道,肠支简单。生殖孔开口于腹面中央前1/3处。睾丸分叶,位于卵巢之前。卵巢位于体后部,后睾的后缘。卵黄腺发达,位于体两侧。子宫弯曲沿睾丸背面上升,或呈"S"状弯曲上升。

前后盘属(*Paramphistomum*)

殖盘属(*Cotylophoron*)

腹袋属(*Gastrothylax*)

平腹属(*Homalogaster*)

(9)枭形科(Strigeidae)。虫体分前、后两部分:前部扁平或呈杯状,含有吸盘;后部为圆柱状,含有生殖器官。腹吸盘不发达或付缺。在腹吸盘后具有一特殊的黏着器(adhesive organ)。有口吸盘、咽,食道短,肠管简单,抵达体后端。生殖孔开口于体后端的凹陷处或交合伞(bursa copulatrix)内。睾丸前后排列于体后部,卵巢通常在睾丸之前。缺雄茎囊。子宫内含有大的虫卵。卵黄腺为颗粒状,分布于前、后两体,或局限于后体。

异幻属(*Apatemon*)

(10)双穴科(Diplostomatidae)。虫体分为前后两部分,前体部稍扁,呈匙状,在其前侧方有耳状突起。后体部常呈柱状,肠支常抵达体后端。睾丸前后排列或并列于体后部。卵巢在睾丸之前。卵黄腺呈颗粒状,分布于前、后体部。

翼形属(*Alaria*)

(11)背孔科(Notocotylidae)。腹吸盘付缺。虫体腹面有3或5行纵列的腹腺。体表前侧方被有细刺。缺咽,食道短,肠支简单,延伸至体末端。生殖孔开口于口吸盘的直后。雄茎囊发达,细长。睾丸并列,位于体末端的肠支的外侧。卵巢位于两睾丸之间,或前或后。卵黄腺占据体后部的侧方,睾丸之前。子宫环褶横贯于肠管之间,从卵巢延伸至雄茎囊的后方。虫卵两端各具有一细长的极丝。

背孔属(*Notocotylus*)

槽盘属(*Ogmocotyle*)

(12)异形科(Heterophyidae)。小型虫体,一般不超过2 mm。体后部宽于前部,体表被鳞棘。腹吸盘发育不良或付缺。有口吸盘和咽,食道长,肠支几乎达体后端。生殖孔开口于腹吸盘附近,经常被包于生殖吸盘内。睾丸呈卵圆形或稍分叶,并列或前后排列,位于体后部。贮精囊发达。缺雄茎囊。卵巢为卵圆形或稍分叶,位于睾丸之前的中央或偏右。卵黄腺位于体后的两侧。弯曲的子宫位于体后半部,内含少数虫卵。

异形属(*Heterophyes*)

后殖属(*Metagonimus*)

(13)环肠科(Cyclocoelidae)。大、中型虫体,背腹扁平。口吸盘付缺,也常没有腹吸盘。口孔在体前端,咽发达,肠支简单,在体后部联合。生殖孔开口于口之后近处。睾丸完整或分叶,斜列于虫体后部两肠管之间。卵巢不分叶,居于两睾丸之间,或在其前方。卵黄腺分布于体两侧。

嗜气管属(*Tracheophilus*)

(14)分体科(Schistosomatidae)。雌雄异体,一般雌虫较雄虫细,有些种的雌虫,特别在交配期间,被雄虫抱在"抱雌沟"(gynaecophoric canal)内。二吸盘不发达,或紧靠或付缺。缺咽。

肠支在体后部联合成单管，抵达体后端。生殖孔开口于腹吸盘之后。睾丸形成4个或4个以上的叶，居于肠联合之前或后。卵巢伸长、致密，位于肠联合之前。卵黄腺占据卵巢后部。虫卵壳薄，无卵盖，有的有侧棘或端刺，寄生于宿主的血管。

分体属(*Schistosoma*)

东毕属(*Orientobilharzia*)

毛毕属(*Trichobilharzia*)

第二节 片形吸虫病

一、片形吸虫病

片形吸虫在我国有两种：肝片形吸虫(*Fasciola hepatica*)和大片形吸虫(*F. gigantica*)。属于片形科(Fasciolidae)。寄生于牛、羊等反刍动物的肝脏胆管中，也寄生于人体。本虫能引起肝炎和胆管炎，并伴有全身性中毒现象和营养障碍，危害相当严重，尤其对幼畜和绵羊，可引起大批死亡。在其慢性病程中，使动物瘦弱，发育障碍，耕牛耕作能力下降，乳牛产奶量减少，毛、肉产量减少和质量下降，病肝成为废弃物，给畜牧业经济带来巨大损失。

病原体 肝片形吸虫背腹扁平，外观呈树叶状，活时为棕红色，固定后变为灰白色。大小为(21～41) mm×(9～14) mm，体表被有小的皮棘，棘尖锐利。虫体前端有一呈三角形的锥状突，在其底部有1对"肩"。肩部以后逐渐变窄。口吸盘呈圆形，直径约1.0 mm，位于锥状突的前端。腹吸盘较口吸盘稍大，位于其稍后方。生殖孔位于口、腹吸盘之间。消化系统由口吸盘底部的口孔开始，下接咽和食道及两条具有盲端的肠管。肠管有许多外侧枝，内侧枝少而短。雄性生殖器官包括两个多分枝的睾丸，前后排列于虫体的中后部，每个睾丸各有一根输出管，两条输出管上行汇合成一条输精管，进入雄茎囊，囊内有贮精囊和射精管，其末端为雄茎，通过生殖孔伸出体外，在贮精囊和雄茎之间有前列腺。雌性生殖器官有一个鹿角状的卵巢，位于腹吸盘后的右侧。输卵管与卵模相通，卵模位于睾丸前的体中央，卵模周围有梅氏腺。曲折重叠的子宫位于卵模和腹吸盘之间，内充满虫卵，一端与卵模相通，另一端通向生殖孔。卵黄腺由许多褐色颗粒组成，分布于体两侧，与肠管重叠。左右两侧的卵黄腺通过卵黄腺管横向中央，汇合成一个卵黄囊与卵模相通。无受精囊。体后端中央处有纵行的排泄管(图7-12)。

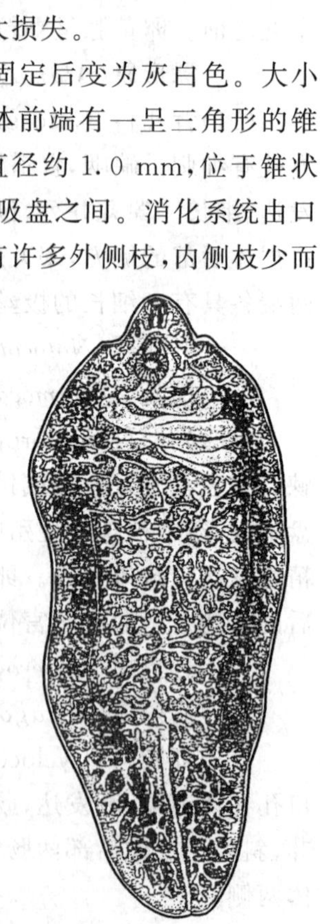

图7-12 肝片形吸虫的成虫
(林宇光)

虫卵较大，(133～157) μm×(74～91) μm。呈长卵圆形，黄色或黄褐色，前端较窄，后端较钝，常有小的粗隆。卵盖不明显，卵壳薄而光滑，半透明，分两层。卵内充满卵黄细胞和一个胚细胞。

近年来发现，肝片形吸虫的染色体核型有3型：二倍体型、三倍体型和二三倍体混合型。我国只发现有二倍体和三倍体两型。染色体数目 $n=10$,二倍体的是 $2n=20$,三倍体的是 $3n=30$,前者为有性生殖型,后者为孤雌生殖型。

大片形吸虫与肝片形吸虫在形态上很相似。虫体呈长叶状,大小为(25～75) mm×(5～12) mm,体长与宽之比约为 5∶1。虫体两侧缘较平行,后端钝圆。“肩”部不明显。腹吸盘较口吸盘约大 1.5 倍。肠管和睾丸的分支更多且复杂。虫卵为黄褐色,长卵圆形,大小为(150～190) μm×(75～90) μm。

生活史(图 7-13) 片形吸虫的发育需要一淡水螺作为它的中间宿主。肝片形吸虫的主要中间宿主为小土窝螺(*Galba pervia*),还有斯氏萝卜螺(*Radix swinhoei*,图 7-14)。大片形吸虫的主要中间宿主为耳萝卜螺(*R. auricularia*),不少地区还证实小土窝螺也可作其中间宿主。可见,在我国,片形吸虫的主要中间宿主是分布极其广泛的小土窝螺。

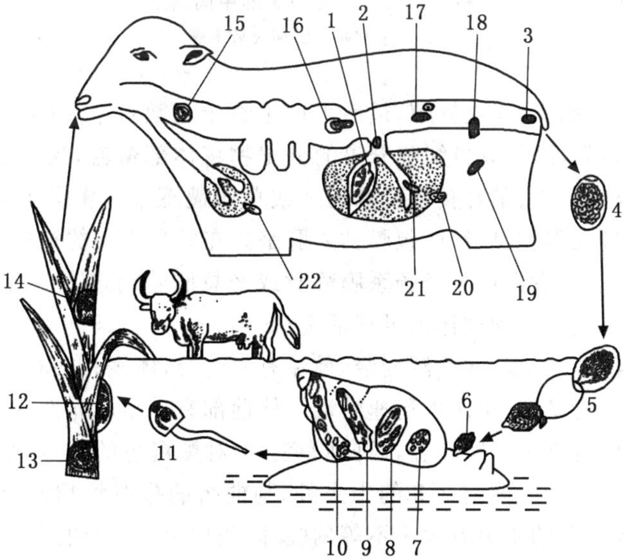

图 7-13 肝片形吸虫的生活史

1.成虫寄生在胆管内 2.从胆管排出的虫卵 3.随粪便排出的虫卵 4.虫卵随粪落于水中 5.毛蚴孵化 6.毛蚴侵入螺体 7.胞蚴 8.母胞蚴内含母雷蚴 9.母雷蚴内含子雷蚴 10.子雷蚴内含尾蚴 11.尾蚴 12.附在水草上的囊蚴(侧面观) 13.囊蚴 14.在水面以上的囊蚴 15.囊蚴被终末宿主吞食 16.在终末宿主消化道内,童虫破囊而出 17.移行在肠道中的童虫 18.童虫穿过肠壁 19.童虫向肝脏移行 20.童虫入肝实质 21.童虫从肝实质移行到胆管 22.移行到肺的童虫

成虫寄生于动物肝脏胆管内,产出虫卵随胆汁入肠腔,经粪便排出体外。虫卵在适宜的温度(25～26℃)、氧气和水分及光线条件下,经 11～12 天孵出毛蚴。毛蚴游动于水中,遇到适宜的中间宿主如淡水螺,即钻入其体内。毛蚴在外界环境中,通常只能生存 6～36 h,如遇不到适宜的中间宿主则渐次死亡。毛蚴在螺体内,经无性繁殖发育为胞蚴、雷蚴和尾蚴几个发育阶段。其发育期的长短与外界温度、湿度与营养条件有关,如温度适宜,在 22～28℃时需经 35～38 天,从螺体溢出尾蚴;但条件不适宜,则发育为两代雷蚴,在螺体发育的时间更长。

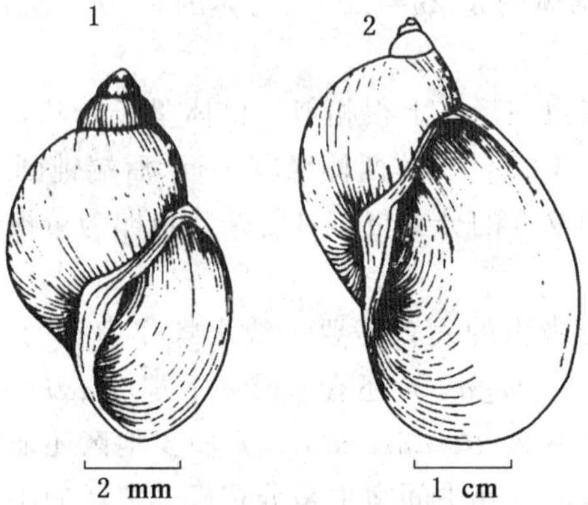

图 7-14 肝片形吸虫的中间宿主

1.小土窝螺 2.斯氏萝卜螺

侵入螺体内一个毛蚴,经无性繁殖,最后可产生百个到数百个尾蚴。尾蚴游动于水中,约经 3～5 min 便脱掉尾部,以其成囊细胞分泌的分泌物将体部覆盖,黏附于水生植物的茎叶上或浮游于水中而成囊蚴。牛、羊吞食含囊蚴的水或草而遭感染。囊蚴于动物的十二指肠脱囊而出,童虫穿过肠壁进入腹腔,后经肝包膜钻入肝脏。在肝实质中的童虫,经移行后到达胆管,发育为成虫。也有人认为童虫也可经肠系膜静脉或经总胆管而进入肝脏。潜隐期需 2～3 个月。成虫以红细胞为养料,在动物体内可存活 3～5 年。

毛蚴:形似舌状,前端较宽,向后渐变窄,前端有一吻突,体表有左右对称的表皮细胞 5 对,由此长出纤毛,借纤毛之摆动,于水中迅速游动。体前部有许多屈光性的小颗粒。袋状的原肠与吻突相通,原肠两侧各有 1 个穿刺腺,通向吻突。1 对黑褐色的眼点,呈"X"状,位于体前部的中央处。焰细胞 1 对,位于体前 2/5 的中央处,与曲折的排泄管相通,排泄孔开口于第 4、5 对表皮细胞之间。体后部的中央有大小不等的胚球,灰白色,半透明。

胞蚴:毛蚴感染螺体后,脱掉纤毛,3～5 天发育成胞蚴,呈圆形或椭圆形,体内含有大小不等的胚球,灰白色,半透明,有 6 个焰细胞。

雷蚴:感染螺后 10～30 天内可见有雷蚴,一个胞蚴体内含有 5～15 个雷蚴。雷蚴长 1～2 mm,具有口、咽和盲肠。肠内含有褐色或淡黄色的食物颗粒。咽的后方有一领状物突出于体表,后端 1/3 处有 1 对左右对称的足突。在咽的附近有产孔。外界条件不适宜时,则发育为子雷蚴(daughter redia)。体内含有胚球和不倒翁状的尾蚴雏形。感染后 30 天于螺肝中的雷蚴体内已有成熟的尾蚴。

尾蚴:自雷蚴的产孔溢出,形似蝌蚪,灰白色,半透明,由体部和尾部组成。体部前端有口吸盘,口下为咽和食道,再接两条盲肠,肠管两侧有许多屈光性的小颗粒,体两侧有暗褐色的成囊细胞。体长 0.268 mm×0.261 mm,近似圆形。尾部平均长为 0.802 mm。尾部做左右旋转摆动,游动极其活泼,由成囊细胞分泌黏液将虫体包被起来,尾部脱落,形成囊蚴。

囊蚴:对终末宿主具有感染性。新鲜时为白色,后来变为灰褐色,近似圆形,直径为 0.25 mm,不透明,去囊直径为 0.19 mm,囊蚴外有 3 层膜,最外层厚,中层为胶质,透明,内层为暗黑色,纤维质。蚴体有口、腹吸盘、咽、食道及两条盲肠,并有屈光性小颗粒。

图 7-15 为肝片形吸虫的卵和各期幼虫。

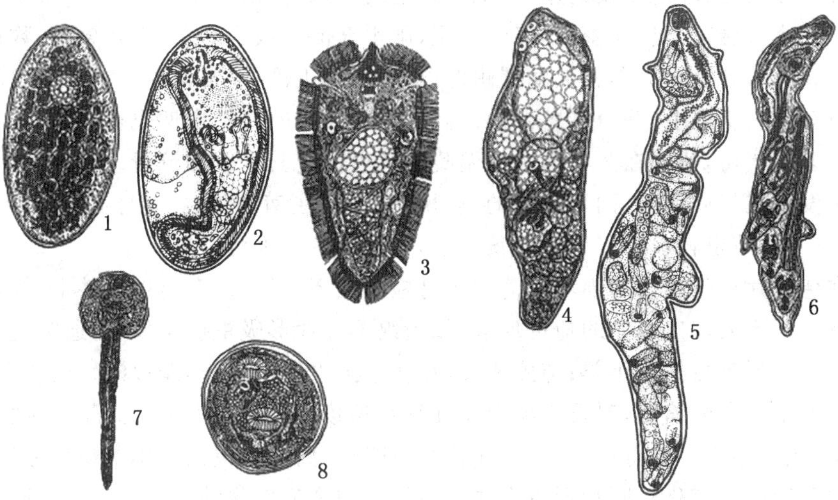

图 7-15 肝片形吸虫的卵和各期幼虫(林宇光)

1.虫卵 2.含毛蚴的虫卵 3.毛蚴 4.胞蚴 5.母雷蚴 6.子雷蚴 7.尾蚴 8.囊蚴

流行病学 肝片形吸虫系世界性分布，是我国分布最广泛、危害最严重的寄生虫之一。遍及全国 31 个省、市和自治区，但多呈地区性流行。大片形吸虫主要分布于热带或亚热带地区，在我国多见于南方诸省、区，如福建、广东、广西、江西、江苏、浙江、湖南、湖北及云南等。

肝片形吸虫的宿主范围较广，主要寄生于黄牛、水牛、牦牛、绵羊、山羊、鹿、骆驼等反刍动物，猪、马、驴、兔及一些野生动物亦可感染，但较少见，人也有感染的报道。实验动物以大鼠最易感染。患畜和带虫者不断地向外界排出大量虫卵，污染环境，成为本病的感染源。

动物长时间地停留在狭小而潮湿的牧地上放牧时最易遭受严重的感染。舍饲的动物也可因用从低洼、潮湿牧地割来的牧草而受感染。

温度、水和淡水螺是片形吸虫病流行的重要因素。虫卵的发育，毛蚴和尾蚴的游动以及淡水螺的存活与繁殖都与温度和水有直接的关系。因此，肝片形吸虫病的发生和流行及其季节动态是与该地区的具体地理气候条件有密切关系。试验证明，虫卵在 12℃时停止发育，13℃时即可发育，但需经 59 天才能孵出毛蚴。25～30℃时虫卵发育最适宜，经 8～12 天即可孵出毛蚴。虫卵对高温和干燥较敏感。40～50℃时几分钟内死亡，在完全干燥的环境中迅速死亡。然而，虫卵在潮湿无光照的粪堆中可存活 8 个月以上。虫卵对低温的抵抗力较强，在冰箱中(2～4℃)放置水里 17 个月仍有 60%以上的孵化率，但结冰后很快死亡。虫卵在结冰的冬季是不能越冬的。

含毛蚴的虫卵在新鲜水和光线的刺激下可大量孵出毛蚴。

尾蚴在 27～29℃的温度下和在新鲜水的刺激下从螺体内可大量溢出。33℃时则停止溢出。囊蚴对外界因素的抵抗力较强，尤其在潮湿的环境中可存活数月而不死，如在湿草上储藏 8 个月的囊蚴仍可感染豚鼠。囊蚴在水中，在 22～31℃的室温下，放置 80 天仍具有感染力。囊蚴对干燥和阳光直射最敏感，如在干燥的环境中，在室温 25～32℃下放置 72 h，或在空气中，在阳光直射之下，2～3 h 即失去感染力。囊蚴对低温有一定的抵抗力，如在冰箱中放置 80 天或在 0℃、－1℃时放置 24 h 仍有活力，但结冰后则失去生活力。

小土窝螺在池塘、缓流小溪的岸边、低洼牧地的小水湾、沼泽草地、房舍和畜舍附近的污水沟边常群栖成堆。春末、夏、秋季节,气候温暖,雨水充沛时极为活跃,大量繁殖,数目剧增。以水绵、绿藻、腐败草叶及根为养料。幼螺耐低温、干涸和饥饿,经常藏匿在潮湿的淤泥中或植物的茎叶上可存活一年以上,并可越冬。螺体内肝片形吸虫的各幼虫期也可随螺的越冬而越冬。

本病在多雨年份,特别在久旱逢雨的温暖季节可促使其暴发和流行。动物的感染,在我国北方地区多发生在气候温暖、雨量较多的夏、秋季节,而在南方地区,由于雨水充沛、温暖季节较长,因而感染季节也较长,不仅在夏、秋季节,而且在冬季也可感染。

虽然在患肝片形吸虫病的绵羊血清中极易检出循环抗体,但在自然条件下,绵羊对肝片形吸虫的再感染并不表现出明显的免疫反应,如当绵羊肝片形吸虫病暴发时,通常也包括那些过去曾感染过肝片形吸虫的成年羊;与此相反,在犊牛虽也发生,但却能逐渐发展获得性免疫力,使初次感染的虫体寿命缩短,对再感染者使其移行速度减慢,最终可减少寄生的数目。因此,在流行区里,成年牛因有获得性免疫力,症状并不明显,而绵羊包括成年羊却大批死亡。

致病作用和病理变化 肝片形吸虫的致病作用和病理变化常依其发育阶段而有不同的表现,并且和感染的数量有关。当一次感染大量囊蚴时,童虫在向肝实质内移行过程中,可机械地损伤和破坏肠壁、肝包膜和肝实质及微血管,引起炎症和出血,此时肝脏肿大,肝包膜上有纤维素沉积,出血,肝实质内有暗红色虫道,虫道内有凝血块和幼小的虫体。导致急性肝炎和内出血,腹腔中有带血色的液体和腹膜炎变化,是本病急性死亡的原因。

虫体进入胆管后,由于虫体长期的机械性刺激和代谢产物的毒性物质作用,引起慢性胆管炎、慢性肝炎和贫血现象。早期肝脏肿大,以后萎缩硬化,小叶间结缔组织增生。寄生多时,引起胆管扩张,增厚,变粗甚至堵塞;胆汁停滞而引起黄疸。胆管如绳索样凸出于肝脏表面,胆管内壁有盐类(磷酸钙和磷酸镁)沉积,使内膜粗糙,胆囊肿大,多见于牛。在牛肺组织内可找到由虫体所致的结节,内含暗褐色半液状物质或1~2条虫体。虫体的代谢产物可扰乱中枢神经系统,使其体温升高,贫血,全身性中毒现象。侵害血管时,使管壁通透性增高,易于渗出,从而发生稀血症和水肿。肝片形吸虫是以食血为主,可成为慢性病例营养障碍、贫血和消瘦原因之一。

此外,童虫移行时从肠道带进微生物如诺维氏梭菌(*Clostridium novyi*),引起传染性坏死性肝炎,使病势加剧。

症状 轻度感染往往不表现症状。感染数量多时(牛约250条成虫,羊约50条成虫)则表现症状,但幼畜即使轻度感染也可能表现症状。根据病期一般可分为急性型和慢性型两种类型。

(1)羊:绵羊最敏感,最常发生,死亡率也高。

①急性型(童虫移行期)。在短时间内吞食大量(2 000个以上)囊蚴后2~6周时发病。多发于夏末、秋季及初冬季节,病势猛,使患畜突然倒毙。病初表现体温升高,精神沉郁,食欲减退,衰弱易疲劳,离群落后,迅速发生贫血,叩诊肝区半浊音界扩大,压痛敏感,腹水,严重者在几天内死亡。

②慢性型(成虫胆管寄生期)。吞食中等量(200~500个)囊蚴后4~5个月时发生,多见于冬末初春季节,此类型较多见,其特点是逐渐消瘦、贫血和低白蛋白血症,导致患畜高度消瘦,黏膜苍白,被毛粗乱,易脱落,眼睑、颌下及胸下水肿和腹水。母羊乳汁稀薄、妊娠羊往往流产,终因恶病质而死亡。有的可拖延至翌年天气转暖,饲料改善后逐步恢复。

(2)牛:多呈慢性经过,犊牛症状明显,成年牛一般不明显。如果感染严重,营养状况欠佳,也可能引起死亡。患畜逐渐消瘦,被毛粗乱,易脱落,食欲减退,反刍异常,继而出现周期性瘤胃膨胀或前胃弛缓,下痢,贫血,水肿,母牛不孕或流产。乳牛产奶量减少和质量下降,如不及时治疗,终因恶病质而死亡。

诊断　根据临床症状、流行病学资料、粪便检查和死后剖检等进行综合判定。粪便检查可用反复水洗沉淀法或尼龙绢袋集卵法。只见少数虫卵而无症状出现,只能视为"带虫现象"。急性病例时,在粪便中找不到虫卵,此时可用皮内变态反应、间接血凝试验或酶联免疫吸附试验等免疫学方法进行诊断。也可用血浆酶含量检测法诊断。在急性病例时,由于童虫损伤肝实质细胞,使谷氨酸脱氢酶(GDH)升高;慢性病例时,成虫损伤胆管上皮细胞,使γ-谷氨酰转肽酶(γ-GT)上升,持续时间可长达9个月之久。死后剖检,急性病例可在腹腔和肝实质中发现童虫及幼小虫体;慢性病则可在胆管内检获成虫。

治疗　治疗片形吸虫病的药物较多,各地可根据药源和具体情况加以选用。

(1)硝氯酚(Niclofolan Bilevon Bayer 9015)。

(2)丙硫咪唑(Albendazole)。

(3)三氯苯唑(Triclabendazole 肝蛭净)。

(4)双乙酰胺苯氧醚(Diamphanethide, Coriban)。

(5)硫双二氯酚(Bithionol, Bitin)。

(6)碘醚柳胺(Rafoxamide)。

(7)氯氰碘柳胺钠(Closantelum natricum)。

预防　应根据流行病学特点,采取综合防治措施。

(1)定期驱虫。驱虫的时间和次数可根据流行区的具体情况而定。在我国北方地区,每年应进行两次驱虫:一次在冬季;另一次在春季。南方因终年放牧,每年可进行3次驱虫。急性病例可随时驱虫。在同一牧地放牧的动物最好同时都驱虫,尽量减少感染源。

家畜粪便,特别是驱虫后的粪便应堆积发酵产热而杀灭虫卵。

(2)消灭中间宿主。灭螺是预防片形吸虫病的重要措施。可结合农田水利建设,草场改良,填平无用的低洼水潭等措施,以改变螺的滋生条件。此外,还可用化学药物灭螺,如施用1∶50 000的硫酸铜,2.5 mg/L的血防67及20%的氯水均可达到灭螺的效果。如牧地面积不大,亦可饲养家鸭,消灭中间宿主。

(3)加强饲养卫生管理。选择在高燥处放牧;动物的饮水最好用自来水、井水或流动的河水,并保持水源清洁,以防感染。从流行区运来的牧草须经处理后,再饲喂舍饲的动物。

二、姜片吸虫病

布氏姜片吸虫(*Fasciolopsis buski*),属片形科。寄生于猪和人的十二指肠,主要分布于亚洲的热带和亚热带地区,如中国、越南、老挝、柬埔寨、泰国、缅甸、马来西亚、孟加拉、印度、印度尼西亚和菲律宾等国家。在我国主要流行于长江流域以南诸省、市和自治区,如江苏、浙江、福建、安徽、江西、云南、上海、湖北、湖南、广西、广东、云南、贵州、四川和台湾。长江以北的山东、河南、河北、陕西和甘肃等地也有发生。是影响幼猪生长发育和儿童健康的一种重要人畜共患寄生虫病。

病原体　新鲜虫体为肉红色，固定后变为灰白色，虫体大而肥厚，大小为(20～75) mm×(8～20) mm。体表被有小棘，易脱落。口吸盘位于虫体前端，腹吸盘发达，与口吸盘相距较近。两条肠管呈波浪状弯曲，不分枝，伸达体后端。睾丸两个，分枝，前后排列在虫体后部的中央，两条输出管合并为输精管，膨大为贮精囊。雄茎囊发达。生殖孔开口在腹吸盘的前方。卵巢一个，分枝，位于虫体中部而稍偏后方。卵模周围为梅氏腺。输卵管和卵黄总管均与卵模相通。卵黄腺分布在虫体的两侧。无受精囊。子宫弯曲在虫体的前半部，内含虫卵(图 7-16)。

虫卵呈淡黄色，卵圆形或椭圆形，卵壳薄，大小为(130～150) μm×(85～97) μm。有卵盖，内含一个卵细胞，呈灰色，卵黄细胞约有 30～50 个，致密而互相重叠。

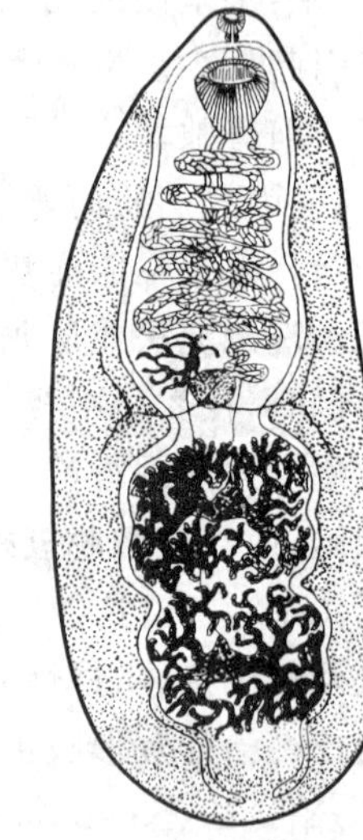

图 7-16　姜片吸虫的成虫
(Mönnig)

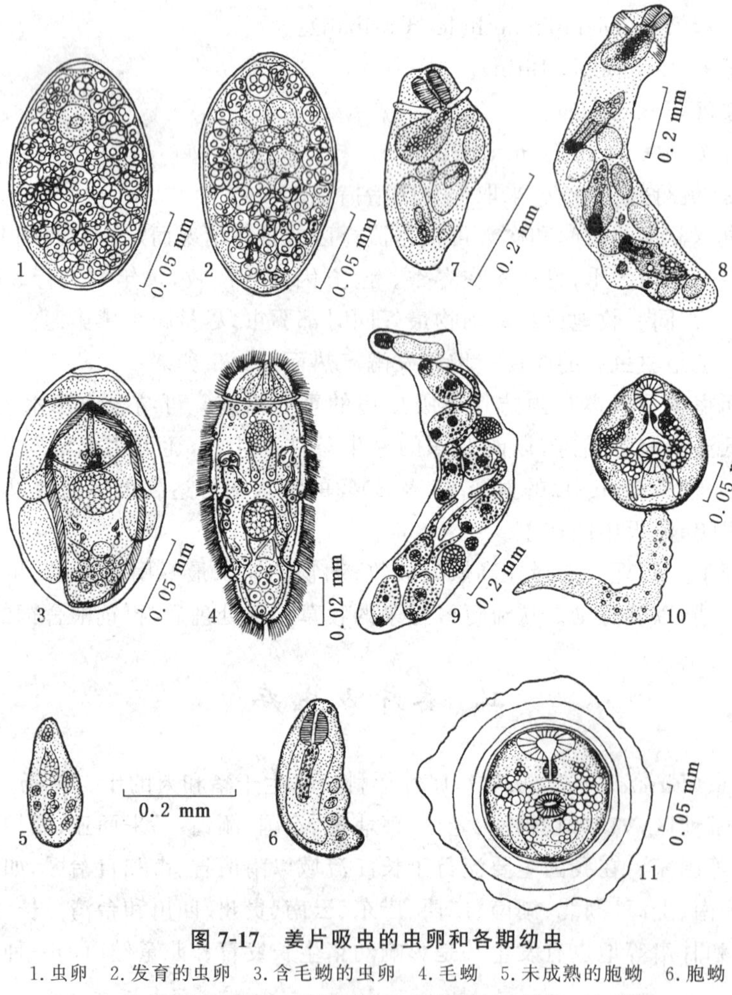

图 7-17　姜片吸虫的虫卵和各期幼虫

1. 虫卵　2. 发育的虫卵　3. 含毛蚴的虫卵　4. 毛蚴　5. 未成熟的胞蚴　6. 胞蚴　7. 未成熟的母雷蚴　8. 母雷蚴　9. 子雷蚴　10. 尾蚴　11. 囊蚴

生活史　虫卵随终末宿主粪便排至体外，于水中，在 26～30℃适宜的温度下，经 2～4 周孵出毛蚴，毛蚴在水中游动，遇到适宜的扁卷螺后即侵入其中，发育为胞蚴、母雷蚴、子雷蚴及尾蚴。尾蚴离开螺体后，在水生植物（水浮莲、水葫芦、浮萍、茭白、蕹菜、日本水仙、满江红、茜草、青萍、无根萍、槐叶萍、黑藻、金鱼藻、菱角和荸荠等）茎叶上形成囊蚴（图 7-17）。囊蚴对外界环境条件抵抗力较强，在潮湿的情况下可存活一年，遇干燥则易死亡。猪吞食含囊蚴的水生植物而遭感染，囊蚴在十二指肠发育为成虫。毛蚴进入螺体内至形成尾蚴，平均需要 50 天，囊蚴进入猪体内发育至成虫，一般需要 100 天。虫体在猪体内的寿命为 12～13 个月（图 7-18）。

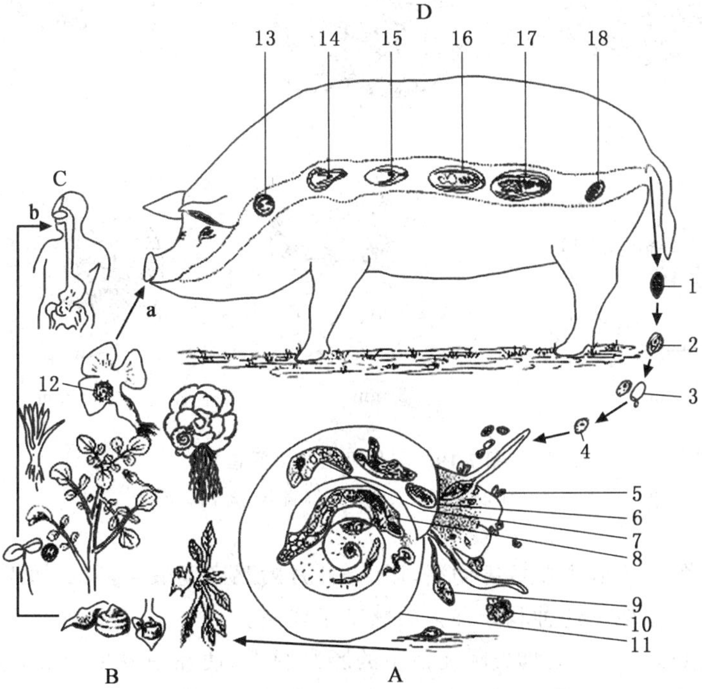

图 7-18　姜片吸虫的生活史

A. 虫卵、毛蚴和各期幼虫：1. 虫卵随粪排出　2. 已发育的虫卵　3，4. 毛蚴推盖而出，游于水中　5. 毛蚴侵入螺体　6. 胞蚴　7. 母雷蚴　8. 子雷蚴　9. 尾蚴　10. 囊蚴　11. 中间宿主——扁卷螺　B. 各种水生植物：12. 附着在水生植物上的囊蚴　C. a. 猪因生吃水生植物而得以感染　b. 人以菱角、荸荠等为食而遭受感染　D. 在猪肠内的童虫和成虫：13. 囊蚴进入猪体内　14～16. 童虫　17. 成虫　18. 虫卵

在我国，姜片吸虫的中间宿主（图 7-19）有凸旋螺（*Gyraulus convexiuscalus*），大脐圆扁螺（*Hippeutis umbilicalis*），尖口圆扁螺（*H. cantori*）及半球多脉扁螺（*Polypylis hemisphaerula*），其中以尖口圆扁螺和半球多脉扁螺分布较广，感染率也高。它们均滋生于有水生植物的池塘内，扁卷螺适应性强，分布广，栖息于静水塘中，很少在流水和深水中。

流行病学　姜片吸虫病主要传染源是病猪和人。凡以猪、人粪便当作主要肥料给水生植物施肥；以水生植物直接给猪生吃；池塘内扁卷螺滋生并有带虫的人和猪之处，本病往往呈地方性流行。在我国南方诸省，大都习惯用生的水生植物养猪；人，尤其儿童又习惯生食菱角和荸荠，因此，本病流行极为普遍。在流行区，猪饮喂生水亦可感染。每年 5～7 月份本病开始流行，6～9 月份是感染的最高峰，5～10 月份是姜片吸虫病的流行季节。猪只一般在秋季发病较

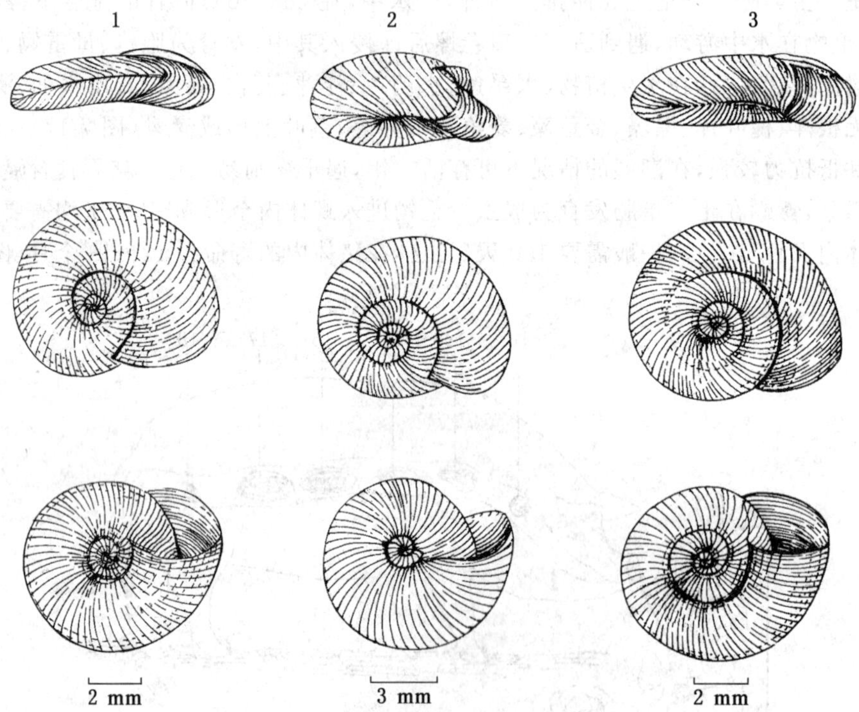

图 7-19 姜片吸虫的中间宿主

1.尖口圆扁螺 2.半球多脉扁螺 3.凸旋螺

多,也有延至冬季的。本病主要危害幼猪,以 5～8 月龄感染率最高,以后随年龄之增长感染率下降。据资料,纯种猪较本地种和杂种猪的感染率要高。

致病作用 虫体以强大吸盘吸附在宿主的肠黏膜上,使黏膜发生充血,肿胀,黏液分泌增多,并可引起出血或小脓肿,同时吸取大量养料,使患猪生长发育迟缓,呈现贫血、消瘦和营养不良现象。虫体的代谢产物和分泌的毒性物质被动物吸收后,可引起过敏反应,如嗜酸性白细胞增多和中性白细胞减少。动物抵抗力下降,易继发其他疾病而致死。严重感染时,由于虫体大,可机械地堵塞肠道,影响消化和吸收机能,甚至引起肠破裂或肠套叠而死亡。

症状 病猪表现贫血,眼结膜苍白,水肿,尤其以眼睑和腹部较为明显。消瘦,精神沉郁,食欲减退,消化不良,腹痛,腹泻,皮毛干燥,无光泽。初期无体温,到后期体温微高,最后虚脱致死。

诊断 在流行区,除根据临床症状表现和流行病学资料分析外,还应对病猪做粪便检查,可用直接涂片法和反复沉淀法,检获虫卵便可确诊。

治疗 目前常用的治疗姜片吸虫的药物有:

(1)敌百虫(Dipterex, Chlorofos, Neguvon)。

(2)硫双二氯酚(Bithionol, Bitin)。

(3)硝硫氰胺(Amosoconate,7505)。

(4)硝硫氰醚(Nitrosconate)。

(5)吡喹酮(Praziquentel, Droncit)。

预防 根据姜片吸虫病的流行病学特点,采取综合性防治措施。

(1)定期驱虫。在流行区,每年应在春、秋两季进行定期驱虫。

(2)加强粪便管理,每天清扫猪舍粪便,堆积发酵,经生物热处理后,方可作肥料。

(3)消灭中间宿主扁卷螺。或以干燥灭螺,或以灭螺剂杀螺,如用硫酸铜、生石灰等。

(4)加强猪的饲养管理,勿放猪到池塘自由采食水生植物,改变生食水生植物及饮生水的习惯,水生植物要经过无害化处理后喂猪。

第三节　后睾吸虫病

一、华支睾吸虫病

华支睾吸虫(*Clonorchis sinensis*),属于后睾科(Opisthorchiidae)。寄生于人、犬、猫、猪及其他一些野生动物的肝脏胆管和胆囊内,可使肝脏肿大并导致其他肝病变,是一种重要的人兽共患吸虫病。主要分布于东亚诸国。在我国的流行也极为广泛。

病原体　虫体背腹扁平,呈叶状,前端稍尖,后端较钝,体被无棘,透明,大小为(10～25) mm×(3～5) mm。口吸盘略大于腹吸盘,腹吸盘位于体前端 1/5 处,消化器官包括口、咽和短的食道及两肠支,肠支伸达虫体后端。睾丸分枝,前后排列在虫体的后 1/3 处。从睾丸各发出一条输出管,向前两管汇合为输精管。其膨大部形成贮精囊,末端为射精管,开口于雄性生殖腔。缺雄茎和雄茎囊。卵巢分叶,位于前睾之前。受精囊发达,呈椭圆形,位于睾丸与卵巢之间。劳氏管细长,开口在虫体的背面。输卵管的远端为卵模,周围为梅氏腺,位于前睾丸之前。卵黄腺由细小的颗粒组成,分布在虫体两侧,由腹吸盘向下延伸至受精囊的水平线。子宫从卵模处开始盘绕而上,开口于腹吸盘前缘的生殖孔,内充满虫卵。排泄囊呈"S"状,弯曲在虫体后部(图 7-20)。

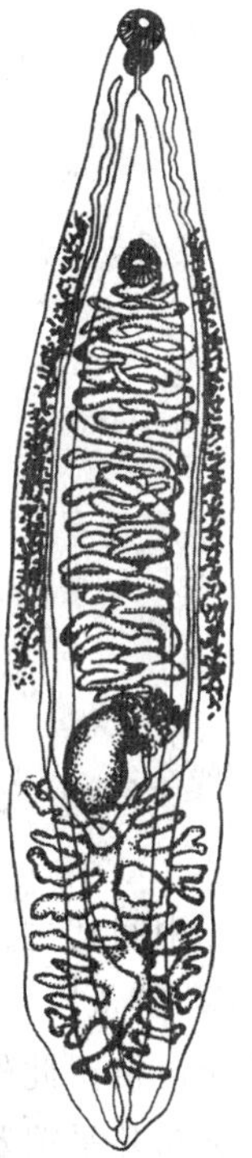

图 7-20　华支睾吸虫的成虫
(斯克里亚宾和舒尔茨)

虫卵甚小,大小为(27～35) μm×(12～20) μm,有肩峰,内含成熟的毛蚴,黄褐色,上端有卵盖,下端有一小突起。

生活史　成虫寄生于猫、犬及人等的肝脏胆管内,所产虫卵随粪便排出,被第一中间宿主淡水螺吞食后,在螺体内约经 1 h 毛蚴孵出。毛蚴进入螺的淋巴系统及肝脏,发育为胞蚴、雷蚴和尾蚴。在 25℃最适宜的水温下,自卵被螺吞食至尾蚴自螺体溢出,需 30～40 天。尾蚴游于水中,当遇到适宜的第二中间宿主——某些淡水鱼和虾时,即钻入其体内形成囊蚴。人、猫、犬等由于吞食含有囊蚴的生的或半生的鱼虾而遭感染。囊蚴在十二指肠脱囊,一般认为童虫沿着胆汁流动逆方向移行,经总胆管到达胆管发育为成虫。实验证明,有的也通过血管或穿过肠壁经腹腔到达肝脏于胆管内变为成虫。猫、犬的潜隐期为 25～30 天。在适宜的条件下,完成全部生活史约需 3 个月。成虫在猫、犬体内分别可存活 12 年 3 个月和 3 年 6 个月以上;在人体内寿命为 20 年以上。

流行病学 华支睾吸虫病的流行是与感染源的多少，河流、池塘的分布，粪便污染水源的情况，第一二中间宿主的分布和养殖以及当地居民的饮食习惯与猫、犬及猪的饲养管理方式诸因素有密切关系。

华支睾吸虫病主要分布于东亚诸国，如日本、朝鲜、越南、老挝和中国等，在我国的分布是极其广泛的，除青海、西藏、甘肃和宁夏外，其余 27 个省、市自治区均有报道。

宿主动物有人、猫、犬、猪、鼠类以及野生的哺乳动物，食鱼的动物如鼬、獾、貂、野猫、狐狸等均可感染。是具有自然疫源性的疾病，是重要的人畜共患病。

华支睾吸虫对实验动物的感染性因动物而异，豚鼠的获虫率最高为 49.8%，家兔为 35.9%，大鼠为 28.8%，仓鼠为 21.3%，犬为 16.8%，小鼠为 1.7%。

第一中间宿主淡水螺，在我国已证实的有 3 属 7 种，其中以纹沼螺（*Parafossalurus striatulus*）、长角涵螺（*Alocinma longicornis*）、赤豆螺（*Bithynia fuchsianus*）和方格短沟蜷（*Semisulcospira canellata*）4 种螺分布最为广泛（图 7-21），是本吸虫的主要第一中间宿主。这些螺类都生活于静水或缓流的坑塘、沟渠、沼泽中，活动于水底或水面下植物茎叶上，对环境的适应力很强，广泛存在于我国南北各地。

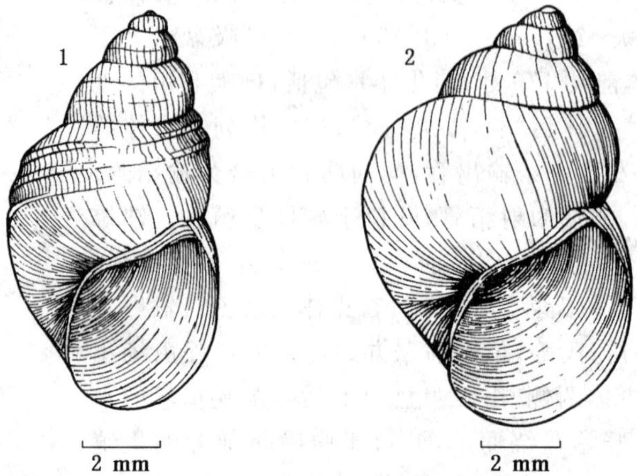

图 7-21 华支睾吸虫的中间宿主

1. 纹沼螺 2. 赤豆螺

第二中间宿主为淡水鱼类和虾，在我国已证实的淡水鱼类有 70 余种，以鲤科鱼为最多，如鲤、鲫、草、鲢鱼以及小型鱼的船丁鱼和麦穗鱼的感染率均较高。对第二中间宿主的选择似乎并不十分严格。此外，据福建发现，细足米虾和巨掌沼虾均可做第二中间宿主。囊蚴在淡水鱼体内的分布几乎遍及全身，但以肌肉为最多，占 84.7%，依次是鱼皮、鳃、鳞和鳍等部位。

猫、犬喜食生鱼类而感染。猪散养或以生鱼及其内脏等作饲料而受感染。人的感染多半因食生的或未煮熟的鱼虾类而引起，如食生鱼片、生鱼，嗜食生鱼粥、鱼球及蒸鱼等。

在流行区，粪便污染水源是影响淡水螺感染率高低的重要因素，如广东流行区，厕所多建在鱼塘上，用人畜粪在农田上施肥或将猪舍建在塘边，含大量虫卵的人畜粪便直接进入池塘内，使螺、鱼受到感染，更加促成本病的流行。

致病作用和病理变化 成虫在胆管内寄生可引起机械性损伤，虫体分泌和排泄代谢产物的刺激，使胆管发生病变，进而累及肝实质，使肝功能受损，影响消化机能并可引起全身症状。

病变可见胆管扩张,上皮细胞脱落,管壁增厚,周围有结缔组织增生。有时出现肝细胞混浊肿胀、脂肪变性和萎缩。在胆管阻塞和胆管炎的基础上偶尔可发生胆汁性肝硬变。大量寄生时虫体阻塞胆管并出现阻塞性黄疸现象。病变一般以左叶较为明显。继发感染时,可引起化脓性胆管炎,甚至肝脓肿。在虫体的长期刺激下,有少数病例可在胆管上皮腺瘤样增生的基础上发生癌变。经常在胆囊中发现虫体,引起胆囊肿大和胆囊炎。偶尔有少数虫体侵入胰管内,引起急性胰腺炎。

症状 多数动物为隐性感染,临床症状不明显。严重感染时,主要表现为消化不良,食欲减退,下痢,贫血,水肿,消瘦,甚至腹水,肝区叩诊有痛感。病程多为慢性经过,往往因并发其他疾病而死亡。

诊断 在流行区,动物有生食或半生食淡水鱼史;临床上表现为消化障碍,肝脏肿大,叩诊时肝区敏感,严重病例有腹水,如粪便中检获虫卵即可确诊。虫卵应与异形吸虫及横川后殖吸虫卵相区别,它们的大小近似,但这两种虫卵无肩峰,卵盖对侧的突起不明显或缺失。近年来,在临床上也应用间接血凝试验和酶联免疫吸附试验,作为辅助诊断。

治疗

(1)首选药物为吡喹酮(Praziquentel)。

(2)丙硫咪唑(Albendazole)。

(3)六氯对二甲苯(Hexachloroparaxylene)。

预防

(1)流行区的猪、猫和犬要定期进行检查和驱虫。

(2)禁止以生的或半生的鱼、虾饲喂动物。

(3)管好人、猪和犬等的粪便,防止粪便污染水塘;禁止在鱼塘边盖猪舍或厕所。

(4)消灭第一中间宿主淡水螺类。

二、猫后睾吸虫病

猫后睾吸虫(*Opisthorchis felineus*)属后睾科。寄生于猫、犬、猪及狐狸的胆管内,有的地方人的感染也较普遍。主要分布于东欧、西伯利亚及中国(北京、上海)。虫体为(7～12) mm×(2～3) mm,体表光滑,颇似华支睾吸虫,但睾丸呈裂状分叶,前后斜列于虫体后 1/4 处。虫卵呈浅棕黄色,长椭圆形,大小为(26～30) μm×(10～15) μm,内含毛蚴(图 7-22)。虫卵随宿主粪便排至体外,被第一中间宿主淡水螺(*Bithynia leachi*)吞食后,于其消化道内孵出毛蚴,后发育为胞蚴、雷蚴和尾蚴,约经 2 个月尾蚴从螺体溢出,钻入第二中间宿主淡水鱼体内形成囊蚴。猫吞食含囊蚴的鱼类而遭感染。吸虫在胆管内可引起胆管上皮细胞炎性反应、增生、纤维化与门脉周围性肝硬化。粪便中检获虫卵可做出诊断。可试用吡喹酮或六氯对二甲苯治疗。禁止用生鱼饲喂猫、犬。

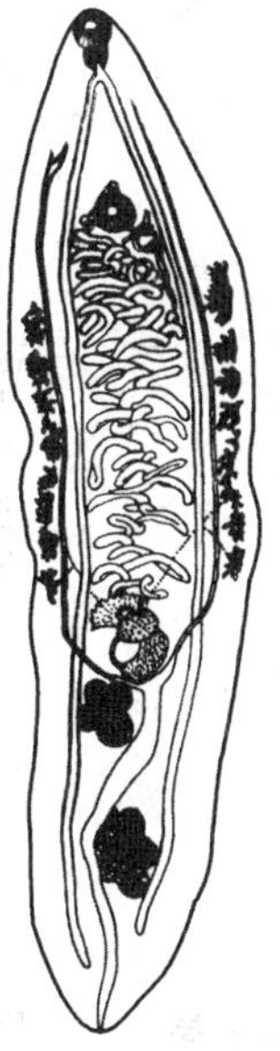

图 7-22 猫后睾吸虫成虫

(Mönnig)

三、鸭后睾吸虫病

鸭后睾吸虫(*Opisthorchis anatis*)属后睾科。寄生于家鸭、鹅和其他野生禽的肝脏胆管内。虫体较长,前端尖细,后端稍钝圆,大小为(7～23) mm×(1.0～1.5) mm,体表平滑,口吸盘位于体前端,腹吸盘小于口吸盘,位于虫体前 1/5 处。食道短或付缺,肠管伸达虫体的后端。睾丸分叶,前后纵列于虫体的后方。缺雄茎囊。生殖孔在腹吸盘之前。卵巢分许多小叶,受精囊小。子宫发达。梅氏腺不明显。卵黄腺位于虫体两侧,始于虫体中部,伸达卵巢的上缘。虫卵大小为(28～29) μm×(16～18) μm(图 7-23)。

四、鸭对体吸虫病

鸭对体吸虫(*Amphimerus anatis*)属后睾科。寄生在鸭的胆管内,是鸭肝内的一种大型吸虫,主要分布于日本和俄罗斯的西伯利亚。在我国的江西、浙江、宁夏、黑龙江等地均有报道。虫体窄长,后端尖细,大小为(14～24) mm×(0.88～1.12) mm。口吸盘位于虫体的前端,腹吸盘小,位于虫体前 1/5 或 1/7 的位置。两条肠管伸达虫体后端。睾丸呈长圆形,分叶或不分叶,前后排列在虫体的后方。生殖孔位于腹吸盘的前缘。卵巢分叶,位于前睾丸之前。受精囊紧接卵巢之后。子宫位于肠支间,从卵巢处曲折前行,直达腹吸盘。卵黄腺位于肠支两侧的后方。虫卵呈卵圆形,一端有盖,另一端有较尖的刺突,大小为(25～28) μm×(13～14) μm(图 7-24)。生活史不清楚。对体吸虫寄生于鸭肝,肝脏呈现不同程度的炎症和坏死,常呈橙黄色,有花斑;胆管被阻塞,胆汁分泌受影响,肝功被破坏。表现贫血、消瘦等全身症状,严重感染时死亡率也较高。治疗可参照东方次睾吸虫。

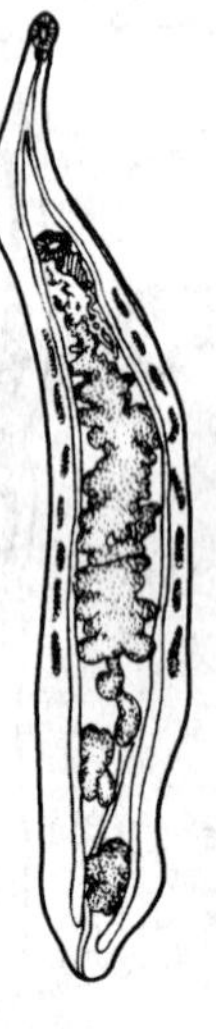

图 7-23 鸭后睾吸虫成虫
(斯克里亚宾)

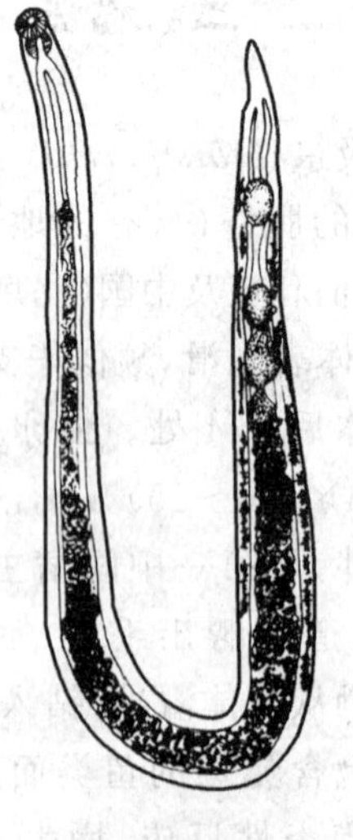

图 7-24 鸭对体吸虫成虫
(Yamaguti)

五、次睾吸虫病

东方次睾吸虫(*Metorchis orientalis*)属后睾科。寄生于鸭、鸡和野鸭的肝脏胆管或胆囊内，偶见于猫、犬及人体内。主要分布于日本、俄罗斯的西伯利亚及中国，在我国的黑龙江、吉林、北京、天津、上海、安徽、江苏、浙江、福建、台湾、江西、广东、广西等省、市和自治区均有报道。

病原体　虫体呈叶状，大小为(2.4～4.7) mm×(0.5～1.2) mm。体表被有小棘。口吸盘位于虫体前端，腹吸盘位于虫体前 1/4 的中央。睾丸大，稍分叶，前后排列于虫体的后端。生殖孔位于腹吸盘的前方。卵巢椭圆形，位于睾丸的前方，受精囊位于前睾丸的前方，卵巢的右侧。卵黄腺分布于虫体两侧，始于肠分叉的稍后方，终止于前睾丸的前缘。子宫弯曲，在卵巢的前方，伸达腹吸盘上方，后端止于前睾丸的前缘，内充满着虫卵(图 7-25)。

虫卵呈浅黄色，椭圆形，大小为(28～31) μm×(12～15) μm，有卵盖，内含毛蚴。

生活史　第一中间宿主为纹沼螺，第二中间宿主为麦穗鱼及爬虎鱼等。囊蚴主要寄生在鱼的肌肉及皮层。终末宿主吞食含囊蚴的鱼类而遭感染。感染后 16～21 天粪便中出现虫卵。

致病作用与症状　肝脏肿大，脂肪变性或有坏死结节，胆管增生变粗。胆囊肿大，囊壁增厚，胆汁变质或消失。轻度感染时不表现临床症状，严重感染时不仅影响产蛋，而且死亡率也较高。患禽精神委顿，食欲不振，羽毛粗乱，两腿无力，消瘦，贫血，下痢，粪便呈水样，多因衰竭而死亡。

治疗　吡喹酮、丙硫咪唑，口服，疗效良好。

预防

(1)对患禽进行全面治疗，以防粪便中的虫卵污染池塘和沟渠。

(2)禽粪应经堆积发酵生物热处理。

(3)流行区的家禽应避免到水边放牧，勿以淡水鱼类饲喂家禽。

六、微口吸虫病

截形微口吸虫(*Microtrema truncatum*)，属于后睾科。寄生于猪肝脏胆管内，偶见于犬、猫的胆管中。在肝小叶胆管内形成囊状扩张，慢性刺激导致纤维组织增生，对猪危害较大。已在我国四川、江西、湖南、上海及台湾等省、市发现。

虫体背腹扁平，形似舌状，前端尖细，后端平截，后缘稍向背面弯曲，中部略向背面隆起，大小为(4.5～14) mm×(2.5～6.5) mm，厚 1.5～3.0 mm。体表被有细棘。虫体常 3～4 个群集。口吸盘位于体前端，腹吸盘位于体中央略后方。食道短，两肠管与体缘平行，到达体后端略向内弯。睾丸略分叶，左右对称，排列在体后 1/4 处肠管的内侧。卵巢呈三角形，由 10 余叶组成，与睾丸处在同一水平的略前方。梅氏腺在卵巢之前，受精囊为卵圆形在其后。有劳氏管。卵黄腺分布在体两侧的肠管之外，各有 9～14 簇。子宫弯曲于睾丸和卵巢之前，肠分叉处之后。排泄囊在虫体后端成“Y”字形。虫卵小，深金黄色，前端狭，后端略宽，平均为 3.35 μm×1.81 μm，有卵盖，另端有一小刺，壳厚，表面有龟裂纹，内含毛蚴。生活史尚待研究。肝脏胆管扩张和管壁增厚，管内有许多虫体，大多数虫体呈成对地寄生，且两虫的腹面相对。邻近肝小叶受压迫而萎缩，有的呈脂肪变性。胆管炎的患猪，消化机能受影响。虫体阻塞胆管可引起轻度黄疸。其代谢产物引起贫血与消瘦，多取慢性经过。临床症状不明显。粪检法检获虫卵可确诊。防治方法尚待研究(图 7-26)。

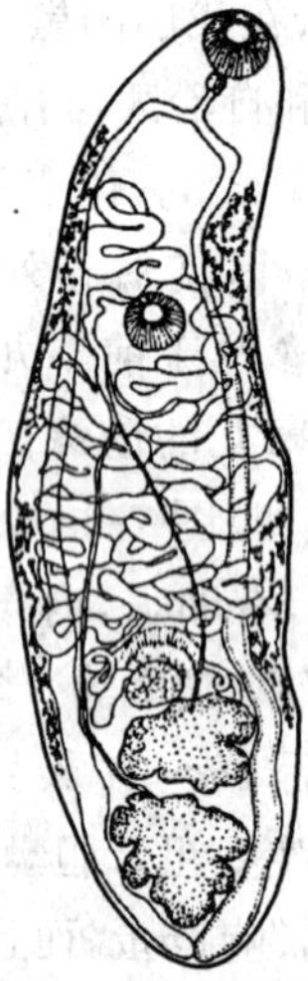

图 7-25 东方次睾吸虫成虫
(陈佩惠,唐仲璋)

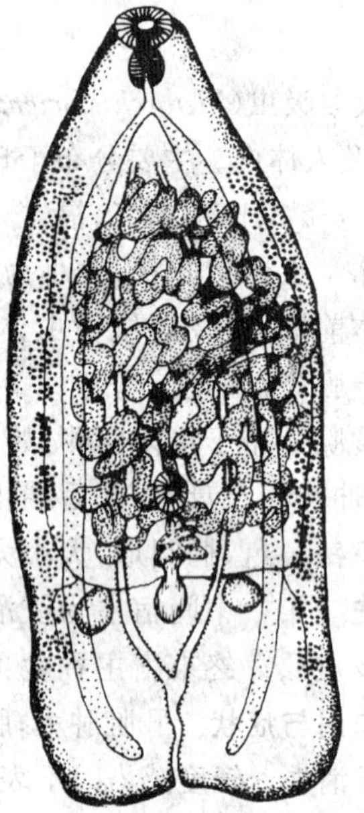

图 7-26 截形微口吸虫成虫
(Kobayashi)

第四节 歧腔吸虫病

一、歧腔吸虫病

歧腔吸虫属于歧腔科(Dicrocoeliidae),歧腔属(*Dicrocoelium*),寄生于反刍动物牛、羊、骆驼和鹿的肝脏胆管和胆囊内,偶尔也见于人体。在我国的西北诸省、区和内蒙古等地广为分布。危害较严重。常见的虫种有:矛形歧腔吸虫(*Dicrocoelium lanceatum*),也称枝歧腔吸虫(*D. dendriticum*)和中华歧腔吸虫(*D. chinensis*)。

病原体 矛形歧腔吸虫的虫体狭长呈矛形,棕红色,大小为(6.67～8.34) mm×(1.61～2.14) mm,体表光滑。口吸盘后紧随有咽,下接食道和 2 支简单的肠管。腹吸盘大于口吸盘,位于体前端 1/5 处。睾丸两个,圆形或边缘具缺刻,前后排列或斜列于腹吸盘的后方。雄茎囊位于肠分叉与腹吸盘之间,内含有扭曲的贮精囊、前列腺和雄茎。生殖孔开口于肠分叉处。卵巢圆形,居于后睾之后。具有受精囊和劳氏管。卵黄腺位于体中部两侧。子宫弯曲,充满虫体的后半部,内含大量虫卵。

虫卵似卵圆形,褐色,具卵盖,大小为(34～44) μm×(29～33) μm,内含毛蚴。

中华歧腔吸虫与矛形歧腔吸虫相似,但虫体较宽扁,其前方体部呈头锥形,后两侧作肩样突;大小为(3.54～8.96) mm×(2.03～3.09) mm。睾丸两个,呈圆形,边缘不整齐或稍分叶,左右并列于腹吸盘后。虫卵大小为(45～51) μm×(30～33) μm(图 7-27)。

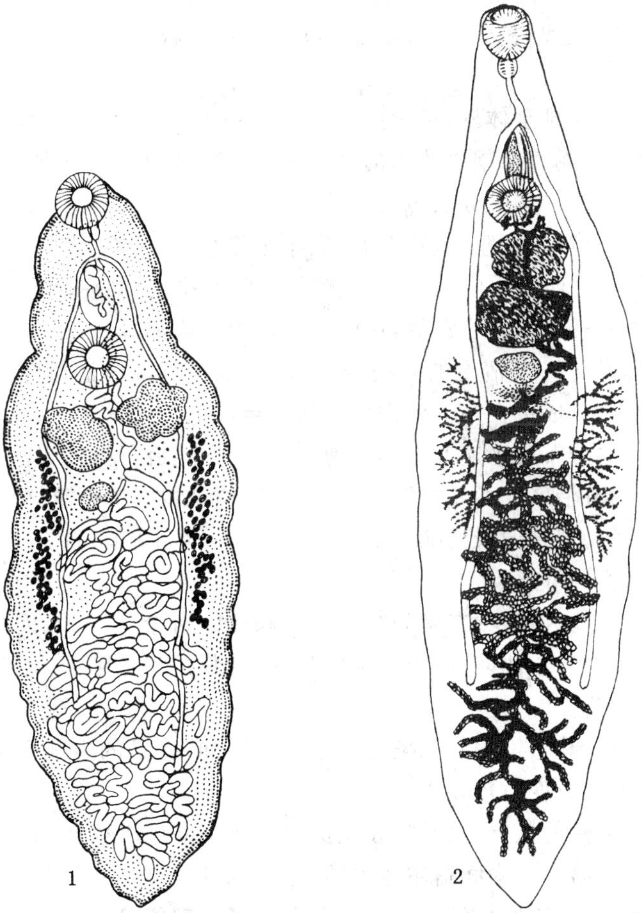

图 7-27　歧腔吸虫的成虫

1. 中华歧腔吸虫(唐仲璋,唐崇惕)　2. 矛形歧腔吸虫(Mönnig)

生活史　歧腔吸虫在其发育过程中,需要两个中间宿主(图 7-28):第一中间宿主为陆地螺(蜗牛),第二中间宿主为蚂蚁。矛形歧腔吸虫的第一中间宿主为同型纹蜗牛(*Bradybaena similaris*)(闽)、孤形小丽螺(*Ganesella arcasiana*)(吉)、条华蜗牛(*Cathaica fasciola*)(晋)及光滑琥珀蜗牛(*Succinea snigha*)(新)。第二中间宿主蚂蚁为 *Formica lugubris*(新)和 *F. rufa*(晋)。

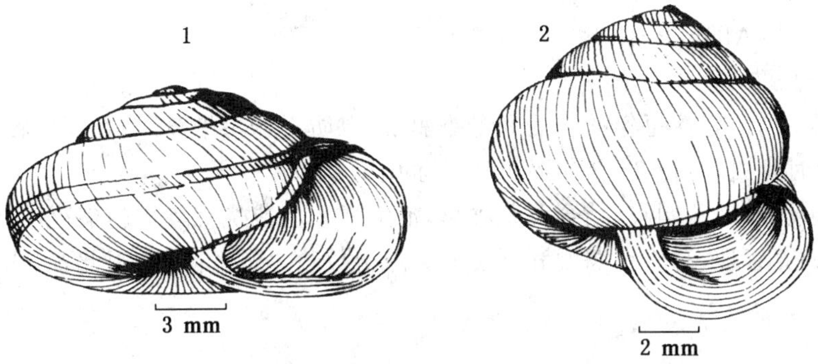

图 7-28　歧腔吸虫的中间宿主

1. 条华蜗牛　2. 枝小丽螺

中华歧腔吸虫的第一中间宿主为同型纹蜗牛(闽)、条华蜗牛(晋)及枝小丽螺(*Ganesella virgo*)(蒙);第二中间宿主为 *F. trunciola*(蒙)和 *F. gagates*(吉、蒙)和 *Componotus compresses*(晋)。

虫卵随终末宿主粪便排至体外,被第一中间宿主蜗牛吞食后,在其体内孵出毛蚴,进而发育为母胞蚴、子胞蚴和尾蚴。在蜗牛体内的发育期为82～150天。矛形歧腔吸虫的成熟子胞蚴体较小,内含尾蚴数少;中华歧腔吸虫的成熟子胞蚴体大,内含尾蚴数也较多。尾蚴从子胞蚴的产孔溢出后,移行至螺的呼吸腔,在此,每数十个至数百个尾蚴集中在一起形成尾蚴群囊(cercaria vitrina),外被黏性物质成为黏球,从螺的呼吸腔排出,黏在植物或其他物体上。当含尾蚴的黏球被第二中间宿主蚂蚁吞食后,尾蚴在其体内形成囊蚴。牛、羊等吃草时吞食了含囊蚴的蚂蚁而感染。囊蚴在终末宿主的肠内脱囊,由十二指肠经总胆管到达肝脏胆管内寄生。需72～85天发育为成虫,成虫在宿主体内可存活6年以上。

流行病学 本病的分布几乎遍及世界各地,多呈地方性流行。在我国主要分布于东北、华北、西北和西南诸省和自治区。尤其以西北各省、区和内蒙古较为严重。

宿主动物极其广泛,现已记录的哺乳动物达70余种,除牛、羊、骆驼、鹿、马和兔等家畜外,许多野生的偶蹄类动物均可感染。

在温暖潮湿的南方地区,第一二中间宿主蜗牛和蚂蚁可全年活动,因此,动物几乎全年都可感染;而在寒冷干燥的北方地区,中间宿主要冬眠,动物的感染明显具有春、秋两季特点,但动物发病多在冬、春季节。

动物随年龄的增加,其感染率和感染强度也逐渐增加,感染的虫体数可达数千条,甚至上万条,这说明动物获得性免疫力较差。

虫卵对外界环境条件的抵抗力较强,在土壤和粪便中可存活数月,仍具感染性。对低温的抵抗力更强。虫卵和在第一二中间宿主体内的各期幼虫均可越冬,且不丧失感染性。

致病作用和症状 歧腔吸虫在肝脏胆管内寄生可引起胆管卡他性炎症,胆管壁增生,肥厚,肝肿大,肝被膜肥厚。严重感染的患畜,可见到黏膜黄疸,逐渐消瘦,颌下和胸下水肿,下痢,并可致死。

诊断 粪便中检出虫卵或死后剖检获大量虫体即可确诊。

治疗 歧腔吸虫病的治疗药物如下。

(1)海涛林(Hetolinum 三氯苯丙酰嗪)。

(2)六氯对二甲苯(Hexachloroparaxylene,血防846)。

(3)吡喹酮(Praziquentel)。

(4)丙硫咪唑(Albendazole)。

预防

(1)定期驱虫,最好在每年的秋后和冬季驱虫,以防虫卵污染草原;在同一牧地上放牧的所有患畜都要同时驱虫,坚持2～3年后可达到净化草场的目的。

(2)灭螺,灭蚁,因地制宜,结合开荒种草,消灭灌木丛或烧荒等措施消灭中间宿主。

(3)加强饲养管理,动物在潮湿和低洼的草原上放牧是最危险的,因此,应选在开阔干燥的牧地上放牧。

二、阔盘吸虫病

阔盘吸虫属歧腔科，阔盘属（*Eurytrema*），寄生于牛、羊等反刍动物的胰脏胰管内，人也可寄生。主要分布于亚洲、欧洲及南美洲。在我国各地均有报道，但以东北和西北诸省、区以及内蒙古的广大草原上流行较广，危害较大。

阔盘吸虫在我国发现有多种，其中以胰阔盘吸虫（*Eurytrema pancreaticum*）分布最广，仅就该种加以叙述。

病原体　活时为棕红色，固定后为灰白色。虫体扁平，较厚，呈长卵圆形，体表被有小棘，成虫时常已脱落。大小为（8～16）mm×（5～5.8）mm。吸盘发达，口吸盘较腹吸盘大。咽小，食道短，肠支简单。睾丸两个，圆形或略分叶，左右排列在腹吸盘稍后。雄茎囊呈长管状，位于腹吸盘前方与肠支之间。生殖孔开口于肠叉的后方。卵巢分叶 3～6 瓣，位于睾丸之后，体中线附近，受精囊呈圆形，在卵巢附近。子宫弯曲，内充满棕色虫卵，位于虫体的后半部。卵黄腺呈颗粒状，位于虫体中部两侧（图 7-29）。

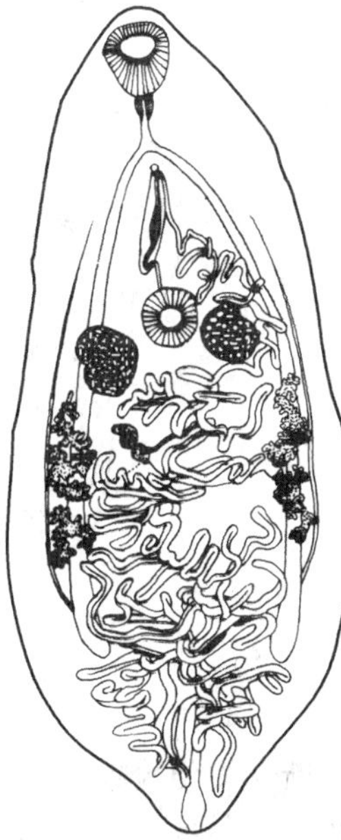

图 7-29　胰阔盘吸虫的成虫
（Mönnig）

虫卵为黄棕色或深褐色，椭圆形，两侧稍不对称，具卵盖。大小为（42～50）μm×（26～33）μm。内含一个椭圆形的毛蚴。

生活史　胰阔盘吸虫的发育需要两个中间宿主：第一中间宿主为陆地螺，第二中间宿主为草螽。虫卵随牛、羊的粪便排出体外。被第一中间宿主蜗牛吞食后，在其体内孵出毛蚴，进而发育成母胞蚴、子胞蚴和尾蚴（图 7-30）。在发育形成尾蚴的过程中，子胞蚴向蜗牛的气室内移行，并从蜗牛的气孔排出，附在草上，形成圆形的囊，内含尾蚴，即子胞蚴黏团。第二中间宿主草螽吞食从蜗牛体内排出的含有大量尾蚴的子胞蚴黏团后，子胞蚴在草螽体内经 23～30 天的发育，尾蚴即从子胞蚴钻出发育成为囊蚴。牛、羊等在牧地上吞食了含有囊蚴的草螽而遭感染。胰阔盘吸虫的整个发育时间较长，从含毛蚴虫卵被蜗牛吞食至成熟的子胞蚴排出，需 5～6 个月，在草螽体内尚需 1 个月。尾蚴进入终末宿主胰管中至发育为成虫，约需 3 个月。因此，其整个发育过程共需 9～16 个月。

胰阔盘吸虫的第一中间宿主在我国发现有：同型巴蜗牛（*Bradybaena similaris*）、中华灰巴蜗牛（*B. ravida sieboldtiana*）、枝小丽螺（*Ganesella virgo*）及条纹蜗牛（*Cathaica fasciola*）。第二中间宿主为中华草螽（*Conocephalus chinensis*）。

致病作用和症状　胰阔盘吸虫在牛、羊的胰管中，由于虫体的机械性刺激和排出的毒性物质的作用，使胰管发生慢性增生性炎症，致使胰管增厚，管腔狭小，严重感染时，甚至管腔完全闭塞，可使动物胰脏功能异常，引起消化不良。动物表现为消瘦，营养不良，毛干，易脱落，贫血，颌下、胸前出现水肿，下痢，粪便常含有黏液。严重时可致死。

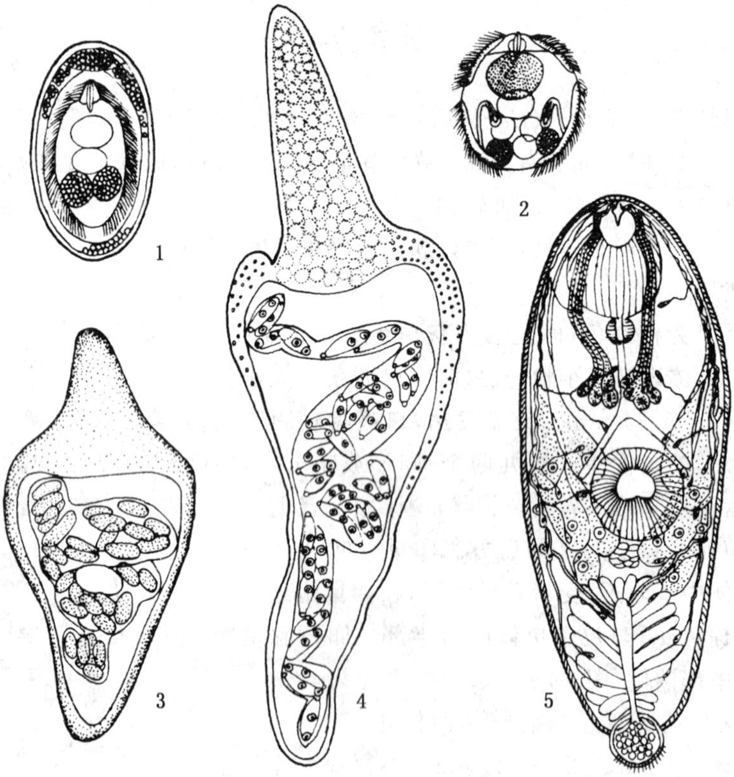

图 7-30 胰阔盘吸虫的虫卵及各期幼虫(唐仲璋)

1.虫卵 2.毛蚴 3.母胞蚴 4.子胞蚴 5.尾蚴

诊断 粪便检查可用反复沉淀法,检获虫卵可做出诊断。

治疗 经试验证明,下列药物有较好的疗效。

(1)六氯对二甲苯(Hexachloroparaxylene,血防 846)。

(2)吡喹酮(Praziquentel)。

第五节 分体吸虫病

一、日本分体吸虫病(日本血吸虫病)

日本分体吸虫(*Schistosoma japonicum*),属于分体科(Schistosomatidae)。寄生于人和牛、羊、猪、犬、啮齿类及一些野生哺乳动物的门静脉系统的小血管内,是一种危害严重的人兽共患寄生虫病。本病广泛分布于我国长江流域 13 个省、市和自治区,严重影响人的健康和畜牧业的生产。

病原体 日本分体吸虫为雌雄异体,雄虫乳白色,大小为(10~20) mm×(0.5~0.55) mm。口吸盘在体前端,腹吸盘较大,在口吸盘后方不远处。体壁自腹吸盘后方至尾部,两侧向腹面卷起形成抱雌沟,雌虫常居雄虫的抱雌沟内,呈合抱状态,交配产卵。体被光滑,仅吸盘内和抱雌沟边缘有小刺。口吸盘内有口，缺咽，下接食道，两侧有食道腺。食道在腹吸盘前分为两支，向后延伸为肠管，至虫体后部 1/3 处复合并为一单管，伸达体末端。睾丸 7 枚，呈椭圆形，在腹吸盘下排列成单行。每个睾丸有一输出管，共同汇合为一输精管，向前扩大为贮精囊。雄性生殖孔开口在腹吸盘后抱雌沟内。雌虫较雄虫细长，大小为(15～26) mm×0.3 mm。呈暗褐色。口、腹吸盘均较雄虫的为小。消化器官基本上与雄虫相同。卵巢呈椭圆形，位于虫体中部偏后方两侧肠管之间，其后端发出一输卵管，并折向前方伸延，在卵巢前面和卵黄管合并，形成卵模。卵模周围为梅氏腺。卵模前为管状的子宫，其中含卵 50～300 个，雌性生殖孔开口于腹吸盘后方。卵黄腺呈较规则的分枝状，位于虫体后 1/4 处。

虫卵椭圆形，大小为(70～100) μm×(50～65) μm。呈淡黄色，卵壳较薄，无盖，在其侧方有一小刺，卵内含毛蚴(图 7-31)。

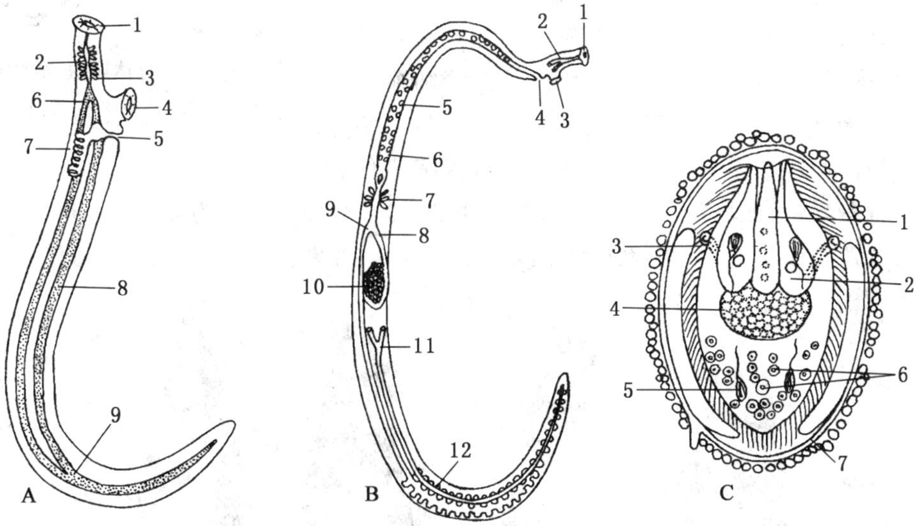

图 7-31　日本分体吸虫雄、雌虫和虫卵

A. 雄虫：1. 口吸盘　2. 食道　3. 腺群　4. 腹吸盘　5. 生殖孔　6. 肠管　7. 睾丸　8. 肠管　9. 合一的肠管

B. 雌虫：1. 口吸盘　2. 肠管　3. 腹吸盘　4. 生殖孔　5,6. 虫卵与子宫　7. 梅氏腺　8. 输卵管　9. 卵黄管　10. 卵巢　11. 肠管合并处　12. 卵黄腺

C. 虫卵：1. 头腺　2. 穿刺腺　3. 神经突　4. 神经元　5. 焰细胞　6. 胚细胞　7. 卵模

生活史　成虫寄生在人和动物的门静脉和肠系膜静脉内，一般雌雄合抱(图 7-32)。雌虫交配受精后，在血管内产卵，一条雌虫每天可产卵 1 000 个左右。产出的虫卵一部分顺血流到达肝脏；另一部分逆血流沉积在肠壁形成结节。虫卵在肠壁或肝脏内逐渐发育成熟，由卵细胞变为毛蚴。由于卵内毛蚴分泌溶细胞物质，能透过卵壳破坏血管壁，并使肠黏膜组织发炎和坏死，加之肠壁肌肉的收缩作用，使结节及坏死组织向肠腔破溃，虫卵即进入肠腔，随宿主粪便排出体外。虫卵在水中，于适宜的条件下孵出毛蚴。如温度在 25～30℃，pH 值在 7.4～7.8 时，经几小时即可孵出毛蚴。毛蚴呈梨形，平均大小为 90 μm×35 μm，周身被有纤毛，借以在水中迅速游动，遇到钉螺，即以头腺分泌物的溶蛋白酶作用，钻入螺体内，继续发育。如果毛蚴未遇到钉螺，一般在孵出后 1～2 天内自行死亡。

毛蚴侵入钉螺(图 7-33)体内进行无性繁殖。脱去纤毛,而后形成母胞蚴,5 周后,母胞蚴呈袋状,子胞蚴变为长条形,再经 1 周,子胞蚴开始从母胞蚴体中破裂而出。尾蚴成熟后离开子胞蚴,自钉螺体中溢出。一个毛蚴在钉螺体内,经无性繁殖后,可产生数万条尾蚴。毛蚴在钉螺体内发育成尾蚴所需时间与温度有密切关系,如在 25～30℃时,经 2～3 个月仅有少数钉螺体内有成熟尾蚴,经 3 个月后大部分钉螺体内已有成熟尾蚴。尾蚴存活时间也与温度有关系,在 10℃下最长可活 5 天,27℃时最长可活 48 h。只有尾蚴阶段可感染人和动物。尾蚴感染人和动物的途径主要是经皮肤感染;也有吞食含尾蚴的草或水,经口感染的;也可经胎盘感染。尾蚴侵入宿主皮肤,脱掉尾部,变为童虫,经小血管或淋巴管随血流经右心、肺、体循环到达肠系膜静脉内寄生。尾蚴侵入宿主体内后,发育为成虫,成熟产卵所需的时间,因宿主的种类不同而有差异,一般乳牛为 36～38 天,黄牛为 39～42 天,水牛为 46～50 天。成虫在动物体内的寿命一般为 3～4 年,也可能达 20～30 年,或者更长(图 7-34,图 7-35)。

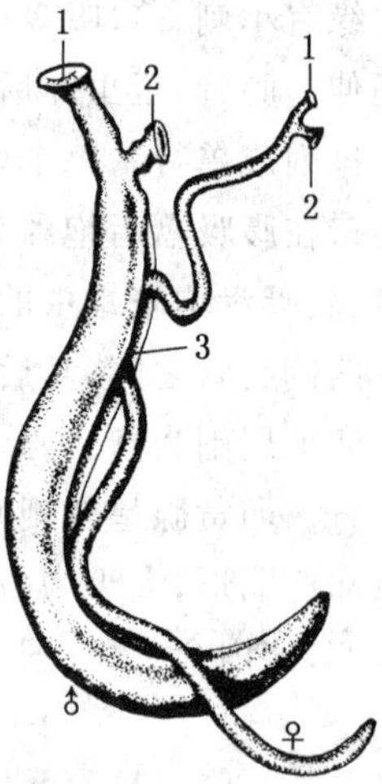

图 7-32 日本分体吸虫,雄雌虫合抱

1. 口吸盘 2. 腹吸盘 3. 抱雌沟

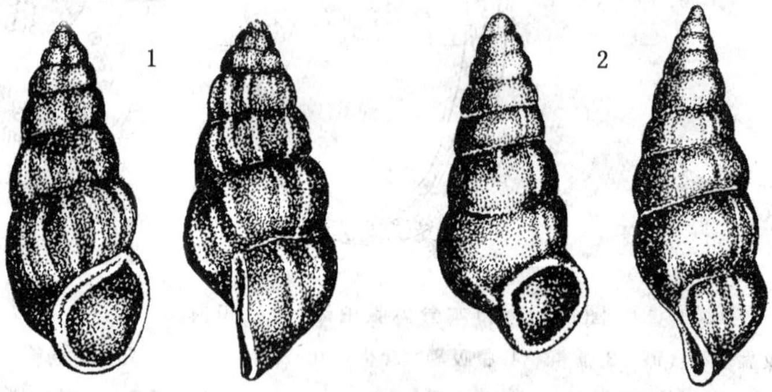

图 7-33 日本分体吸虫的中间宿主——钉螺

1. 有肋钉螺 2. 光壳钉螺

流行病学 日本分体吸虫分布于中国、日本、菲律宾及印度尼西亚,近年来在马来西亚亦有报道。在我国广泛分布于长江流域和江南的 13 个省、市、自治区(贵州省除外),计 372 个县市。主要危害人和牛、羊等家畜。台湾省的日本分体吸虫为动物株(啮齿类动物),不感染人。

图 7-36 为日本分体吸虫寄生的肠系膜静脉。

我国现已查明,除人体外,有 31 种野生哺乳动物包括褐家鼠(沟鼠)、家鼠、田鼠、松鼠、貉、狐、野猪、刺猬、金钱豹等,有 8 种家畜包括黄牛、水牛、羊、猫、猪、犬及马属动物等自然感染日本分体吸虫病。家畜以耕牛、野生动物以沟鼠的感染率为最高。黄牛的感染率和感染强度一般均高于水牛。黄牛年龄愈大,阳性率也愈高;水牛的感染率却随年龄的增长而有降低的趋

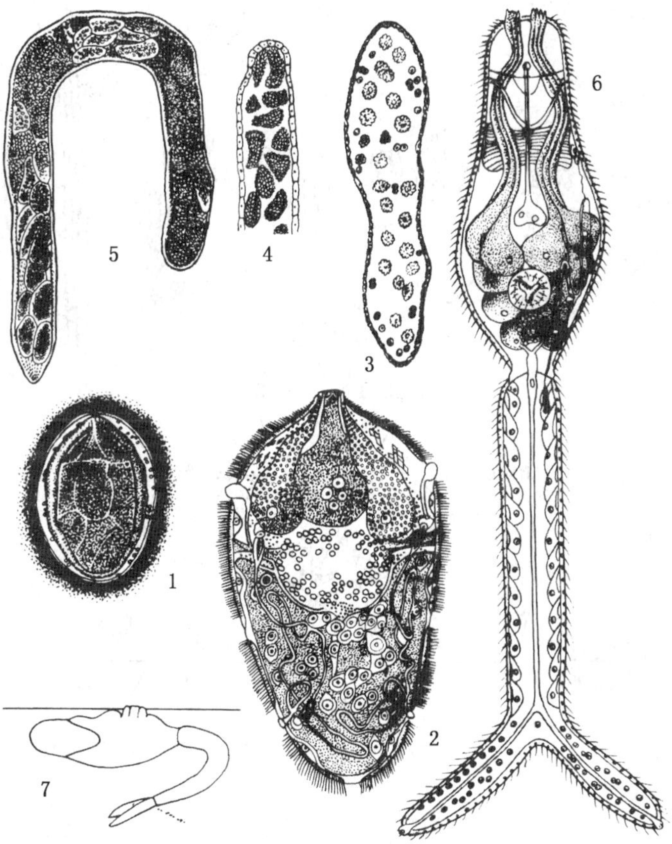

图 7-34 日本分体吸虫卵及各期幼虫

1.虫卵 2.毛蚴 3.母胞蚴 4.母胞蚴的前端 5.子胞蚴 6.尾蚴 7.静止在水面上的尾蚴

势,水牛还有自愈现象。但是,在长江流域和江南,水牛不仅数量多,而且接触"疫水"频繁,故在本病的传播上可能起主要作用。

日本分体吸虫的发育必须通过中间宿主钉螺,否则不能发育、传播。我国的钉螺为湖北钉螺(*Oncomelenia hupensis*)。钉螺体形小,大小为 1.0 cm×(0.25~0.30) cm,螺壳褐色或淡黄色,有厣,螺旋 6~8 个,螺旋上有直纹的叫有肋钉螺,无直纹的叫光壳钉螺。钉螺能适应水、陆两种环境的生活。多见于气候温和、土壤肥沃、阴暗潮湿、杂草丛生的地方。以腐烂的植物为其食物。它们在河、沟、湖的水边等处均可滋生。每年 4~6 月份产卵最多,一只雌螺一年可产卵 100 个左右。幼螺在春季孵出,生活于水中;成螺则主要在陆地上,钉螺的寿命一般不超过 2 年。

人和动物的感染是与它们在生产和生活活动过程中接触含有尾蚴的疫水有关,如耕牛下水田耕作或放牧时接触"疫水"而遭感染。感染途径主要是经皮肤感染,还可通过吞食含尾蚴的水、草经口腔黏膜感染,以及经胎盘感染。

日本分体吸虫病的流行特点:一般钉螺阳性率高的地区,人、畜的感染率也高;凡有病人及阳性钉螺的地区,就一定有病牛。病人、病畜的分布与当地钉螺的分布是一致的,具有地区性

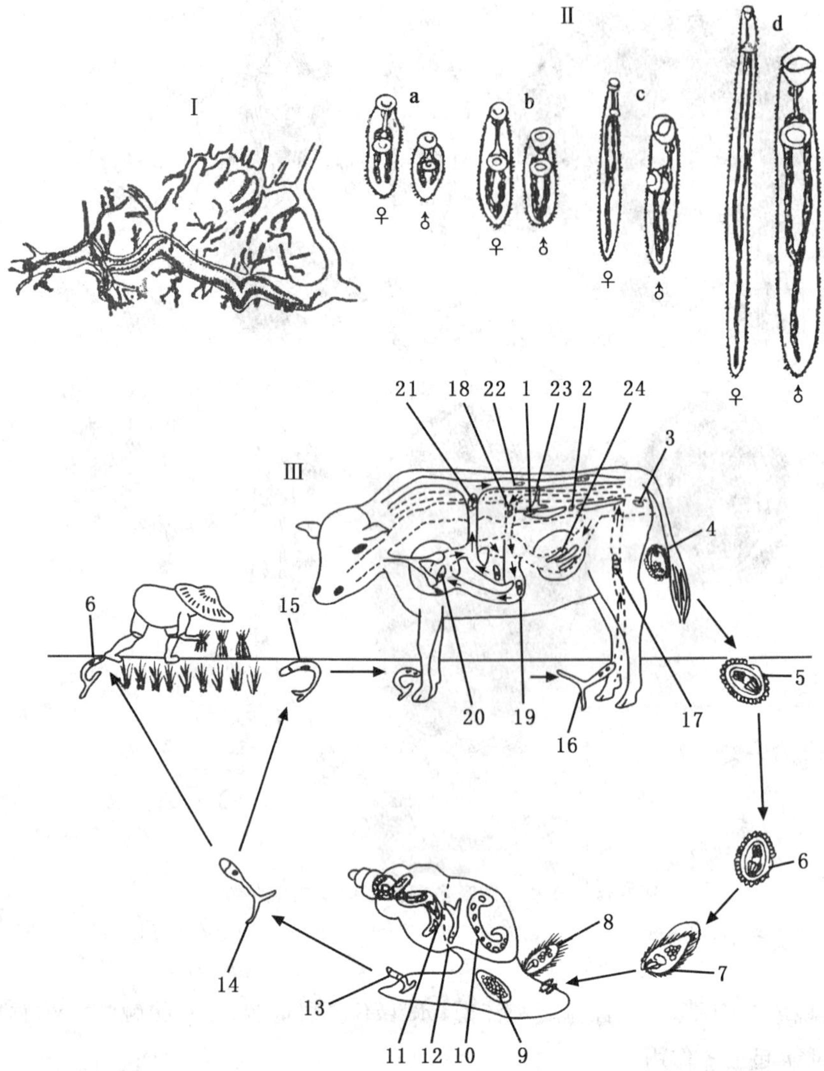

图 7-35　日本分体吸虫的生活史

Ⅰ. 寄生在肠系膜静脉内的成虫和虫卵　Ⅱ. a～e. 童虫和成虫　Ⅲ. 在终末宿主和中间宿主之间的循环途径：
1. 寄生在肠系膜静脉的成虫　2. 血管内的虫卵　3. 从血管到肠壁的虫卵　4. 随粪便排出的虫卵　5,6. 落于水中的虫卵　7. 在水中孵化的毛蚴　8. 毛蚴侵入螺体　9. 胞蚴　10. 成熟母胞蚴　11. 含尾蚴的子胞蚴　12. 尾蚴　13. 尾蚴离开螺体　14. 在水中的尾蚴　15. 静栖于水表面的尾蚴　16. 尾蚴从牛或人的皮肤侵入体内　17. 尾蚴脱尾，经血管至心脏　18. 尾蚴随血流到心脏　19. 尾蚴从右心到肺　20. 尾蚴经肺到左心　21. 尾蚴进入循环　22. 在主动脉内的尾蚴　23. 尾蚴经肠系膜动脉，再通过毛细管到达肠系膜静脉　24. 部分寄生在肝脏的成虫

特点。病人、病畜的分布基本上与当地水系的分布相一致。

致病作用　日本分体吸虫病是一种免疫性疾病。虫卵是其主要病因。虫卵引起的肉芽肿，可导致肝硬变，继发门脉高压、脾肿大、食道及胃底静脉曲张等一系列病变。尾蚴侵入皮肤时可引起皮炎，对感染过的动物更为严重，因而是一种变态反应性皮炎。

虫卵沉积于宿主的肝脏及肠壁等组织，在其周围出现细胞浸润，形成虫卵肉芽肿（虫卵结

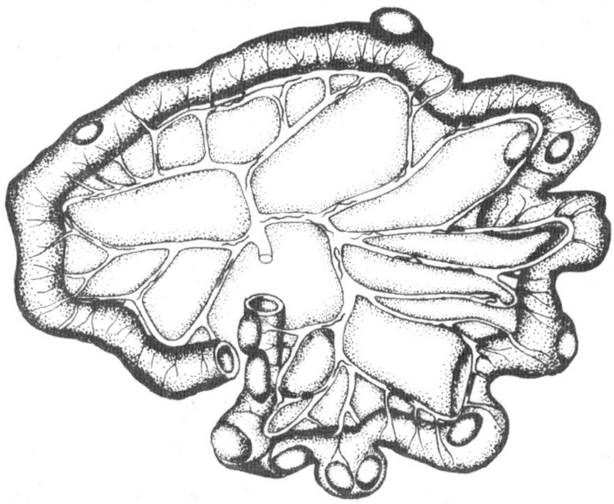

图 7-36　日本分体吸虫寄生的肠系膜静脉

节），而虫卵肉芽肿的形成则可能是在虫卵可溶性抗原的刺激下，宿主产生相应的抗体，然后在虫卵周围形成抗原抗体复合物的结果。

肉芽肿反应，一方面有助于破坏虫卵和消除虫卵，并避免抗原抗体复合物引起全身性损害；另一方面它又破坏正常组织，并彼此连接成为斑痕，是导致肝硬化与肠壁纤维化，增厚，硬变，消化吸收机能下降等一系列病变的原因。

症状　日本分体吸虫病以犊牛和犬的症状较重，羊和猪较轻，马几乎没有症状。一般来讲，黄牛病状较水牛明显，小牛症状较大牛明显。

黄牛或水牛犊大量感染时，往往呈急性经过：首先表现食欲不振，精神不佳，体温上升，高达 40～41℃或以上，行动缓慢，呆立不动，以后严重贫血，因衰竭而死亡。慢性型的病畜表现有消化不良，发育迟缓，往往成为侏儒牛。病牛食欲不振，下痢，粪便含黏液、血液，甚至块状黏膜，有腥恶臭和里急后重现象，甚至发生脱肛，肝硬化，腹水。母牛往往有不妊或流产等现象。

少量感染时，一般症状不明显，病程多取慢性经过，特别是成年水牛，虽诊断为阳性病牛，但在外观上并无明显表现而成为带虫牛。

病理变化　尸体消瘦，贫血，皮下脂肪萎缩；腹腔内常有多量积液。本病所引起的主要病理变化是由于虫卵沉积于组织中而产生的虫卵结节。肝脏的病变较为明显，其表面或切面上，肉眼可见粟粒大到高粱米大灰白色或灰黄色小点，即虫卵结节。感染初期，肝脏可能肿大，日久后肝萎缩、硬化。严重感染时，肠道各段均可找到虫卵的沉积，尤以直肠部分的病变最为严重。常见有小溃疡、斑痕及肠黏膜肥厚。肠系膜淋巴结肿大，门静脉血管肥厚，在其内及肠系膜静脉内可找到虫体，雄虫乳白色，雌虫暗褐色，常呈合抱状态。此外，心、肾、胰、脾、胃等器官有时也可发现虫卵结节。

诊断　在流行区，根据临床表现和流行病学资料分析可做出初步诊断，但确诊和查出轻度感染的动物要靠病原学检查和血清学试验。

病原学检查最常用的方法是虫卵毛蚴孵化法。含毛蚴的虫卵，在适宜的条件下，可短时间内孵出，并在水中呈现特殊的游动姿态。其次是沉淀法，经改进为尼龙绢袋集卵法。尼龙绢袋孔径小于虫卵，在冲洗过程中虫卵不会漏在袋外，全集中于袋上。其优点是省时、省水、省器械等。这两种方法相比，孵化法检出率稍高，但它又不能替代沉淀法，最好两者结合进行。

近年来已将免疫学诊断法应用于生产实践，如环卵沉淀试验、间接血球凝集试验和酶联免疫吸附试验等。其检出率均在95%以上，假阳性率在5%以下。

治疗 目前常用的治疗日本分体吸虫病的药物如下。

(1)硝硫氰胺(Amosconate,7505)。

(2)敌百虫。

(3)吡喹酮(Praziquentel)。

(4)六氯对二甲苯(Hexachloroparaxylene,血防846)。

(5)硝硫苯酯(Nitroscante)。

预防 日本分体吸虫病的预防要采取综合性措施，要人、畜同步防治，除积极查治病畜、病人及控制感染源外，尚需加强粪便和用水管理，安全放牧和消灭中间宿主钉螺等。

应结合农业生产，采用适合当地习惯的积肥方式，将牛粪堆积或池封发酵，或推广用粪便生产沼气等办法，以杀灭虫卵；管好水源，防止粪尿污染，耕牛用水必须选择无螺水源或钉螺已消灭的池塘，实行专塘用水。凡疫区的牛、羊均应实行安全放牧，建立安全放牧区。

(1)必须在没有钉螺的山坡、丘陵和水淹不到的地区放牧。

(2)水网和湖沼地区应在灭尽钉螺之地放牧。

(3)草滩集体放牧时，牛只应在距水界10 m以外的草滩上放牧；对有钉螺的地带应根据钉螺的生态学特点，结合农田水利基本建设采用土埋、水淹和水改旱等办法灭螺。更常用的办法是化学灭螺，如用五氯酚钠、氯硝柳胺、茶子饼、生石灰及溴乙酰胺等灭螺。

二、东毕吸虫病

东毕吸虫属于分体科，东毕属(*Orientobilharzia*)的各种吸虫，寄生于哺乳动物的门静脉血管中。在我国的分布极其广泛，但以内蒙古和西北地区较为严重，可引起羊只的死亡。常见的虫种是寄生于牛、羊的土耳其斯坦东毕吸虫(*O. turkestanicum*)和程氏东毕吸虫(*O. cheni*)。

病原体

1.土耳其斯坦东毕吸虫(图7-37)

雌雄异体，但雌雄经常呈抱合状态。虫体呈线形，雄虫为乳白色，雌虫为暗褐色，体表光滑无结节。口、腹吸盘相距较近，无咽，食道在腹吸盘前方分为两条肠管，在体后部再合并成单管，抵达体末端。雄虫大小为(4.39～4.56) mm×(0.36～0.42) mm。腹面有抱雌沟。睾丸数目为78～80个，细小，呈颗粒状，位于腹吸盘后下方，呈不规则的双行排列。生殖孔开口于腹吸盘后方。雌虫较雄虫纤细，略长，大小为(3.95～5.73) mm×(0.07～0.116) mm。卵巢呈螺旋状扭曲，位于两肠管合并处之前方。卵黄腺在肠单干的两侧。子宫短，在卵巢前方，子宫内通常只有一个虫卵，虫卵大小为(72～74) μm×(22～26) μm。无卵盖，两端各有一个附属物，一端较尖，另一端钝圆。

2.程氏东毕吸虫

体表有结节。雄虫粗大，大小为(3.12～4.99) mm×(0.23～0.34) mm，抱雌沟明显。雌虫较雄虫细短，大小为(2.63～3.00) mm×(0.09～0.14) mm。肠管在虫体后半部合并成单管。雄虫睾丸较大，数目在53～99之间，一般都在60个以上，拥挤重叠，单行排列。虫卵大小

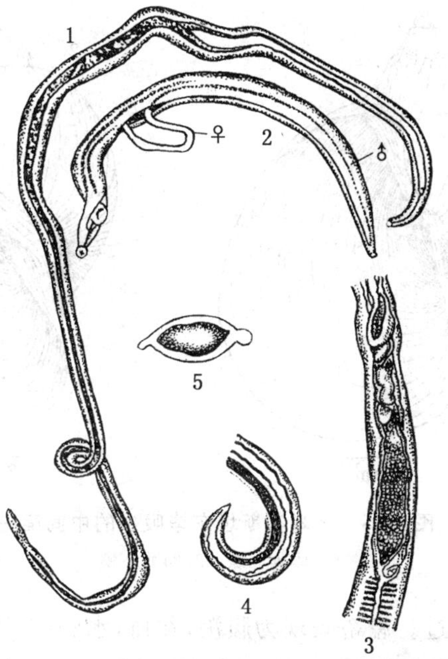

图 7-37　土耳其斯坦东毕吸虫(斯克里亚宾)

1. 雌虫　2. 雌雄抱合　3. 雌虫卵巢部分　4. 雌虫尾部　5. 虫卵

为(80～130) μm×(30～50) μm。

生活史　雌虫在牛、羊等哺乳动物的肠系膜静脉内寄生产卵。虫卵或在肠壁黏膜或被血流冲积到肝脏内形成虫卵结节。虫卵在肠壁处可破溃而入肠腔。在肝脏处的虫卵或被结缔组织包埋，钙化而死亡；或破结节随血流或胆汁而注入小肠，后随粪便排至体外。虫卵在适宜的条件下，经 10 天左右孵出毛蚴。毛蚴在水中遇到适宜的中间宿主淡水螺类，即迅速钻入其体内，经过母胞蚴、子胞蚴发育至尾蚴。尾蚴自螺体溢出，在水中遇到牛、羊等即经皮肤侵入，移行至肠系膜血管内发育为成虫。毛蚴侵入螺体发育至尾蚴约需 1 个月；从尾蚴侵入牛、羊发育至成虫需 1.5～2 个月。

流行病学　东毕吸虫在我国的分布相当广泛，在黑龙江、吉林、辽宁、北京、山西、陕西、甘肃、宁夏、青海、新疆、内蒙古、四川、云南、广西、广东、贵州、湖北、湖南、江西、福建、上海、江苏等省、市和自治区均有报道。本病常呈地方性流行，在青海和内蒙古的个别地区十分严重，感染强度往往高达 1 万～2 万条，引起不少羊只死亡。

宿主动物有绵羊、山羊、黄牛、水牛、骆驼和马属动物及一些野生的哺乳动物，主要危害牛和羊。

中间宿主(图 7-38)为椎实螺类，有耳萝卜螺(*Radix auricularia*)、卵萝卜螺(*R. ovata*)和小土窝螺(*Galba pervia*)。它们栖息于水田、池塘、水流缓慢及杂草丛生的河滩、死水洼、草塘和小溪等处。

本病具有一定的季节性，一般从 5～10 月份感染和流行。北方地区多从 6～9 月份牛、羊在牧地放牧时，在水中吃草或饮水时经皮肤感染。成年牛、羊的感染率往往比幼龄的高，黄牛和羊的感染率又比水牛高。

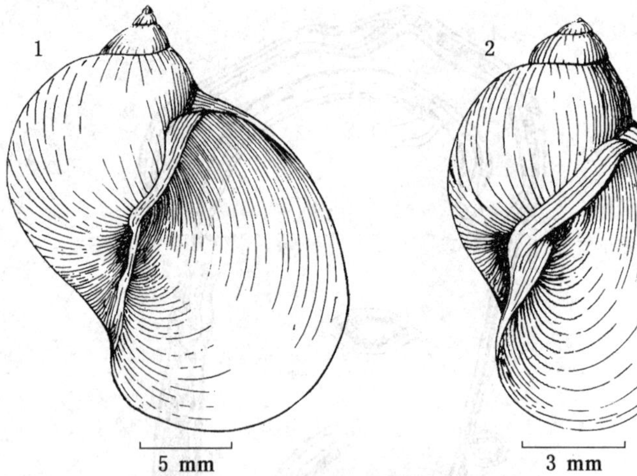

图 7-38 土耳其斯坦东毕吸虫的中间宿主

1.耳萝卜螺 2.卵萝卜螺

症状 本病多取慢性经过。患畜表现为腹泻,贫血,水肿(颌下和腹下部),消瘦,发育不良,影响受胎或发生流产。如饲养管理不善,可因恶病质而死亡。突然感染大量尾蚴时,也可引起急性发作,表现为体温上升到40℃以上,食欲减退,精神沉郁,呼吸促迫,腹泻,消瘦,直至死亡。

病理变化 尸体消瘦,贫血,腹腔内有大量积水。肠系膜淋巴结水肿。肝脏病变最明显,表面凸凹不平、质硬,上有大小不等散在的灰白色虫卵结节。肝脏在病的初期呈现肿大,后期萎缩,硬化。小肠壁肥厚,黏膜上有出血点或坏死灶。

诊断 在流行区,根据临床症状和流行病学资料分析,并在粪便检查(水洗沉淀法或尼龙绢袋集卵法)中检获虫卵即可做出诊断。因东毕吸虫排卵数少,在粪检时应采集较多的粪便。必要时可进行尸体剖检,在肠系膜静脉内或肝脏内发现大量虫体即可确诊。

治疗 治疗日本分体吸虫的药物均可试用。如硝硫氰胺和吡喹酮(Praziquentel),驱除绵羊东毕吸虫获得很好的效果。

预防 根据流行病学特点,采取综合性防治措施。

(1)定期驱虫。一般应在尾蚴停止感染的秋后进行冬季驱虫,既可以治疗病畜,又可以消灭感染源。

(2)消灭中间宿主。根据椎实螺的生态学特点,因地制宜,结合农牧业生产,采取有效措施,改变淡水螺的生存环境条件,进行灭螺;亦可用杀螺剂,如五氯酚钠、氯硝柳胺、氯乙酰胺等灭螺。

(3)加强饲养卫生管理,严禁接触和饮用"疫水",特别在流行区里不得饮用池塘、水田、沟渠、沼泽、湖水,最好饮用井水或自来水。

(4)加强畜粪管理,将粪便堆积发酵,杀灭虫卵。

三、毛毕吸虫病(鸭血吸虫病)

毛毕吸虫属分体科,毛毕属(*Trichobilharzia*)的各种吸虫,寄生于家鸭、野鸭和其他鸟类的门静脉和肠系膜静脉内。分布于世界各地，在我国的黑龙江、吉林、辽宁、江苏、上海、福建、江西、广东及四川等地均有报道。毛毕吸虫的尾蚴侵入人体皮肤时，不能发育为成虫，但能引起尾蚴性皮炎（cercarial dermatitis），也叫稻田皮炎，四川称“鸭屎疯”，福建叫“鸭怪”等，使人手足有痒感，并出现丘疹或丘痘疹，甚至溃烂，影响生产劳动。

病原体　我国各地家鸭体内发现的毛毕吸虫主要是包氏毛毕吸虫（*Trichobilharzia paoi*，图 7-39），雄虫大小为（5.21～8.23）mm×（0.078～0.095）mm，具有口、腹吸盘，上有小刺。抱雌沟简单，沟的边缘有小刺。睾丸呈球形，有 70～90 个，单行纵列，始于抱雌沟之后，直到虫体后端。雄茎囊位于腹吸盘之后，居于抱雌沟与腹吸盘之间。雌虫较雄虫纤细，大小为（3.39～4.89）mm×（0.08～0.12）mm。卵巢位于腹吸盘后不远处，呈 3～4 个螺旋状扭曲。子宫极短，介于卵巢与腹吸盘之间，内仅含一个虫卵。卵黄腺呈颗粒状，布满虫体，从受精囊后面延至虫体后端。虫卵呈纺锤形，中部膨大，两端较长，其一端有一小钩，大小为（23.6～31.6）μm×（6.8～11.2）μm，内含毛蚴（图 7-40）。

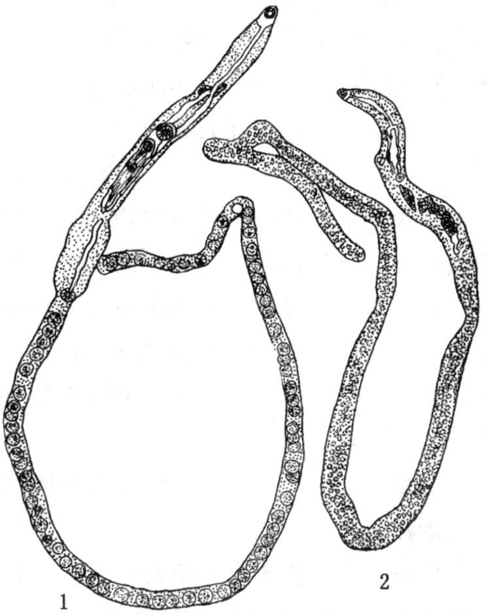

图 7-39　包氏毛毕吸虫（唐仲璋）

1. 雄虫　2. 雌虫

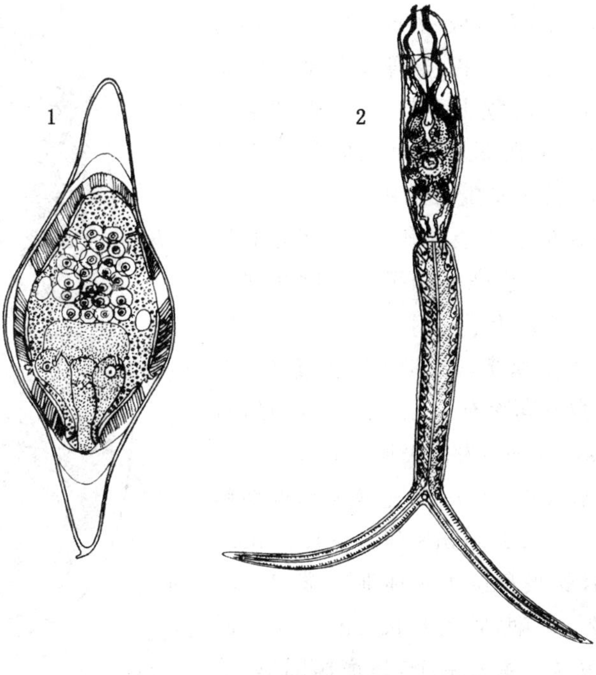

图 7-40　包氏毛毕吸虫（唐仲璋）

1. 虫卵　2. 尾蚴

生活史 患鸭游水时,虫卵随粪便排至体外,在水中不久即孵出毛蚴。毛蚴遇到适宜的中间宿主椎实螺类,即侵入螺体内经母胞蚴、子胞蚴和尾蚴阶段的发育,最后成熟的尾蚴离开螺体,游于水中,遇到鸭子或其他水禽时,经皮肤,随血循环到达门静脉和肠系膜静脉内发育为成虫。毛蚴钻入螺体至尾蚴离开共需 2～4 周;从尾蚴侵入鸭皮肤,到血管内发育为成虫,共需 3 周。

包氏毛毕吸虫的中间宿主,在福建和广东等地证实为折叠萝卜螺、斯氏萝卜螺和小土窝螺,它们大量繁殖于池塘、灌溉沟及路边水沟中。

致病作用与症状 虫体在鸭的门静脉和肠系膜静脉内寄生并产卵,卵堆集在肠壁的微血管内,并以其一端伸向肠腔而穿过肠黏膜,引起肠黏膜发炎。严重感染时,肝、胰、肾、肠壁和肺均能发现虫体和虫卵。肠壁有虫卵小结节,影响肠的吸收功能,临床表现为消瘦,发育受阻等症状。

诊断 粪便检查时检获虫卵和尸体剖检发现大量虫体即可做出诊断。

治疗 尚待研究。

预防 患禽粪便应堆积发酵无害化处理后,再作肥料;应结合农业生产施用农药或化肥,如用氨水、氯化铵和硫酸铵等杀灭淡水螺;在流行区,应避免到水沟或稻田放养鸭子,以防传播此病。

第六节 前后盘吸虫病

前后盘吸虫是前后盘科(Paramphistomatidae)的各属吸虫的总称。包括前后盘属(*Paramphistomum*)、殖盘属(*Cotylophoron*)、腹袋属(*Gastrothylax*)、菲策属(*Fischoederius*)及卡妙属(*Carmyerius*)等。成虫寄生于牛、羊等反刍动物的瘤胃和胆管壁上。一般成虫的危害不甚严重,但如果大量童虫在移行过程中寄生在真胃、小肠、胆管和胆囊时,可引起严重的疾患,甚至发生大批死亡。

前后盘类吸虫的分布遍及全国各地,在南方的牛只都有不同程度的感染,其感染率和感染强度往往很高。有的虫体数竟达万个以上。

前后盘类吸虫的种类繁多,虫体的大小、颜色、形状及内部构造均因种类不同而有差异。兹以鹿前后盘吸虫(*Paramphistomum cervi*)为代表加以叙述。

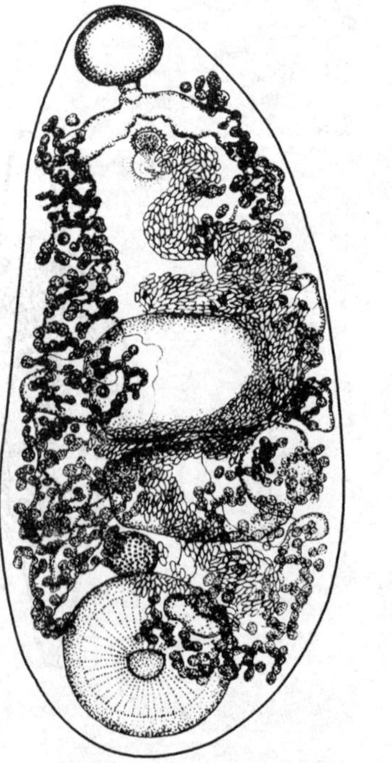

图 7-41 鹿前后盘吸虫成虫(Stunkard)

病原体 鹿前后盘吸虫(图 7-41)呈圆锥形或纺锤形,乳白色,大小为(8.8～9.6) mm×(4.0～4.4) mm。口吸盘位于虫体前端,腹吸盘位于虫体亚末端,口、腹吸盘大小之比为 1∶2。缺咽,肠支甚长,经 3～4 个回旋弯曲,伸达腹吸盘边缘。睾丸两个,呈横椭圆形,前后相接排列,位于虫体中部。贮精囊长而弯曲。生殖孔开口于肠支起始部的后方。卵巢呈圆形,位于睾丸后侧缘,通过输卵管经卵模接子宫。子宫在睾丸后缘经数个回旋弯曲后,沿睾丸背面上升,至前睾前缘,弯曲上行于贮精囊腹面,开口于生殖孔。卵黄腺发达,呈滤泡状,分布于肠支两侧,前自口吸盘后缘,后至腹吸盘两侧中部水平。

虫卵呈椭圆形,淡灰色,卵黄细胞不充满整个虫卵,大小为(125～132) μm×(70～80) μm。

生活史　成虫在牛、羊的瘤胃内产卵,后随粪便排至体外。虫卵在适宜的环境条件下孵出毛蚴。毛蚴于水中遇到适宜的中间宿主扁卷螺(*Bulinus confortus*,*Planorbis planorbis*,*Galba bulimoides techella*,*Glyptanisus gilberti*,*Physa alexanderia*)即钻入其体内,发育为胞蚴、雷蚴和尾蚴。尾蚴离开螺体后,附着在水草上形成囊蚴。牛、羊等吞食含囊蚴的水草而遭感染。囊蚴在肠道溢出,为童虫。童虫在附着瘤胃黏膜之前先在小肠、胆管、胆囊和真胃内移行,寄生数十天,最后到瘤胃内发育为成虫(图 7-42)。

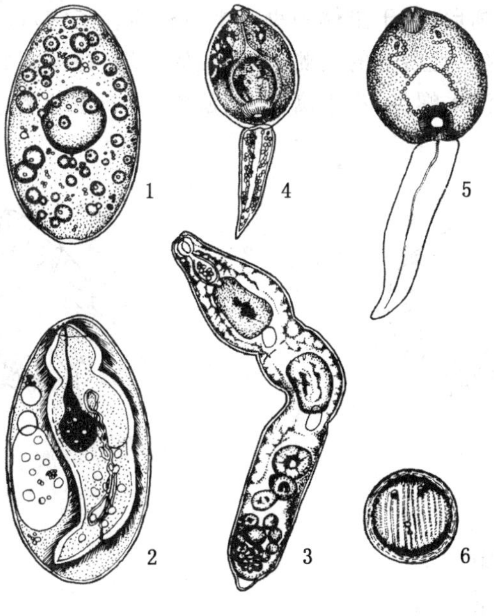

图 7-42　前后盘吸虫各期幼虫(Szidat)

1.虫卵　2.含毛蚴的虫卵　3.雷蚴　4,5.尾蚴　6.囊蚴

致病作用与症状　本病多发于多雨年份的夏、秋季节,成虫危害轻微,主要是童虫在移行期间可引起小肠、真胃黏膜水肿,出血,发生出血性胃肠炎,或者致肠黏膜发生坏死和纤维素性炎症。小肠内可能有大量童虫,肠道内充满腥臭的稀粪。胆管、胆囊臌胀,内含童虫。患畜在临床上表现为顽固性下痢,粪便呈粥样或水样,常有腥臭。食欲减退,精神委顿,消瘦,贫血,颌下水肿,黏膜苍白,最后病牛极度瘦弱,表现为恶病质状态,卧地不起,因衰竭而死亡。

诊断　根据粪便中检获虫卵或死后剖检检出大量童虫便可确诊。

治疗　可参照肝片形吸虫病。绵羊可用氯硝柳胺,对童虫的疗效较好,亦可用硫双二氯酚。

第七节 棘口吸虫病

棘口吸虫是棘口科(Echinostomatidae)的各属吸虫之统称。主要寄生于家禽和野禽的大小肠中,有的也寄生于哺乳动物包括人体。棘口类吸虫的种类繁多,分布广泛,对畜禽有一定的危害。

1.棘口属(*Echinostoma*)

(1)卷棘口吸虫(*E. revolutum*,图7-43)。寄生于家鸭、鸡、鹅及其他野生禽类的直、盲肠中,偶见于小肠。分布于世界各地,在我国流行广泛,除青海、西藏外,其他省、市及自治区均有报道。

虫体呈长叶形,大小为(7.6~12.6) mm×(1.26~1.60) mm,体表被有小棘。具有头棘37枚,其中腹角棘各5枚。口吸盘小于腹吸盘。睾丸呈椭圆形,边缘光滑,前后排列,位于卵巢后方。卵巢呈圆形或扁圆形,位于虫体中央或中央稍前。子宫弯曲在卵巢的前方,内充满虫卵。卵黄腺发达,分布在腹吸盘后方的两侧,伸达虫体后端,在睾丸后方不向体中央扩展。

第一二中间宿主均为淡水螺类:小土窝螺、凸旋螺、尖口圆扁螺、角扁卷螺、折叠萝卜螺和斯氏萝卜螺等。

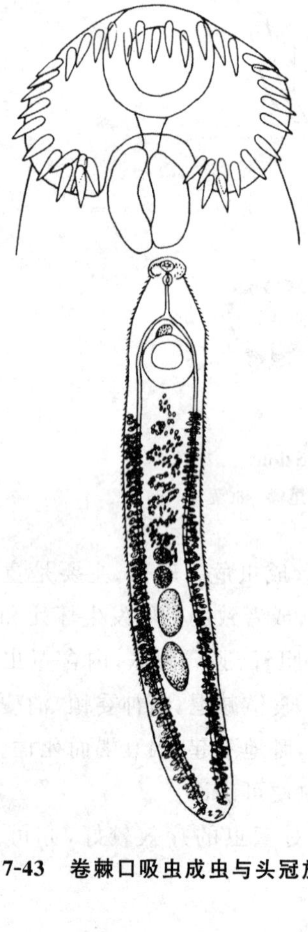

图7-43 卷棘口吸虫成虫与头冠放大

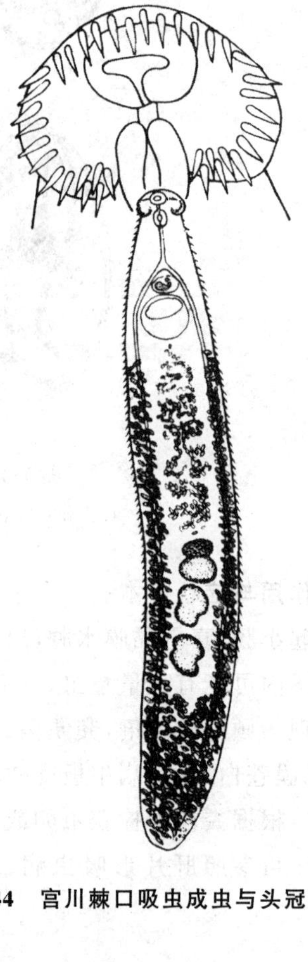

图7-44 宫川棘口吸虫成虫与头冠放大

(2)宫川棘口吸虫(*E. miyagawai*,图 7-44)。也叫卷棘口吸虫日本变种(*E. revolutum* var. *japonica*)。主要寄生于家禽和其他野禽的大、小肠中,也寄生于犬和人的肠道。在我国分布广泛。与卷棘口吸虫的形态结构极其相似,其主要区别在于睾丸分叶,卵黄腺于后睾丸后方向体中央扩展汇合。幼虫对扁卷螺更易感染,成虫不仅寄生于禽类而且还在哺乳动物体内寄生。

2. 棘缘属(*Echinoparyphium*)

曲领棘缘吸虫(*E. recurvatum*)寄生于家禽和其他野禽类的十二指肠中,也发现于犬、人及鼠类体内,常与宫川棘口吸虫混合感染。在国内外分布广泛。虫体小,仅有(2.5～5.0) mm×(0.4～0.7) mm。体前端向腹面弯曲。头领发达,有头棘 45 枚,其中腹角棘各 5 枚。睾丸呈长圆形或稍分叶,前后排列,二睾丸密切相接。卵巢呈球形,位于虫体中央。卵黄腺在后睾丸后方向虫体中央汇合。子宫短,内含少数虫卵。

虫卵为椭圆形,淡黄色,大小为(81～91) μm×(52～64) μm。

小土窝螺、尖口圆扁螺、折叠萝卜螺及斯氏萝卜螺均可作其第一二中间宿主,蛙类也可作为它的第二中间宿主。

3. 棘隙属(*Echinochasmus*)

(1)日本棘隙吸虫(*E. japonicus*,图 7-45)。寄生于人、犬、猫、褐家鼠、狐狸、灵猫及野禽类的小肠中。分布于东亚诸国,在我国的黑龙江、吉林、北京、浙江、福建、江西和广东等省、市均有报道。虫体小,呈长椭圆形,大小为(0.81～1.09) mm×(0.24～0.32) mm。头领发达,呈肾形,具有头棘 24 枚,大小为(30～33) μm×(5～7) μm,排成一列。身体前部有体棘,呈鳞片状,靠前方最明显,腹吸盘向后稀疏。前咽和食道长。腹吸盘发达,约为口吸盘的 2 倍。睾丸呈横卵圆形,前后相接排列,位于虫体后 1/3 处中央。卵巢呈圆形,位于前睾丸与腹吸盘之间的体中线右侧。子宫短,盘曲,内含少数几个虫卵。

虫卵为卵圆形,金黄色,大小为(72～80) μm×(50～57) μm。

第一中间宿主为纹沼螺,第二中间宿主为麦穗鱼、鳑鱼及粗皮蛙。

(2)叶状棘隙吸虫(*E. perfoliatus*)。亦名抱茎棘隙吸虫,呈长叶形,大小为(3.52～4.48) mm×(0.73～0.88) mm。头棘 24 枚,大小为(68～70) μm×(18～20) μm。主要寄生于犬、猫及人的小肠中。

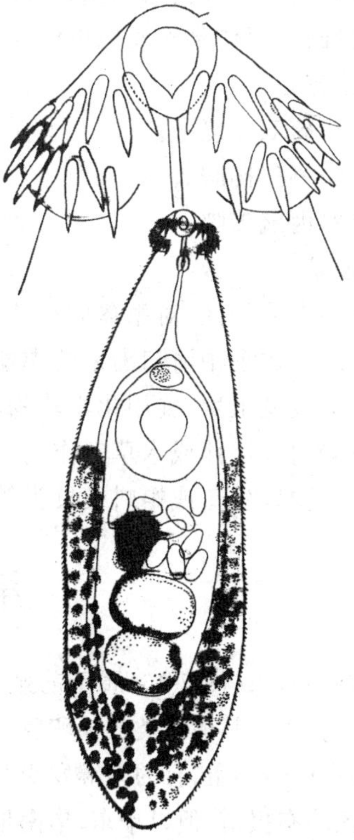

图 7-45　日本棘隙吸虫成虫与头冠放大

4. 低颈属(*Hypoderaeum*)

似锥低颈吸虫(*H. conoideum*)寄生于家鸭、鹅及其他野禽类的小肠中,人亦感染。是国内外分布广泛的一种吸虫。虫体肥厚,头端圆钝,腹吸盘处最宽,腹吸盘向后逐渐狭小,形似圆锥状,大小为(7.37～11.0) mm×(1.10～1.58) mm。头领呈半圆形,有头棘 49 枚,其中腹角棘各5枚密集。口、腹吸盘接近。腹吸盘比口吸盘大约5倍。食道极短。睾丸呈腊肠状,稍有浅刻,前后排列,位于虫体中横线之后。卵巢类圆形,位于睾丸前。体表棘自头领后开始,分布至卵巢处,呈鳞片状排列,睾丸后体表光滑无棘。卵黄腺始于腹吸盘后方,沿体两侧在肠管外侧向后直到体末端,不互相汇合。子宫发达,内含大量虫卵。

虫卵为卵圆形,淡黄色,有卵盖,另一端增厚,大小为(90～106) μm×(54～72) μm。

第一二中间宿主有小土窝螺、折叠萝卜螺、斯氏萝卜螺;第二中间宿主还有蝌蚪、姬蛙等。

生活史 棘口吸虫类的发育一般需要两个中间宿主:第一中间宿主为淡水螺类,第二中间宿主有淡水螺类、蛙类及淡水鱼。虫卵随终末宿主粪便排至体外,在30℃左右的适宜温度下,于水中经7～10天孵出毛蚴。毛蚴在水中游动,遇到适宜的淡水螺类,即钻入其体内,脱掉纤毛,发育为胞蚴,进而发育成母雷蚴、子雷蚴及尾蚴。在外界温度适宜的条件下,幼虫在螺体内经32～50天的发育变为尾蚴,后自螺体溢出,游动于水中,遇到第二中间宿主淡水螺类、蝌蚪与鱼类,即侵入其体内变为囊蚴。终末宿主吞食含囊蚴的第二中间宿主而受感染。在畜禽体内经20天左右发育为成虫。

临床症状与病变 少量寄生时危害并不严重,雏禽严重感染时可引起食欲不振,消化不良,下痢,粪便中混有黏液。禽体贫血,消瘦,发育停滞,最后因衰竭而死亡。剖检所见:肠壁发炎,点状出血,肠内容物充满黏液,有许多虫体附在肠黏膜上。

诊断 尸体剖检发现虫体或生前粪便检查检获虫卵即可做出诊断。

治疗

(1)硫双二氯酚。

(2)氯硝柳胺。

(3)丙硫咪唑。

预防

(1)在流行区,对患禽应有计划地进行驱虫,驱出的虫体和排出的粪便应严加处理。

(2)从禽舍中清扫出来的粪便应堆积发酵,杀灭虫卵。

(3)改良土壤,施用化学药物消灭中间宿主。

(4)勿以浮萍或水草等作饲料,因螺类经常夹杂在水草中。

(5)勿以生鱼或蝌蚪及贝类等饲喂畜禽,以防感染。

第八节 前殖吸虫病

前殖吸虫(图7-46)属于前殖科(Prosthogonimidae),前殖属(*Prosthogonimus*),寄生在家鸡、鸭、鹅、野鸭及其他鸟类的输卵管、法氏囊(腔上囊)、泄殖腔及直肠,偶见于蛋内。常引起输卵管炎,病禽产畸形蛋,有的因继发腹膜炎而死亡。前殖吸虫病呈世界性分布,在我国的许多省、市和自治区均有报道,但以华东、华南地区较为多见。

前殖吸虫的种类较多,以卵圆前殖吸虫和透明前殖吸虫分布较广,仅就此两种吸虫加以叙述。

病原体

1. 卵圆前殖吸虫(*P. ovatus*)

体前端狭,后端钝圆,体表有小刺。大小为(3～6) mm×(1～2) mm。口吸盘小,(0.15～

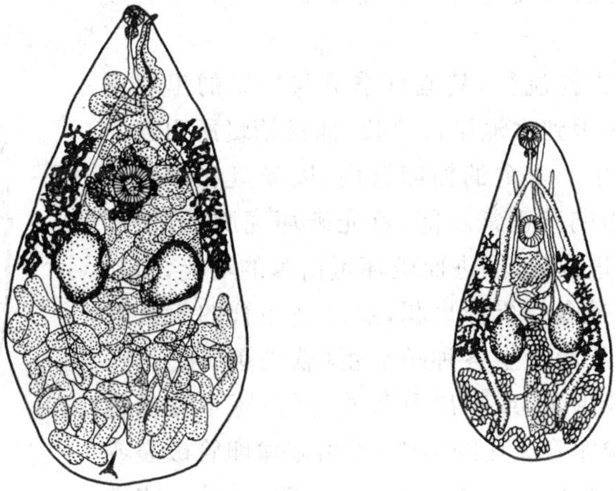

图 7-46　前殖吸虫的成虫(Mönnig)

1. 卵圆前殖吸虫　2. 透明前殖吸虫

0.17) mm×(0.17～0.21) mm,椭圆形,位于体前端。腹吸盘较大,为 0.4 mm×(0.36～0.48) mm,位于虫体前 1/3 处。睾丸不分叶,椭圆形,并列于虫体中部之后。卵巢分叶,位于腹吸盘的背面。生殖孔开口于口吸盘的左前方。子宫盘曲于睾丸和腹吸盘前后。卵黄腺位于虫体前中部的两侧。

虫卵棕褐色,大小为(22～24) μm×13 μm,具卵盖,另一端有小刺,内含卵细胞。

2. 透明前殖吸虫(*P. pellucidus*)

呈梨形,前端稍尖,后端钝圆,大小为(6.5～8.2) mm×(2.5～4.2) mm,体表前半部有小刺。口吸盘为球形,大小为(0.63～0.83) mm×(0.59～0.90) mm。腹吸盘呈圆形,直径为 0.77～0.85 mm,位于虫体前 1/3 处,等于或略大于口吸盘。肠支末端伸达体后部。睾丸卵圆形,不分叶,位于虫体中央的两侧,左右并列,二者几乎等大。雄茎囊弯曲于口吸盘与食道的左侧。生殖孔开口于口吸盘的左上方。卵巢多分叶,位于两睾丸前缘与腹吸盘之间。子宫盘曲于腹吸盘与睾丸后的广大空隙中。卵黄腺的分布始于腹吸盘后缘的体两侧,后端终于睾丸之后。

虫卵深褐色,大小为(26～32) μm×(10～15) μm,具卵盖,另一端有小刺。

生活史　前殖吸虫的发育均需两个中间宿主:第一中间宿主为淡水螺类,第二中间宿主为各种蜻蜓及其稚虫。卵圆前殖吸虫的第一中间宿主有豆螺(*Bithynia leachi*)和白旋螺(*Gyraulus albus*)等。透明前殖吸虫有豆螺和 *B. tentaculata*。第二中间宿主是各种蜻蜓,如 *Libellula quadrimaculata*, *L. brunea*, *Cordula cenea*。

成虫在宿主的寄生部位产卵,后随粪便和排泄物排出体外。虫卵被第一中间宿主吞食(或虫卵遇水孵出毛蚴),毛蚴在螺体内发育为胞蚴和尾蚴。无雷蚴阶段。成熟的尾蚴从螺体溢出,游于水中,遇到第二中间宿主蜻蜓的稚虫时,即由稚虫的肛孔进入其肌肉中形成囊蚴(图 7-47)。当蜻蜓稚虫越冬或变为成虫时,囊蚴在其体内仍保持生命力。家禽由于啄食含囊蚴的蜻蜓稚虫或成虫而感染。囊蚴的囊壁在宿主体内被消化,童虫溢出,经肠进入泄殖腔,再转入输卵管或法氏囊。用囊蚴人工感染小鸡,在第 15 天于法氏囊内可找到成虫,在输卵管内

8天成熟,在小鹅和小鸭的法氏囊内分别需要26天和42天成熟(图7-48,图7-49)。

前殖吸虫病多呈地方性流行,其流行季节与蜻蜓的出现季节相一致,家禽的感染多因到水池岸边放牧,捕食蜻蜓所引起。

致病作用 吸虫寄生于家禽的输卵管内,以吸盘和体表小刺刺激输卵管的腺体,影响其正常功能,首先破坏壳腺,致使形成蛋壳石灰质的机能亢进或降低,进而破坏蛋白腺的功能,引起蛋白质分泌过多。由于过多的蛋白聚积,扰乱输卵管的正常收缩运动,影响卵的通过,从而产生各种畸形蛋(软壳蛋、无壳蛋、无卵黄蛋、无蛋白蛋及变形蛋)或排出石灰质、蛋白等半液状物质。重度感染时,由于输卵管炎症的加剧,可引起输卵管破裂或逆蠕动,致使输卵管内的炎性渗出物或蛋白、石灰质等落入或逆入腹腔,导致腹膜炎而死亡。

禽类感染后,可产生免疫力,当其再感染时,虫体则不侵害输卵管,而随卵黄经输卵管的卵壳腺部分与蛋白一起包入蛋内,所以蛋内经常有前殖吸虫的存在。

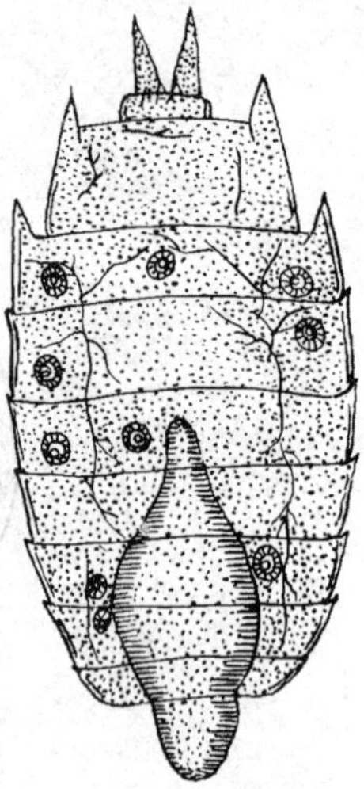

图7-47 在蜻蜓稚虫体内的囊蚴

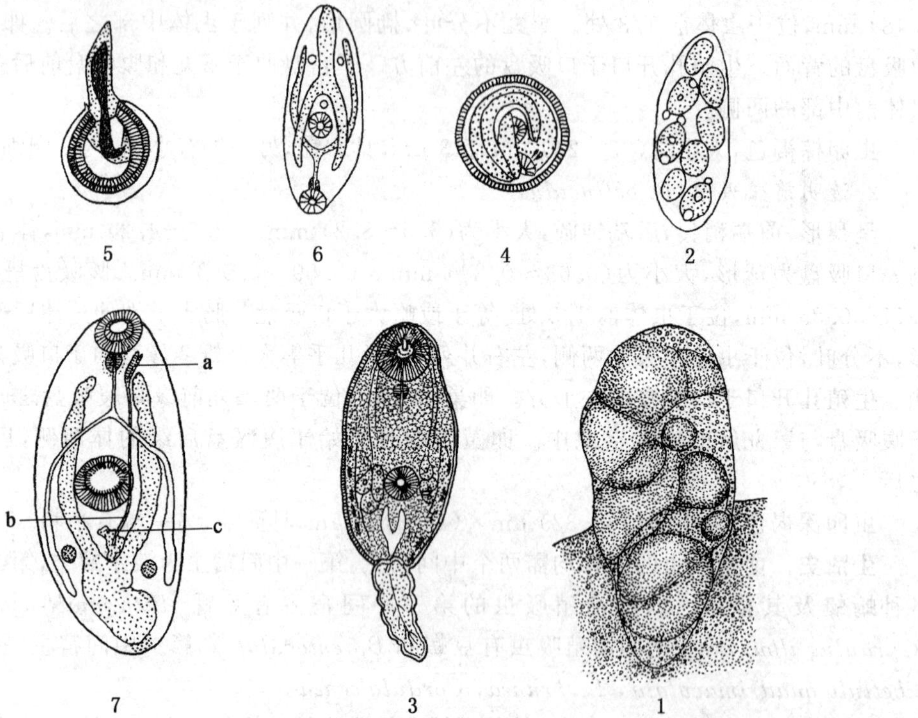

图7-48 前殖吸虫的各期幼虫

1.母胞蚴 2.子胞蚴 3.尾蚴 4.囊蚴 5.囊蚴破囊而出 6,7.童虫;
a.原生殖孔 b.原子宫 c.原卵巢

症状 初期患鸡症状不明显,食欲、产蛋和活动均正常,但开始产薄壳蛋,易破。后来产蛋

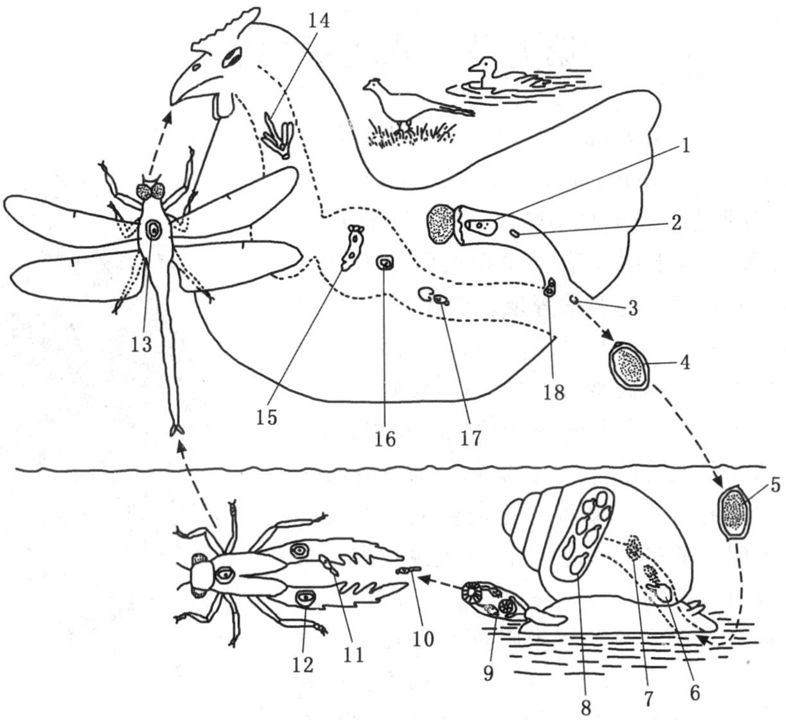

图 7-49 前殖吸虫的生活史(Macy)

1.寄生在输卵管的成虫 2.从输卵管排出的成熟虫卵 3.虫卵从泄殖腔排出体外 4.随粪便排出的虫卵 5.虫卵落于水中 6.卵被第一中间宿主吞食后,毛蚴推卵盖而出 7.毛蚴钻入肠壁 8.子胞蚴内含尾蚴和胚细胞 9.尾蚴 10.尾蚴从螺体内溢出,并侵入蜻蜓稚虫体内 11.尾蚴侵入蜻蜓稚虫的肠壁 12.体腔中的囊蚴 13.稚虫羽化为蜻蜓,囊蚴仍留在体内 14.终末宿主由于吞食含有囊蚴的蜻蜓稚虫或成虫而受感染 15.蜻蜓在肠道内被消化 16.肠道中的囊蚴 17.童虫破囊而出 18.童虫从肠道移行至腔上囊,发育为成虫

率下降,逐渐产畸形蛋或流出石灰样的液体。食欲减退,消瘦,羽毛蓬乱,脱落。腹部膨大,下垂,产蛋停止。少活动,喜蹲窝。后期体温上升,渴欲增加。全身乏力,腹部压痛,泄殖腔突出,肛门潮红,腹部及肛周羽毛脱落,严重者可致死。

病变 主要病变是输卵管发炎,由卡他性到格鲁布性炎症。输卵管黏膜充血,极度增厚,在黏膜上可找到虫体。此外,尚有腹膜炎,腹腔内含有大量黄色浑浊的液体。脏器被干酪样凝集物黏着在一起;肠子间可见到浓缩的卵黄;浆膜呈现明显的充血和出血。有时出现干性腹膜炎。

诊断 根据临床症状和剖检所见病变,并发现虫体,或用水洗沉淀法检查粪便发现虫卵,便可确诊。

治疗 早期可用四氯化碳,胃管投与或嗉囊注射。丙硫咪唑,疗效良好。亦可试用吡喹酮治疗。

预防 定期驱虫,在流行区,根据病的季节动态进行有计划的驱虫;消灭第一中间宿主,有条件地区可用药物杀灭之;防止鸡群啄食蜻蜓及其稚虫,在蜻蜓出现的季节,勿在早晨或傍晚及雨后到池塘岸边放牧,以防感染。

第九节　双士吸虫病

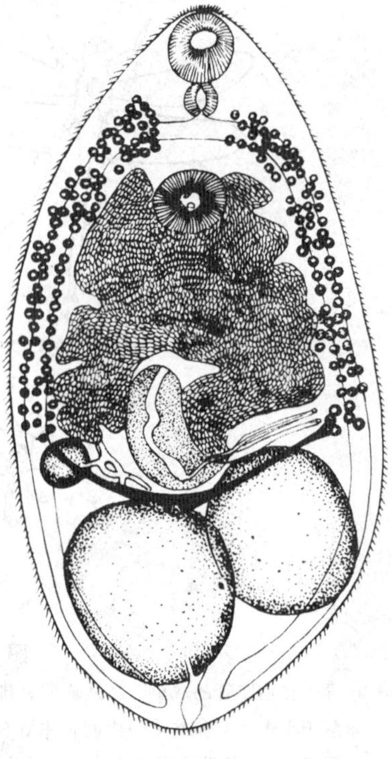

图 7-50　绵羊双士吸虫成虫

绵羊双士吸虫（*Hasstilesia ovis*，图 7-50），旧称绵羊斯克里亚宾吸虫（*Skrjabinotrema ovis*），寄生于绵羊、山羊、黄牛和牦牛及野生反刍动物小肠内，属双士科（Hasstilesiidae）。主要分布于中亚诸国和我国西北地区新疆、青海、甘肃、陕西、四川与西藏等地。虫体甚小，大小为（0.79～1.15）mm×（0.32～0.70）mm，卵圆形或梨形，褐色，外观似草籽。体表被有小棘。口、腹吸盘均较小。盲肠抵达虫体末端。睾丸两个，卵圆形，互相紧靠，斜列于虫体后端。卵巢圆形，位于右睾丸的前侧方与雄茎相对排列。生殖孔开口于睾丸前方的侧面。卵黄腺在虫体前部的两侧。子宫发达，内充满着大量虫卵。虫卵甚小，大小为（24～32）μm×（16～20）μm，卵圆形，深褐色，有卵盖，内含毛蚴。绵羊双士吸虫的发育需要陆地螺（*Papilla muscorum* 和 *Vallunia costala*）作其中间宿主。虫卵随终末宿主的粪便排至体外，被中间宿主吞食后，在其肠内孵化出毛蚴，移行至螺的消化腺内发育为胞蚴，无雷蚴阶段。在胞蚴体内形成尾蚴，后脱掉尾部形成囊蚴。动物在牧地上放牧吞食含囊蚴的陆地螺而遭感染。囊蚴在动物体内脱囊而出，固着在肠绒毛间，经 3.5～4 周发育为成虫。在我国西北一带绵羊不分年龄普遍感染，虫体虽小，但感染强度很大，以秋季为最多。主要引起小肠发炎，临床上呈现腹泻、贫血和消瘦等症状。通过粪便检查，检获特征性虫卵即可确诊。治疗可口服丙硫咪唑。

第十节　背孔吸虫病

一、纤细背孔吸虫病

纤细背孔吸虫（*Notocotylus attenuatus*，图 7-51）属背孔科（Notocotylidae）。主要寄生于家禽及其他野禽的盲、直肠，分布于欧洲、俄罗斯、日本及中国各地。

虫体呈长椭圆形，前端稍尖，后端钝圆，大小为（2.2～5.7）mm×（0.82～1.85）mm。口吸盘圆形，位于体前端。腹吸盘和咽付缺。腹腺呈圆形或椭圆形，分三行纵列于虫体腹面，中行有 14～15 个，两侧行各有 14～17 个。睾丸分叶，左右排列在虫体的后端，肠管外侧；雄茎囊呈长管形，其长度相当于体长的 1/3，位于体前 1/3 处。卵巢分叶，在两睾丸之间；梅氏腺位于卵巢前方。子宫左右回旋弯曲，位于虫体中后部，两肠支的内侧。子宫颈细长与雄茎囊并列，其长度为雄茎囊的一半。生殖孔开口在肠分支的下方。卵黄腺位于虫体后半部的两侧。虫卵小，呈长椭圆形，淡黄到深褐色，大小为(18～21) μm×(1.0～1.2) μm。卵的两端各有卵丝一条，长约 277 μm。

虫卵随禽类粪便排出体外，在外界的适宜温度下，4 天内孵出毛蚴。毛蚴侵入淡水螺(萝卜螺、扁卷螺及椎实螺等)体内经 11 天发育为胞蚴，后变为雷蚴和尾蚴。尾蚴自螺体溢出，附在水草或其他物体上形成囊蚴。禽类吞食含囊蚴的水草等而受感染，经 23 天在肠内成熟。

大量感染时可引起雏鸭及雏鹅盲肠黏膜糜烂，卡他性肠炎。患禽表现消瘦，下痢及运动失调。

尸体剖检发现虫体和粪便中检出特征性虫卵而确诊。

治疗用硫双二氯酚、五氯柳酰苯胺(Oxyclozanide)，疗效良好。也可用丙硫咪唑、吡喹酮、氯硝柳胺治疗。

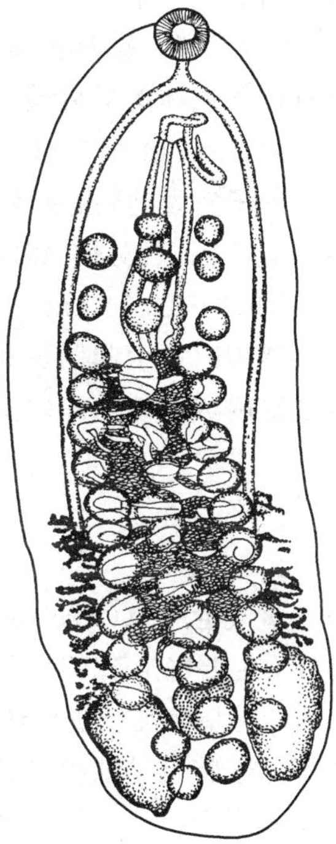

图 7-51　纤细背孔吸虫成虫
(葛尔什科夫)

二、槽盘吸虫病

印度槽盘吸虫(*Ogmocotyle indica*，图 7-52)亦称印度列叶吸虫，属背孔科。寄生于牛、绵羊、山羊、鹿、狍及熊猫的小肠中，我国的四川、云南、贵州及甘肃等省均有报道。虫体前端尖细，后端钝圆，大小为(1.94～2.80)mm×(0.75～0.85) mm。虫体两侧缘的角皮向腹面内侧卷曲，

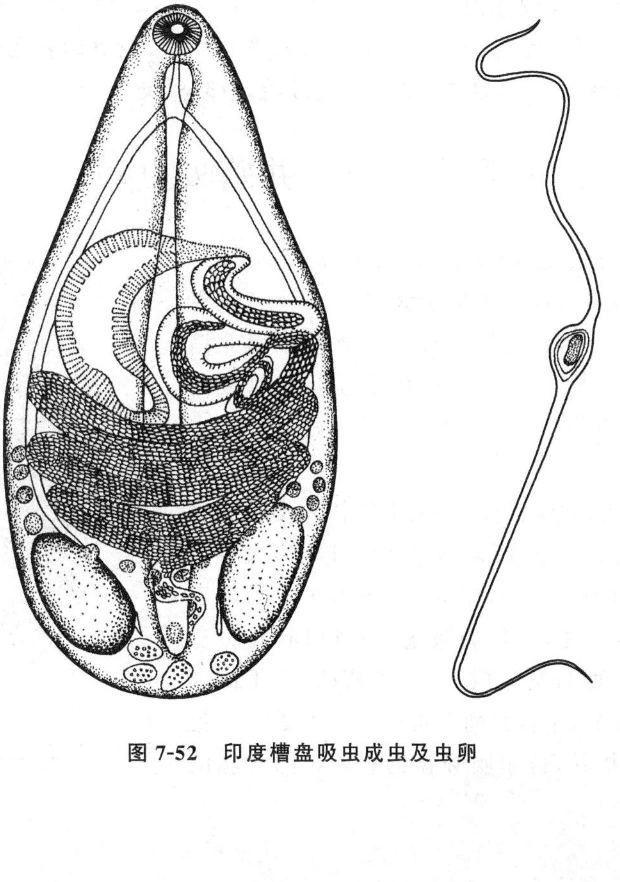

图 7-52　印度槽盘吸虫成虫及虫卵

使虫体腹面形成一条深凹的槽沟。咽和腹吸盘付缺。睾丸呈椭圆形，不分叶，位于虫体后部两侧，两盲肠的后端。雄茎囊强大，几乎呈半圆形，位于虫体中部。雄茎经常伸出生殖孔外，粗钝。卵巢位于虫体的最后端，分 4 叶或 5 叶，呈圆形至椭圆形。卵巢前有梅氏腺。卵黄腺呈圆形或椭圆形，13～14 个，分布在虫体后部的两侧，几乎与睾丸处在同一水平线上，并在梅氏腺前方汇合。子宫发达，占虫体后部的 1/2～2/3，由排列整齐弯曲的管形成，一般为 8～9 个弯曲。虫卵金黄色，不对称，卵圆形，大小为(15～22) μm×(10～17) μm，卵的两端各具有一根卵丝，丝长 919～1 364 μm。生活史尚不清楚。

大量感染时可引起肠炎和下痢等症状。粪便中检获特征性虫卵可确诊。山羊、绵羊可口服硫双二氯酚或丙硫咪唑驱虫。剂量分别为 80 mg/kg 体重和 100 mg/kg 体重，疗效良好。

第十一节　环肠吸虫病

舟状嗜气管吸虫(*Tracheophilus cymbium* syn. *Tracheophilus sisowi*)属环肠科(Cyclocoelidae)。主要寄生于家鸭及野鸭的气管、支气管，也偶见于鼻腔。在我国的许多省、市均有报道。虫体活时呈暗红色或粉红色，两端钝圆，椭圆形，大小为(6.0～11.5) mm×(2.5～4.5) mm。本虫的形态学特点是缺少口、腹吸盘，肠管在体后合并成“肠弧”。肠管内侧有许多盲突。睾丸和卵巢均为圆形。卵巢位于肠弧之内的右侧与两个睾丸呈三角形排列。肠弧外侧为卵黄腺。子宫位于肠管内侧的整个空隙。虫卵呈卵圆形，大小为 122 μm×63 μm，内含毛蚴。本虫的发育需要一淡水螺为其中间宿主。虫卵由鸭子的呼吸道进入口腔，吞下后入胃肠道，随粪便排出体外。毛蚴于水中孵出，并钻入扁卷螺(*Planorbis* sp.)和 *Helisoma trivolvis* 体内发育至尾蚴。无胞蚴阶段。尾蚴在螺体内形成囊蚴。家鸭取食含囊蚴的螺类而受感染。童虫经血循环而入肺，再由肺转入气管，发育为成虫。虫体阻塞禽类气管，患禽因窒息而死亡。可试用丙硫咪唑和吡喹酮进行治疗。注意灭螺，勿在水边放牧，以防感染。

第十二节　并殖吸虫病

卫氏并殖吸虫(*Paragonimus westermani*，图7-53)，属并殖科(Paragonimidae)。寄生于犬、猫、人及多种野生动物的肺组织内。本虫主要分布于东亚及东南亚诸国。在我国的东北、华北、华南、中南及西南等地区的 18 个省与自治区均有报道，是一种重要的人畜共患寄生虫病。

病原体　虫体成对地寄生于肺组织中形成的虫囊内。新鲜时呈深红色，肥厚，腹面扁平，背面隆起，大小为(7.5～16) mm×(4～8) mm，厚为 3.5～5.0 mm，体表被有小棘，以单生棘为主。口、腹吸盘大小略同，腹吸盘位于体中横线稍前，两盲肠形成 3～4 个弯曲，终于体末端。睾丸分枝 4～6 个，左右并列于虫体后 1/3 处。卵巢分叶 5～6 个，形如指状，位于腹吸盘的右侧。卵黄腺由

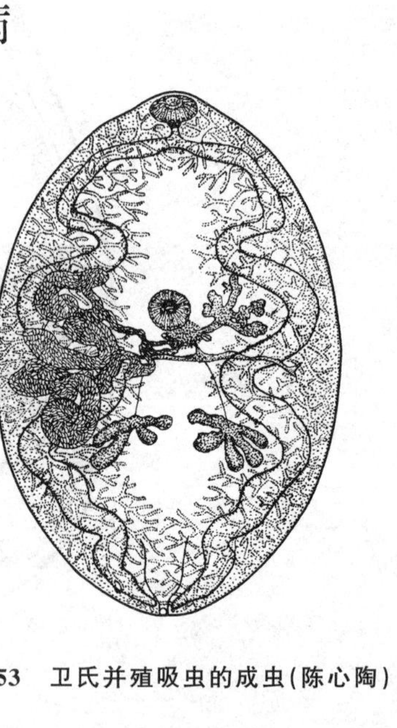

图 7-53　卫氏并殖吸虫的成虫(陈心陶)

许多密集的卵黄滤泡组成，分布于虫体两侧。子宫内充满虫卵与卵巢左右相对。

虫卵呈金黄色，椭圆形，不太对称，大小为(75～118) μm×(48～67) μm，内含卵黄细胞数10个。

生活史 卫氏并殖吸虫的发育需要两个中间宿主：第一中间宿主是淡水螺类，第二中间宿主为甲壳类。肺吸虫在肺部虫囊内产卵，虫卵通过与小支气管的通道进入支气管和气管，或随痰排出或进入口腔，再吞下经肠道随粪便排至外界。虫卵在水中适宜的温度下经2～3周孵出毛蚴。毛蚴遇到第一中间宿主淡水螺即侵入其体内发育为胞蚴、母雷蚴、子雷蚴及短尾的尾蚴。尾蚴离开螺体，在水中游动，遇到第二中间宿主甲壳类即侵入其体内变为囊蚴。猫、犬及人吃到含有囊蚴的溪蟹及蝲蛄后，囊蚴便在肠内破囊而出，穿过肠壁进入腹腔，多数童虫在腹壁内经数日发育后再回到腹腔，在脏器间移行窜扰后穿过膈肌进入胸腔。感染后5～23天钻过肺膜进到肺脏，经2～3个月的发育达到性成熟。虫体在体内可活5～6年。因并殖吸虫在体内有到处窜扰的习性，因此，除在肺部寄生外，还常侵入肌肉、脑及脊髓等处。

流行病学 肺吸虫病的发生和流行与中间宿主的分布有直接关系。卫氏并殖吸虫的第一中间宿主(图7-54)为各种短沟蜷(*Semisulcospira* spp.)和瘤拟黑螺(*Melanoides tuberculata*)，它们多滋生于山间小溪及溪底布满卵石或岩石的河流中。第二中间宿主为溪蟹类(*Sinopotamon*，*Potamon*，*Isolapotamon*)和蝲蛄(*Cambaroides* sp.)。溪蟹类广泛分布于华东、华南及西南等地区的小溪河流旁的洞穴及石块下，而蝲蛄只限于东北各省，喜居于水质清晰河流的岩石缝内。本病广泛地流行于我国18个省及自治区内。

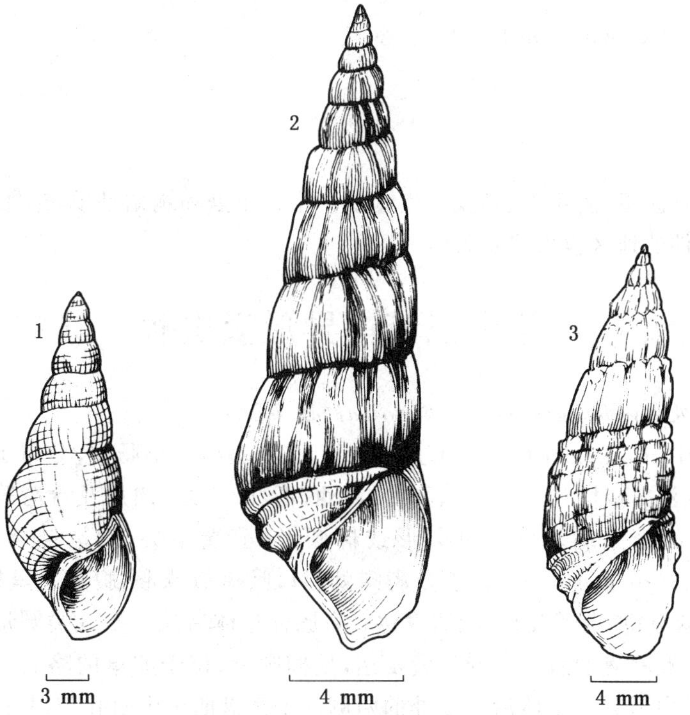

图7-54 卫氏并殖吸虫第一中间宿主

1.放逸短沟蜷 2.方格短沟蜷 3.黑龙江短沟蜷

卫氏并殖吸虫的终末宿主范围较为广泛，除寄生于猫、犬及人体外，还见于野生的犬科和猫科动物中，如狐狸、狼、貉、猞猁、狮、虎、豹、豹猫及云豹等。第一二中间宿主均分布于山间小溪中，而又有许多野生动物可作为终末宿主，因此，本病具有自然疫源性。犬、猫及人等多因生食溪蟹及蝲蛄而遭感染。野生动物并不食溪蟹类和蝲蛄，它们的感染是由于捕食野猪及鼠类等转续宿主所致，在后者体内含有并殖吸虫的童虫。在流行区里，生饮溪水也有可能感染，因溪蟹及蝲蛄破裂囊蚴流入水中。

囊蚴对外界的抵抗力较强，经盐、酒腌浸大部不死。囊蚴被浸在酱油，10%～20%的盐水或醋中部分囊蚴可存活 24 h 以上，但加热到 70℃，3 min 100%死亡。

致病作用及症状 童虫和成虫在动物体内移行和寄生期间可造成机械性损伤；虫体的代谢产物等抗原物质可导致免疫病理反应。移行的童虫可引起嗜酸性白细胞性腹膜炎、胸膜炎和肌炎及多病灶性的胸膜出血。在肺部寄生时引起慢性小支气管炎，小支气管上皮细胞增生和慢性嗜酸性白细胞性肉芽肿性肺炎，这与在肺泡组织中变性的虫卵有关。

患病的猫、犬表现精神不振和阵发性咳嗽，因气胸而呼吸困难。窜扰于腹壁的虫体可引起腹泻与腹痛；寄生于脑部及脊椎时可导致神经症状。

诊断 根据临床症状，结合曾否用溪蟹或蝲蛄饲喂动物的记录，并在病犬、猫的痰液及粪便中检出虫卵即可确诊。痰液多为铁锈色，内含虫卵。也可用 X 光检查和血清学方法诊断，如间接血凝试验及酶联免疫吸附试验等。

治疗

(1)硫双二氯酚。

(2)苯硫咪唑(Fenbendazole)。

(3)硝氯酚。

(4)丙硫咪唑。

(5)吡喹酮。

预防 在流行区里，防止犬、猫及人生食或半生食溪蟹和蝲蛄是预防卫氏并殖吸虫病的关键性措施。有条件的地区也可注意灭螺。

第十三节 异形吸虫病

1. 横川后殖吸虫(*Metagonimus yokogawai*，图 7-55)

属异形科(Heterophyidae)，寄生于犬、猫、猪、人及鹈鹕的小肠中，分布于巴尔干和东亚诸国，在我国的黑龙江、吉林、辽宁、北京、上海、江西、浙江、广东、四川及台湾等省、市均有报道，是一种人畜共患的吸虫病。虫体呈梨形或椭圆形，前端稍尖，后端钝圆，大小为(1.10～1.66) mm×(0.58～0.69) mm。体表布满鳞棘。口吸盘似球形，腹吸盘呈椭圆形，位于体前 1/3 处右侧。前咽极短，食道较长，咽肌发达。盲肠伸达体后端。睾丸类圆形，斜列于体后端。卵巢呈球形，位于贮精囊的后方。受精囊发达，呈椭圆形，位于卵巢的略右侧。卵黄腺由褐色的大颗粒组成，呈扇形分布于体后 1/3 处的两侧。子宫盘曲于生殖孔与睾丸之间的空隙中，内充满着虫卵。贮精囊为横向袋状，位于虫体 1/2 处的中央。生殖孔开口于腹吸盘的前缘。虫卵为黄色或深黄色，大小为(19.7～23.8) μm×(11.4～17.6) μm，有卵盖，内含毛蚴。发育需要两个中间宿主：第一中间宿主为短沟蜷类淡水螺，如放逸短沟蜷(*Semisulcospira* liberatina);第二中间宿主为淡水鱼类,如鳟鱼及麦穗鱼等。虫卵被淡水螺吞食后在螺体内发育为胞蚴、两代雷蚴和尾蚴。尾蚴离开螺体,游于水中,遇鱼即在其鳃和鳞下结囊为囊蚴,终末宿主吞食含囊蚴的鱼类而遭感染。

2. 异形异形吸虫(*Heterophyes heterophyes*)

属异形科,寄生于犬、猫、狐狸及人的小肠中,主要分布于东亚诸国,在我国虽有报道,但并不太多。虫体小型,大小为(1.0～1.7) mm×(0.3～0.7) mm,呈梨形。体表被有鳞棘。生殖吸盘位于腹吸盘的左下方,上有70～80个小棘。睾丸呈卵圆形,斜列于体后端。卵巢甚小,在睾丸之前。卵黄腺位于虫体后部的两侧,每侧各有14个。虫卵淡褐色,大小为(26～30) μm×(15～17) μm,内含毛蚴。发育需要两个中间宿主:第一中间宿主为淡水螺,第二中间宿主为淡水鱼,终末宿主吞食含囊蚴的鱼而遭感染。

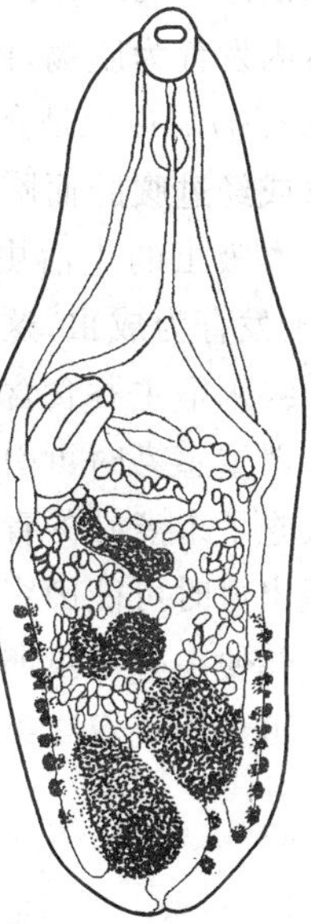

图 7-55 横川后殖吸虫的成虫(Mönnig)

异形吸虫侵入肠黏膜引起炎症反应及组织轻度脱落,压迫性萎缩和坏死。严重感染者可导致间歇性或有时为出血性腹泻。虫卵沉积于组织中可引起慢性或急性损伤,如沉积于脑组织,则后果严重。从患畜粪便中检获虫卵便可做出诊断,应注意与后睾科吸虫卵相区别,治疗可用吡喹酮、硝氯酚。最有效的预防措施是人勿食生鱼,勿用生的或半生的鱼作动物饲料。

第十四节 双穴吸虫病

有翼翼形吸虫(*Alaria alata*,图7-56)属双穴科(Diplostomatidae)。寄生于犬、猫、狐、狼、貉和貂的小肠中,分布于世界各地,在我国的黑龙江、吉林、北京、江西和内蒙古等省、市及自治区均有报道。

虫体活时为黄褐色,大小为(2.65～4.62) mm×(0.83～1.16) mm。虫体明显地区分为前、后两部。前、后体结合处向内凹陷。前体扁平而长;后体较短呈圆柱状。二者长短之比为(1.2～2.4)∶1。前体体表被有细棘。口吸盘位于体前端,腹吸盘不发达,呈圆形,位于前体前1/5处。口吸盘两侧有1对耳状的“触角”。黏着器发达,呈长圆形,中间具有较深的纵沟,位于前体腹面后2/3处。睾丸2个,形似哑铃,紧靠,前后横列于后体的中部。卵巢呈球形,位于前、后体结合处的中央。子宫先上后下,盘曲,再经两睾丸间,开口于体后端的生殖腔内。卵黄腺由细小褐色颗粒组成,分布于前体两侧,几乎占满前体后2/3的全部空隙。虫卵金黄色,卵圆形,大小为(105～133) μm×(53～95) μm,内含受精卵及卵黄细胞。

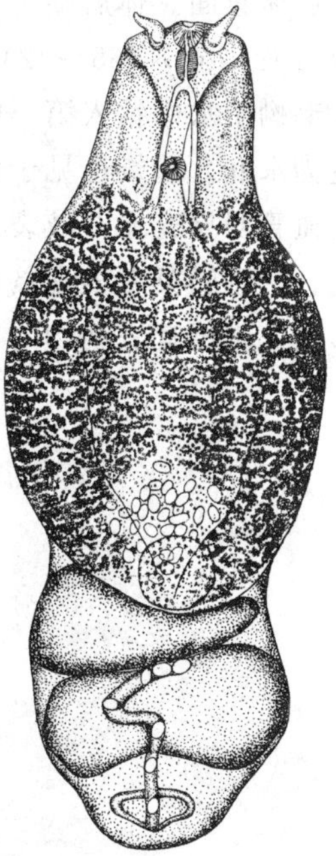

图 7-56 有翼翼形吸虫(王裕卿)

发育需要两个中间宿主:第一中间宿主为扁卷螺类

(*Planorbis* sp.);第二中间宿主为青蛙、蟾蜍及其蝌蚪。毛蚴自虫卵孵出,游于水中,钻入淡水螺体内发育为胞蚴,由胞蚴直接生成尾蚴。尾蚴于水中侵入蝌蚪或蛙类的肌肉内变为中尾蚴(*Mesocercaria*),是介于尾蚴与囊蚴之间的幼虫型。终末宿主吞食含中尾蚴的蛙类而遭感染。童虫或经过腹腔而胸腔的长期移行或经血循环到达肺部,再经气管、咽而到达小肠内变为成虫。本吸虫的生活史中还可能有转续宿主,即幼虫进入不适宜宿主体内时,长期处于停滞状态,不发育为成虫,这类宿主有大鼠、小鼠、蛇和鸟类等,它们可因吞食青蛙和蟾蜍而感染中尾蚴。终末宿主吞食含中尾蚴的转续宿主而遭感染,10 天内即变为成虫。

严重感染时可引起卡他性十二指肠炎,一般无多大危害。人亦可成为本吸虫的转续宿主,当人吃了未煮熟的青蛙时,在脑、心、肾、肝、肺、淋巴结、脊髓和胃内可能有大量的中尾蚴;肺大面积出血时可能因窒息而死亡。

粪便中查出虫卵可做出诊断。

可试用硫双二氯酚、吡喹酮和丙硫咪唑治疗。

第十五节　枭形吸虫病

优美异幻吸虫(*Apatemon gracilis*)属于枭形科(Strigeidae)。是寄生于家鸭和野鸭肠道的小型吸虫。在我国的江苏、福建、安徽、江西、广东、云南、贵州和四川等省均有报道。虫体小,长 1.3～2.2 mm,常向背面弯曲。虫体明显地区分为前、后体两部。前、后体长度之比约为 1∶2。前体大小为(0.42～0.62) mm×(0.38～0.62) mm,呈囊状或杯状,前端平截,囊内含口、腹吸盘和两叶黏着器。前后体的交界处有黏腺。后体大小为(0.85～1.22) mm×(0.45～0.66) mm,呈圆柱状,内含生殖器官。睾丸前后排列,呈不规则的球形,缺雄茎和雄茎囊。贮精囊呈袋状,位于后睾丸之后的背面。卵巢紧接前睾丸之前,子宫不发达。卵黄腺布满整个后体腹面。体后端有一浅交合囊,其基部有一不甚发达的交接器和生殖锥。虫卵大小为(92～102) μm×(65～72) μm。虫卵随家鸭粪便排出外界,在适宜的条件下,约经 3 周孵出毛蚴。毛蚴于水中钻入第一中间宿主淡水螺体内,发育为胞蚴,由胞蚴直接形成尾蚴。第二中间宿主为水蛭。囊蚴也见于鱼体。虫体以前体杯状部吸附在肠黏膜上,将肠绒毛吸入囊内,致使绒毛血管明显充血并破裂,血被虫体吞食,而后绒毛发生变性,并被吸着器官的腺体分泌物所消化。严重感染者表现贫血,出血性肠炎,甚至死亡。粪便中检获虫卵或尸检时找到虫体可做出诊断。用于哺乳动物的抗吸虫药如硫双二氯酚和丙硫咪唑可能有效。

第八章 绦 虫 病

兽医绦虫学是研究寄生于动物，主要是家畜体内绦虫的形态学、生活史、流行病学、致病作用、症状、诊断、免疫及防治措施的科学。绦虫种类众多，生物学特性各异，分布广泛，对动物危害严重；有些种类危害人体健康，在公共卫生上具有重要意义。

第一节 绪 论

一、绦虫的形态和生理

寄生于家畜、禽及人体的绦虫属于扁形动物门(Platyhelminthes)绦虫纲(Cestoidea)，其中只有圆叶目(Cyclophyllidea)和假叶目(Pseudophyllidea)绦虫对家畜及人体具有感染性而常能致人、畜以严重的病患。

1. 形态

绦虫虫体呈带状、扁平，大小自数毫米至 10 m 以上。虫体分为头节(scolex)、颈(neck)与链体(strobila)3 部分。头节(图 8-1)为吸着器官，一般分为 3 种类型。

(1)吸盘型(acetabulate type of holdfast)。具有 4 个圆形吸盘，对称地排列在头节的四面。有的绦虫头节顶端中央有顶突(rostellum)，能回缩或不能回缩，其上还有一排或数排小钩，也具吸附作用。

(2)吸槽型(bothriate type of holdfast)。在背腹面各具有一沟样的吸槽。

(3)吸叶型(bothridial type of holdfast)。为长形吸着器官，其前端具有 4 个叶状结构，分别附在可弯曲的小柄上或直接长在头节上。颈节较纤细，链体的节片系由此向后生出；但亦有缺颈节者，其生长带则位于头节后缘。链体由节片(proglottid 或 segment)组成，数目可由数个至数千个，各节片间有明显的界限。少数绦虫这个界限不明显或甚至没有。节片因发育程度不同可分为 3 类：接颈节的节片由于生殖器官尚未发育形成，所以名为“未成熟节片”，简称“幼节”；幼节逐渐成长，至生殖器官发育完成就成为“成熟节片”，简

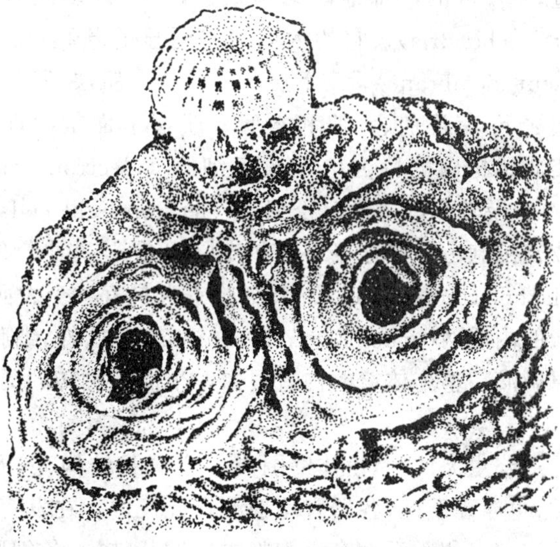

图 8-1 微小膜壳绦虫头节之电镜扫描照片

称“成节”；至最后子宫内充满虫卵则形成“孕卵节片”，简称“孕节”。因此，最老的节片距头节最远。老的节片逐节或逐段从虫体后端脱离，新的节片不断形成。所以，绦虫仍能保持着它们的每个种别的固有的长度与一定的节片数目。

2. 体壁(body wall)

绦虫体壁(图 8-2)的最外层是皮层(tegument)，皮层覆盖着链体各个节片，其下为肌肉系统，由皮下肌层和实质肌组成。皮下肌层的外层为环肌，内层为纵肌。纵肌较强，贯穿整个链体，唯在节片成熟后逐渐萎缩退化，越往后端退化越为显著，于是最后端孕节经常能自动从链体脱落。

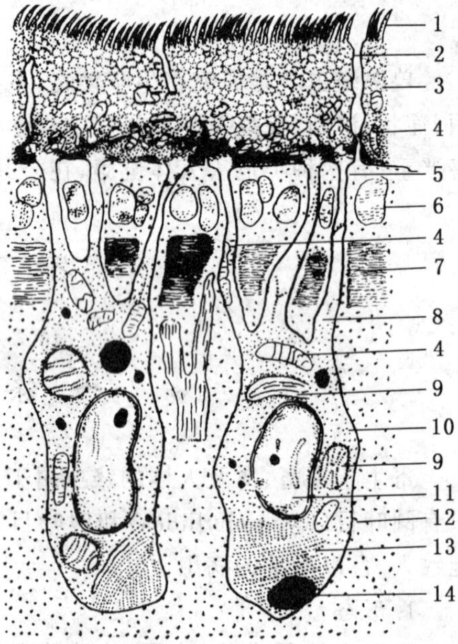

图 8-2 绦虫体壁之电镜结构(Threadgold)

1. 微绒毛 2. 孔道 3. 皮层 4. 线粒体 5. 基膜 6. 环肌 7. 纵肌 8. 连接管 9. 内质网 10. 电子致密细胞 11. 核 12. 实质 13. 蛋白质 14. 脂肪或糖原

绦虫无消化道，靠体壁吸收营养物质，还能合成并输送蛋白质，又能防止虫体不被宿主所消化，且具有吸附作用。绦虫体壁在电镜下观察分为两层，即外面的皮层和在内的皮下层(subtegumental layer)。皮层是一个由 3 层组成的细胞质膜，有的研究者认为是合胞体，也有人认为是鳞状细胞。皮层的外缘具有无数细小指状细胞质突起，叫做微绒毛(microvilli 或 microtrich)，绒毛下面则为较宽阔的含有空泡的基质区，孔道(pore canal)由此层穿过，基质区的内部地区结构致密，含有许多线粒体(mitochondria)。它的内侧为一明显的基膜(basement membrane)。皮下层主要是 3 个肌层，紧接基膜之下，有环肌、纵肌和斜肌。肌层下面是深埋入实质结构内的巨大电子致密细胞 (electron dense cells)及较小的电子疏松细胞(electron light cells)。致密细胞由一些连接小管和皮层相通，这些小管的管壁和线粒体间有着原生质的连接(protoplasmic connections)。其细胞本身具有一个大而有双层膜的细胞核，核的外壁连接着大而复杂的内质网(endoplasmic reticulum)。此外，细胞内还含有线粒体、蛋白质类晶体和脂肪或糖原微滴。整个体壁的构造很像一个向外翻转的肠壁。

3. 实质

绦虫无体腔，由体壁围成一个囊状结构，有人称为皮肤肌肉囊。囊内充满着海绵样的实质，也叫髓质区，各器官均埋藏在此区内。在发育过程中，形成的实质细胞膨胀产生空泡，空泡的泡壁互相联系而产生细胞内的网状结构；各细胞间也有空隙。通常节片内层实质细胞会失去细胞核，而每当生殖器官发育膨胀，便压迫这些无核的细胞，它们退化后可变为生殖器官的被膜。另外，在实质内常散在有许多球形的或椭圆形的石灰小体，直径为 3～30 μm，该小体亦为绦虫的重要组成部分，有着调节酸度的作用。

4. 消化系统

因绦虫无消化系统，以前简单地认为它们靠体壁的渗透作用吸收养料。自从电镜应用后，观察到绦虫体壁的细微结构，从而对绦虫的消化生理始有进一步的了解。绦虫皮层和与它相关的细胞具有相当于其他动物消化系统的功能，吸收营养物是依靠皮层外的微绒毛，而且绒毛尖端能擦损肠上皮细胞，从而使高浓度而富有营养的胞浆渗出于虫体周围，无数的绒毛又极大地扩展了吸收面积。此外，绒毛还有着吸附能力，以避免从宿主消化道中排出。绦虫的体壁能抗宿主的消化液，它能借助深埋在实质中的电子致密细胞不断更新。皮层浅部的大量空泡显示它们具有胞饮作用(pinocytosis)和运输功能。线粒体、内质网及晶体状储存体(crystalline storage body)更足以证明那些细胞能"加工"所吸收的物质并能把它们储存和运送到实质或皮层中去。

5. 循环及呼吸系统

均无，行厌氧呼吸。

6. 神经系统

神经中枢在头节中，由几个神经节和神经联合构成；自中枢部分通出两个大的和几条小纵神经干，贯穿各个体节，直达虫体后端。

7. 排泄系统

链体两侧有纵排泄管，每侧有背、腹两条，位于腹侧的较大，纵排泄管在头节内形成蹄系状联合；通常腹纵排泄管在每个节片(图 8-3)中的后缘处有横管相连。一个总排泄孔开口于最早分化出现的节片的游离边缘的中部。当此头 1 个节片(成熟虫体的最早 1 个孕节)脱落后，就失去总排泄孔，而由各节片的排泄管各自向外开口。排泄系统起始于焰细胞，由焰细胞发出来的细管汇集成为较大的排泄管，再和纵管相连。有的学者认为绦虫的排泄系统还有着平衡体内水分的作用。

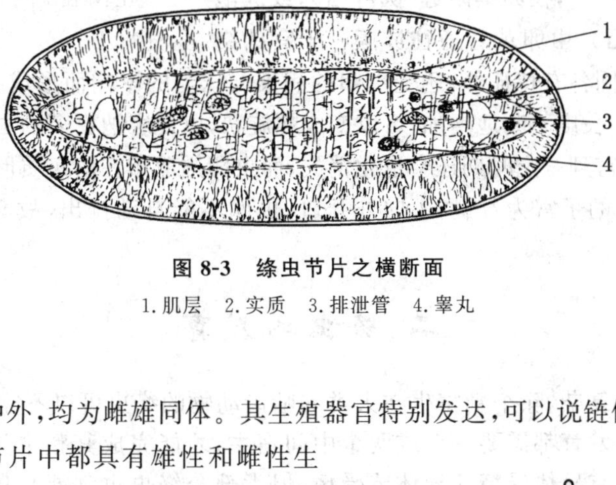

图 8-3　绦虫节片之横断面

1. 肌层　2. 实质　3. 排泄管　4. 睾丸

8. 生殖系统

绦虫除个别虫种外，均为雌雄同体。其生殖器官特别发达，可以说链体就是一连串的生殖器官构成的。每个节片中都具有雄性和雌性生殖系统各一组或两组。生殖器官的发育是从紧接颈节的幼节开始分化的，最初节片尚未出现雌、雄的性别特征，继后逐渐发育，开始先见到节片中出现雄性生殖系统，而后当雄性生殖系统逐步发育完成后，接着出现雌性生殖系统的发育，再后形成成节。在圆叶目绦虫(图 8-4)节片受精后，雄性生殖系统渐趋萎缩而后消失，雌性生殖系统则加快发育，至子宫扩大充满虫卵时，雌性器官中的其他部分亦逐渐萎缩消失，至

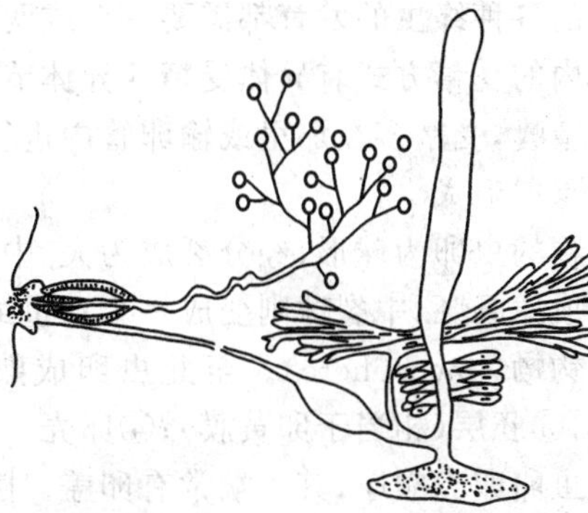

图 8-4　圆叶目绦虫生殖器官模式图

(Augustine)

此即成为孕节，充满虫卵的子宫占有了整个节片。而在假叶目（图 8-5），由于虫卵成熟后可由子宫孔排出，子宫不如圆叶目绦虫发达。雄性生殖器官有睾丸一个至数百个，埋在近背侧的髓质区（实质）中，呈圆形和椭圆形，连接着输出管。睾丸多时，输出管互相连接成网状，至节片中部附近汇合成输精管，输精管曲折蜿蜒向边缘推进，并有两个膨大部，一个在未进入雄茎囊之前，称外贮精囊，一个在进入雄茎囊之后，称内贮精囊，与输精管末端相接的部分为射精管及雄茎。雄茎可自生殖腔向边缘伸出。雄茎囊多为圆囊状物，贮精囊、射精管、前列腺及雄茎的大部分都包含在雄茎囊内。雄茎及阴道分别在上下位置向生殖腔开口，生殖腔在边缘开口处称为生殖孔。雌性生殖器官：卵膜在雌性生殖器官的中心区域，卵巢、卵黄腺、子宫、阴道等均有管道（如输卵管、卵黄管）与之相连。卵巢位于节片的后半部，一般呈两瓣状，均为许多细胞组成。各细胞有小管，最后汇合成一支输卵管，与卵膜相通。阴道（包括受精囊——受精囊为阴道的膨大部分）、末端开口于生殖腔，近端通卵膜。卵黄腺分为两叶或为一叶，在卵巢附近（圆叶目），或成泡状散在髓质中（假叶目），由卵黄管通往卵膜。子宫的结构除因绦虫的种类不同各有特征外，还受虫卵的积聚与压力的影响而形成各种不同的类型。一般单管状的子宫，由于长度不断地增加，可以变成螺旋状，以便容纳更多的虫卵，袋状的子宫又可有袋状分枝。有的子宫到一定时期还会退化消失，而虫卵遂散布在由实质形成的袋状腔内。

图 8-5　假叶目绦虫生殖器官模式图

上：雌性器官　下：雄性生殖器官

由于圆叶目绦虫的子宫为盲囊，不向外开口，虫卵不能自动排出，故必须等到孕节脱落破裂时，才散出虫卵。

二、绦虫的发育

绦虫的生活史较复杂，除个别寄生在人类和啮齿动物的绦虫可以不需要中间宿主外，寄生在家畜的各种绦虫的发育都需要一个或两个中间宿主，才能完成其整个生活史。绦虫在终末宿主体内的受精方式有异体受精或异体节受精，但大部分绦虫也都能自体受精。精子经阴道进入受精囊，受精多在那里或输卵管内进行。

1. 虫卵形成

受精的虫卵为球形，经分裂成为大、中、小裂球 3 种细胞，大裂球产生胚层，小裂球经多次分裂形成原肠胚，中裂球则变成一个双重细胞层的胚膜包围着原肠胚。最后原肠胚变成六钩胚即六钩蚴（oncosphere）。至此虫卵成熟，其构成的部分从内向外有下列部分：①六钩胚；②胚膜；③胚层（相当于卵黄膜）；④卵壳。绦虫卵（图 8-6）因种类不同，形态上差异很大，假叶目绦虫虫卵卵壳颇厚，其一端常有卵盖。圆叶目绦虫的卵壳不但脆弱，还缺卵盖。卵壳多在未离母体前脱落，因此，常见的所谓“卵壳”实际上是胚膜，胚层紧附卵壳或胚膜，不易察见。胚膜为双层膜，在带绦虫类两膜间密布着辐射式棒状体；假叶目等类的胚膜被有许多纤毛。带科和假叶目的胚膜很厚，更易被认为是卵壳。假叶目绦虫的虫卵产出后，在水中经过发育变成具有3对小钩的胚胎，由于外面有着密布纤毛的胚膜，因此，又称为钩毛蚴或钩球蚴(coracidium)。圆叶目绦虫卵的发育是在母体内进行的。卵由母体释出时，成熟的六钩胚已经形成。

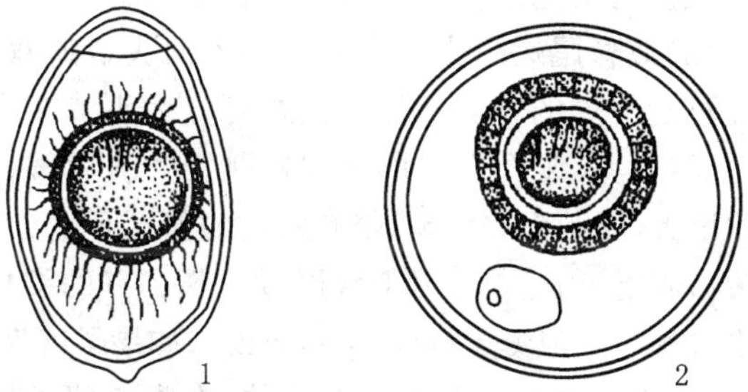

图 8-6 绦虫卵的模式构造

1.假叶目绦虫卵 2.圆叶目绦虫卵

2. 中绦期(metacestode)

即绦虫蚴期。六钩蚴被中间宿主吞食后，它们立即钻入组织，当到达目的地后，即发育进入具有某种特征性的中绦期。中绦期大致有以下几类：体为实心结构的有原尾蚴(procercoid)及实尾蚴(plerocercoid)；体为囊状结构的有囊尾蚴(cysticercus)与似囊尾蚴(cysticercoid)。在中绦期，因其发育程度或状态的不同，在结构上亦有差异(图8-7)。

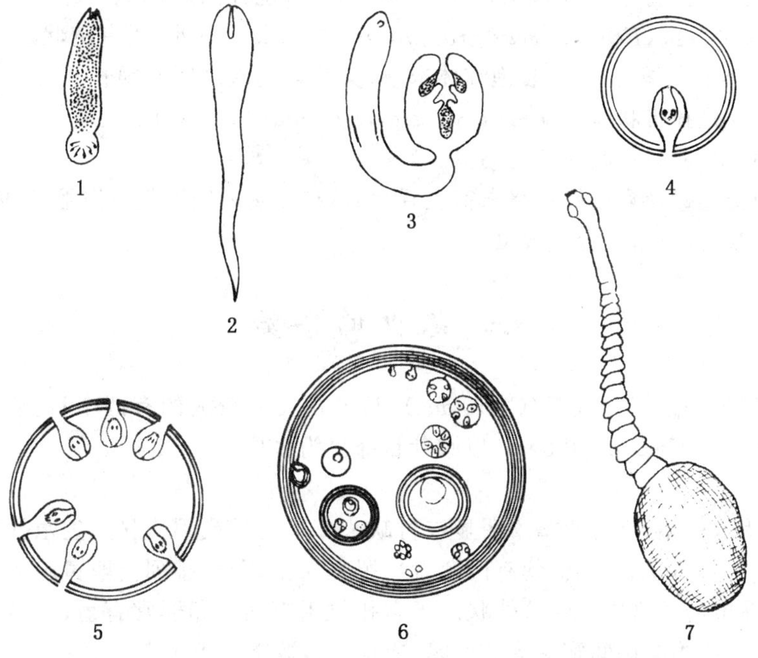

图 8-7 各种类型绦虫中绦期的模式构造图

1.原尾蚴 2.裂头蚴 3.似囊尾蚴 4.囊尾蚴 5.多头蚴 6.棘球蚴 7.链尾蚴

(1)原尾蚴。出现于假叶目绦虫的生活史中，其特征除体为实心结构外，还保留着3对小钩在体的后端。以裂头绦虫的发育为例，钩毛蚴被剑水蚤(*Cyclops*)吞食后，消化液对胚膜起软化作用，借助蚴体及其小钩的活动冲破胚膜而溢出，穿过肠壁到达血腔，经过4～10天发育成原尾蚴。原尾蚴的前端有一凹陷处，称为前漏斗，末端有带有六钩的小尾球(cercomer)，体表出现无数体棘，密布全身。

(2)实尾蚴。含有原尾蚴的剑水蚤被第二中间宿主吞食后，原尾蚴发育变为实尾蚴。实尾蚴已无小钩，具有成虫样的头节，但链体及生殖器官尚未发育，常称为条带或裂头蚴(plerocercoid)。各种实尾蚴发育的经过不同，有的实尾蚴必须在鱼类体中发育；有的在蛙、蝌蚪体内发育。成熟的实尾蚴被终末宿主吞食后发育为成虫。

(3)似囊尾蚴。为一个含有凹入的头节的双层囊状体，其一端具有带六钩的尾状结构，发育经过随绦虫的种类而异。主要可分为头节在囊内发育及头节在囊外发育后缩入囊内的2个发育类型。犬复孔绦虫的虫卵被跳蚤吞食后，六钩蚴从胚膜溢出，经胃壁入血腔，初期变化是体积增大，原始囊腔出现，带有六钩的前端开始分化为尾体或小尾球，头节在囊内逐渐形成，小尾球最后脱落，约经1个月似囊尾蚴成熟。有的绦虫，似囊尾蚴的尾巴只出现在发育的早期，这种绦虫蚴称为隐似囊尾蚴(cryptocystis)，如果早晚期均有尾巴则称有尾似囊尾蚴(cercocystis)。

(4)囊尾蚴。为一半透明囊体，在囊壁凹入处含有头节1个，头节能向外翻出。带科绦虫生活史中的中绦期，其基本结构均属囊尾蚴型。囊尾蚴寄生的部位随绦虫的种类而不同，肝、腹腔、肌肉、脑、眼均为常见的寄生部位。六钩蚴侵入中间宿主后，在十二指肠孵化溢出，钻入黏膜随血流到达肝脏，最终定居场所则视绦虫种类而异。

在带科绦虫里，有的囊壁上可以产生一个以上的似头节样的原头蚴(protoscolex)，这种囊体称为共囊尾蚴或多头蚴(coenurus)，为多头绦虫(*Multiceps multiceps*)的幼虫。还有的囊体可以产生无数生发囊，每个生发囊又产生许多原头蚴，这种叫棘球蚴(echinococcus, hydatid cyst)，为细粒棘球绦虫(*Echinococcus granulosus*)的幼虫。另外，还有链状囊尾蚴(strobilocercus)，头节在体的前端，一个小囊泡在体末端，头节与囊泡之间有很长并且分成许多节但无性器官的链体，这是猫带状泡尾绦虫(*Hydatigera taeniaeformis*)的幼虫。以上3种中绦期基本上与囊尾蚴相似，所以仍归在囊尾蚴里。

实尾蚴、似囊尾蚴及囊尾蚴被终末宿主吞食后，在胃肠内经消化液作用，蚴体溢出，头节外翻，并用附着器吸着肠壁，发育为成虫。

三、绦虫的分类

绦虫隶于扁形动物门绦虫纲(Cestoidea)，与人畜关系较大的有两个目：假叶目(Pseudophyllidea)和圆叶目(Cyclophyllidea)，以圆叶目绦虫为多见。

1. 假叶目

头节一般为双槽型，有时双槽不明显或付缺。分节明显或不明显。生殖孔位于体节中间或边缘；生殖器官每节常有一套，偶有两套者。睾丸众多，分散排列。卵黄腺为许多泡状体分散在皮质区。孕节的子宫常成弯曲管状。子宫孔位于腹面。卵通常有盖，在第一中间宿主体内发育为原尾蚴，在第二中间宿主为实尾蚴，成虫大多数寄生于鱼类。

双叶槽科(Diphyllobothriidae)：大、中型虫体，头节上有吸槽，分节明显。生殖孔和子宫孔同在腹面。卵巢位于体后部的髓质区内。卵黄腺小而多，位于皮质区。子宫为螺旋状的管子，在阴道孔后向外开口。卵有盖，产出后孵化。成虫主要寄生于鱼类，有的也见于爬行类、鸟类和哺乳动物。

双叶槽属(*Diphyllobothrium*)

叠宫属(*Spirometra*)

舌形绦属(*Ligula*)

2. 圆叶目

头节上有4个吸盘，最前端常有顶突。生殖孔在体节侧缘，无子宫孔。缺卵盖。卵巢为扇形分叶或哑铃状。卵黄腺为一个致密体，在卵巢的后面。

与人畜有关的圆叶目的分科如下：

(1)裸头科(Anoplocephalidae)。大、中型虫体，头节上有吸盘，无顶突和小钩。每体节有生殖器官一套或两套。睾丸数目众多。子宫形状为横管或网管状。中间宿主为 Oribatidae 科的地螨，幼虫为似囊尾蚴，成虫寄生于哺乳动物。

莫尼茨属(*Moniezia*)

裸头属(*Anoplocephala*)

副裸头属(*Paranoplocephala*)

无卵黄腺属(*Avitellina*)

曲子宫属(*Helictometra*)

(2)带科(Taeniidae)。大、中、小型虫体，头节上有 4 个吸盘，其上无小棘。顶突不能回缩，上有两行钩(牛带吻绦虫除外)。生殖孔明显，不规则地交替排列。睾丸数目众多。卵巢双叶，子宫为管状，孕节子宫有主干和许多侧分枝。幼虫为囊尾蚴、多头蚴或棘球蚴，寄生于草食动物或杂食动物(包括人)；成虫寄生于食肉动物或人。

带属(*Taenia*)

带吻属(*Taeniarhynchus*)

多头属(*Multiceps*)

棘球属(*Echinococcus*)

泡尾带属(*Hydatigera*)

(3)戴文科(Davaineidae)。中、小型虫体，头节顶突上有 2 或 3 排斧形小钩，吸盘上有细小的小棘。每节有一套生殖器官，偶而也有两套的。卵袋(egg pouches)取代孕节的子宫。成虫一般寄生于鸟类，亦有寄生于哺乳动物的。幼虫寄生于无脊椎动物。

戴文属(*Davainea*)

赖利属(*Raillietina*)

(4)双壳科(Dilepididae)。中、小型虫体，头节上有 4 个吸盘，其上有或无小棘。有可伸缩的顶突，极少数无顶突；有顶突的其上通常有 1 行、2 行或多行小钩。每节有生殖器官一套或两套。睾丸数目通常很多。孕节子宫为横的袋状或分叶；或为副子宫器或卵囊(egg capsule)所替代，卵囊含 1 个或多个虫卵。为鸟类和哺乳动物寄生虫。

复孔属(*Dipylidium*)

(5)膜壳科(Hymenolepididae)。中、小型虫体，头节上有可伸缩的顶突，具有 8～10 个小钩，呈单行排列。节片通常宽大于长，有一套生殖系统，生殖孔为单侧。睾丸大，经常不超过 4 个。孕节子宫为横管。成虫寄生于脊椎动物，通常以无脊椎动物为中间宿主，个别虫种可以不需要中间宿主而能直接发育。

膜壳属(*Hymenolepis*)

伪膜壳属(*Pseudohymenolepis*)

剑带属(*Drepanidotaenia*)

皱褶属(*Fimbriaria*)

(6)中绦科(Mesocestoididae)。中、小型虫体，头节上有 4 个突出的吸盘，但无顶突。生殖孔位于腹面的中线上。虫卵居于厚壁的副子宫器内。成虫寄生于鸟类和哺乳动物。

中绦属(*Mesocestoides*)

第二节　带绦虫蚴病

一、猪囊尾蚴病

猪囊尾蚴(猪囊虫)(*Cysticercus cellulosae*)是链状带绦虫(猪带绦虫)(*Taenia solium*)的中绦期,寄生于猪的肌肉内。链状带绦虫只寄生于人的小肠中。猪囊尾蚴不仅寄生于猪肉内,而且还可寄生于人的脑、心肌等器官中,往往导致严重的后果,是一种重要的人畜共患病。猪带绦虫属带科,带属。

病原体　猪囊尾蚴的外观呈椭圆形囊泡状,大小为(6～10) mm×5 mm,囊内充满液体,囊壁是一层薄膜,壁上有一个圆形粟粒大的乳白色小结,其内有一内陷的头节,头节上有4个吸盘,最前端的顶突上带有许多个角质小钩,分两圈排列。

图 8-8　猪囊尾蚴自然大
(Mönnig)

猪带绦虫由700～1 000个节片组成,全虫长2～5 m,头节很小,球形,直径约为1 mm,顶突上有25～50个小钩,分内、外两环交替排列,故也叫有钩绦虫。顶突后方有4个吸盘。颈节窄而短,直径约为头节的一半,长5～10 mm。体节根据生殖器官的发育程度,可分为未成熟节(幼节)、成熟节(成节)和孕卵节(孕节)3个部分。幼节短而宽,成节近似方形,孕节长度大于宽度。每一成节内含有一组雌雄同体的生殖系统。睾丸为泡状,有150～300个,分散于节片的背侧。卵巢除左右两大叶外,在生殖孔的一侧还有一副叶。子宫位于节片的中央,呈棒状,终于盲端。生殖孔位于节片侧缘的中央,呈不规则地交替排列。孕节窄而长,有(10～12) mm×(5～6) mm,节内其他器官均已退化,只剩下发达的子宫,每侧分出7～12个侧枝,侧枝还分出许多次生枝,呈树枝状,内充满虫卵。每一孕节含虫卵3万～5万个。孕节逐个或成段地脱落,随宿主粪便排出(图8-9)。

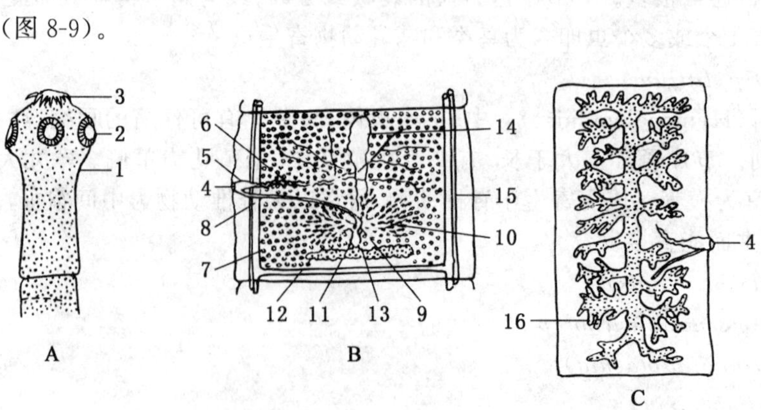

图 8-9　猪带绦虫成虫的头节、成节和孕节的构造(Olsen)

A.头节　B.成节　C.孕节　1.头节　2.吸盘　3.顶突(上有钩)　4.生殖孔　5.雄茎囊　6.输精管　7.睾丸　8.阴道　9.受精囊　10.卵巢　11.输卵管　12.卵黄腺　13.卵模与梅氏腺　14.子宫　15.纵排泄管　16.孕节子宫分枝

虫卵呈圆形，直径为 31～43 μm，卵壳有两层，内层较厚，浅褐色，有辐射的纹理，称胚膜；外壳薄，易脱落，也叫真壳。卵内含有具 3 对小钩的胚胎，称六钩蚴。

生活史　猪带绦虫只寄生于人的小肠中，其孕节不断地脱落，随着人的粪便排出外界，污染地面或食物。虫卵或孕节被中间宿主，主要是猪吞食后进入消化道，经消化液的作用而破裂，六钩蚴溢出，借助小钩的作用钻入肠黏膜的血管或淋巴管内，随血流带到猪体的各组织中。到达横纹肌后停留下来开始发育，先体积增大，后逐渐形成一个充满液体的囊泡体，20 天后囊上出现凹陷，2 个月后，在该处形成头节，长出明显的吸盘和有钩的顶突。这时的囊尾蚴已成熟，对人具有感染力。

猪囊尾蚴主要寄生于横纹肌内，如在咬肌、舌肌、膈肌、肋间肌以及颈、肩、腹部等处肌肉与心肌。严重感染时在其他器官中亦可发现，如在肝、肺、肾、脑及脂肪等处。猪囊尾蚴在猪体内可活数年，后钙化而死亡。

猪囊尾蚴还可在野猪、猫、犬等动物体内寄生。人亦可感染猪囊尾蚴。人感染猪囊尾蚴的途径和方式有 2 种：①猪带绦虫的虫卵污染人的手、蔬菜和食物，被误食后而受感染；②猪带绦虫的患者自身感染（内源性感染）。由于某些原因，使患者发生肠逆蠕动时，脱落的孕节随肠内容物一起逆入胃内，卵壳被胃液溶解后，六钩蚴溢出，钻入肠黏膜，经血循环到达人体的各组织器官中发育成囊尾蚴，常见的寄生部位是脑、眼、心肌及皮下组织等（图 8-10）。

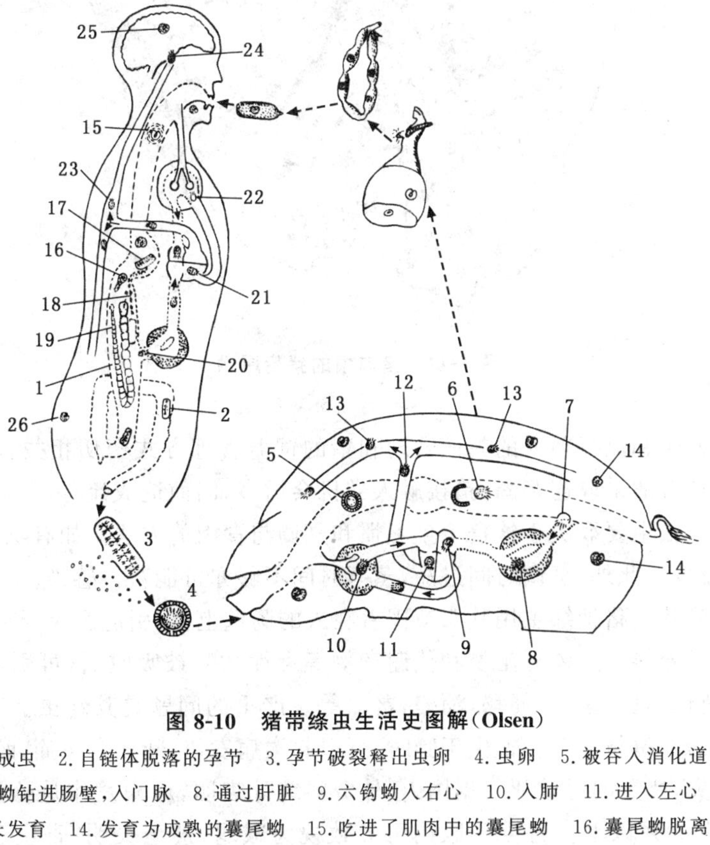

图 8-10　猪带绦虫生活史图解（Olsen）

1. 人肠内的绦虫成虫　2. 自链体脱落的孕节　3. 孕节破裂释出虫卵　4. 虫卵　5. 被吞入消化道的虫卵　6. 六钩蚴溢出　7. 六钩蚴钻进肠壁，入门脉　8. 通过肝脏　9. 六钩蚴入右心　10. 入肺　11. 进入左心　12. 入体循环　13. 至骨骼肌生长发育　14. 发育为成熟的囊尾蚴　15. 吃进了肌肉中的囊尾蚴　16. 囊尾蚴脱离肌肉，翻出头节，吸附于小肠上，逐渐发育为成虫　17. 由于肠道逆蠕动，使孕节进入胃中，虫卵释出　18. 虫卵在肠中孵化　19. 肠道中的六钩蚴　20. 六钩蚴入肝门脉　21. 入右心　22. 至肺　23. 进入体循环　24. 离血管入脑　25. 在脑中发育为成熟的囊尾蚴　26. 肌肉中的囊尾蚴（六钩蚴亦可进入眼内发育为囊尾蚴）

人是猪带绦虫的唯一终末宿主,人吃到生的或半生的含猪囊尾蚴的猪肉而受感染。猪囊尾蚴在胃液和胆汁的作用下,于小肠内翻出头节,用其吸盘和小钩固着于肠黏膜上,从颈节不断地长出体节。感染后2～3个月发育成猪带绦虫,在人的小肠内可存活数年或数十年,有人认为可活25年以上。一般只寄生一条,有时也有数条的。

人工感染试验证明,猪带绦虫在长臂猿和狒狒体内可获得感染成功。但无流行病学意义。

流行病学 猪囊尾蚴(图8-11)呈全球性分布,但主要流行于亚洲、非洲、拉丁美洲的一些国家和地区。在我国有26个省、市、自治区曾有报道,除东北、华北和西北地区及云南与广西部分地区常发外,其余省、区均为散发,长江以南地区较少,东北地区感染率较高。

猪囊尾蚴主要是猪与人之间循环感染的一种人畜共患病。猪囊尾蚴的唯一感染来源是猪带绦虫的患者,它们每天向外界排出孕节和虫卵,而且可持续数年甚至20余年,这样,猪就长期处在它们的威胁之中。

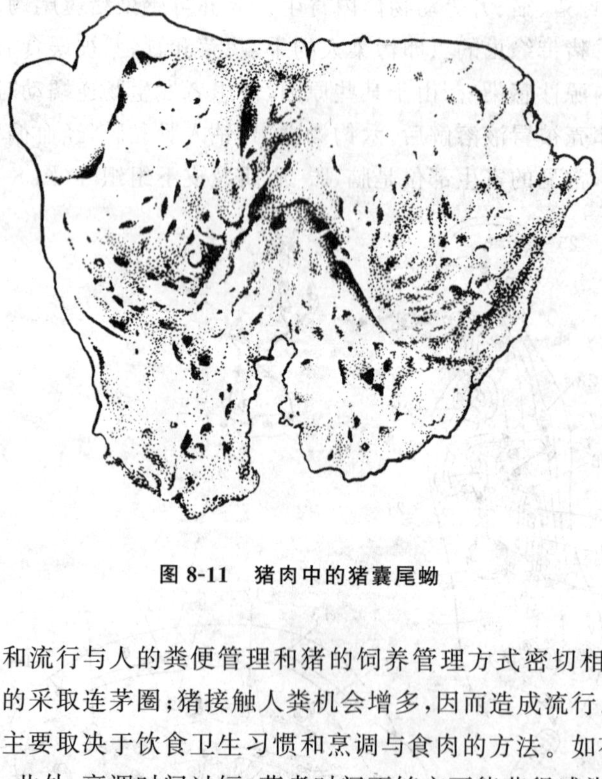

图8-11 猪肉中的猪囊尾蚴

猪囊尾蚴的发生和流行与人的粪便管理和猪的饲养管理方式密切相关。有些地方,人无厕所,养猪无圈;还有的采取连茅圈;猪接触人粪机会增多,因而造成流行。

人感染猪带绦虫主要取决于饮食卫生习惯和烹调与食肉的方法。如有吃生猪肉习惯的地区,则呈地方性流行。此外,烹调时间过短,蒸煮时间不够亦可能获得感染。

致病作用和症状 猪带绦虫用其头节固着在人的肠壁上,可引起肠炎,导致腹痛、肠痉挛,同时还可夺取大量养料。虫体分泌物和代谢产物等毒性物质被吸收后,可引起胃肠机能失调和神经症状,如消化不良,腹泻,便秘,消瘦,贫血等。严重的问题是其幼虫。猪囊虫对人体的危害取决于寄生的部位与数量。寄生于脑时,可引起癫痫发作,间或有头痛,眩晕,恶心,呕吐,记忆力减退和消失,严重的可致死。据国内、外资料统计表明,癫痫发作是脑囊虫患者的突出症状,占脑囊虫的60%以上。寄生于眼内可导致视力减弱,甚至失明;寄生于肌肉皮下组织中,使局部肌肉酸痛无力。

猪囊尾蚴对猪的危害一般不明显,重度感染时,可导致营养不良,贫血,水肿,衰竭。胸廓深陷入肩胛之间，前肢僵硬，发音嘶哑和呼吸困难。大量寄生于猪脑时，可引起严重的神经扰乱，特别是鼻部的触痛，强制运动，癫痫，视觉扰乱和急性脑炎，有时突然死亡。

诊断　猪囊尾蚴的生前诊断较困难。严重感染的猪，体型可能改变，肩胛肌肉表现严重水肿，增宽，后臂部肌肉水肿隆起，外观呈哑铃状或狮子形。走路前肢僵硬，后肢不灵活，左右摇摆。发音嘶哑，呼吸困难，睡觉发鼾。触摸舌根或舌的腹面常可发现囊虫引发的疙瘩。

近年来，发展起来的血清学免疫诊断法，如酶联免疫吸附试验（ELISA）和间接血球凝集试验（IHA），随着抗原的纯化和技术的改进，检出率可达90%以上，但仍难排除与细颈囊尾蚴和棘球蚴的交叉反应。

尸体剖检，在多发部位发现猪囊尾蚴便可确诊。现行的肉眼肉检法检出率有50%～60%，轻度感染的仍有漏检。

人脑囊虫的诊断，除根据患者的临床症状外，可采用皮试、IHA和ELISA等免疫学诊断法诊断，必要时可作CT，基本可确诊。

猪带绦虫患者在粪便中查获虫卵或孕节可做出诊断。

治疗　近年来发展起来的杀灭猪囊尾蚴的药物有：丙硫咪唑（Albendazole）和吡喹酮（Praziquental），疗效显著，治愈率可达90%以上。

对猪囊尾蚴和人脑囊尾蚴均可用吡喹酮或丙硫咪唑治疗。

对人的猪带绦虫的治疗如下。

（1）南瓜子和槟榔合剂。

（2）仙鹤草根芽。仙鹤草又叫狼牙草或龙牙草，是一种多年生草本植物，我国分布广泛，用其根芽晾干粉碎即可驱虫。

（3）氯硝柳胺（灭绦灵）。

应检查排出的虫体有无头节。对排出的虫体和粪便应深埋或烧毁，防止散布病源。

预防

（1）加强肉品卫生检验，应大力推广定点屠宰，集中检疫。凡未经兽医人员检验的猪肉一律不准投放市场，严禁囊虫猪肉进入市场。不仅城镇要加强肉检工作，而且在广大农村，特别在年节期间农民自家屠宰的猪也应经过肉检方得食用。

检出的阳性猪肉应严格按照国家规定进行无害化处理，严防流入消费者手中。

（2）查治病人。猪带绦虫病人是猪囊尾蚴感染的唯一来源，驱虫治疗是切断感染来源的极其重要的措施。

近年来，治疗猪囊尾蚴病，对猪囊尾蚴的控制也起到了一定的作用。

（3）加强人粪管理和改善猪的饲养管理方法。人有厕所，不随地大便；养猪实行圈养，不让猪散放，防止接触人粪。厕所与猪圈应分设。

（4）注意个人卫生，不吃生的或半生的猪肉，以防感染猪带绦虫。

（5）加强宣传教育，提高人民对猪囊尾蚴危害性和感染途径与方式的认识，自觉地与猪囊尾蚴作斗争。

二、牛囊尾蚴病

牛囊尾蚴又称牛囊虫（*Cysticercus bovis*），是肥胖带吻绦虫，亦称牛带绦虫（*Taeniarhyn-*

chus saginatus)的中绦期,寄生于牛的肌肉内。牛带绦虫只寄生于人的小肠中,是一种重要的人畜共患寄生虫病。属于带科,带吻属。

病原体 牛囊尾蚴呈灰白色,为半透明的囊泡,直径约 1 cm。囊内充满液体,囊壁一端有一内陷的粟粒大的头节,直径有 1.5～2.0 mm,上有 4 个吸盘。无顶突和小钩。

牛带绦虫(图 8-12)为乳白色,带状,节片长而肥厚,全虫长有 5～10 m,最长可达 25 m 以上。头节上有 4 个吸盘,但无顶突和小钩,因此,也叫无钩绦虫。头节后为短细的颈节。颈部下为链体,由 1 000～2 000 个节片组成。成节近似方形,每节内有一套雌雄同体的生殖系统。睾丸数为 800～1 200 个。卵巢分两叶。生殖孔位于体侧缘,不规则地左右交替开口。孕节窄而长,内有发达的子宫,其侧枝为 15～30 对。每个孕节内约含虫卵 10 万个。

虫卵呈球形,黄褐色,内含六钩蚴,结构与猪带绦虫卵相似,大小为(30～40) μm×(20～30) μm。

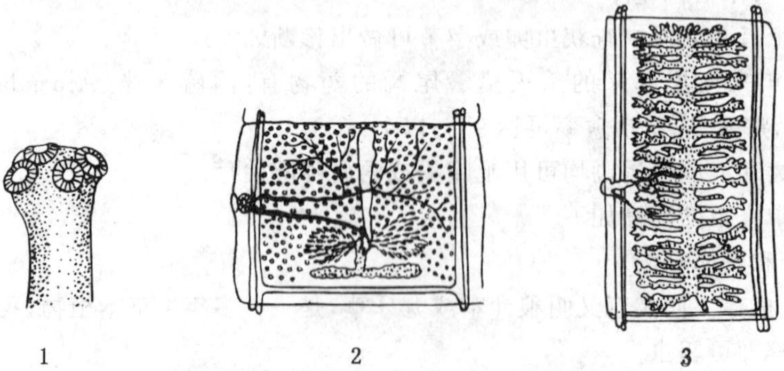

图 8-12 牛带绦虫

1.头节 2.成节 3.孕节

生活史 牛带绦虫寄生于人的小肠(空肠)中,孕节随人粪排出,并经常自动地从终末宿主的肛门爬出。孕节或虫卵可污染牧地和饮水。虫卵对外界因素的抵抗力较强。当中间宿主牛吞食虫卵后,六钩蚴在小肠中溢出,钻入肠壁,随血液循环散布于全身肌肉,经 10～12 周的发育,变为牛囊尾蚴。牛囊虫在成年牛体内一般在 9 个月内死亡。终末宿主人吃生的或半生的含有囊虫的牛肉而受感染。牛囊虫在人的小肠内,经 2～3 个月发育变为牛带绦虫,其寿命可达 20～30 年或更长。

流行病学 牛囊尾蚴和牛带绦虫病的发生和流行与牛的饲养管理方式,人的粪便管理,人嗜食生牛肉的习惯有密切关系。

牛带绦虫分布于世界各地,特别在有食生牛肉习惯的地区和民族中流行,如在东非、中东、近东、中亚诸国和东南亚及拉美诸国流行严重。在北美洲和欧洲多零星发生。

牛带绦虫在我国为一种散发的人畜共患病;在有些少数民族地区呈地方性流行。在流行区里,有的耕牛圈舍多兼做厕所;有的用未经处理的人粪便作肥料,使外界环境遭受污染,造成牛的感染。牛带绦虫卵对外界因素的抵抗力较强,在牧地上,一般可存活 200 天以上。牛在牧地上饮污染水,是流行的重要因素。犊牛较成年牛易感染牛囊虫。有的生下来几天即遭感染。还发现有经胎盘感染的犊牛。

人工感染试验的结果揭示,狒狒和猴类均不能感染牛带绦虫。此外,在非洲调查了 271 个野生的灵长类和143个食肉动物，在其体内皆未发现有牛带绦虫，这说明人是牛带绦虫的唯一终末宿主。

牛带绦虫的主要中间宿主是牛科(Bovidae)动物，包括黄牛、水牛、瘤牛和牦牛等，但在俄罗斯的西伯利亚常发现驯鹿体内有牛囊尾蚴。

人工感染试验的结果表明，在山羊和绵羊体内均未获得牛囊尾蚴。

致病作用和症状　牛感染囊尾蚴后一般不出现临床症状。然而人工感染试验证明，发育中的牛囊尾蚴在体内移行期间有明显的致病作用，如人工感染初期，可见体温升高，虚弱，腹泻，食欲不振，呼吸困难和心跳加速等，有时可使牛死亡。但在肌肉内定居并发育成熟后则几乎不显致病作用。

牛带绦虫可引起人体消化障碍，如腹泻，腹痛，恶心等，长期寄生时可造成内源性维生素缺乏症及贫血。由于牛带绦虫卵不感染人，因此，人体内没有牛囊尾蚴寄生。

诊断　牛囊尾蚴的生前诊断较困难，可采用血清学方法做出诊断，目前认为最有希望的方法是间接血球凝集试验和酶联免疫吸附试验。尸体剖检时发现牛囊尾蚴便可确诊。牛囊虫在牛肉中最常寄生部位为咬肌、舌肌、心肌、肩胛肌(三头肌)、颈肌及臀肌。此外亦可寄生在肺、肝、肾及脂肪等处。一般感染强度较低，囊虫数目少，且多在肌肉深层寄生，应认真细致地进行肉品检验。在去头和内脏的胴体，牛囊虫的检出率要减少24%。

人的牛带绦虫诊断可根据：孕节可自动从肛门爬出，有痒感；或用棉签肛拭涂片检查，或粪便检查找到虫卵或孕节。

治疗　牛囊尾蚴的治疗可试用吡喹酮和甲苯咪唑。牛带绦虫可用槟榔南瓜子合剂、仙鹤草、氯硝柳胺等治疗。近年来也用吡喹酮、丙硫咪唑和巴龙霉素(Paromomycin)驱虫，疗效良好。

预防

(1)做好牛带绦虫患者的普查与驱虫。

(2)管理好人的粪便，改进牛的饲养管理方法，防止牛接触人粪。

(3)加强牛肉的卫生检验工作。轻微感染的胴体应做无害化处理。一般在－10℃下10天或－18℃下5天可完全杀死牛囊尾蚴。

(4)改变人们食生牛肉的饮食习惯；加强宣传教育工作，提高认识，以保障防治措施顺利地进行。

三、细颈囊尾蚴病

细颈囊尾蚴(*Cysticercus tenuicollis*)是泡状带绦虫(*Taenia hydatigena*)的中绦期，寄生于绵羊、山羊、猪，偶见于牛及其他野生反刍动物的肝脏浆膜、大网膜、肠系膜及其他器官中。分布极其广泛，在我国各省、市、区均有报道。对幼年动物有一定的危害。成虫寄生于犬、狼和狐狸等动物的小肠内。属带科，带属。

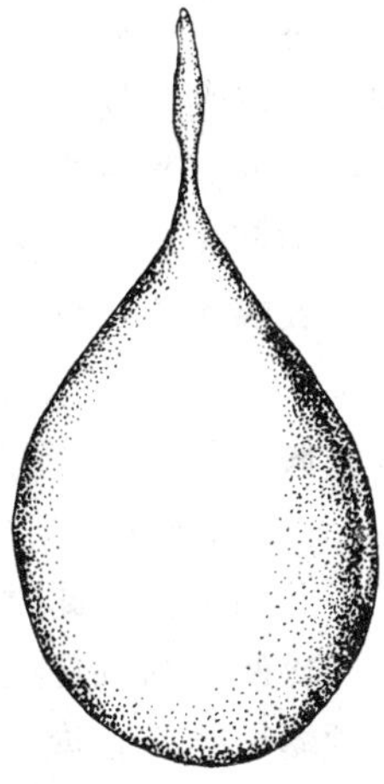

图8-13　细颈囊尾蚴
(Mönnig)

病原体　细颈囊尾蚴(图8-13)呈乳白色，囊泡状，囊内充满透明液体，俗称水铃铛，大小如鸡蛋或更大，直径约有8 cm，囊壁薄，在其一端的延伸处有一白结，即其头节所在。头节上有两行小钩，颈细而长。在脏器中的囊体,体外还有一层由宿主组织反应产生的厚膜包围,故不透明,颇易与棘球蚴相混。

泡状带绦虫(图8-14)呈乳白色或稍带黄色,体长可达5 m,头节上有顶突和26～46个小钩。孕节全被虫卵充满,子宫侧枝为5～16对,虫卵为卵圆形,内含六钩蚴,大小为(36～39) μm×(31～35) μm。

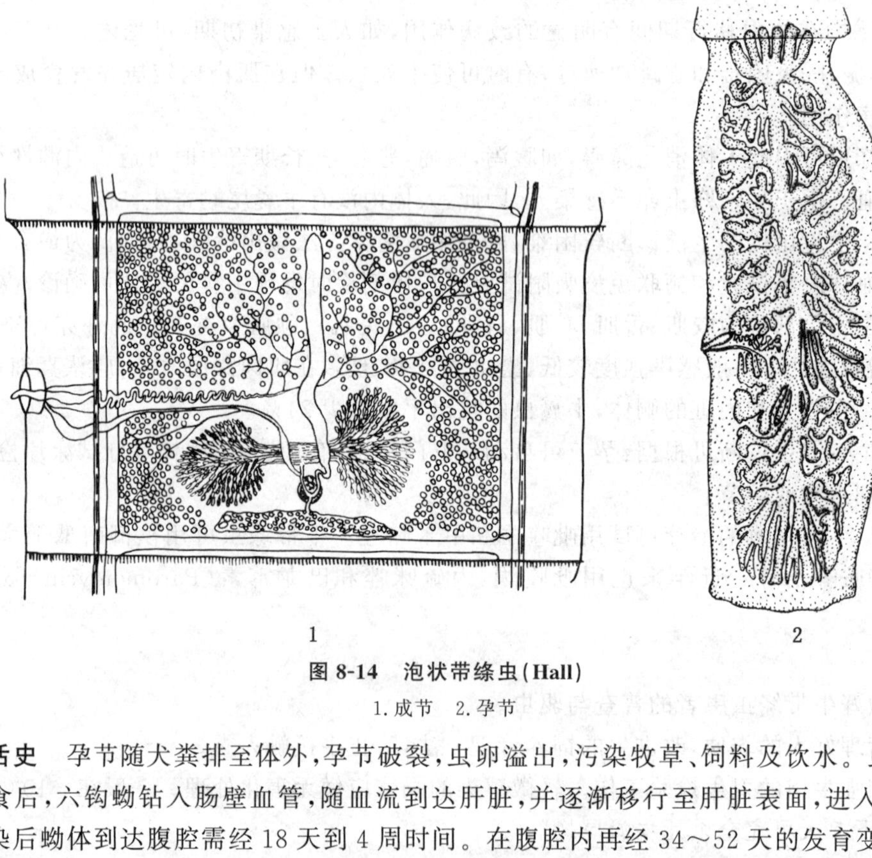

图8-14 泡状带绦虫(Hall)

1.成节 2.孕节

生活史 孕节随犬粪排至体外,孕节破裂,虫卵溢出,污染牧草、饲料及饮水。虫卵被羊、猪等吞食后,六钩蚴钻入肠壁血管,随血流到达肝脏,并逐渐移行至肝脏表面,进入腹腔内发育。感染后蚴体到达腹腔需经18天到4周时间。在腹腔内再经34～52天的发育变为成熟的细颈囊尾蚴。幼虫多寄生于肠系膜和网膜上,也见于胸腔和肺部。犬、狼等吞食含有细颈囊尾蚴的脏器而受感染。潜隐期为51天,在犬体内泡状带绦虫可活一年左右。

细颈囊尾蚴在猪感染最普遍,牧区绵羊感染严重,牛较少。

致病作用和症状 细颈囊尾蚴对羔羊、仔猪等危害较严重,在肝脏中移行的幼虫,有时数量很多,破坏肝实质和微血管,穿成孔道,导致出血性肝炎。此时羔羊表现不安,流涎,不食,腹泻和腹痛等症状,可能以死亡告终。慢性型的多发生在幼虫自肝脏出来之后,一般无临床表现,有时病羊亦有精神沉郁,不食,消瘦,发育受阻等症状。有时幼虫到达腹腔、胸腔后引起腹膜炎和胸膜炎。此时体温升高。

诊断 细颈囊尾蚴的生前诊断较困难,可用血清学诊断法诊断。一般系在死后剖检发现细颈囊尾蚴而确诊。急性型的易与急性肝片形吸虫病相混淆。在肝脏中发现细颈囊尾蚴时,应与棘球蚴相区别,前者只一个头节,壁薄而且透明,后者囊壁厚而不透明。

防治措施 吡喹酮对细颈囊尾蚴有一定疗效。对犬进行定期驱虫,常用药物有吡喹酮、氯硝柳胺。防止犬进入猪、羊舍内散布虫卵,污染饲料和饮水;勿用猪、羊屠宰废弃物喂犬。

四、羊囊尾蚴病

绵羊囊尾蚴(*Cysticercus ovis*)是绵羊带绦虫(*Taenia ovis*,图8-15)的中绦期,寄生于绵羊、山羊和骆驼的心肌、膈肌、咬肌和舌肌等处的横纹肌。偶尔也见于肺、肝、肾、脑及胃肠壁。羊囊尾蚴颇似猪囊尾蚴,卵圆形,大小为(3×2) mm～(9×4) mm。囊内充满透明液体,囊壁一端有一凹入囊内的头节。成虫羊带绦虫(图8-15)寄生于犬科动物的小肠内。虫体呈乳白色,体长45～100 cm。头节上有吸盘、顶突和24～36个小钩。生殖孔位于节片边缘的中央,孕节子宫每侧有20～25对侧枝。虫卵大小为(30～40) μm×(24～28) μm。羊囊尾蚴被犬、狼等动物吞食后,在其小肠内约经7周发育为成虫。孕节随犬粪排出,卵被羊吞食后,六钩蚴于小肠经血流到达肌肉及其他器官中,需2.5～3个月的发育变为羊囊尾蚴。羊囊尾蚴对羔羊有一定的危害,甚至可引起死亡,但不感染人。在我国,仅在新疆和青海有报道。防治措施包括:对犬进行定期驱虫,防止虫卵污染牧地和饮水,勿用羊的内脏及肌肉喂犬等。

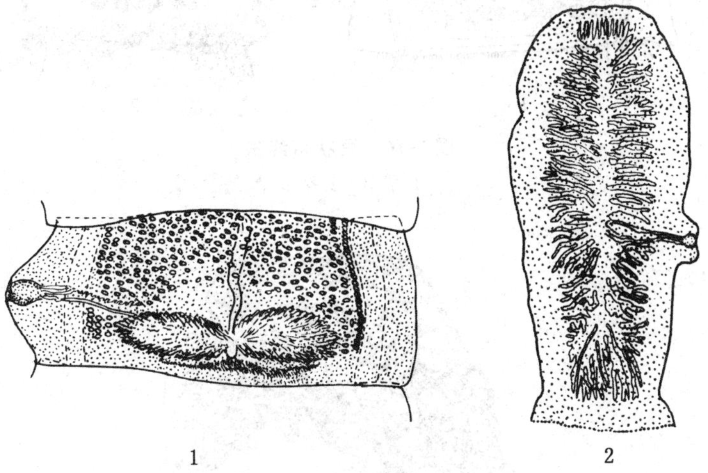

1　　2

图8-15　羊带绦虫(Hall)

1.成节　2.孕节

五、豆状囊尾蚴病

豆状囊尾蚴(*Cysticercus pisiformis*)是豆状带绦虫(*Taenia pisiformis*,图8-16)的中绦期,寄生于兔的肝脏、肠系膜和腹腔内。成虫寄生于犬科动物的小肠内,虫体长可达200 cm,乳白色,头节上有吸盘和顶突及小钩36～48个。体节边缘呈锯齿状,故又称锯齿带绦虫(*Taenia serrata*)。孕节内子宫充满虫卵,每侧有8～14个侧枝,虫卵大小为(36～40) μm×(32～37) μm。孕节随犬粪排至体外,虫卵溢出污染草料或饮水。兔吞食虫卵后,在其肝脏和腹腔处发育成豌豆大小的囊泡,即豆状囊尾蚴(图8-17),大小为(6～12) mm×(4～6) mm,呈卵圆形。犬吞食含豆状囊尾蚴的内脏而受感染,在犬小肠内经35天,在狐狸小肠内经70天的发育变为成虫。豆状囊尾蚴分布极广。兔大量感染时,可因急性肝炎而突然死亡。慢性型病例主要表现为消化紊乱和体重减轻。防治措施包括:对犬进行定期驱虫,防止虫卵扩散;勿用兔内脏喂犬;防止犬粪污染兔的草料和饮水。

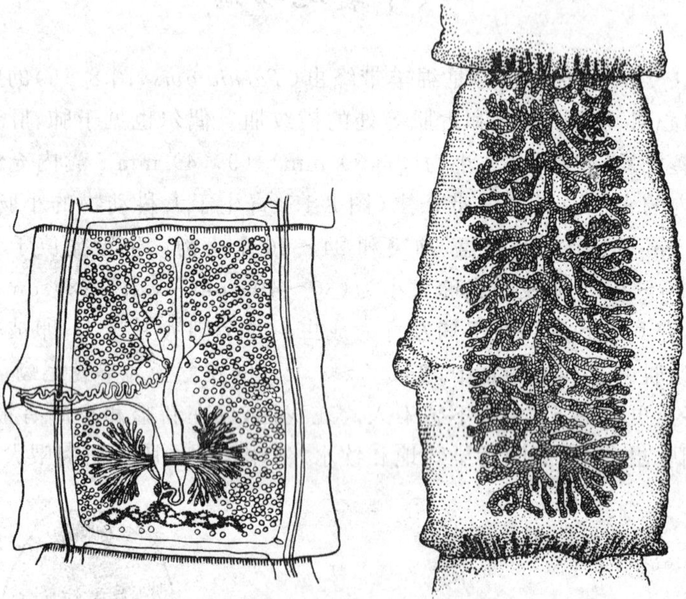

图 8-16 豆状带绦虫

1.成节 2.孕节

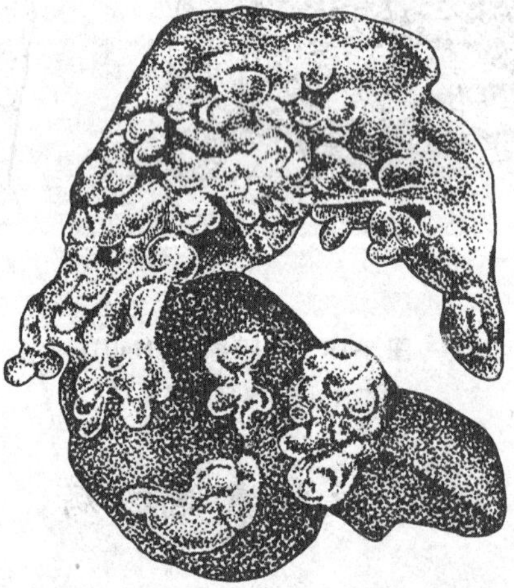

图 8-17 豆状囊尾蚴

六、链尾蚴病

链状囊尾蚴(*Strobilocercus*)又称叶状囊尾蚴(*Cysticercus fasciolaris*),是带状带绦虫(*Taenia taeniaeformis*,图 8-18),亦称带状泡尾绦虫(*Hydatigera taeniaeformis*)的中绦期,寄生于鼠类的肝脏。成虫寄生于猫的小肠,分布极广,主要是鼠与猫之间循环感染的一种绦虫,属于带科,带属或泡尾带属(*Hydatigera*)。链尾蚴形似长链,约有 20 cm 长,头节裸露不内嵌,后接一假分节的链体状构造,后端有一小尾囊。成虫呈乳白色,体长为 15～60 cm。头节外观粗壮，顶突肥大，上有小钩，4个吸盘向外侧突出。颈节极不明显。孕节子宫内充满着虫卵，子宫分枝每侧为16～18对。虫卵直径为31～36 μm。孕节随猫粪排至体外，经常自行蠕动到草上或其他物体上，释出虫卵。当鼠类等吞食了含有虫卵的饲料或饮水后，六钩蚴钻入小肠壁，随血流至肝脏，经60天发育成链尾蚴。猫吞食了含有链尾蚴的鼠类而受感染，经36～41天的发育变为成虫。在猫体内可存活两年。实验结果表明，幼虫对鼠类可引起肉瘤状肿瘤，预防措施包括：对猫进行定期驱虫，注意灭鼠和处理好猫的粪便等。

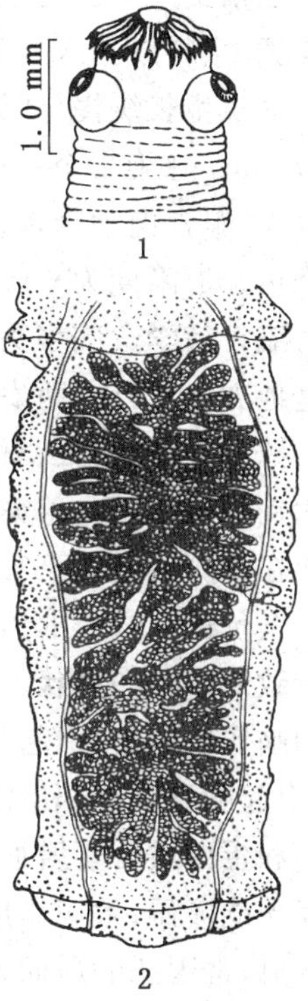

图8-18　带状带绦虫(Hall)

1.头节　2.孕节

七、脑多头蚴病

脑多头蚴(*Coenurus cerebralis*)又称脑共尾蚴或脑包虫，是多头带绦虫(*Taenia multiceps*)或称多头多头绦虫(*Multiceps multiceps*)的中绦期。寄生于绵羊、山羊、黄牛、牦牛，偶见于骆驼、猪、马以及其他野生反刍动物的脑及脊髓中，极少见于人。脑共尾蚴为世界性分布，在我国各省、市、区均有报道，但多呈地方性流行，并可引起动物死亡，是危害羔羊和犊牛的一种重要寄生虫病。

多头带绦虫寄生于犬、狼、狐狸及北极狐的小肠中，属带科，带属，或称多头属。

病原体　脑共尾蚴为乳白色，半透明的囊泡，呈圆形或卵圆形，直径约5 cm或更大，大小取决于寄生的部位，发育的程度及动物种类。囊壁由两层膜组成，外膜为角质层，内膜为生发层，其上有许多原头蚴，直径为2～3 mm，数量有100～250个。囊内充满液体，内含酪氨酸、色氨酸、精氨酸及钾、钙、钠、镁、氯、磷脂和铵等物质。

多头带绦虫有40～100 cm长，由200～250个节片组成，最大宽度为5 mm。头节上有4个吸盘，顶突上有22～32个小钩，排列成两行。孕节的子宫内充满着虫卵，子宫侧枝为14～26对。虫卵的直径为29～37 μm，内含六钩蚴(图8-19)。

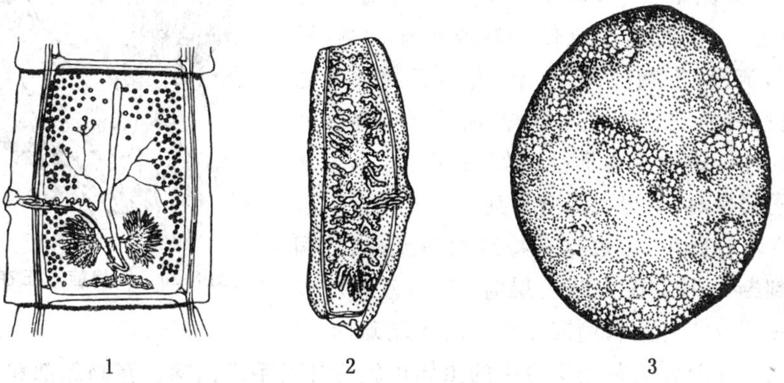

图8-19　多头绦虫(Hall)

1.成节　2.孕节　3.脑多头蚴

生活史 成虫寄生于犬、狼等终末宿主的小肠内,脱落的孕节随粪便排出体外,虫卵溢出污染饲草、料或饮水。牛、羊等中间宿主吞食后,六钩蚴钻入肠壁血管,随血流到达脑和脊髓中。幼虫生长缓慢,感染后 15 天,平均大小仅有 2～3 mm,24～30 天时为 1～1.5 cm,85 天为 4～7 cm。感染 1 个月后开始形成头节,进而出现小钩,大约经 3 个月可变为感染性的脑多头蚴。犬、狼食肉动物吞食了含脑多头蚴的脑脊髓而受感染。原头蚴吸附于肠壁上发育为成熟的绦虫。潜隐期为 40～50 天,在犬体内可存活 6～8 个月。

流行病学 脑多头蚴的分布极其广泛,全国各地均有报道,在西北、东北及内蒙古等牧区多呈地方性流行。两岁前的羔羊多发,全年都可见到因本病而死亡的动物。脑共尾蚴的主要感染源是牧羊犬;狼、豺等动物在流行病学上不起很大作用。值得指出的是,从狐狸体内获得的六钩蚴对羊不具感染性。虫卵对外界因素的抵抗力很强,在自然界中可长时间保持生命力,然而在日晒的高温下很快死亡。

全价饲料饲养的羔羊和犊牛,对脑多头蚴的抵抗力增强。

致病作用和症状 脑多头蚴的感染初期,由于六钩蚴的移行,机械地刺激和损伤宿主的脑膜和脑实质组织,引起脑炎和脑膜炎。后来虫体经 2～3 个月的发育,体积明显增大,压迫脑脊髓,引起脑脊髓局部组织贫血,萎缩,眼底充血,嗜酸性白细胞增多,脑脊髓液黏度及表面张力增高和蛋白质含量增加等。脑多头蚴不断发育增大,对脑髓的压迫也随之增强,结果导致中枢神经功能障碍;致病作用还可波及脑的其他部位,并间接地影响全身各系统。最终引起宿主严重贫血,常因恶病质而死亡。

动物感染后 1～3 周,即虫体在脑内移行时,呈现体温升高及类似脑炎或脑膜炎症状。重度感染的动物常在此期间死亡。感染后 2～7 个月开始出现典型的症状,运动和姿势异常。临床症状主要取决于虫体的寄生部位。寄生于大脑额骨区时,头下垂,向前直线奔跑或呆立不动,常把头抵在任何物体上;寄生于大脑颞骨区时,常向患侧做转圈运动(图 8-20),所以叫回旋病。多数病例对侧视力减弱或全部消失;寄生于枕骨区时,头高举,后腿可能倒地不起,颈部肌肉强直性痉挛或角弓反张,对侧眼失明;寄生于小脑时,表现知觉过敏,容易悸恐,行走时出现急促步样或步样蹒跚,视觉障碍,磨牙,流涎,平衡失调,痉挛;寄生于腰部脊髓时,引起渐进性后躯及盆腔脏器麻痹,最后死于高度消瘦或因重要的神经中枢受害而死。如果寄生多个虫体而又位于不同部位时,则出现综合性症状。

图 8-20 回旋症羊正在做转圈运动

诊断 在流行区里,可根据其特殊的临床症状、病史做出初步判断。寄生在大脑表层时,头部触诊可以判定虫体所在部位。有些病例需在剖检时才能确诊。

治疗 在头部前方脑髓表层寄生的虫体可施行外科手术摘除。在脑深部和后部寄生者则难以摘除。

近些年来用吡喹酮和丙硫咪唑进行治疗,获得较满意的效果。

预防

(1)对牧羊犬进行定期驱虫，排出的犬粪和虫体应深埋或烧毁。

(2)对野犬、狼等终末宿主应予以捕杀。

(3)防止犬吃到含脑包虫的牛、羊等动物的脑及脊髓。

八、连续多头蚴病

连续多头蚴(*Coenurus serialis*，图 8-21)是连续多头绦虫(*Multiceps serialis*)的中绦期，寄生于兔的肌间和皮下结缔组织中，如在外嚼肌、腹肌、肩部、颈部肌肉。蚴体形似鸡蛋，直径 4 cm 或更大，囊内有液体，壁上有原头蚴。连续多头绦虫寄生于犬科动物的小肠中，虫体长 10～70 cm，头节的顶突上有小钩 26～32 个，排成两行。孕节子宫侧枝 20～25 对，虫卵(31～34) μm×(20～30) μm。有人认为连续多头绦虫与脑多头绦虫是同物异名。

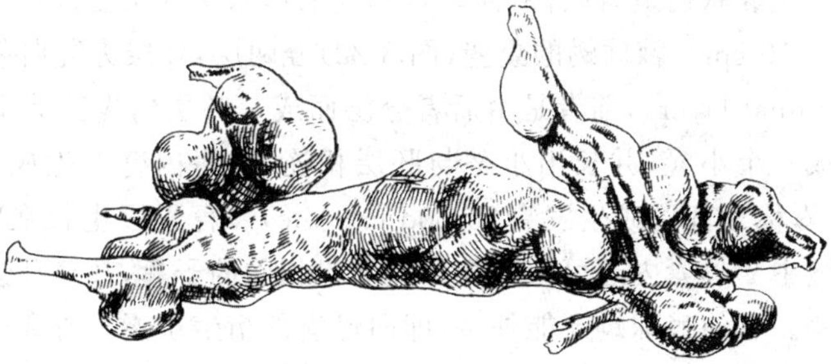

图 8-21　连续多头蚴

九、斯氏多头蚴病

斯氏多头蚴(*Coenurus skrjabini*)是斯氏多头绦虫(*Multiceps skrjabini*)的中绦期，寄生于绵羊、山羊、野山羊和骆驼的肌肉、皮下和胸腔内，大小如同鸡蛋，单房，圆形或椭圆形。成虫寄生于犬科动物的小肠中，体长有 20 cm，头节顶突上有小钩 32 个。子宫侧枝为 20～30 对，虫卵大小为 32 μm×26 μm。

斯氏多头蚴的形态构造与脑多头蚴无区别，实验证明，二者亦属同物异名，只是寄生部位不同(详见脑多头蚴)。

十、棘球蚴病

棘球蚴又称包虫，是棘球绦虫的中绦期，寄生于牛、羊、猪、人及其他动物的肝、肺及其他器官中。棘球蚴体积大，生长力强，并可寄生于人畜体内任何部位，不仅压迫周围组织使之萎缩和功能障碍，还易造成继发感染。如果蚴囊破裂，可引起过敏反应，甚至死亡，是一类重要的人兽共患寄生虫病。成虫棘球绦虫寄生于犬科动物的小肠中，属带科，棘球属。

棘球绦虫的种类较多。目前，世界上公认的有 4 种：①细粒棘球绦虫(*Echinococcus*

granulosus)；②多房棘球绦虫(*E. multilocularis*)；③少节棘球绦虫(*E. oligathrus*)；④福氏棘球绦虫(*E. vogeli*)。后两种绦虫主要分布于南美洲；我国只有前两种，又以细粒棘球绦虫为多见。

(一)细粒棘球蚴

细粒棘球蚴是细粒棘球绦虫(图 8-24)的中绦期，寄生于羊、牛、猪、骆驼和马等家畜及多种野生动物和人的肝、肺及其他器官内。细粒棘球绦虫寄生于犬科动物的小肠中，世界性分布，在我国的分布也极其广泛，尤其在西北诸省、区的牧区，对绵羊的危害较严重。

病原体 细粒棘球绦虫很小，仅有 2～7 mm 长，由头节和 3～4 个节片组成。头节上有 4 个吸盘，顶突钩 36～40 个，排成两行。成节内含一套雌雄同体的生殖器官，睾丸 35～55 个。生殖孔位于节片侧缘的后半部。孕节的长度约占全虫长的一半，子宫侧枝为 12～15 对，内充满着虫卵，有 500～800 个或更多。虫卵大小为(32～36) μm×(25～30) μm。

细粒棘球蚴为一包囊状构造，内含液体。棘球蚴的形状常因寄生部位不同而有变化，一般近似球形，直径为 5～10 cm。棘球蚴的囊壁(图 8-22)分两层：外层为乳白色的角质层，内为胚层，又称生发层(germinal layer)，前者是由后者分泌而成。胚层向囊腔芽生出成群的细胞，这些细胞空腔化后形成一个小囊，并长出小蒂与胚层相连；在囊内壁上生成数量不等的原头蚴(protoscolex)，此小囊称为育囊或生发囊(brood capsule)。育囊可生长在胚层上或者脱落下来漂浮在囊腔的囊液中。母囊内还可生成与母囊结构相同的子囊，甚至孙囊，与母囊一样亦可生长出育囊和原头蚴。有的棘球蚴还能外生，即向母囊外衍生子囊。游离于囊液中的育囊、原头蚴(图 8-23)和子囊统称为棘球砂(hydatid sand)。原头蚴上有小钩、吸盘及微细的石灰颗粒，具有感染性。但有的胚层不能长出原头蚴，无原头蚴的囊叫做不育囊(acephalocyst)。不育囊可长得很大。不育囊的出现随中间宿主的种类不同而有差别，据报道猪有 20%，绵羊有 8%，而牛多数为不育囊，这表明绵羊是细粒棘球绦虫最适宜的中间宿主。

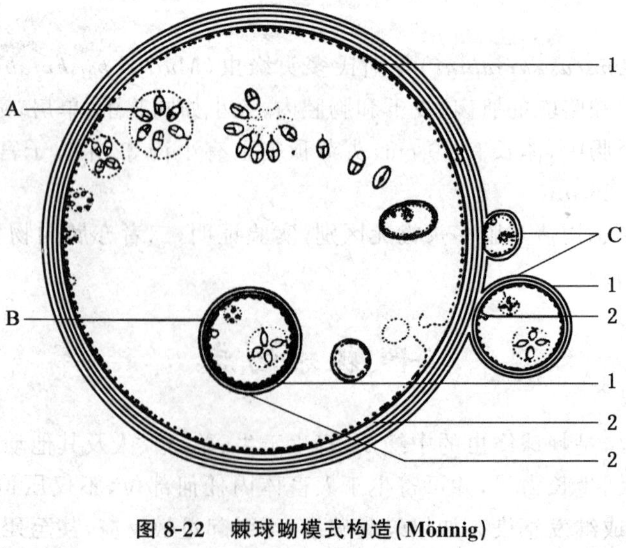

图 8-22 棘球蚴模式构造(Mönnig)

A. 生发囊 B. 内生性子囊 C. 外生性子囊

1. 角皮层 2. 胚层

囊液呈淡黄色，每 100 mL 囊液内含 17～100 mg 蛋白质，囊液与宿主的血清极其相似，含有免疫球蛋白和抗补体物质及石灰小体。

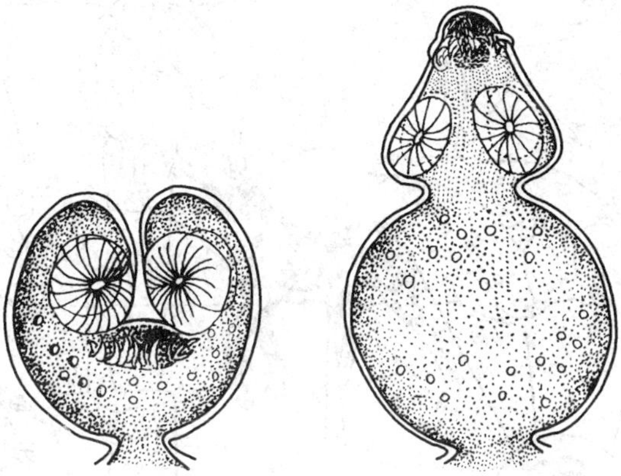

图 8-23　原头蚴

1. 内嵌头节　2. 外翻头节

生活史　犬、狼等终末宿主将细粒棘球绦虫（图 8-24）的虫卵和孕节随粪便排至体外。虫卵对外界因素的抵抗力较强，在自然界中可存活很长时间保持感染性。孕节有主动运动的特性，可从粪便中爬出，甚至还可沿草茎爬至草上，在运动的同时孕节破裂，虫卵溢出，污染草、料和饮水。牛、羊等中间宿主吞食虫卵后而受感染。进入消化道的六钩蚴，钻入肠壁经血流或淋巴散布到体内各处，以肝肺两处为最多，如绵羊有70%在肝脏，25%在肺脏。马和牛的棘球蚴 90%以上在肝脏。在此缓慢生长，经6～12 个月的生长方可成为具有感染性的棘球蚴。棘球蚴的生长可持续数年。在肝肺处的棘球蚴，直径约可达 20 cm 以上。犬和其他的食肉动物因吞食了含棘球蚴的脏器而受感染，经 40～50 天的潜隐期发育为细粒棘球绦虫。虫体在犬体内的寿命为 5～6 个月（图 8-25）。

图 8-24　细粒棘球绦虫

(Mönnig)

流行病学　细粒棘球蚴为世界性分布，但以牧区为多。在我国有 20 多个省、区有报道，其中以新疆最为严重，绵羊的感染率在 50%以上，有的地区甚至高达 100%，其次是青海、宁夏、甘肃、陕西、内蒙古、西藏和四川等省、区流行严重，其他地区仅有零星分布。

动物和人细粒棘球蚴的感染源，在牧区主要是犬，特别是野犬和牧羊犬。人的感染多因直接接触犬，致使虫卵黏在手上再经口感染。猎人因直接接触犬和狐狸的皮毛等，感染的机会尤多。通过蔬菜、水果、饮水和生活用具，误食虫卵而遭感染也是一种途径。

细粒棘球绦虫的中间宿主范围虽然较广泛，但在流行病学上具有重要意义的动物是绵羊（成年羊），绵羊感染率最高，其原因除绵羊本身是细粒棘球绦虫的最适宜的中间宿主外，还由于放牧的羊群经常与牧羊犬密切接触，在牧地上吃到六钩蚴的机会多；而牧羊犬又常可吃到绵羊的内脏，因而造成本虫在绵羊与犬之间循环感染。动物的死亡多发于冬季和春季。

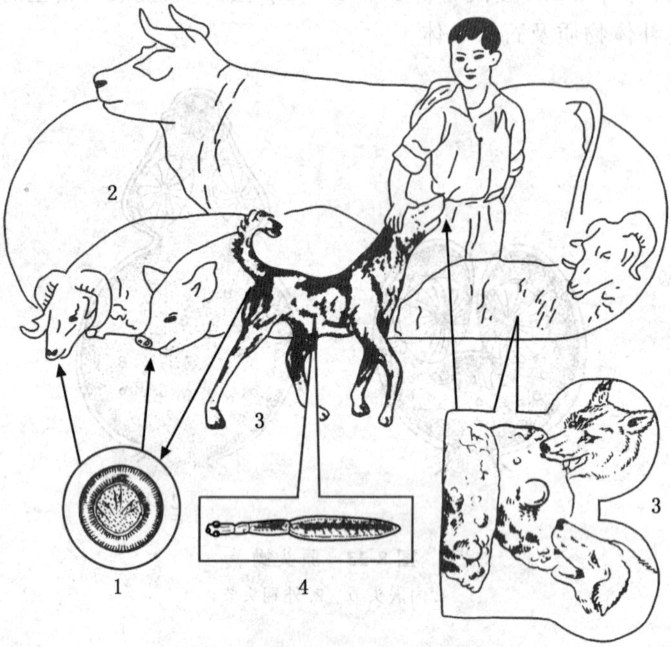

图 8-25 细粒棘球绦虫生活史图解

1.卵 2.中间宿主 3.终末宿主 4.成虫

致病作用与症状 棘球蚴对动物和人可引起机械性压迫,中毒和过敏反应等作用,其严重程度主要取决于棘球蚴的大小、数量和寄生部位。机械压迫使周围组织发生萎缩和功能障碍。代谢产物被吸收后,使周围组织发生炎症和全身过敏反应,严重者可致死。对人的危害尤其明显。绵羊对棘球蚴较敏感,死亡率也较高,严重感染者表现为消瘦,被毛逆立,脱毛,咳嗽,倒地不起。牛严重感染者常见消瘦,衰弱,呼吸困难或轻度咳嗽,剧烈运动时症状加剧。产奶量下降。各种动物都可因囊泡破裂而产生严重的过敏反应,突然死亡。

成虫对犬的致病作用不明显,甚至寄生数千条绦虫亦无临床表现。

诊断 动物棘球蚴的生前诊断较困难,往往在尸体剖检时才能发现。动物和人均可采用皮内变态反应检查法诊断。间接血球凝集试验(IHA)和酶联免疫吸附试验(ELISA)对动物和人的棘球蚴诊断有较高检出率。

治疗 对绵羊棘球蚴可用丙硫咪唑治疗,吡喹酮的疗效也较好,且无副作用。

人棘球蚴可用外科手术治疗,亦可用丙硫咪唑和吡喹酮治疗。

预防措施

(1)对犬进行定期驱虫,常用药物有:①氢溴酸槟榔碱;②吡喹酮。驱虫后,特别应注意犬粪的无害化处理,或深埋或烧毁,防止病原的扩散。

(2)对牧场上的野犬、狼、狐狸等食肉动物进行捕杀,根除感染源。

(3)病畜的脏器不得随意喂犬,必须经过无害化处理后,方可作饲料。

(4)经常保持畜舍、饲草、料和饮水卫生,防止犬粪的污染。

(5)人与犬等动物接触时,应注意个人卫生。

(二)多房棘球蚴

多房棘球蚴又称泡球蚴(*Alveococcus*),是多房棘球绦虫(*Echinococcus multilocularis* 或 *Alveococcus multilocularis*)的中绦期,寄生于啮齿类包括麝鼠、田鼠、旅鼠、大沙鼠和小白鼠以及人的肝脏。多房棘球绦虫寄生于狐狸、狼、犬、猫(较少见)的小肠中,是一种极为重要的人畜共患寄生虫病。

多房棘球绦虫分布于北半球,特别在俄罗斯的西伯利亚、加拿大和美国的阿拉斯加冻土区广为流行。在我国的新疆、青海、宁夏、内蒙古、四川和西藏等省、区亦时有发生,以宁夏为多发区。国内已证实的终末宿主有沙狐、红狐、狼及犬;中间宿主有布氏田鼠、长爪沙鼠、黄鼠和中华鼢鼠等啮齿类。

多房棘球绦虫很小,与细粒棘球绦虫颇相似,仅 1.2～4.5 mm 长,由 2～6 个节片组成。头节上有吸盘,顶突上有小钩 14～34 个。倒数第 2 节为成节,睾丸 14～35 个,生殖孔开口于侧缘的前半部。孕节内子宫呈袋状,无侧枝。虫卵大小为(30～38) μm×(29～34) μm。泡球蚴为圆形或卵圆形的小囊泡,大小由豌豆到核桃大,被膜薄,半透明,由角质层和生发层组成,呈灰白色,囊内有原头蚴,含胶状物。实际上泡球蚴是由无数个小的囊泡聚集而成的。

狐狸、犬等将虫卵和孕节随粪便排至体外。虫卵对外界因素的抵抗力极强,如在 2℃的水中可存活达两年之久,低温对六钩蚴几乎无作用,在 -51℃的条件下,短时间内对它亦无有害影响。田鼠等啮齿类吞食虫卵而受感染,在肝脏中发育快而凶猛。狐狸和犬等吞食含泡球蚴的肝脏而受感染,潜隐期为 30～33 天,成虫的寿命为 3～3.5 个月。

在牛、绵羊和猪的肝脏亦可发现有泡球蚴寄生,但不能发育至感染阶段。

人感染泡球蚴是由于直接与狐狸或犬接触,误食了虫卵;或者因吞食了被虫卵所污染的水、蔬菜及浆果而引起。猎人在处理和加工狐狸或狼的皮毛过程中,易遭感染。

多房棘球蚴的危害远比细粒棘球蚴严重,它的生长特点是弥漫性浸润,形成无数个小囊泡,压迫周围组织,引起器官萎缩和功能障碍,如同恶性肿瘤一样;还可转移到全身各器官中。人可用 B 超或血清学诊断法诊断;用外科手术法摘除,或用丙硫咪唑及甲苯咪唑治疗。多房棘球蚴是一种自然疫源性疾病,预防与控制尤为困难。对犬进行定期驱虫;防止用泡球蚴的动物尸体喂犬和毛皮动物;猎人在处理狐狸和狼的皮毛时应特别小心谨慎,注意个人卫生。

第三节　裸头绦虫病

一、马裸头绦虫病

马裸头绦虫属于裸头科,裸头属(*Anoplocephala*)和副裸头属(*Paranoplocephala*)。寄生于马属动物的小、大肠中,世界性分布,在我国各地均有报道,特别在西北和内蒙古牧区,经常呈地方性流行。对幼驹危害较大,可导致高度消瘦,甚至因肠破裂而死亡。

在我国对马匹危害严重且常见的种类有:首先是叶状裸头绦虫(*Anoplocephala perfoliata*);其次是大裸头绦虫 (*A. magna*),较少见的是侏儒副裸头绦虫(*Paranoplocephala mamillana*)。

病原体

(1)叶状裸头绦虫(图 8-26)寄生于马、驴小肠的后半部,也见于盲肠,常在回盲的狭小部位群集寄生。虫体呈乳白色,短而厚,大小为(2.5～5.2) cm×(0.8～1.4) cm,头节小,上有 4 个吸盘,每一吸盘后方各有一个特征性的耳垂状附属物。无顶突和小钩。体节短而宽,成节有一套生殖器官,生殖孔开口于体节侧缘。虫卵直径为 65～80 μm,内含梨形器,器内有六钩蚴。

(2)大裸头绦虫(图 8-27)寄生于马、驴的小肠,特别是空肠,偶见于胃中。虫体大小为 8.0 cm×2.5 cm。头节大,上有 4 个吸盘,无顶突和小钩。颈节极短或无。体节短而宽,成节有一套生殖器官,生殖孔开口于一侧。子宫横行,睾丸在体中部,孕节子宫内充满虫卵。卵内有梨形器,内含六钩蚴,直径为 50～60 μm。

图 8-26 叶状裸头绦虫头节

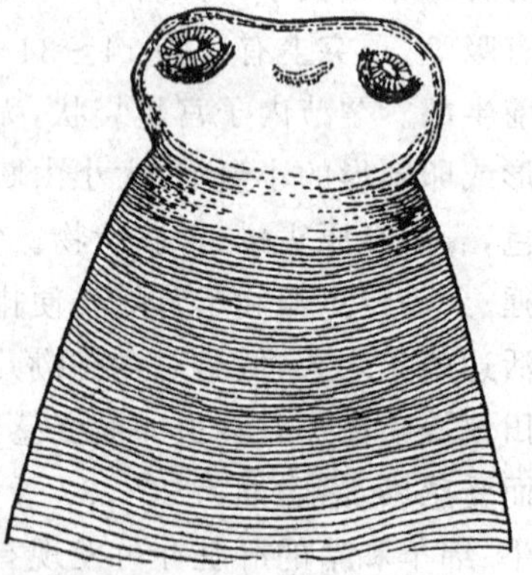

图 8-27 大裸头绦虫头节

(3)侏儒副裸头绦虫(图 8-28)寄生于马的十二指肠,偶见于胃中,虫体短小,大小为(6～50) mm×(4～6) mm,头节小,吸盘呈裂隙样,虫卵大小为 51 μm×37 μm。

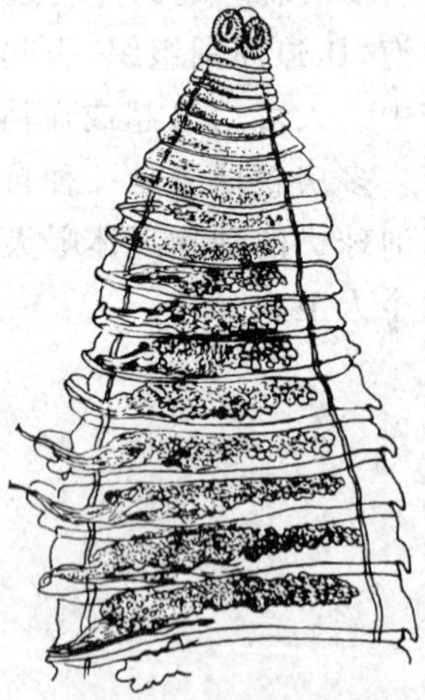

图 8-28 侏儒副裸头绦虫

生活史 发育过程中均需要地螨超科的尖棱甲螨科(Ceratozetidae)和大翼甲螨科(Galumnidae)的地螨作其中间宿主。虫卵或孕节随马粪排至体外,地螨吞食虫卵后,六钩蚴在其体内,在 19～21℃的条件下,经 140～150 天发育为似囊尾蚴。含似囊尾蚴的地螨爬在草上,马吞食后而受感染,经 4～6 周的发育变为成虫。马裸头绦虫多见于牧区,有明显的季节性,农区较少见。5～7 个月的幼驹到 1～2 岁的小马易感染,动物随年龄的增长而获免疫力。

致病作用和症状 虫体寄生的部位可引起黏膜发炎和水肿,黏膜损伤,形成组织增生性的环形出血性溃疡,一旦溃疡穿孔,便引起急性腹膜炎,导致死亡。大量感染叶状裸头绦虫时,回、盲、结肠均遍布溃疡。回盲狭部阻塞,发生急性卡他性肠炎和黏膜脱落,往往导致死亡。重度感染大裸头绦虫和侏儒副裸头绦虫时,可引起卡他性或出血性肠炎。

临床可见消化不良,间歇性疝痛和腹泻,并引起增进性消瘦和贫血。

诊断　结合临床症状，进行粪便检查，发现大量虫卵或孕节便可确诊。

治疗　硫双二氯酚、氯硝柳胺。

预防　对马匹进行预防性驱虫，驱虫后的粪便应集中堆积发酵，以杀灭虫卵；马匹勿在地螨滋生处放牧，最好在人工种植牧草的牧地上放牧，以减少感染机会。

二、莫尼茨绦虫病

莫尼茨绦虫属于裸头科(Anoplocephalidae)，莫尼茨属(*Moniezia*)，寄生于反刍动物包括绵羊、山羊、黄牛、水牛、牦牛、鹿和骆驼的小肠中。分布于世界各地，我国各地均有报道，多呈地方性流行。主要危害羔羊和犊牛，影响幼畜生长发育，严重感染时，可导致死亡。

病原体　在我国常见的莫尼茨绦虫有两种：扩展莫尼茨绦虫(*Moniezia expansa*)和贝氏莫尼茨绦虫(*M. benedeni*)。它们在外观上颇相似，头节小，近似球形，上有 4 个吸盘，无顶突和小钩。体节宽而短，成节(图 8-29)内有两套生殖器官，每侧一套，生殖孔开口于节片的两侧。卵巢和卵黄腺在体两侧构成花环状。睾丸数百个，分布于整个体节内。子宫呈网状。两种虫体各节片的后缘均有横列的节间腺(interproglottidal glands)，扩展莫尼茨绦虫的节间腺为一列小圆囊状物，沿节片后缘分布；而贝氏莫尼茨绦虫的呈带状，位于节片后缘的中央。此外，扩展莫尼茨绦虫长可达 10 m，宽 1.6 cm，呈乳白色，虫卵近似三角形；贝氏莫尼茨绦虫呈黄白色，长可达 4 m，宽为 2.6 cm，虫卵为四角形。

虫卵内有特殊的梨形器，器内含六钩蚴，卵的直径为 56～67 μm。

生活史　莫尼茨绦虫的中间宿主为地螨类(oribatid mites)，易感的地螨有：肋甲螨(*Scheloribates*)和腹翼甲螨(*Galumna*)。终末宿主将虫卵和孕节随粪便排至体外，虫卵被中间宿主吞食后，六钩蚴穿过消化道壁，进入体腔，发育至具有感染性的似囊尾蚴。动物吃草时吞食了含似囊尾蚴的地螨而受感染。扩展莫尼茨绦虫在羔羊体内经 37～40 天，贝氏莫茨绦虫在绵羊体内经 42～49 天，在犊牛体内经 47～50 天变为成虫。绦虫在动物体内的寿命为 2～6 个月，后自动排出体外(图 8-29)。

I

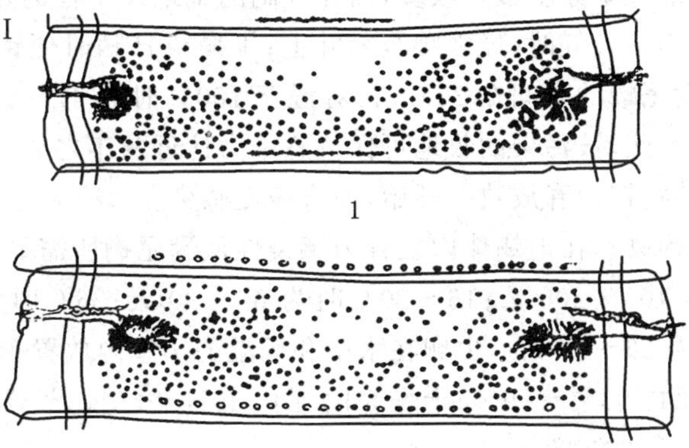

图 8-29 I　莫尼茨绦虫成节(Mönnig)

1. 贝氏莫尼茨绦虫　2. 扩展莫尼茨绦虫

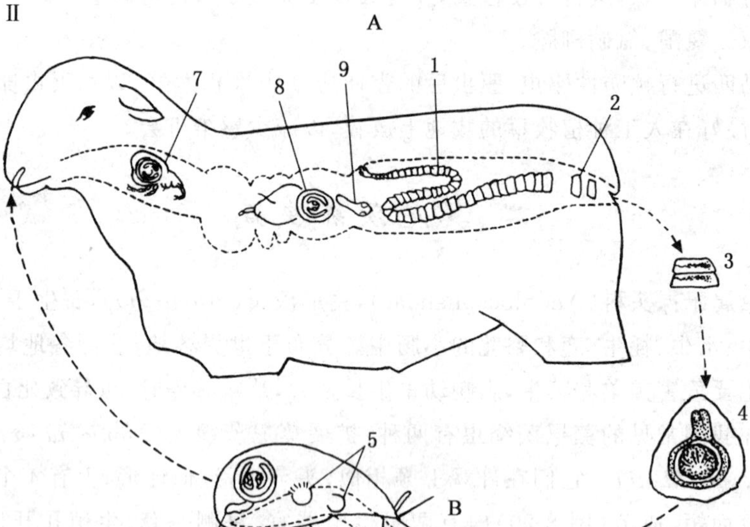

图 8-29Ⅱ 莫尼茨绦虫生活史图解(Olsen O. W.)

A. 终末缩主 B. 中间宿主 1. 小肠中的成虫 2. 孕节随粪便排出 3. 孕节 4. 虫卵释出 5. 地螨吞食了虫卵,卵在肠内孵化,六钩蚴移行到体腔发育 6. 发育成熟的似囊尾蚴 7. 地螨被吞食 8. 地螨被消化,似囊尾蚴释出 9. 头节伸出吸附在肠壁上发育,5～6 周发育为成虫

流行病学 莫尼茨绦虫为世界性分布,在我国的东北、西北和内蒙古的牧区流行广泛;在华北、华东、中南及西南各地也经常发生。农区较不严重。莫尼茨绦虫主要危害 1.5～8 个月的羔羊和当年生的犊牛。

动物感染莫尼茨绦虫是由于吞食了含似囊尾蚴的地螨。地螨种类繁多,现已查明有 20 余种地螨可作为莫尼茨绦虫的中间宿主,其中以肋甲螨和腹翼甲螨受染率较高。地螨在富含腐殖质的林区,潮湿的牧地及草原上数量较多,而在开阔的荒地及耕种的熟地里数量较少。性喜温暖与潮湿,在早晚或阴雨天气时,经常爬至草叶上;干燥或日晒时便钻入土中。六钩蚴在地螨体内发育为成熟似囊尾蚴的时间在 20℃,相对湿度 100%时需 47～109 天。成螨在牧地上可存活 14～19 个月。因此,被污染的牧地可保持感染力达近两年之久。地螨体内的似囊尾蚴可随地螨越冬,所以,动物在初春放牧一开始,即可遭受感染。

莫尼茨绦虫卵(六钩蚴),在地螨体内发育为感染性似囊尾蚴所需要的时间,主要取决于外界的温度,在 16℃时需 107～206 天;16～20℃时为 65～90 天;26℃时为 51～52 天;在 27～35℃(平均为 30℃)时需 26～30 天。虫卵在水中和潮湿的小室内放置 10～15 天,死亡 30%～40%;经 40～55 天时死亡 93%～99%;干燥 6 h,死亡 30%～35%,干燥 18 h 死亡 99.4%,粪便中的虫卵干燥 40 天,死亡 98%。

动物在牧地上最早感染莫尼茨绦虫似囊尾蚴的时间与当地的气候条件、母羊产羔时间及羔羊出牧的时间有密切关系。在福建,春天 2～3 月份开始感染,4～5 月份达高峰,8 月份后直到次年 1～2 月份渐终止。在黑龙江,4 月下旬或 5 月初开始放牧,6 月份羊粪便中开始出现扩

展莫尼茨绦虫的孕节或虫卵，7～9月份达高峰，后逐渐下降，到12月份或翌年1月份降至零。同群羔羊虽在同一牧地上放牧，但直到9～10月份才出现贝氏莫尼茨绦虫的孕节或虫卵，后逐渐上升，到次年1～2月份达高峰，后变为带虫现象。1～2岁的幼畜和成年动物几乎全年可感染莫尼茨绦虫，但季节动态不明显。动物具有年龄免疫性，特别表现在3～4个月龄前的羔羊，它们不感染贝氏莫尼茨绦虫。然而这种免疫力较弱，其保护性至多不到2个月。感染过扩展莫尼茨绦虫的羔羊还可感染贝氏莫尼茨绦虫，因而这种免疫力是具有种的特异性的，在病畜的血液中可检出沉淀素。

致病作用

(1)机械作用。莫尼茨绦虫为大型虫体，长达数米，宽1～2 cm，大量寄生时，集聚成团，造成肠腔狭窄，影响食糜通过，甚至发生肠阻塞、套叠或扭转，最后因肠破裂引起腹膜炎而死亡。

(2)夺取营养。虫体在肠道内生长很快，每昼夜可生长8 cm，势必从宿主体内夺取大量养料，以满足其生长的需要。这样，必然影响幼畜的生长发育，使之迅速消瘦，体质衰弱。

(3)中毒作用。虫体的代谢产物和分泌的毒性物质被宿主吸收后，可引起各组织器官发生炎症和退行性病变，改变血液成分，红细胞数减少，血红蛋白降低，出现低色素红细胞。中毒作用还破坏神经系统和心脏及其他器官的活动。肠黏膜的完整性遭到损害时，可引起继发感染，并降低羔羊和犊牛的抵抗力，如可能促进羊快疫和肠毒血症的发生。

临床症状　莫尼茨绦虫病是幼畜的疾病，成年动物一般无临床症状。幼年羊最初的表现是精神不振，消瘦，离群，粪便变软，后发展为腹泻，粪中含黏液和孕节片，进而症状加剧，动物衰弱，贫血。有时有明显的神经症状，如无目的地运动，步样蹒跚，有时有震颤。神经型的莫尼茨绦虫病羊往往以死亡告终。

幼年羊扩展莫尼茨绦虫病多发于夏、秋季节，而贝氏莫尼茨绦虫病多在秋后发病。

病理剖检　尸体消瘦，黏膜苍白，贫血。胸腹腔渗出液增多。肠有时发生阻塞或扭转。肠系膜淋巴结、肠黏膜、脾增生。肠黏膜出血，有时大脑出血，浸润，肠内有绦虫。

诊断　在患羊粪球表面有黄白色的孕节片，形似煮熟的米粒，将孕节作涂片检查时，可见到大量灰白色、特征性的虫卵。用饱和盐水浮集法检查粪便时，可发现虫卵。结合临床症状和流行病学资料分析便可确立诊断。

治疗　常用的驱虫药物有以下几种。

(1)硫双二氯酚。

(2)氯硝柳胺。

(3)丙硫咪唑。

(4)吡喹酮。

预防　鉴于幼畜在早春放牧一开始即遭感染，所以，应在放牧后4～5周时进行“成虫期前驱虫”，第一次驱虫后2～3周，最好再进行第二次驱虫。驱虫的对象应是幼畜；但成年动物一般为带虫者，是重要的感染源，因此，对它们的驱虫仍不应忽视。污染的牧地，特别是潮湿和森林牧地空闲两年后可以净化。土地经过几年的耕作后，地螨量可大大减少，有利于莫尼茨绦虫的预防。

三、曲子宫绦虫病

曲子宫绦虫(图8-30)属于裸头科，曲子宫属(*Helictometra* 或 *Thysaniezia*)。常见的虫种为盖氏曲子宫绦虫(*H. giardi*),寄生于牛、羊的小肠内。我国许多省区均有报道。成虫乳白色,带状,体长可达 4.3 m,最宽为 8.7 mm,大小因个体不同有很大差异。头节小 ,直径不到 1 mm,有 4 个吸盘,无顶突。节片较短,每节内含有一套生殖器官,生殖孔位于节片的侧缘,左右不规则地交替排列。雄茎经常伸出,睾丸为小圆点状,分布于纵排泄管的外侧;子宫管状横行,呈波状弯曲,几乎横贯节片的全部。虫卵呈椭圆形,直径为 18～27 μm,每 5～15 个虫卵被包在一个副子宫器内。生活史不完全清楚,有人认为中间宿主为地螨,还有人实验感染啮虫类(psocids)成功,但感染绵羊未获成功。动物具有年龄免疫性,4～5 个月前的羔羊不感染曲子宫绦虫,故多见于 6～8 个月以上及成年绵羊。当年生的犊牛也很少感染,见于老龄动物。秋季曲子宫绦虫与贝氏莫尼茨绦虫常混合感染,发病多见于秋季到冬季。一般情况下,不出现临床症状,严重感染时可出现腹泻、贫血和体重减轻等症状。粪检时可在粪便中检获到副子宫器,内含 5～15 个虫卵。防治参阅“莫尼茨绦虫”。

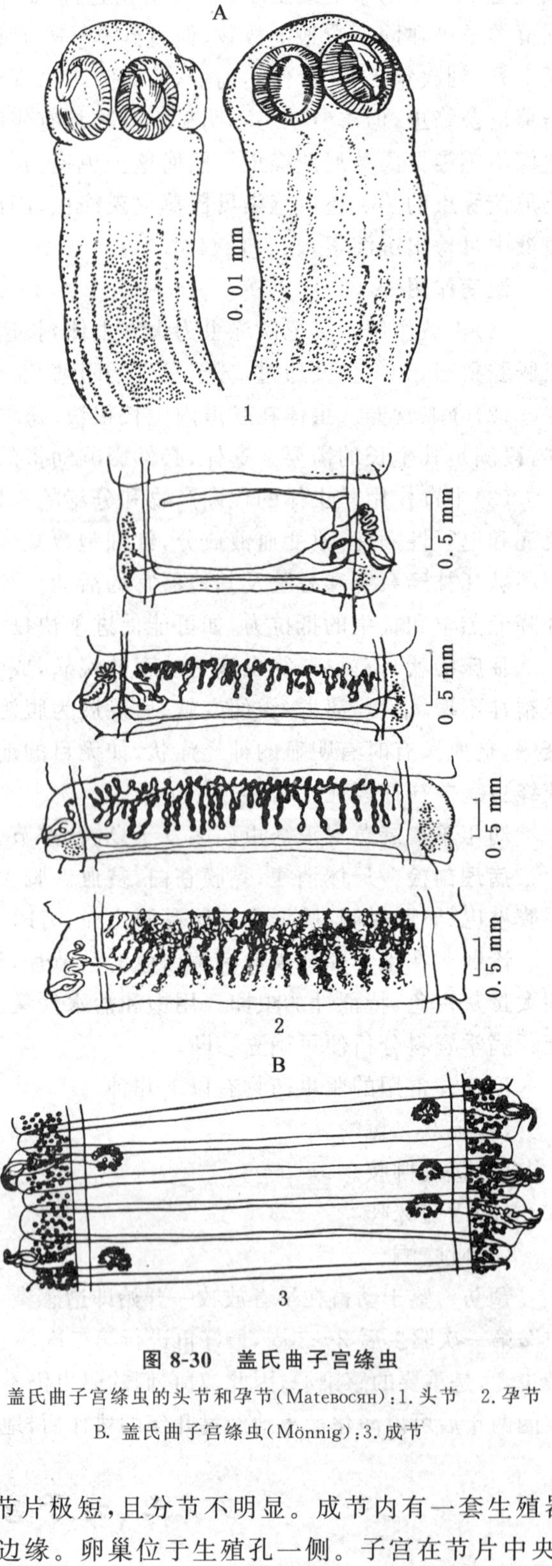

图 8-30　盖氏曲子宫绦虫

A. 盖氏曲子宫绦虫的头节和孕节(Матевосян):1. 头节　2. 孕节
B. 盖氏曲子宫绦虫(Mönnig):3. 成节

四、无卵黄腺绦虫病

无卵黄腺绦虫属裸头科,无卵黄腺属(*Avitellina*)。常见的虫种为中点无卵黄腺绦虫(*A. centripunctata*,图 8-31),寄生于绵羊和山羊的小肠中。经常与莫尼茨绦虫和曲子宫绦虫混合感染。中点无卵黄腺绦虫主要分布于西北及内蒙古牧区,西南及其他地区也有报道。虫体长而窄,可达 2～3 m 或更长,宽度仅有 2～3 mm,头节上无顶突和钩,有 4 个吸盘,节片极短,且分节不明显。成节内有一套生殖器官,生殖孔左右不规则地交替排列在节片的边缘。卵巢位于生殖孔一侧。子宫在节片中央。无卵黄腺和梅氏腺。睾丸位于纵排泄管两侧。虫卵被包在副子宫器内。虫卵内无梨形器,直

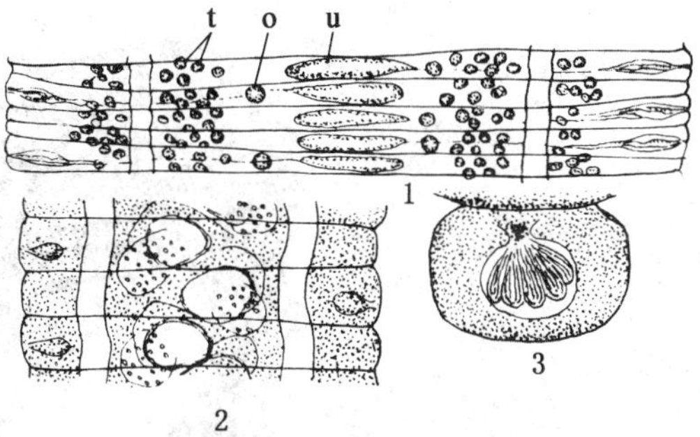

图 8-31　中点无卵黄腺绦虫(Mönnig)

1. 成节　2. 孕节　3. 副子宫器

t. 睾丸　o. 卵巢　u. 子宫

径为 21～38 μm。生活史尚不完全清楚，有人认为啮虫类为中间宿主，现已确认弹尾目的长角跳虫(*Entomobrya*)为其中间宿主。它吞食虫卵后，经 20 天可在其体内形成似囊尾蚴。绵羊在牧地上食入含似囊尾蚴的小昆虫而受感染。在羊体内约经 1.5 个月的发育变为成虫。绵羊无卵黄腺绦虫病的发生具有明显的季节性，多发于秋季与初冬季节，且常见于 6 个月以上的绵羊和山羊。有的突然发病，放牧中离群，不食，垂头，几小时后死亡。剖检见有急性卡他性肠炎，并有许多出血点，死亡羊只一般膘情均好。防治参阅“莫尼茨绦虫”。

第四节　戴文绦虫病

一、鸡赖利绦虫病

鸡赖利绦虫(图 8-32)属于戴文科(Davaineidae)，赖利属(*Raillietina*)，寄生于家鸡和火鸡的小肠中。世界性分布。对养鸡业危害较大，在流行区，放养的雏鸡可能大群感染并引发死亡。赖利绦虫种类多，在我国各地最常见的鸡赖利绦虫有 3 种：四角赖利绦虫(*R. tetragona*)、棘沟赖利绦虫(*R. echinobothrida*)和有轮赖利绦虫(*R. cesticillus*)。

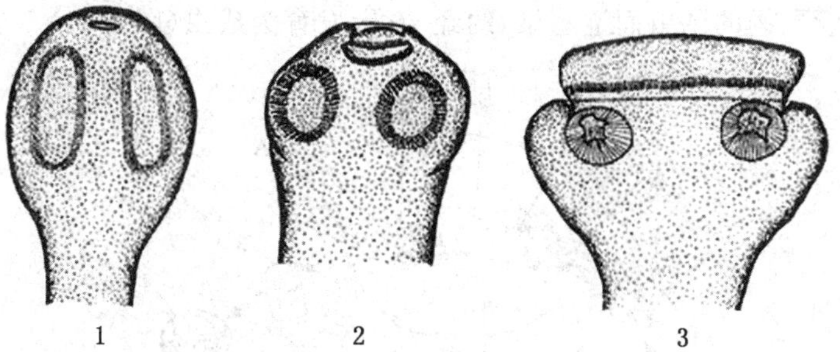

图 8-32　赖利绦虫头节(Mönnig)

1. 四角赖利绦虫　2. 棘沟赖利绦虫　3. 有轮赖利绦虫

形态

(1)四角赖利绦虫。寄生于家鸡和火鸡的小肠后半部，虫体长达 25 cm，是鸡最大的绦虫。头节较小，顶突上有 1～3 行小钩，数目为 90～130 个。吸盘卵圆形，上有 8～10 行小钩。成节的生殖孔位于一侧。孕节中每个卵囊内含卵 6～12 个，虫卵直径为 25～50 μm。

(2)棘沟赖利绦虫。寄生于家鸡和火鸡的小肠(图 8-33)，大小和形状颇似四角赖利绦虫。但其顶突上有两行小钩，数目为 200～240 个。吸盘呈圆形，上有 8～10 行小钩。生殖孔位于节片一侧的边缘上，孕节内的子宫最后形成 90～150 个卵囊，每一卵囊含虫卵 6～12 个。虫卵

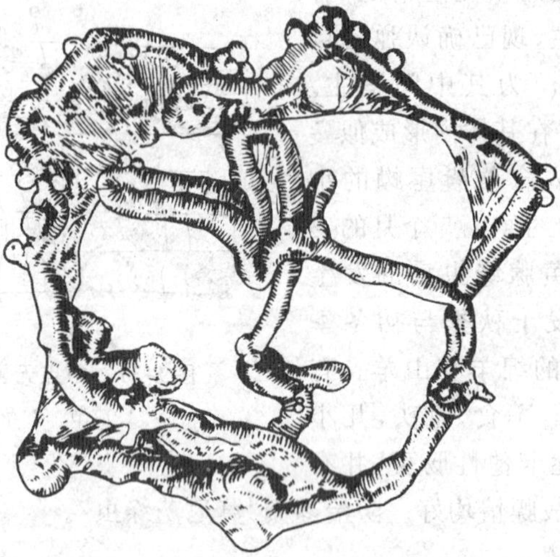

图 8-33　棘沟赖利绦虫病鸡小肠结节

直径为 25～40 μm。

(3)有轮赖利绦虫。寄生于鸡的小肠内,虫体较小,一般不超过 4 cm,偶可达 15 cm,头节大,顶突宽而厚,形似轮状,突出于前端,上有两行共 400～500 个小钩,吸盘上无小钩。生殖孔在体侧缘上不规则交替排列。孕节中含有许多卵囊,每个卵囊内仅有一个虫卵。虫卵直径为 75～88 μm。

生活史　四角赖利绦虫和棘沟赖利绦虫的中间宿主为蚂蚁。虫卵被蚂蚁食入后,于其体内约经 2 周的发育,变为似囊尾蚴,鸡啄食含似囊尾蚴的蚂蚁后,经 2～3 周发育为成虫。有轮赖利绦虫的中间宿主为蝇类和甲虫。虫卵被中间宿主食入后经 14～16 天的发育,变为似囊尾蚴。鸡啄食含似囊尾蚴的昆虫而遭感染,约经 20 天发育为成虫(图 8-34)。

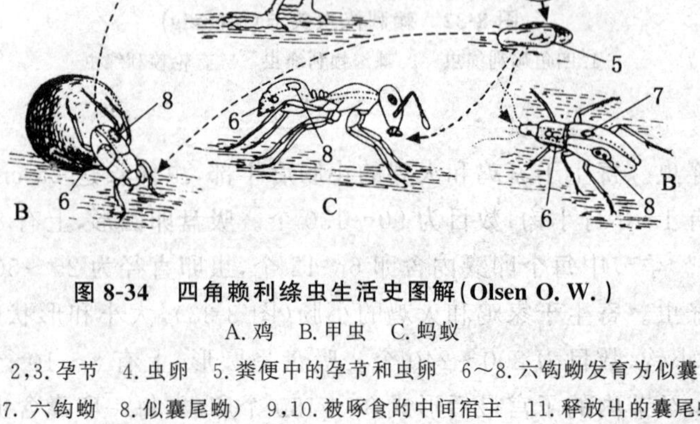

图 8-34　四角赖利绦虫生活史图解(Olsen O. W.)

A. 鸡　B. 甲虫　C. 蚂蚁

1. 成虫　2,3. 孕节　4. 虫卵　5. 粪便中的孕节和虫卵　6～8. 六钩蚴发育为似囊发尾蚴
(6,7. 六钩蚴　8. 似囊尾蚴)　9,10. 被啄食的中间宿主　11. 释放出的囊尾蚴

致病作用和症状　棘利绦虫为大型虫体，大量感染时虫体集聚成团，导致肠阻塞，甚至肠破裂而引起腹膜炎；其代谢产物被吸收后可引起中毒反应，出现神经症状。棘沟赖利绦虫的顶突深入肠黏膜，引起结核样病变。患禽在临床上表现为消化不良，食欲减退，腹泻，渴感增加，体弱消瘦，翅下垂，羽毛逆立，蛋鸡产卵量减少或停产。雏鸡发育受阻或停止，可能继发其他疾病而死亡。

诊断　根据鸡群的临床表现，粪便检查获虫卵或孕节，剖检病鸡发现虫体便可确诊。

治疗　常用药物有硫双二氯酚，丙硫咪唑，氯硝柳胺，羟萘酸丁萘脒。

预防　对鸡群进行定期驱虫，及时清除鸡粪并作无害处理；雏鸡应放入清洁的鸡舍和运动场上，新购入鸡只应驱虫后再合群；鸡舍内外应定期杀灭昆虫。

二、节片戴文绦虫病

节片戴文绦虫（*Davainea proglottina*，图 8-35）属戴文科（Davaineidae），寄生于鸡、鸽、鹌鹑的十二指肠内，几乎遍及世界各地，对雏鸡危害较严重。成虫短小，仅有 0.5～3.0 mm 长，由 4～9 个节片组成。头节小，顶突和吸盘上均有小钩，但易脱落。生殖孔规则地交替开口于每个体节的侧缘前部。雄茎囊长，可达体宽的一半以上。睾丸 12～15 个，排成两列，位于体节后部。孕节子宫分裂为许多卵囊，每个卵囊只含一个六钩蚴。孕节随宿主粪便排至体外，被中间宿主蛞蝓或陆地螺吞食后，于其体内经 3 周的发育，变为似囊尾蚴。禽类啄食含似囊尾蚴的中间宿主而受感染，约经 2 周发育为成虫。虫体以头节深入肠壁，可引起急性炎症。患禽经常发生腹泻，粪中含黏液或带血，高度衰弱，消瘦。有时从两腿开始麻痹，常逐渐发展而波及全身。粪便检查发现孕节或尸检时找到虫体可确诊。由于虫体较小，通常一条绦虫每天只排出一个孕节，又往往在夜间或下午，所以，在鸡粪中不易找到，故应注意收集全粪检查。常用药物有硫双二氯酚、氯硝柳胺、吡喹酮和丙硫咪唑。在流行区，对鸡只应进行定期驱虫；鸡舍和运动场应保持干燥，及时清除鸡粪。

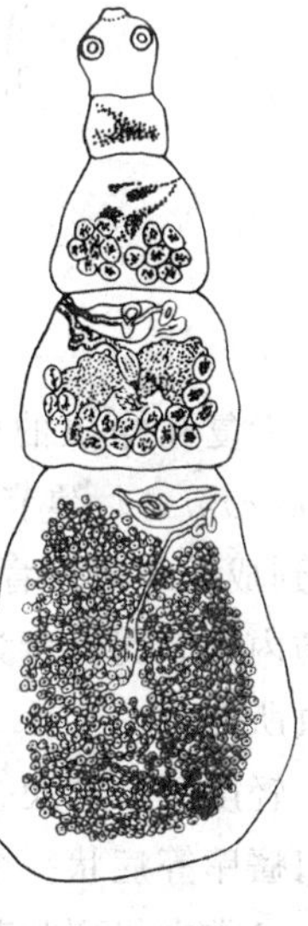

图 8-35　节片戴文绦虫
(Mönnig)

第五节　双壳绦虫病

犬复孔绦虫（*Dipylidium caninum*）属双壳科（Dilepididae），寄生于犬、猫的小肠中，是犬和猫常见的寄生虫，人体偶尔感染，特别是儿童。世界性分布，在我国各地均有报道。虫体活时为淡红色，固定后为乳白色，最长可达 50 cm，约由 200 个节片组成，宽约 3 mm。头节（图 8-36）上有 4 个吸盘，顶突可伸缩，上有 4～5 行小钩。每一成节内含两套生殖系统。睾丸 100～200 个，位于排泄管的内侧。体两侧各有一卵巢和卵黄腺，形似葡萄。生殖孔开口于体两侧的中央稍后。成节与孕节均长大于宽，形似黄瓜籽，故又称瓜籽绦虫。孕节内子宫分为许多卵囊（egg capsule），每个囊内含虫卵数个至 30 个以上。虫卵呈球形，直径为 35～50 μm，内含六钩蚴。

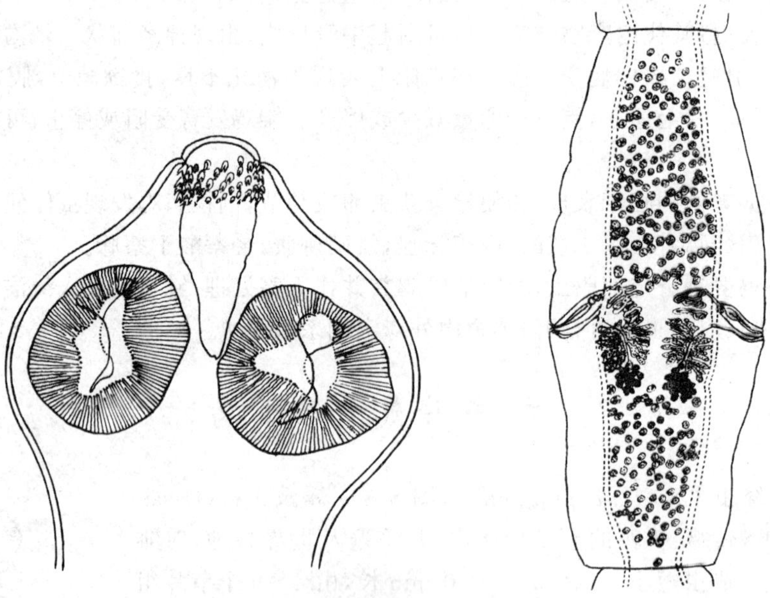

1　　　　2

图 8-36　犬复孔绦虫头节(Mönnig)

1. 头节　2. 成节

犬复孔绦虫的中间宿主为犬、猫蚤(*Ctenocephalides canis*, *C. felis*)和犬毛虱(*Trichodectes canis*)。孕节主动爬出犬肛门或随粪便排至体外,破裂后虫卵溢出。虫卵被蚤幼虫食入,到成蚤时即发育为似囊尾蚴,终末宿主因舐毛吞入含似囊尾蚴的蚤、虱而受感染。在动物小肠内经 3 周发育为犬复孔绦虫。人的感染主要是儿童,系因喜玩犬、猫,偶尔误食被感染的昆虫所致。

轻度感染的犬、猫一般无症状。幼犬严重感染时可引起食欲不振,消化不良,腹泻或便秘,肛门瘙痒等症状。个别的可能发生肠阻塞。

犬粪中找到孕节后,在显微镜下可观察到具有特征性的卵囊,内含数个至 30 个以上的虫卵,依此而确诊。

治疗　对犬进行定期驱虫,常用驱虫药有氯硝柳胺、吡喹酮、丙硫咪唑、氢溴酸槟榔碱。驱虫后的粪便应做无害化处理,防止虫卵污染周围环境;用杀虫剂灭虱或蚤。

第六节　膜壳绦虫病

一、剑带绦虫病

矛形剑带绦虫(*Drepanidotaenia lanceolata*,图 8-37)属膜壳科(Hymenolepididae),寄生于鹅、鸭的小肠内。为世界性分布,多呈地方性流行。江苏、福建、江西、湖南、四川、吉林及黑龙江等省均有报道。对幼雏危害严重。虫体呈乳白色,前窄后宽,形似矛头,长达 13 cm,由 20～40 个节片组成。头节小,上有 4 个吸盘,顶突上有 8 个小钩,颈短。睾丸 3 个,呈椭圆形,横列于卵巢内方生殖孔的一侧。生殖孔位于节片上角的侧缘。孕节和虫卵随终末宿主粪便排至体外，在水中被中间宿主剑水蚤（*Cyclops*）吞食后，发育为似囊尾蚴。鹅、鸭等禽类吞食含似囊尾蚴的剑水蚤而受感染。约经19天的发育变为成虫。幼雏最易感，严重感染者可引起死亡。成年鹅往往为带虫者。患鹅最常见的临床症状有：腹泻，食欲不振，生长发育受阻，贫血，消瘦等。夜间病鹅伸颈、张口，如钟摆样摇头，然后仰卧，做划水动作。粪便中检出孕节和虫卵便可确诊。

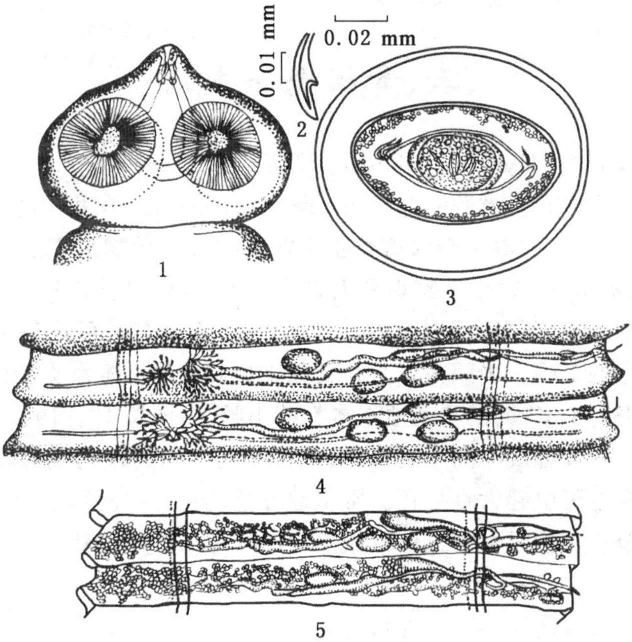

图 8-37　矛形剑带绦虫

1. 头节　2. 小钩　3. 虫卵　4. 成节　5. 孕节

防治措施　对成鹅进行定期驱虫，一般在春、秋两季进行，常用药物有氢溴酸槟榔碱、硫双二氯酚、吡喹酮、丙硫咪唑。在流行区，水池应轮换使用，必要时可停用1年后再用。

二、皱褶绦虫病

片形皱褶绦虫（*Fimbriaria fasciolaris*，图 8-38）属膜壳科（Hymenolepididae），寄生于家鸭、鹅、鸡以及其他雁形目鸟类的小肠中。世界性分布，多为散发，偶呈地方性流行。在福建、台湾、湖北和宁夏的鸭，福建的鹅和台湾的鸡体内均有发现。主要形态特点是在其前部有一个扩展的皱褶状假头节（pseudoscolex）。假头节长

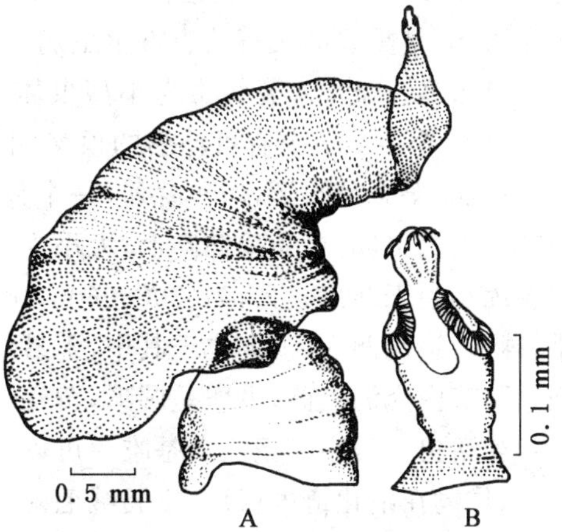

图 8-38　片形皱褶绦虫

A. 假头节　B. 头节

1.9～6.0 mm，宽1.5 mm，由许多无生殖器官的节片组成，为附着器官。全虫体长为20～40 cm，真头节位于假头节的顶端，上有10个小钩和4个吸盘。生殖孔规则地排列于一侧，雄茎上有小棘。睾丸3个，为卵圆形。卵巢呈网状分布，串联于全部成节。子宫亦贯穿整个链体；孕节的子宫为短管状，管内充满着虫卵，单个排列。虫卵为椭圆形，两端稍尖，大小为131 μm×74 μm，内含六钩蚴。片形皱褶绦虫的中间宿主为桡足类，有普通镖水蚤（*Diaptomus vulgaris*）和剑水蚤（*Cyclops*）及 *Gammarus lacustris* 等。人工感染试验证明，家鸭吞食含似囊尾蚴的 *G. lacustris* 后，平均需要16天发育为成虫。

三、禽膜壳绦虫病

禽膜壳绦虫属膜壳科（Hymenolepididae），膜壳属（*Hymenolepis*），寄生于陆栖禽类和水禽类的小肠中。世界性分布。禽膜壳绦虫种类繁多，分布广泛，在我国各地已知的禽类膜壳绦虫达20余种。现只能就陆栖禽类和水禽类膜壳绦虫的代表种加以叙述。陆栖禽类的代表种为鸡膜壳绦虫（*H. carioca*），寄生于家鸡和火鸡的小肠中，成虫长3～8 cm，细似棉线，节片多达500个。头节纤细，极易断裂，顶突无钩。睾丸3个，寄生多时可达数千条，但致病力不大，对雏鸡的发育有一定的影响。中间宿主为食粪的甲虫和刺蝇。水禽类的代表种为冠状膜壳绦虫（*H. coronula*），寄生于家鸭、鹅和其他水禽类的小肠，虫体长12～19 cm，宽0.25～0.3 cm。顶突上有20～26个小钩，排成一圈呈冠状，吸盘上无钩。睾丸排列成等腰三角形。致病力较强，主要危害雏禽，甚至可引起大批死亡。常呈地方性流行。中间宿主为一些小的甲壳类和螺类。粪便中找到孕节和尸检时发现虫体可做出诊断。常用的驱虫药有：硫双二氯酚、吡喹酮和丙硫咪唑。

四、鼠膜壳绦虫病

鼠类最常见的膜壳绦虫有两种：微小膜壳绦虫（*Hymenolepis nana*，图8-39）和缩小膜壳绦虫（*H. diminuta*），属膜壳科（Hymenolepididae）。为世界性分布，寄生于鼠类的小肠，亦寄生于人体，是重要的人畜共患寄生虫病。

病原体 微小膜壳绦虫为小型虫体，大小为（25～40）mm×（0.5～0.9）mm，节片数目100～200个。头节上有可伸缩的顶突，上有小钩20～30个，排成单环。有4个吸盘。生殖孔位于一侧，睾丸呈圆形，3个横列，一个靠生殖孔，两个在对侧。卵巢呈叶状，位于节片中央。孕节内充满虫卵，虫卵呈椭圆形，大小为（48～60）μm×（36～48）μm，内含六钩蚴。

缩小膜壳绦虫较大，为（200～600）mm×（3.5～4.0）mm，节片数800～1 000个。头节小，球形，顶端凹入，顶突位于其中，不易伸出，无小钩。生殖孔位于一侧。睾丸呈球形，3个横列。孕节内充满虫卵，虫卵呈圆形，黄褐色，直径平均为60～65 μm，内含六钩蚴。

生活史 微小膜壳绦虫是唯一可以不需要中间宿主而能直接感染的绦虫。鼠类食入虫卵后，六钩蚴在消化道内释出，于肠绒毛内发育为似囊尾蚴，后返回肠腔变为成虫。本虫除能直接感染外，还可自身感染和间接感染。中间宿主是蚤类、面粉甲虫和赤拟谷盗等小昆虫。虫卵被中间宿主吞食后，发育为似囊尾蚴。鼠类吞食含似囊尾蚴的昆虫而受感染，经11～16天变为成虫。

缩小膜壳绦虫的生活史必须有中间宿主的参加才能完成。中间宿主除蚤类外，还有多种甲虫、蟑螂及鳞翅目的多种昆虫。鼠类食入含似囊尾蚴的昆虫而受感染，经 12～13 天发育为成虫。

致病作用和症状 膜壳绦虫感染后可使宿主产生一定程度的免疫力，但严重感染时可引起卡他性肠炎。表现为营养不良，贫血，体重减轻，甚至引起肠阻塞。作为实验动物的鼠类因感染膜壳绦虫而影响实验结果。对人体可引起神经和胃肠道症状。

诊断 粪检时查获虫卵或孕节，尸检时找到虫体或在肠绒毛内发现似囊尾蚴便可确诊。

治疗 对鼠类应进行定期驱虫，常用药物有：

(1)氯硝柳胺。

(2)丙硫咪唑。

此外，亦可用硫双二氯酚和吡喹酮驱虫。注意鼠粪的无害化处理、饮水与饲料卫生，防止中间宿主和野鼠进入动物舍内。

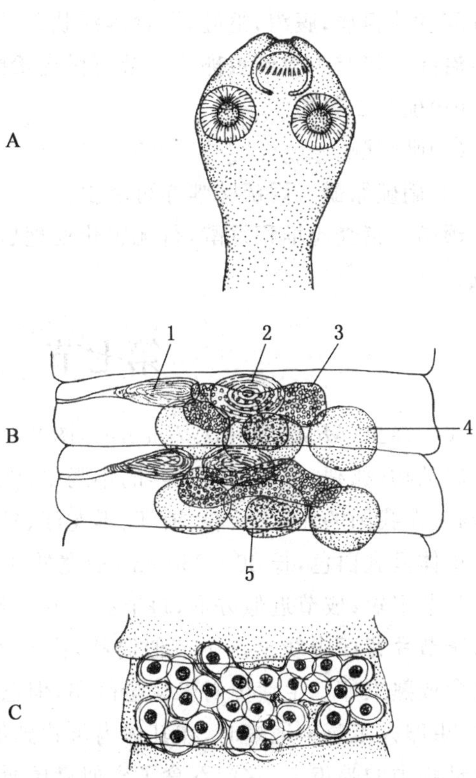

图 8-39 微小膜壳绦虫(Baylis，陈心陶)

A.头节 B.成节 C.孕节

1.雄茎囊 2.贮精囊 3.卵巢 4.睾丸 5.卵黄腺

五、猪伪裸头绦虫病

克氏伪裸头绦虫(*Pseudanoplocephala crawfordi*)(Syn. *Hsuolepis shengi*)属膜壳科(Hymenolepididae)，寄生于猪的小肠中，偶见于人体。陕西、甘肃、辽宁、山东、河南、江苏、上海、福建、云南及贵州等省、区均有报道。

形态 虫体呈乳白色，大小为(97～167) cm×(0.38～0.59) cm，头节上有 4 个吸盘，无钩，颈长而纤细。体节分节明显，宽度大于长度。睾丸 24～43 个，呈球形，不规则地分布于卵巢与卵黄腺的两侧。生殖孔在体一侧中部开口，雄茎囊短，雄茎经常伸出生殖孔外。卵巢分叶，位于体节中央部。卵黄腺为一实体，紧靠卵巢后部。孕节子宫呈线状，子宫内充满虫卵。卵呈球形，直径为 51.8～110.0 μm，棕黄色或黄褐色，内含六钩蚴。

生活史 克氏伪裸头绦虫的中间宿主为鞘翅目的一些昆虫。它们大量滋生于米、面、糠麸的堆积处。以虫卵人工感染赤拟谷盗(*Tribolium castameam*)，在 26.5～27℃的条件下，24 h 后六钩蚴穿过昆虫的消化道进入血腔，经 27～31 天发育为似囊尾蚴；用似囊尾蚴感染仔猪，30 天后在空肠内发现了成熟的绦虫。猪、人的感染是由于误食含似囊尾蚴的甲虫所致。褐家鼠在病原的散布上起重要作用。

致病作用和症状 寄生部位的黏膜充血，细胞浸润，黏膜细胞变性，坏死，脱落及黏膜水肿。猪体轻度感染时无症状，重度感染时被毛无光泽，生长发育受阻，消瘦，甚至引起肠阻塞；

或有阵发性腹痛，腹泻，呕吐，厌食等症状。

治疗 猪粪中找到虫卵或孕节可做出诊断。驱虫药有：

(1)硫双二氯酚。

(2)吡喹酮。

(3)硝硫氰醚。丙硫咪唑亦可驱虫。

预防 猪粪应堆积发酵，行无害化处理后作肥料；饲料在保管过程中注意杀灭仓库害虫和灭鼠。

第七节 中绦绦虫病

线中绦虫(*Mesocestoides lineatus*，图 8-40)属中绦科(Mesocestoididae)，寄生于犬、猫和野生食肉动物(狐狸、浣熊、郊狼等)的小肠中，偶寄生于人体。欧洲、亚洲、非洲及北美洲等地均有分布，在我国的北京、长春、浙江、黑龙江、甘肃及新疆的犬体内、黑龙江的猫及人体内均有发现。虫体呈乳白色，长 30～250 cm，最宽处 3 mm。头节上无顶突和小钩，有 4 个长圆形的吸盘。颈节很短；成节近似方形，每节有一套生殖系统。子宫为盲管，位于节片的中央。生殖孔开口于节片背面中线上。孕节似筒状，内有子宫和一卵圆形的副子宫器(paruterine organ)，后者含成熟虫卵。生活史尚未完全阐明，但已知需要两个中间宿主：第一中间宿主为食粪的地螨，以虫卵人工感染地螨时，在其体内可找到似囊尾蚴；第二中间宿主为蛙、蛇、蜥蜴、鸟类及小哺乳动物中的啮齿类，它们吞食了含似囊尾蚴的地螨后可在其体内形成四槽蚴(Tetrathyridium)，这些蚴体被终末宿主吞食后，在小肠内经 16～20 天发育为成虫。四槽蚴能从肠道向组织或腹腔移行，也能由腹腔移行至肠道。人工感染犬体后，呈现食欲不振，消化不良，被毛无光泽。严重感染时有腹泻。在腹腔内可引起腹膜炎及腹水等。人体感染时呈现食欲不振，消化不良，精神烦躁，体渐消瘦等。粪便检查时，发现极活跃的 2～4 mm 长呈桶状的孕节即可做出诊断。可用仙鹤草酚(驱绦丸)和氯硝柳胺驱虫。禁食第二中间宿主可防止感染。

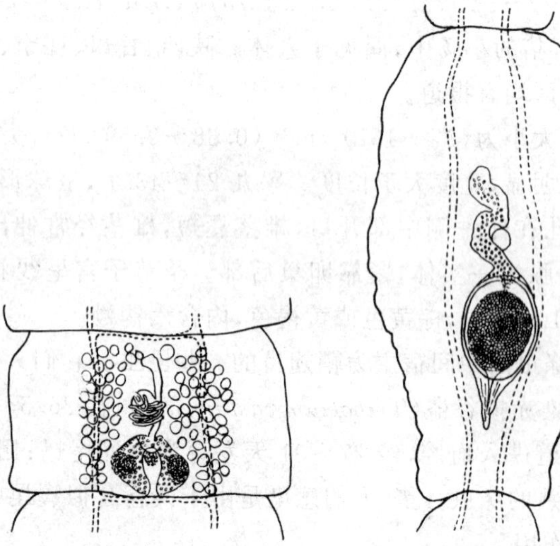

1　　2

图 8-40 线中绦虫(Baylis)

1. 成节 2. 孕节

第八节　双叶槽绦虫病

一、宽节双叶槽绦虫病

宽节双叶槽绦虫亦名宽节裂头绦虫(*Diphyllobothrium latum*),属双叶槽科(Diphyllobothriidae),寄生于人、犬、猫、猪、北极熊及其他食鱼的哺乳动物的小肠里,主要是人的寄生虫;在其他动物体内寄生时仅产生极少数的受精卵。分布于亚寒带的波罗的海、斯堪的那维亚、北美及俄罗斯。我国仅在黑龙江和台湾有过报道。成虫长可达 2～12 m 以上,头节上有两个肌质纵行的吸槽,槽狭而深。成节和孕节均呈四方形。睾丸 750～800 个,与卵黄腺一起散在于体两侧。卵巢分两叶,位于体中央后部;子宫呈玫瑰花状,在体中央的腹面开孔,其后为生殖孔。虫卵呈卵圆形,两端钝圆,淡褐色,具卵盖,大小为(67～71) μm×(40～51) μm。

虫卵随宿主粪便排至体外,在 15～25℃的条件下,在水中经 7～15 天发育为钩球蚴,孵出后活泼地游动于水中,被第一中间宿主剑水蚤或镖水蚤食入后,在血腔中经 2～3 周发育为原尾蚴。当第二中间宿主淡水鱼类(犬鱼、鲑鱼等)吞食带原尾蚴的水蚤后,原尾蚴迁移至鱼的肌肉或内脏,形成实尾蚴(裂头蚴)。裂头蚴长约 5 mm,具有特征性的头节。终末宿主吞食了生的或半生带裂头蚴的鱼而受感染。在犬体内的潜隐期为 3～4 周。

人感染后除有非特征性的腹部症状外,并可引起巨红细胞性贫血,缘于虫体吸取肠中的 $VitB_{12}$所致。临床表现精神沉郁,生长发育明显受阻,食欲减退和呕吐。

粪便中找到特征性虫卵可做出诊断。

氯硝柳胺和吡喹酮对成虫有良好的驱虫作用。

在流行区,人勿食生的或半生的淡水鱼。勿将未经处理的粪水灌入江湖中,以防病原散布;勿将生的或半生的鱼及其内脏饲喂犬、猪、猫等。

二、孟氏叠宫绦虫病

孟氏叠宫绦虫(图 8-41)亦名孟氏裂头绦虫(*Spirometra mansoni*),属双叶槽科(Diphyllobothriidae),寄生于犬、猫和一些食肉动物包括虎、狼、豹、狐狸、貉、狮、浣熊、鬣狗的小肠中,人偶能感染。

孟氏叠宫绦虫的裂头蚴又名孟氏裂头蚴(*Sparganum mansoni*,图 8-42),寄生于蛙、蛇、鸟类和一些哺乳动物包括人的肌肉、皮下组织、胸腹腔等处。

世界性分布,欧洲、美洲、非洲及澳洲均有报道。但多见于东南亚诸国,我国的许多省、市均有记载,尤其多见于南方各省。

病原体　孟氏叠宫绦虫一般为 40～60 cm 长,最长可达 1 m。头节指状,背腹各有一纵行的吸槽。体节宽度大于长度。子宫有 3～5 次或更多的盘旋,子宫孔开口于阴门下方。虫卵大小为(52～76) μm×(31～44) μm,淡黄色,椭圆形,两端稍尖,有卵盖。

孟氏裂头蚴呈乳白色,长度大小不一,从 0.3 cm 到 30～105 cm 不等,扁平,不分节,前端具有横纹。

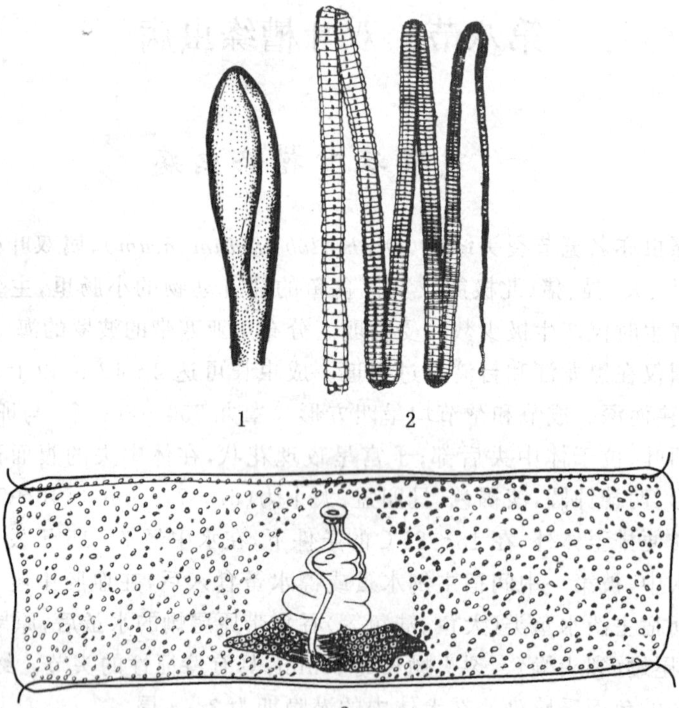

图 8-41 孟氏叠宫绦虫

1. 头节 2. 链体 3. 孕节

生活史 孟氏叠宫绦虫的生活史比较复杂。孕节的虫卵从子宫孔产出，随终末宿主的粪便排至体外，在适温的水中，经 3～5 周发育为钩球蚴；孵出后游于水中，被第一中间宿主剑水蚤或镖水蚤食入，在其体内发育为原尾蚴。含原尾蚴的水蚤被第二中间宿主蝌蚪吞食后，在其体内发育成具有雏形的裂头蚴(*Sparganum*)，亦即实尾蚴(*Plerocercoid*)。当蝌蚪发育为成蛙时，幼虫迁移至蛙的肌肉内，以大、小腿肌肉处最多。如果蛙被蛇、鸟类或其他哺乳动物吞食，则不能发育为成虫，仍停留在裂头蚴阶段，这些动物称为转续宿主(paratenic host)。当犬和猫等终末宿主吞食了含有裂头蚴的青蛙等第二中间宿主或转续宿主时，裂头蚴便在其小肠内发育为成虫，需时约 3 周。

人体感染裂头蚴是由于偶然误食了含有原尾蚴的水蚤，或以新鲜蛙肉敷治疮疖与眼病时，蛙肉内的裂头蚴移行入体内而受感染。猪感染裂头蚴可能是由于吞食蛙及蛇肉引起的。猪体内的裂头蚴一般有数厘米到 20 cm 长。多在腹腔网膜、肠系膜、脂肪及肌肉中寄生，有时数目很多，可达数 10 条。

致病作用和症状 裂头蚴对人和动物的危害较成虫严重，其危害程度主要取决于寄生部位。人感染时，有眼、皮下和内脏等裂头蚴病。猪严重感染裂头蚴时，在寄生部位可见发炎、水肿、化脓、坏死与中毒反应等。

人感染孟氏裂头绦虫时有腹痛，恶心，呕吐等轻微症状；动物有不定期的腹泻，便秘，流涎，皮毛无光泽，消瘦及发育受阻等。

诊断 粪便检查查获虫卵可对成虫感染做出诊断；裂头蚴的诊断需从寄生部位检出虫体。

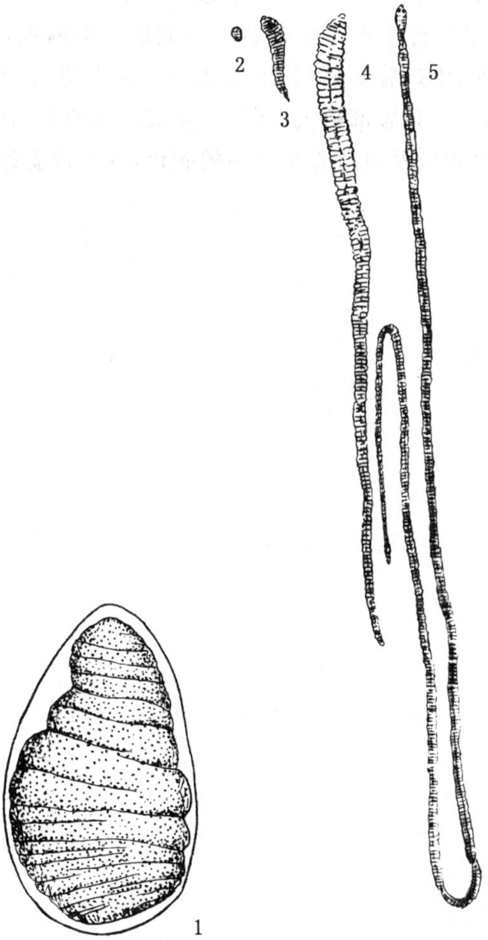

图 8-42　孟氏裂头蚴

1. 包囊内的虫体

2～5. 各种大小不同的蚴带

治疗　在流行区，对犬和猫应进行定期驱虫，防止散布病原，以减少猪体的感染；人的裂头蚴可用外科手术法摘除。人勿用蛙肉贴敷疮疖；不喝生水，不生食蛙、蛇及猪肉等，以防感染。

第九节　小舌绦虫病

舌形蚴是肠舌形绦虫（*Ligula intestinalis*）的中绦期，寄生于淡水鱼的体腔内，成虫寄生于食鱼水鸟的肠道，属于双叶槽科（Diphyllobothriidae）。分布于世界各地，在我国也较普遍，是湖泊和水库养鱼业中常见且危害较严重的一种寄生虫病。舌形绦虫长达 28 cm 以上。前端有沟槽，头节与体节难以区分，每节有一套生殖器官。中绦期的实尾蚴（裂头蚴）肉质肥厚，不分节，呈白色带状，长达 40 cm 以上。生活史与宽节裂头绦虫相似。虫卵随水鸟的粪便排至外界，孵出钩球蚴，游动于水中，被第一中间宿主镖水蚤（*Diaptomus*）吞食后，在体内发育为原尾蚴。当第二中间宿主淡水鱼类（主要是鲤科鱼）食入含原尾蚴的水蚤时，原尾蚴即穿过肠壁在体腔发育为实尾蚴。水鸟吞食被感染的鱼类而受感染，于肠道内变为成虫。成虫寿命极短，只有几天时间。多条大的实尾蚴寄生于鱼体腔时可机械地压挤内脏，使之变形、萎缩和功能障碍，导致发育受阻，鱼体消瘦，生殖腺萎缩，分泌失调而无法生殖，影响生产。虫体重量往往超过鱼体本身，使之失去平衡。病鱼腹部臌大，侧游上浮或腹部朝上，有时裂头蚴从鱼腹部钻出，直接造成幼鱼死亡。预防措施应及时清除鱼池中的病鱼，并经常驱赶鱼塘中的食鱼水鸟，阻断其生活史。

第九章 线 虫 病

畜禽线虫病是由线形动物门中寄生于家畜和家禽的多种线虫引起的一类疾病。在畜禽蠕虫病中,线虫病占有一半以上。在线虫病中,土源性线虫病又占有其中的大部分。土源性线虫不需中间宿主,也就是说,较少有地区性限制。所以,线虫病分布广泛,几乎遍布于所有的畜禽存在的地区。据 Chitwood(1937)的统计,各种家畜的重要寄生线虫种类的大略数目如下:牛 51 种,羊 63 种,马 69 种,猪 33 种,犬 36 种,猫 33 种。几乎没有一头家畜没有线虫寄生,也几乎没有一种脏器和组织不受线虫寄生;而且不是单一虫种,通常系多种混合寄生。虫体数量一般也很大,如猪蛔虫可寄生达 1 000 条以上。有些种还能通过胎盘感染,即在母畜体内的仔畜就已有线虫寄生。

第一节 绪 论

一、线虫的形态

(一)一般形态

线虫通常为两侧对称的圆柱形或纺锤形,有的呈线状或毛发状。通常前端钝圆,后端较尖细。活体通常为乳白色,吸血的虫体常带红色。虫体的大小差别很大,有的长仅 1 mm 左右(如旋毛虫的雄虫),有的则长达 1 m 以上(如麦地那龙线虫的雌虫)。家畜寄生线虫均为雌雄异体。雄虫一般较小,后端不同程度地弯曲,或有交合伞(bursa copulatrix)或其他与生殖有关的辅助构造,显著地与雌虫有别。虫体明显地分为头部(端)、尾部(端)、腹面、背面和两侧。天然孔有口、排泄孔(excretory pore)、肛门和生殖孔(genital pore)。雄虫的肛门和生殖孔合为泄殖腔(cloaca)。体壁由角质层(cuticular layer)、皮下组织(hypodermis)和肌层(muscular layer)构成。

角皮(cuticle)覆盖体表,光镜下观察,透明无结构,由皮下组织分泌形成。角皮表面光滑或有横纹、纵纹等。角皮还延续为口囊(buccal capsule)、食道(oesophagus)、直肠(rectum)、排泄孔和生殖管末端的衬里。虫体外表还常有由角皮参与形成的特殊构造,如头泡(cephalic vesicle)、颈翼(cervical alae)、唇片(lips)、叶冠(leaf crown)、尾翼(caudal alae)、交合伞、乳突(papillae)等,有附着、感觉和辅助交配等功能。这些构造的位置、形状和排列,是分类的依据。皮下组织紧贴在角皮基底膜之下,由一层合胞体(syncytium)细胞组成。在背面、腹面和两侧中央部的皮下组织增厚,形成四条纵索(longitudinal chord),分别称为背索(dorsal chord)、腹索(ventral chord)和侧索(lateral chord)。皮下组织的细胞核通常均位于索部。皮下组织下面为肌层,由单层肌细胞组成;肌层被四条纵索分隔成四个区,不同种线虫肌层的结构和肌细胞的形态不同,有 3 种类型,即少肌型(meromyarian type)——肌细胞大而少,不突入假体腔,如蛲虫；多肌型(polymyarian type)——如蛔虫(图 9-1)，肌细胞多而长，纺锤形，突入假体腔；全肌型(细肌型 holomyarian type)——肌层薄，肌细胞细而密，排列整齐，如鞭虫。线虫的体肌仅有纵肌而无环肌，肌纤维的收缩和舒张使虫体发生运动。在食道和生殖器等内脏器官还有特殊机能的肌纤维，即辐射排列的环肌型(circomyarian type)肌纤维。如前所述，线虫的体壁是由角皮、皮下组织和肌层组成的，无浆膜层。体壁内包藏着消化道、生殖腺和生殖管等内部器官。在体壁与内部器官之间为假体腔(pseudocoel)，假体腔液中含蛋白质、脂肪、葡萄糖和某些酶，有的种还有血红蛋白。

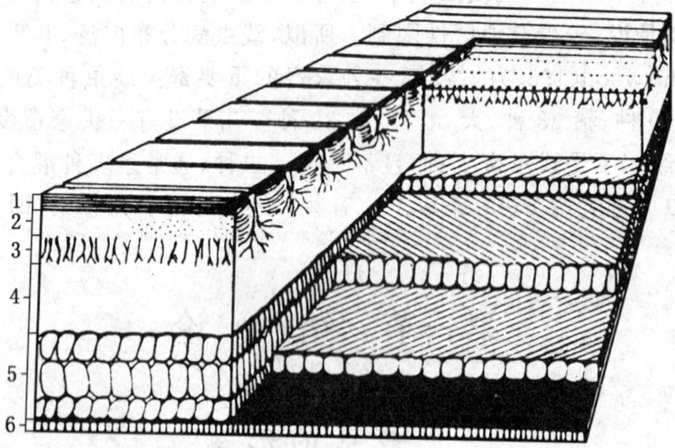

图 9-1 蛔虫角皮构造的模式图

(from Bird A. F. and K. Deutsch, 1957, Parasitology. 47:319～329)

1. 外皮质层 2. 内皮质层 3. 原纤维层 4. 均质层 5. 纤维层 6. 基底膜

(二)消化系统

从口到肛门为一直管，包括口腔、食道(图 9-2A)、肠(图 9-2B、图 9-2C)、直肠。口通常位于头部顶端，有的为亚腹位或亚背位。口周围有的有唇片围绕，唇片上有感觉乳突，有的唇片间还有间唇。无唇片的寄生虫，有的在该部位发育为叶冠、角质环，或有齿、板等构造。口通于口囊(buccal capsule)，是具有角质化壁的腔，许多种类的口囊内有齿、口针(stylet)或切板(cutting plate)等构造。食道为肌质构造，管腔呈三角形辐射状。食道形状有圆柱状或棍棒状等；有些线虫的食道后部膨大成球状，称食道球(oesophageal bulb)，其内腔中可能有角质瓣或其他角质构造。有的种有两个食道球，分称中球和后球。食道壁内埋藏有 3 个食道腺(oesophageal glands)，分别为背位和侧腹位，分泌消化液。有的食道前部为肌质，后部为腺质(由前肌质部和后腺质部组成)。有些线虫在食道末端处生有小胃(ventriculus)或盲管(caecum)。食道后为肠，一般呈管状；有的线虫有伸向前端的肠盲囊(intestinal caecum)。肠的后端为直肠，很短，以肛门开口于尾部腹面。雌虫肛门单独开口；雄虫的直肠与射精管(ejaculatory duct)汇合成为泄殖腔，后者开口处附近常有乳突，其数目、形状和排列随虫体种类而不同。有些种线虫的肛门、阴门和阴道可能蜕变消失。

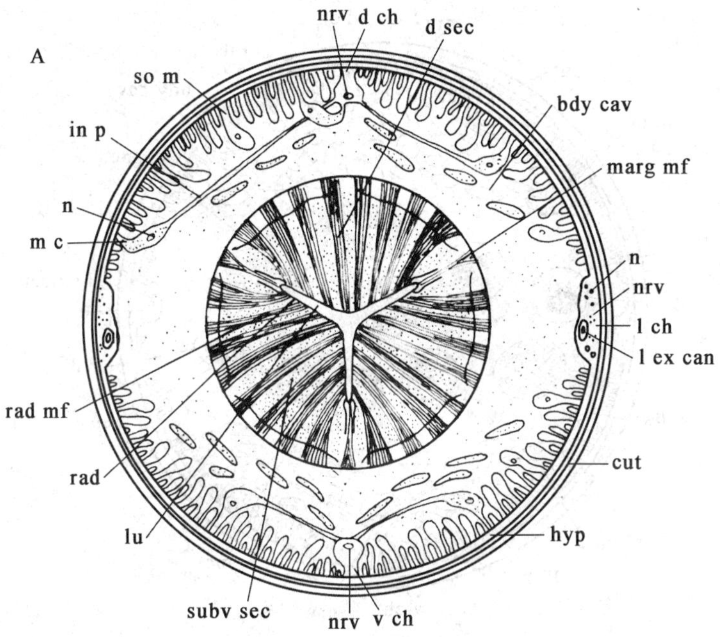

图 9-2A　蛔虫食道区横切面(采自 Hirschmann,1960)

bdy cav. 假体腔　cut. 角皮　d ch. 背索　d sec. 食道背扇形区　egg. 卵　ge zo ov. 卵巢卵原细胞区　gr zo ov. 卵巢的卵生长区　hyp. 皮下组织　in p. 神经突　int. 肠　l ch. 侧索　l ex can. 侧排泄管　lu. 食道内腔　marg mf. 缘肌纤维　m c. 肌细胞　n. 核　nrv. 神经　ov du. 输卵管　r. 轴　rad. 食道内腔延伸　rad mf. 辐射肌纤维　so m. 体肌　sp. 精子　spc. 精母细胞　subv sec. 亚腹侧扇形区　ut. 子宫　v ch. 腹索　vd. 输精管

(三)排泄系统

有腺型和管型两类。腺型的由一个大的腺细胞构成,位于体腔内。管型排泄系统一般由左右 2 支排泄管构成,位于侧索内,形似“H”形;有的呈倒“∪”形(∩形)或近似∩形等,也有的为不对称的单侧管。排泄孔通常位于食道部腹面正中线上。

(四)神经系统和感觉器官

位于食道部的神经环相当于中枢,是由许多神经纤维连接的神经结组成的,自该处向前后各发出若干神经,向前的有六条唇乳突-头乳突神经和两条头感器神经;向后有腹神经、侧神经、侧腹神经、侧背神经和背神经。各神经干间有横连合。在虫体的其他部位还有单个的神经节。线虫体表有许多乳突,如唇乳突、颈乳突、尾乳突或生殖乳突等,都是感觉器官。还有一种特殊的感觉器官,即虫体前端的 1 对头感器或侧感器(amphids),外形呈小孔形、圆形、螺旋形等,内为穴状构造,其中有末梢神经分布,可能和感觉化学物质有关;在尾部有 1 对尾感器(phasmids),为 1 对小孔或突起上的小孔,内部膨大成一袋形构造。尾感器的有无是划分纲的特征之一。

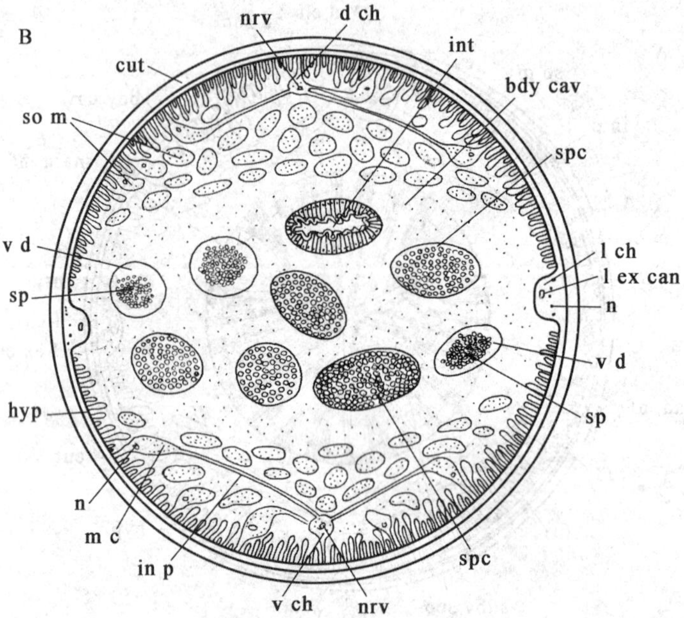

图 9-2B 蛔虫雄虫肠区横切面(采自 Hirschmann,1960)

bdy cav. 假体腔 cut. 角皮 d ch. 背索 d sec. 食道背扇形区 egg. 卵 ge zo ov. 卵巢卵原细胞区 gr zo ov. 卵巢的卵生长区 hyp. 皮下组织 in p. 神经突 int. 肠 l ch. 侧索 l ex can. 侧排泄管 lu. 食道内腔 marg mf. 缘肌纤维 m c. 肌细胞 n. 核 nrv. 神经 ov du. 输卵管 r. 轴 rad. 食道内腔延伸 rad mf. 辐射肌纤维 so m. 体肌 sp. 精子 spc. 精母细胞 subv sec. 亚腹侧扇形区 ut. 子宫 v ch. 腹索 vd. 输精管

(五)生殖系统

线虫雌雄生殖器官都是简单的弯曲的管状构造,器官的各个部分均彼此相通,形态上仅略有区别。

雄性生殖器通常为单管型,由睾丸、输精管、贮精囊和通到泄殖腔的射精管组成。精子经输精管贮入精囊,交配时,精液从射精管入泄殖腔,经泄殖孔排出体外。在雄性器官的末端部分常有交合刺(spicule)、引器(gubernaculum)、副引器(telamon)等辅助交配的器官。交合刺2根或1根,以两根者为多见。交合刺包藏在交合刺鞘内,能伸缩,在交配时有掀开雌虫生殖孔的功能。有些线虫(如毛圆科)有引器,嵌于泄殖腔的背壁上,有导引交合刺伸缩的功能。有些线虫(如原圆科)还有一个副引器,嵌于泄殖腔的腹壁上,可能有导引交合刺插入生殖孔的功能。有些雄虫的尾端有排列对称或不对称的性乳突,其大小、数目和形状因线虫的种类而不同。有些雄虫(如圆线科等)的末端有特殊的交合伞。交合伞为对称的叶状膜,由一种肌质的肋(rays)支撑着。肋一般排列对称,分为3组,即腹肋(ventral system)、侧肋(lateral system)和背肋(dorsal system)。腹肋两对,分别称腹腹肋(ventroventral)和侧腹肋(latero-ventral);侧肋3对,即前侧肋(antero-lateral)、中侧肋(medio-lateral)和后侧肋(postero-lateral);背肋系包括1对外背肋(externo-dorsal)和一个背肋(dorsal ray),背肋的远端常再分为数支。交合刺、引器、副引器和交合伞有多种多样的变异形态,因而在分类上很重要。

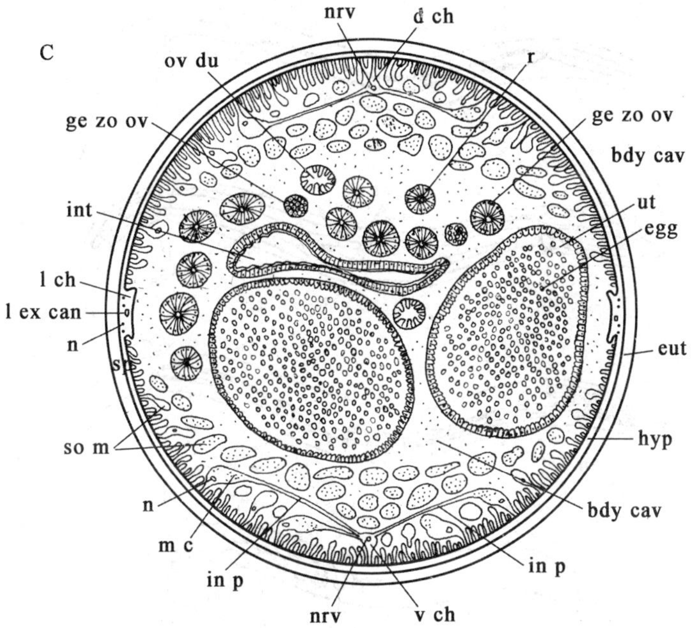

图 9-2C 蛔虫雌虫肠区横切面(采自 Hirschmann,1960)

bdy cav. 假体腔 cut. 角皮 d ch. 背索 d sec. 食道背扇形区 egg. 卵 ge zo ov. 卵巢卵原细胞区 gr zo ov. 卵巢的卵生长区 hyp. 皮下组织 in p. 神经突 int. 肠 l ch. 侧索 l ex can. 侧排泄管 lu. 食道内腔 marg mf. 缘肌纤维 m c. 肌细胞 n. 核 nrv. 神经 ov du. 输卵管 r. 轴 rad. 食道内腔延伸 rad mf. 辐射肌纤维 so m. 体肌 sp. 精子 spc. 精母细胞 subv sec. 亚腹侧扇形区 ut. 子宫 v ch. 腹索 vd. 输精管

雌性生殖器官为双管型或单管型,通常为双管型。由卵巢、输卵管、受精囊、子宫、阴道和阴门组成。受精囊是贮存精液的器官。双管型是指有两组生殖器,分别起自虫体的前部和后部,或同起于后部或前部,最后由两条子宫汇合成一条阴道。有些线虫在阴道与子宫之间还有肌质的排卵器。阴门是阴道的开口,阴门的位置变化很大,可能在虫体腹面的前部、中部或后部,均位于肛门之前。有些线虫的阴门被有表皮形成的阴门盖。

线虫没有呼吸器官和循环系统。

图 9-3 为线虫的内部器官。

二、线虫的分类

线虫是后生动物(metazoan)中的一个大类,已发现 50 万种以上,大部分是淡水、土壤和海洋中的自立生活线虫,相当一部分寄生于无脊椎动物和植物,一小部分寄生于人和家畜。本节只叙述与兽医学有关的线虫的分类及其主要特征。

线虫属线形动物门(Nematoda),下分两个纲:尾感器纲和无尾感器纲。

1. 尾感器纲 Secernentea(=Phasmidia)

蛔目 Ascaridata

口孔通常有 3 片唇围绕,食道构造简单,呈圆柱状。直接型发育史。包括蛔科、禽蛔科、弓

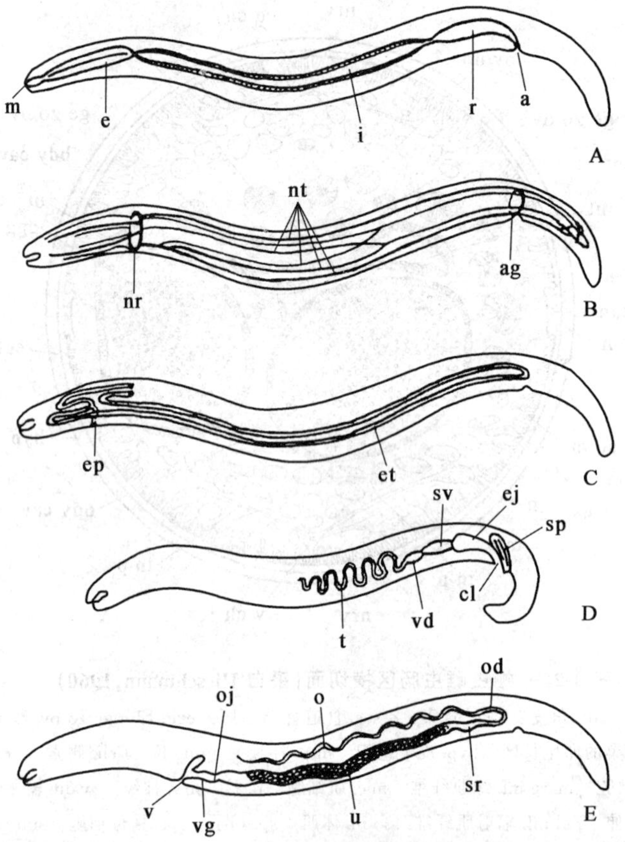

图 9-3 线虫的内部器官(U. S. Navy Med. Sch. Lab. Guide)

A. 消化系统 B. 神经系统 C. 排泄系统 D. 雄性生殖系统 E. 雌性生殖系统

a. 肛门 ag. 肛神经结 cl. 泄殖腔 e. 食道 ej. 射精管 ep. 排泄孔

et. 排泄管 i. 肠 m. 口 nr. 神经环 nt. 神经干 o. 卵巢

od. 输卵管 oj. 排卵器 r. 直肠 sp. 交合刺 sr. 受精囊 sv. 贮精囊

t. 睾丸 u. 子宫 v. 阴门 vd. 输精管 vg. 阴道

首科、异尖科等。

尖尾目 Oxyurata

有发达、内腔有瓣的食道球。包括尖尾科、异刺科等。

杆形目 Rhabditata

有些种类有自立生活和寄生生活的世代交替。自立生活的成虫常有两个食道球,后食道球中有角质瓣;寄生期无食道球。雄虫有简单的交合伞和两根交合刺。包括小杆科、类圆科等。

图 9-4 为雄虫尾端示意图。

圆线目 Strongylata

雄虫有膜质和由肋支撑着的交合伞。包括钩口科、管圆科、网尾科、后圆科、食道口科、原圆科、冠尾科、圆线科、比翼科、裂口科、毛圆科、毛线科等。

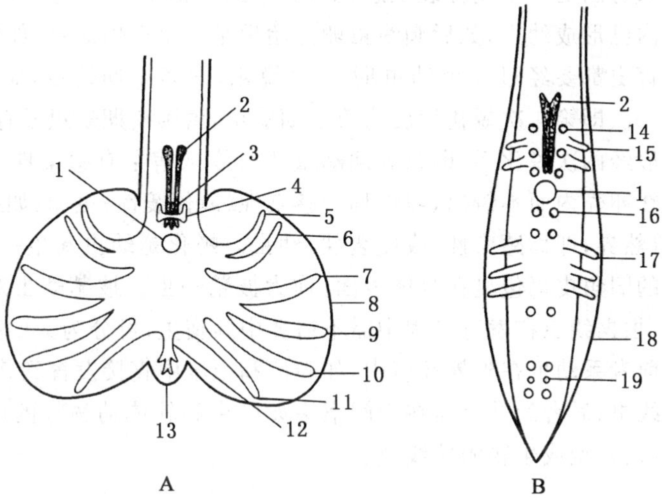

图 9-4　雄虫尾端(采自 N. D. Levine,1968)

A. 有交合伞线虫　B. 无交合伞线虫

1. 肛门　2. 交合刺　3. 引器　4. 副引器　5. 腹腹肋　6. 侧腹肋　7. 前侧肋　8. 侧叶　9. 中侧肋　10. 后侧肋　11. 外背肋　12. 背肋　13. 背叶　14. 肛前乳突(无柄)　15. 肛前有柄乳突　16. 肛后乳突(无柄)　17. 肛后有柄乳突　18. 尾翼　19. 尾感器开口

旋尾目 Spirurata

多有两个侧唇。通常有小的圆柱状口囊。食道长,由肌质部(前部)和腺质部(后部)构成。雄虫后部多呈螺旋状卷曲,有侧翼和乳突。两个交合刺通常形状和长度显著地不同。大部分雌虫的阴门位于虫体中部左右;卵胎生。发育需要中间宿主,为脊椎动物消化道、呼吸系统、眼、鼻和口腔的寄生虫。包括有华首科、似蛔科、颚口科、筒线科、柔线科、泡翼科、旋尾科、四棱科、吸吮科等。

驼形目 Camallanata

包括驼形科、龙线科等。

丝虫目 Filariata

口部构造简单;食道及雄虫尾部与旋尾目相似。寄生于与外界不通的组织或腔道中。幼虫称微丝蚴。包括丝虫科、丝状科等。

2. 无尾感器纲 Adenophorea(Aphasmidia)

毛尾目 Trichurata

虫体通常前部细而后部粗。食道长,由单列或双列细胞围绕细食道管组成。交合刺 1 根或付缺。包括毛细科、毛形科、毛尾科等。

膨结目 Dioctophymata

包括膨结科等。

三、线虫的发育

雌雄虫交配受精。大部分线虫是卵生;有的为卵胎生或胎生。卵生时,有的虫卵内的胚胎尚未分裂，如蛔虫卵；有的处于早期分裂状态，如钩虫卵；有的处于晚期分裂状态，如某些圆线虫卵。卵胎生是卵内已形成幼虫，如后圆线虫卵。胎生是雌虫产出幼虫，如旋毛虫。

线虫的典型发育史都要经过5个幼虫期，4次蜕化，即第1期幼虫，蜕化，变为第2期幼虫，依此类推，最后一次即第4次蜕化后变为第5期幼虫，由第5期幼虫发育为成虫。

第1期幼虫一般经两次蜕化后，即第3期幼虫才对终末宿主有感染性(或称侵袭性)。如果感染性幼虫仍留在卵壳内而不孵出，习惯称为感染性(或侵袭性)虫卵；如果感染性幼虫从卵壳内孵出，生活于自然界，即称感染性(或侵袭性)幼虫。蜕化是幼虫新生一层新角皮，蜕去旧角皮。有的蜕化后的旧角皮仍包裹在身体表面，称为披鞘幼虫。披鞘幼虫对外界环境的抵抗力较强，也很活跃。根据线虫在发育过程中需不需要中间宿主，可分为无中间宿主的线虫和有中间宿主的线虫。前者系幼虫在外界环境中，如粪便和土壤中直接发育到感染阶段，故又称直接发育型或土源性线虫；后者的幼虫需在中间宿主如昆虫和软体动物等的体内方能发育到感染阶段，故又称间接发育型或生物源性线虫。

(一)无中间宿主线虫的发育

(1)蛲虫型。雌虫在终末宿主的肛门周围和会阴部产卵，并在该处发育为感染性虫卵。终末宿主经口感染后，幼虫在小肠内孵化，到大肠发育为成虫。如马尖尾线虫。

(2)毛尾线虫型。虫卵随终末宿主粪便排至外界，在粪便或土壤中发育为感染性虫卵。终末宿主经口感染后，幼虫在小肠内孵化，在大肠内发育为成虫。如毛尾线虫。

(3)蛔虫型。虫卵随终末宿主粪便排至外界，在粪便或土壤中发育为感染性虫卵。终末宿主经口感染后，幼虫在小肠内孵化。幼虫需在宿主体内移行，幼虫经血流到肺；在肺泡内经过一段发育之后，再沿气管到咽，重返小肠内发育为成虫。如猪蛔虫。

(4)圆线虫型。虫卵随着终末宿主的粪便排出，在外界发育为第1期幼虫，从卵壳内孵出以后，经两次蜕皮发育为感染性幼虫。感染幼虫披鞘，能在土壤和牧草上活动。终末宿主经口感染后，幼虫在终末宿主体内或经移行，或不经移行而发育为成虫。大部分圆线虫都属于这个类型。

(5)钩虫型。虫卵随着终末宿主的粪便排出，在外界发育为第1期幼虫，孵化后，经两次蜕皮发育为感染性幼虫。感染幼虫披鞘，能在土壤和牧草上活动，主要是通过终末宿主的皮肤感染，幼虫随血流到肺，进入肺泡，其后再沿气管到咽，重返小肠发育为成虫。亦能经口感染。如犬钩虫。

(二)有中间宿主线虫的发育

(1)旋尾线虫型。雌虫产含幼虫的卵或幼虫；后二者在外界环境中被中间宿主摄食，或当中间宿主舐食终末宿主的分泌物或渗出物时一同将卵或幼虫摄入体内，幼虫在中间宿主(节肢动物)体内发育到感染阶段。终末宿主因吞食带感染幼虫的中间宿主或中间宿主将幼虫直接输入终末宿主体内而感染。以后随虫种的不同而在不同部位发育为成虫。如旋尾类的多种线虫。

(2)原圆线虫型。雌虫在终末宿主体内产含幼虫的卵，随即孵出第1期幼虫。第1期幼虫随粪便排至外界后，主动地钻入中间宿主——螺体内发育到感染阶段。终末宿主吞食了带有感染幼虫的螺而受感染。幼虫在终末宿主肠内溢出，移行到它们的寄生部位，发育为成虫。如寄生于绵羊呼吸道的原圆线虫。寄生于猪呼吸道的后圆线虫的发育史与此相似，中间宿主为蚯蚓。

(3)丝虫型。雌虫产幼虫，进入终末宿主的血液循环中，中间宿主吸血时将幼虫摄入；幼虫在中间宿主体内发育到感染阶段。当带有感染幼虫的中间宿主吸食健康动物血液时，即将感染幼虫注入健畜体内。幼虫移行到它们的寄生部位，发育为成虫。如丝状线虫。

(4)龙线虫型。雌虫寄生在终末宿主的皮下结缔组织中，通过一个与外界相通的小孔将幼虫产入水中。幼虫以剑水蚤为中间宿主，在其体内发育到感染期。终末宿主吞食了带感染幼虫的剑水蚤而感染；幼虫移行到皮下结缔组织中发育为成虫。如鸟蛇线虫。

(5)旋毛虫型。旋毛虫的发育史比较特殊，同一宿主既是(先是)终末宿主，又是(后是)中间宿主。猪旋毛虫的雌虫在猪肠壁淋巴间隙中产幼虫；后者转入血液循环，其后进入横纹肌纤维中发育，形成幼虫包囊，此时猪已由终末宿主转变为中间宿主。终末宿主是由于吞食了含有幼虫的肌肉而遭受感染的。肌肉被消化之后，释出的幼虫在小肠中发育为成虫。

第二节　蛔　虫　病

蛔虫病主要是幼年动物的疾病，也是家畜和家禽寄生虫病中之常见多发病，流行和分布极为广泛。病原体属于蛔科(Ascaridae)、禽蛔科(Ascaridiidae)、异尖科(Anisakidae)和弓首科(Toxocaridae)的各种线虫。不同种蛔虫有不同的固有宿主(专性宿主)，如马副蛔虫只寄生于马、骡、驴而不寄生于猪；猪蛔虫既不寄生于马属动物，也不寄生于反刍兽。有时某种蛔虫可能误入非专性宿主体内，但不能发育为成虫。蛔虫病对各种家畜家禽的危害极为严重，与兽医关系重要的有猪蛔虫病、犊新蛔虫病、马副蛔虫病、鸡蛔虫病和犬弓首蛔虫病等。

一、猪蛔虫病

猪蛔虫病的病原体为蛔科(Ascaridae)的猪蛔虫(*Ascaris suum*)。感染普遍，分布广泛，危害养猪业极为严重；特别是在不卫生的猪场和营养不良的猪群中，感染率很高，一般都在50%以上。感染本病的仔猪生长发育不良，增重情况往往比同样管理条件下的健康猪降低30%。严重者发育停滞，甚至造成死亡。所以，猪蛔虫为仔猪常见多发的重要疾病之一，也是造成养猪业损失最大的寄生虫病之一。

病原体　猪蛔虫(图9-5)寄生于猪的小肠中，是一种大型线虫。新鲜虫体为淡红色或淡黄色，死后转为苍白色。虫体呈中间稍粗，两端较细的圆柱形。头端有3个唇片：一片背唇较大，两片腹唇较小，排列成品字形。雄虫比雌虫小，体长15～25 cm，宽约0.3 cm。尾端向腹面弯曲，形似鱼钩。泄殖腔开口距尾端较近。有交合刺1对，一般是等长的，长0.2～0.25 cm。无引器。雌虫长20～40 cm，宽约0.5 cm。虫体较直，尾端稍钝。生殖器官为双管型，由后向前延伸，两条子宫合为一个短小的阴道。阴门开口于虫体前1/3与中1/3交界处附近的腹面中线上。肛门距虫体末端较近。受精卵和未受精卵的形态有所不同。受精卵为短椭圆形，大小为(50～75) μm×(40～80) μm，黄褐色。卵壳厚，由4层组成，最外一层为凹凸不平的蛋白膜，向内依次为卵黄膜、几丁质膜和脂膜；刚随粪便排出的虫卵，内含一个圆形卵细胞，卵细胞与卵壳之间的两端形成新月形空隙。未受精卵较受精卵狭长，平均大小为90 μm×40 μm，多数没有蛋白质膜,或有而甚薄,且不规则。整个卵壳较薄,内容物为很多油滴状的卵黄颗粒和空泡。

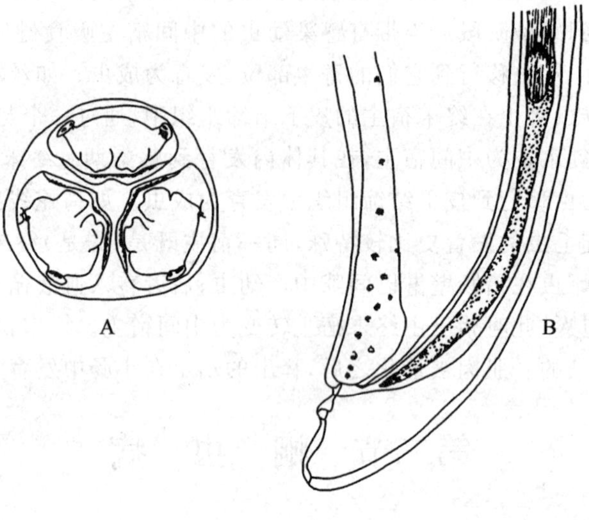

图 9-5 猪蛔虫(Mönnig)

A.唇部顶面观 B.雄虫尾部侧面观

生活史 蛔虫发育不需要中间宿主。刚产出的虫卵尚属单细胞期。随宿主粪便排至外界的虫卵,在适宜的湿度、温度和空气充足的环境中开始发育。在 28～30℃条件下,经 10 天左右即可在卵壳内发育形成第 1 期幼虫,再经过一段时间的生长和一次蜕化,变为第 2 期幼虫,此时尚无感染力,还须在外界经过 3～5 周的成熟过程,才能达到感染阶段,为感染性虫卵。

感染性虫卵被猪吞食后,在小肠内孵化。在孵化后的 2 h 内,大多数幼虫即钻入肠壁并陆续进入血管,随血液通过门静脉到肝脏。一般在感染后 9～10 h,最多 1～2 天内,幼虫可以出现于肝脏。在感染 4～5 天后,幼虫在肝脏内进行第 2 次蜕化。其后肝脏内的第 3 期幼虫随血液经肝静脉、后腔静脉进入右心房、右心室和肺动脉到肺部毛细血管,并自此进入肺泡。一般在感染后 6～8 天,即可在肺泡内发现少数第 3 期幼虫,感染后第 9 天达最多,直至第 12 天仍有幼虫进入肺泡。幼虫在肺内经 5～6(感染后 12～14)天,进行第 3 次蜕化。幼虫在肺内生长迅速,可比初进入时增大 5～10 倍,已能用肉眼看到。第 4 期幼虫离开肺泡,经细支气管和支气管上行至气管,随黏液到达咽部,再次经食道、胃重返小肠。在感染后 21～29 天进行第 4 次即最后一次蜕化,其后逐渐长大,变为成虫。自感染性虫卵被猪吞食,到在小肠内发育为成虫,需 2～2.5 个月。猪蛔虫生活在猪的小肠内,以黏膜表层物质及肠内容物为食。在宿主体内寄生 7～10 个月后,即随粪便排出。如宿主不再感染,在第 12～15 个月时可将蛔虫排尽。

流行病学 猪蛔虫病流行甚广,仔猪蛔虫病尤其多见。主要原因是:第一,蛔虫生活史简单;第二,繁殖力强,产卵数多;第三,卵对各种外界因素的抵抗力强。

蛔虫具有强大的繁殖能力,从检查粪便中的卵数估计,每条雌虫每天平均可产卵 10 万～20 万粒,因此,有蛔虫的猪场,地面受虫卵污染的情况是十分严重的。

虫卵对各种环境因素的抵抗力很强,这与卵的 4 层卵膜有直接关系。它们有保护胚胎不受外界各种化学物质的侵蚀,保持内部湿度和阻止紫外线透过的作用,加之虫卵的全部发育过程都是在卵壳内进行的，使胚胎或幼虫得到了庇护。这就大大增加了感染性虫卵在自然界的累积。

虫卵的发育除要求一定的湿度外，以温度影响较大。28～30℃时，只需 10 天左右即可发育成为第 1 期幼虫。高过 40℃或低于－2℃时，虫卵停止发育；45～50℃虫卵在 30 min 内死亡；55℃时，15 min 死亡；在低温环境中，如在－27～－20℃时，感染性虫卵须经 3 周才全部死亡。干燥对虫卵的寿命影响较大。氧为虫卵发育的必要因素，如在较深的水中(10 cm 以上)经 1 个月以上的培养，仍不能发育到感染期。但虫卵在缺氧环境中可以保持存活，所以，它们能在污水中(缺氧的环境下)生存相当长时间。

猪蛔虫卵在疏松湿润的耕地或园土中一般可以生存 2～3 年之久；在热带沙土表层 3 cm 范围内，在夏季阳光直射下，一至数日内死亡。一般只有在粪便表面的虫卵才能发育；粪块深部的虫卵常因缺氧而不能发育，但能长期存活。

蛔虫卵对各种化学药品也有很强的抵抗力。在 2%福尔马林中，虫卵可以正常发育。对硫酸与硝酸溶液和苛性钠溶液的抵抗力也很强。煮沸的 3%～5%热碱水能杀死蛔虫卵，这时，高温的作用可能胜过化学物质自身。

综上所述，由于蛔虫产卵多，虫卵又具有对外界环境因素的强大的抵抗力，所以，凡有蛔虫的猪的猪舍、运动场及其放牧地区，自然有大量的有活力的虫卵汇集，构成猪蛔虫病感染和流行的疫源地。

猪蛔虫病的流行与饲养管理和环境卫生关系密切。在饲养管理不良、卫生条件恶劣和猪只过于拥挤的猪场，在营养缺乏，特别是饲料中缺少维生素和必需矿物质的情况下，3～5 月龄的仔猪最容易大批地感染蛔虫，病状也较严重，且常发生死亡。

猪感染蛔虫主要是由于采食了被感染性虫卵污染的饮水和饲料。母猪的乳房容易沾染虫卵，使仔猪在吸奶时受到感染。

致病作用 幼虫阶段和成虫阶段有所不同，其危害程度视感染强度而定。幼虫对猪的危害源于体内移行，造成各器官和组织的损害，其中以对肝和肺的危害较大。幼虫滞留在肝，特别是在叶间静脉周围毛细血管中时，造成小点出血和肝细胞混浊肿胀、脂肪变性或坏死。幼虫由肺毛细血管进入肺泡时，使血管破裂，造成大量的小点出血和水肿病变；严重的病例，伴发蛔虫性肺炎，引起咳喘，持续 1～2 周；瘦弱仔猪，尤其是饲料中缺乏维生素 A 时，常引起死亡。

有些患隐性流行性感冒、气喘病和猪瘟的病猪，可以由于蛔虫幼虫在肺部的协同作用而病势转剧，造成死亡。

一般来说，蛔虫发育到性成熟时，致病作用显著减弱。但在严重感染时，也可因虫体夺取营养，其游走特性所致的机械性刺激和阻塞，以及有毒物质的吸收等而引起严重危害，甚至造成死亡。蛔虫有游走习性，尤其是在猪只发热、妊娠、饥饿或饲料变化时，常使之活动加剧，凡与小肠相通的部位，如胃、胆管和胰管，均可能被蛔虫蹿入，引起胆管或胰管阻塞、呕吐、黄胆和消化障碍等不同类别和不同程度的病变和症状。仅有雌虫而无雄虫时，造成蛔虫误入胆管或胰管的可能性增大。寄生数量太多时，虫体常在小肠内扭结成团，造成肠阻塞(图 9-6)，严重时可导致肠破裂、肠穿孔，并继发腹膜炎，引起死亡。

蛔虫分泌的有毒物质和代谢产物引起过敏症状，如阵发性痉挛、兴奋和麻痹等。由于上述各种致病因素的作用，患猪一般呈现消瘦、发育不良和生长停滞。也常因抵抗力降低而引起并发症，甚至造成死亡。

图 9-6 猪小肠被蛔虫堵塞(殷佩云等)

症状 蛔虫病的临床表现,随猪年龄的大小,体质的强弱,感染强度和蛔虫所处的发育阶段而有不同。一般以 3～6 个月的仔猪比较严重;成年猪往往有较强的免疫力,能忍受一定数量的虫体侵害,而不呈现明显症状,但却是本病的传染源。

仔猪在感染早期,幼虫移行期间,病猪可呈现嗜伊红细胞增多症,以感染后 14～18 天为最明显。较为严重的病猪,以后出现精神沉郁,食欲缺乏,异嗜,营养不良,贫血,被毛粗糙或有全身性黄胆,有的病猪生长发育长期受阻,变为僵猪。感染严重时,呼吸困难,常伴发声音沉重而粗粝的咳嗽,并有呕吐、流涎和拉稀等症状。可能经 1～2 周好转,或渐渐虚弱,趋于死亡。

蛔虫过多、阻塞肠道时,病猪表现疝痛,有的可能发生肠破裂而死亡。胆道蛔虫症也经常发生,开始时拉稀,体温升高,食欲废绝,腹部剧痛,多经 6～8 天死亡。6 月龄以上的猪,如寄生数量不多,营养良好,可不引起明显症状。但大多数因胃肠机能遭受破坏,常有食欲不振、磨牙和生长缓慢等现象。

病理变化 初期有肺炎症状,肺组织致密,表面有大量出血斑点。用幼虫分离法处理肝、肺和支气管等器官常可发现大量幼虫。在小肠内可检出数量不定的蛔虫。寄生少时,肠道没有可见的病变,多时,可见卡他性炎症、出血或溃疡。肠破裂时,可见有腹膜炎和腹腔内出血。因胆道蛔虫症而死亡的病猪,可发现蛔虫钻入胆道,胆管阻塞。病程较长的,有化脓性胆管炎或胆管破裂,肝脏黄染和变硬等病变。

诊断 生前诊断主要靠粪便检查法,多采用漂浮集卵法。1 g 粪便中,虫卵数达 1 000 个时,可以诊断为蛔虫病。如寄生的虫体不多,死后剖检时,须在小肠中发现虫体和相应的病变;但蛔虫是否为直接的致死原因,又必须根据虫体的数量、病变程度、生前症状和流行病学资料以及有否其他原发或继发的疾病做综合判断。

哺乳仔猪(2 月龄内)患蛔虫病时,其小肠内通常没有发育至性成熟的蛔虫,故不能用粪便检查法做生前诊断,而应仔细观察其呼吸系统的症状和病变。剖检时,在肺部见有大量出血点；将肺组织剪碎，用幼虫分离法处理时，可以发现大量的蛔虫幼虫。

治疗 用左咪唑（Lavamisole）、丙硫咪唑（Albendazole）、噻苯唑（Thiabendazole）或伊维菌素（Ivermectin）等药驱虫。

预防 对本病须采取综合措施，主要是：消灭带虫猪，及时清除粪便，注意环境卫生和防止仔猪感染。

（1）预防性定期驱虫。在蛔虫病流行的猪场，每年定期进行两次全面驱虫。对2～6月龄的仔猪，在断奶后驱虫1～2次，以后每隔1.5～2个月再进行一次预防性驱虫。这样可以减少仔猪体内的载虫量和降低外界环境的虫卵污染率，从而逐步控制仔猪蛔虫病的发生。以上所述，系泛指农家副业养猪和规模化饲养所应采取的一般措施，实地应用时，二者应有区别。

（2）保持饲料和饮水的清洁。尽量做好猪肠各项饲养管理和卫生防疫工作，减少感染；增强猪的免疫力，供给猪只以富含蛋白质、维生素和矿物质的饲料，这样可以减少它们拱土和饮食污水的习惯；饮水要新鲜清洁，避免猪粪污染。

（3）保持猪舍和运动场清洁。猪舍应通风良好，阳光充足，避免阴暗、潮湿和拥挤；猪圈内要勤打扫，勤冲洗，勤换垫草，以减少虫卵污染。定期消毒。运动场地面应保持平整，排水良好。

（4）猪粪的无害化处理。猪的粪便和垫草清除出圈后，堆积发酵，以杀死虫卵。

（5）预防病原传入和增加污染。引入猪只时，应先隔离饲养，进行1～2次驱虫后再并群饲养。

二、犊新蛔虫病

犊新蛔虫病的病原体为弓首科的牛新蛔虫（*Neoascaris vitulorum*），寄生于初生犊牛（黄牛和水牛）的小肠内，引起肠炎，下泻，腹部膨大和腹痛等症状。分布很广，遍及世界各地，多见于我国南方各省的犊牛。初生牛大量感染时可以引起死亡，对发展养牛业危害甚大[牛新蛔虫（*Neoascaris vitulorum*）近年改称牛弓首蛔虫（*Toxocara vitulorum*）]。

病原体 牛新蛔虫（图9-7）虫体粗大，淡黄色，角皮薄软。头端具有3片唇；唇基部宽而前窄。食道呈圆柱形，后端由一个小胃与肠管相接。雄虫长11～26 cm，尾部有一小锥突，弯向腹面，交合刺1对，形状相似，等长或稍不等长。雌虫长14～30 cm，尾直。生殖孔开口于虫体前部1/8～1/6处。虫卵近于球形，大小为（70～80）μm×（60～66）μm，壳厚，外层呈蜂窝状，胚细胞为单细胞期。

发育史 雌虫在小肠产卵，排出后，在适当的温度（27℃）和湿度下，发育为幼虫，在卵壳内进行一次蜕化，变为第2期幼虫，即感染性虫卵。牛吞食感染性虫卵后，幼虫在小肠内溢出，穿过肠壁，移行至肝、肺、肾等器官组织，进行第2次蜕化，变为第3期幼虫，并仍寄居于该处。待母牛怀孕8.5个月左右时，幼虫便移行至子宫，进入胎盘羊膜液中，进行第3次蜕化，变为第4期幼虫；后者被胎牛吞入肠中发育。小牛出生后，幼虫在小肠内进行第4次蜕皮后长大，经25～31天变为成虫。成虫在小肠中可生活2～5个月，以后逐渐从宿主体内排出。另一条途径是幼虫从胎盘移行到胎儿的肝和肺，以后沿一般蛔虫的移行途径转入小肠。因系生前感染，故犊牛出生不久小肠中已有成虫。

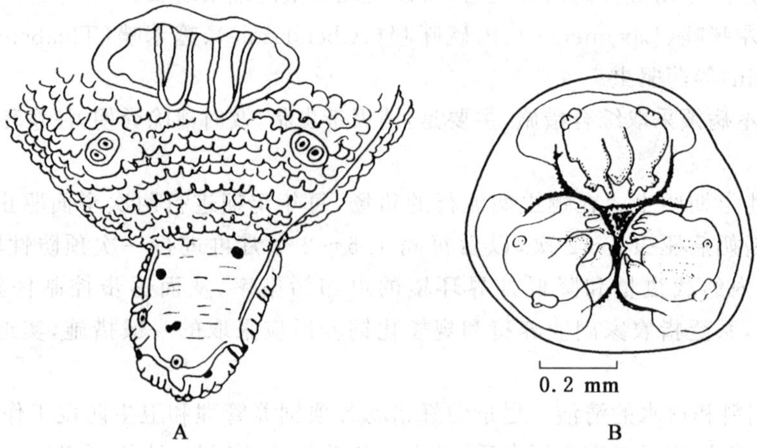

图 9-7 牛新蛔虫(Mozgovoi)

A. 雄虫尾端锥突 B. 唇部顶面观

流行病学 本病主要发生于5个月以内的犊牛。过去认为子宫内感染为唯一的感染途径,但近几年来有报道说,哺乳母牛的奶汁中含有幼虫,犊牛可以因吃母乳而获得感染。在自然感染的情况下,2周至4月龄的犊牛小肠中寄生有成虫;在成年牛,只在内部器官组织中寄生有移行阶段的幼虫,尚未见有成虫寄生的情况。

阳光能杀死虫卵。土壤表面的虫卵,在阳光直接照射下,经4 h全部死亡。在干燥的环境里,虫卵经48～72 h死亡。感染期的虫卵,需有80%的相对湿度才能够生存。温度对牛新蛔虫卵的影响和猪蛔虫的情况相似,耐高温的能力较差。牛新蛔虫卵对消毒药物的抵抗力亦较强,虫卵在2%福尔马林中仍能正常发育。在温度为29℃时,2%克辽林或2%来苏儿溶液中的卵存活约20 h。

病理变化和症状 犊牛出生两周后为受害最严重时期,其症状表现为消化失调,食欲不振和腹泻;肠黏膜受损,引起肠炎,排多量黏液或血便,有特殊臭味。腹部臌胀,有疝痛症状。患畜虚弱消瘦,精神迟钝,后肢无力,站立不稳。虫体多时可造成肠阻塞或肠穿孔,引起死亡。

出生后的小牛受感染时,在肠管中孵化的幼虫侵入肠壁转入肝脏,这个移行过程损害消化机能,破坏肝组织,影响食欲。幼虫移行到肺时,在该处停留发育,破坏肺组织,造成点状出血并可能引起肺炎。临床上出现咳嗽,呼吸困难,口腔内有特殊酸臭味。嗜伊红白细胞显著增加(可达26%)。亦有后肢无力,站立不稳和走路摇摆现象。

诊断 一方面是根据临床症状,主要是腹泻,排大量黏液,有时混有血液,有特殊恶臭,病犊软弱无力,被毛粗乱等;另一方面还须结合流行病学资料综合分析,确诊须在粪便中检出虫卵或虫体。检查粪便可用连续洗涤法或集卵法。

治疗 可用哌嗪类药物(Piperazine)、左咪唑、丙硫咪唑等药物驱虫。

预防 对患病的牛犊,应于15～30日龄时驱虫,因此时成虫数量达到高峰。早期治疗不仅对保护小牛健康有益,并可减少虫卵对环境的污染。注意牛舍清洁,垫草和粪便要勤清扫,并发酵处理。将母牛和小牛隔离饲养,减少母牛受感染的机会。

三、马副蛔虫病

马副蛔虫病的病原体为蛔科的马副蛔虫（*Parascaris equorum*），寄生于马属动物的小肠中。是马属动物的一种普遍的寄生虫病，对幼驹危害很大。

病原体　马副蛔虫（图 9-8）是家畜蛔虫中体形最大的一种。虫体近似圆柱形，两端较细，黄白色。口孔周围有 3 片唇，其中背唇稍大。唇基部有明显的间唇。每个唇的中前部内侧面有一横沟，将唇片分为前后两个部分。唇片与体部之间有明显的横沟。雄虫长 15～28 cm，尾端向腹面弯曲；雌虫长 18～37 cm，尾部直，阴门开口于虫体前 1/4 部分的腹面。虫卵近于圆形，直径 90～100 μm，呈黄色或黄褐色。新排出时，内含一亚圆形的尚未分裂的胚细胞。卵壳表层蛋白质膜凹凸不平，但颇细致。

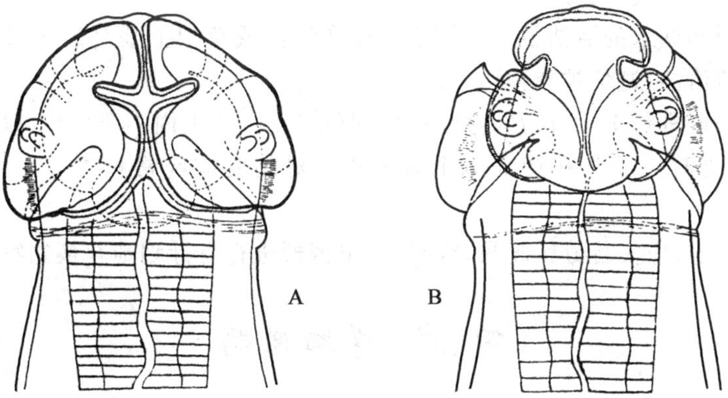

图 9-8　马副蛔虫头部（Yorke and Maplestone）
A. 腹面观　B. 背面观

发育史　卵随宿主粪便排出体外，在适宜的温度、湿度和有充分氧气的条件下，大约经 10～15 天发育到感染阶段。其在自然界的发育情况及所需条件与猪蛔虫相似。经口感染马属动物宿主之后，亦须经过如猪蛔虫那样的移行；自感染性虫卵被摄入马体内，到发育为成虫，需 2～2.5 个月。

流行病学　马副蛔虫病流行甚广，但以幼驹感染性最强。老年马多为带虫者，散布病原体。感染多发于秋冬季。其感染率与感染强度和饲养管理有关，厩舍内的感染机会一般多于牧场，特别是把饲料任意散放在厩舍地面上让马采食时，更能增加感染的机会。

虫卵对不利的外界因素抵抗力较强。在温度为 39℃时，虫卵发育停止并变性死亡；在温度低于 10℃时，虫卵发育停止，但能较长时间地保持活力。干燥对虫卵的生存不利。

致病作用　马副蛔虫对宿主的危害主要表现在以下几个方面：第一，机械性损伤。寄生于小肠的成虫和在肝、肺中移行的幼虫给宿主造成一系列的刺激。成虫能引起卡他性肠炎，有时引起肠黏膜出血；严重感染时可能发生肠阻塞，甚至肠破裂。有时虫体钻入胆管或胰管，并引起相应的病症。幼虫移行时，可引起肝细胞变性和肺出血及炎症。第二，毒素作用。马副蛔虫的代谢产物及其他有毒物质，作用于黏膜时，可引起发炎并导致消化障碍；被吸收的（其中特别是幼虫的）有毒物质还往往对神经系统和造血机能产生严重影响。第三，幼虫钻进肠黏膜移行时，可能带入其他病原微生物，造成继发感染。第四，幼驹的生长发育受阻，使伴发的其他疾病加剧。

症状 主要危害幼驹。病初（幼虫移行期）可能出现不同程度和持续时间不等的咳嗽；常自鼻孔流出浆液或黏液性鼻液，以后（成虫寄生期）呈现肠炎症状，消化障碍，腹围增大，常有腹痛现象。严重感染的病例，有时发生肠堵塞或肠穿孔。病畜精神迟钝，易疲乏，毛粗干，发育停滞，黏膜苍白。

诊断 进行粪便检查，并结合临床观察和流行病学资料的分析做出判断；必要时可以进行诊断性驱虫。死后剖检时，可在小肠内找到大量虫体。

治疗 可用哌嗪化合物、噻苯唑、左咪唑、丙硫咪唑等药驱虫。

预防

(1)注意厩舍内的清洁卫生工作。粪便应逐日打扫清除、进行生物热消毒。定期对饲槽、饮水器等用具以沸水冲洗消毒。

(2)注意饲料和饮水的清洁卫生。饲草应放在饲槽或草架上喂马。饮水最好用自来水或井水，容器应保持清洁，避免被粪便污染。

(3)每年对马群进行1～2次预防性驱虫。驱虫后3～5天内不要放牧，以便将排出的虫体及虫卵集中消毒处理。孕马在产前2个月驱虫。对幼驹应经常检查，及早发现病畜，及时驱虫。

(4)对放牧马群，应实行分区轮牧，或与牛、羊畜群进行有计划地互换轮牧。

四、犬、猫蛔虫病

犬、猫蛔虫病的病原体为弓首科的犬弓首蛔虫（*Toxocara canis*）、猫弓首蛔虫（*Toxocara cati*）和狮弓首蛔虫（*Toxascaris leonina*），均寄生于肉食兽的小肠内，属常见的寄生虫病（图9-9）。分布于全国各地。常引起幼犬和猫发育不良，生长缓慢，严重时可导致死亡。

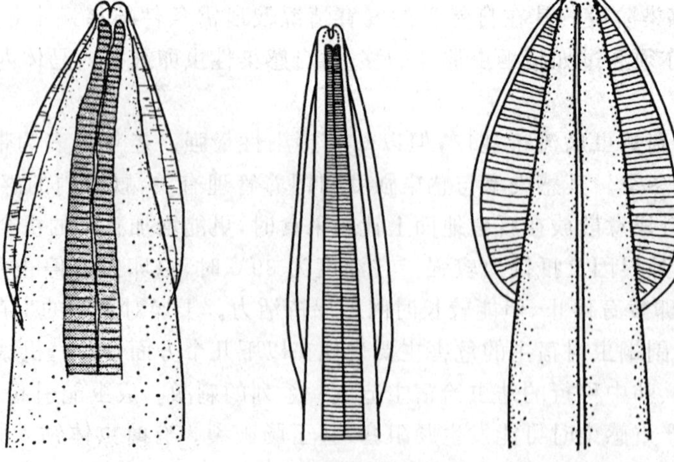

A　　B　　C

图9-9　弓首蛔虫

A. 犬弓首蛔虫头部（板垣）　B. 狮弓首蛔虫头部（Yorke and Maplesfone）
C. 猫弓首蛔虫头部（Glaue）

病原体

(1)犬弓首蛔虫。头端有3片唇,虫体前端两侧有向后延展的颈翼膜。食道与肠管连接部有小胃。雄虫长5~11 cm,尾端弯曲,有一小锥突,有尾翼。雌虫长9~18 cm,尾端直,阴门开口于虫体前半部。虫卵呈亚球形,卵壳厚,表面有许多点状凹陷,大小为(68~85) μm×(64~72) μm。

(2)猫弓首蛔虫。外形与犬弓首蛔虫近似,颈翼前窄后宽,使虫体前端如箭镞状。雄虫长3~6 cm,雌虫长4~10 cm,虫卵大小为65 μm×70 μm,虫卵表面有点状凹陷,与犬弓首蛔虫卵相似。

(3)狮弓首蛔虫。头端向背侧弯曲,颈翼发达。无小胃。雄虫长3~7 cm;雌虫长3~10 cm,阴门开口于虫体前1/3与中1/3交界处。虫卵偏卵圆形,卵壳光滑,大小为(49~61) μm×(74~86) μm。

发育史 犬弓首蛔虫的虫卵随粪便排出体外后,在适宜的条件下,经10~15天发育为感染性虫卵。数周到3月龄的幼犬吞食了感染性虫卵后,在肠内孵出的幼虫,经肝、肺移行并重返肠道发育为成虫,共需时4~5周。年龄较大的犬感染后,幼虫多经血流移行至多种脏器和组织内形成包囊,但不发育(包囊幼虫被其他肉食兽摄食后,可发育为成虫)。

成年母犬感染后,幼虫的移行与牛新蛔虫相似。幼虫随血流到达体内各器官组织中,形成包囊,但不进一步发育。母犬怀孕后,幼虫经胎盘或以后经母乳感染犬崽。犬崽出生后的23~40天内小肠中已有成虫。猫弓首蛔虫的移行途径与猪蛔虫相似;鼠类可以作为它的转续宿主;亦可经母乳感染。

狮弓蛔虫的发育史比较简单,宿主吞食了感染性虫卵后,溢出的幼虫钻入肠壁内发育,其后返回肠腔,经3~4周发育为成虫。

致病作用和症状 成虫寄生时刺激肠道,可引起卡他性肠炎和黏膜出血。当宿主发热,怀孕,饥饿或饲料成分改变等因素发生时,虫体可能窜入胃、胆管或胰管。严重感染时,常在肠内集结成团,造成肠阻塞或肠扭转,套叠,甚至肠破裂。幼虫移行时损伤肠壁、肺毛细血管和肺泡壁,引起肠炎或肺炎。蛔虫的代谢产物对宿主有毒害作用,能引起造血器官和神经系统的中毒和过敏反应。

患犬表现为渐进性消瘦,食欲不振,黏膜苍白,呕吐,异嗜,消化障碍,下痢或便秘。生长发育受阻。

诊断与治疗 根据临床症状和粪检中发现虫卵即可确诊。可用哌嗪化合物、左咪唑、苯硫咪唑(Fenbendazole)或甲苯咪唑(Mebendazole)驱虫。

预防 注意环境卫生,食物和食槽保持清洁,粪便及时清扫并堆积发酵,对犬、猫进行定期驱虫。

五、熊猫蛔虫病

熊猫蛔虫病的病原体属于蛔科蛔属的施氏蛔虫[*Ascaris schroederi*,近改称施氏贝蛔线虫(*Baylisascaris schroedari*)],寄生于大熊猫的小肠和胃内,为熊猫的常见寄生虫病。感染率可达100%,感染强度由2条到2 000条以上,雄虫长6.5~9.2 cm,雌虫长7.9~11.6 cm,具有蛔虫的一般特征(图9-10)。

虫卵在自然界发育为感染性虫卵，经口感染。患病熊猫精神沉郁，食欲减退，营养不良，消瘦，腹部下垂。寄生严重时，可引起肠梗阻，穿孔；虫体钻入胆管或胰管时引起胆道蛔虫病或胰腺炎。

用粪便检查法发现大量虫卵即可确诊。可用哌嗪化合物、左咪唑等药驱虫。对饲养在动物园中的熊猫，应特别注意搞好厩舍卫生，饲料和饮水必须保持清洁，严防粪便污染；及时清除粪便并堆积发酵，做无害化处理。

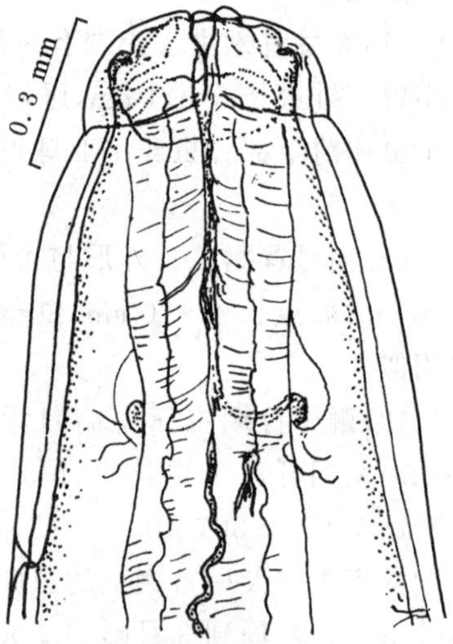

图 9-10 施氏蛔虫头部腹面
（孔繁瑶，殷佩云）

六、鸡蛔虫病

鸡蛔虫病的病原体属禽蛔科（Ascarididae），禽蛔属（*Ascaridia*）的鸡蛔虫（*Ascaridia galli*），寄生于鸡的小肠内。遍及全国各地，是一种常见寄生虫病。在地面大群饲养的情况下，常感染严重，影响雏鸡的生长发育，甚至引起大批死亡，造成严重损失。

病原体 鸡蛔虫（图 9-11）是寄生于鸡体内最大的一种线虫，呈黄白色，头端有 3 片唇。雄虫长 2.6～7 cm，尾端有明显的尾翼和尾乳突，有一个具有厚的角质边缘的圆形或椭圆形的肛前吸盘；交合刺近于等长。雌虫长 6.5～11 cm，阴门开口于虫体中部。虫卵呈椭圆形，大小为（70～90）μm×（47～51）μm，壳厚而光滑，深灰色，新排出时内含单个胚细胞。

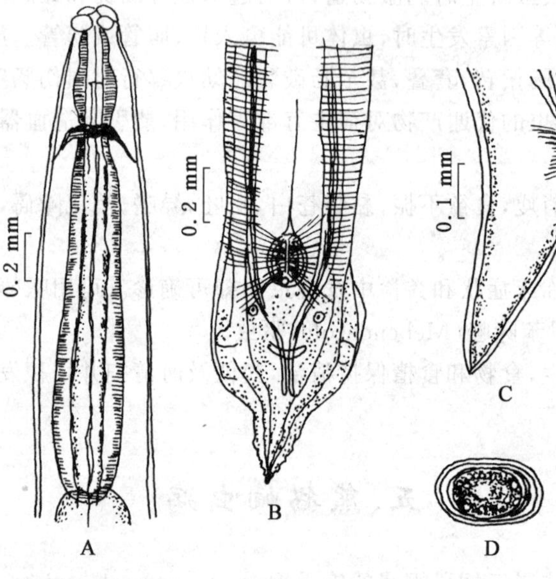

图 9-11 鸡蛔虫
A. 前部腹面 B. 雄虫尾部腹面 C. 雌虫尾部侧面 D. 卵

发育史　雌虫在小肠内产卵,卵随粪便排出体外。在空气充足及适宜的温度和湿度条件下,发育为感染性虫卵。鸡吞食了被感染性虫卵污染的饲料和饮水而感染。幼虫在腺胃和肌胃处溢出,钻进肠黏膜发育一段时期后,重返肠腔发育为成虫。从感染到发育为成虫,需时35～50天。

流行病学　虫卵对外界环境因素和常用的消毒药物抵抗力很强,但对干燥和高温(50℃以上)敏感,特别是阳光直射、沸水处理和粪便堆沤等情况下,可使之迅速死亡。在阴蔽潮湿的地方,可生存很长时间。鸡自然感染主要是由于吞食了感染性虫卵,但亦可由于啄食携带感染性虫卵的蚯蚓而感染。3～4月龄以内的雏鸡易遭侵害,病情较重。1岁以上鸡多为带虫者。饲养管理与易感性有很大关系。饲料中含动物蛋白、维生素A和维生素B等丰富、营养价值高时,可使鸡有较强的抵抗力。虫卵在同样的湿度条件下,低温有利于保持其生命力;温度高于39℃,虫卵发育到感染期即行死亡。

致病作用　幼虫侵入肠黏膜时,破坏黏膜及肠绒毛,造成出血和发炎,并易招致病原菌继发感染,此时在肠壁上常见有颗粒状化脓灶或结节形成。严重感染时,可见成虫大量聚集,相互缠结,可能发生肠阻塞,甚至引起肠破裂和腹膜炎。其代谢产物也是有害的,常使雏鸡发育迟缓,成年鸡产蛋量下降。

症状　雏鸡常表现为生长发育不良,精神委靡,行动迟缓,常呆立不动,翅膀下垂,羽毛松乱,鸡冠苍白,黏膜贫血。消化机能障碍,可能渐趋衰弱而死亡。成年鸡多属轻度感染,不表现症状。

诊断和治疗　用粪便检查法发现大量虫卵即可确诊。可用哌嗪化合物、左咪唑、噻苯唑(Thiabendazole)或氟苯咪唑(Flubendazole)驱虫。

预防

(1)雏鸡与成年鸡应分群饲养,不共用运动场。成年鸡多系带虫者,是感染来源。

(2)鸡舍和运动场上的粪便应逐日清除,集中进行生物热发酵。饲槽和饮水器应每隔1～2周用沸水消毒。

(3)在蛔虫病流行的鸡场,每年进行2～3次定期驱虫。雏鸡在2月龄左右进行第1次驱虫,第2次在冬季进行;成年鸡第1次在10～11月份,第2次在春季产蛋季节前1个月进行。对患鸡随时进行治疗性驱虫。

(4)加强饲养管理。

七、异尖线虫病

异尖线虫病的病原体为异尖科的若干虫种,其中以异尖属(*Anisakis*)的线虫尤为普遍,是寄生于鲸类、海狗和海豹等海洋哺乳类动物的胃和小肠内的蛔虫。异尖属的若干种的第3期幼虫寄生于许多海鱼体内,人因误食其体内的这类幼虫而患急腹症和内脏幼虫移行症,幼虫钻入胃、肠壁或肠外组织寄生,引起寄生部位疼痛,恶心,呕吐,血痢和发热。1959年在荷兰首次发现人感染异尖线虫的病例。

异尖线虫的常见种为简单异尖线虫(*Anisakis simplex*)。黄白色,体长60 mm,宽2.5 mm。异尖线虫的成虫寄生于海洋哺乳动物的胃和小肠内,卵随宿主粪便排到海水中后,在卵壳内发育形成幼虫,孵化或不孵化;幼虫被糠虾等甲壳类动物吞食后,再随之转入鱼类,如鲱鱼、黑线鳕、鲐鱼、鲑和狗鱼等体内。幼虫在鱼的肌肉、肝脏、卵巢、睾丸等处形成包囊;鱼死后,幼虫多移居肌肉内。人吃生的或半生的鱼肉时遭受感染。人感染后多寄生于胃壁,占

65.2%，小肠次之。幼虫在人的胃壁或小肠壁内形成嗜酸性白细胞肉芽肿，黏膜表面有溃疡和出血，并引起相应的症状，如胃痛，腹痛，下痢和呕吐，与消化系统溃疡或肿瘤的症状相似，或类似急腹症或急性阑尾炎。预防此病应改变生吃海鱼的习惯。

第三节 尖尾线虫病

一、马尖尾线虫病

马尖尾线虫病的病原体属尖尾目(Oxyurata)尖尾属(*Oxyuris*)的马尖尾线虫(*O. equi*)，又称马蛲虫，寄生于马、骡、驴的大肠。特征症状为臀部发痒。分布于全国各地，为马属动物的常见病。斑马也有寄生。

病原体 马尖尾线虫(图 9-12)雌雄虫的大小差异甚大，雄虫体形小，白色，体长 9～12 mm，宽 0.8～1 mm；有 1 根交合刺，尾端有由 4 个长大乳突支撑着的、外观呈四角形的翼膜。雌虫长可达 150 mm，尾部细长而尖，可长达体部的 3 倍以上，未成熟时为白色，成熟后为灰褐色，阴门开口于体前部 1/4 附近。虫卵呈长卵圆形，大小为 90 μm×42 μm，两侧边不对称，一端有卵塞。

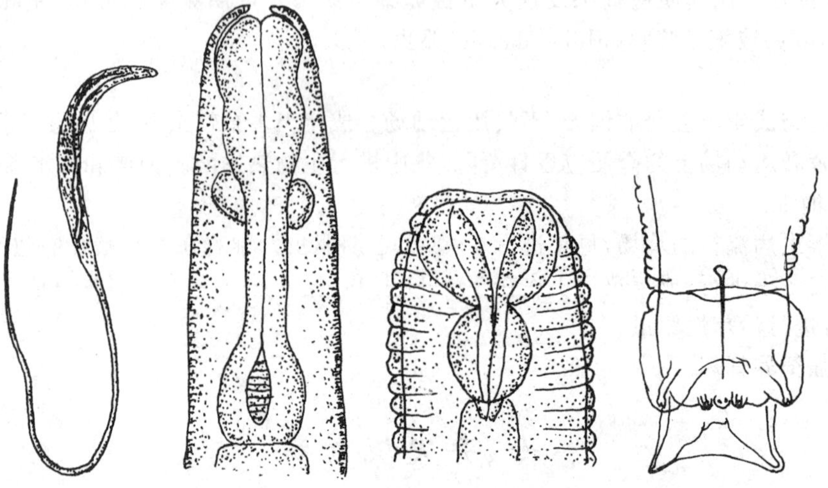

图 9-12 马尖尾线虫

A. 雌虫全形(Mönnig) B. 成虫头端 C. 幼虫头端(板垣) D. 雄虫尾端腹面(Mönnig)

与马蛲虫同属尖尾目的还有胎生普氏线虫(*Probstmayria vivipara*)和绵羊斯克里亚宾线虫(*Skrjabinema ovis*)，亦均见于我国。前者寄生于马、驴的盲肠和结肠，雄虫长 2 mm，雌虫长 2～3 mm，子宫内常含一体形相当大的幼虫，其致病力不详；后者寄生于绵羊、山羊等的结肠中，雄虫长 3.1～3.45 mm，雌虫长 6.8～7.64 mm。

发育史 雄虫交配后死亡。雌虫产卵时下行到肛门，将虫体前部伸出肛外，在肛门周围和会阴部皮肤上产卵，卵互相黏着，呈黄白色团块。雌虫产完全部虫卵后，即皱缩死亡。由于肛门部具有适宜的温度、湿度和空气等条件，故虫卵发育迅速，于 3～5 天在卵壳内即已形成感染性幼虫。由于卵块的干缩或马的擦痒等动作，卵块落入自然界，马由于摄食受感染性虫卵污染的饲料或饮水、舐啮受污染的用具而受感染。在小肠内，幼虫从卵壳中溢出，移居大肠肠腔内，感染后 5 个月发育为成虫。

流行病学　虫卵在适宜的环境中可生存数周；干燥时不超过 12 h；冰冻时不超过 20 h。本病多见于幼驹和老马，在卫生状况恶劣的厩舍中和不做刷拭、个体卫生不良的马匹，常普遍发生感染。

致病作用　幼虫寄生在肠黏膜腺窝时，常将部分黏膜吸入口腔，并分泌蛋白分解酶将黏膜溶解液化作为食物。如虫体过多，可引起肠黏膜损伤，有时发生溃疡，或引起大肠发炎。雌虫在肛门周围产卵时，引起尾根部剧痒，使马兴奋不安，并以臀部就各种物体摩擦，引起该部脱毛或擦伤。蛲虫的代谢产物也对机体有毒害作用。

临床症状　主要症状是雌虫产卵时引起肛门部剧痒，患马常以臀部抵在各种物体上摩擦，引起尾根部、坐骨部脱毛和发生皮炎；继发细菌感染时，可能引起化脓。发痒可以使动物不安，进食不佳，引起消瘦。有时有肠炎症状。

诊断　有可疑的临床病例时，可取肛门周围污物检查，查是否有虫卵。粪便中很难发现虫卵。严重感染时，可在粪便中发现虫体。

治疗和预防　可用丙硫苯咪唑(Albendazole)、噻苯唑(Thiabendazole)等药驱虫。

彻底清洗厩舍的墙壁和地面，消毒用具(可用沸水烫洗)。不要在地上喂草。经常刷洗患马的肛门部，并服药治疗。健康马与患畜分开饲养。新购进的单蹄兽，应先隔离检查，证明为健康时方可并群。

二、异刺线虫病

异刺线虫病的病原体为尖尾目异刺科(Heterakidae)的异刺属(*Heterakis*)线虫，在鸡群中普遍存在。因寄生于盲肠中，故又名盲肠虫。其他禽、鸟也有异刺线虫寄生。

病原体　鸡异刺线虫(*H. gallinae*，图 9-13)，虫体小，白色。头端略向背面弯曲，有侧翼，向后延伸的距离较长。食道球发达。雄虫长 7～13 mm，尾直，末端尖细，交合刺 2 根，不等长。有一个圆形的泄殖腔前吸盘。雌虫长 10～15 mm，尾细长，生殖孔位于虫体中央稍后方。卵呈椭圆形，灰褐色，壳厚，内含单个胚细胞，大小为(65～80) μm×(35～46) μm。

发育史　虫卵随粪便排出体外，在适宜的温度和湿度下，约经 2 周发育为含幼虫的感染性虫卵。后者随饲料或饮水被鸡吞食后，在小肠内孵化，幼虫在黏膜内经过一段时间的发育后，重返肠腔，发育为成虫。自感染性虫卵被摄食至发育为成虫需 24～30 天。成虫寿命约 1 年。有时感染性虫卵被蚯蚓吞咽，它们能在蚯蚓体内长期生存。鸡吃到这种蚯蚓时，也能感染异刺线虫。

致病作用　严重感染时，可以引起盲肠炎和下痢。此外，异刺线虫还是黑头病的病原体火鸡组织滴虫(*Histomonas meleagridis*)的传播者，当同一鸡体内同时有异刺线虫和组织滴虫寄生时，后者可侵入异刺线虫的卵内，并随之排出体外。组织滴虫得到异刺线虫卵壳的保护，即不至于受外界环境因素的损害而死亡。当鸡摄入这种虫卵时，即同时感染异刺线虫和火鸡组织滴虫。

症状和病变　患鸡消化机能障碍，食欲不振，下痢。雏鸡发育停滞，消瘦，严重时造成死亡。成年鸡产蛋量降低。病鸡尸体消瘦，盲肠肿大，肠壁发炎和增厚，间或有溃疡。

诊断和防治 防治可参照鸡蛔虫病的防治措施。检查虫卵时需注意与鸡蛔虫卵相区别。

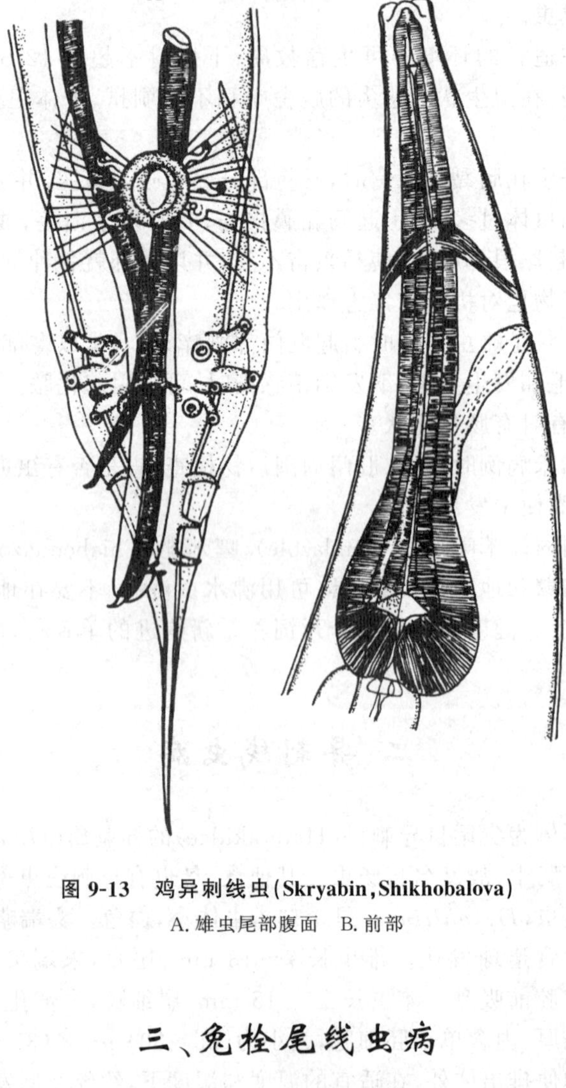

图 9-13 鸡异刺线虫(Skryabin,Shikhobalova)

A. 雄虫尾部腹面 B. 前部

三、兔栓尾线虫病

兔栓尾线虫又称兔蛲虫，学名为疑似钉尾线虫(*Passalurus ambiguus*)，属尖尾目，尖尾科。世界性分布，常大量寄生于兔的盲肠和大肠内，通常无致病性。

虫体半透明，雄虫长 4～5 mm，尾端尖细似鞭状，有由乳突支撑着的尾翼。雌虫长 9～11 mm，有尖细的长尾。虫卵壳薄，一边平直，一边圆凸，如半月形。大小为 90～103 μm，排出时已发育至桑葚期。发育史属直接型，经口感染。感染性虫卵被兔摄食后，幼虫侵入盲肠黏膜的隐窝中，经过一段时间，发育为成虫。

在粪便中查到虫卵或剖检时在盲肠和大肠中发现虫体即可确诊。驱虫可试用哌嗪化合物。防治较为困难，重点是搞好兔舍的卫生，兔群中一旦发现本虫寄生，即应全群驱虫和消毒处理。

四、鼠 蛲 虫

鼠蛲虫病的病原体有：四翼无刺线虫（*Aspiculuris tetraptera*），属尖尾目，尖尾科；隐匿管状线虫（*Syphacia obvelata*），属尖尾目，尖尾科。均属世界性分布，是小鼠的常见线虫。前者寄生于大、小鼠的结肠，其次为盲肠。后者寄生于大、小鼠的盲肠，较少为结肠。

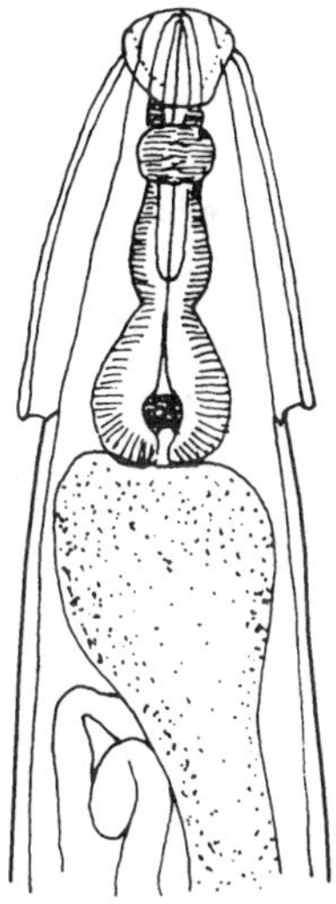
图 9-14 四翼无刺线虫前部（Shults）

四翼无刺线虫（图 9-14）有宽的颈翼，雄虫长 2～4 mm，尾部呈圆锥形，有宽尾翼，无交合刺和引器。雌虫长 3～4 mm，阴门位于虫体前 1/3 处。卵壳薄，大小为（89～93）μm×（36～42）μm。发育史属直接型。虫卵随宿主粪便排出体外，在外界环境中发育到感染阶段，鼠经口感染，幼虫初期发育于结肠后部，以后逐渐移向前部，大约感染后 23 天，粪便中见到虫卵。常和隐匿管状线虫混合寄生。

隐匿管状线虫的形态与四翼无刺线虫相似，主要区别点为颈翼窄，雄虫长 1.1～1.5 mm，尾向腹面弯曲，泄殖腔后急剧变细，有一细长的交合刺，有引器。雌虫长 3.4～5.8 mm，阴门位于虫体前 1/6 处。虫卵一边较平直，大小为（118～153）μm×（33～35）μm。发育史属直接型。雌虫在肛门周围产卵，卵经数小时发育为感染性虫卵，宿主直接吞食了感染性虫卵或虫卵在肛门周围孵化为幼虫后，由肛门爬入结肠内而遭受感染。

一般感染无明显症状。严重感染隐匿管状线虫时，可影响增重和生长发育或引起肠机能紊乱。从鼠粪便中或肛门周围发现虫卵或从盲肠或结肠中发现成虫即可确诊。可用哌嗪化合物、左咪唑、丙硫苯咪唑等药驱虫。许多药物及剖腹取胎术均可控制鼠蛲虫，但很难杜绝重复感染。应注意防止饲料及垫草污染，经常消毒笼具。最好用隔离器饲养。

第四节 杆 虫 病

病原体属于杆形目，小杆科（Rhabdiasidae），类圆属（*Strongyloides*）的线虫，主要寄生于幼畜的小肠。分布于世界各地。对幼畜危害甚大，引起消瘦，生长迟缓，甚至大批死亡。

病原体 类圆线虫寄生于家畜的各个种都是寄生性雌虫，行孤雌生殖，未见有雄虫寄生的报道。雌虫体细小，乳白色。口腔小，食道长，呈柱状，阴门位于体后 1/3 与中 1/3 的交界处。尾短，近似圆锥形。

（1）兰氏类圆线虫（*S. ransomi*）。体长 3.1～4.6 mm，虫卵大小为（42～53）μm×（24～32）μm。寄生于猪的小肠。特别是多在十二指肠的黏膜内。

（2）韦氏类圆线虫（*S. westeri*）。体长 7.3～9.5 mm，虫卵大小为（40～51）μm×（30～40）μm。寄生于马属动物的十二指肠的黏膜内。

（3）乳突类圆线虫（*S. papillosus*，图 9-15）。体长 4.38～5.92 mm，虫卵大小为（42～60）μm×（25～36）μm。寄生于牛羊的小肠黏膜内。

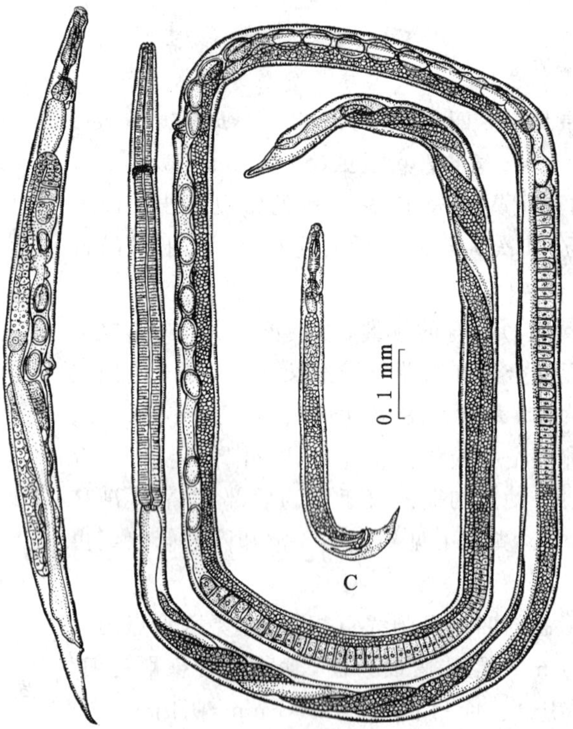

图 9-15 乳突类圆线虫(仿 Basir)

A. 自立生活之雌虫 B. 寄生型雌虫 C. 自立生活之雄虫

(4)粪类圆线虫(*S. stercoralis*)。体长约 2.2 mm,虫卵大小为(50～58) μm×(30～34) μm。寄生于人、其他灵长类、犬、狐和猫的小肠内。

发育史 孤雌生殖的雌虫在终末宿主小肠内产含有第 1 期幼虫的虫卵,并随粪便排到外界。在外界孵化为第 1 期幼虫。这种幼虫的食道短,有两个膨大部,称杆虫型幼虫。杆虫型幼虫的发育,有直接和间接两种类型。直接发育多出现在不适宜外界环境的条件下,通常是在较低的温度(<25℃)和不合适的营养环境中。第 1 期杆虫型幼虫直接发育为具有感染性的第 3 期幼虫,或称丝虫型幼虫。这种幼虫的食道长,呈柱状,无膨大部。间接发育多出现在适宜的外界环境条件下,通常是在温度较高(27～30℃)与食物丰富之时。第 1 期杆虫型幼虫在 48 h 内发育为性成熟的自由生活的具杆虫型食道的雌虫和雄虫,交配后,雌虫产含第 1 期杆虫型幼虫的虫卵,之后发育为具有感染性的丝虫型幼虫。有性世代可能重复进行。

直接发育和间接发育可以在外界的粪便或土壤中同时进行。两种发育型的虫卵、杆虫型幼虫和丝虫型幼虫的形态均相似。只有丝虫型幼虫对动物具有感染性;动物是经皮肤(感染幼虫主动钻入)或经口摄入感染幼虫而遭受感染的。通过皮肤感染时,体内移行情况和钩虫相似,即通过血液循环到心、肺,然后通过肺泡到支气管、气管到咽,被吞咽后,到小肠发育为成虫。经口感染时,幼虫从胃黏膜钻入血管,以后的移行途径同前述。

流行病学 主要在幼畜中流行,生后即可感染。常常是从厩舍的土壤中经皮肤感染,或从母畜被污染的奶头经口感染。在夏季和雨季,畜舍的清洁卫生不良并且潮湿时,流行特别普遍。未孵化的虫卵能在适宜的环境中保持其发育能力达6个月以上;感染性幼虫在潮湿的环境下可生存2个月。在流行的猪场,生后5～8天的乳猪粪便中,即可见有虫卵,1月龄左右感染最严重,2～3月龄后逐渐减少;春产仔猪较秋产的感染严重。幼猪和幼犬还可从母乳中获得感染。

致病作用和症状　幼虫穿过皮肤移行到肺时,常引起湿疹(仔猪)、支气管炎、肺炎和胸膜炎。肺炎时体温升高。仔猪被虫体大量寄生时,小肠发生充血、出血和溃疡。患畜消瘦,贫血,呕吐,腹痛,最后多因极度衰弱而死亡,死亡率可达50%;少量寄生时,临床症状不明显,但影响生长发育。丝虫型幼虫侵入成年猪体内常不能发育至性成熟,但病畜及老年体弱者有时感染。马驹感染时,常有腹泻和疝痛症状。

诊断　用粪便检查法发现大量虫卵即可确诊。类圆线虫卵比圆线虫卵小,内含幼虫,易于辨识。也可用幼虫检查法,检查放置5～15 h的粪便,发现幼虫即可确诊。死后剖检时,可见小肠,尤其是十二指肠肿胀,内含白色黏液;刮黏膜压片镜检,见有大量雌虫时,即可确诊。

治疗　反刍兽用噻苯唑、丙硫苯咪唑或左咪唑驱虫;马用苯硫咪唑(Fenbendazole)或康苯咪唑(Cambendazole);猪用噻苯唑或左咪唑;犬用乙胺嗪。

预防

(1)厩舍和运动场应保持清洁、干燥、通风,避免阴暗潮湿。

(2)患畜应及时驱虫。给怀孕母畜和哺乳母畜驱虫,以防感染幼畜。

(3)应及时清扫粪便,堆积在固定场所发酵,杀死虫卵。幼畜与母畜、病畜和健康畜均应分开饲养。

第五节　圆线虫病

一、马圆线虫病

马的消化道线虫病是指寄生于盲肠和结肠中的一些圆线科(Strongylidae)和毛线科(Trichonematidae)的线虫所引起的疾病。由于这些线虫同属圆线目(Strongylata),故可统称圆(形)线虫。其种类甚多,属于圆线科圆线属(*Strongylus*)的3个种——马圆线虫(图9-16)、无齿圆线虫和普通圆线虫比同一科的其他线虫体形大,危害也较严重;其次是同一科属于三齿属、盆口属和食道齿属的线虫。属于毛线科的有毛线属、杯环属和辐首属等,这类线虫,种类繁多,大多数的体形较圆线科、特别是圆线属的虫体为小,常统称为"毛线虫"。以上各种,在马体内常混合寄生,寄生数量也很大,常形成严重的感染。其分布是世界性的,在自然情况下,几乎没有一匹马没有这类线虫的寄生。大量寄生时,引起肠卡他,可使幼驹发育不良,成年马呈现慢性消化不良,机能紊乱和使役能力降低。马普通圆线虫的幼虫阶段,寄生于肠系膜动脉的根部,并形成动脉瘤,成为血栓栓塞性疝痛的病因,可导致马匹死亡。

病原体

(1)马圆线虫(*S. equinus*)。寄生于马类的盲肠和结肠。我国各地均有分布。虫体较大,呈灰红色或红褐色。口囊发达,呈卵圆形。口缘有发达的内叶冠与外叶冠。在口囊内的背侧壁上有一背沟,其基部有一大型、尖端分叉的背齿,口囊底部腹侧有两个亚腹侧齿。雄虫长25～35 mm,有发达的交合伞;有两根等长的线状的交合刺。雌虫长38～47 mm,阴门开口于距尾端11.5～14 mm处。虫卵呈椭圆形,卵壳薄,大小为(70～85) μm×(40～47) μm。

(2)无齿圆线虫(*S. edentatus*)。又名无齿阿尔夫线虫(*Alfortia edentatus*),也寄生于马类的盲肠和结肠内。世界性分布。虫体呈深灰色或红褐色,形状与马圆线虫极相似,但头部稍大,口囊前宽后狭,口囊内也具有背沟,但无齿。雄虫长 23～28 mm,有两根等长的交合刺。雌虫长 33～44 mm,阴门位于距尾端 9～10 mm 处。虫卵呈椭圆形,大小为(78～88) μm×(48～52) μm。

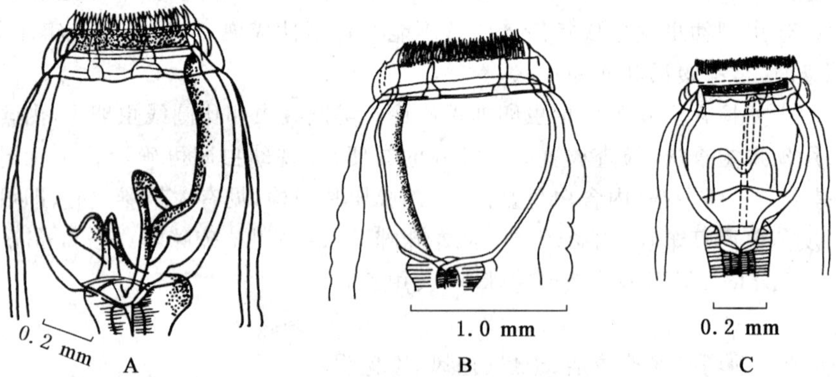

图 9-16 马圆线虫(孔繁瑶等)

A. 马圆线虫头部侧面 B. 无齿圆线虫头部侧面 C. 普通圆线虫头部腹面

(3)普通圆线虫(*S. vulgaris*)。又名普通戴拉风线虫(*Delafondia vulgaris*),也寄生于马类的盲肠、结肠部分。世界性分布。虫体比前两种小,呈深灰色或血红色。口囊壁上有背沟,底部有两个耳状的亚背侧齿;外叶冠边缘呈花边状构造。雄虫长 14～16 mm,有两根等长的交合刺。雌虫长 20～24 mm,阴门距尾端 6～7 mm,虫卵椭圆形,大小为(83～93) μm×(48～52) μm。

除以上 3 种外,寄生于马的盲肠和结肠中的尚有圆线科的另一些种属和毛线科的一些种属,兹概述如下。

属圆线科的主要有:

(1)三齿属(*Triodontophorus*)。虫体长 9～25 mm,口囊呈半球形,口囊底部有 3 对齿。交合刺 2 根,细长。雌虫阴门距虫体末端很近,虫卵与圆线属的相似(图 9-17)。

(2)盆口属(*Craterostomum*)。形态与三齿属相似,但口囊底部无齿。雌虫阴门稍偏前方。

(3)食道齿属(*Oesophagodontus*)。口囊呈杯状,食道漏斗内有 3 个齿,不伸达口囊内。

属于毛线科(图 9-18)的主要有:

(1)毛线属(*Trichonema*)。虫体均较小,雄虫长 4～17 mm,雌虫长 4～26 mm,具有内外叶冠。口囊小而浅,无齿,背沟短小。阴门距肛门甚近。

(2)盂口属(*Poteriostomum*)。与毛线属很相似,但雄虫交合伞的外背肋和背肋自一共同的基部分出;背肋在紧接外背肋处与主干成直角向左右各伸出两个分枝;背肋主干向下延伸裂为 2 支。雄虫长 9～14 mm,雌虫长 13～21 mm。

(3)辐首属(*Gyalocephalus*)。口囊甚浅,囊壁厚,无背沟。食道前部膨大,形成一个极为发达的半球形的食道漏斗,内含构造复杂的角质板。最常见的是头似辐首线虫(*G. capitatus*),雄虫长 7～8.5 mm,雌虫长 8.5～11 mm。

(4)杯环属(*Cylicocyclus*)。口囊壁后缘增厚成圆箍形。

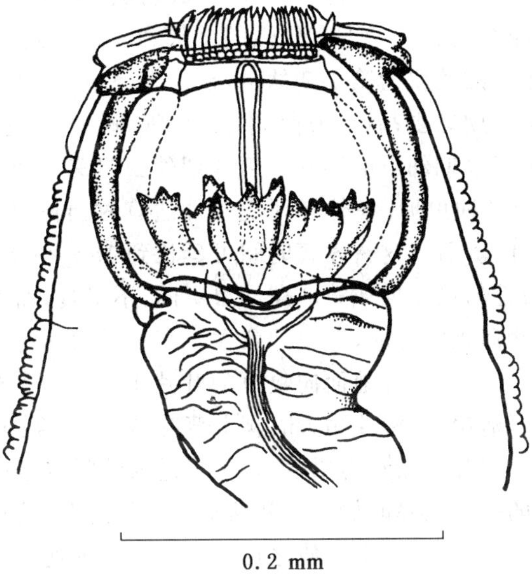

图 9-17　三齿线虫(孔繁瑶)

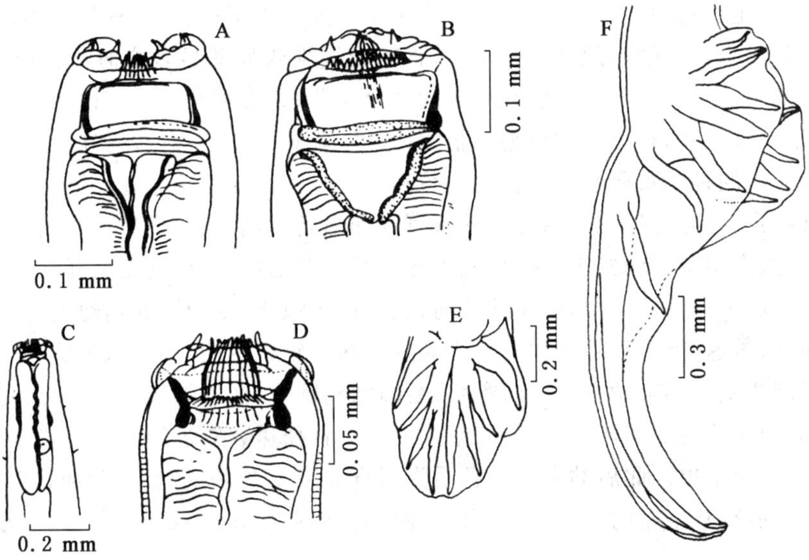

图 9-18　毛线科线虫

A. 杯环线虫头部腹面　B. 杯环线虫头部侧面　C. 四刺毛线虫前部腹面
D. 四刺毛线虫头端　E. 四刺毛线虫交合伞背叶　F. 长杯环线虫交合伞侧叶

发育史　本类线虫的发育史,可分感染前、后两个阶段,其感染前的发育情况基本一致,概述如下。

虫体在肠内产卵,卵随粪便排出体外。初排出的卵,胚细胞尚在分裂早期。排出的虫卵,当外界环境中的湿度、温度和氧气适宜时，发育为第 1 期幼虫。未发育的虫卵，对 0℃以下的低温，抵抗力甚低，极易死亡；但如已发育到卵壳内形成幼虫，则对 0℃以下的低温有较强的抵抗力，可存活数周之久。干燥对初产的卵有较强的杀灭力。发育到含幼虫的卵对干燥也有较强的抵抗力。自卵壳内溢出的幼虫为第 1 期幼虫，在外界环境中营腐生生活并生长，不久进入休眠期，而后蜕皮，变为第 2 期幼虫；后者采食，生长，休眠，蜕皮，但这次蜕下的皮并不被丢弃，仍保留于幼虫体外而成为第 3 期幼虫的鞘膜。第 3 期幼虫具有感染宿主的能力，故又称感染性幼虫。一般马圆线虫的多种虫卵，在外界环境条件适宜时，自畜体排出至发育为第 3 期幼虫，均需 6～7 天，如外界环境不适，这一发育时间可延长到 15～20 天。

第 3 期幼虫的生活习性与第 1 期或第 2 期幼虫不同，不采食，而以贮存在肠细胞内的营养物质供生活消耗，当营养物质被耗尽时，幼虫即死亡。其生活活动的规律，有以下各点：①幼虫有背地性，在牧地的适宜条件下，离开地面向牧草的叶片上爬行。②幼虫对于弱光有向光性，但畏惧强烈的阳光，故仅于清晨、傍晚或阴天时爬上草叶，在日光强烈的白昼和夜晚爬回地面。③幼虫对于温度的感应性，温暖时活动力增强，寒冷时进入休眠状态。④幼虫不能在干的叶面上爬行，需叶面上有薄薄的一层液膜时始适于其活动。⑤幼虫有鞘膜的保护，对恶劣环境的抵抗力较强，但易被直射日光晒死；干燥也能使之致死。当幼虫感到湿度不适时，即钻入泥土中，特别是砂质疏松的土壤，尤易于钻入并进入深层，以避干燥之害。⑥落入水中的幼虫常沉于底部，根据当时温度和环境生态的情况，可存活 1 个月或更久。

由以上情况可知，终末宿主的感染，主要是在温暖季节、早晚阳光较弱和阴天的条件下，在草地上放牧时发生；但也可以由饮水感染。由于第 3 期幼虫不采食，仅依靠其体内的贮存物供应能量，一旦耗尽，即行死亡，故在温暖季节，日间光线强弱变动显著之时，幼虫每日的活动量也较大，其寿命不超过 3 个月，反之，在潮湿的寒冷季节，幼虫可存活 1 年以上。

幼虫被宿主食入后，在小肠中脱鞘。根据体外实验观察，脱鞘过程需在十二指肠内容物中进行。脱鞘后，不同种线虫所采取的移行途径和发育过程不同。兹分述如下：

(1)马圆线虫。第 3 期幼虫脱鞘后，钻入盲肠和结肠的黏膜下，之后入浆膜下层，并在该处形成结节。幼虫在结节中约经 11 天后，蜕皮形成第 4 期幼虫，不久幼虫离开结节，进入腹腔并钻入肝实质，在肝中停留约 4 个月，在此期间，虫体再次蜕化，变为第 5 期幼虫。以后幼虫离开肝脏，经过胰脏，重返肠腔，在结肠中发育为成虫。约在感染后的 260 天，开始产卵。

(2)无齿圆线虫。感染幼虫进入肠黏膜，沿静脉到肝脏，在该处经 11～18 天变为第 4 期幼虫。后者在肝内生活达 9 周，其后在腹腔浆膜下形成直径达数厘米的出血性结节，在其中可见有第 4 期和第 5 期幼虫。此后幼虫沿结肠系膜到盲肠或结肠肠壁，在那里再次形成出血性结节，这种结节一般在感染后的 3～5 个月出现，而后在肠腔中出现成虫。排卵出现在感染后的 300～320 天。

(3)普通圆线虫。本虫的发育过程究竟如何，不同的研究者曾有争议，兹列举为多数学者所接受的意见如下：1970 年 Enigk 氏进行了本虫的实验感染，根据实验感染的结果，提出其发育过程如下：被摄入的第 3 期幼虫进入肠黏膜下，第 8 天后在其中形成第 4 期幼虫。第 4 期幼虫钻入肠黏膜内的动脉管壁，并到达内膜下，开始向肠系膜动脉根部移动。在感染后第 14 天，即可在肠系膜根部内腔中发现幼虫，并形成血栓和动脉瘤；第 45 天后，第 4 期幼虫随血流返回结肠和盲肠黏膜下血管，在肠壁中形成结节，并蜕化为第 5 期幼虫，以后再返回肠腔，变为成虫。约在感染后的第 200 天开始产卵。很多观察发现，除了在肠系膜动脉根部有幼虫存在外，在全身其他部分的动脉管内也常常可以见到它们。不同的学者给这一现象以不同的解释，尚不能得出确定的结论。

马肠内的其他圆线虫，没有上述的那样复杂的移行过程。第3期幼虫被摄入后，蜕去鞘膜，钻入结肠和盲肠黏膜内，蜷缩成团，形成结节，在其中生长发育，蜕皮两次，变为第5期幼虫，以后返回肠腔内寄生。大多数毛线科线虫的移行过程也属这种类型。

致病作用　马肠内常有多种圆线虫混杂寄生，它们有共同的致病特点：①成虫在结肠和盲肠寄生，大多以强大的口囊吸着于肠黏膜上吸血，引起卡他性炎症、创伤和溃疡。②成虫分泌有毒物质，已证实有溶血毒素、抗凝血素等，可引起贫血和某些免疫病理变化。③幼虫在肠壁内形成结节，影响肠管的正常机能。④严重感染圆线虫的马匹，抵抗力降低，营养衰竭，如伴发其他传染病，则易使病情恶化。

普通圆线虫、无齿圆线虫和马圆线虫的幼虫阶段具有复杂的移行过程。在这一过程中，引起一定的或十分严重的损害，其中尤以普通圆线虫为最甚。普通圆线虫的幼虫在动脉管内寄生，引起内膜炎、动脉瘤和血栓形成；有时血栓的碎片随血流移动，阻塞小的动脉分枝。以上各种情况均能引起局部肠壁血管的循环障碍，局部血压下降，血流缓慢，从而使该部分发生动脉性贫血。导致肠组织中二氧化碳聚积，局部缺氧，甚至出现局部肠壁坏死。此种病理生理学变化可引起疝痛，即所谓血栓性、栓塞性疝痛。有动脉瘤形成时，压迫其邻近的、与之并行的腹腔神经丛，从而使神经细胞萎缩变性，引起肠管的神经支配障碍和机能紊乱，使患马呈现便秘，有时因蠕动不平衡而发生肠套叠。马圆线虫幼虫的移行阶段可导致肝和胰的损伤，出现出血性虫道、发炎和机能障碍。无齿圆线虫在腹膜下移行时可引起腹膜炎，腹膜上常形成大量结节，出血，腹膜上有纤维素沉着，腹腔内有不等量的淡黄-红色液体。

症状　有成虫寄生引起的和幼虫移行引起的两种类型。

成虫寄生于肠管引起的疾病，多发生于夏末和秋季，更常在冬季饲养条件变差时转为严重。成虫大量寄生时，可呈急性发作，表现为大肠炎和消瘦。开始时食欲不振，易疲倦，异嗜，数星期后出现带恶臭的下痢，腹痛，粪便中有虫体排出；消瘦，浮肿，最后陷于恶病质而死亡。少量寄生时呈慢性经过，食欲减退，下痢，轻度腹痛和贫血，如不治疗，可能逐渐加重。

幼虫移行期所引起的症状，以普通圆线虫引起的血栓性疝痛最为多见，且最为严重。常在没有任何可被察觉的原因的情况下突然发作，持续时间不等，但经常复发；不发病时，表现完全正常。疝痛的程度，轻重不等。轻型者，开始时的表现为：不安，打滚，频频排粪，但脉搏与呼吸尚正常；数小时后，症状自然消失。重型者疼痛剧烈，病畜作犬坐式或四足朝天仰卧，腹围增大，排粪频繁，粪便为半液状并含血液；脉搏、呼吸加快；肠音增强，其后可能减弱以至消失，如不治疗，多以死亡告终。

马圆线虫幼虫的移行引起肝、胰脏损伤，临床表现为疝痛。无齿圆线虫幼虫则引起腹膜炎，急性毒血症，黄疸和体温升高等。

病理变化　病畜消瘦，贫血，全身水肿，恶病质。肠管有大量虫体吸着于黏膜上，被吸着过的地方可见有小出血点，小齿痕或溃疡。肠壁上有大小不等的结节。普通圆线虫幼虫的移行阶段可在前肠系膜动脉和回盲肠动脉上形成动脉瘤。动脉瘤呈圆柱形、椭圆形或其他不规则的形状，大小不等，最大者可达拳头大到小儿头大，外层坚硬，管壁增厚。内腔含血栓块，血栓块内包埋着幼虫。无齿圆线虫幼虫所引起的病变为：腹腔内有大量的淡黄-红色腹水，腹膜下可见有许多红黑色斑块状的幼虫结节。马圆线虫幼虫在肝内造成出血性虫道，引起肝细胞损伤,胰脏的虫道多由于肉芽组织的侵入而形成纤维性病灶。

诊断　在粪便中发现虫卵可知有此类线虫寄生。由于这一类线虫的卵均相似,故不可能根据虫卵的形态鉴定其种别。确定虫种可根据其第3期幼虫的形态进行鉴别,但缺少应用价值。由于这类线虫的分布广泛,几乎所有马的粪便中均有其虫卵存在,因此,寄生虫学家常应用虫卵计数法确定其感染强度,并以此为依据,间接地判断其致病水平。一般认为,每克粪便中的虫卵数达到1 000个以上时,即应进行驱虫。幼虫引起的疾病,并无特异性症状,故难确诊。

治疗　可用哌嗪化合物、噻苯唑、苯硫咪唑、甲苯唑(Mebendazole)、康苯咪唑或伊维菌素等药驱虫。

预防

(1)牧场应避免载畜量过多,有条件时可实行轮牧,或与牛、羊轮牧(马与牛羊共同感染的虫种甚少);幼驹和成年马应分群放牧。

(2)每年对马进行定期驱虫,一年不少于两次。

(3)搞好马厩清洁卫生。粪便应及时清扫、堆积发酵。

二、夏伯特线虫病

夏伯特线虫病是由圆线科(Strongylidae),夏伯特属(*Chabertia*)线虫(图9-19)寄生于羊、牛、骆驼以及其他反刍兽的大肠内引起的。本病遍及我国各地,而以西北、内蒙古、山西等地较为严重,有些地区羊的感染率高达90%以上。

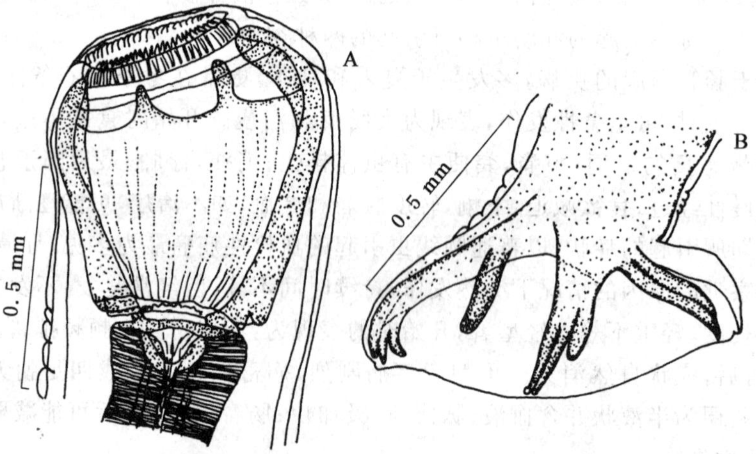

图9-19　叶氏夏伯特线虫(熊大仕,孔繁瑶)

A. 头部侧面　B. 交合伞侧面

病原体　本属线虫有或无颈沟,颈沟前有不明显的头泡,或无头泡。口孔开向前腹侧。有两圈不发达的叶冠。口囊呈亚球形,底部无齿。雄虫交合伞与食道口属相近似;交合刺等长,较细;有引器。雌虫阴门靠近肛门。常见种有绵羊夏伯特线虫(*C. ovina*)和叶氏夏伯特线虫(*C. erschowi*)。

绵羊夏伯特线虫是一种较大的乳白色线虫。前端稍向腹面弯曲。有一近似半球形的大口囊;其前缘有两圈由小三角形叶片组成的叶冠。腹面有浅的颈沟,颈沟前有稍膨大的头泡。雄虫长 16.5～21.5 mm。有发达的交合伞,交合刺褐色。引器呈淡褐色。雌虫长 22.5～26.0 mm,尾端尖,阴门距尾端 0.3～0.4 mm;阴道长 0.15 mm。虫卵呈椭圆形,大小为(100～120) μm×(40～50) μm。

叶氏夏伯特线虫无颈沟和头泡,外叶冠小叶呈圆锥形;内叶冠小叶呈细长指状,尖端突出于外叶冠基部下方,雄虫长 14.2～17.5 mm,雌虫长 17.0～25.0 mm。

发育史　虫卵随宿主粪便排到外界,在 20℃的温度下,经 38～40 h 孵出幼虫,再经 5～6 天,蜕化 2 次,变为感染性幼虫。宿主经口感染,感染后 72 h,可以在盲肠和结肠见到脱鞘的幼虫。感染后 90 h,可以看到幼虫附着在肠壁上或已钻入肌层。感染后 6～25 天,第 4 期幼虫在肠腔内发育蜕化为第 5 期幼虫。至感染后 48～54 天,虫体发育成熟,吸附在肠黏膜上生活并产卵。成虫寿命 9 个月左右。

流行病学　卵在－12～－8℃时,可长期存活。干燥和日光直射时,经 10～15 min 死亡。感染性幼虫在－23℃的荫蔽处,可长期耐干燥;外界条件适宜时,可活一年以上。虫卵和感染性幼虫均能在低温下长期生存是夏伯特线虫流行的重要因素之一。1 岁以内的羔羊最易感染,发病较重,成年羊的抵抗力较强,发病较轻。

致病作用　虫体以口囊吸附在宿主的结肠黏膜上,损伤黏膜,它们还经常更换吸着部位,使损伤更为广泛,其结果是引起黏膜水肿;如有细菌侵入则导致发生溃疡。血管损伤严重时,引起破裂和出血。幼虫吸血,故严重感染时,可引起贫血,红细胞减少,血红蛋白降低。肠黏膜上有大量黏液,可能和杯状细胞活动增强有关。

病理变化　剖检时见虫体吸着于肠壁上,黏膜苍白,肿胀,有小点出血和大量黏液。肠黏膜的某些部位上皮脱落,有时有溃疡。

症状　严重感染时,患畜消瘦,黏膜苍白,排出带黏液和血的粪便,有时下痢。幼畜生长发育迟缓,被毛干脆,食欲减退,下颌水肿,有时引起死亡。

诊断与治疗　可结合临床症状做诊断性驱虫;或取病羊做尸体剖检,发现虫体即可确诊。用左咪唑、噻苯唑等药驱虫。

预防　参阅捻转血矛线虫病。

三、网尾线虫病

(一)羊网尾线虫病

反刍兽肺线虫病的病原体系网尾科(Dictyocaulidae)的网尾属(*Dictyocaulus*),原圆科(Protostrongylidae)的缪勒属(*Muellerius*)、原圆属(*Protostrongylus*)、歧尾属(*Bicaulus*)、囊尾属(*Cystocaulus*)和刺尾属(*Spiculocaulus*)等属的许多种线虫。均寄生于反刍兽的肺部。网尾科的线虫较大,又称大形肺线虫;原圆科的线虫较小,又称小形肺线虫。我国的反刍兽肺线虫病分布较广,危害亦大,不仅造成家畜发育障碍,畜产品质量降低,并能引起死亡。

本病多见于潮湿地区,常呈地方性流行。主要危害羔羊,可引起严重的损失;对犊牛危害较小。

病原体　网尾属线虫呈丝线状。口囊很小,口缘有 4 个小唇片。交合伞的前侧肋是独立的；中侧肋和后侧肋合而为一，仅末端分开；外背肋是独立的；背肋为两个独立的枝，每枝末端分为 2 个或 3 个小杈。交合刺等长，暗褐色，短粗，呈靴形。有引器。雌虫阴门位于体中部。

丝状网尾线虫(*D. filaria*，图 9-20)寄生于绵羊、山羊、骆驼和一些反刍兽的支气管，有时见于气管和细支气管。虫体呈细线状，乳白色，肠管好似一条黑线穿行体内。雄虫长 30 mm，交合伞发达，后侧和中侧肋合而为一，只在末端稍分开；两个背肋末端部有 3 个小分枝。交合刺呈靴形，黄褐色，为多孔性结构。雌虫长 35.0～44.5 mm，阴门位于虫体中部附近。虫卵椭圆形，大小为(120～130) μm×(80～90) μm，卵内含第 1 期幼虫。

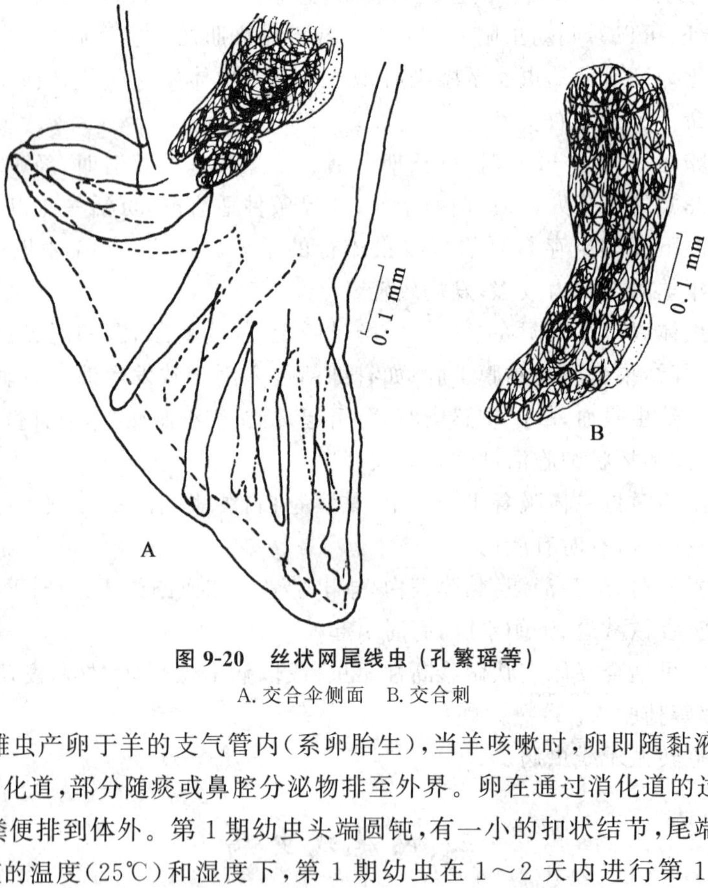

图 9-20 丝状网尾线虫(孔繁瑶等)

A. 交合伞侧面 B. 交合刺

发育史 雌虫产卵于羊的支气管内(系卵胎生)，当羊咳嗽时，卵即随黏液一起进入口腔，大多数被咽入消化道，部分随痰或鼻腔分泌物排至外界。卵在通过消化道的过程中，孵化为第 1 期幼虫，并随粪便排到体外。第 1 期幼虫头端圆钝，有一小的扣状结节，尾端细而钝，易于辨识。在外界适宜的温度(25℃)和湿度下，第 1 期幼虫在 1～2 天内进行第 1 次蜕化，变为第 2 期幼虫，但不脱弃旧角皮。3～4 天后，进行第 2 次蜕化，变为感染性幼虫，这时它们被有两层皮鞘；经 12～48 h 之后，幼虫脱弃第 1 次蜕化的角皮，但仍保留第 2 次蜕化的角皮以为保护层。此时幼虫极为活跃。

羊吃草或饮水时，摄入感染幼虫。幼虫在小肠内脱鞘。感染后 2～5 天，可在肠系膜淋巴结内发现大量幼虫，它们在该处蜕化，变为第 4 期幼虫。继之沿淋巴和血流经心脏到肺，最后通过肺泡到细支气管、支气管。感染后第 8 天，可在支气管内见到第 4 期幼虫，它们在该处进行最后一次蜕化。感染后 18 天到达成虫阶段，感染后 26 天开始产卵。成虫在羊体内的寄生期限，依羊只营养的好坏而不同，由两个月到一年不等。一般营养好的羊只，抵抗力较强，虫体的寄生期短。抵抗力强的羊，可以使其淋巴结内的幼虫的发育受到抑制，但当宿主的抵抗力一旦下降时，幼虫仍然可以恢复发育。

流行病学　丝状网尾线虫幼虫发育期间所要求的温度，比羊其他圆线虫幼虫所要求的温度显然偏低。在4～5℃时，幼虫就可以发育，并且可以保持活力达100天之久。在21.1℃以上时，幼虫活力受到严重影响，而且许多幼虫在发育到感染期之前就发生了退行性变化。被雪覆盖的粪便，虽在－40～－20℃气温下，其中的感染幼虫仍不死亡。温暖季节对其生存极为不利，由于粪便的迅速干燥，其中早期幼虫的死亡率极高。干粪中幼虫的死亡率比湿粪中的大得多。冬季温度常在冰点以下，但感染幼虫仍能生存。成年羊比幼年羊的感染率高。

致病作用　主要的病变是虫体在肺部引起的。虫体寄生在支气管和细支气管，由于刺激，引起发炎，并不断地向支气管周围发展。大量虫体及其所引起的渗出物，可以阻塞细支气管和肺泡，从而引起肺膨胀不全。在膨胀不全的部位可能发生细菌感染，因而导致广泛性的肺炎；还可能在膨胀不全部分的周围发生代偿性肺气肿。

感染初期，幼虫钻入肠黏膜时，引起小点出血，数日后消失。肠淋巴结有水肿、充血，切面有腺病变和幼虫，但这些病变并不经常出现，临床上的意义不大。

组织学检查时，见肺泡壁上皮增厚，肺泡周围有巨噬细胞、浆细胞、巨细胞和大量的白细胞与嗜伊红细胞。支气管上皮肿胀。支气管黏膜、黏膜下层和肌层中都有白细胞和嗜伊红细胞浸润；虫体为肺泡的脱屑、支气管上皮和嗜伊红细胞所包围。支气管和纵膈淋巴结增大和水肿。这是淋巴性支气管外周炎的病变。

羊初次感染后可对再感染产生抵抗力，主要表现为再感染的幼虫不能到达肺部，从而不出现肺部感染。有人认为这是一种过敏性反应。牛感染胎生网尾线虫后也有这种反应。

症状　羊群感染的首发症状是咳嗽，一般发生在感染后16～32天。中度感染时，咳嗽强烈而粗粝；严重感染时呼吸浅表，迫促并感痛苦。先是个别羊发生咳嗽，后常成群发作。羊被驱赶和夜间休息时咳嗽最为明显，在羊圈附近可以听到羊群的咳嗽声和拉风箱似的呼吸声。阵发性咳嗽发作时，常咳出黏液团块，镜检时见有虫卵和幼虫。患羊常从鼻孔排出黏液分泌物，干涸后在鼻孔周围形成痂皮；有时分泌物很黏稠，形成几寸长的绳索状物，托悬在鼻孔下面。常打喷嚏。患羊逐渐消瘦，被毛干枯，贫血，头胸部和四肢水肿，呼吸加快和困难，体温一般不升高。羔羊症状较严重。感染轻微的羊和成年羊常为慢性，症状不明显。

病理变化　尸体消瘦，贫血。支气管中有黏性、黏液脓性、混有血丝的分泌物团块，团块中有成虫、虫卵和幼虫。支气管黏膜混浊肿胀，充血，并有小点出血；支气管周围发炎。有不同程度的肺膨胀不全和肺气肿。有虫体寄生的部位，肺表面稍隆起，呈灰白色，触诊时有坚硬感，切开时常可见有虫体。

诊断与治疗　根据临床症状，特别是羊群咳嗽发生的季节和发生率，考虑有否肺线虫感染的可能。用幼虫检查法，在粪便、唾液或鼻腔分泌物中发现第1期幼虫，即可确诊。剖检时在支气管、气管中发现一定量的虫体和相应的病变时，也可确认为本病。

可用左咪唑、丙硫苯咪唑或伊维菌素等药驱虫。

预防

（1）保持牧场清洁干燥，防止潮湿积水，注意饮水清洁。

（2）成年羊与羔羊分群放牧，为羔羊设置专门的牧场。

（3）由放牧改为舍饲的前后进行1～2次驱虫。

（4）接种致弱幼虫疫苗。

(二)牛网尾线虫病

病原体为胎生网尾线虫(*D. viviparus*,图 9-21),寄生于牛、骆驼和多种野生反刍兽的支气管和气管内。我国西南的黄牛和西藏的牦牛多有此病,常呈地方性流行。牦牛常在春季牧草枯黄时大量地发病死亡,是牦牛春季死亡的重要原因之一。

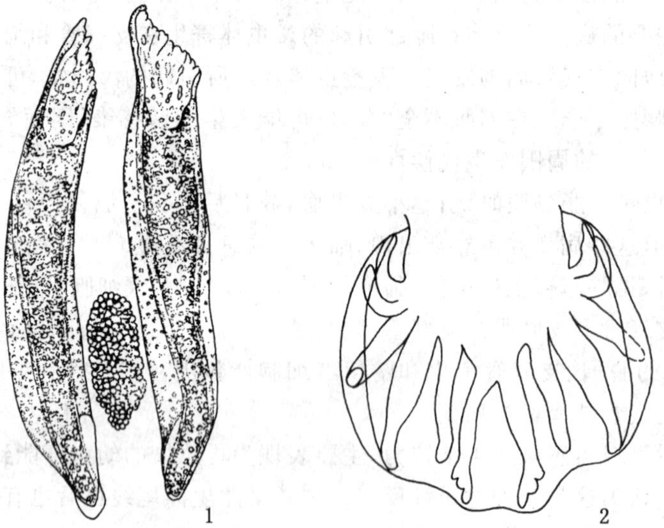

图 9-21 胎生网尾线虫(仿 Skrjabin 与 Schulz)

1.交合刺与引器 2.交合伞

病原体 胎生网尾线虫和羊的丝状网尾线虫相似,雄虫长 40～50 mm,交合伞的中侧肋与后侧肋完全融合。交合刺呈黄褐色,为多孔性构造。引器呈椭圆形,为多泡性结构。雌虫长 60～80 mm,阴门位于虫体中央部分,其表面略突起呈唇瓣状。虫卵呈椭圆形,大小约为 85 μm×51 μm。内含第 1 期幼虫,长 0.31～0.36 mm,头端钝圆,无扣状结节,尾部较短而尖。

发育史 雌虫在牛的支气管和气管内产卵,卵随黏液咳至口腔,转入消化道。幼虫多在大肠孵化,并随粪便排至体外。在适宜的温度(23～27℃)和湿度条件下,幼虫经两次蜕化后变为感染幼虫,只需 3 天时间。温度低时,可能延迟至 11 天。低于 10℃或高于 30℃不能发育到感染期。牛在吃草或饮水时摄食感染性幼虫后,后者在小肠内脱鞘,钻入肠壁,由淋巴液带至淋巴结,在该处进行第 3 次蜕化。此后经胸管进入血液循环,到心脏,转入肺,出毛细血管进肺泡,到达细支气管和支气管。在肺部进行最后一次蜕化。从感染起到雌虫产卵需 21～25 天,有时要 1～4 个月。牛肺线虫在牛犊体内的寄生期限,取决于牛的营养状况。营养好,抵抗力强时,虫体的寄生时间短,否则寄生时间长。

致病作用与病理变化 幼虫移行到肺以前的阶段,危害不大。幼虫和成虫所引起的肺损伤及其发病机制同羊网尾线虫病。病牛可能发生自愈现象,可参阅总论免疫部分。

病理变化 见有皮下水肿,胸腔积水。肺肿大,有大小不一的肝变。大小支气管均为虫体堵塞,虫体可多至 300～500 条。

症状 最初出现的症状为咳嗽,初为干咳,后变为湿咳。咳嗽次数逐渐频繁。有的发生气喘和阵发性咳嗽。流淡黄色黏液性鼻涕。消瘦，贫血，呼吸困难，听诊有湿啰音；可能导致肺泡性和间质性肺气肿。可引起死亡。

诊断、治疗和预防　参考羊网尾线虫病。

(三)骆驼网尾线虫病

骆驼网尾线虫病的病原体是骆驼网尾线虫(*D. cameli*)。虫体呈线状，乳白色。雄虫长32～55 mm。交合伞的中、后两侧肋完全融合，仅末端稍膨大。外背肋短，背肋1对，粗大，末端有呈梯级的3个分枝。交合刺的构造与胎生网尾线虫的相似。雌虫长46～68 mm。寄生于单峰驼、双峰驼的气管和支气管。

(四)马网尾线虫病

马的肺线虫病的病原体为网尾科(Dictyocaulidae)的安氏网尾线虫(*Dictyocaulus arnfieldi*)，寄生于马属动物的支气管。多见于北方，但一般寄生数量很少，仅在死后剖检时发现，或粪便检查时发现幼虫。

病原体　虫体呈白色丝状，雄虫长24～40 mm，交合伞的中侧肋与后侧肋在开始时为一总干，占1/2，后半段分开。交合刺两根，棕褐色，略弯曲，呈网状结构。引器不明显。雌虫长55～70 mm。卵呈椭圆形，大小为(80～100) μm×(50～60) μm，随粪便排出时，卵内已含幼虫，多在外界孵化。

发育史　成虫寄生在支气管内产卵。卵随痰液进入口腔，被咽下后随粪便排到体外。幼虫多在外界孵化，经两次蜕皮发育为第3期(感染性)幼虫。发育速度取决于外界环境的温度和湿度，温度为25～28℃时，需72 h。马经口感染，以后的移行经过和羊网尾线虫相似。感染后35～40天，在肺中见到成虫。

流行病学　与牛的胎生网尾线虫很相似，呈散发性流行。主要发生于驹，自夏末到秋天和整个冬季都有发生。感染性幼虫对干燥敏感，不能在牧场上越冬。

致病作用和病变　一般不引起严重的肺异常。但也有许多不同的报告。Ershov(1956)谓本病和犊牛网尾线虫病相似，可引起支气管炎，肺内有结节。Thomas等(1960)报告，在美国，小骡患病比较普遍。有些作者认为驴是胎生网尾线虫的自然宿主，可以寄生大量虫体而没有任何症状。

诊断　根据临床症状和在粪便中发现虫卵或幼虫做出诊断。死后剖检时可在支气管内发现虫体和相应病变。

治疗与预防　可用噻苯唑或甲苯唑驱虫。在流行地区应避免在低洼潮湿的草地上放牧；注意饮水清洁。马、驴分开放牧，幼驹与成年马分开放牧。

四、原圆线虫病

羊肺线虫病的另一类病原体属原圆科的缪勒属、原圆属、歧尾属、囊尾属和锐尾属，已如前述。在羊体内，此等线虫多系混合寄生，但分布最广、危害最大的为缪勒属和原圆属的线虫，兹以之为代表叙述如下。

此等线虫非常细小，有的肉眼刚能看到，故又称小形肺线虫。雄虫交合伞不发达，背肋不分枝或仅末端分叉，或有其他形态变化。雌虫阴门靠近体后端。卵胎生。

病原体

(1)毛样缪勒线虫(*Muellerius capillaris*，图 9-22)。是分布最广的一种，寄生于羊的肺泡、细支气管、胸膜下结缔组织和肺实质中。雄虫长 11～26 mm，和原圆科其他线虫不同之处在于交合伞高度退化，雄虫尾部呈螺旋状卷曲和泄殖腔周围有许多乳突。交合刺两根，长 150～180 μm，弯曲，近端部有翼膜，远端部分为两枝，呈锯齿状结构，全形如同一个弯曲的音叉。雌虫长 18～30 mm，阴门距肛门甚近；虫体后端边缘有一个小的角质膨隆。虫卵呈褐色，大小为(82～104) μm×(28～40) μm，产出时细胞尚未分裂。

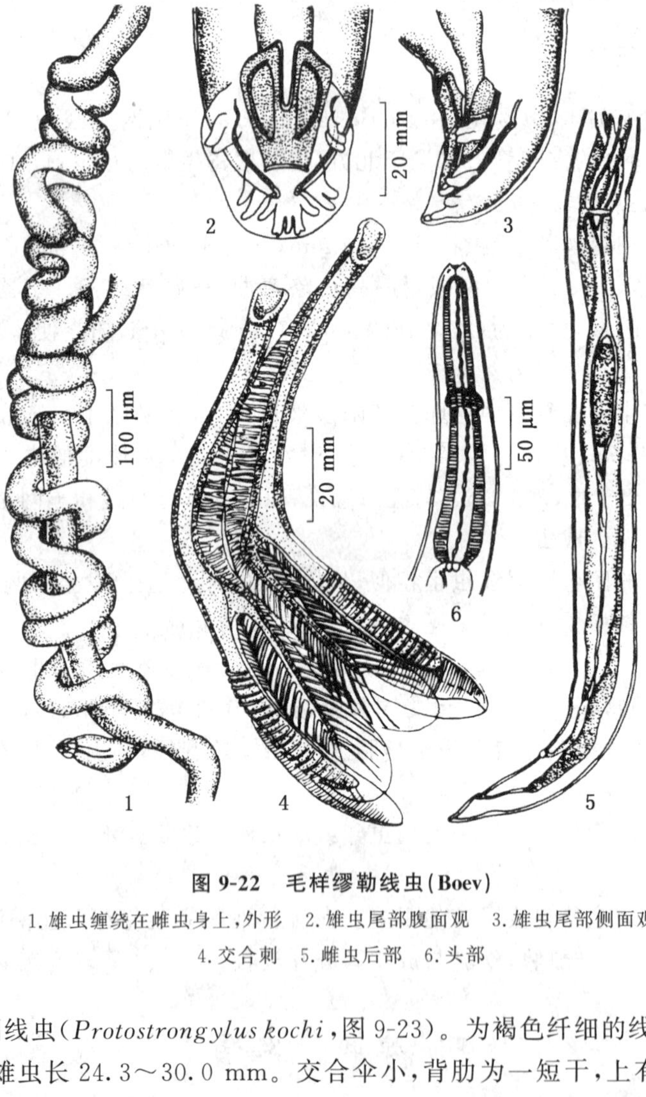

图 9-22 毛样缪勒线虫(Boev)

1.雄虫缠绕在雌虫身上，外形 2.雄虫尾部腹面观 3.雄虫尾部侧面观
4.交合刺 5.雌虫后部 6.头部

(2)柯氏原圆线虫(*Protostrongylus kochi*，图 9-23)。为褐色纤细的线虫，寄生于羊的细支气管和支气管。雄虫长 24.3～30.0 mm。交合伞小，背肋为一短干，上有 6 个乳突。交合刺呈暗褐色，为多孔性栉状结构。引器由头、体和脚 3 部分组成，头和脚部表面有小疣。副引器由基板、短的侧板和宽的舌状腹板构成。雌虫长 28～40 mm，阴门位于肛门附近，阴门前有一突起。阴道内虫卵的大小为(69～98) μm×(36～54) μm。

发育史 卵产出后，发育孵化为第 1 期幼虫，后者沿细支气管上行到咽，转入肠道，随粪便

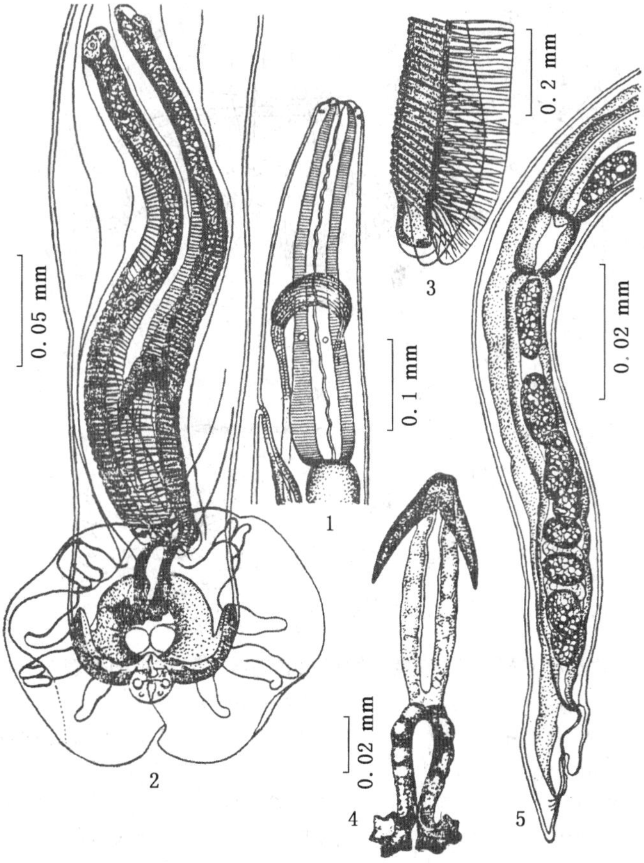

图 9-23　柯氏原圆线虫(Boev)

1.头部　2.雄虫尾部　3.交合刺远端　4.引器　5.雌虫尾部

排到体外。随粪便排出的幼虫,具杆虫型食道。缪勒线虫的第 1 期幼虫,尾部呈波浪形弯曲,背侧有一小刺;原圆线虫的幼虫亦呈波浪形弯曲,但无小刺。中间宿主是软体动物中的陆地螺和蛞蝓,不下 20 余属。第 1 期幼虫由螺类足部钻入,在其体内蜕皮两次,形成感染性幼虫。在螺类体内发育到感染期的时间,随温度和螺的种类而异,原圆线虫一般为 15～49 天,缪勒线虫为 8～98 天。羊吃草时摄入受感染的螺之后,在宿主消化酶的作用下,螺被消化,幼虫在肠内释出,钻入肠壁,到淋巴结,进行第 3 次蜕化;以后沿循环系统到心,转至肺。缪勒线虫在肺实质等处蜕第 4 次皮,并在该处发育为成虫。原圆线虫在肺泡和细支气管内蜕第 4 次皮,并在该处发育为成虫。从感染起到发育为成虫的时间为 25～38 天(图 9-24)。

流行病学　在自然条件下,缪勒线虫的第 1 期幼虫在粪便和土壤中可生存几个月。幼虫在干粪中可生存数周,在湿粪中的生存期较长。幼虫在 3～6℃的低温下,比在高温下生活得较好。对干燥有显著的抵抗力。在相对湿度为 75%时,最长可活 14 天。还能抵抗冰冻,冰冻 3 天后仍有活动力,12 天死亡。直射阳光可迅速使幼虫死亡。幼虫在整个生活期间都能钻入螺的体内。幼虫通常不离开粪便移行,因为螺类以羊粪为食,幼虫在那里有更多的机会找到中间宿主。幼虫感染螺类之后,如遇适宜温度,可迅速发育到感染期。在螺体内的感染幼虫,其

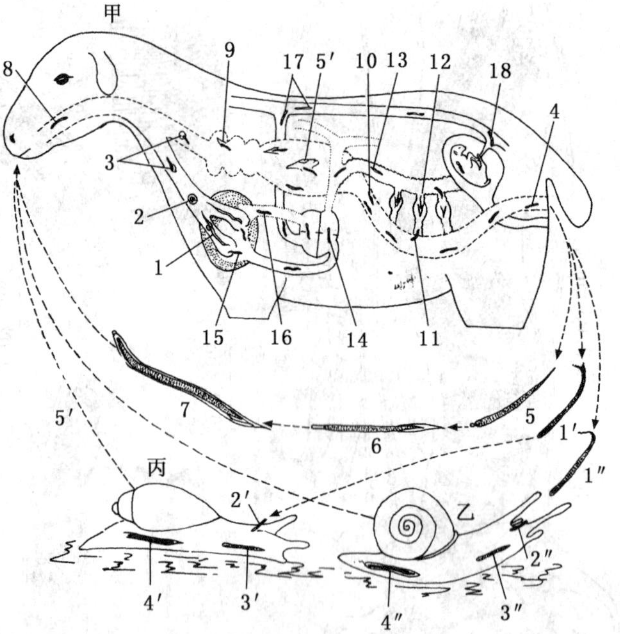

图 9-24 羊丝状网尾线虫、红色原圆线虫和毛样缪勒线虫的发育史(仿 Olsen)

甲.终末宿主羊 乙.原圆线虫的中间宿主 丙.缪勒线虫的中间宿主

1.三种线虫的成虫、网尾线虫和原圆线虫在支气管和细支气管,缪勒线虫在肺实质中的小结节内 2.虫卵 3.虫卵孵化 4.幼虫随粪排出体外

网尾线虫:5.第 1 期幼虫,具头扣 6.保留第 1 次鞘膜的第 2 期幼虫 7.保留第 1、2 次鞘膜的第 3 期幼虫 8.羊吞食了感染性幼虫 9.幼虫蜕化,形成第 4 期幼虫 10.幼虫进入小肠 11.幼虫进入肠壁,入乳糜管 12.幼虫在淋巴结内进行最后一次蜕皮 13.幼虫通过淋巴管到心脏 14.幼虫通过右心到肺 15.幼虫从肺血管壁到肺泡、细支气管和支气管 16.有些幼虫进入肺静脉和左心 17.幼虫到主动脉,进入全身循环 18.如果母羊怀孕,有些幼虫进入子宫动脉和胎儿循环,造成羔羊生前感染

缪勒线虫:1′.在粪便和土壤中自由生活的第 1 期幼虫 2′.幼虫进入陆地螺或蛞蝓体内 3′.第 2 期幼虫 4′.第 3 期幼虫 5′.终末宿主吞食了带感染幼虫的软体动物而受感染,在终末宿主体内的移行和网尾线虫相同

原圆线虫:1″.第 1 期幼虫 2″.幼虫进入软体动物体内 3″.第 2 期幼虫 4″.第 3 期幼虫,终末宿主感染和以后的移行及发育与缪勒线虫相似

寿命与螺的寿命同长,为 12～18 个月。螺死后,幼虫可在螺体腐烂之前溢出,仍能生存数日。除严冬软体动物休眠期外,几乎全年均可发生感染。4～5 月龄以上的羊,几乎都有虫体寄生,甚至数量很多。

在羊体内的虫体可能有相当长时间的潜在期——成熟前期,如有鞘囊尾线虫(*Cystocaulus ocreatus*)可长达 3 个月,甚至可以处于休眠状态达 175 天,这是由于非特异性和特异性免疫因素造成的。当这种免疫降低时,幼虫转入活动状态,发育为成虫,并可能引起临床症状。

致病作用和病理变化 原圆线虫寄生于小的细支气管,由于虫体的刺激,引起局部炎症;炎性产物可以流入肺泡,并导致炎症过程向支气管周围组织发展,受害肺泡和支气管表皮脱落,阻塞管道,该处发生圆细胞浸润和结缔组织增生,最后成为小叶性肺炎灶,呈圆锥形轮廓,黄灰色。这种病灶最常见于肺后叶的背缘。病灶切面的涂片上,可见到成虫和幼虫。与病灶接触的胸膜,可能发生纤维素性胸膜炎。

未发育的虫卵和成虫填塞肺泡时，由于它们不引起明显的细胞反应，故肺泡壁仍显正常，当病因被去除后，病即消失。但幼虫则不然，它们能引起细胞反应，凡有幼虫的肺泡、支气管及其周围组织均发生细胞浸润，引起肺萎陷和实变，继之其周围的肺泡和末梢支气管发生代偿性气肿和膨大；当肺泡壁和末梢支气管膨大到发生破裂时，细菌即乘机侵入，引起支气管肺炎。细胞反应还常使幼虫的表面布满巨噬细胞，有如套膜，其后可能发展成为假结核状物；有时幼虫表面被覆一层沉淀物，对幼虫发育起阻碍作用。此系一种免疫机制，随宿主年龄和免疫水平而不同，幼畜常无此种机制。

病肺的另一特征是肌组织肥大，肥大的肌束见于肺周围的肺泡管，细支气管的肌组织也同样发生这种变化；肥大是支气管系统渐进阻塞导致的，其终极结果是肺萎陷。如阻塞过猛，则在肌组织尚未出现变化时，即已形成完全的肺萎陷，肌肥大和肺萎陷混合构成肺的肌硬变(muscular cirrhosis)。

缪勒线虫的致病作用基本上与前述的相似，但由于虫体寄生部位不同和虫卵也能引起细胞反应一点，故致病作用亦有某些不同。由虫卵引起的假结节，散布于整个肺内，这就引起人们怀疑虫体在某一个时期可能曾在肺的小动脉内寄生。胸膜上也有很多结节。结节被细菌侵袭时，则发生局部脓肿或脓毒性胸膜炎。结节和其他病变的钙化程度不同，其中虫体的情况也不同。第 4 期幼虫和发育中的虫体是在未钙化的病变内，轻度钙化的病变中只有成虫；严重钙化的病变中，只有变性的虫体。

临床症状　轻度感染时不显临床症状。重度感染时肺虚弱无力，这可以加剧宿主健康和抵抗力的降低，使其易遭其他并发感染。当病情加剧和接近死亡时，有呼吸困难、干咳或暴发性咳嗽等症状。同时并发网尾线虫病时，可引起大批死亡。

诊断与治疗　粪便检查可以发现虫卵或幼虫，鼻分泌液中亦可查获虫卵或幼虫；大约每克粪便中有 150 条幼虫时，被认为是有病理意义的荷虫量。剖检病尸发现成虫与相应病变可作为诊断依据。可用左咪唑、噻苯唑或丙硫苯咪唑等药驱虫。

预防

(1)应避免在低洼、潮湿的地段放牧，减少与陆地软体动物接触的机会。

(2)放牧羊只应尽可能地避开中间宿主活跃的时间，如雾天、清晨和傍晚。

(3)成年羊与羔羊分群放牧；成年羊往往是带虫者，是感染源。

五、猪后圆线虫病

本病是由后圆科(Metastrongylidae)，后圆属(*Metastrongylus*)的线虫引起的。虫体呈丝状，寄生于猪的支气管和细支气管，故又称猪肺线虫。本病遍及全国各地，呈地方性流行，对幼猪危害很大。严重感染时，可引起肺炎，且能加重肺部其他疾病的危害。故本病实为猪的重要疾病之一。

病原体　虫体呈乳白色或灰色，口囊很小，口缘有 1 对分三叶的侧唇。食道略呈棍棒状。交合伞一定程度的退化，背叶小；肋有某种程度的融合。交合刺 1 对，细长，末端有单钩或双钩。两条子宫并列，至后部合为一阴道；阴门紧靠肛门，前方覆一角质盖；后端有时弯向腹侧。卵胎生。

我国常见的为野猪后圆线虫[*M. apri*，又称长刺后圆线虫(*M. elongatus*)]和复阴后圆线虫(*M. pudendotectus*),萨氏后圆线虫(*M. salmi*)很少见。均寄生于支气管,但通常多在细支气管第2次分枝的远端部分。野猪后圆线虫除寄生于猪和野猪外,偶见于羊、鹿、牛和其他反刍兽。亦偶见于人。

(1)野猪后圆线虫(图9-25)。雄虫长11～25 mm,交合伞较小;前侧肋大,顶端膨大;中侧肋和后侧肋融合在一起;背肋极小。交合刺呈丝状,长4.0～4.5 mm,末端为单钩。无引器。雌虫长20～50 mm,阴道长,超过2 mm。尾长90 μm,稍弯向腹面。虫卵大小为(51～54) μm×(33～36) μm。

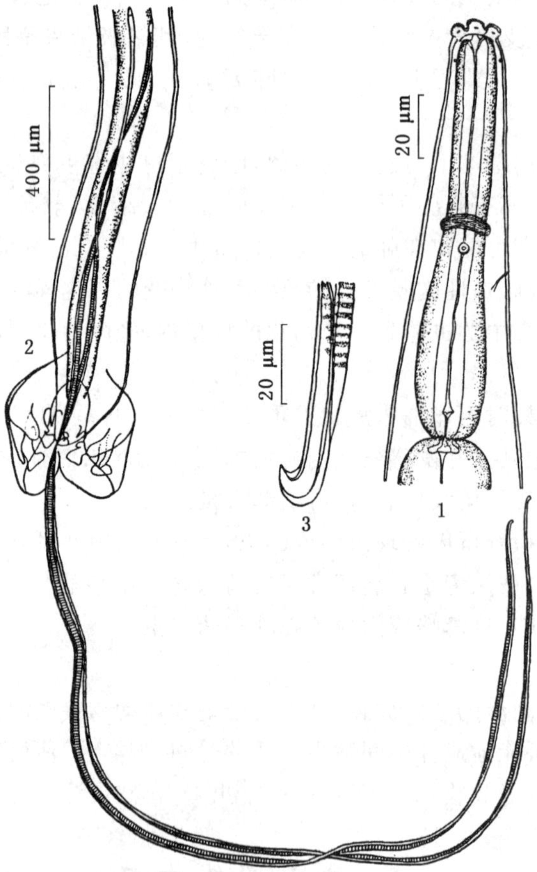

图9-25 野猪后圆线虫(Shultz等)

1.前部侧面 2.雄虫尾部 3.交合刺末端

(2)复阴后圆线虫(图9-26)。雄虫长16～18 mm,交合伞较大;交合刺长1.4～1.7 mm,末端为双钩。有引器。雌虫长22～35 mm。阴道短于1 mm,尾直,有较大的角质膨大覆盖着肛门和阴门。虫卵大小为(57～63) μm×(39～42) μm。

(3)萨氏后圆线虫(图9-27)。雄虫长17～18 mm,交合刺长2.1～2.4 mm,末端呈单钩形。雌虫长30～45 mm,阴道长1～2 mm。尾长95 μm,稍弯向腹面。虫卵大小为(52.5～55.5) μm×(33～40) μm。

这3种后圆线虫在我国的分布情况是:野猪后圆线虫发现于23个省市;复阴后圆线虫有

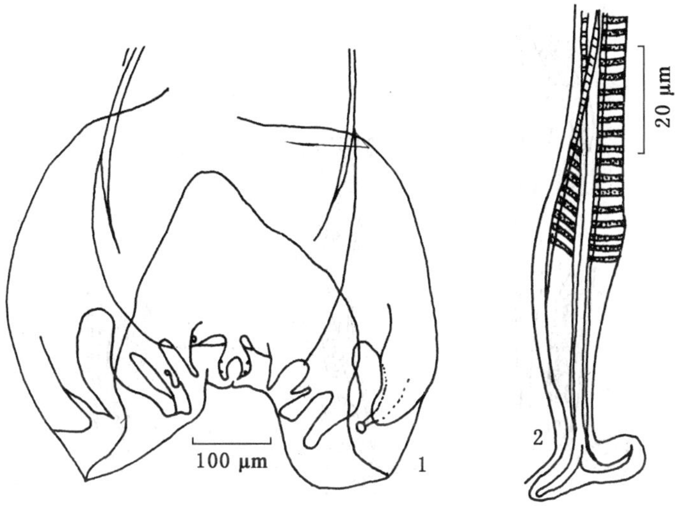

图 9-26 复阴后圆线虫(Shultz 等)

1.交合伞 2.交合刺末端

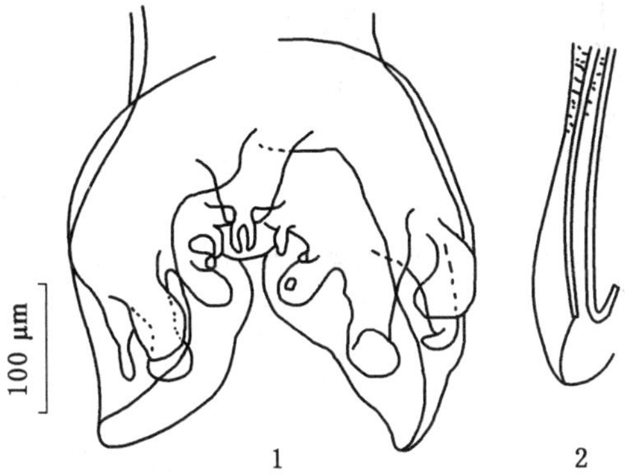

图 9-27 萨氏后圆线虫(Shultz 等)

1.交合伞 2.交合刺末端

6 个;萨氏后圆线虫有 3 个。据实验,野猪后圆线虫和复阴后圆线虫同时感染猪,各有 35%的幼虫发育成熟;野猪后圆线虫单独感染猪,幼虫发育到性成熟的约 4%;复阴后圆线虫单独感染猪,幼虫发育到性成熟的只有 1%。所以,野猪后圆线虫和复阴后圆线虫同时寄生时,二者可能有协同作用;二者一起寄生虽然并非必需,但确实彼此有利。这两种虫体常为混合寄生,三种混合寄生者极少。

图 9-28 为 3 种后圆线虫雌虫尾部,图 9-29 为后圆线虫卵。

发育史 雌虫在宿主支气管内产卵,卵随黏液一起,转至口腔被咽下,再随粪便排到外界。卵壳厚,表面有细小的乳突状突起,稍带暗灰色。卵在潮湿的土壤中,可因吸收水分,卵壳膨大而破裂,孵出第 1 期幼虫。蚯蚓吞食了第 1 期幼虫或虫卵而受感染。虫卵被吞食时,第 1 期幼虫在蚯蚓体内孵化。第 1 期幼虫多数寄生于蚯蚓的胃壁和食道壁,少数在血管和心脏中;经 2 次蜕皮发育为感染性幼虫;之后入消化道随粪便排至土壤中。当蚯蚓受伤时也可以从其伤口溢出,进入土壤。猪吞食了土壤中的感染性幼虫或有感染性幼虫的蚯蚓而遭受感染。蚯

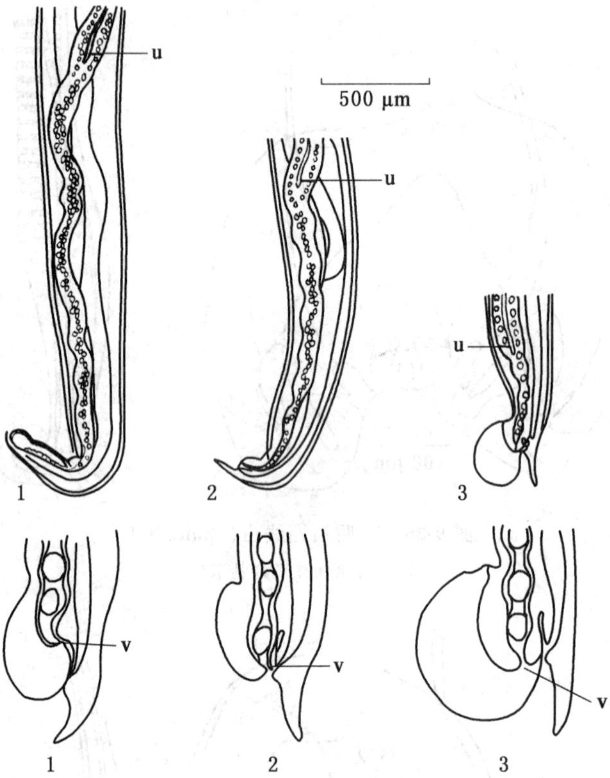

图 9-28　3 种后圆线虫雌虫尾部(Shultz 等)

1. 野猪后圆线虫　2. 萨氏后圆线虫　3. 复阴后圆线虫

u. 子宫　v. 阴道

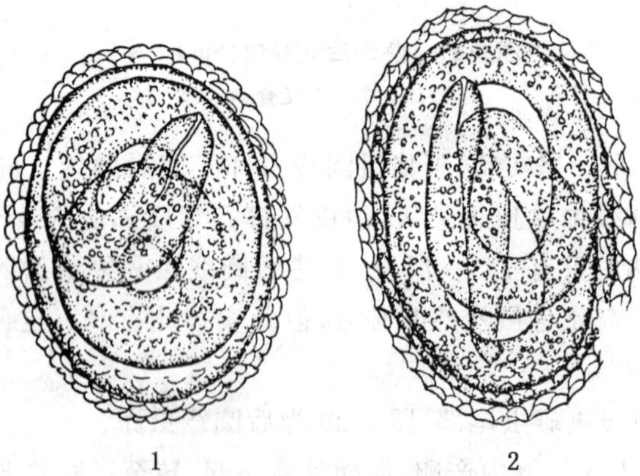

图 9-29　后圆线虫卵(Skrjabin 等)

1. 野猪后圆线虫虫卵　2. 复阴后圆线虫虫卵

蚓被摄入时，它们在猪肠内被消化，释放出感染性幼虫。感染性幼虫钻入猪的盲肠壁、大肠前段壁或肠淋巴结中，经 1～5 天的发育，进行第 3,4 次蜕皮，然后经肠壁淋巴系统到静脉，之后到肺，钻出毛细血管，进入肺泡，再到细支气管、支气管和气管。约在感染后第 23 天发育为成虫排卵。感染后 5～9 周产卵最多，以后逐渐减少。大部分成虫在感染后的前数周内被排出，只有少量虫体，主要是寄生在肺的深部呼吸道者得以存留，这些虫体是污染牧场和导致其他猪群感染的重要因素。

流行病学 野猪后圆线虫是猪肺线虫病的主要病原体，流行广泛。其较重要的流行因素有：

(1)虫卵的生存时间长。在运动场上的粪便中的虫卵可存活 6～8 个月；秋季在牧场上产下的虫卵，可度过结冰的冬季，生存 5 个月以上。

(2)第 1 期幼虫的存活力也很强，在水中可以生存 6 个月以上，在潮湿的土壤中达 4 个月以上。

(3)虫卵自感染蚯蚓到在其体内发育至感染阶段所需时间为，月平均室温为 10.6℃和 13.8℃时不发育；14～21℃需 1 个月；24～30℃需 8 天。

(4)蚯蚓的感染率在夏秋季节有时高达 71.9%，感染强度最高达 208 个，其中几乎都是感染阶段的幼虫。

(5)在蚯蚓体内的感染性幼虫保持感染性的时间，可能和蚯蚓的寿命一样长。蚯蚓的寿命随种类而异，为 1.5～4 年不等，有些种类可活 4～10 年。但据 Rose(1959)的观察，被幼虫感染的蚯蚓，寿命不超过 15 个月。游离于自然界的幼虫，在潮湿的土壤中，可存活 2～4 周，在 6～16℃的水中可以存活 5～6 周；冬季为 4 个月；－8～－5℃为 2 周。可以作为野猪后圆线虫之中间宿主的蚯蚓，在我国已发现有 20 种之多，分属于 6 个属。由此可见，野猪后圆线虫对中间宿主的选择性不强，这也是分布广泛的重要原因。凡被猪肺线虫卵污染并有蚯蚓的牧场，放牧猪一年可发生两次感染，第 1 次在夏季，第 2 次在秋季。

致病作用 幼虫移行对肠壁及淋巴结的损害是轻微的。主要损害肺，呈支气管肺炎的病理变化。引起的原因：幼虫移行时所造成的肺泡损伤；成虫在细支气管和支气管寄生时的机械性和化学性刺激；大量虫卵进入肺泡；以及虫体代谢产物的吸收等。其发生机制可参阅牛、羊肺线虫病。如继发细菌感染时，则发生化脓性肺炎，这种情况多见于严重感染的幼年猪，且死亡率甚高。对成年猪的致病力较轻微。

肺线虫还可以给肺部其他细菌性或病毒性疾病创造有利条件，从而使这些疾病易于发生或加重其病程。有肺线虫时，易于并发猪肺疫。猪流感病毒可感染肺线虫卵，这种虫卵在蚯蚓体内发育为感染幼虫时，病毒仍保留在幼虫体内，并能保持活力达 32 个月之久；猪感染这种幼虫时，即同时感染流感病毒。肺线虫幼虫还可以传播猪瘟病毒和蒂申(Teschen)病毒，传播机制和猪流感病毒的相似。猪肺线虫感染可加剧猪支原体性肺炎(猪气喘病)，在肺部同时存在这两种病的病变。

猪在感染后几周内可能使大量虫体被排出，其免疫过程和牛感染胎生网尾线虫后的“自愈”机制相似。猪血液中的抗体可以和幼虫天然孔的分泌物或排泄物形成免疫复合物而使天然孔堵塞。

病变和症状 肉眼病变常不甚显著。膈叶腹面边缘有楔状肺气肿区，支气管增厚，扩张，靠近气肿区有坚实的灰色小结，小支气管周围呈现淋巴样组织增生和肌纤维肥大。支气管内有虫体和黏液。

轻度感染时症状不明显，但影响生长发育。严重感染时，有强力的阵咳，呼吸困难(特别在运动或采食后剧烈)，贫血，食欲丧失。即使病愈，生长仍缓慢。

诊断与治疗 根据临床症状和粪便中发现大量虫卵或剖检病尸发现虫体而确诊。检查粪便用饱和硫酸镁溶液作为浮集液，检出率较高。可用左咪唑、丙硫苯咪唑、苯硫咪唑(Fenbendazole)或伊维菌素等药驱虫。

预防

(1)猪舍、运动场应保持干燥；舍内最好铺设水泥地面。

(2)及时清扫粪便，设固定场所发酵。

(3)对放牧猪应定期严格检查，一经发现立即驱虫。尽可能改放牧为舍饲。

六、广州管圆线虫病

广州管圆线虫(*Angiostrongylus cantonensis*)是鼠类的肺线虫，属后圆科。寄生于肺动脉。广州管圆线虫的幼虫引起人的嗜酸性粒细胞增多性脑膜炎与脑膜脑炎。在我国南方各省和东南亚地区均有病例报道。

虫体细长，白色，头端圆形，口孔周围有两圈小乳突。雄虫长 15～26 mm。交合伞对称，外观呈肾形，背肋为一短干，顶端有两缺刻。交合刺等长。雌虫长 21～45 mm，阴门靠近肛门；尾部呈斜锥形。

成虫寄生于鼠的肺动脉，产卵在肺动脉内。虫卵随血流进入肺毛细血管，发育为第 1 期幼虫。幼虫进入呼吸系统，再经气管上行至咽喉部，转入消化道随粪便排出体外。排出的第 1 期幼虫被中间宿主(多种软体动物——螺、蛞蝓)吞食或幼虫主动侵入中间宿主体内后，经两次蜕皮变为感染性幼虫，鼠类等终末宿主吞食含感染幼虫的中间宿主或被感染幼虫污染的食物而遭受感染。感染幼虫进入终末宿主消化道后，穿过肠壁，进入血管，随血流经肝、心到肺，在肺内发育为成虫。

人因摄食带感染幼虫的螺而遭受感染，幼虫的移行途径与在鼠体内时相同，但在人体，幼虫多停留在中枢神经系统，少在肺内发育。鼠类严重感染时可导致死亡，轻度感染时不显症状。在人常引起嗜酸性粒细胞增多性脑膜炎与脑膜脑炎。可用酶联免疫吸附试验诊断。治疗可用甲苯咪唑(Mebendazole)、左咪唑、康苯咪唑(Cambendazole)等药驱虫。

七、毛圆线虫病

(一)血矛线虫病

寄生于反刍兽消化道的圆线虫之大多数虫种均属毛圆科(Trichostrongylidae)，其分布遍及全国各地，引起反刍兽消化道圆线虫病，给畜牧业带来巨大损失。

寄生于反刍兽第 4 胃和小肠的毛圆科线虫，有血矛属(*Haemonchus*)、长刺属(*Mecistocirrus*)、奥斯特属(*Ostertagia*)、马歇尔属(*Marshallagia*)、古柏属(*Cooperia*)、毛圆属(*Trichostrongylus*)、细颈属(*Nematodirus*)和似细颈属(*Nematodirella*)的许多种线虫，它们在反刍兽体内多系混合寄生，其中以血矛属的捻转血矛线虫致病力最强，可以这样说：反刍兽毛圆线虫病主要是血矛线虫病。另本科线虫在形态、生态和病的流行、病理与防治等方面都有许多相同点。因此，本书将以血矛线虫病为代表作重点叙述，对其他各属线虫及其可能引起的疾病只作简要的介绍。

血矛线虫属的捻转血矛线虫（*H. contortus*，图 9-30）呈毛发状，因吸血而显现淡红色。颈乳突显著，呈圆锥形，伸向后侧方。头端尖细，口囊小，内有一背矛状小齿。雄虫长 15～19 mm，交合伞有由细长的肋支持着的长的侧叶和偏于左侧的由一个倒“Y”形背肋支持着的小背叶。交合刺较短而粗，末端有小钩。雌虫长 27～30 mm，因白色的生殖器官环绕于红色含血的肠道周围，形成了红白线条相间的外观，故称捻转血矛线虫，亦称捻转胃虫。阴门位于虫体后半部，有一显著的瓣状阴门盖。虫卵大小为(75～95) μm×(40～50) μm。卵壳薄，光滑，稍带黄色，新排出的虫卵含 16～32 个胚细胞。

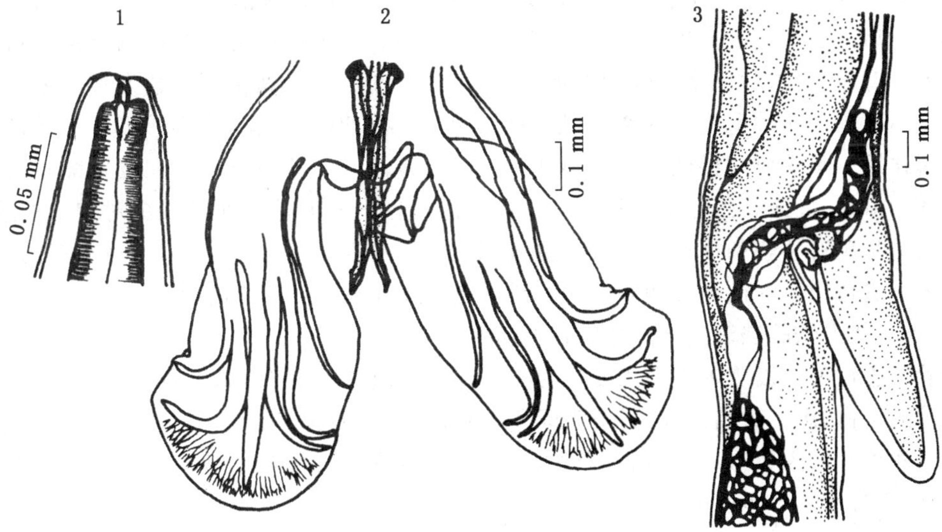

图 9-30　捻转血矛线虫(孔繁瑶等)

1.头端　2.交合伞　3.阴门盖

柏氏血矛线虫（*H. placei*）寄生于牛的雌虫，阴门盖呈舌片状；寄生于羊的雌虫，阴门盖呈小球状。似血矛线虫（*H. similis*）和捻转血矛线虫相似，不同之处在于虫体较小，背肋较长，交合刺较短。

发育史　捻转血矛线虫寄生于反刍兽的第 4 胃，偶见于小肠。虫卵随粪便排到外界，在适宜的条件下大约经 1 周发育为第 3 期感染性幼虫。感染性幼虫带有鞘膜，在干燥环境中，可借休眠状态生存一年半。各期幼虫在外界环境中的生活习性和马圆线虫相似。

感染性幼虫被终末宿主摄食后，在瘤胃内脱鞘，之后到真胃，钻入黏膜，感染后 18～21 天发育成熟，成虫游离在胃腔内。成虫的寿命不超过一年。

流行病学　一般认为，捻转血矛线虫比其他毛圆科线虫产卵多，但有很多因素能使雌虫的产卵数发生变化，其中一个重要因素是免疫反应。虫卵主要是在牧场上发育，其所需要的外界条件主要是温度、湿度和氧气。在牧场上(氧气一般充足)，温度和湿度则常有变化，从而影响虫卵和幼虫的发育，影响感染性幼虫的活动和生存期，自然也就影响到终末宿主的感染数量和牛、羊胃肠道线虫之数量的季节动态。

牛、羊粪和土是幼虫的隐蔽所。感染幼虫有背地性和向光性反应，在温度、湿度和光照适宜时，幼虫就从牛、羊粪或土壤中爬到牧草上；环境不利时又回到土壤中隐蔽，幼虫受土壤的庇护，得以延长其生活时间，故牧草受幼虫污染，土壤为其主要来源。

羊对捻转血矛线虫有“自愈”现象，这是初次感染时产生的抗体和再感染时的抗原物质相结合所引起的一种过敏反应。在捻转血矛线虫，表现为真胃黏膜水肿，这种水肿造成对虫体不利的生活环境，导致原有的虫体被排出和不发生再感染。一个重要特点是，自愈反应没有特异性，捻转血矛线虫的自愈反应，既可以引起真胃其他线虫(如普通奥斯特线虫和艾氏毛圆线虫)的自愈，还可以引起肠道线虫(如蛇形毛圆线虫)的自愈，这可能是由于它们有共同的抗原。自愈机制是使羊胃肠道线虫发生寄生变化的一种重要机制。一般来说，羊胃肠道线虫群体的春季高潮是被自愈消除的。

关于春季高潮的来源，说法不一。有谓来自牧草上的幼虫；有谓来自羊真胃黏膜内休眠越冬的幼虫。后一种情况的出现，是由于幼虫进入羊体时，羊体虽已处于免疫渐降期，但仍能抑制幼虫的发育；但当这种免疫下降到不足以抑制其发育时，于是幼虫便一起发育起来，从而发生春季高潮。羊的这种免疫力的变化，是和秋冬的饲养管理与环境条件的变化相一致的。

致病作用 最重要的特征是贫血和衰弱。据实验，2 000 条虫体寄生在真胃黏膜时，每天吸血可达 30 mL，尚未将虫体离开后流失的血液计算在内。但捻转血矛线虫对羔羊的致病力和羊的机体状况有关，有时引起致死性进行性贫血，有的发生贫血后还可以自愈，有的不造成严重影响。贫血引起的循环失调和营养障碍可能导致肝脏中心静脉周围的坏死和肝细胞的脂肪变性，有时伴发铁的缺乏。羊真胃有胃炎病变。

症状 急性型的以肥羔羊突然死亡为特征。尸体眼结膜苍白，高度贫血。亚急性型的体征是显著的贫血，患羊眼结膜苍白，下颌间和下腹部水肿；身体逐渐衰弱，被毛粗乱，下痢与便秘交替。病程一般为 2～3 个月到 4 个月。如不死亡，则转为慢性。慢性型的症状较不明显，病程 7～8 个月或达 1 年以上。体温一般均正常。

诊断 羊群中出现一些上述症状轻重不同的患者，便可以怀疑为捻转血矛线虫病，但不能作结论。实验室诊断用粪便浮集法检查，但捻转血矛线虫的卵不易和其他圆线虫卵(特别是食道口线虫虫卵)区别，因此，确诊此病必须根据当地流行情况、患者的症状、死羊或病羊的剖检结果作综合判断。

治疗 可用左咪唑、噻苯唑、丙硫苯咪唑、甲苯唑或伊维菌素等药物驱虫，并辅以对症疗法，补饲富含蛋白质、矿物质(尤其是铁)的精料。

预防

(1)预防性驱虫。可根据当地的流行情况给全群羊进行驱虫。计划性驱虫一般在春秋各进行一次，冬季用高效驱虫药驱杀黏膜内休眠的幼虫，以消除春季排卵高潮；在转换牧场时应进行驱虫。

(2)药物预防。在严重流行地区，放牧期间可将硫化二苯胺混于精料或食盐内任其自行舐服，每只羊每天 0.5～1.0 g，持续 2～3 个月，有预防作用。

(3)加强饲养管理。放牧羊应尽可能避开潮湿地带，尽量避开幼虫活跃的时间，以减少感染机会；注意饮水清洁卫生，建立清洁的饮水点。合理地补充精料和矿物质，提高畜体自身的抵抗力。

(4)全面规划牧场。有计划地进行分区轮牧，适时转移牧场。为了提高草地的利用率可与不同种牲畜进行轮牧。

(5)改善牧场管理，控制载畜量。圈养时加强粪便管理。

(二)毛圆线虫病

毛圆属(*Trichostrongylus*)线虫虫体细小,一般不超过 7 mm。呈淡红或褐色。缺口囊和颈乳突。排泄孔位于靠近体前端的一个明显的腹侧凹迹内。雄虫交合伞的侧叶大,背叶极不明显,腹腹肋特别细小,常与侧腹肋成直角。侧腹肋与侧肋并行,背肋小,末端分小支。交合刺短而粗,常有扭曲和隆起的脊,呈褐色。有引器。雌虫阴门位于虫体的后半部内,子宫一向前,一向后。无阴门盖,尾端钝。虫卵呈椭圆形,壳薄。常见种有:

(1)蛇形毛圆线虫[*T. colubriformis*(syn. *T. instabilis*),图 9-31]。寄生于绵羊、山羊、牛、骆驼及许多羚羊小肠的前部,偶见于真胃。亦寄生在兔、猪、犬及人的胃中。是牛、羊体内最常见的种类。雄虫长 4~6 mm,两个交合刺近于等长,远端具有明显的三角突。腹腹肋特别细小,前侧肋最粗大,背肋小,末端分小支。雌虫长 5~6 mm。虫卵大小为(79~101) μm×(39~47) μm。

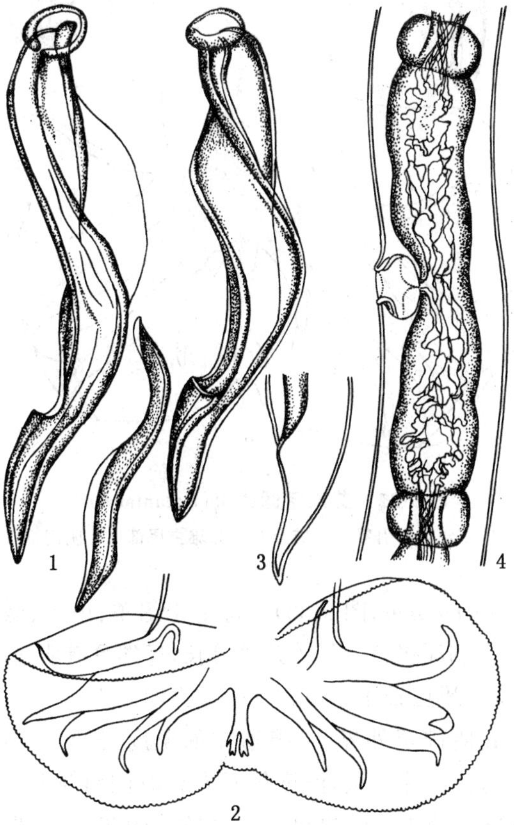

图 9-31　蛇形毛圆线虫(Kalantaryan)

1.交合刺与引器　2.交合伞　3.雌虫尾部　4.阴门部

(2)艾氏毛圆线虫[*T. axei*(syn *T. extenuatus*),图 9-32]。寄生于绵羊、山羊、牛及鹿的真胃,偶见于小肠,也见于马、驴及人的胃中。雄虫长 3.5~4.5 mm,两个交合刺不等长,形状相异,短的为 0.085~0.095 mm,长的为 0.11~0.15 mm。背肋稍长而细,末端分小支。雌虫长 4.6~5.5 mm,虫卵大小为(70~90) μm×(35~42) μm。

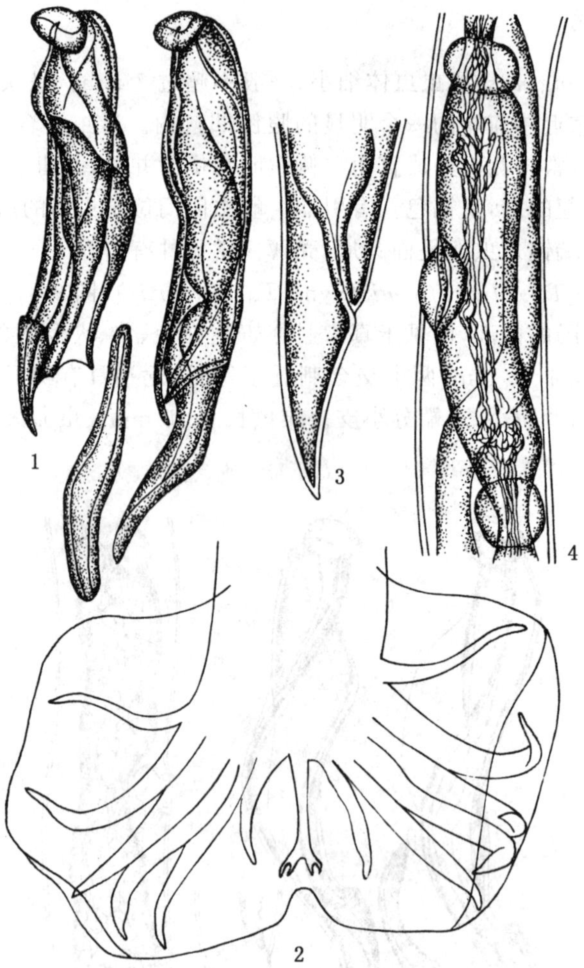

图 9-32 艾氏毛圆线虫(Kalantaryan)

1. 交合刺与引器 2. 交合伞 3. 雌虫尾部 4. 阴门部

(3)突尾毛圆线虫(*T. probolurus*,图 9-33)。寄生于绵羊、山羊、骆驼、兔及人的小肠中。雄虫长 4.3～5.5 mm,两个交合刺深褐色,粗壮,几乎等长,远端具有明显的三角突。侧腹肋较其他肋粗大,背肋很短,末端分支。雌虫长 4.5～6.5 mm。虫卵大小为(76～92) μm×(37～46) μm。

发育史 虫卵随宿主粪便排至外界,在最适宜的温度(27℃)、有充分氧气和湿度的条件下,经 5～6 天发育为第 3 期感染性幼虫,温度低时发育时间将延长,一般在牧地上需 1～2 周时间才能发育为第 3 期感染性幼虫。幼虫可移行至牧草的茎叶上,牛、羊吃草时经口感染。幼虫在小肠黏膜内进行第 3 次蜕皮,第 4 期幼虫重返肠腔,最后一次蜕皮后,在感染后 21～25 天发育为成虫。

流行病学 绵羊和山羊,特别是断乳后至 1 岁的羔羊对毛圆线虫最易感。母羊往往是羔羊的感染源。毛圆线虫的第 3 期感染性幼虫对外界因素的抵抗力较强,在潮湿的土壤中可存活 3～4 个月,且耐低温,可在牧地上过冬,越冬的数量足以使动物春季感染发病。但在 5 月份以后牧地上就很难找到越冬的幼虫。炎热、干旱的夏季对幼虫的发育和存活均很不利。

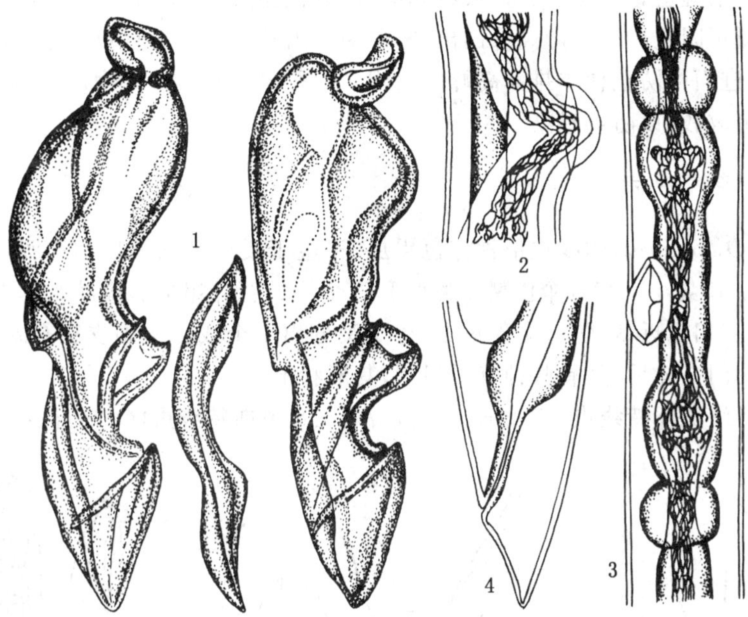

图 9-33　突尾毛圆线虫(Kalantaryan)

1. 交合刺与引器　2,3. 阴门部　4. 雌虫尾部

我国与世界其他温带地区一样,成年动物每年排卵出现两次高峰:一次是春季(4～6 月份)排卵大高峰;另一次是秋季(8～9 月份)排卵小高峰。当年生的羔羊和犊牛一年只有一次秋季排卵高峰。第 3 期感染性幼虫在牧地上全年也出现两次高峰:一次是夏末秋初;另一次是冬末春初。毛圆线虫的寄生性幼虫,在冬季不利的条件下是以第 3 期幼虫的早期阶段在宿主体内发育受阻的。受阻率并不很高,约在 20%。因此,毛圆线虫多以成虫的形式在宿主体内越冬。然而,近些年来研究发现,幼虫发育受阻在流行病学上仍具有重要意义。

致病作用和症状　毛圆线虫虫体虽小,但由于动物普遍被感染,感染强度又大,往往可达数千条,这不仅可引起胃肠道黏膜损伤,酶活性和体液成分改变,而且使动物的生产性能下降,影响畜牧业生产。

幼虫钻入黏膜上皮细胞下与固有膜之上的腺体之间,并形成通道,一般在感染后 10～12 天,发育中的幼虫破通道而出,引起出血,水肿,血清蛋白流入肠腔发展为低白蛋白血症。磷和钙的吸收受到抑制,导致骨质疏松。

动物在短时间内严重感染时可引起急性发作,表现腹泻,急剧消瘦,体重迅速减轻,死亡;轻度感染时可引起食欲不振,生长受阻,消瘦,贫血,皮肤干燥,排软便和腹泻与便秘交替发生。

病理变化　急性病例除胃肠道外,其他器官无损伤,黏膜肿胀,特别是十二指肠,轻度充血,覆有黏液,刮取物于镜下可见到发育受阻和发育中的幼虫。慢性病例可见尸体消瘦,贫血,肝脏脂肪变性,黏膜肥厚,发炎和溃疡。

诊断与治疗　根据临床症状、发病季节、死后剖检及粪便检查可做出初步诊断。粪便培养,根据感染性幼虫的形态可做出属的鉴定。治疗可用苯硫咪唑(Fenbendazole)、甲苯咪唑(Mebendazole)、丙硫咪唑(Albendazole)或伊维菌素(Ivermectin)等药驱虫。

防治 防治措施应把驱虫和合理放牧相结合，只搞驱虫，不组织合理放牧，往往效果不大。冬末春初驱虫既可阻止春季排卵高峰的出现，避免受阻幼虫恢复发育对畜体造成损伤，又可避免牧地被污染，进而可防止秋季排卵高峰的出现。但驱虫后必须把动物，特别是羔羊和犊牛转移到清洁牧地上放牧，以防再感染。

(三)奥斯特线虫病

奥斯特属(*Ostertagia*)的线虫俗称棕色胃虫，寄生于反刍兽的真胃和小肠。虫体中等大，长 10～12 mm。口囊小。交合伞由两个侧叶和一个小的背叶组成。腹肋基本上是并行的，中间分开，末端又互相靠近；背肋远端分两支，每支又分出 1 个或 2 个副支。有副伞膜。交合刺较粗短。雌虫阴门在体后部，有些种有阴门盖，其形状不一。

常见种有环纹奥斯特线虫(*O. circumcincta*)、三叉奥斯特线虫(*O. trifurcata*，图 9-34)。

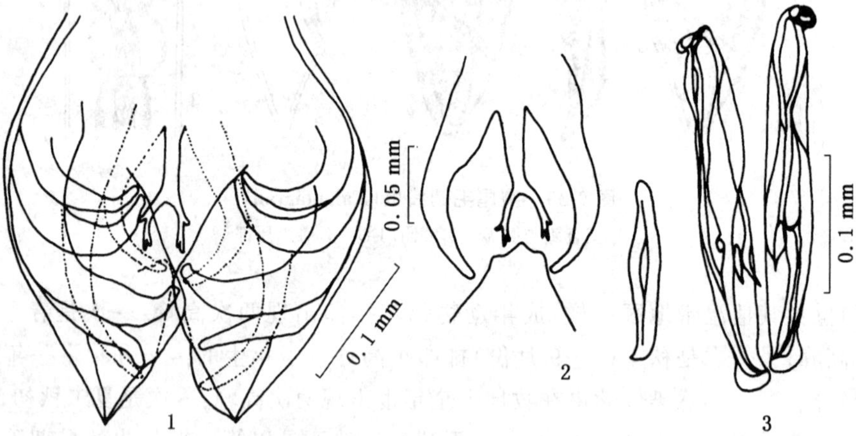

图 9-34 三叉奥斯特线虫(孔繁瑶等)

1.交合伞 2.交合伞背叶与引器 3.交合刺

奥斯特线虫的发育史和捻转血矛线虫相似，第 3 期幼虫在胃腺内进行发育和蜕化。感染后第 8 天，大部分幼虫已附着于胃黏膜上。有些幼虫停留达 60 天后开始进行发育。虫体感染后第 15 天成熟，第 17 天可在粪便中发现虫卵。大部分虫体在 60 天内由宿主体内消失。奥斯特线虫较捻转血矛线虫耐寒，在较冷地区，奥斯特线虫发生较多。严重感染时，患畜有消瘦，贫血，衰弱和间歇性便秘等症状，严重时可引起死亡。

(四)马歇尔线虫病

马歇尔属(*Marshallagia*)线虫寄生于双峰骆驼、羊、牛等的真胃。和奥斯特属线虫的形态相似，但外背肋较细长，起始于背肋基部，远端几达伞缘；背肋也是细长的，远端分成两支，每支的端部有 3 个小分杈。虫卵很大，和细颈属线虫同为本类线虫卵中之最大者。常见种有蒙古马歇尔线虫(*M. mongolica*，图 9-35)。

临床症状主要表现为严重的消瘦，多发生在早春季节。剖检时，可在真胃发现大量的马歇尔线虫和黏膜的卡他性炎症。

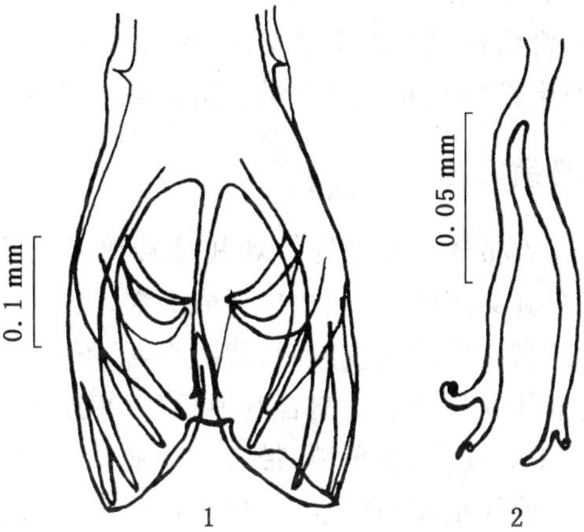

图 9-35　蒙古马歇尔线虫(孔繁瑶等)

1.交合伞　2.背肋

(五)古柏线虫病

古柏属(*Cooperia*)线虫的新鲜标本呈红色或淡黄色,寄生于反刍兽的小肠、胰脏,很少见于第 4 胃。头端呈圆形,较粗,角皮膨大,有横纹;交合伞的背叶小。腹腹肋比侧腹肋细小,两者平行向前,相距较远;后侧肋比另两个侧肋细。背肋分两支,常向外方弓曲,因而形成所谓竖琴样的外观,交合刺短粗。常见种有等侧古柏线虫(*C. laterouniformis*)、叶氏古柏线虫(*C. erschowi*,图 9-36)。

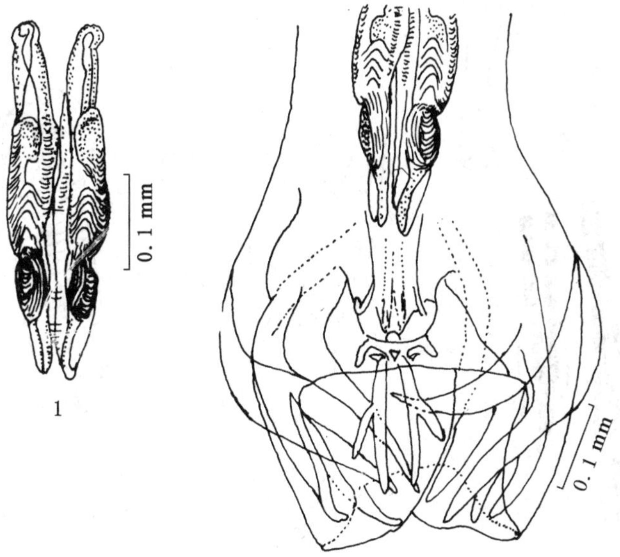

图 9-36　叶氏古柏线虫(仿吴淑卿)

1.交合刺　2.交合伞

古柏线虫对宿主的选择有较强的特异性,有些种主要寄生于牛,有些种只寄生于羊。终末宿主感染后,经15天左右发育为成虫。严重感染时,有腹泻,厌食,进行性消瘦等症状,最后可导致死亡。剖检时见小肠前半部的黏膜上有大量小出血点,后半部有轻度卡他性渗出物。

(六)细颈线虫和似细颈线虫

(1)细颈线虫属(*Nematodirus*)。线虫的外观和捻转血矛线虫相似,但虫体前部呈细线状,而后部较宽。口缘有6个乳突围绕;头端角皮形成头泡,其后部有横纹;无颈乳突。交合伞有两个大的侧叶,上有圆形或椭圆形的表皮隆起;背叶小,很不明显。腹肋密接并行,中侧肋与后侧肋相互靠紧,背肋为完全独立的两支。交合刺细长,互相连接,远端包在一共同的薄膜内。无引器。雌虫阴门位于体后1/3处,尾端平钝,带有一小刺。虫卵大,与马歇尔线虫卵同属毛圆线虫卵中之最大者,易与其他线虫卵相区别,产出时内含8个细胞。成虫寄生于牛、羊的小肠。常见种有奥拉奇细颈线虫(*N. oiratianus*,图9-37)。

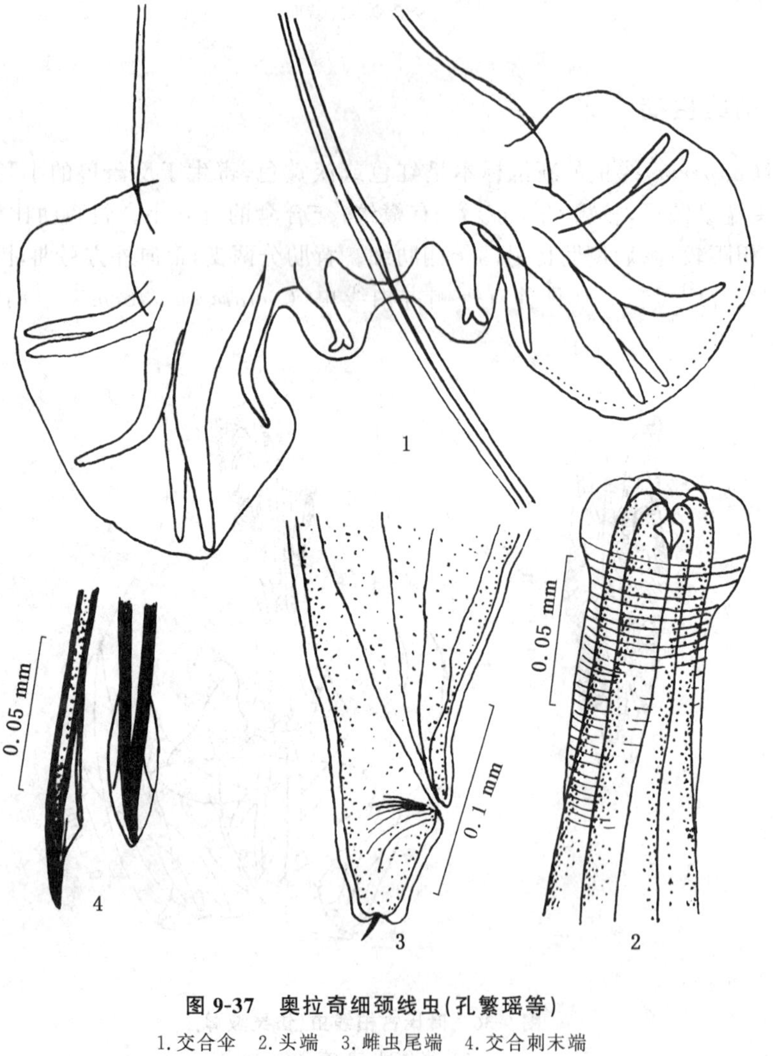

图9-37 奥拉奇细颈线虫(孔繁瑶等)

1.交合伞 2.头端 3.雌虫尾端 4.交合刺末端

感染幼虫在小肠黏膜内发育，发育到成虫期约需 20 天。近来的研究证明，细颈线虫对牛、羊的致病力均甚显著。在西非，雨季时常给山羊造成很高的死亡率；牛严重感染时出现腹泻，食欲缺乏，衰弱，体重减轻等症状。但粪便中的虫卵很少，每克粪便中的虫卵数仅 10～14 个。羊对再感染有抵抗力，特别是羔羊，在感染后两个月内出现抵抗力，表现为虫卵数量下降，体内虫体被排出。

(2)似细颈属(*Nematodirella*)。线虫的外形与细颈线虫相似。雄虫的交合刺特别长，可达虫体全长的一半。雌虫的阴门在虫体前 1/4 处。表皮上有明显的纵纹。卵胎生，寄生于反刍兽的小肠。常见种有长刺似细颈线虫(*N. longispiculata*)、骆驼似细颈线虫(*N. cameli*)。

(七)长刺线虫病

长刺属(*Mecistocirrus*)线虫角皮上有纵脊。口囊内有一个大的背齿。雄虫交合伞的侧腹肋和前侧肋同等大，并大于所有其他的肋。背叶甚小。交合刺细长，并行，末端构造简单。雌虫的生殖孔靠近肛门。

指形长刺线虫(*M. digitatus*，图 9-38)虫体呈淡红色。雄虫长 25～31 mm，交合伞有两个舌片状的侧叶；背叶小，长方形，对称地夹在两侧叶之间。交合刺细长，几乎全部连接在一起，顶端被包在一个薄膜形成的纺锤状的管状构造内。雌虫长 30～45 mm，卵巢环绕肠管，阴门

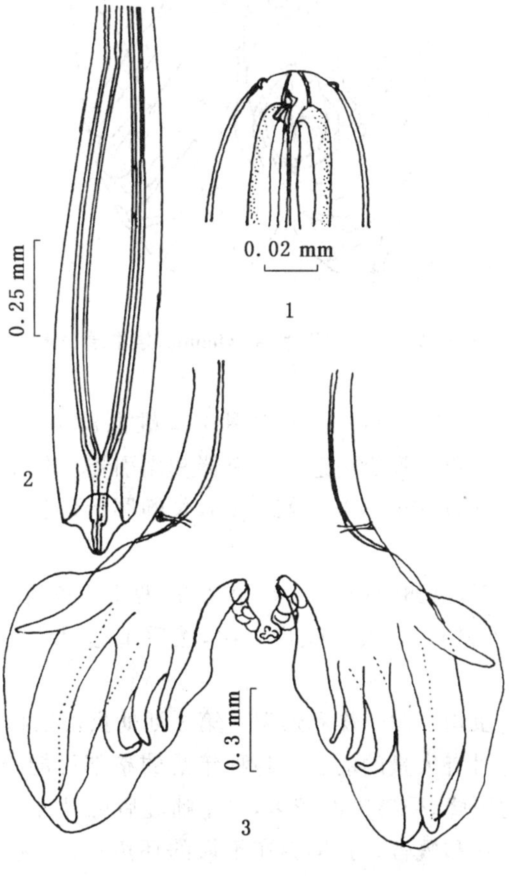

图 9-38　指形长刺线虫(Skrjabin 等)

1. 头部　2. 交合刺末端部腹面　3. 交合伞

距尾端0.6～0.95 mm，阴门盖为两片。寄生于黄牛、水牛和绵羊的第4胃。严重感染时，对牛亦有致病力。在牛体内，从感染性幼虫发育到成虫需要60天。虫卵大小为(105～120) μm×(51～57) μm。致病作用与捻转血矛线虫相似，第3期幼虫钻入黏膜时，在虫体周围引起中度细胞反应。

(八)猪胃圆线虫病

本病是毛圆科(Trichostrongylidae)，猪圆线虫属(*Hyostrongylus*)的红色猪圆线虫(*H. rubidus*，图9-39)寄生于猪胃黏膜内引起的，表现为胃炎和胃炎后继发代谢紊乱。我国广东、浙江、江苏、湖南和云南都有报道。

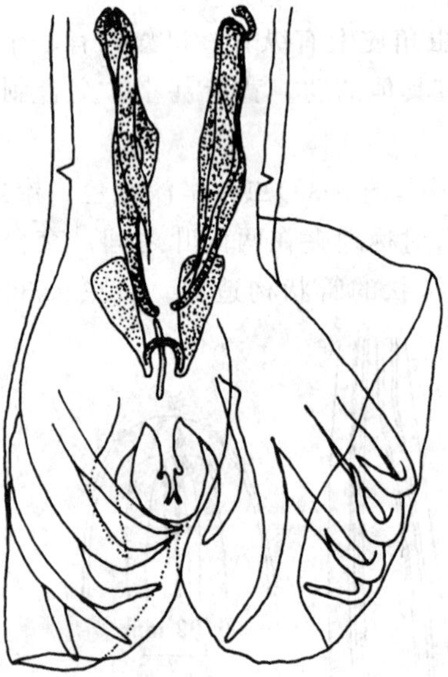

图9-39 红色猪圆线虫(Mönnig)雄虫尾端腹面

病原体 虫体纤细，带红色。头细小，有颈乳突。雄虫长4～7 mm，交合伞侧叶大，背叶小。交合刺两根，等长，呈有脊的膜质构造。有引器和副引器。雌虫长5～10 mm。阴门在肛门稍前。虫卵大小为(65～83) μm×(33～42) μm，长椭圆形，灰白色，卵壳很薄，排出时胚细胞8～16个。

发育史 在适宜温度下，虫卵约经30 h孵出幼虫，两次蜕皮后，发育为感染性幼虫。经口感染。幼虫到胃腔后，侵入胃腺窝，发育蜕皮2次，然后重返胃腔。感染后17～19天发育为成虫。

流行病学 虫卵和幼虫均不耐干燥和低温。第3期幼虫可以爬上潮湿的草叶和在湿润的环境中移行。运动场上有时有大量的幼虫。各种年龄的猪都可能感染，但主要是仔猪和架子猪。母猪哺乳期间免疫力下降，受感染的较多，停止哺乳后可以自愈。感染主要发生于受污染的潮湿牧场、饮水处、运动场和厩舍。猪饲养在干燥的环境里，不易发生感染。饲料中蛋白质不足时，容易发生感染。

致病作用和病变 幼虫侵入胃腺窝时，由于虫体的机械性刺激和有毒物质的作用，引起胃底部小点出血，胃腺肥大，并形成扁豆大的扁平突起或圆形结节，上有黄色伪膜，之后，进一步发展成为溃疡。病变的程度，主要取决于感染的虫体数量、感染的持续期和宿主机体的状况。组织学检查时，见胃腺窝内有幼虫，患部细胞浸润，腺上皮细胞损坏。成虫可引起慢性胃炎。黏膜显著增厚，并形成不规则的皱褶；患部和虫体上均被覆有大量黏液。严重感染时，黏膜皱褶有广泛性出血和糜烂。胃溃疡也是本病的一个特征，且特别多发于胃底部。在成年母猪，胃溃疡可向深部发展，并可能引起胃穿孔而死亡。

症状　虫体侵入胃黏膜吸血，少量寄生时不识异常。多量寄生或由于其他原因而并发胃炎时，患猪精神委靡，贫血，发育不良，排混血的黑便。

据 Shank P. L.(1965)的报告说，北爱尔兰本病普遍流行，危害严重。一般情况下多发生于母猪。且在无任何明显的症状的情况下，动物发生进行性的体重降低。剖检时，见胃黏膜有溃疡，胃壁上有牢固附着的虫体。

诊断　因缺少特异性症状，主要应以剖检病尸时发现虫体与相应病变和粪便检查时发现虫卵作为诊断的根据。虫卵形态与食道口线虫卵相似，较难鉴别，常需要培养为感染幼虫后进行鉴定。

治疗与预防　可用噻苯唑或左咪唑等药驱虫。猪舍应保持清洁、干燥，及时清除粪便。保持饲料和饮水的清洁，严防粪便污染。

(九)禽裂口线虫病

裂口线虫对雏鹅、雏鸭危害严重。寄生于肌胃角质膜下，引起肌胃出血。患禽消瘦，生长发育受阻，严重感染时可引起死亡。

病原体为鹅裂口线虫(*Amidostomum anseris*，图 9-40)，属裂口科(Amidostomatidae)，寄生于鹅、鸭和野鸭肌胃角质膜下，偶见于腺胃。虫体细长线状，体表具有细横纹。口囊杯状，底部伸出 3 个长三角形尖齿。雄虫长 9.8～14.0 mm。交合伞发达，侧叶长于背叶。有两根等长的交合刺，末端分两支。雌虫长 15～18 mm。尾部呈指状，阴门位于体后部。虫卵椭圆形，

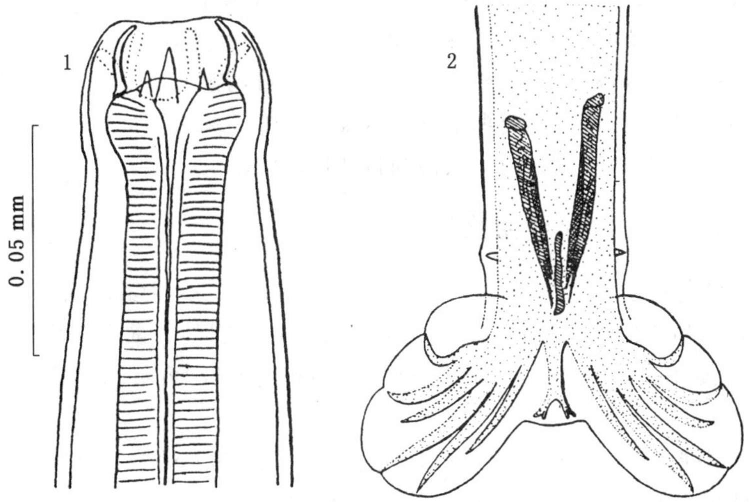

图 9-40　鹅裂口线虫

1. 头部(Baylis)　2. 雄虫尾部(Railliet)

大小为(68～80) μm×(45～52) μm。虫卵随粪便排出后，在适宜的条件下，发育为第3期感染性幼虫，易感的禽类因吞食了受感染性幼虫污染的食物或水而遭感染。禽类受感染后，幼虫侵入腺胃进行第3次蜕皮，第4期幼虫从腺胃沿肌层移行到肌胃，并发育成熟。

虫体钻入腺胃和肌胃的黏膜及黏膜下层，吸取血液并引起炎症和溃疡，角质膜易于剥落。患禽食欲减退，消瘦，生长发育停滞，严重感染时可引起死亡。剖检可见肌胃角质膜有黑色溃疡病变，在病变部位可发现虫体潜于坏死灶内。

可用粪便检查法发现虫卵。剖检时在肌胃见有溃疡病变，于角质膜下发现虫体即可确诊。用左咪唑或甲苯咪唑等药驱虫。预防可参阅禽蛔虫。

八、钩口线虫病

(一)猪球首线虫

球首线虫泛称钩虫，属钩口科(Ancylostomatidae)，球首属(*Globocephalus*)的多种线虫，寄生于猪的小肠。虫体粗短，口孔呈亚背位，口囊呈球形或漏斗状，外缘为一角质环，无叶冠和齿。靠近口囊基底通常有1对亚腹齿。背沟显著。交合刺纤细。雌虫尾端呈尖刺状。阴门位于虫体后部。虫卵为卵圆形，灰色，卵壳薄，大小为(58.5～61.7) μm×(34～42.5) μm。常见种有：

(1)长尖球首线虫(*G. longemucronatus*)。雄虫长7 mm，雌虫长8 mm。口囊内无齿。

(2)萨摩亚球首线虫(*G. samoensis*)。雄虫长4.5～5.5 mm，雌虫长5.2～5.6 mm。口囊内有两个齿。

(3)锥尾球首线虫(*G. urosubulatus*，图9-41)。雄虫长4.4～5.5 mm，雌虫长5～7.5 mm。口囊内有两个亚腹齿。

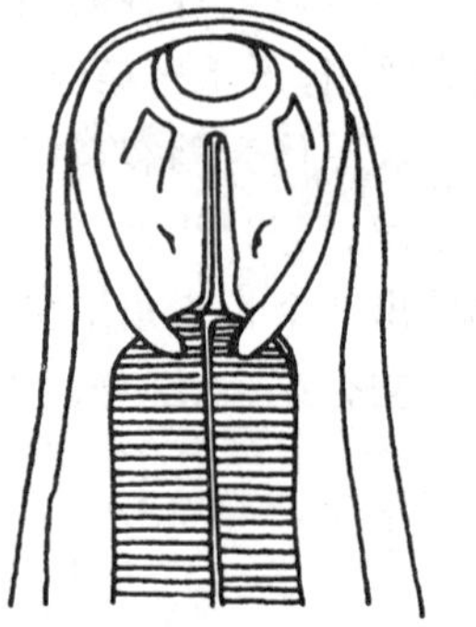

图9-41 椎尾球首线虫前端背面(Mönnig)

发育史与致病力和其他钩虫相似。可引起贫血，肠卡他，肠黏膜有时有出血点。严重感染时可引起消瘦和消化紊乱。可用粪便检查法发现虫卵。怀疑有钩虫时，可给猪以轻泻性饲料或泻剂，拉稀时检查粪便，易于发现虫体。可用噻苯唑或伊维菌素等药驱虫。预防应注意猪舍卫生，及时清扫粪便并保持饲料和饮水清洁。

(二)牛、羊仰口线虫病(钩虫病)

反刍兽仰口线虫病是由钩口科(Ancylostomatidae)，仰口属(*Bunostomum*)的牛仰口线虫(*B. phlebotomum*)和羊仰口线虫(*B. trigonocephalum*)引起的。前者寄生于牛的小肠，主要是十二指肠；后者寄生于羊的小肠。本病在我国各地普遍流行，可引起贫血，对家畜危害很大，并可以引起死亡。

病原体 本属线虫的头端向背面弯曲，口囊大，口腹缘有1对半月形的角质切板。雄虫交合伞的背叶不对称。雌虫的阴门在虫体中部之前。

羊仰口线虫(图9-42)呈乳白色或淡红色。口囊底部的背侧生有一个大背齿，背沟由此穿出；底部腹侧有1对小的亚腹侧齿。雄虫长12.5～17.0 mm。交合伞发达。背叶不对称，右外背肋比左面的长，并且由背干的高处伸出。交合刺等长，褐色。无引器。雌虫长 15.5～21.0 mm，尾端钝圆。阴门位于虫体中部前不远处。虫卵大小为(79～97) μm×(47～50) μm，两端钝圆，胚细胞大而数少，内含暗黑色颗粒。

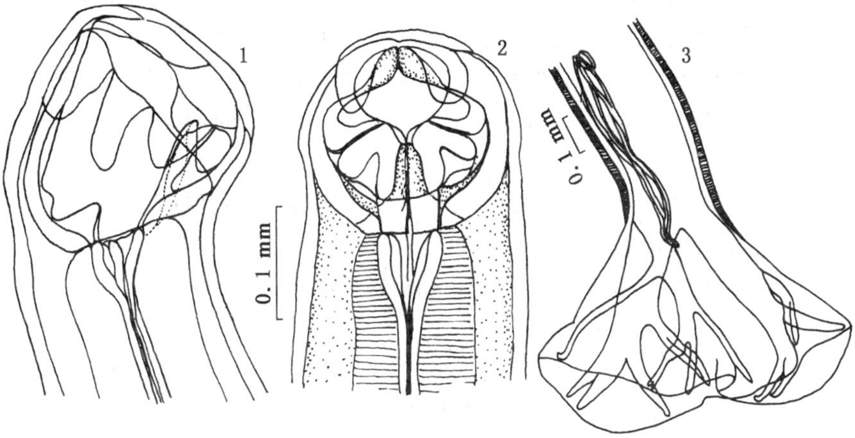

图 9-42　羊仰口线虫(孔繁瑶等)

1. 头端侧面　2. 头端背面　3. 交合伞

牛仰口线虫(图 9-43)的形态和羊仰口线虫相似，但口囊底部腹侧有两对亚腹侧齿。另一个区别是雄虫的交合刺长，3.5～4.0 mm，为羊仰口线虫交合刺的 5～6 倍。雄虫长 10～18 mm，雌虫长 24～28 mm。卵的大小为 106 μm×46 μm，两端钝圆，胚细胞呈暗黑色。此外，我国南方的牛尚有弗氏旷口线虫(*Agriostomum vryburgi*)，头端稍向背面弯曲，口囊浅，下接一个深大的食道漏斗，内有两个小的亚腹侧齿。口缘有 4 对大齿和一个不明显的叶冠。雄虫长 9.2～11.0 mm，雌虫长 13.5～15.5 mm。虫卵大小为(125～195) μm×(60～92) μm。

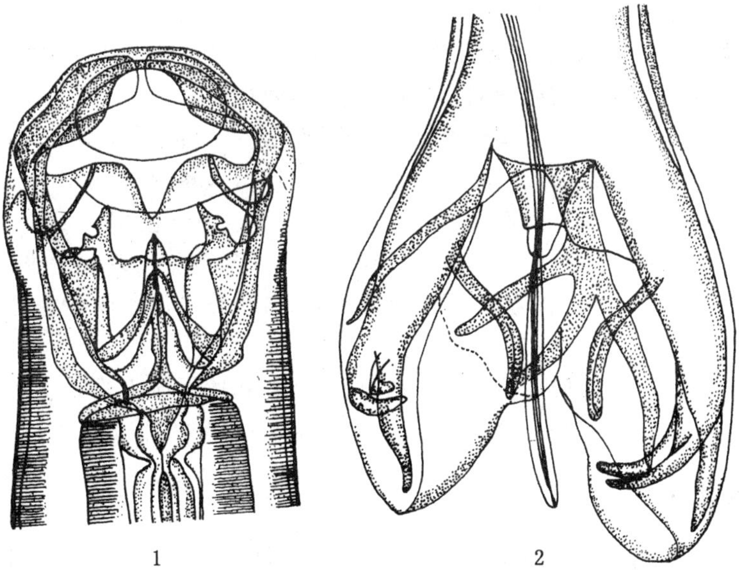

图 9-43　牛仰口线虫(Degtyarev)

1. 头部　2. 交合伞

发育史 虫卵在潮湿的环境中,在适宜的温度条件下,可在 4～8 天内形成幼虫;幼虫从壳内溢出,经两次蜕化,变为感染性幼虫。牛、羊是由于吞食了被感染性幼虫污染的饲料或饮水,或感染幼虫钻进牛、羊皮肤而受感染的。牛仰口线虫的幼虫经皮肤感染时,幼虫从牛的表皮缝隙钻入,随即脱去皮鞘,然后沿血流到肺,在那里发育,并进行第 3 次蜕化而成为第 4 期幼虫。之后上行到咽,重返小肠,进行第 4 次蜕化而成为第 5 期幼虫。在侵入皮肤后的 50～60 天发育为成虫。经口感染时,幼虫在小肠内直接发育为成虫。经口感染的幼虫,其发育率比经皮肤感染的要少得多;经皮肤感染时可以有 85%的幼虫得到发育;而经口感染时只有 12%～14%的幼虫得到发育。

流行病学 在夏季,感染性幼虫可以存活 2～3 个月;春季生活时间较长。在 8℃时,幼虫不能发育;在 35～38℃时,仅能发育到第 1 期幼虫。宁夏盐池地区,到夏季(8 月份),羔羊体内才开始出现虫体,此后数量逐渐增多。因此,该地在 7 月份以前,牧场上没有感染性幼虫。在有些地区,羊的全年荷虫量基本相近。

致病作用 仰口线虫的致病作用因虫体的发育期(皮肤侵入期、幼虫移行期和小肠寄生期)不同而不同。幼虫侵入皮肤时,引起发痒和皮炎,但一般不易察觉。幼虫移行到肺时引起肺出血,但通常无临床症状。引起较大的危害是小肠寄生期,成虫以口囊吸着于肠黏膜上,并以齿刺破绒毛,吸食流出的血液。虫体离开后,留下伤口,血液继续流失一定时间。失血带来铁的损失,100 条虫体每天可吸食血液 8 mL,失去 4 μg 的铁。严重感染时,患畜骨髓腔内充满透明的胶状物。组织学检查,见生红细胞的血岛稀少,血岛周围为非细胞性物质,这种非细胞性物质的出现,表明红细胞的生成作用已极度退化。所以,患畜的死亡系由于红细胞的生成受抑制,亦即进行性再生不全性贫血,而不是血细胞损失的贫血。据试验,羊体内有 112 条或 162 条虫体时,即足以危害羊的健康和妨碍发育。舍饲犊牛体内有 1 000 条虫体时,即引起死亡。

动物可以对仰口线虫产生一定的免疫力,产生免疫后,粪便中的虫卵数减少,即使放牧于严重污染的牧场,虫卵数亦不增高。在幼虫侵入的局部,皮肤发生细胞浸润并形成痂皮。但似乎不能阻止幼虫穿过皮肤。在成虫寄生的小肠有嗜伊红白细胞浸润。

症状与病理变化 患畜表现进行性贫血,严重消瘦,下颌水肿,顽固性下痢,粪带黑色。幼畜发育受阻,还有神经症状如后躯萎弱和进行性麻痹,死亡率很高。

尸体消瘦,贫血,水肿,皮下有浆液性浸润。血液色淡,水样,凝固不全。肺有淤血性出血和小点出血。心肌软化,肝淡灰,质脆。十二指肠和空肠有大量虫体,游离于肠腔内容物中或附着在黏膜上。肠黏膜发炎,有出血点。肠内容物呈褐色或血红色。

诊断与治疗 根据临床症状,粪便检查发现虫卵和死后剖检发现多量虫体即可确诊。病尸消瘦,贫血,十二指肠和空肠有大量虫体;黏膜发炎,有出血点和小啮痕。可用噻苯唑、苯硫咪唑左咪唑、丙硫苯咪唑或伊维菌素等药驱虫。

预防 定期驱虫;舍饲时应保持厩舍清洁干燥;饲料和饮水应不受粪便污染;改善牧场环境,注意排水。

(三)猫、犬钩虫病

犬、猫钩虫病是由钩口科(Ancylostomatidae)钩口属(*Ancylostoma*)、板口属(*Necator*)和弯口属(*Uncinaria*)的线虫寄生于犬、猫等肉食兽的小肠,主要是十二指肠所引起的。我国各地均有此病发生。本病是犬,尤其是特种犬(警犬等)的最严重的寄生虫病之一。

病原体

(1)犬钩口线虫(*A. caninum*)。寄生于犬、猫、狐,偶尔寄生于人。虫体呈淡红色。前端向背面弯曲,口囊大,腹侧口缘上有3对大齿。口囊深部有1对背齿和1对侧腹齿。虫体长10～16 mm。卵的大小为60 μm×40 μm。排出的卵含8个卵细胞。

(2)巴西钩口线虫(*A. braziliense*)。寄生于犬、猫、狐。虫体头端腹侧口缘上有1对大齿,1对小齿。虫体长为6～10 mm,卵的大小为80 μm×40 μm(图9-44)。

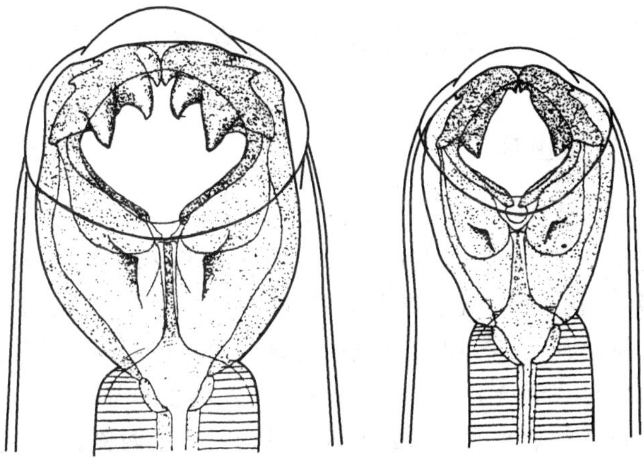

图9-44　钩口线虫(Mönning)

1.犬钩口线虫头端背面　2.巴西钩口线虫头端背面

(3)美洲板口线虫(*Necator americanus*)。寄生于人、犬。虫体头端弯向背侧,口孔腹缘上有1对半月形切板。口囊呈亚球形,底部有两个三角形亚腹侧齿和两个亚背侧齿。背食道腺管开口于背锥的顶部。雄虫长5～9 mm,雌虫长9～11 mm。卵的大小为(60～76) μm×(30～40) μm。

(4)狭头弯口线虫(*U. stenocephala*)。虫体呈淡黄色,两端稍细,较犬钩口线虫小,口弯向背面,口囊发达,其腹面前缘有1对半月形状切板。接近口囊底部有1对亚腹侧齿;无背锥。雄虫长6～11 mm,雌虫长7～12 mm。虫卵与犬钩口线虫的相似。

发育史　虫卵随犬粪便排到外界,在适宜的温度和湿度条件下发育孵化,幼虫经两次蜕化发育为感染性幼虫。感染幼虫随饲料或饮水被犬类摄食或主动地钻进皮肤而造成感染,皮肤感染是感染幼虫通过毛囊或薄嫩的皮肤侵入宿主体内。之后幼虫经血流到肺,穿破毛细管壁和肺组织,移行到肺泡和小支气管、支气管、气管和喉咽返回肠腔,发育为成虫。经口感染时,幼虫可能经肺移行,但多系钻进胃壁或肠壁,经一段时间的发育重返肠腔发育为成虫。

致病作用和症状　犬钩口线虫的致病性强。成年犬感染少量虫体时,不显症状。幼犬即使只感染少量虫体,如营养不良或免疫力低下仍可能发病。成虫吸着在肠黏膜上,不停地吸血,同时不停地从肛门排出血液,造成出血、溃疡。虫体还分泌抗凝素,延长凝血时间,便于吸血。虫体有变换咬吸部位的习性,以致伤口失血更多,由于慢性失血,宿主体内的铁质和蛋白质不断地消耗。虫体多时,使宿主出现严重的缺铁性贫血。故主要症状为贫血和稀血症,黏膜苍白,极度消瘦,毛粗干,腹泻与便秘交替发生,粪便中带血。幼畜可导致死亡。剖检病犬尸体时,可见贫血和稀血症,小肠肿胀,黏膜上有出血点,肠内容物混有血液,可见有多量虫体吸着在黏膜上。

根据临床症状和粪便检查时发现多量虫卵，一般即可确诊。剖检发现虫体时可进行种别鉴定。可用左咪唑、甲苯唑、碘化噻唑青胺（Dithiazanine iodide）、二碘硝基酚（Disophenol）和伊维菌素等药进行驱虫。严重贫血时，需对症治疗，如口服或注射含铁滋补剂或输血。应保持犬窝干燥、清洁，并定期消毒。犬粪应立即清除，不使其污染地面或垫料，用具亦应定期消毒。成年犬与幼犬分开饲养；未经彻底消毒的犬窝不能用于饲养幼犬。

九、食道口线虫病

（一）牛、羊食道口线虫病

反刍兽食道口线虫病是食道口科（Oesophagostomatidae），食道口属（*Oesophagostomum*）几种线虫的幼虫及其成虫寄生于肠壁与肠腔引起的。由于有些食道口线虫的幼虫阶段可以使肠壁发生结节，故又名结节虫病。此病在我国各地的牛、羊中普遍存在，并引发病变，有病变的肠管多因不适于制作肠衣而废弃。故结节虫病给畜牧业经济造成的损失是很大的。

病原体 本属线虫的口囊呈小而浅的圆筒形，其外周为一显著的口领。口缘有叶冠。有颈沟，其前部的表皮常膨大形成头囊。颈乳突位于颈沟后方的两侧。有或无侧翼。雄虫的交合伞发达，有1对等长的交合刺。雌虫阴门位于肛门前方附近，排卵器发达，呈肾形。虫卵较大。

哥伦比亚食道口线虫（*O. columbianum*，图 9-45）主要寄生于羊，也寄生于牛和野羊的结

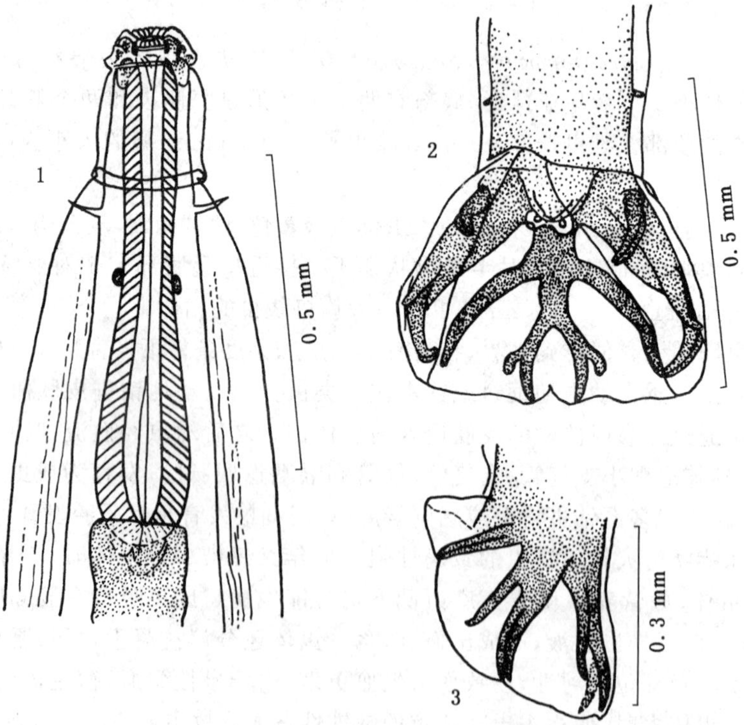

图 9-45 哥伦比亚食道口线虫（熊大仕，孔繁瑶）

1. 前部腹面 2. 交合伞腹面 3. 交合伞侧面

肠。有发达的侧翼膜,致使身体前部弯曲。头囊不甚膨大。颈乳突在颈沟的稍后方,其尖端突出于侧翼膜之外。雄虫长 12.0～13.5 mm。交合伞发达。雌虫长 16.7～18.6 mm,尾部长。阴道短,横行引入肾形的排卵器。虫卵呈椭圆形,大小为(73～89) μm×(34～45) μm。

微管食道口线虫(*O. venulosum*)主要寄生于羊,也寄生于牛和骆驼的结肠。无侧翼膜。前部直,口囊较宽而浅;颈乳突位于食道的后面。雄虫长 12～14 mm,雌虫长 16～20 mm。

粗纹食道口线虫(*O. asperum*)主要寄生于羊的结肠。口囊较深,头囊显著膨大。无侧翼膜。颈乳突位于食道的后方。雄虫长 13～15 mm,雌虫长 17.3～20.3 mm。

辐射食道口线虫(*O. radiatum*,图 9-46)寄生于牛的结肠。侧翼膜发达,前部弯曲。缺外叶冠,内叶冠也只是口囊前缘的一小圈细小的突起。头囊膨大,上有一横沟,将头囊区分为前后两部分。颈乳突位于颈沟的后方。雄虫长 13.9～15.2 mm,雌虫长 14.7～18.0 mm。虫卵大小为(75～98) μm×(46～54) μm。

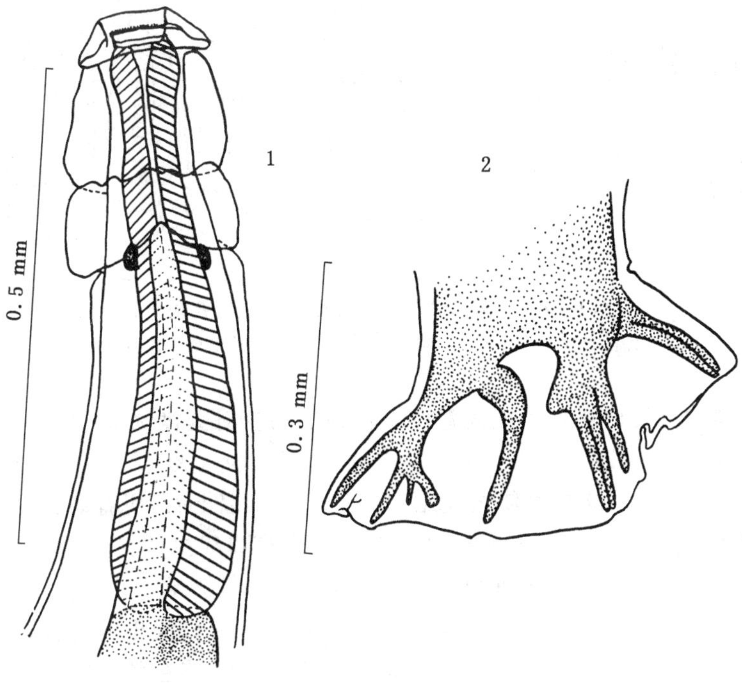

图 9-46　辐射食道口线虫(熊大仕,孔繁瑶)

1.前部侧面　2.交合伞侧面

甘肃食道口线虫(*O. kansuensis*)寄生于绵羊的结肠。有发达的侧翼膜,前部弯曲。头囊膨大。颈乳突位于食道末端或前或后的部位,在侧翼膜内,尖端稍突出于膜外。雄虫长 14.5～16.5 mm。雌虫长 18～22 mm(图 9-47)。

发育史　虫卵在适宜的条件下,孵出第 1 期幼虫,经 7～8 天蜕化两次变为第 3 期幼虫。各期幼虫在外界环境中的生活习性与马圆形线虫相似。宿主摄食了被感染性幼虫污染的青草和饮水而遭感染。感染后 12 h,可在真胃、十二指肠和大结肠的内腔中见到很多幼虫,并已脱鞘。感染后 36 h,大部分幼虫已钻入小结肠和大结肠固有膜的深处;以后幼虫形成包囊,囊为卵圆形。幼虫在囊内进行第 3 次蜕化后,自结节中返回肠腔,在其中发育为成虫。哥伦比亚食道口线虫和辐射食道口线虫可在肠壁的任何部位形成结节。

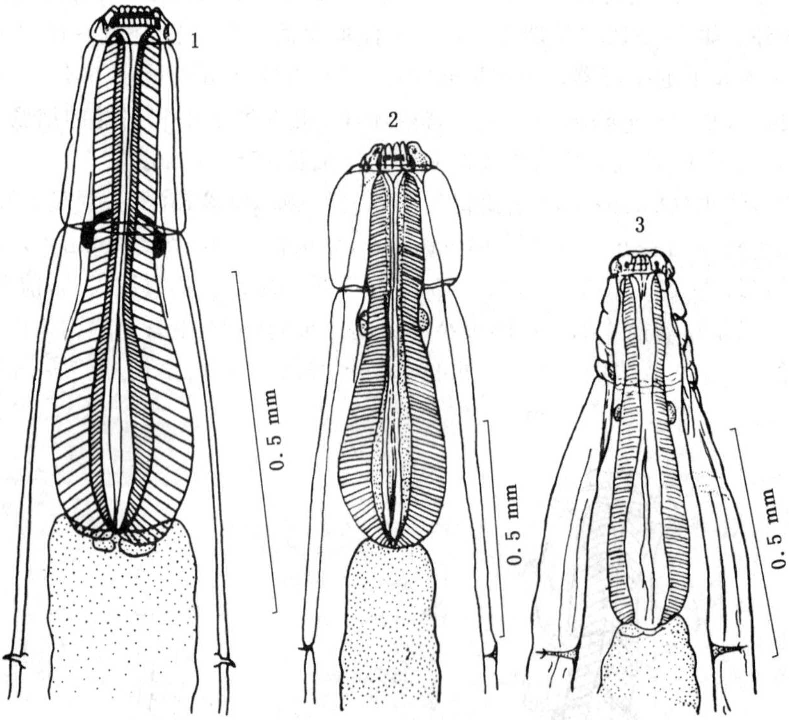

图 9-47 食道口线虫前部腹面(熊大仕,孔繁瑶)

1. 微管食道口线虫 2. 粗纹食道口线虫 3. 甘肃食道口线虫

流行病学 低于 9℃时虫卵不能发育。当牧场上的相对湿度为 48%～50%,平均温度为 11～12℃时,可生存 60 天以上。第 1,2 期幼虫对干燥很敏感,极易死亡。第 3 期幼虫有鞘,在适宜条件下可存活几个月;冰冻可使之致死。温度在 35℃以上时,所有幼虫均迅速死亡。

致病作用和病变 在食道口线虫中,以哥伦比亚食道口线虫危害最大,主要是引起肠的结节病变;对于羊,这种病变在很长时间内,甚至终生都发生着影响。1 岁羊寄生 80～90 条,年龄较大的羊寄生 200～300 条时,即为严重感染。牛辐射食道口线虫的危害较大,幼虫阶段在小肠和大肠壁中形成结节,影响肠蠕动、食物消化和吸收。结节在肠的腹膜面破溃时,可引起腹膜炎和泛发性粘连;向肠腔面破溃时,引起溃疡性和化脓性结肠炎。成虫食道腺的分泌液可使肠黏液增多,肠壁充血和增厚,此系一种肠黏膜的慢性炎症,成虫以此种炎性产物为食。

在感染后 24 h 到第 4 天,即可见幼虫盘卷在靠近黏膜肌层的薄壁包囊中。另一种类型的包囊引起强烈的组织反应,由于成纤维细胞的形成,所以,包囊具有一层很清楚的被膜。感染后 5 天,幼虫从包囊中移行到肠腔,这是正常的移行途径;另一种是不正常的移行,即幼虫钻入黏膜肌层,“好像是失去了对于方向的感觉,向着比黏膜肌层更深的组织漫游”;有些还可能远游至肝脏,幼虫到肝脏后即死亡。如果有多量的幼虫到达腹膜,可能发生坏死性腹膜炎。大量幼虫在肠壁移行,可以引起正常组织的广泛破坏。被损坏的组织修复后,可能导致肠狭窄或肠套叠。继发细菌感染时,可以引起浅表或深在性的肠炎。虫体的毒素作用,可引起造血组织的某种程度的萎缩,因而导致红细胞减少,血色素下降和贫血。

6 个月以内的羔羊,初次遭受感染时,对幼虫没有免疫力,就是说,幼虫在肠黏膜中移行时，肠黏膜不表现形成结节的反应，所以，结节的形成是宿主肠黏膜对再感染的一种局部免疫反应。在剖检时见肠腔内成虫甚多，但肠壁上没有结节的那种情况，就是这个道理。再感染的羊则相反，它们有形成结节的局部免疫反应能力，但有时老年羊的反应力较差。结节直径 2～10 mm，里面常含有淡绿色脓汁，有时发生坏死性病变。结节上有小孔和肠腔相通。在新形成的小结节中，常可发现幼虫；有时幼虫可在结节中生存 3 个月以上。结节钙化时幼虫即告死亡。

症状 首先是明显的持续性腹泻，粪便呈暗绿色，有很多黏液，有时带血，最后可能由于体液失去平衡，衰竭致死。腹泻于感染后第 6 天开始，在慢性病例，则为便秘和腹泻交替的进行性消瘦，下颌间可能发生水肿，最后虚脱而死。

诊断 虫卵和其他一些圆线虫卵（特别是捻转血矛线虫卵）很相似，不易鉴别。应根据症状并在尸体剖检中发现肠壁上有大量幼虫结节，以及肠腔内有多量虫体做出判断。

治疗 可用噻苯唑、左咪唑、氟苯达唑或伊维菌素等药驱虫；对重病羊应酌施对症治疗。

预防 定期驱虫，加强营养。饮水和饲草须保持清洁。改善牧场环境。

（二）猪食道口线虫病

本病是食道口科食道口属（*Oesophagostomum*）的多种线虫寄生于猪的结肠引起的。虫体的致病力较轻微，但严重感染时可引起结肠炎。有些种的幼虫在肠壁内形成结节，故有结节虫之名。我国各地都有报道。

病原体 食道口属的特征可参阅反刍兽食道口线虫部分。常见于猪的食道口线虫有以下几种：

（1）有齿食道口线虫（*O. dentatum*）。虫体乳白色。寄生于猪结肠。雄虫长 8～9 mm，交合刺长 1.15～1.30 mm。雌虫长 8.0～11.3 mm；尾长 350 μm。

（2）长尾食道口线虫（*O. longicaudum*，图 9-48）。虫体呈灰白色。寄生于盲肠和结肠。雄虫长 6.5～8.5 mm，交合刺长 0.9～0.95 mm；雌虫长 8.2～9.4 mm；尾长 400～460 μm。

（3）短尾食道口线虫（*O. brevicaudum*）。寄生于结肠。雄虫长 6.2～6.8 mm，交合刺长 1.05～1.23 mm。雌虫长 6.4～8.5 mm；尾长仅 81～120 μm。

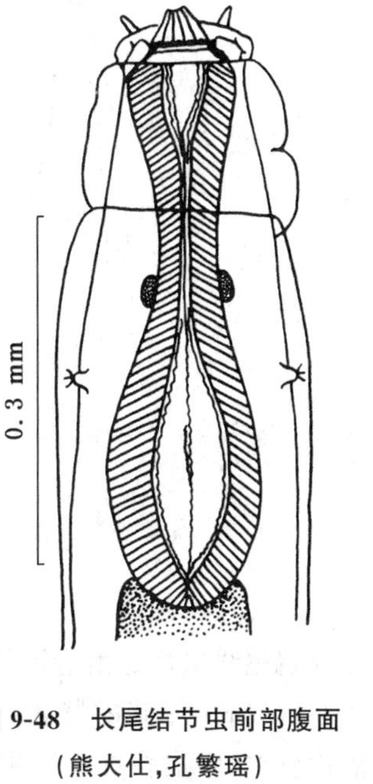

图 9-48 长尾结节虫前部腹面
（熊大仕，孔繁瑶）

发育史 虫卵在适宜的条件下，发育为带鞘的感染性幼虫。猪经口感染。幼虫在肠内脱鞘，感染后 1～2 天，大部分幼虫在肠黏膜下形成大小 1～6 mm 的结节；感染后 6～10 天，幼虫在结节内蜕第 3 次皮，成为第 4 期幼虫；之后返回大肠肠腔，蜕第 4 次皮，成为第 5 期幼虫。感染后 38 天（幼猪）或 50 天（成年猪）发育为成虫。

流行病学 感染幼虫可以越冬。虫卵在 60℃ 高温下迅速死亡；干燥容易使虫卵和幼虫致死。成年猪被寄生的较多。感染幼虫的习性和马圆线虫相似；放牧猪在清晨、雨后和多雾时易遭感染。潮湿和不勤换垫草的猪舍中，感染较多。

致病作用与症状 幼虫在肠黏膜下形成结节所致的危害性最大。初次感染时，很少发生结节，感染 3～4 次后，结节大量发生，这是黏膜产生免疫力的表现。形成结节的机制是幼虫周围发生局部性炎症,继之由成纤维细胞在病变周围形成包囊。结节因虫种不同而有不同。长尾食道口线虫的结节,高出于肠黏膜表面,具有坏死性炎性反应性质,需至感染 35 天后始行消失。有齿食道口线虫的结节较小,消失较快。大量感染时,大肠壁普遍增厚,有卡他性肠炎。除大肠外,小肠(特别是回肠)也有结节发生。结节感染细菌时,可能发生弥漫性大肠炎。成虫阶段的致病力轻微,有时可见有肠溃疡。只有在严重寄生时,大肠上才出现大量结节,并可能发生结节性肠炎;粪便中带有脱落的黏膜,腹泻或下痢,高度消瘦,发育障碍。继发细菌感染时,则发生化脓性结节性大肠炎。也有引起仔猪死亡的报道。

诊断、治疗与预防 用粪便检查法发现虫卵或发现自然排出的虫体,一般可以确诊,必要时可进行诊断性驱虫。治疗可用左咪唑、噻苯唑、康苯咪唑或伊维菌素等药驱虫。预防主要是注意猪舍和运动场的清洁卫生,及时清理粪便,保持饮水和饲料清洁。

十、鲍杰线虫病

双管鲍杰线虫(*Bourgelatia diducta*,图 9-49)属毛线科,又称猪大肠线虫。寄生于猪的盲肠和结肠。南方大部分地区和河南有本虫的报道。口孔直向前方。无颈沟。口囊浅,壁厚,分为前后两部分,后部和宽的食道漏斗内壁相连。有内外叶冠。交合刺等长。阴门靠近肛门。雄虫长 9~12 mm,雌虫长 11.0~13.5 mm。虫卵呈卵圆形,大小为(58~77) μm×(36~42) μm。灰色,卵壳很薄,内含 32 个以上的胚细胞。发育史可能属直接型。对其致病力尚缺少研究。

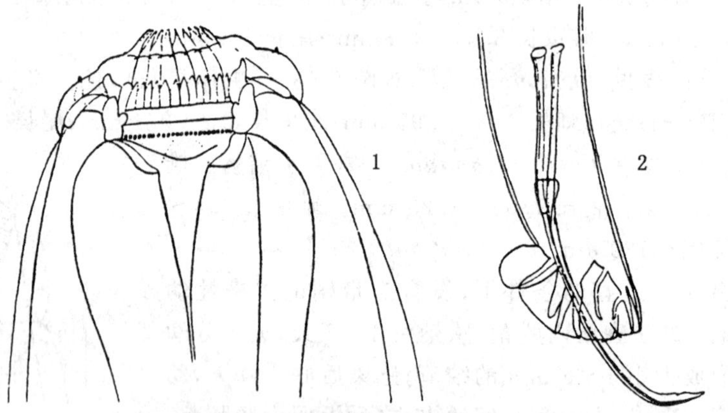

图 9-49 双管鲍杰线虫(Railliet 等)

1.前端背面 2.交合伞侧面

十一、猪冠尾线虫病

冠尾线虫病是由冠尾科(Stephanuridae)冠尾属(*Stephanurus*)的有齿冠尾线虫(*S. dentatus*,图 9-50)寄生于猪的肾盂、肾周围脂肪和输尿管壁等处引起的。偶寄生于腹腔及膀胱等处。俗称肾虫,常居住在由宿主结缔组织所形成的包囊内,包囊有管道与泌尿系统相通连。包囊内含有脓液和1～5条不等的虫体，并混有大量虫卵。除猪以外，亦能寄生于黄牛、马、驴和豚鼠等动物。分布广泛，危害性大，常呈地方性流行，是热带、亚热带地区猪的主要寄生虫病。近年来辽宁、吉林等地亦先后发现本病。患病的幼猪生长迟缓，母猪不孕或流产，甚至造成大批死亡，严重影响养猪业的发展。

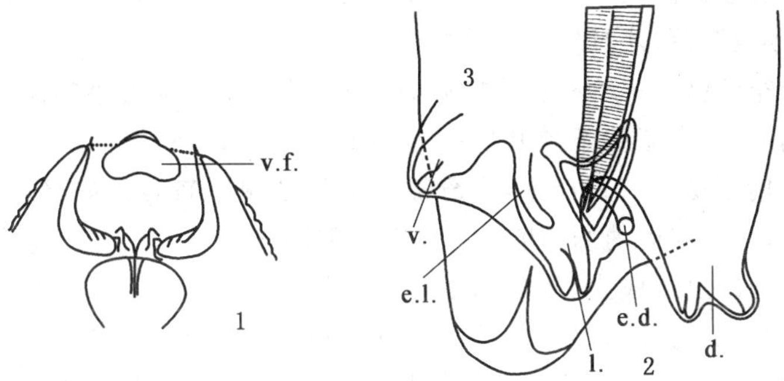

图 9-50　有齿冠尾线虫(Yorke 等)

1.头端腹面　2.交合伞侧面

v.f.腹面角质隆起　v.腹肋　e.l.前侧肋　l.中、后侧肋　d.背肋　e.d.外背肋

病原体　虫体粗壮，形似火柴杆。新鲜时呈灰褐色，体壁较透明，其内部器官隐约可见。口囊呈杯状，壁厚，底部有6～10个小齿。口缘有一圈细小的叶冠和6个角质隆起。雄虫长20～30 mm，交合伞小，腹肋并行，其基部为一总干；侧肋基部亦为一总干，前侧肋细小，中侧肋和后侧肋较大；外背肋细小，自背肋基部分出，后者粗壮，其远端分为4个小支。生殖锥突出于伞膜之外。交合刺两根，有引器和副引器。雌虫长30～45 mm，阴门靠近肛门。卵呈长椭圆形，较大，灰白色，两端钝圆，卵壳薄，大小为(99.8～120.8) μm×(56～63) μm，内含32～64个深灰色的胚细胞，但胚与卵壳间仍有较大的空隙。

发育史　虫卵随猪尿排出体外，在适宜的湿度和温度(26～28℃)下，经1～2天即能孵出第1期幼虫。第1期幼虫的活动力很强，体长471～499 μm，头端钝圆，尾端尖细；肠壁由两行锥状细胞组成，每行16个。经1天后进行第1次蜕皮，形成第2期幼虫，形态与第1期幼虫相似。后者进行第2次蜕皮，变为第3期感染性幼虫，长约580 μm，肠细胞两行，每行16个。体外的鞘膜(第2次蜕皮的角皮)长约648 μm，鞘膜的尾端部尖细。感染性幼虫侵入猪体内的途径有两条，经口感染和经皮肤感染。经口感染往往是在猪啃食泥土时，将土壤中的感染幼虫吞入消化道内。这时幼虫钻入胃壁，脱去鞘膜，经3天后进行第3次蜕皮，变为第4期幼虫，然后随血流经门静脉循环到肝脏。经皮肤感染时，幼虫钻入皮肤或肌肉，约经70 h进行第3次蜕皮，变为第4期幼虫，然后随血流经肺和体循环到肝脏。幼虫在肝脏内停留3个月或更长时间。幼虫经第4次蜕皮后，穿过肝包膜进入腹腔，移行到肾脏或输尿管组织中形成包囊，并发育为成虫。少数幼虫在移行中误入其他器官(脾脏、腰肌和脊髓等)，均不能发育为成虫而死亡。从感染性幼虫侵入猪体到发育为成虫，一般需要6～12个月。

流行病学　猪冠尾线虫病的严重程度和感染季节，随各地气候条件之不同而异。一般是气候温暖(27～32℃)的多雨季节适于幼虫发育，这时的感染机会也多；炎热(30～35℃)而干旱的季节，阳光强烈，不适于幼虫发育，感染机会也随之减少。在我国南方，猪感染冠尾线虫，多在每年3～5月份和9～11月份。虫卵在8℃时经4天，绝大多数死亡；12℃以下不能发育；12～16℃经6天孵出幼虫，但孵出率低；19℃时，经43 h开始孵化；26～28℃经24 h孵化；35℃时孵化时间更短，孵出率达80%。虫卵在43℃，幼虫在45℃中，经5 min均告死亡。虫卵和幼虫对干燥和直射阳光的抵抗力很弱。卵和幼虫在21℃以下温度中干燥56 h，全部死亡。虫卵对化学药物的抵抗力很强。在浓度为1%的氢氧化钾、滴滴涕、硫酸铜等溶液中，均不被杀死；1%的漂白粉或石碳酸溶液，才具较高的杀虫力。

感染幼虫多分布于猪舍的墙根和猪排尿的地方，其次是运动场中的潮湿处。猪只往往在墙根掘土时摄入幼虫，或在墙根下或其他潮湿的地方躺卧时，感染性幼虫钻入其皮肤而受感染。冠尾线虫病在集体猪场流行严重，在分散饲养的情况下较轻。如猪舍空气流通，阳光充足，干燥，经常打扫，猪舍和运动场的地面用石料墁砌，或用水泥或三合土修筑，均可减少感染。

致病作用 无论幼虫或成虫，致病力都很强。幼虫钻入皮肤时，使皮肤发生红肿和小结节，且常引起化脓性皮炎，尤以腹部皮肤最常发生；同时，附近体表的淋巴结常常肿大。幼虫在猪体内移行时，可损伤各种组织，其中以肝受害最严重，由于虫体的刺激和有毒物质的影响，引起肝小叶间结缔组织增生，肝硬化，肝机能障碍；并引起贫血、黄疸和水肿；若带入细菌，可引起肝脓肿。在肺脏中的幼虫能引起卡他性肺炎。幼虫误入腰椎部形成包囊时，压迫神经，引起后躯麻痹。成虫在输尿管壁上形成包囊，有小孔与输尿管相通，寄生数量多时，致使管壁形成许多贯穿的小孔，一旦管壁或包囊损伤时，尿液即流入腹腔，引起尿性腹膜炎而死亡。成虫寄生于肾盂时，使肾盂肿大，结缔组织增生；如带进细菌，可引起肾盂肾炎，以致肾盂脓肿。成虫寄生于肾周围脂肪时，形成白色胶状的脓性糜烂物。由于虫体寄生于肾脏和虫体的有毒物质的作用，可引起腰萎，出现后肢僵硬和走路摇摆等症状。

症状 猪无论大小，患病之初均出现皮肤炎症，有丘疹和红色小结节，体表局部淋巴结肿大。以后的症状为：食欲不振，精神委靡，逐渐消瘦，贫血，被毛粗乱。随着病程的发展，病猪出现后肢无力，跛行，走路时后躯左右摇摆；尿液中常有白色黏稠的絮状物或脓液；有时可继发后躯麻痹或后肢僵硬，不能站立，拖地爬行。仔猪发育停滞，母猪不孕或流产，公猪性欲减低或失去交配能力。严重的病猪，多因极度衰弱而死。

病理变化 尸体消瘦，皮肤上可能有丘疹或小结节，淋巴结肿大。肝内有包囊和脓肿，内含幼虫。肝肿大变硬，结缔组织增生，切面上可以看到幼虫钙化的结节。肝门静脉中有血栓，内含幼虫，肾盂有脓肿，结缔组织增生。输尿管壁增厚，常有数量较多的包囊，内有成虫。有时膀胱外围亦有含成虫的包囊，膀胱黏膜充血，腹腔内腹水增多，并可见有成虫。在胸膜壁面和肺脏中均可见有结节或脓肿，脓液中可能找到幼虫。

诊断 用尿液检查法可发现大量虫卵，或剖检患猪发现虫体时，即可确诊。5月龄以下的仔猪，只能在剖检时，在肝、脾、肺等处发现虫体。亦有用皮内变态反应进行诊断的，用成虫提取抗原，适用于本病的早期。

治疗与预防 可用左咪唑、丙硫苯咪唑、氟苯咪唑等药驱虫。

应采用综合预防措施。

(1)保持猪舍和运动场的卫生，定期消毒。

(2)加强饲养管理，给予富有营养的饲料，尤应注意补充维生素和矿物质，以增强猪只对疾病的抵抗力。

(3)隔离病猪。断奶仔猪应隔离到未经污染的猪舍内饲养。

(4)在有病的猪场,对严重病猪应予淘汰。应逐步建立康复群,其主要措施是冬季留种。饲养康复群的场地要严格隔离,并在入冬前多次进行全面彻底消毒;断奶的仔猪进入康复猪舍后,应进行驱虫,以杀死可能在哺乳期侵入仔猪肝脏的幼虫。

十二、禽比翼线虫病

本病是比翼科(Syngamidae)比翼属(*Syngamus*)的线虫寄生于鸡、雉、吐绶鸡、珍珠鸡、鹅和多种野禽的气管引起的。病禽有张口呼吸的症状,故又称开口病。呈地方性流行,主要侵害幼禽,患鸡常因呼吸困难导致窒息而死。据四川报道,成都流行斯克里亚宾比翼线虫病时,幼鸡死亡率几乎可达100%,成年鸡很少发病和死亡。

病原体　虫体红色。头端大,呈半球形。口囊宽阔,呈杯状,其外缘形成一个较厚的角质环,底部有三角形小齿。雌虫远比雄虫大,阴门位于体前部。雄虫细小,交合伞厚,肋短粗,交合刺小。雄虫以其交合伞附着于雌虫的阴门部交配,构成"Y"字形,不独居。

(1)斯克里亚宾比翼线虫(*S. skrjabinomorpha*)。雄虫长2～4 mm,雌虫长9～26 mm。口囊底部有6个齿。卵椭圆形,大小为90 μm×49 μm,两端有厚的卵盖。

(2)气管比翼线虫(*S. trachea*,图9-51)。雄虫长2～4 mm,雌虫长7～20 mm。口囊底部有齿6～10个。虫卵大小为(78～110) μm×(43～46) μm,两端有厚的卵盖,卵内有16个胚细胞。

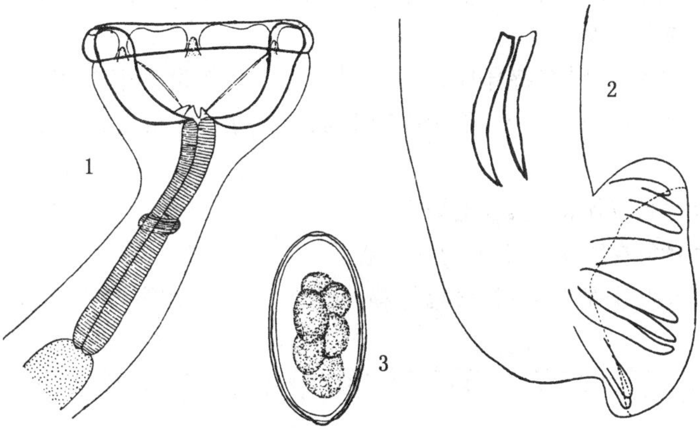

图9-51　气管比翼线虫(Yorke等)

1.头部侧面　2.交合伞侧面　3.卵

发育史　雌虫产出的虫卵随气管黏液到口腔,被咽入消化道后,随粪便排到体外。也有被咳出的。卵在适宜的温度(25℃)和湿度(85%～90%)下,幼虫在卵壳内蜕皮两次发育形成第3期感染性幼虫。含幼虫的卵在土壤中可生存8～9个月。感染途径有3条:①感染性虫卵(即卵壳内含感染性幼虫)被终末宿主啄食;②感染性幼虫从卵内孵化,终末宿主摄食了幼虫;③感染性虫卵或幼虫被贮藏宿主摄食,再随贮藏宿主转入终末宿主体内。许多无脊椎动物如蛞蝓、螺、蝇和蚯蚓,均可充当这种宿主,幼虫在它们体内并不进一步发育,但保持着感染力。终末宿主啄食了有这种幼虫的贮藏宿主时遭受感染。终末宿主经口感染后,幼虫钻入肠壁,经血流到肺,再转至肺泡。感染后6 h,可在肺泡内见到幼虫。感染后第3天,可在肺泡内见到第

4期幼虫。之后幼虫上行到细支气管和支气管。感染后第5天，在细支气管和支气管内蜕最后一次皮，变为第5期幼虫，雌雄虫开始交合。感染后第7天，可在气管中见到虫体。感染后18～20天，气管中的虫体发育至性成熟。成虫的寿命随终末宿主之种类而不同，在鸡和吐绶鸡为147天。

流行病学 感染主要发生于鸡舍、运动场、潮湿的草地和牧场。雏禽大量密集时，往往普遍严重感染。感染性幼虫在外界环境中的抵抗力较弱，但在蚯蚓体内经4年4个月还对幼鸡有感染性；在蛞蝓和蜗牛体内，可活1年以上。野鸟和野吐绶鸡在任何年龄都有易感性，但不损害健康，可能是天然宿主，在流行病学上有重要意义。曾有严重感染比翼线虫的野吐绶鸡引起鸡群流行本病的报道。来自野鸟体内的幼虫通过蚯蚓后，对鸡的感染力增强，这有助于本病的散布和流行。

致病作用 因幼虫通过肺移行，严重感染时，引起肺溢血、水肿和大叶性肺炎。成虫以其头部深入气管黏膜下层吸血，造成机械和化学性的刺激，可继发卡他性气管炎，并分泌大量黏液。本病只对雏鸡造成严重感染，年龄较大的鸡具有抵抗力。鸡缺乏维生素A、钙和磷时对气管比翼线虫更为易感。

症状 幼雏有3～6条虫体，即出现症状。本病的特异性症状是伸颈，张口呼吸，头左右摇甩，力图排出黏性分泌物，有时在甩出的分泌物中见有少数虫体。初期食欲减退，消瘦，口内充满多泡沫的唾液。其后呼吸困难，窒息而死。较老或感染较轻的禽类多能康复，或无明显症状。

病理变化 尸体消瘦，贫血。气管黏膜上有虫体附着，并为带血的黏液所覆盖。黏膜潮红，有线状出血及肺炎病变。

诊断与治疗 本病症状有特异性，打开病禽口腔，常能发现喉头附近的虫体；粪便检查可发现虫卵，易于确诊。可用噻苯唑、甲苯唑或苯硫咪唑等药驱虫。

预防

(1)禽舍和运动场应保持干燥，定期消毒。

(2)尽可能地避免在贮藏宿主多的地方放养。

(3)尽可能改自由放养为舍饲；火鸡与鸡分开饲养；防止野鸟进入鸡舍。

第六节 毛尾线虫病(毛首线虫病)

本病是由毛尾目(Trichurata)[毛首目(Trichocephalata)]的毛尾科(Trichuridae)[毛首科(Trichocephalidae)]、毛形科(Trichinellidae)、毛细科(Capillariidae)的寄生线虫引起的疾病。

一、猪、羊毛尾线虫病(猪、羊鞭虫病)

本病是由毛尾科，毛尾属(*Trichuris*)的线虫寄生于家畜大肠(主要是盲肠)引起的。虫体前部呈毛发状，故又称毛首线虫；整个外形又像鞭子，前部细，像鞭梢，后部粗，像鞭杆，故又称鞭虫。我国各地都有报道。主要危害幼畜，严重感染时，可引起仔猪死亡；羊也有死亡报道。

病原体 呈乳白色。前为食道部，细长，内含由一串单细胞围绕着的食道，后为体部，短粗，内有肠和生殖器官。雄虫后部弯曲，泄殖腔在尾端，有1根交合刺，包藏在有刺的交合刺鞘内；雌虫后端钝圆，阴门位于粗细部交界处。卵呈棕黄色，腰鼓形，卵壳厚，两端有塞。

(1)猪毛尾线虫(*T. suis*)。雄虫长 20～52 mm，雌虫长 39～53 mm，食道部占虫体全长的 2/3，虫卵的大小为(52～61) μm×(27～30) μm。寄生于猪的盲肠，也寄生于人、野猪和猴。

(2)绵羊毛尾线虫(*T. ovis*，图 9-52)。雄虫长 50～80 mm，雌虫长 35～70 mm。食道部占虫体全长的 2/3～4/5。虫卵大小为(70～80) μm×(30～40) μm。寄生于绵羊、牛、长颈鹿和骆驼等反刍兽的盲肠。

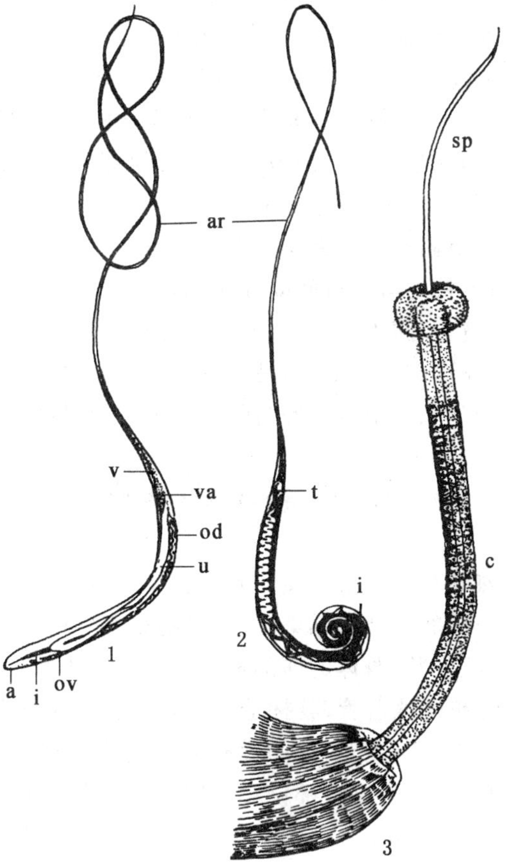

图 9-52　绵羊毛尾线虫(Ransom)

1. 雌虫　2. 雄虫　3. 雄虫尾端

a. 肛门　ar. 前体部(食道部)　c. 交合刺鞘　i. 肠　od. 输卵管

ov. 卵巢　sp. 交合刺　t. 睾丸　u. 子宫　v. 阴门　va. 阴道

(3)球鞘毛尾线虫(*T. globulosa*)。其交合刺鞘的末端膨大成球形。寄生于骆驼、绵羊、山羊和牛等反刍兽的盲肠。

(4)狐毛尾线虫(*T. vulpis*)。寄生于犬和狐的盲肠。

发育史　猪毛尾线虫的雌虫在盲肠产卵，卵随粪便排出体外。卵在适宜的温度和湿度条件下，发育为壳内含第 1 期幼虫的感染性虫卵，猪吞食了感染性虫卵后，第 1 期幼虫在小肠后部孵出，钻入肠绒毛间发育；到第 8 天后，移行到盲肠和结肠内，固着于肠黏膜上；感染后 30～40 天发育为成虫。成虫寿命为 4～5 个月。绵羊毛尾线虫在盲肠内发育为成虫需 12 周。有的学者认为，毛尾线虫由第 4 期幼虫直接生长为成虫。

流行病学 幼畜寄生较多。一个半月的猪即可检出虫卵；4 个月的猪，虫卵数和感染率均急剧增高，以后渐减；14 月龄的猪极少感染。由于卵壳厚，抵抗力强，故感染性虫卵可在土壤中存活 5 年。在清洁卫生好的猪舍，多为夏季放牧感染，秋、冬出现临床症状。在不卫生的畜舍内，一年四季均可感染，但夏季感染率最高。近年来研究者多认为人鞭虫和猪鞭虫为同种（*T. suis* 为 *T. trichiura* 之同物异名），故有一定的公共卫生方面的重要性。

致病作用和病变 病变局限于盲肠和结肠。虫体的头部深入黏膜，广泛地引起盲肠和结肠的慢性卡他性炎症。有时有出血性肠炎，通常是淤斑性出血。严重感染时，盲肠和结肠黏膜有出血性坏死、水肿和溃疡，还有和结节虫病时相似的结节。结节有两种：一种质软有脓，虫体前部埋入其中；另一种在黏膜下，呈圆形包囊状物。组织学检查时，见结节中有虫体和虫卵，并伴有显著的淋巴细胞、浆细胞和嗜伊红白细胞浸润。其他部分的黏膜有虫体引起的特征性反应，即血管扩张，淋巴细胞浸润，水肿和过量的黏液。年龄较大的实验感染猪，见肠腺呈包囊状，有卡他性炎症和结节，结节内有部分虫体和虫卵。

症状 轻度感染时，有人报道有时有间歇性腹泻，轻度贫血，因而影响猪的生长发育。严重感染时，食欲减退，消瘦，贫血，腹泻；死前数日，排水样血色便，并有黏液。

诊断、治疗与预防 虫卵形态有特征性，易于辨识。用粪便检查法发现大量虫卵或剖检时发现虫体，即可确诊。用左咪唑、苯硫咪唑等药驱虫。预防同猪蛔虫病。

二、禽毛细线虫病

禽毛细线虫病系由毛细科（Capillariidae），毛细属（*Capillaria*）的多种线虫寄生于禽类消化道引起的。我国各地都有分布。严重感染时，可引起家禽死亡。

病原体 虫体细小，呈毛发状；身体的前部短于或等于身体的后部，并稍比后部为细；前部为食道部，后部包含着肠管和生殖器管，其构造与毛尾线虫相似。阴门位于前后部分的连接处。雄虫有 1 根交合刺和 1 个交合刺鞘，有的没有交合刺而只有鞘。虫卵两端有卵塞。毛细线虫寄生部位比较严格，可以根据其寄生部位对虫种做出初步判断。

（1）有轮毛细线虫（*C. annulata*，图 9-53）。前端有一个球状角皮膨大。雄虫长 15～25 mm，雌虫长 25～60 mm。虫卵大小为（55～60）μm×（26～28）μm。寄生于鸡的嗉囊和食道。

（2）鸽毛细线虫（*C. columbae*）[封闭毛细线虫（*C. obsignata*）]。雄虫长 8.6～10 mm；交合刺长 1.2 mm，交合刺鞘长达 2.5 mm，有细横纹；尾部两侧有铲状的交合伞。雌虫长 10～12 mm。虫卵的大小为（48～53）μm×24 μm。寄生于鸽、鸡和吐绶鸡的小肠。

（3）膨尾毛细线虫（*C. caudinflata*）。雄虫长 9～14 mm，食道部约占虫体的一半，尾部侧面各有一个大而明晰的伞膜。交合刺呈圆柱状，很细，长 1.1～1.58 mm。雌虫长 14～26 mm，食道部约占虫体的 1/3，阴门开口于一个稍为膨隆的突起上，突起长 50～100 μm。虫卵大小为（43～57）μm×（22～27）μm。寄生于鸡、鸽的小肠。

（4）鹅毛细线虫（*C. anseris*）。雄虫长 10～13.5 mm，雌虫长 16～26.4 mm。虫卵的大小为（42～51）μm×（22～26）μm。寄生于家鹅和野鹅小肠的前半部，也见于盲肠。和鸽毛细线虫很相似。

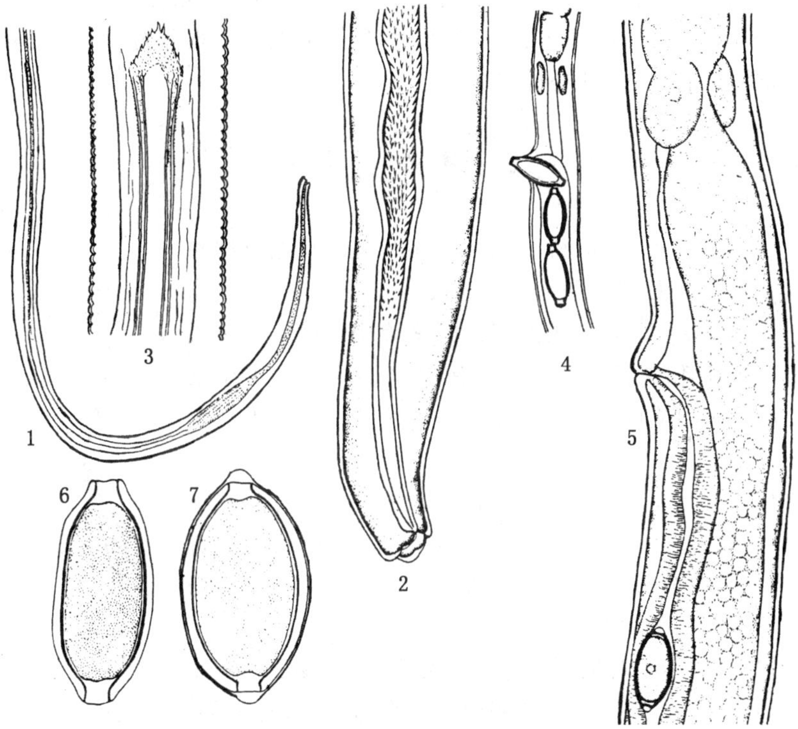

图 9-53　有轮毛细线虫(采自 Skrjabin 等;1,3,4,6,7 仿 Madsen;2,5 仿 Gagarin)

1,2.雄虫尾端　3.交合刺近端　4,5.阴门部　6,7.卵

发育史　虫卵在外界发育很慢。有轮毛细线虫卵在 28～32℃下,需要 24～32 天,卵内才形成第 1 期幼虫;鹅毛细线虫在 22～27℃,需要 8 天;膨尾毛细线虫需 11～13 天。虫卵在外界能长期保持生活力。膨尾毛细线虫卵在普通冰箱中可存活 344 天,未发育的卵较已发育的虫卵更为耐寒。毛细线虫的发育史有直接型和间接型两种。鸽毛细线虫属直接型发育。终末宿主吞食了感染性虫卵后,幼虫进入十二指肠黏膜内发育,在肠腔内见到成虫是在感染后的 20～26 天。根据实验感染观察,这种线虫的寿命为 9 个月。有轮毛细线虫与膨尾毛细线虫需要蚯蚓作为中间宿主,卵在中间宿主体内孵化为幼虫,蜕皮一次,变为第 2 期幼虫,即具有感染性。膨尾毛细线虫卵被蚯蚓吞食后的第 9 天,幼虫即对鸡有感染性;有轮毛细线虫卵是在蚯蚓吞食后的第 14～28 天才对鸡有感染性。禽啄食了含有第 2 期幼虫的蚯蚓后,蚯蚓被消化,幼虫溢出。有轮毛细线虫的幼虫在嗉囊和食道内钻入黏膜,于感染后 19～26 天发育到性成熟;膨尾毛细线虫的幼虫在小肠中钻入黏膜,于感染后 22～24 天达到性成熟。成虫的寿命约 10 个月。

致病作用和病变　虫体在寄生部位掘穴,造成机械性和化学性的刺激。轻度感染时,嗉囊和食道壁只有轻微炎症和增厚;严重感染时,则增厚与发炎变为显著,并有黏液脓性分泌物和黏膜的溶解、脱落或坏死等病变;食道和嗉囊壁出血,黏膜中有大量虫体。在虫体寄生部位的组织中有不明显的虫道。淋巴细胞浸润,淋巴滤泡增大,形成伪膜,并导致腐败是常见的病变。

症状　患禽食欲不振,消瘦,有肠炎症状。严重感染时,雏鸡和成年鸡均可发生死亡。鸽感染捻转毛细线虫时,由于嗉囊膨大,压迫迷走神经,可能引起呼吸困难,运动失调和麻痹而死亡。

诊断、治疗与预防 用粪便检查法发现虫卵或剖检死禽发现虫体和相关病变做出诊断。可用左咪唑、甲苯咪唑等药进行驱虫。搞好禽舍的清洁卫生,及时清除粪便并进行发酵处理以消灭虫卵。严重流行的地区,可进行预防性驱虫。

三、猪旋毛虫病

旋毛虫病是由毛尾目,毛形科(Trichinellidae)的旋毛形线虫(*Trichinella spiralis*,图 9-54)引起的。成虫寄生于肠管,幼虫寄生于横纹肌。人、猪、犬、猫、鼠、狐狸、狼、野猪等均能感染。鸟类可以实验感染。人旋毛虫病可致死亡。感染来源于摄食了生的或未煮熟的含旋毛虫包囊的猪肉,故肉品卫生检验中将旋毛虫列为首要项目。

病原体 成虫细小,肉眼几乎难以辨识。虫体愈向前端愈细,较粗的后部占虫体一半稍多。前部为食道部,食道的前端部无食道腺围绕,其后的全部长度均由一列相叠置的食道腺细胞所包裹。较粗的后部包含着肠管和生殖器官。雄虫长 1.4～1.6 mm,尾端有泄殖孔,其外侧为 1 对呈耳状悬垂的交配叶,内侧有 2 对小乳突,缺交合刺。雌虫长 3～4 mm。阴门位于身体前部(食道部)的中央。胎生。成虫寄生于小肠,为了叙述方便起见,称为肠旋毛虫;幼虫寄生于横纹肌内,称肌旋毛虫。

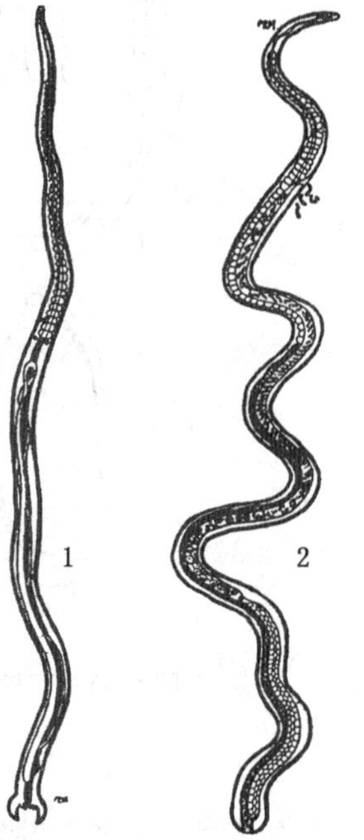

图 9-54 旋毛形线虫
(采自 Baylis,仿 Fiebiger)
1.雄虫 2.雌虫

发育史 成虫与幼虫寄生于同一个宿主,宿主感染时,先为终末宿主,后变为中间宿主。旋毛虫正常寄生于人、猪和鼠。宿主因摄食了含有包囊幼虫的动物肌肉而受感染,包囊在宿主胃内被溶解,释出幼虫,之后幼虫到十二指肠和空肠内,经两昼夜变为性成熟的肠旋毛虫。交配多在黏膜内进行,交配后不久,雄虫死去,雌虫钻入肠腺中发育,部分到黏膜下的淋巴间隙中发育。雌虫于感染后第 7～10 天,开始产幼虫,幼虫产于黏膜中,有时直接产于淋巴管或肠绒毛的乳糜管中。一条雌虫可产 1 000～10 000 条幼虫。雌虫在肠黏膜中的寿命,不超过 5～6 周。雌虫所产幼虫,经肠系膜淋巴结入胸导管,再到右心,经肺转入体循环,随血流被带至全身各处,但只有进入横纹肌纤维内的才能进一步发育(图 9-55)。幼虫在活动量较大的肋间肌、膈肌、舌肌和嚼肌中较多。血液中出现大量幼虫是在感染后第 12 天。刚产出的幼虫呈圆柱状,长为 80～120 μm,它们在到达肌纤维内之后,开始发育;到感染后第 30 天,幼虫长大到 1 mm,宽 35 μm。幼虫在感染后第 17～20 天开始卷曲盘绕起来。包囊是从感染后第 21 天开始,到第 7～8 周始完全形成。包囊内的幼虫似螺蛳椎状盘绕,充分发育了的幼虫,通常有 2.5 个盘转,此时幼虫已具感染性,并有雌雄之别;幼虫前端尖细,向后逐渐变宽,后端稍窄,后部体内包含着肠管、睾丸或卵巢。尾端钝。包囊是由于幼虫的机械性和化学性刺激作用于周围的肌纤维,引起肿胀和肌纤维膜增生而形成的。开始包囊很小,最后可长达 0.25～0.5 mm,肉眼可见。包囊呈梭形,其长轴与肌纤维平行,有两层壁,其中一般含 1 条幼虫,但有的可达 6～7 条。约 6 个月后,包囊壁增厚,囊内发生钙化。钙化先从两端开始,以后达于整个囊体。包囊钙化并不意味着囊内幼虫的死亡，除非钙化波及到幼虫自身；但 Hendricks(1949)认为，包囊钙化后，幼虫即使仍有活力，但其感染力却大为降低。包囊幼虫的生存时间，随个体的不同可能由数年至 25 年。

流行病学　旋毛虫病分布于世界各地，宿主包括人、猪、鼠、犬、猫、熊、狐、狼、貂和黄鼠狼等 49 种动物，甚至不吃肉的鲸也能感染旋毛虫。据试验，许多昆虫，如蝇蛆和步行虫，多能吞咽动物尸体内中的旋毛虫包囊，并能使包囊的感染力保持 6～8 天，故亦能成为易感动物的感染来源。有时宿主吞食了大量含幼虫包囊肉以后，从粪便中排出未被彻底消化的肌纤维，其中含有幼虫包囊，这种粪便在新鲜的时候，有可能成为其他哺乳动物的感染来源。加之包囊幼虫的抵抗力很强，在－20℃时可保持生命力 57 天；盐渍或烟熏不能杀死肌肉内深部的幼虫；在腐败的肉里能活 100 天以上。因此，鼠类或其他动物的腐败尸体，可相当长期的保存旋毛虫的感染活力，这种腐肉被易感动物摄食，亦能造成感染。

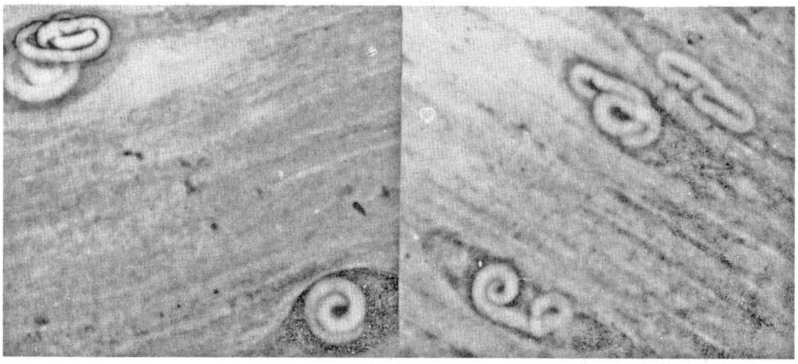

图 9-55　猪肌纤维中的旋毛形线虫幼虫(原北京农业大学)

一般认为猪感染旋毛虫主要是吞食了老鼠。鼠为杂食性，且常互相残食，一旦旋毛虫侵入鼠群，就会长期地在鼠群中保持水平感染。鼠对旋毛虫甚敏感，两条幼虫即能造成感染。除去鼠作为猪旋毛虫病的主要感染来源外，某些动物的尸体、蝇蛆、步行虫，以至某些动物排出的含有未被消化的肌纤维和幼虫包囊的粪便物质，都能成为猪的感染源；用生的废肉屑、洗肉水和含有生肉屑的垃圾喂猪都可以引起旋毛虫病流行(图 9-56)。

犬的活动范围广，吃到动物尸体的机会比猪大得多，对动物粪便的嗜食性也比猪强烈，所以，许多地区的犬的旋毛虫感染率都比猪大许多倍。哈尔滨的犬有 50%感染旋毛虫，而猪的感染率却不到 0.1%。

人感染旋毛虫多与吃生猪肉，或食用腌制与烧烤不当的猪肉制品有关。欧美，特别是北美，因食用生香肠和以废肉作为猪的饲料，故造成本病流行，据报道，1947 年约有 1 700 万人受感染，可见其严重。我国人的旋毛虫病，也是和吃生猪肉的习惯相关的，故常呈区域性分布。云南、西藏有吃生猪肉的习惯，所以有此病流行。凡嗜食生肉的地区，又常有因聚餐而集体暴发本病者。此外，切过生肉的菜刀、砧板均可能偶尔黏附有旋毛虫的包囊，不慎时亦可能污染食品，造成感染。

致病作用和症状　旋毛虫病主要是人的疾病，不但影响身体健康，甚或造成死亡。对猪和其他动物的致病力轻微，几乎无任何可见的症状。无疑肉食兽中有死于旋毛虫病者，实验感染可以造成死亡。

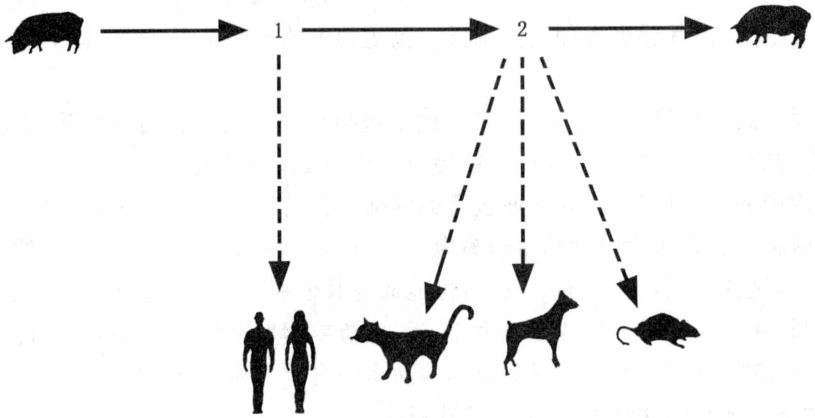

图 9-56 旋毛形线虫传播途径(采自 Pedro N. Acha 和 Boris Szyfres 所著《人兽共患病》)

1.猪肉与猪肉制品 2.猪肉及其制品的废弃物

人的旋毛虫病可分为由成虫引起的肠型和由幼虫引起的肌型两种。成虫侵入肠黏膜时，引起肠炎，严重时有带血性腹泻。病变包括肠炎，黏膜增厚，水肿，黏液增多和淤斑性出血，少见溃疡。感染后 15 天左右，幼虫进入肌肉，出现肌型症状，其特征为急性肌炎、发热和肌肉疼痛；同时出现吞咽、咀嚼、行走和呼吸困难；脸，特别是眼睑水肿，食欲不振，显著消瘦。病变主要见于横纹肌，偶尔有发生于肺、脑等处的。大部分患者感染轻微，不显症状；严重感染时多因呼吸肌麻痹、心肌及其他脏器的病变和毒素的刺激等而引起死亡。

猪对本病有很大的耐受性。据研究，一个人按每千克体重吞食 5 条旋毛虫即可致死，而猪要 10 条以上，故旋毛虫对人的致病力比猪高一倍强。猪自然感染时，肠型期影响极小；肌型期无临床症状，但可见有肌细胞横纹消失和肌纤维增生等。猪人工感染时，在感染后 3～7 天，可见到因成虫侵入肠黏膜而引起的食欲减退，呕吐和腹泻。肌型时的症状通常出现在感染后第 2 周末，此时幼虫进入肌肉，引起肌炎；临床上有疼痛或麻痹，运动障碍，声音嘶哑，呼吸和咀嚼障碍以及消瘦等症状。有时眼睑和四肢水肿。死亡的极少，多于 4～6 周后康复。

诊断与防治 生前诊断需用间接血凝试验和酶联免疫吸附试验等免疫学方法。死后诊断常用肌肉压片法和消化法检查幼虫。治疗可用甲苯咪唑或氟苯咪唑等药。

预防

(1)在流行地区，猪只不可放牧饲养，不用生的废肉屑和泔水喂猪。

(2)在猪舍进行经常的灭鼠工作。

(3)加强肉品的卫生检验工作，发现有含旋毛虫的肉应按肉品检验规程处理。

(4)改变饮食习惯，不食生猪肉(包括犬、熊及其他动物的生肉)。

第七节 旋尾线虫病

家畜旋尾线虫病是由旋尾目的许多种线虫引起的。较为重要的科有旋尾科、吸吮科、四棱科和锐形科(华首科)，其中旋尾科具有旋尾目的典型特征。所有这些科的线虫所引起的家畜疾病，均在本节内叙述。

一、马胃线虫病

马胃线虫病是由旋尾科(Spiruridae)柔线属(*Habronema*)的蝇柔线虫(*H. muscae*)、小口柔线虫(*H. microstoma*)和大口德拉西线虫(*Drascheia megastoma*)的成虫寄生在马属动物的胃内引起的。此外,蝇柔线虫的幼虫还可以引起马的皮肤和肺的柔线虫病。在我国各地均有分布。

病原体　柔线虫属具有圆筒形的口囊,边缘有两片侧唇。食道的前部为肌质部,后部为腺质部。雄虫的尾部通常卷曲,有侧翼和乳突;交合刺不等长,异形。雌虫阴门靠近虫体中部。卵壳厚,内含幼虫。

(1)蝇柔线虫。虫体呈黄色或橙红色。头部有两个较小的三叶唇;咽呈圆筒形,有厚的角质壁(图 9-57)。雄虫长 8～14 mm,尾端弯曲,有宽的尾翼;肛前乳突 4 对,肛后乳突 1 对或 2 对。交合刺 1 对,左交合刺纤细,长约 2.5 mm;右交合刺短粗,长约 0.5 mm。雌虫长 13～22 mm,阴门位于身体的侧背面。卵呈圆柱形,稍弯,壳厚,大小为(40～50) μm×(10～12) μm,内含幼虫。

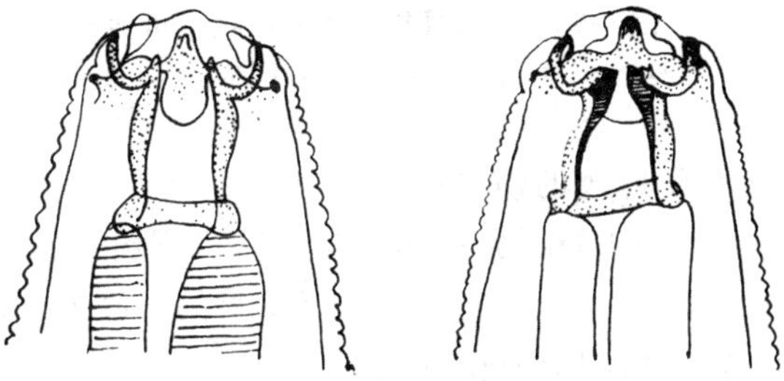

图 9-57　蝇柔线虫

1. 蝇柔线虫头端侧面　2. 小口柔线虫头端侧面(Mönnig)

(2)小口柔线虫。形态与蝇柔线虫相似,但较大;在咽的前部有一个背齿和一个腹齿。雄虫长 9～22 mm,尾部弯曲,有肛前乳突 4 对。交合刺 1 对,大小不等,左交合刺长 0.76～0.8 mm,右交合刺长 0.35～0.36 mm。雌虫长 15～25 mm,阴门位于虫体中部。阴道成"S"形弯曲,围绕着弯曲部有一个肌质球。卵的大小为(40～60) μm×(10～16) μm,内含幼虫。幼虫可在雌虫子宫内孵化。

(3)大口德拉西线虫(图 9-58)。头部有两片宽大而不分叶的侧唇,并有一条明显的横沟与体部隔开。咽呈漏斗形。雄虫长 7～10 mm,尾部短,呈螺旋状卷曲,肛前乳突 4 对。左交合刺长 0.4 mm,右交合刺长 0.2 mm。雌虫长 10～13 mm,尾部直或稍弯曲,尾端尖。阴门位于虫体前 1/3 处。卵呈圆柱形,两端钝圆。卵胎生。

发育史　三种线虫的发育史基本相同,都需中间宿主。大口德拉西线虫和蝇柔线虫的中间宿主为家蝇(*Musca domestica*)和厩螫蝇(*Stomoxys calcitrans*),小口柔线虫的中间宿主为厩螫蝇。虫卵或幼虫随粪便排出体外,被家蝇或厩螫蝇的幼虫(蝇蛆)吞咽后,就开始了在中间宿主体内的发育。幼虫发育到感染阶段之时,大约是在蝇蛆化蛹之际,此后蛹羽化为成蝇,感染幼虫先游离在它们的血腔中,然后移行到喙部。感染方式有以下几种:第一,当厩螫蝇吸血

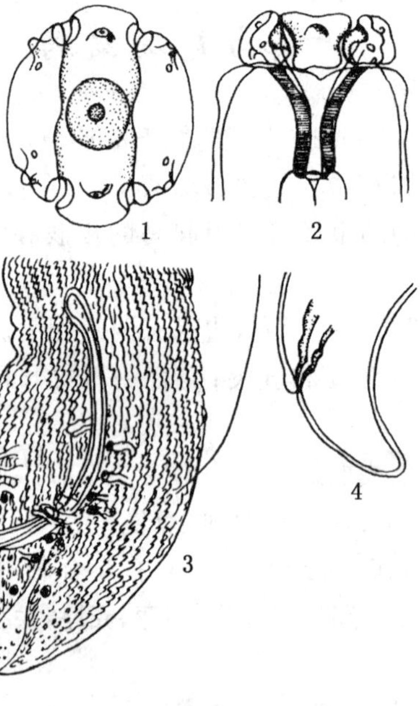

图 9-58 大口德拉西线虫(Skrjabin 等)

1.头顶面 2.头部侧面 3.雄虫尾部 4.雌虫尾部

时,幼虫突破喙部,落入厩螫蝇叮咬的伤口;第二,家蝇舔舐马的唇部或伤口时,幼虫破喙部而出,其落在唇上的幼虫即被吞咽入胃;第三,马摄食了落入饲料或饮水中的蝇。大口柔线虫的幼虫在马胃内经 44～64 天发育为成虫,寄生在马胃壁上的瘤肿内。蝇柔线虫和小口柔线虫寄生在胃黏膜上,以头端钻入胃的腺体中(图 9-59)。

致病作用和病理变化 三种胃线虫均以机械性刺激和代谢产物作用于宿主。大口德拉西线虫是致病力最强的一种,经常在马胃的腺部形成相当大的瘤肿。瘤肿的顶部有一个或几个小孔,其中有许多藏有虫体的瘘管。轻压瘤肿时,即由孔内排出脓状物,其中含有虫体和幼虫。化脓菌侵入时,导致瘤肿化脓;严重的可造成胃破裂,引起腹膜炎。蝇柔线虫和小口柔线虫机械地刺激胃黏膜,引起创伤以至溃疡,同时引起腺体萎缩,破坏胃的分泌和运动机能。

家蝇舐食马皮肤伤口时,可将蝇柔线虫和大口德拉西线虫的幼虫引入伤口,造成皮肤柔线虫病(夏季溃疡)。落在马鼻黏膜上的幼虫可能移行到肺,形成柔线虫性结节,内含脓性物质和幼虫。

症状 严重感染时,患畜出现慢性胃肠炎,进行性消瘦,食欲不振,消化不良,还有周期性的疝痛现象。

皮肤柔线虫病多发生在温暖地带的夏季,并多发生于马体上容易受伤的部位,如颈部、胸部、背部和四肢等处。小伤口可能因伤口扩大,表面粗糙,有干酪性肉芽增生。至冬季逐渐平息,并自行康复。

诊断 马胃线虫病的生前诊断比较困难,因为粪便中的胃线虫卵特别稀少。有人建议给病马洗胃,再用胃管吸取胃液镜检,观察有无虫体和虫卵。

治疗 可用二硫化碳或四氯化碳驱虫。对皮肤柔线虫病可用台盼蓝或甘油合剂进行治疗。

图 9-59　蝇柔线虫生活史(Cameron)

1. 马胃中寄生的成虫　2. 马粪便中的虫卵　3. 蝇柔线虫幼虫在蝇蛆体内
4. 蝇柔线虫幼虫在蝇蛹体内　5. 在蝇喙部的蝇柔线虫幼虫

预防　秋冬季进行预防性驱虫,防止疾病发展并减少虫卵对外界的污染;改善厩舍卫生,防蝇,灭蝇;夏、秋保护马体皮肤创伤。

二、犬旋尾线虫病

犬旋尾线虫病是狼尾旋线虫(*Spirocerca lupi*,图 9-60)寄生于犬、狐的食道壁及主动脉壁引起的。虫体呈螺旋形,血红色,粗壮。口周围有两个分为三叶的唇片,咽短。雄虫长 30～54 mm,尾部有尾翼和许多乳突,有两根不等长的交合刺。雌虫长 54～80 mm。卵壳厚,产出时已含幼虫。

发育史属间接型。虫卵被食粪甲虫吞食后孵化,幼虫在甲虫体内发育为感染幼虫。犬、狐吞食了含感染幼虫的甲虫而被感染。若甲虫被不适宜的动物如鸟类、两栖类、爬行类动物吞食,感染幼虫即在这些动物的食道、肠系膜及其他脏器形成包囊,仍可作为犬、狐感染的来源。感染幼虫钻入终末宿主胃壁动脉并随血流移行时,常引起组织出血、炎症和坏疽性脓肿。幼虫离去后病灶可自愈,但遗留有血管腔狭窄病变,若形成动脉瘤或引起管壁破裂,则发生大出血而死亡。成虫在食道壁、胃壁或主动脉壁中形成肿瘤,病犬出现吞咽、呼吸困难,循环障碍和呕吐等症状。根据症状和在检查粪便或呕吐物中发现虫卵即可确诊。治疗可用左旋咪唑或丙硫咪唑驱虫。

三、似蛔线虫病和泡首线虫病(猪胃线虫病)

本病是由旋尾目、似蛔科(Ascaropsidae)的似蛔属(*Ascarops*)和泡首属(*Physocephalus*)的线虫寄生于猪胃引起的。我国许多省、市都有本病发生。

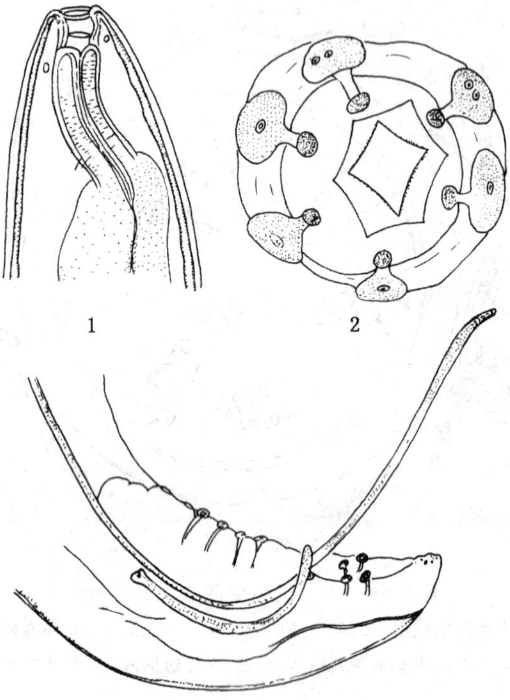

图 9-60 狼尾旋线虫(Babero 等)

1.头端 2.头顶面 3.雄虫尾部

病原体 似蛔属和泡首属线虫的咽壁上有成脊状的角质增厚。

(1)圆形似蛔线虫(*A. strongylina*,图 9-61)。咽长 0.083～0.098 mm,咽壁上有三叠或四叠的螺旋形角质厚纹。有一个颈翼膜,在虫体左侧。雄虫长 10～15 mm,右侧尾翼膜大,约为左侧的 2 倍;有 4 对肛前乳突和 1 对肛后乳突,配置均不对称。左交合刺长 2.24～2.95 mm,右交合刺长 0.46～0.62 mm,形状不同。雌虫长 16～22 mm,阴门位于虫体中部的稍前方。虫卵的大小为(34 ～39) μm×20 μm,卵壳厚,外有一层不平整的薄膜,内含幼虫。

(2)有齿似蛔线虫(*A. dentata*)。比前一种大,雄虫长约 25 mm,雌虫长约 55 mm。口囊前部有 1 对齿。分布于我国的广东、广西等地。

(3)六翼泡首线虫(*P. sexalatus*,图 9-62)。虫体前部(咽区)角皮略为膨大,其后每侧有 3 个颈翼膜。颈乳突的位置不对称。口小,无齿。咽长 0.263～0.315 mm,咽壁中部有圆环状的增厚,前、后部则为单线的螺旋形增厚。雄虫长 6～13 mm,尾翼膜窄,对称;有肛前乳突和肛后乳突各 4 对。交合刺 1 对,不等长,左侧的长 2.1～2.25 mm,右侧的长 0.3～0.4 mm。雌虫长 13～22.5 mm,阴门位于虫体中部的后方。卵的大小为(34～39) μm×(15～17) μm,壳厚,内含幼虫。

发育史 圆形似蛔线虫的卵随宿主粪便排至外界,被食粪甲虫[(蜉金龟属(*Aphodius*)、食粪属(*Onthophagus*)等属]吞食,幼虫在它们的体内经大约 20 天的发育,到达感染期。猪由于吞食以上甲虫而遭感染。虫体在猪体的寿命约 10.5 个月。六翼泡首线虫的发育史与似蛔线虫相似,有许多种食粪甲虫[金龟子属(*Scarabeus*)、显亮属(*Phanaeus*)等属]供作中间宿主,幼虫在它们体内经 36 天以上的发育到达感染期。在猪体内，幼虫深入胃黏膜内生长，约经 6 周变为成虫。当不适宜的宿主，如其他哺乳类、鸟类和爬行类吞食了带感染幼虫的甲虫或感染幼虫后，幼虫可以在这些宿主的消化管壁中形成包囊。当终末宿主吞食了此类宿主之后，幼虫仍可在猪体内正常发育。

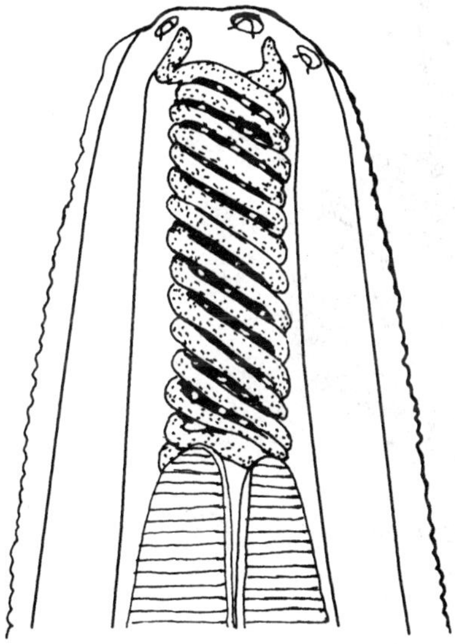

图 9-61　圆形似蛔线虫头部(Mönnig)

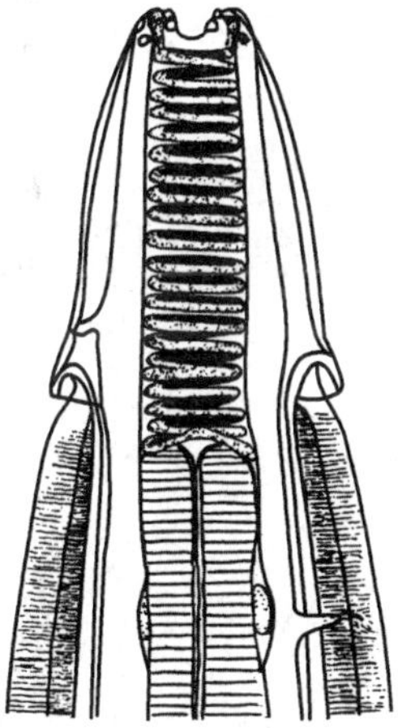

图 9-62　六翼泡首线虫头部(Mönnig)

致病作用和症状　一般不显症状。当大量寄生时，或因其他因素致使猪的抵抗力减弱时，则引起黏膜发炎，有时形成溃疡，有黄色黏液覆盖。患猪——尤其是幼猪，有慢性或急性胃炎症状。食欲消失，渴欲增加；生长发育受阻，消瘦，甚至引起死亡。

病理变化和诊断　胃内容物少，有大量黏液，胃黏膜尤其是胃底部黏膜红肿，有时覆有假膜。假膜下的组织明显发红，并有溃疡。虫体游离于黏膜表面或部分埋入胃黏膜中。依据临床症状，用沉淀法在粪便中发现虫卵，并结合剖检病尸发现多量虫体即可确诊。

治疗与预防　可用左咪唑驱虫。预防主要是逐日清除粪便，进行发酵处理。防止猪只摄食甲虫。其他方面可参阅猪蛔虫病的预防措施。

四、西蒙线虫病(猪胃线虫病)

病原体　西蒙线虫属似蛔科，咽壁有螺旋形增厚的环纹；雌雄异形，孕卵雌虫的后部膨大成球形，雄虫呈线状。奇异西蒙线虫(*Simondsia. paradoxa*，图 9-63)有 1 对颈翼，口腔内有 1 个背齿和 1 个腹齿。雄虫长 12～15 mm，尾部呈螺旋状卷曲，游离于胃腔或部分埋入胃黏膜中。孕卵雌虫长 15 mm，后部呈球形，嵌入胃壁中的包囊内，前部纤细，突出于胃腔。卵呈圆形或椭圆形，长 20～29 μm。

发育史与致病作用　可能以食粪甲虫作为中间宿主。大量感染时，可引起胃炎和胃溃疡。雌虫诱发的包囊，组织学检查时，可见有显著的嗜伊红细胞聚集。

防治　同似蛔线虫病。

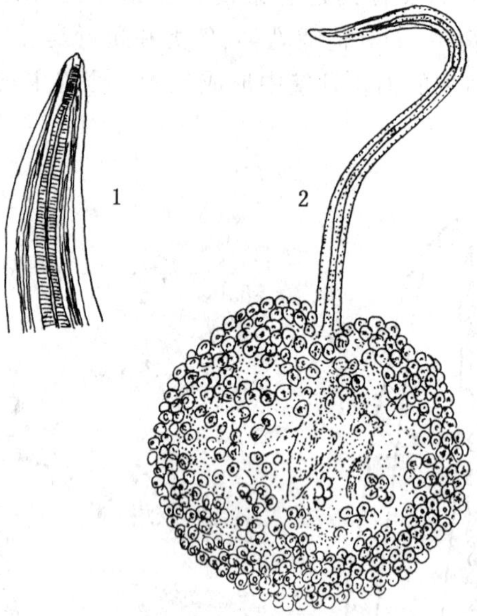

图 9-63 奇异西蒙线虫雌虫(Cobbold)

1.头部 2.雌虫全形

五、猪颚口线虫病(猪胃线虫病)

病原体 颚口线虫属颚口科(Gnathostomatiidae),有一个大的球状的头部,上面有许多小棘。刚棘颚口线虫(*Gnathostoma hispidum*)的新鲜虫体呈淡红色,表皮菲薄,可透见体内的白色生殖器官。头端呈球形膨大,其上有 11 横列小棘。全身都有小棘排列成环;体前部的棘较大,呈三角形,排列较稀疏;体后部的棘较细,形状如针,排列较密。雄虫长 15～25 mm,有交合刺 1 对,不等长。雌虫长 22～45 mm。虫卵呈椭圆形,黄褐色,一端有帽状结构,卵的大小为(72～74) μm×(39～42) μm。此外,在四川等地尚有陶氏颚口线虫(*G. doloresi*)。有棘颚口线虫(*G. spinigerum*,图 9-64)寄生于猫、犬、貂等肉食兽的胃内。雄虫长 10～25 mm,雌虫长 9～31 mm。

发育史 虫卵随粪便排出体外,在水中经 10～15 天孵出幼虫。幼虫在 22℃水中可生存 20～30 天。当幼虫被剑水蚤吞食后,在其体内经 7～17 天的发育,达到感染期。感染幼虫还可以在一个贮藏宿主如鱼类、蛙或爬行动物体内形成包囊,并稍事生长。猪随饮水吞食了带感染性幼虫的剑水蚤或吞食了贮藏宿主而被感染。幼虫在猪胃内发育为成虫,但有时发生错误的移行,未成熟虫体见于许多器官,特别是在肝脏和肝动脉。在胃内,虫体的头部深入胃壁,其余部分游离于胃腔。

致病作用和症状 幼虫移行到肝脏时,可引起肝炎。成虫以其头部深入于胃壁中,形成空腔,内含淡红色液体,周围的组织红肿,发炎,黏膜显著肥厚。严重感染时,病猪呈剧烈的胃炎症状,食欲不振,营养障碍,呕吐,局部有肿瘤样结节。轻度感染时不表现任何症状。

诊断与防治 根据临床症状和粪便检查发现虫卵,或剖检病尸从胃内发现虫体即可确诊。治疗可试用左咪唑。防止猪饮用含剑水蚤的水和吃到贮藏宿主。患猪粪便应堆积发酵。

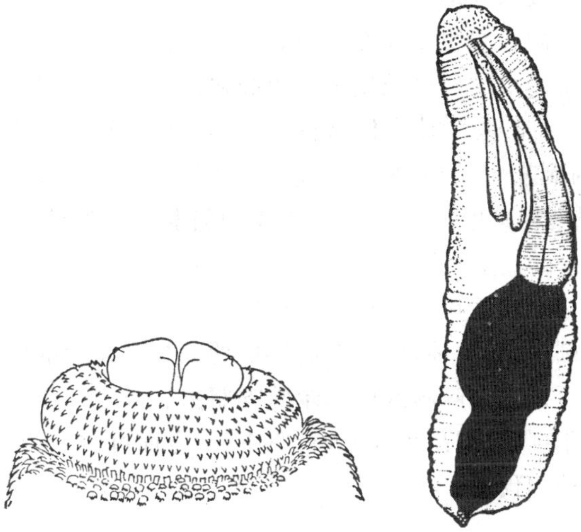

图 9-64 有棘颚口线虫

1. 有棘颚口线虫前端背面(Baylis and Lane) 2. 幼虫全形(Faust)

六、骆驼副柔线虫病(驼胃线虫病)

骆驼胃线虫病是由锐形科(Acuariidae)副柔线属(*Parabronema*)的斯氏副柔线虫(*P. skrjabini*,图 9-65)引起的;除骆驼以外,绵羊、山羊、牛及其他反刍兽亦可感染,均寄生于第 4 胃。病畜消瘦,生产及使役能力降低,甚至引起死亡。副柔线虫在我国内蒙古和甘肃多有发现。甘肃阿拉善右旗是个养骆驼区,据调查,骆驼的斯氏副柔线虫的感染率达 80%,感染强度为 1～328 条。

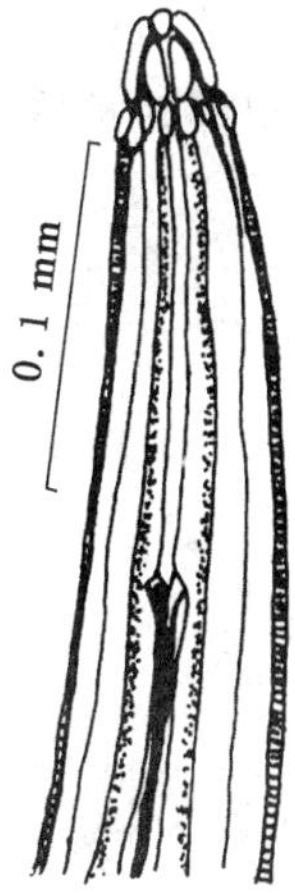

图 9-65 斯氏副柔线虫前部
(孔繁瑶等)

病原体 副柔线虫属线虫的头部有 6 个耳状悬垂物,两个在亚腹侧,两个在亚背侧,两侧各 1 个。角皮厚,有横纹,无侧翼。口孔由两个侧唇围绕;咽长而狭细。雄虫长 9.5～10.5 mm,尾部呈螺旋状卷曲。肛前乳突 4 对,有细长的蒂;肛后乳突 2 对,蒂短而粗。交合刺不等长,短的 0.237～0.287 mm,长的 0.545～0.656 mm。有引器。雌虫长 21～34 mm,尾端向背面弯曲;阴门位于体前部。卵呈卵圆形,大小为(39～48) μm×(9～11) μm,内含幼虫。

发育史 某些吸血蝇在反刍兽粪便上产卵,继之孵化为幼虫;后者吞食了副柔线虫的卵时,副柔线虫的幼虫即在它们体内发育。研究者观察到,在蝇蛆体内可以发现第 1 期幼虫,在蛹体内可以发现第 2 期幼虫,在成蝇体内可以发现感染性幼虫。宿主经口感染。感染性幼虫进入宿主真胃后,钻入黏膜内继续发育,直至次年 4～5 月间始发育成熟。雌虫在整个夏季期间产卵,并随宿主粪便排出。卵产完后虫体死亡。每年 6～11 月份以至 12 月份,在宿主体内可同时寄生有副柔线虫的成虫和幼虫。

流行病学 骆驼感染副柔线虫主要在夏季,因为只有这个时期才有携带副柔线虫感染性幼虫的吸血蝇存在。副柔线虫的感染强度随外界吸血蝇之多少而异,6 月份前及 9 月份后,蝇较少,动物感染较轻;7 月中旬至 8 月中旬这种蝇最多,动物感染强度最高。自副柔线虫的感染性幼虫进入宿主体内到发育为性成熟的成虫约需 11 个月,虫体在宿主体内的寿命约为 19 个月。骆驼的感染强度较其他反刍兽为高,1 岁的骆驼比 2 岁的高,其次是牛,再次为绵羊和山羊。

诊断与治疗 生前诊断仅适用于 4～11 月期间,因这时反刍兽的真胃内才有性成熟的虫体。副柔线虫的卵呈卵圆形,卵壳薄,卵内含有卷曲的幼虫。死后剖检可在真胃幽门部发现副柔线虫的幼虫或成虫。可试用左咪唑或丙硫苯咪唑驱虫。

预防 主要是在春季(吸血蝇出现前)进行驱虫,一方面可收到治疗之效,另一方面可减少吸血蝇的感染。也可用药物预防。

七、小钩锐形线虫病(禽胃线虫病)

禽胃线虫病是由旋尾目锐形科锐形属(*Acuaria*)和四棱科(Tetrameridae)四棱属(*Tetrameres*)的线虫寄生于禽类的食道、腺胃、肌胃和小肠引起的。我国各地都有分布。

病原体 锐形属线虫的头部有 4 条饰带,通常不相吻合。小钩锐形线虫(*A. hamulosa*,图 9-66)的前部有 4 条饰带,两两并列,呈不整齐的波浪形,由前向后延伸,几达虫体后部,但不折回,亦不相吻合。雄虫长 9～14 mm,肛前乳突 4 对,肛后乳突 6 对。交合刺 1 对,不等长,左侧的纤细,长 1.63～1.8 mm;右侧的扁平,长 0.23～0.25 mm。雌虫长 16～19 mm,阴门位于虫体中部的稍后方。卵的大小为(40～45) μm×(24～27) μm。寄生于鸡和火鸡的肌胃。

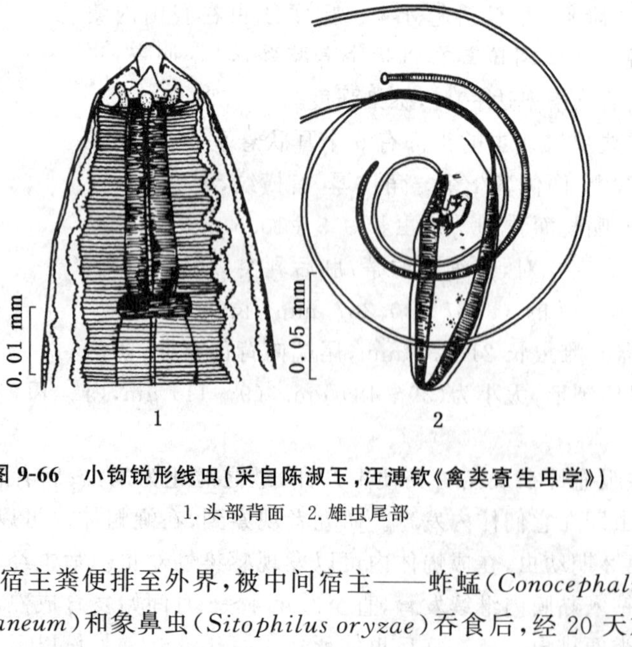

图 9-66 小钩锐形线虫(采自陈淑玉,汪溥钦《禽类寄生虫学》)

1. 头部背面 2. 雄虫尾部

发育史 虫卵随宿主粪便排至外界,被中间宿主——蚱蜢(*Conocephalus saltator*)、拟谷盗虫(*Tribolium castaneum*)和象鼻虫(*Sitophilus oryzae*)吞食后,经 20 天左右的发育,成为感染性幼虫。终末宿主是由于摄食了中间宿主而遭受感染的。幼虫被摄食后,在第一昼夜内钻入肌胃的角质层下面，在 24 天内蜕化两次，约在第 35 天移行到肌胃壁内，到第 120 天发育成熟。

致病作用与症状　虫体寄生在肌胃的角质层下面时引起黏膜的出血性炎症；以后在肌层形成干酪性或脓性结节，影响肌胃的机能，严重时偶见肌胃破裂。此外，虫体对宿主还呈现毒性作用。

轻度感染时不显致病力。严重感染时，有消瘦和贫血等症状。在大多数情况下危害性不大，但有引起幼鸡急性死亡的报道。

诊断与治疗　必须根据临床症状、粪便检查发现虫卵和病尸剖检发现虫卵或虫体，进行综合诊断才能确诊。可用噻苯唑或丙硫苯咪唑等药驱虫。

预防　做好禽舍的清洁卫生；对禽粪应堆积发酵；消灭中间宿主和对鸡进行预防性驱虫。

八、旋锐形线虫病（禽线虫病）

病原体　旋锐形线虫（*Acuaria spiralis*）的前部有 4 条饰带，由前向后，然后折回，但不吻合。雄虫长 7～8.3 mm。肛前乳突 4 对，肛后乳突 4 对，交合刺不等长，左侧的纤细，长 0.4～0.52 mm，右侧的呈舟状，长 0.15～0.2 mm。雌虫长 9～10.2 mm，阴门位于虫体后部。卵具有厚壳，大小为（33～40）μm×（18～25）μm，内含幼虫。该虫寄生于鸡、火鸡、鸽子等的前胃和食道，罕见于肠。

发育史与致病作用　虫卵被中间宿主如等足类[光滑鼠妇（*Porcellio laevis*）、粗糙鼠妇（*Armadillidum vulgara*）]吞咽，经 26 天发育为感染性幼虫。禽类感染是由于吞食了含有感染性幼虫的中间宿主所致。雌虫发育到性成熟排卵约需 27 天。

旋锐形线虫的致病作用和感染强度与宿主年龄和品种等因素有关。严重感染时，可在前胃见有深溃疡，虫体前端深藏在溃疡中；被寄生部位的腺体遭受破坏，其周围组织有明显的细胞浸润。

症状　严重感染时，特别是 1 个月左右的雏鸡有食欲消失，迅速消瘦，高度贫血和下痢（粪便稀薄呈黄白色）等症状。患鸡出现症状后数日内死亡。

诊断与治疗　与小钩锐形线虫相同。

预防　满 1 月龄的雏禽可试作预防性驱虫；防止禽群与中间宿主接触，尽量不要在潮湿的地方放牧。

锐形属线虫除上述两种外，还有钩形锐形线虫（*A. uncinata*），寄生于鸭、鹅和一些野生水禽的食道、前胃和小肠。每一对饰带的后端均互相连接。雄虫长 8～10 mm，雌虫长 12～18.5 mm。中间宿主为水蚤[蚤状溞（*Daphnia pulex*）]。患禽严重感染时可能引起死亡。治疗方法见小钩锐形线虫病；预防是颇为困难的。

九、四棱线虫病（禽线虫病）

病原体　四棱线虫无饰带；雌雄异形。雌虫近似球形，深藏在禽类的前胃腺内；雄虫纤细，游离于前胃腔中。美洲四棱线虫（*Tetrameres americana*，图 9-67）寄生于鸡和火鸡的前胃。雄虫长 5～5.5 mm。雌虫长 3.5～4.5 mm，宽 3 mm，呈亚球形，并在纵线部位形成 4 条深沟，其前端和后端自球体部突出，看上去好像是梭子两端的附属物。

发育史 虫卵随粪便排出体外，被中间宿主——适宜的直翅类昆虫[赤腿蚱蜢(*Melanoplus femurrubrum*)、长额负蝗(*M. differentialis*)和德国小蜚蠊(*Blattella germanica*)]吞食后孵化，经 42 天发育到感染阶段。禽类吞食了带感染性幼虫的上述昆虫而遭受感染。幼虫在前胃腺体内发育，成熟的雌虫和雄虫亦在该处交配，交配后的雄虫离开腺体并死亡。感染后 35 天雌虫孕卵，3 个月后雌虫膨大到最大程度。

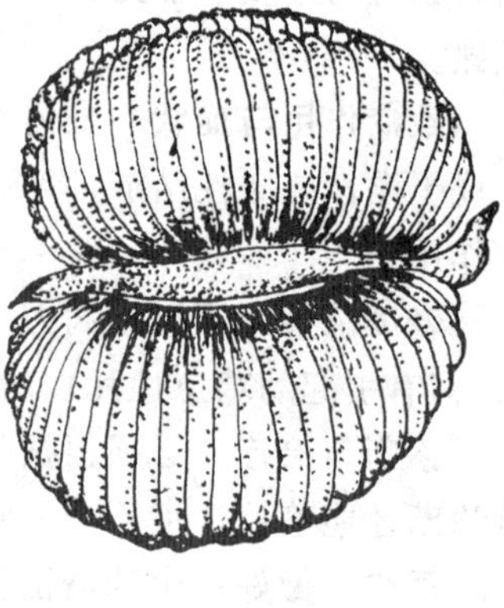

图 9-67 美洲四棱线虫雌虫(Mönnig)

致病作用 虫体吸血，但最大的损害是发生在幼虫移行到前胃壁时，造成明显的刺激和发炎，这种情况可能引起鸡只死亡。在尸体剖检时，可从前胃的外面看到组织深处有暗黑色物体——成熟雌虫。

诊断与防治 参阅小钩锐形线虫病。

十、吸吮线虫病(眼线虫病)

(一)牛吸吮线虫病

牛吸吮线虫病俗称牛眼虫病，又称寄生性结膜角膜炎，是旋尾目吸吮科(Thelaziidae)吸吮属(*Thelazia*)的多种线虫寄生于黄牛、水牛的结膜囊、第三眼睑和泪管引起的。我国各地普遍流行，对牛的危害甚大，可引起结膜炎和角膜炎，甚至造成角膜糜烂和溃疡，最常发于秋季。

病原体 吸吮属线虫的体表通常有显著的横纹。口囊小，无唇，边缘上有内外两圈乳突。雄虫通常有大量的肛前乳突。阴门位于虫体前部。

(1)罗氏吸吮线虫(*Thelazia rhodesii*，图 9-68)。是我国最常见的一种。虫体呈乳白色，表皮上有明显的横纹。头端细小，有一小长方形的口囊。食道短，呈圆柱状。雄虫长 9.3～13.0 mm，尾部卷曲，泄殖腔开口处不向外突出。左交合刺长 0.1～0.16 mm，右交合刺长 0.53～0.80 mm。有 17 对较小的尾乳突，14 对在肛前，3 对在肛后。雌虫长 14.5～17.7 mm，尾端钝圆，尾尖侧面上有一个小突起。阴门开口于虫体前部，开口处的角皮上无横纹，并略凹陷。胎生。

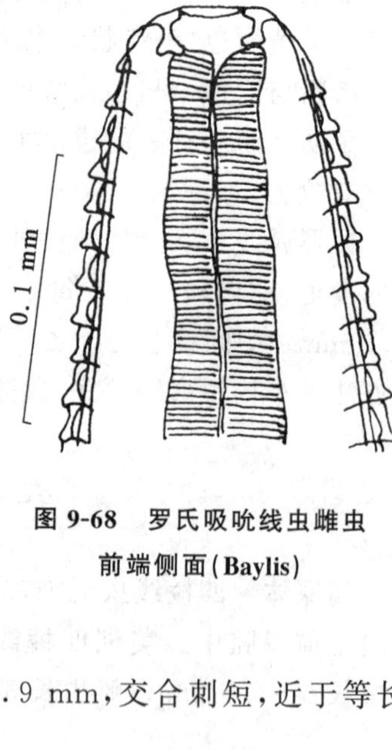

图 9-68 罗氏吸吮线虫雌虫前端侧面(Baylis)

(2)大口吸吮线虫(*T. gulosa*)。其虫体上有不明显的横纹，口囊呈碗状。雄虫长 6～9 mm，两个交合刺分别长 0.99～1.03 mm 和 0.12～0.13 mm；有 18 对尾乳突，其中 4 对位于肛后。雌虫长 11～14 mm，阴门开口于食道末端处，开口处的体表平坦。

(3)斯氏吸吮线虫(*T. skrjabini*)。体表无横纹，雄虫长 5.9 mm，交合刺短，近于等长。

雌虫长 11～19 mm。

发育史　吸吮线虫的发育史中需要蝇，如胎生蝇（*Musca larvipara*）、秋蝇（*M. autumnalis*）等作为中间宿主。雌虫在结膜囊内产出幼虫，幼虫在蝇舐食牛眼分泌物时被咽下，然后进入蝇的卵滤泡内发育蜕化，约 1 个月后变为感染性幼虫。感染性幼虫穿出卵滤泡，进入体腔，移行到蝇的口器。带有感染性幼虫的蝇舐食牛眼分泌物时，感染性幼虫进入牛眼内，大约经过 20 天发育为成虫。

流行病学　本病的流行与蝇的活动季节密切相关，而蝇的繁殖速度和生长季节又决定于当地气温和湿度等环境因素，故通常在温暖而湿度较高的季节，常有大批牛只发病，干燥而寒冷的冬季则少见。各种年龄的牛均受其害。

致病作用和症状　吸吮线虫的致病作用主要表现为机械性地损伤结膜和角膜，引起结膜角膜炎，如继发细菌感染时，最终可使眼睛失明。临床上见有眼潮红、流泪和角膜混浊等症状。当结膜因发炎而剧肿时，可使眼球完全被遮闭。炎性过程加剧时，眼内有脓性分泌物流出，常将上下眼睑粘合。角膜炎继续发展，可引起糜烂和溃疡，严重时发生角膜穿孔，水晶体损伤及睫状体炎，最后导致失明。混浊的角膜发生崩解和脱落时，一般能缓慢地愈合，但在该处留下永久性白斑，影响视觉。病牛表现极度不安，常将眼部就其他物体上摩擦，摇头，食欲不振，母牛产乳量降低。

诊断与治疗　在眼内发现吸吮线虫即能确诊。虫体爬至眼球表面时，很容易被发现，或用手轻压眼眦部，然后用镊子把第三眼睑提起，查看有无活动虫体。还可用一橡皮球，吸取 3% 硼酸溶液，以强力冲洗第三眼睑内侧和结膜囊，同时用一弧形盘接取冲洗液，可在盘中发现虫体。可用硼酸溶液、海群生溶液、左咪唑或甲氧嘧啶等药驱虫。

预防　在疫区每年冬春季节，对全部牛进行预防性驱虫；并应根据当地气候情况之不同，在蝇类大量出现之前，再对牛进行一次普遍性驱虫，以减少病原体的传播。经常注意环境卫生；灭蝇，灭蛆，灭蛹，消灭蝇类滋生地。

（二）马吸吮线虫病

我国甘肃的马寄生有泪吸吮线虫（*Thelazia lacrymalis*），通常寄生在泪管里，很少发现于结膜囊，故平时不易发现。虫体呈乳白色，角皮上无横纹。虫体长 8.7～14.4 mm。头端细小，有一小而略呈长方形的口囊；食道短，呈圆柱形。雄虫尾部卷曲，左右两交合刺的形状相似。雌虫尾端腹面有 1 对突起。寄生数目多时，可引起结膜炎和角膜炎。

（三）犬吸吮线虫病

犬吸吮线虫病是丽嫩吸吮线虫（*T. callipaeda*）寄生于犬瞬膜下引起的。亦寄生于兔和人。虫体乳白色，表皮上有细横纹。雄虫长 7～11.5 mm，有 11 个肛前乳突和 4 个肛后乳突，交合刺两根，左交合刺比右交合刺长 12 倍。雌虫长 7～17 mm，阴门位于食道部分，卵排出时已含幼虫，并迅速孵化，幼虫带鞘。发育史属间接型，以蝇类为中间宿主，发育过程与牛吸吮线虫相似。致病作用、诊断和治疗参阅牛吸吮线虫病。

十一、孟氏尖旋尾线虫病(禽眼线虫病)

禽眼线虫病是由孟氏尖旋尾线虫(*Oxyspirura mansoni*,图 9-69)寄生于鸡、火鸡、孔雀的瞬膜下引起的,也见于鼻窦。分布于世界的许多温暖地区,我国南方广东等地较为常见。

孟氏尖旋尾线虫属于吸吮科尖旋尾属(*Oxyspirura*)。表皮光滑。有一个大体呈沙漏形的咽;口呈圆形,边缘为一个分 6 叶的角质环。雄虫长 10～16 mm,尾部向腹面弯曲,无尾翼,有 4 对肛前乳突和 2 对肛后乳突。交合刺显著地不等长,左侧的纤细,长 3.0～3.5 mm;右侧的粗短,长 0.2～0.22 mm。雌虫长 12～19 mm,阴门位于虫体后部。卵的大小为(50～65) μm×(40～45) μm,产出时已含有第 1 期幼虫。

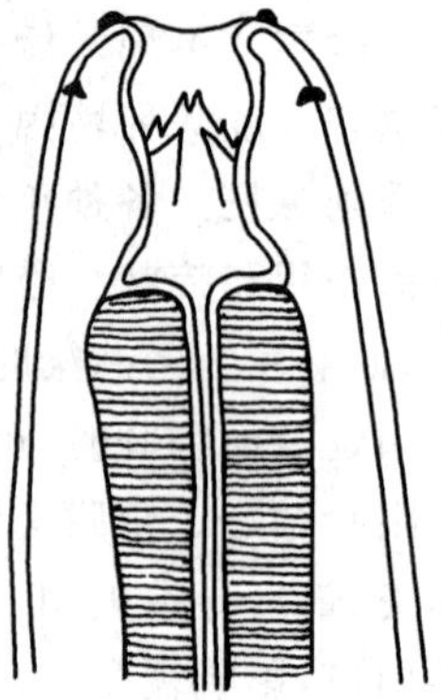

图 9-69　孟氏尖旋尾线虫前端腹面
(Yorke and Maplestone)

发育史　雌虫在瞬膜下产卵,经鼻泪管到鼻腔,被咽入消化道,随宿主粪便排至外界。中间宿主为苏里南坚足蟑螂(*Pycnoscelus surinamensis*),虫卵被吞食后,在其体内约经 50 天,发育为感染性幼虫。禽类啄食了含感染性幼虫的蟑螂而遭受感染。蟑螂被禽类啄食后,感染性幼虫在嗉囊里释出,然后迅速地移行到食道,经咽,通过鼻泪管到达瞬膜下。这一过程约 20 min 即可完成。大约在感染 30 天以后发育成熟。

致病作用　因虫体数量的多少而不同,可从结膜炎到严重的眼炎、失明和眼球的完全破坏。严重情况的发生可能与继发细菌感染有关。

诊断与防治　在眼内发现虫体即确诊。治疗可用 1%～3%噻苯唑液滴眼,或用手术方法取出虫体。发生结膜炎或角膜炎时可用金霉素眼膏治疗。预防应着重消灭蟑螂。并应注意禽舍的清洁卫生措施。

十二、筒线虫病

筒线虫属筒线科(Gongylonematidae)、筒线属(*Gongylonema*)。常见种有美丽筒线虫(*G. pulchrum*)和多瘤筒线虫(*G. verrucosum*)。前者多寄生于绵羊、山羊、黄牛、猪、牦牛、水牛,少见于马、骆驼、驴和野猪。后者则寄生于绵羊、山羊、牛和鹿。禽类有嗉囊筒线虫(*G. ingluvicola*),寄生于禽类嗉囊的黏膜下。筒线属虫体的前部有许多圆形或椭圆形的表皮隆起,排成不整齐的长行。

(1)美丽筒线虫(图 9-70)。寄生于动物食道的黏膜中或黏膜下层。常回旋弯曲,状如锯刃。有时见于反刍兽的第 1 胃。虫体前部有许多各种不同大小的圆形或卵圆形表皮隆起;颈翼发达。唇小,咽短。雄虫长达 62 mm,有尾翼膜,稍不对称;还有许多排列不对称的尾乳突;左交合刺纤细,长 4～23 mm,右交合刺粗短,长 0.084～0.18 mm。有引器。雌虫可长达 145 mm,阴门开口于后部;卵的大小为(50～70) μm×(25～37) μm,内含成形的幼虫。

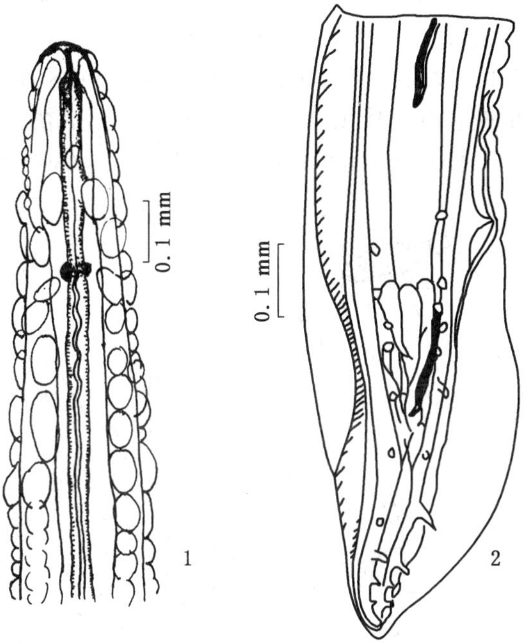

图 9-70　美丽筒线虫(孔繁瑶等)

1.虫体前部　2.雄虫尾部

(2)多瘤筒线虫。寄生于反刍兽的第 1 胃,新鲜虫体为淡红色,颈翼膜呈"垂花饰"状;表皮隆起仅见于虫体左侧。雄虫长 32～41 mm,左交合刺长 9.5～10.5 mm,右交合刺长 0.26～0.32 mm。雌虫长 70～95 mm。

(3)嗉囊筒线虫。寄生于禽类嗉囊的黏膜下。虫体粗壮,白色或黄色,角皮有横纹,体前部有不规则排列,成纵列的角皮隆起。雄虫长 17～20 mm,左交合刺长 17～19 mm,右交合刺长 0.10～0.12 mm。雌虫长 32～45 mm。卵的大小为(50～57) μm×(36～38) μm。

发育史　含有幼虫的卵随粪便排到外界,被中间宿主——食粪甲虫[如蜉金龟属(*Aphodius*),食粪属(*Onthophagus*)等]吞食后,幼虫孵化,并在其体内发育为感染性幼虫。德国小蜚蠊能被实验感染。有人观察到,幼虫可自动地从落入水中的蜚蠊体内溢出。宿主吞食了含有感染性幼虫的甲虫或蟑螂后遭受感染。在宿主胃内,幼虫自中间宿主体内释出,并迅速地向前移行,到达食道,钻入黏膜或黏膜下层。感染 10 天后,大部分幼虫已分布于整个食道壁上。牛感染后 50～55 天,虫体发育成熟。筒线虫的致病力不强或几乎无致病力。剖检时可在黏膜面上透视到呈锯刃形弯曲的虫体,或盘曲的白色纽状物。可试用哌嗪类药物。预防应着重于防止家畜家禽摄食中间宿主。

十三、猫泡翼线虫病

猫泡翼线虫病是泡翼科(Physalopteridae)泡翼属(*Physaloptera*)的包皮泡翼线虫(*P. praeputialis*)寄生于猫及野生猫科动物的胃中引起的。除猫以外,还可寄生于犬、狼、狐等肉食兽。分布于中国、东印度、非洲、南美洲等地。

包皮泡翼线虫(图 9-71)的虫体坚硬,尾端的表皮向后延伸形成包皮样的鞘。有两个呈三角形的唇片,每个唇片的游离缘中部内面长有内齿,其外约同一高度处长有一锥状齿。雄虫长 13～40 mm,尾翼发达,在肛前腹面汇合。肛前有 4 对带柄乳突和 3 对无柄乳突,肛后有 5 对无柄乳突,有两根不等长的交合刺。雌虫长 15～48 mm,受精后阴门处被环状褐色胶样物质所覆盖。卵生,卵呈卵圆形,壳厚,光滑,大小为(49～58) μm×(30～34) μm。

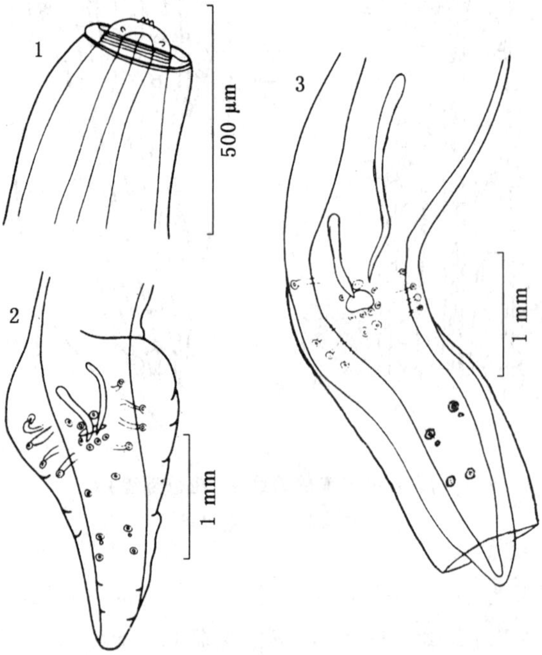

图 9-71 泡翼属线虫(Morgan and Hawkins)

1.稀有泡翼线虫头端(*P. rara*)(犬、狼等) 2.同上,雄虫尾部 3.包皮泡翼线虫雄虫尾部

发育史 属间接型,中间宿主为一些昆虫[如德国小蜚蠊和黑蟋蟀(*Gryllus assimilis*)等],终末宿主吞食了含有感染性幼虫的昆虫而遭受感染。在终末宿主体内经 56～83 天发育成熟。虫体牢固地附着在胃黏膜上吸血,常更换部位,留下许多小伤口,并持续出血,胃黏膜损伤和严重发炎。病猫消瘦,贫血,被毛粗乱,食欲缺乏。重症猫粪便呈柏油色。虎胃中常有大量虫体寄生。结合症状并从粪便中发现大量虫卵即可确诊。可用二硫化碳驱虫。

第八节 丝 虫 病

一、牛、马丝状虫病

丝状线虫指丝状科(Setariidae)丝状属(*Setaria*)的一些线虫,多寄生于有蹄类动物的腹腔内,故又称腹腔丝虫。寄生于腹腔的成虫,致病性不强;但有些种的幼虫,可寄生于非固有宿主的某些器官,引起如脑脊髓丝虫病和浑睛虫病等一些危害严重的疾病,给畜牧业造成一定的损失。

病原体 本属线虫长数厘米至 10 余厘米,乳白色,尾端部卷曲呈螺旋形。口孔周围有角质环围绕,在背、腹面,有时也在侧面有向上的隆起,形成唇状、肩章状或乳突状的外观。口环的后方有乳突。雄虫有交合刺 1 对，不等长，不同形；在泄殖腔前后有乳突数对。雌雄虫的尾端附近均有小的侧附器；尾部常呈螺旋状卷曲。雌虫较雄虫大，尾尖上常有小结或小刺；阴门在食道部。雌虫产带鞘的微丝蚴，出现于宿主的血液中。

（1）马丝状线虫（*Setaria equina*，图 9-72）。寄生于马属动物的腹腔，有时也寄生于胸腔、盆腔和阴囊等处（其幼虫可能出现于眼前房内，称浑睛虫，长可达 30 mm）。虫体呈乳白色线状。口孔周围有角质环围绕，由环的边缘上，突出形成两个半圆形的侧唇，两个乳突状的背唇和两个乳突状腹唇。头部有 4 对乳突：侧乳突较大，背、腹乳突较小。雄虫长 40～80 mm；交合刺两根，分别长 630～660 μm 与 140～230 μm。雌虫长 70～150 mm，尾端呈圆锥状。微丝蚴长 190～256 μm。

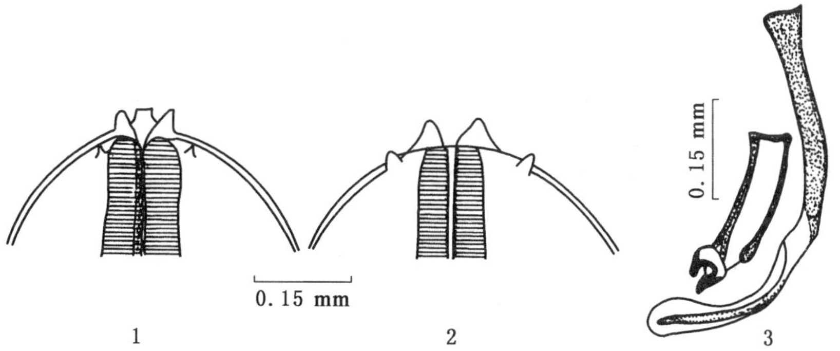

图 9-72　马丝状线虫（Yeh L. S.）

1. 头部腹面　2. 头端侧面　3. 交合刺

（2）鹿丝状线虫（*S. cervi*）。又称唇乳突丝状线虫（*S. labiatopapillosa*）该虫寄生于牛、羚羊和鹿的腹腔。口孔呈长形，角质环的两侧部向上突出成新月状（较宽阔），背、腹面突起的顶部中央有一凹陷，略似墙垛口（颇狭窄）。雄虫长 40～60 mm，交合刺两根，分别长 120～150 μm 与 300～370 μm。雌虫长 60～120 mm；尾端为一球形的纽扣状膨大，表面有小刺。微丝蚴有鞘，长 240～260 μm。

（3）指形丝状线虫（*S. digitata*，图 9-73）。寄生于黄牛、水牛和牦牛的腹腔，和鹿丝状线虫相似，但口孔呈圆形，口环的侧突起为三角形，且较鹿丝状线虫的为大。背、腹突起上有凹迹。雄虫长 40～50 mm，交合刺两根，分别为 130～140 μm 和 250～270 μm。雌虫长 60～80 mm，尾末端为一小的球形膨大，其表面光滑或稍粗糙。微丝蚴的大小与鹿丝状线虫相似。

发育史　成虫寄生于腹腔，所产微丝蚴进入宿主的血液循环。微丝蚴周期性地出现在畜体外周血液中。外周血液中的马丝状线虫微丝蚴的数量高峰出现在黄昏时分；外周血液中的指形丝状线虫微丝蚴的密度以早晨 6 时、中午 12 时、晚 6 时和晚 9 时较高。中间宿主为吸血昆虫：马丝状线虫为埃及伊蚊（*Aedes aegypti*）、奔巴伊蚊（*A. pembaensis*）及淡色库蚊（*Culex pipiens*），指形丝状线虫为中华按蚊（*Anopheles hyrcanus sinensis*）、雷氏按蚊（*A. hyrcanus lesteri*）、骚扰阿蚊（*Armigeres obturbans*）、东乡伊蚊（*A. togoi*）和淡色库蚊；鹿丝状线虫可能是厩螯蝇或一些蚊类。当中间宿主刺吸终末宿主血液时，微丝蚴随血液进入中间宿主——蚊虫的体内，在那里约经 15 天发育为感染性幼虫，并移行到蚊的口器内。当这种蚊刺吸终末宿主的血液时，感染性幼虫即进入终末宿主体内，经 8～10 个月发育为成虫。成虫寄生于腹腔。

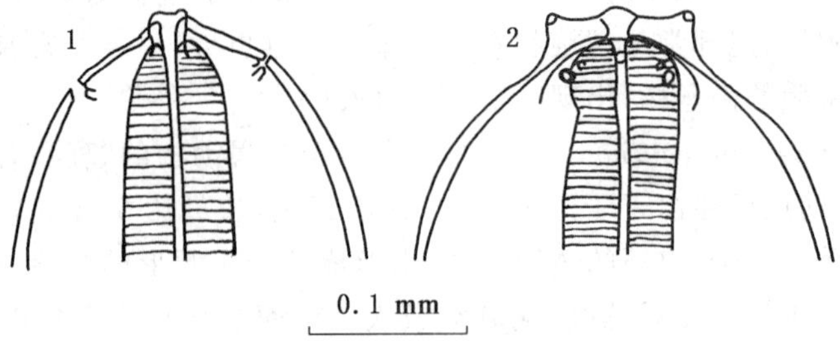

图 9-73 指形丝状线虫(Yeh L. S.)

1.头部腹面 2.头端侧面

当携带有指形丝状线虫之感染性幼虫的蚊刺吸非固有宿主——马或羊的血液时,幼虫即进入马或羊的体内,但由于宿主不适,它们常循淋巴或血液进入脑脊髓或眼前房,停留于童虫阶段,引起马或羊的脑脊髓丝虫病或马浑睛虫病,详后述。

致病作用 寄生于腹腔的虫体,不呈现明显的致病作用。但有人报道过马丝状线虫引起腹膜炎,进而引起贫血和恶病质的事例。还报道过指形丝状线虫寄生于牛输卵管的病例。

诊断与防治 取动物外周血液检查,发现微丝蚴即可确诊。乙胺嗪(海群生)可杀死微丝蚴,但不能杀灭成虫。有人推荐用左咪唑或伊维菌素治疗。预防应包括防止吸血昆虫叮咬和扑灭吸血昆虫两个方面。

二、马脑脊髓丝虫病(腰痿病)

马脑脊髓丝虫病在日本、以色列、印度、斯里兰卡和美国等许多国家都相继有过报道。羊也有脑脊髓丝虫病。在我国,马脑脊髓丝虫病多发生于长江流域和华东沿海地区,东北和华北等地亦有病例发生。马、骡患病后,逐渐丧失使役能力,重病者多因长期卧地不起,发生褥疮,继发败血症致死。

病原体 马脑脊髓丝虫病的病原体是寄生于牛腹腔的指形丝状线虫的晚期幼虫(童虫)。为乳白色小线虫,长 1.6~5.8 cm,体宽 0.078~0.108 mm,其形态特征已基本近似成虫;多寄生于脑底部、颈椎和腰椎膨大部的硬膜下腔、蛛网膜下腔或蛛网膜与硬膜下腔之间。我国是否还有鹿丝状线虫所致的马脑脊髓丝虫病,尚无定论。

发育史与流行情况 发育史可参阅牛马丝状线虫部分。本病主要流行于东北亚和东南亚国家,欧洲各国未见报道。我国的早期病例于 1962 年发现于福建,其后相继在山东、江西、浙江、安徽、江苏、湖北和辽宁等地的马匹中发现。就畜种来看,马比骡多发,羊亦有发生,驴未见报道。有明显的季节性,多发于夏末秋初;其发病时间约比蚊虫出现时间晚 1 个月,一般为 7~9 月份,而以 8 月中发病率最高。就环境因素而言,凡低湿、沼泽、水网和稻田地区一般多发,洪水、台风、大潮后多发,因为这些环境均适于蚊虫滋生。各种年龄的马均可发病。一个重要的流行因素是,牛多蚊多的地区,极易引起发病。

临床症状 幼虫在脑脊髓中移行,无固定的寄生部位,且有一定时间的生长过程,故潜伏期及病情颇不一致。根据我国人工感染的观察,潜伏期为 5~30 天,平均 15 天左右,比国外文献的记载为短。早期的临床症状主要表现为腰髓支配的后躯运动神经障碍;后期才出现脑髓受损的精神症状,但并不严重。

早期症状主要表现为一侧后肢或两后肢提举不充分,运步时蹄尖轻微拖地,后躯无力,后肢强拘。久立时后肢作鸡伸懒腿样动作。知觉迟钝的出现,开始于腰荐部,继而出现于颈部两侧。凹腰反应迟钝,整个后躯的感觉迟钝或消失。此时病马低头,无神采,行动缓慢,对外界的反应性降低。有时耳根和额部出汗。中晚期的症状为精神沉郁,有的患马意识障碍,出现傻相。磨牙,凝视,易惊,采食异常,尾力减退,不灵活,腰僵硬。有时突然地高度跛行,运步时两后肢外张,或后肢轻跛,捻蹄或蹄尖拖地前进,或后肢出现木脚步样。强制小跑时,步幅短缩,后躯摇摆。一般不能急转弯或后退;强行后退时,可能坐地,起立困难;或后坐到一定程度时猛然起立。后坐时,如臀端倚依墙柱,常导致尾根部外伤,被毛脱落。随着病情的加重,公马阴茎脱出下垂;尿淋漓、频尿,色呈乳状,甚至发生尿闭和粪闭。病马的体温、呼吸、脉搏和食欲等均无明显变化。血液检查见嗜酸性白细胞增多。

病理变化 病理变化是和幼虫进入脑脊髓发育为童虫的过程相伴产生的,并随着其所引起的出血性、液化坏死性脑脊髓炎,或有时呈现某种程度的浆液性、纤维素性脑脊髓膜炎而展开。病灶常局限于脑脊髓系统,无固定的发病部位,有的在灰质区,有的在白质区,有的两者同时存在,但以白质区较为多见。病灶都有通往表面的倾向,形成不定形的大小不等的坏死灶,呈褐黄色、淡橙色、红褐色或淡黄胶冻样等外观。在脑脊髓硬膜或蛛网膜,有不同程度的浆液性、纤维素性炎症,胶样浸润灶以及大小不等的红褐色或鲜红色出血灶。在出血灶处或其附近,有时可以发现虫体。脑脊髓实质病变较明显,不论新旧病例均可见到大小不等的斑点状或线条状的黄褐色病灶及损伤性空洞和液化坏死。膀胱病变显著,黏膜增厚,有的充满乳黄或乳白色并混有絮状物的尿液。在陈旧病例,因膀胱麻痹,尿液不得排出,致尿盐沉着,蓄积而呈泥状。肾呈间质性肾炎变化。

诊断与防治 病马出现临床症状时,才能做出诊断,但治疗已为时过晚,难以治愈。早期诊断需用免疫学方法,用牛腹腔的指形丝状线虫提取抗原,进行皮内反应试验。治疗需在皮内反应呈阳性,尚无临床症状或症状轻微时,才能收到较好的效果。常用药为海群生,口服和注射配合使用。

预防 可采用下列措施:

(1)控制传染源。马厩应建在高燥通风处,并远离牛舍。蚊虫出现季节,应尽量避免马、骡与牛接触。

(2)普查牛只。对带微丝蚴的牛,应用药物治疗,消灭病原。

(3)阻断传播途径。搞好环境卫生,消灭蚊虫滋生地;用药物驱蚊灭蚊。

(4)药物预防。新引进的马,用海群生进行预防注射,每月一次,连用 4 个月。

三、浑睛虫病

马、骡浑睛虫病的病原可能有 3 种:指形丝状线虫或鹿丝状线虫,间或为马丝状线虫的童虫。发生于牛时,则多为马丝状线虫的童虫。中间宿主为蚊。马或牛的一个眼内,常寄生 1～3 条,游动于眼前房中,以马、骡为多发。虫体长 1～5 cm,其形态构造均近似各该虫的成虫。

由于虫体不断地刺激眼房,引起角膜炎、虹彩炎和白内障。病马畏光,流泪,角膜和眼房液轻度混浊,瞳孔放大,视力减退,眼睑肿胀,结膜和巩膜充血。病马时时摇晃头部,或就马槽或桩上摩擦患眼。严重时可导致失明。对光观察马或牛的患眼时,常可见眼前房中有虫体游动,时隐时现。

浑睛虫病的根本疗法是应用角膜穿刺法取出虫体。术后穿刺的创口一般可在 1 周内愈合;如分泌物过多时,可用硼酸液清洗,并用抗菌素眼药水点眼。

四、副丝虫病

(一)马副丝虫病

马副丝虫病是由丝虫科(Filariidae)的多乳突副丝虫寄生于马的皮下组织和肌间结缔组织引起的。病的特点是常在夏季形成皮下结节,结节多于短时间内出现,迅速破裂,并于出血后自愈。这种出血的情况颇像夏季淌出的汗珠,故又称本病为血汗症。

病原体 多乳突副丝虫(*Parafilaria multipapillosa*,图 9-74)为丝状白色线虫,雄虫长 30 mm,雌虫长 40～60 mm。虫体表面布满横纹;更重要的特征是虫体前端部,大约由肠起始部水平线向前,角皮的环纹上开始出现一些隔断,使环纹成为一种具有不规则间隔的断断续续的外观;愈向前方,隔断愈密而且愈宽,致使环纹颇似一环形的点线(或虚线);再向前方,那些圆形或椭圆形的小点逐步成为一些乳突状的隆起,故称多乳突副丝虫。雄虫尾部短,尾端钝圆。肛前肛后均有一些乳突。交合刺两根,较大的长 680～750 μm,宽 8～12 μm;较小的长 130～140 μm,宽 14～17 μm。雌虫尾端钝圆,肛门靠近末端。阴门开口于接近前端的部位。雌虫产含幼虫的卵,卵的大小为(50～55) μm×(25～30) μm。

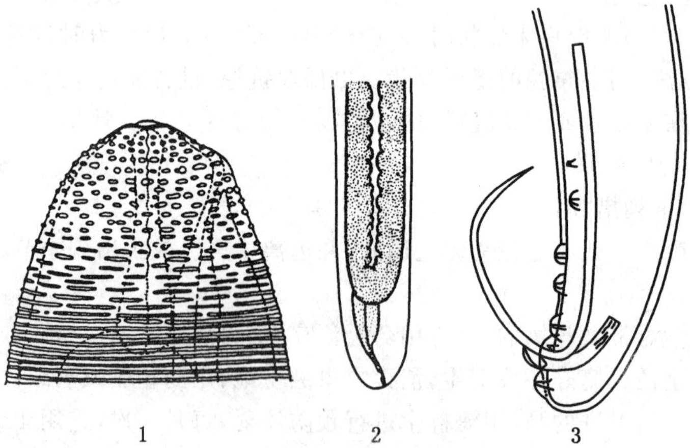

图 9-74 多乳突副丝虫(Yorke and Maplestone)

1. 雌虫头端 2. 雌虫尾端 3. 雄虫尾部(Railliet)

发育史 本虫的发育史尚未完全清楚。雌虫寄生于皮下和肌间结缔组织,移行到皮下时即形成出血性小结。小结的出现有季节性,一般是在家畜处于日光下和外界温度不低于 15℃时,故一般自每年的 4 月份有结节出现,七八月达高潮,以后渐减,冬季消失。结节出现时,成虫以其头部在结节顶端形成一小孔并产卵,卵随血液流至畜体的皮毛上。卵迅速孵化,幼虫长 220～230 μm,宽 10～11 μm。此后的发育需在蝇类中间宿主体内,已知在苏联为前须黑角蝇

(*Haematobia atripalpis*)。据实验,在中间宿主体内,当气温为 20～35℃,相对湿度为 11%～70%时,经 10～15 天发育为感染性幼虫。

致病作用与症状　本虫在马体的鬐甲部、背部、肋部,有时在颈部和腰部形成 6～20 mm 直径的半圆形结节。结节常突然出现,周围肿胀,毛竖起。结节是由于血液在皮下聚积形成的。数小时后,雌虫在结节顶端部形成一个小的孔道并产卵,卵随结节中的血液自小孔流出,继之结节消失。血液沿被毛流淌,形成一条凝结的血污。之后,寄生虫转移到附近其他部位,数日后形成另外的病变。此种情况可反复出现多次。如果寄生虫的数目较多,可在一匹马的体表同时形成许多结节。在少数情况下,虫体死亡,结节化脓,并由此进一步发展为皮下脓肿和皮肤坏死,病变持续很长时间。在温暖季节,这种结节发生一个时期以后,间隔 3～4 周,再次出现,直到天气变冷时为止。至翌年天气转暖后,这一现象可再度发生。如此反复,可连续 3～4 年。

诊断与防治　根据病的发生季节,特异性症状,容易诊断。确诊可取患部血液或压破皮肤结节取内容物,在显微镜下检查有无虫卵和微丝蚴。可用海群生治疗。预防主要是防避和消灭吸血昆虫。

(二)牛副丝虫病

本病是由丝虫科的牛副丝虫所引起的一种牛的疾病,与马副丝虫病极为相似。山东、江苏、湖南、湖北、四川、福建和广西各地均有发现。

病原体　牛副丝虫(*Parafilaria bovicola*)的雄虫长 20～30 mm,交合刺不等长。雌虫长 40～50 mm,阴门开口于距头端 70 μm 处,肛门靠近尾端。本虫与多乳突副丝虫的主要区别是:前部体表的横纹转化为角质脊,只在最后形成两列小的圆形结节。含幼虫的卵长 45～55 μm,宽 23～33 μm,孵出的幼虫长 215～230 μm,最大宽度 10 μm。以蝇属(*Musca*)的蝇为中间宿主(如 *M. lusoria* 和 *M. xanthomelas*)。

致病作用与症状　牛副丝虫病与马副丝虫病基本相似。多见于 4 岁以上的成年牛,犊牛很少见有此病。

诊断与防治　根据结节发生的季节性,突然出现的出血性结节,和在出血中检查到虫卵或孵出的幼虫,即可确诊。防治同马副丝虫病。

五、牛、马盘尾丝虫病

本病是由盘尾科(Onchocercidae)、盘尾属(*Onchocerca*)的一些线虫寄生于牛、马的肌腱、韧带和肌间引起的,在寄生处常形成硬结。

病原体　盘尾属的线虫呈长丝形,口部构造简单;角皮上除有横纹外,尚可见有呈螺旋状的脊,这种脊往往在虫体侧部中断。常见的有下列几种:

(1)颈盘尾丝虫(*O. cervicalis*,图 9-75)。为白色丝状虫体,雄虫长 60～70 mm,至今尚未采集到完整的雌虫标本,据一般估计其长度约有 300 mm。体表有横纹和螺旋状脊。交合刺不等长,一长 320～360 μm,另一长 100～120 μm;有尾乳突 6 对。雌虫阴门开口于距头端 650 μm 处。微丝蚴长 200～240 μm,无鞘,尾短。成虫寄生于马的项韧带和鬐甲部;幼虫群栖于马的皮下组织中。

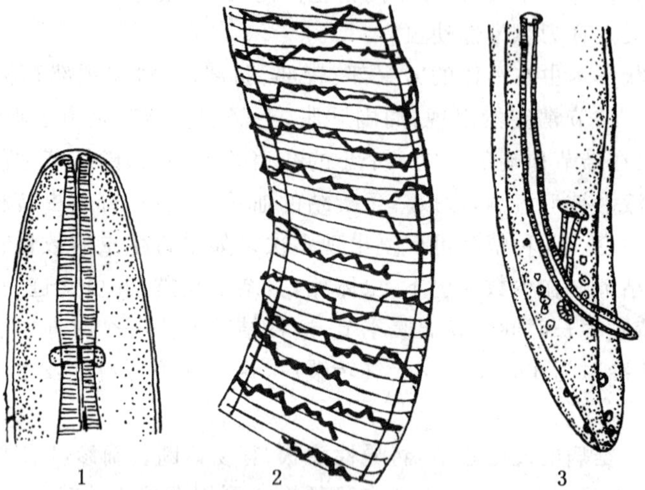

图 9-75 颈盘尾丝虫(板垣)

1.头部 2.示角皮横纹和脊 3.雄虫尾部

(2)网状盘尾丝虫(*O. reticulata*)。寄生于马的屈肌腱和前肢的球节悬韧带上。和前种相似,但较长。雄虫长 270 mm,交合刺不等长,一长 200～260 μm,另一长 100～120 μm。雌虫长 750 mm,阴门距头端 360～400 μm。微丝蚴长 330～370 μm,具有长尾。

(3)吉氏盘尾丝虫(*O. gibsoni*)。寄生于牛的体侧和后肢的皮下结节内。雄虫长 30～53 mm,尾部向腹面卷曲,有小的尾翼,有 6～9 对尾乳突,交合刺不等长,一长 140～220 μm,另一长 47～94 μm。雌虫长 140～190 mm,有谓最长者可达 500 mm。阴门开口于距前端 0.5～1.0 mm 处。产无鞘微丝蚴,长为 240～280 μm。

(4)喉瘤盘尾丝虫(*O. gutturosa*)。寄生于牛的项韧带和股胫韧带,其幼虫常见于皮下,引起皮炎,间或皮肤增厚,形成橡皮病。雄虫长 28～33 mm;交合刺一长 225～295 μm,另一长 75～88 μm。雌虫长 600 mm 以上,阴门开口于距头端 0.5 mm 处。微丝蚴长 200～260 μm。

(5)圈形盘尾丝虫(*O. armillata*)。寄生于水牛、黄牛的主动脉壁内膜下。雄虫长 66～76 mm,最大宽度 169～189 μm。右交合刺长 120～162 μm,远端呈锚钩状;左交合刺长 223～282 μm,远端尖细。雌虫缺完整标本,最大宽度 340～380 μm。阴门位于食道部,距头端 581～748 μm。卵胎生,微丝蚴无鞘,长 210～330 μm。

发育史 发育过程中需有一种吸血昆虫——库蠓、蚋或蚊作为中间宿主。已证实颈盘尾丝虫和网状盘尾丝虫的中间宿主为云斑库蠓(*Culicoides nubeculosus*);被证实作为颈盘尾丝虫之中间宿主的还有陈旧库蠓(*C. obsoletus*)和五斑按蚊(*Anopheles maculipennis*)等;吉氏盘尾丝虫的中间宿主是刺螯库蠓(*C. pungens*);喉瘤盘尾丝虫的中间宿主是饰蚋(*Simulium ornatum*);圈形盘尾丝虫的中间宿主为舒氏库蠓(*C. schltzei*)。虫体寄生于皮下结缔组织中,所产幼虫分布于皮下的淋巴液内,不进入血管。当中间宿主蠓或蚋等吸血时,幼虫被吸入,进入中肠,而后到达胸肌,经 21～24 天后,发育为感染性幼虫,然后转入蠓、蚋的喙部,当中间宿主再次叮咬家畜时,即可造成感染。

致病作用与症状 虫体盘曲在结缔组织内形成"虫巢",外部有纤维细胞形成的包膜,虫体周围有大量细胞浸润。浸润细胞以嗜酸性细胞为主，伴有巨细胞、浆细胞和淋巴细胞等。随着时间的增长，局部发生变性，开始呈玻璃样变性，其后呈干酪样变性，最后坏死或钙化。虫体的寄生部位不同，其所表现的临床症状也不同。牛的吉氏盘尾丝虫和喉瘤盘尾丝虫分别寄生于肩部、肋部、后肢的皮下和项韧带、股胫关节韧带，多数不表现临床症状。马的颈盘尾丝虫有部分病例出现症状，成为鬐甲瘘和项肿的病因之一。网状盘尾丝虫寄生于屈腱时，可引起屈腱炎而导致跛行。曾有人认为盘尾丝虫的微丝蚴可导致牛、马夏季过敏性皮炎。但也有人认为，虽然在这种过敏性皮肤病变中可以见到盘尾丝虫的微丝蚴，但病变的主要致因却是蠓、蚋刺螫时引起的过敏反应，因为这些动物对蠓和蚋的抗原物质呈现阳性皮内反应。还有人认为颈盘尾丝虫的微丝蚴可以成为马周期性眼炎的病因之一。圈形盘尾丝虫造成动脉管内膜粗糙、增厚，管壁内有充满胶冻样或干酪样物的结节。虫体死亡后，病变部钙化。

诊断与防治　根据病变出现的特定部位和病变的性质，可做出初步判断。在病变部取小块皮肤，加生理盐水培养，观察有无幼虫。死后剖检可在患部发现虫体和相应病变。治疗可试用海群生。对未化脓的肿胀切忌切开，可用温热法或涂擦刺激剂消除局部炎症。对已化脓的、坏死的病例，需施行手术疗法，彻底切除坏死组织。在吸血昆虫活跃季节，应设法使家畜免受叮咬，消除吸血昆虫的滋生地。

六、犬恶丝虫病

本病是由犬恶丝虫(*Dirofilaria immitis*)寄生于犬心脏的右心室及肺动脉(有时还可见于右心房和后腔静脉)，引起循环障碍、呼吸困难及贫血等症状的一种丝虫病。犬恶丝虫除感染犬外，猫、狐、狼等肉食动物也可遭侵袭。

病原　犬恶丝虫(图 9-76)隶属于丝虫科(Filarioidea)、恶丝虫属(*Dirofilaria*)，虫体灰白色，长 15～30 cm，雌虫长 25～30 cm。口部无唇状构造，食道细长，长 1.25～1.5 mm。雄虫体长 12～16 cm，末端成螺旋状弯曲，有窄的侧翼膜，泄殖腔周围有 4～6 对乳突；两根交合刺不等长，左侧交合刺长而尖，右侧交合刺短而钝。雌虫体长 25～30 cm，尾端直，阴门开口于食道后端。微丝蚴无鞘，虫体前端尖后端钝，大小为(307～332) μm×6.8 μm。

生活史　犬恶丝虫的中间宿主为按蚊、伊蚊和库蚊。雌虫在寄生部位产出微丝蚴直接进入血流，被带到全身。雌蚊吸血时把微丝蚴吸入消化道内，约经 2 周时间发育到感染性微丝蚴，移行至口器；当蚊再次吸取血液将感染性幼虫注入动物体内，终末宿主即被感染。幼虫经由皮下、浆膜下组织移行并进行后 2 次蜕化，再经静脉循环到右心及肺动脉。虫体最短潜隐期为 6 个月，在宿主体内能生存数年。

该病主要分布于温带、热带地区，世界各地均有报道。在我国分布甚广，北至沈阳南至广州均有发现。

犬恶丝虫可感染人，但致病性较轻，可能引起肺组织的轻微损伤。

流行病学　犬是最适宜宿主，一般感染 1 岁以上犬，还可能发生子宫内感染。犬恶丝虫病的传播取决于宿主和传播媒介两个方面，该病在犬体内的显露期可长达 5 年，在此期间缺乏有效的免疫反应，微丝蚴在末梢血液中昼伏夜出的特点有利于蚊子吸血传播。在适宜温度下，蚊体内的微丝蚴很快发育为感染性第三期幼虫。

致病性与病理变化　主要是成虫寄生阶段致病。轻度感染不显症状，重度慢性感染时，由

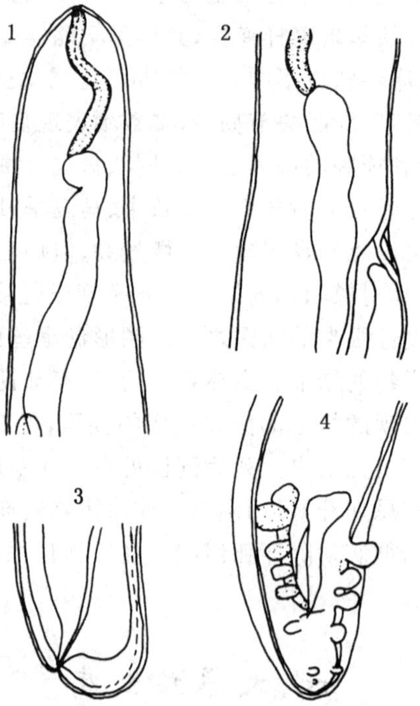

图 9-76 犬恶丝虫(采自 Skrjabin 等,仿 Petrov)

1.头部 2.阴门部 3.雌虫尾部 4.雄虫尾端

于血流不畅可出现慢性充血性右心衰竭。大量活虫体寄生产生的代谢分泌产物,可引起心瓣膜处内膜炎和肺动脉炎。此外,死亡或濒死的虫体可引起肺动脉栓塞。大约感染后 9 个月,持续性的肺动脉高压导致代偿性右心室肥大,进一步发展成充血性心力衰竭,并伴发腹水和水肿。犬表现虚弱和精神不佳。

若有大量虫体寄生于后腔静脉,可导致急性甚至致死性综合征,表现为溶血、血红蛋白尿、胆红素血、黄疸、呼吸困难、食欲减退或虚脱等一系列症状。死亡可发生于 2～3 天内。偶见由于微丝蚴堵塞肾毛细血管引发肾小球肾炎,也可能与免疫复合物沉着有关。

猫很少见肺动脉高压、右心衰竭以及腔静脉综合征。常见虫体存在于肺动脉末梢而至的弥散性肺炎。异位寄生也多见于猫,见有寄生于眼、中枢神经和皮下组织的报道。

犬恶丝虫病主要是以动脉内膜炎为特征的肺血管病,伴随着白细胞浸润,以嗜酸性白细胞为主;随之肌内膜细胞增生。血栓形成的原因包括活虫或死虫、血栓栓塞以及驱虫药导致的肺动脉梗塞。肺的变化包括含铁血黄素沉着、弥散性肺泡间纤维变性和肺泡上皮增生。死亡虫体沉积在肺部形成结节。由于肾小球免疫复合物沉着导致肾小球性肾炎,可出现轻度至中度的蛋白尿。腔静脉综合征引起肝瘀血,导致伴随静脉硬化以及肝静脉和强腔静脉血栓形成引起的肝静脉扩张。

临床症状 犬重度感染病例较少见,临床常见的是犬精神倦怠、运动能力下降、接受训练的耐受性下降。伴有咳血的慢性温和的咳嗽,疾病后期由于腹水和水肿,可出现呼吸困难。如果发生急性甚至致死性综合征,可出现溶血、血红蛋白尿、胆红素血、黄疸、呼吸困难等一系列症状。感染猫主要表现咳嗽、呼吸急促和呼吸困难，重度感染可引起死亡。

诊断　主要基于心血管系统功能异常以及血中微丝蚴的检查。但低于 1 岁的犬往往不能检出微丝蚴，2 岁以上犬可检出微丝蚴。如果疑似病例血液中不能检出微丝蚴，可做胸部放射线摄影，显示肺动脉壁增厚、扭曲以及右心室肥大。血管造影可清晰地显示血管壁的变化。尸体解剖可见大量虫体聚集在右心室和临近大血管中。

国外已经有商品化的诊断试剂盒用于检测宿主体内的抗原或抗体，尤其适用于对于未能检出微丝蚴的病例。

微丝蚴的检查最好在晚上采血，涂片用美兰或吉姆萨染色。需与寄生于犬皮下组织寄生的隐现棘唇线虫（*Dipetalonema reconditum*）的微丝蚴进行鉴别，犬恶丝虫的微丝蚴一般超过 300 μm，前端逐渐变细，尾端直；后者一般不足 300 μm，虫体前端钝圆，尾端呈钩状。还可用基于 PCR 技术检测二者的特异性基因进行鉴别。

治疗　成虫和微丝蚴对抗蠕虫药的敏感性不同，药物治疗较为复杂。治疗前需先检查犬的心、肺、肝和肾的功能。如果心脏功能显著异常，应先进行相关治疗。通常推荐的方法是：先静脉内注射硫乙胂胺（thiacetarsamide）2 天，或肌肉注射美拉索明（melarsamide）清除成虫；由于虫体死亡裂解导致的栓塞，有时用药后出现毒性反应；用药后犬需限制行动 2～6 周。6 周以后再给其他药物进行清除微丝蚴的治疗。有几种药物可用于驱除微丝蚴，如碘二噻宁（dithiazanine iodide）连用 7 天以上或左旋咪唑连用 10～14 天。阿维菌素是高效抗微丝蚴药，但有明显副作用，因此选用此类药的剂量要准确，用药后需特别关注犬的反应。

所有药物均存在一定的危险，有些严重病例，心脏手术取虫可能比用药更可靠。

没有合适的药物用于猫心丝虫病。

预防　因为控制媒介蚊子相当困难，所以心丝虫病的预防还是基于药物控制。流行区常用的预防药物是乙胺嗪（diethylcarbamazine），幼犬 2～3 月龄大开始每日经口给药能够杀死微丝蚴；热带地区需全年给药；在温带地区，蚊子出现前 1 个月至蚊子消失后 2 个月给犬用药。成年犬和感染犬治疗后也需进行预防。用药物预防的犬每 6 个月进行 1 次微丝蚴检查。

七、猪浆膜丝虫病

猪浆膜丝虫（*Serofilaria suis*）是吴淑卿、员莲 1979 年在猪体内发现的一个新种。属丝虫目，双瓣科（Dipetalonematidae）。虫体中等大小，丝状。雄虫长 12～26.6 mm。交合刺弱角质化，不等长，形状相似。雌虫长 50.6～60 mm，阴门位于食道腺质部。尾端两侧各有一个乳突。胎生。肛门萎缩。中间宿主可能是淡色库蚊。微丝蚴有鞘，可在血液中发现。成虫寄生于猪的心脏、肝、胆囊、子宫和膈肌等处的浆膜淋巴管内。

虫体多寄生于心外膜层淋巴管内，使病猪心脏表面呈现病变，在心纵沟附近或其他部位的心外膜表面形成稍微隆起的绿豆大、灰白色、小泡状的乳斑；或为长短不一、质地坚实的纡曲的条索状物。陈旧病灶外观上为灰白色针头大钙化小结节，呈沙粒状。病灶的数目，通常在一个猪心上仅见 1～2 处，但也有多达 20 多处的，散在地分布于整个心外膜表面。该虫在猪体内寿命短促，发现时多已死亡钙化。据某地屠宰检查，虫体死亡钙化的占 98%以上，说明家猪对此虫具有很强的抵抗力，故致病性不明显，严重者可引起心包粘连。

第九节 龙线虫病

国内已知的龙线虫有龙线科(Dracunculidae)的麦地那龙线虫(*Dracunculus medinensis*)和台湾鸟蛇线虫(*Avioserpens taiwana*)两种。前者寄生于人、犬和一些哺乳兽，较少见；后者寄生于鸭的皮下结缔组织，在流行区发病率甚高。

一、鸭、鸟、蛇线虫病

台湾鸟蛇线虫(图9-77)寄生于鸭的皮下组织，分布于印度、北美和我国的台湾、福建、广东、广西和四川等地。主要侵害雏鸭，染病率甚高，严重时常造成死亡，对养鸭业危害甚大。

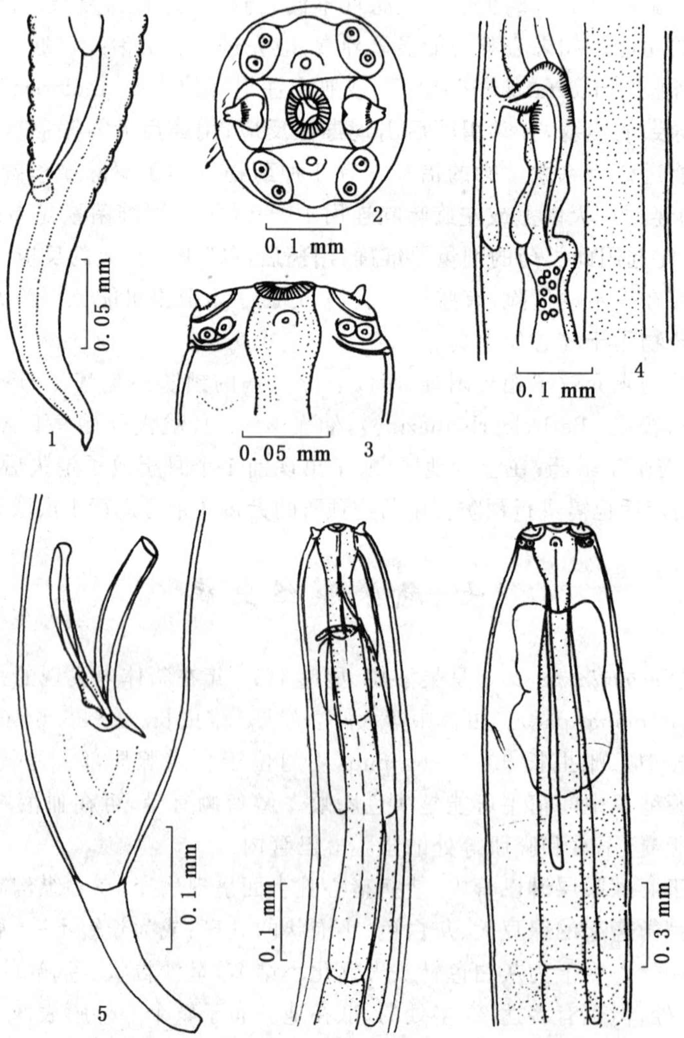

图9-77 台湾鸟蛇线虫(采自陈淑玉,汪溥钦)

1.雌虫尾部 2.雌虫头顶面 3.雌虫头端侧面 4.雌虫阴门部

5.雄虫尾部 6.雄虫头部 7.雌虫头部

病原体　虫体细长。角皮光滑，有细横纹；白色，稍透明。头端钝圆，口周围有角质环，有两个头感器和 14 个头乳突。食道由位于前方的短的肌质部和位于后方的长的腺质部组成。肌质部前端膨大，中后部呈圆柱状；腺质部的前部具有一个球形膨大。雄虫长 6 mm，尾部弯向腹面。交合刺 1 对，左侧长 0.192 mm，右侧长 0.140 mm。引器呈三角形。雌虫长 100～240 mm，尾部逐渐变为尖细，并向腹面弯曲，末端有一个小圆锤状突起。虫体尚未完全成熟时，可见有生殖孔，位于虫体后半部，子宫向前后伸展；虫体充分成熟后，生殖孔即萎缩而不易察见；虫体内的大部分空间为充满幼虫的子宫所占据。幼虫纤细，白色，长 0.39～0.42 mm，幼虫脱离雌虫的身体后，迅速变为被囊幼虫。被囊幼虫长 0.51 mm，尾长占虫体的 1/5，尾端尖。

发育史　属胎生型。成虫寄生于鸭的皮下结缔组织中，缠绕似线团，并形成如小指头大小的结节。患部皮肤逐渐变得紧张菲薄，终于为雌虫头部所穿破。当虫体的头端外露时，充满其体内的满含胎虫的子宫便与表皮一起破溃，漏出乳白色液体，其中含有大量活跃的幼虫。鸭在水中游泳时，大量幼虫即进入水中。排出幼虫后的雌虫尸体残留在宿主皮肤的穿孔部，渐次变成暗色，最后自宿主的皮肤上脱落。进入水中的幼虫，被中间宿主——剑水蚤吞食后，即得以进一步发育。据福建的人工感染试验，作为中间宿主的剑水蚤有锯缘真剑水蚤(*Eucyclops serrulatus*)和鲁氏中剑水蚤(*Mesocyclops leuckarti*)等。幼虫被剑水蚤吞食后，穿过肠壁，移行至体腔内发育；经过一段时间之后，幼虫卷曲，停止活动，发育到感染性阶段。当含有这种幼虫的剑水蚤被鸭吞咽后，幼虫即从蚤体内溢出，进入肠腔。此后的移行途径不明；最终到达鸭的腮、咽喉部、眼周围和腿部等处的皮下，逐渐发育为成虫。

流行病学　主要侵害 3～8 周龄的雏鸭，成年鸭未见发病者。在被台湾鸟蛇线虫污染的含有剑水蚤的稻田、池沼或沟渠中放养雏鸭时，即可造成感染。水温高、水蚤大量增生的季节发病率高。潜伏期约为 1 周，雏鸭多在症状发生后 10～20 天死亡，死亡率为 10%～40%。

致病作用　雏鸭患病时，在被寄生的部位长起小指头至拇指头大小的圆形结节；结节逐渐增大，压迫腮、咽喉部及其邻近的气管、食道、神经和血管等，引起呼吸和吞咽困难，声音嘶哑；如寄生在腿部皮下，则引起步行障碍；危及眼时，可致失明，并因此采食不饱，逐渐消瘦，生长发育迟缓。严重的常可引起死亡。

症状　病鸭渐次营养不良，消瘦。能够耐过的雏鸭，亦大多数发育迟滞。腮及咽喉部的肿胀，初时较硬，渐次柔软，触之有如触橡胶的感觉。肿胀有时压迫双颊及下眼睑，导致发生结膜外翻。在腿部，有结节的患部皮肤紧张，结节外壁菲薄。有时可在患部看到虫体脱出的痕迹或虫体脱出后遗留的虫体断片。随着患部增大，疼痛加剧，终致病鸭不能起立，渐次陷于恶液质而死亡。

病理变化　尸体消瘦，黏膜苍白，患部呈青紫色。切开患部，流出凝固不全的稀薄血液和白色液体，镜检可见大量幼虫。早期病变呈白色，在结缔组织的硬结中，可见有缠绕成团的虫体。陈旧病变中的结缔组织已渐次吸收，留有黄褐色胶样浸润。新、旧病变中都混有多量的新生血管，使患部的皮肤和皮下组织发红。

诊断与治疗　根据流行季节和症状，可以做出诊断。早期治疗，可取得良好效果。可用 1%碘溶液或 0.5%高锰酸钾溶液，按结节大小，局部注射 1～3 mL，可杀死虫体。结节在 10 天内可逐渐消失。

预防

(1)加强雏鸭管理，在流行季节，不要到可疑有病原存在的稻田和河沟等处放养雏鸭。

(2)在有中间宿主并遭受病原体污染的场所，撒一些石灰或石灰氮，以杀死中间宿主和幼虫。

(3)坚持对病鸭的治疗，特别是早期(在虫体未成熟前)治疗，既可阻止病程的发展，又可杀死虫体，减少对外界环境的污染。

二、麦地那龙线虫病

麦地那龙线虫(*Dracunculus medinensis*)俗称几内亚线虫(*Guinea worm*)，寄生于人的皮下结缔组织内，亦寄生于犬、猫、马、牛等家畜及狼、狐、猴、水貂等动物。

病原体 麦地那龙线虫(图9-78)为最长的线虫之一，雌虫长达100～400 cm，阴门位于体中部，成熟的雌虫无阴门，子宫内有数以千计的幼虫。雄虫长仅12～29 mm。有生殖乳突10对，交合刺等长，长490～730 μm。雄虫不易找到，可能于交配后即死亡。

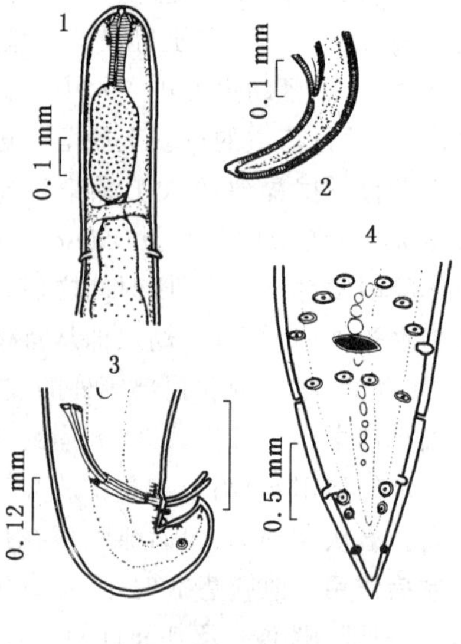

图9-78 麦地那龙线虫

(采自Skrjabin仿Moorthy)

1.虫体前部 2.雌虫尾部
3.雄虫尾部侧面 4.雄虫尾部腹面

发育史 雌虫成熟后移居于宿主的手、足、背等部位的皮下组织中，围绕虫体前部形成水泡和溃疡，当宿主与水接触时，虫体的前部和子宫即自溃疡处脱出并破裂，产幼虫于水中。幼虫被中间宿主——剑水蚤吞食，在其体内发育为感染性幼虫，终末宿主由于摄食了含感染性幼虫的剑水蚤而遭受感染。

流行病学 主要流行于非洲和南亚，我国曾于1933年报道过两例犬的自然感染。1960年上海报道有海豹感染的病例。此病有明显的季节性，感染主要发生于5～9月份的多雨季节。家畜及野生动物自然感染可能在保存病原上有重要意义。

致病作用和症状 主要危害人。有发热，荨麻疹，皮肤瘙痒等症状，如引起关节炎可使病人跛足残废。

诊断与预防 根据雌虫引起的皮肤水泡、溃疡伤口并检查伤口处液体中有无幼虫即可确诊。预防主要是不饮生水，避免与有中间宿主的水源接触或消灭饮水中的中间宿主。

第十节 犬肾膨结线虫病

犬肾膨结线虫病是由膨结目(Dioctophymata)、膨结科(Dioctophymatidae)的肾膨结线虫(*Dioctophyma renale*)寄生于犬的肾脏或腹腔引起的。亦寄生于貂和狐。又称肾虫病。偶见于猪和人。分布于欧洲、美洲和亚洲。

病原体 肾膨结线虫(图9-79)虫体新鲜时呈红白色，圆柱状，两端略细，为最大的一种寄生虫。口孔周围有两圈乳突。雄虫长140～450 mm，宽3～4 mm。交合伞呈钟形而无肋，其边缘及内壁有许多细小乳突。交合刺1根，呈刚毛状，长5～6 mm。雌虫长200～1 000 mm，宽 5～12 mm。阴门开口于食道后端处，肛门呈半月形，在其附近有数个小乳突。虫卵橄榄形，淡黄色，表面有许多小凹陷，大小为(72～80) μm×(40～48) μm。

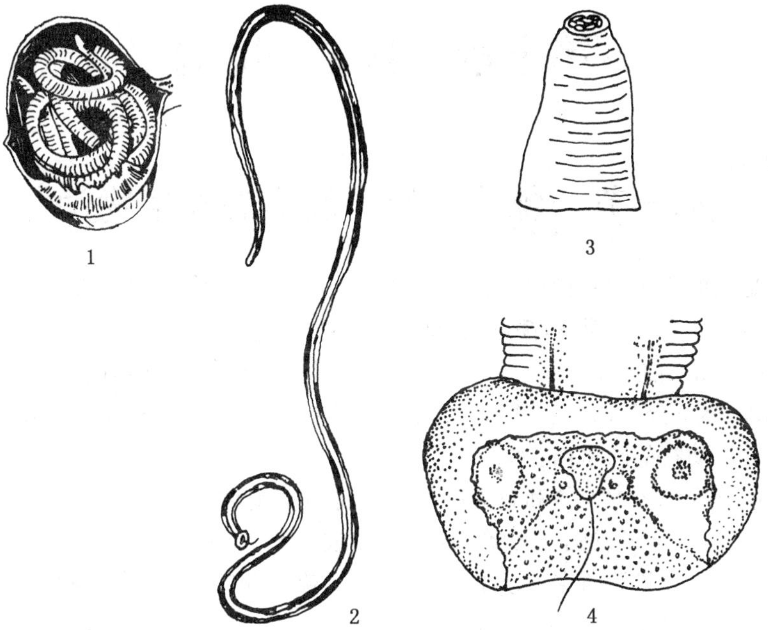

图 9-79　肾膨结线虫

1. 肾中成虫(仿 Woodhead，采自唐仲璋等)　2. 雄虫全形
3. 头端(Rilay and Chandler)　4. 雄虫尾端(Mönnig)

发育史　成虫排卵于宿主肾盂中，卵随尿液排出体外，在水中发育成熟，而后被第一中间宿主蛭蚓类(环节动物)吞食，在其体内发育为第 2 期幼虫。当第二中间宿主——淡水鱼吞食了含幼虫的环节动物后，幼虫移行至鱼的肠系膜形成包囊，并发育为第 3 期感染性幼虫。终末宿主因摄食含感染性幼虫的生鱼而感染。或谓幼虫可以在环节动物体内发育为第 4 期幼虫，直接感染终末宿主。在终末宿主体内，幼虫穿出十二指肠移行到肾。

症状、诊断与治疗　右侧肾受侵害的比例高，肾实质被破坏后，留下一个像膨大的膀胱状的包囊，内含一条至数条虫体和带血的液体。如肾的某些部分未被侵害，它可能部分钙化。虫体还常突入输尿管，或进入膀胱。寄生于腹腔的虫体，有的游离，或形成包囊，引起慢性腹膜炎，腹壁多处发生粘连。偶尔见虫体寄生于肝分叶之间，肝表面受损。有时在肝和网膜处见有含虫体的结节。一般无症状，有的病例可见生长受阻，肾机能受损或有神经症状。可发生尿滞留和尿毒症死亡。检查尿液发现虫卵，即可确诊。治疗需施行外科手术。

第十章 棘头虫病

第一节 棘头虫的一般形态与生物学

棘头虫病是由棘头虫动物门(Acanthocephala)的寄生虫寄生于畜禽引起的。

一般形态 虫体呈椭圆形、纺锤形或圆柱形等不同形态。其大小差别极大,小的约1.5 mm,大的可长达650 mm。前端有一个与身体成嵌套结构的,可以伸缩的吻突,其上有小棘或小钩,故称棘头虫。体不分节,有假体腔;无消化系统;左右对称;雌雄异体。主要寄生于鱼类、鸟类和哺乳类等脊椎动物的肠道内。

虫体一般可分为细短的前体和较大的躯干两部分。前体的前部为吻突,其后为颈。吻突(proboscis)呈球形、卵圆形或圆柱形等,其上有钩或小棘,是用于附着宿主肠壁的工具;钩或棘的形态、大小、数目和排列都是分类的重要特征。吻突可以嵌入吻突囊内,或从其中伸出。吻囊是一个肌质的囊,接吻突之后,有肌纤维连接在吻突壁的内侧面上,吻囊悬系在假体腔内。吻囊内有腔隙液,亦属体液,但与躯干部的体液不相通连,所以,当躯干部运动时,不影响其吻突的附着功能。神经中枢位于吻囊内。颈部较短,无钩与棘。

躯干的前部比较宽,后部比较细长。体表平滑,有皱纹,有的种有小刺。体表常由于吸收宿主的营养,特别是脂类物质,而呈现红、橙、褐、黄或乳白色。躯干部系一个中空的构造,里面包含着生殖器官、排泄器官、神经以及假体腔液等。

体壁 由5层固有体壁和两层肌肉组成,各层均由结缔组织支持和粘连着。最外是上角皮(epicuticle),由一层薄的酸多糖(acid polysaccharide)组成。其下为角皮,由稳定的脂蛋白(lipoprotein)构成;上有许多小孔,它们是来自第3层的许多小管的开口。第3层称条纹层(striped layer),为均质构造,那些有角质衬里的小管通过这一层延伸至第4层。第4层称覆盖层(felt layer),其中含有许多中空的纤维索,此外还有线粒体,小泡——可能是小管的延伸部分,或平滑的内质网的切面,还有一些薄壁的腔隙状的管道。第5层,即固有体壁的最深层,称辐射层(radial layer),内含少量纤维索;有为数较多的,并且较大的腔隙状管;富含线粒体;体壁的核位于此层之中。辐射层内侧的原浆膜(plasma membrane)具有许多皱襞,皱襞的盲端部分里含有脂肪滴。再下为基底膜和由结缔组织围绕的环肌层和纵肌层,还有许多粗糙的内质网。

角皮中的密集的小孔具有从宿主肠腔吸取营养的功能。条纹层的小管作为运送营养物质的导管,将营养物运送到覆盖层的腔隙系统。条纹层和覆盖层的基质可能具有支架作用。辐射层和其中的许多线粒体,具有深皱襞的原浆膜及其皱襞盲端的脂肪滴,是体壁之最有活力的部分,被吸收的化合物在那里进行代谢,原浆膜皱襞具有运送水和离子的功能。

内部构造 腔隙系(lacunar system)由贯穿身体全长的背、腹或两侧纵管和与它们相连的细微的横管网系组成。

吻腺(lemniscus)呈长形,附着于虫体前部、吻突囊两侧的体壁上,悬垂于假体腔中。吻腺的前端被颈牵缩肌包围着,部分牵缩肌纤维越过吻腺的后端,附着在体腔壁上,但大多数种类的吻腺是游离悬垂于体腔内的。吻腺内含有腔隙系的管道,并有一定数目的大细胞核。在吻突回缩或伸出时,吻腺具有调节前体部的腔隙液的功能。许多组织化学的研究还证明,吻腺与脂肪代谢功能有关。

韧带囊(ligament sac)是由结缔组织构成的空管状构造,从吻囊起,穿行于身体内部,贯穿全长,包围着生殖器官;性成熟的雌虫的韧带囊常破裂而成为带状物。韧带索(ligament strand)的前端附着在吻囊的后部,后端附着于雌虫的子宫钟或雄虫的生殖鞘上。

排泄器官是由一对位于两侧部的原肾组成,为两个附着在生殖器官上的团块。原肾包含有许多焰球和收集管,后者通过左右原肾管汇合成为一个单管通到排泄囊,注入雄虫的总精管或雌虫的子宫。

神经系统的中枢部分是位于吻鞘顶部正中的一个神经节,从这里发出通至各器官和各组织的神经。雄虫的一对性神经节和由它们发出的神经分布在雄茎和交合伞内。雌虫没有性神经节。

雄虫有两个睾丸,呈圆形或椭圆形,前后排列,包裹在韧带囊中,附着于韧带索上。每个睾丸连接一条输出管,两个输出管汇合成一个射精管。睾丸的后方有黏液腺、黏液囊和黏液管,黏液管与射精管相连。再下为一肌质囊状的交配器官,其中包括有一个雄茎和一个可以伸缩的交合伞,位于虫体后端。

雌虫的生殖器官由卵巢、子宫钟、子宫、阴道和阴门组成。卵巢在背韧带囊壁上发育,以后逐渐崩解为卵球或浮游卵巢。子宫钟呈倒置的钟形,前端为一大的开口,后端的窄口与子宫相连;在子宫钟的后端部有侧孔开口于背韧带囊或假体腔(当韧带囊破裂时)。子宫后接阴道,末端为阴门。

生殖与发育史　交配时,雄虫以交合伞附着于雌虫后端,雄虫向阴门内射精后,黏液腺的分泌物在雌虫生殖孔部形成黏液栓,封住雌虫后部,以防止精子溢出。卵细胞从卵球破裂出来以后,进行受精;受精的卵在韧带囊或假体腔内发育。而后虫卵被吸入子宫钟内,未成熟的虫卵,通过子宫钟的侧孔流回假体腔或韧带囊中;成熟的虫卵由子宫钟入子宫,经阴道,自阴门排出体外。成熟的卵中含有幼虫,称棘头蚴(acanthor),其一端有一圈小钩,体表有小刺,中央部有小核的团块。中间宿主为甲壳类动物和昆虫。排到自然界的虫卵被中间宿主吞咽后,在肠内孵化,其后幼虫钻出肠壁,固着于体腔内发育,先变为棘头体(acanthella),而后变为感染性幼虫——棘头囊(cystacanth)。终末宿主因摄食含有棘头囊的节肢动物而受感染。在某些情况下,棘头虫的发育史中可能有搬运宿主或贮藏宿主,它们往往是蛙、蛇或蜥蜴等脊椎动物。有的棘头虫需要有第二中间宿主。

分类　与畜禽有关的纲、目、科开列如下:

原棘头虫纲(Archiacanthocephala)

　寡棘吻目(Oligacanthorhynchida)

　　寡棘吻科(Oligacanthorhynchidae)

古棘头虫纲(Palaeacanthocephala)

　多形目(Polymorphida)

　　多形科(Polymorphidae)

第二节 猪大棘头虫病

猪大棘头虫病的病原体为寡棘吻科、大棘吻属之蛭形大棘吻棘头虫(*Macracanthorhynchus hirudinaceus*,图 10-1),寄生于猪的小肠,以空肠为最多。也感染野猪、猫和犬,偶见于人。我国各地普遍流行。虫体呈乳白色或淡红色,长圆柱形,前部较粗,后部较细。体表有横皱纹。吻突小,呈球形,有 5～6 行小棘,每行 6 个。雌虫长 300～680 mm;雄虫长 70～150 mm,呈长逗点状。卵呈长椭圆形,深褐色,两端稍尖。卵壳由 4 层组成,外层薄而无色,易破裂;第 2 层呈褐色,有细皱纹,两端有小塞状构造,一端的较圆,另一端的较尖;第 3 层为受精膜;第 4 层不明显。棘头蚴的头端有 4 列小棘,第 1、2 列较大,第 3、4 列较小。卵的大小为(89～100) μm×(42～56) μm,棘头蚴的大小为 58 μm×26 μm。

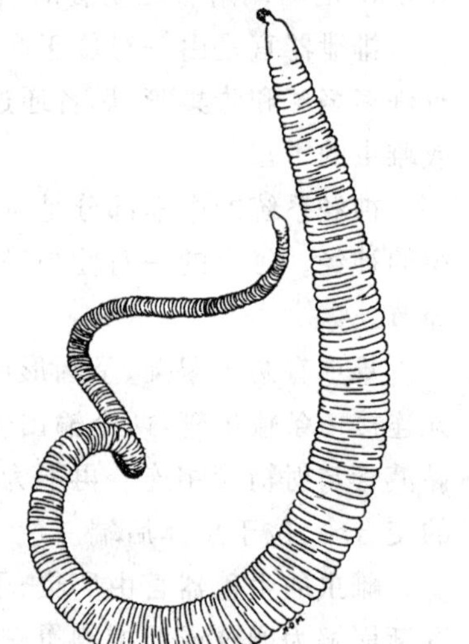

图 10-1 蛭形巨吻棘头虫雌虫全形 (Mönnig)

发育史 成虫寄生在猪的小肠,繁殖力很强。终末宿主感染后 2～3 个月,雌虫开始排卵,每条雌虫每天排卵可达 250 000 个以上,持续时间约 10 个月。虫卵对外界环境中各种不利因素的抵抗力很强。中间宿主为金花龟属的金龟子(*Cetonia aurata*)、鳃角金龟属的金龟子[普通鳃角金龟子(*Melolontha vulgaris*)、鳃角金龟子(*M. melolontha*)]及其他甲虫。虫卵被甲虫幼虫吞食之后,棘头蚴在中间宿主的肠内孵化,然后穿过肠壁,进入体腔,发育为棘头体,经 2～3 个月后,形成棘头囊,到达感染期。棘头囊长 3.6～4.4 mm,体扁,白色,吻突常缩入吻囊,易为肉眼看到。幼虫在中间宿主体内的发育期限因季节而异。当甲虫化蛹并变为成虫时,棘头囊一直停留在它们体内,并能保持感染力达 2～3 年。猪吞食了含有棘头囊的甲虫成虫、蛹,或其幼虫时,均能造成感染。棘头囊在猪的消化道中脱囊,以吻突固着于肠壁上,经 3～4 个月发育为成虫。在猪体内可以寄生 10～24 个月(图 10-2)。

流行病学 呈地方性流行;8～10 月龄的猪感染率高,在流行严重的地区感染率可高达 60%～80%。卵壳很厚,在 45℃温度中,长时间不受影响;在 −16～−10℃低温下,仍能存活 140 天。在干燥与潮湿交替变换的土壤中,温度为 37～39℃时,虫卵在 368 天内死亡。温度为 5～9℃时可以生存 551 天。

金龟子一类的甲虫是本病的感染来源。每年春夏为感染季节,这是与甲虫幼虫出现于早春至六七月相关联的。甲虫幼虫多存在于 12～15 cm 深的泥土中,仔猪拱土的能力差,故感染率低,后备猪则感染率高。放牧猪比舍饲猪的感染率高。

据报道,在自然感染的情况下,曾在一个蛴螬体内发现 400 个棘头蚴;用大量虫卵感染蛴螬,曾在一个蛴螬体内发现 2 852 个棘头蚴。受感染的猪,一般虫体数为数条至百条以上。感染率和感染强度与地理、气候条件、饲养管理方式等都有密切关系。

致病作用与症状 虫体以吻突牢牢地插入肠黏膜内,引起黏膜发炎。吻突钩可以使肠壁组织遭受严重的机械性损伤;附着部位还发生坏死和溃疡。吻突可以深入到浆膜层,在那里形

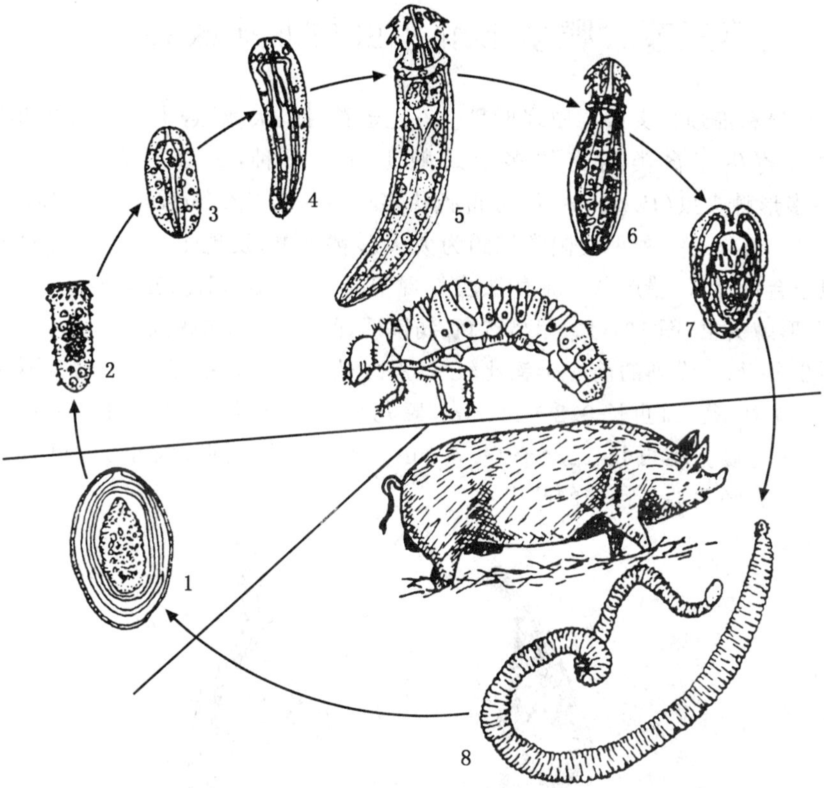

图 10-2 蛭形巨吻棘头虫生活史示意图(板垣等)

1.卵 2～7.棘头蚴→棘头体→棘头囊 8.成虫

成小结节,呈现坏死性炎症。在炎症部位的组织切片上可以观察到吻突周围有嗜酸性细胞带,并有细菌。虫体有时穿通肠壁,引起发炎和肠粘连;可能因诱发泛发性腹膜炎而死亡。

严重感染时,食欲减退,下痢,粪便带血,腹痛。当虫体固着部位发生脓肿或肠穿孔时,症状加剧,体温升高到41℃,患猪表现衰弱,不食,腹痛,卧地,多以死亡而告终。一般感染时,多因虫体吸收大量养料和虫体的有毒物质的作用,使患猪表现贫血、消瘦和发育停滞。

病理剖检 尸体消瘦,黏膜苍白。在肠道,主要是空肠和回肠的浆膜上见到有灰黄色或暗红色的小结节,其周围有红色充血带。肠黏膜发炎。严重的可见到肠壁穿孔,吻突穿过肠壁,吸着在附近浆膜上,引起粘连。肠壁增厚,有溃疡病灶。严重感染时,肠道塞满虫体,有时因造成肠破裂而死。

诊断、治疗与预防 根据流行病学资料、症状并在粪便中发现虫卵即可确诊。粪便检查用沉淀法。治疗可用左咪唑或丙硫苯咪唑。预防措施包括:

(1)对病猪进行驱虫,消灭感染源。

(2)对粪便应进行生物热处理,切断传播途径。

(3)改放牧为舍饲。不可诱捕金龟子供猪食用。

第三节 鸭多形棘头虫与细颈棘头虫病

多形棘头虫和细颈棘头虫均属多形科。寄生于鸭、鹅、天鹅、野生游禽和鸡的小肠。

病原体 寄生于禽类肠道的多形属棘头虫有3种：大多形棘头虫（*Polymorphus magnus*）、小多形棘头虫（*P. minutus*）与腊肠状多形棘头虫（*P. botulus*）。细颈属有鸭细颈棘头虫（*Filicollis anatis*）一种。我国常见的为大多形棘头虫，发现于广东、四川和贵州；小多形棘头虫发现于台湾地区；腊肠状多形棘头虫发现于福建；鸭细颈棘头虫发现于贵州。

(1)大多形棘头虫（图10-3）。呈橘红色，纺锤形，前端大，后端狭细。吻突上生有小钩18纵列，每列7～8个，每一纵列的前4个钩比较大，有发达的尖端和基部，其余的钩不很发达，呈小针形。吻囊呈圆柱形。雄虫长9.2～11 mm，睾丸呈卵圆形，位于虫体前1/3部分内，离吻囊不远，有时接近吻囊。雌虫长12.4～14.7 mm。卵呈长纺锤形，大小为(113～129) μm×(17～22) μm。在胚两端有特殊的凸出物。

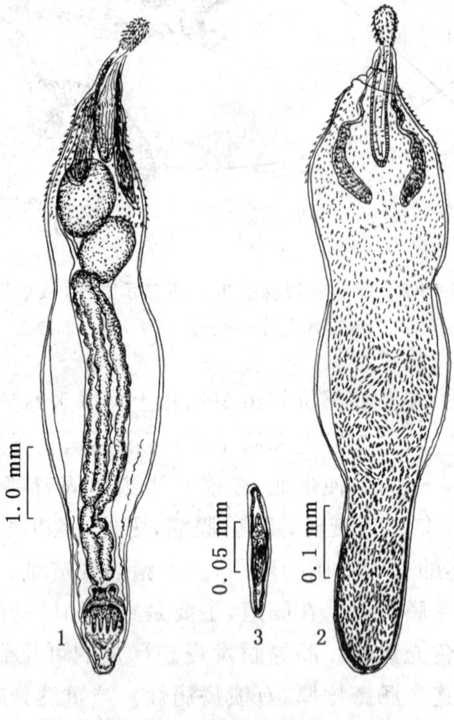

图10-3 大多形棘头虫(Petrochenko)

1.雄虫 2.雌虫 3.卵

(2)小多形棘头虫。虫体较小，呈纺锤形。雄虫长3 mm，雌虫长10 mm；新鲜虫体呈橘红色。吻突呈卵圆形，有钩16纵列，每列7～10个，前部的钩较大，向后逐渐变小。虫体前部有小棘。吻囊发达，与前睾相邻。睾丸近于圆形，前后斜列于虫体的前半部内。卵呈纺锤形，有3层膜，大小为110 μm×20 μm，内含黄而带红色的棘头蚴。

(3)腊肠状多形棘头虫。虫体纺锤形，吻突球状，吻钩12纵列，每列8个，前部吻钩稍大。颈部细长。吻腺呈带状。体前部有棘。雄虫长13.0～14.6 mm，雌虫长15.4～16.0 mm。胚胎的大小为(35～45) μm×(15～18) μm。

(4)鸭细颈棘头虫(图10-4)。呈纺锤形,白色,前部有小刺。雄虫长4～6 mm,吻突呈椭圆形,具有18纵列的小钩,每列10～16个。吻腺长。睾丸前后排列,位于虫体的前半部内;睾丸下方有6个椭圆形的黏液腺。雌虫呈黄白色,长10～25 mm,前后两端稍狭小。吻突膨大呈球形,直径2～3 mm,其前端有18纵列小钩。吻腺亦长。卵呈椭圆形,大小为(62～70) μm×(20～25) μm。

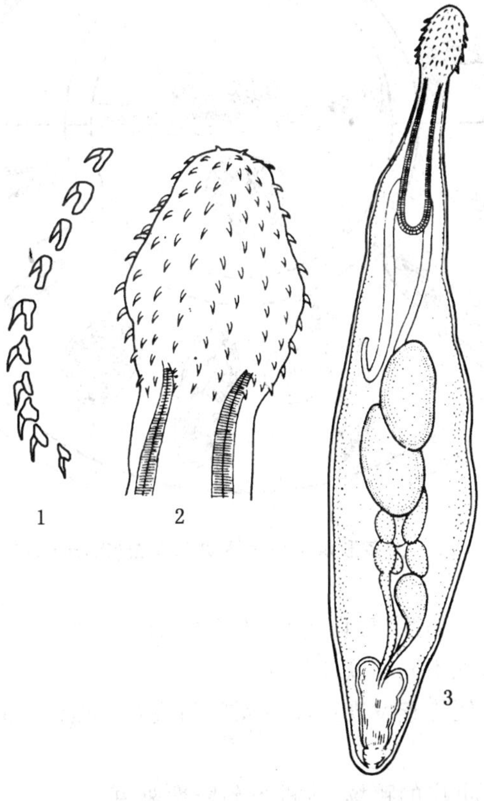

图10-4 鸭细颈棘头虫(采自陈淑玉,汪溥钦)

1.雄虫吻钩 2.雄虫吻突 3.雄虫

发育史 大多形棘头虫以甲壳纲、端足目的湖沼钩虾(*Gammarus lacustris*)为中间宿主。小多形棘头虫以蚤形钩虾(*G. pulex*)、河虾(*Potamobius astacus*)和罗氏钩虾(*Carinogammarus roeselli*)为中间宿主。腊肠状棘头虫以岸蟹(*Carcinus moenus*)为中间宿主。鸭细颈棘头虫以等足类的栉水虱(*Asellus aquaticus*)为中间宿主(图10-5)。

流行病学 此类棘头虫的感染季节大多为春夏,这是和中间宿主的活动季节紧密相关的。

致病作用与病理剖检 大多形棘头虫和小多形棘头虫均寄生于鸭、鹅、天鹅和野生水禽的小肠前段。鸭细颈棘头虫多寄生于小肠中段。棘头虫以吻突钩牢固地附着在肠黏膜上,引起卡他性肠炎;有时吻突埋入黏膜深部,穿过肠壁的浆膜层。在固着部位出现溢血和溃疡。固着比较深的地方,可以从浆膜面上看到凸出的黄白色的结节;甚至造成肠壁穿孔,并发腹膜炎而死亡。由于肠黏膜的损伤,容易造成其他病原菌的继发感染,引起化脓性炎症。大量感染,并且饲养条件较差时,可以引起死亡。幼禽的死亡率高于成年禽鸟。

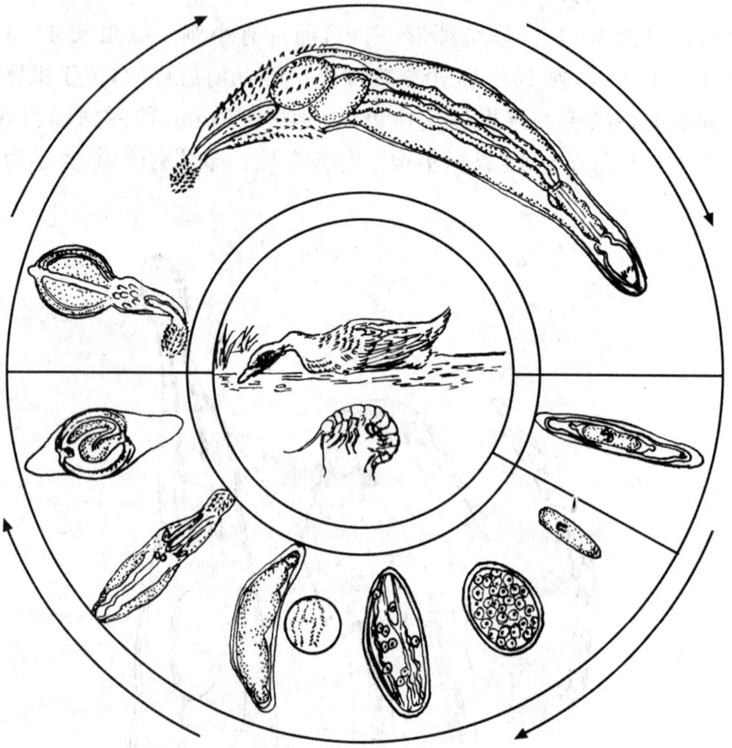

图 10-5　大多形棘头虫生活史示意图(Petrochenko)

死后剖检时,可以在肠道的浆膜面上看到肉芽组织增生的小结节。有大量橘红色的虫体聚集在肠壁上,固着部位出现不同程度的创伤。

诊断、治疗与预防　粪便检查发现虫卵或死后剖检看到虫体,即可确诊。治疗可用四氯化碳。预防措施主要是:

(1)对发生过多形棘头虫病的鸭场,应进行预防性驱虫。

(2)雏鸭与成年鸭分开饲养。雏鸭或新引进的鸭群,应选择在未受污染的或没有中间宿主的水池中饲养。

(3)加强饲养管理,给以充足的全价饲料。

第三篇

兽医昆虫学

第十一章　蜱　　螨

蜱(Ticks)和螨(Mites)属蛛形纲(Arachnida)、蜱螨目(Acarian),是一群身体微小的节肢动物。躯体呈椭圆形或圆形,头、胸、腹连成一体;颚体突出在躯体前或位于躯体腹面,为口器部分。蜱螨类的生活史为不完全变态,可分为卵、幼虫、若虫和成虫 4 个时期。成虫和若虫有足 4 对,幼虫有足 3 对。

以蜱螨作为研究对象的学科称为蜱螨学(Acarology)。

传统的分类学将蜱螨目划分为 4 个亚目,如第一篇总论中所示。G. W. Kranlz 氏(1978)将蜱螨目提升为亚纲(Acari),下分为 2 个目,7 个亚目,105 个总科,现将本书所涉及的目、亚目和科列举如下:

寄螨目(Parasitiformes)
　蜱亚目(Ixodida)
　　硬蜱科(Ixodidae)
　　软蜱科(Argasidae)
　革螨亚目(Gamasida)
　　皮刺螨科(Dermanyssidae)
　　厉螨科(Laelapidae)
真螨目(Acariformes)
　粉螨亚目(Acaridida)
　　疥螨科(Sarcoptidae)
　　痒螨科(Psoroptidae)
　　癣螨科(Myocoptidae)
　辐螨亚目(Actinedida)
　　蠕形螨科(Demodicidae)
　　恙螨科(Trombiculidae)
　　肉螨科(Myobiidae)

第一节　蜱　　类

蜱又称扁虱或牛虱,在全国各地还有许多俗称,例如"草爬子"、"狗豆子"、"草瘪子"、"马鹿虱"等。

蜱类属于蜱螨亚纲(Acari)、寄螨目(Parasitiformes)、蜱亚目(Ixodida)、蜱总科(Ixodoidea),下分硬蜱科(Ixodidae)、软蜱科(Argasidae)及纳蜱科(Nuttalliellidae)3 个科,其中最常见、危害最大的为硬蜱科,其次为软蜱科,纳蜱科现仅在非洲南部发现一种,故不重要。蜱类是一类重要的吸血外寄生虫,绝大多数寄生在哺乳动物体表,少数寄生在鸟类、爬行类及两栖类。蜱类不仅吸食大量血液，刺激叮咬部发炎，有时还可引起宿主呈现运动功能麻痹性瘫痪，更重要的是它是许多病原体的传播媒介和保虫宿主。

一、硬 蜱

病原体

1. 外部形态

硬蜱呈红褐色，背腹扁平长卵圆形，芝麻至米粒大，雌虫吸饱血后可膨胀达蓖麻籽大。硬蜱头、胸、腹愈合在一起，不可分辨，仅按其外部器官的功能与位置区分为假头与躯体两部分。

(1)假头(图 11-1)。平伸于躯体的前端，由 1 个假头基(basis capituli)，1 对须肢(palp)，1 对螯肢(chelicera)和 1 个口下板(hypostome)组成。假头基呈矩形、六角形、三角形或梯形。雌蜱假头基背面有 1 对椭圆形或圆形凹下的孔区(porose area)，由无数小凹点聚集组成，有感觉的功能。假头基背面外缘和后缘的交接处可因蜱种不同而有发达程度不同的基突。假头基腹面前部侧缘有 1 对耳状突，其形状和大小因种类而不同。须肢分 4 节，第 1 节较短小与假头基前缘相连接，第 2，3 节较长，外侧缘直或凸出，第 3 节的背面或腹面有的有逆刺，第 4 节短小，嵌在第 3 节腹面的前端，其端部具感毛称须肢器(palpal organ)。须肢在吸血时起固定和支撑蜱体作用。螯肢位于须肢之间，可从背面看到，螯肢分为螯杆和螯趾，螯杆包在螯鞘内，螯趾分为内侧的动趾和外侧的定趾，为切割宿主皮肤之用。口下板位于螯肢的腹方，与螯肢合拢形成口腔，其形状因种类而异，在腹面有呈纵列的逆齿，常以齿式表示其中线两侧的齿列数，例如 3/3，即各侧具 3 纵列。端部的齿细小称为齿冠。逆齿在吸血时具有穿刺与附着的作用。

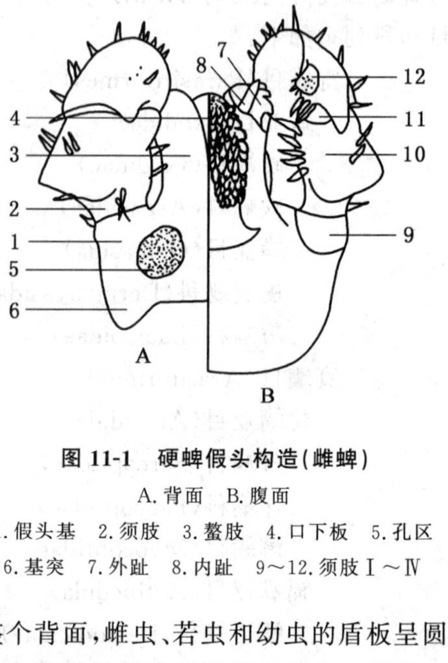

图 11-1 硬蜱假头构造(雌蜱)

A. 背面 B. 腹面

1. 假头基 2. 须肢 3. 螯肢 4. 口下板 5. 孔区 6. 基突 7. 外趾 8. 内趾 9～12. 须肢Ⅰ～Ⅳ

(2)躯体。背面有一块盾板，雄虫的盾板几乎覆盖整个背面，雌虫、若虫和幼虫的盾板呈圆形、卵圆形、心脏形、三角形或其他形状，仅覆盖背面的前方。盾板前缘两侧具有肩突。盾板上有 1 对颈沟和 1 对侧沟，还有大小、深浅程度和分布状态不同的刻点。躯体背面的后半部，雄虫及雌虫都有后中沟和 1 对后侧沟。有些属的硬蜱盾板上有银色的花纹。有些属硬蜱有眼 1 对位于盾板的侧缘。有些属硬蜱躯体后缘具有方块形的缘垛(festoon)，通常为 11 个，正中的一个有时较大，色淡而明亮，称为中垛(parma)。有些属硬蜱体后端突出，形成尾突。躯体腹面前部正中有一横裂的生殖孔，在其两侧有 1 对向后伸展的生殖沟。肛门位于后部正中，是由 1 对半月形肛瓣构成的纵裂口，除个别属外，通常有肛沟围绕肛门的前方或后方。腹面有气门板 1 对，位于第 4 对足基节的后外侧，其形状因种类而异，是分类的重要依据。有些属的硬蜱雄虫腹面尚有腹板，其数量、大小、形状和排列状况也常用为鉴别蜱种的特征。

硬蜱的成虫和若虫有足 4 对，幼虫 3 对。足由 6 节组成，由体侧向外依次为基节、转节、股节、胫节、后跗节和跗节。基节固定于腹面，其后缘通常裂开，延伸为距，位于内侧的叫内距，外侧的叫外距,距的有无和大小是重要的分类依据。转节短,其腹面有的有发达程度不同的距,在某些属第1对足转节背面有向后的背距。跗节上有环形假关节,其末端有爪1对,爪基有发达程度不同的爪垫。第1对足跗节接近端部的背缘有哈氏器(Haller's organ),为嗅觉器官,其组成包括前窝、后囊,内有各种感毛,可作为鉴别蜱种的特征(图11-2)。

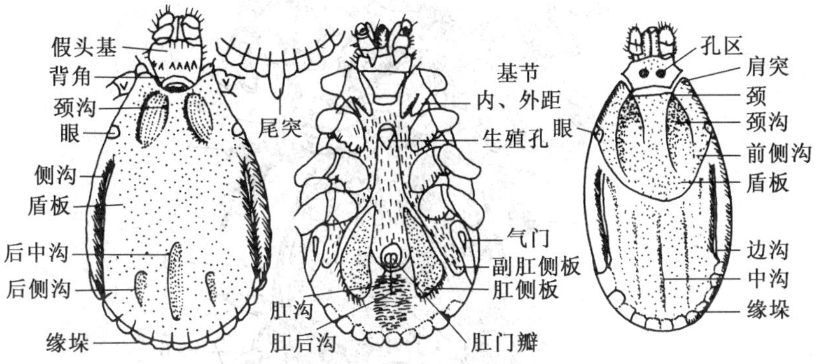

图11-2　硬蜱外部构造(仿姚永政)

A.背面观　B.腹面观　C.背面观

2. 内部构造

(1)消化系统。由前肠、中肠和后肠组成。吸血时,前肠作为特殊的吸血筒,中肠是消化食物的主要场所,后肠是未消化残余物和马氏管内含物的排出管。前肠由口、咽和食道组成。1对很发达的唾腺与口腔的前部相连。唾腺共两叶,位于体两侧的前2/3,呈大串葡萄状,饱食蜱的唾腺比饥饿蜱大很多。中肠由中央的胃主体、1对前侧叶和1对后侧叶组成;前、后侧叶又再分支,总共形成7对盲管。后肠或称直肠,从胃的腹面中央发出,是一条直径较小的短管,其末端与直肠囊相连,直肠囊与肛门相通开口于外界,直肠囊腹面两侧各有一根马氏管通入。马氏管营排泄功能,呈半透明或乳白色,特别细长,其游离的一端盘绕在各器官间。

(2)生殖系统。饥饿雌蜱,卵巢呈马蹄形弯曲,其后部与虫体纵轴垂直,位于中肠后侧叶与直肠囊的腹面,饱血时,卵巢逐渐增大,产卵前约占体腔大部分,随直肠体积逐渐缩小。卵巢末端与输卵管相连,输卵管短而卷曲似串珠状,最后两根输卵管会聚为一个总管开口于阴道,阴道由前庭和颈部组成。有1对管状的附腺位于前庭和颈部的分界处,开口于阴道,分泌胶体物质利于卵顺利排出。雌蜱还有一种称简氏器(Gene's organ)的腺体,位于体前部盾板下,开口于假头基后背缘,产卵时它分泌一种蜡质,涂裹于刚排出的卵粒外。雄蜱有睾丸1对,呈长管形,位于脑后至第4基节后缘的体腔两侧;每个睾丸前端各连接一短、细的输精管,最后汇于短管状的生殖腔,短而扁的射精管由生殖腔通向前腹方向,开口于外生殖孔。几个叶状结构的生殖附腺开口于生殖腔(图11-3、图11-4)。

(3)呼吸系统。若虫和成虫有较发达的气管系统,通过气门进行气体交换和调节体内的水分平衡。幼虫无气管系统,以体表进行呼吸。

(4)循环系统。心脏约位于躯体前2/3处,呈亚三角形,后端有心门,血淋巴从此进入心脏。心脏向前连结主动脉,在前端包围着脑部形成围神经血窦。由心脏的搏动推动血淋巴的循环。

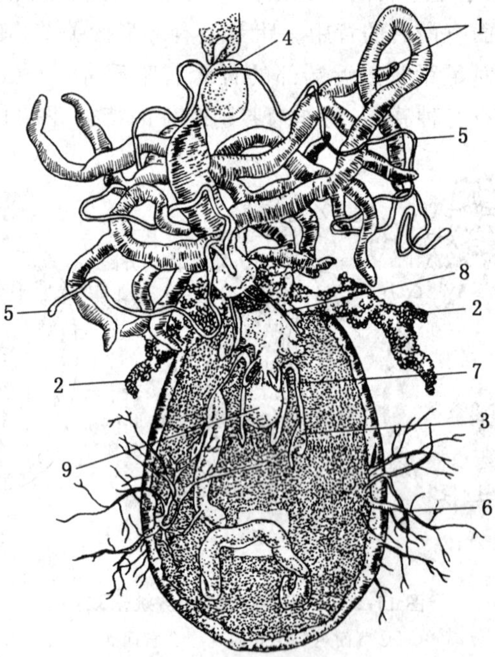

图 11-3　性成熟雌蜱的内部构造(仿 Павловский Е. Н.)

1.肠支　2.唾腺　3.卵巢　4.直肠囊　5.马氏管
6.气管　7.输卵管　8.简氏腺　9.阴道

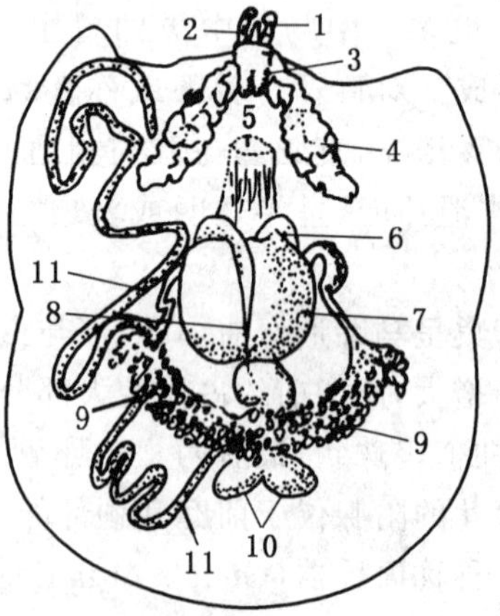

图 11-4　硬蜱雌性生殖器

1.须肢　2.螯肢　3.唾腺管　4.唾腺　5.生殖孔　6.输卵管
7.子宫　8.后肠　9.卵巢　10.直肠　11.马氏管

(5)神经系统。蜱有一个中枢神经节(或称为脑)位于第1、2基节水平线上,肠管与生殖系统排出管的背面,并有食道由此斜穿过去。蜱类有较发达的感受器官如体表的感毛、眼、哈氏器和须肢器等。

分类　全世界已发现蜱类800余种，我国已发现硬蜱100余种，分隶于9个属：牛蜱属(*Boophilus*)、硬蜱属(*Ixodes*)、扇头蜱属(*Rhipicephalus*)、血蜱属(*Haemaphysalis*)、璃眼蜱属(*Hyalomma*)、革蜱属(*Dermacentor*)、花蜱属(*Amblyomma*)、盲花蜱属(*Aponomma*)和异扇蜱属(*Anomalohimalaya*)。其中前7个属与兽医关系较为密切，简易鉴定方法可按下述步骤进行：

由于未饱血的雄蜱较易观察，可根据盾板的大小选择雄蜱进行鉴定(观察顺序不可变动，图11-5)。

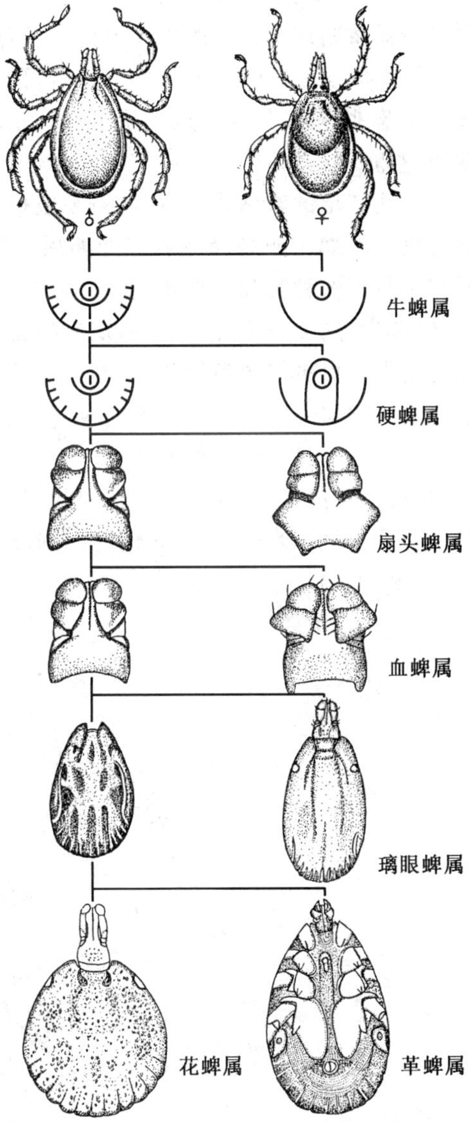

图11-5　硬蜱各属简易鉴定法

第一步，观察肛门周围有无肛沟。如无肛沟又无缘垛则可鉴定为牛蜱属。如有肛沟则继续观察。

第二步，观察肛沟的位置。如肛沟围绕肛门前方则为硬蜱属。如肛沟围绕肛门后方则继续观察。

第三步，观察假头基形状。如假头基呈六角形(扇形)且有缘垛则为扇头蜱属。如假头基呈四方形、梯形等则继续观察。

第四步，观察须肢的长短与形状。如须肢宽短，第2节外缘显著地向外侧突出形成角突(个别种类须肢窄长，第2节不向外侧突出)。且无眼和足基节Ⅰ后缘不分叉则为血蜱属。如须肢不呈上述形状则继续观察。

第五步，观察盾板是单色还是有花纹，眼是否明显。如盾板为单色，眼大呈半球形镶嵌在眼眶内，且须肢窄长则为璃眼蜱属。如盾板有色斑则继续观察。

第六步，如见盾板有银白色珐琅斑，腹面基节Ⅰ～Ⅳ渐次增大，尤其雄蜱基节Ⅳ特别大，符合者即为革蜱属。

第七步，如见盾板也有色斑(少数种类无)，体形较宽，呈宽卵圆形，须肢窄长，尤其是第2节显著长，符合者为花蜱属(如无眼则为盲花蜱属，大多寄生于爬行类)。

生物学特性　蜱的发育需要经过卵、幼虫、若虫及成虫4个阶段。幼虫、若虫、成虫这3个活跃期都要在人、畜及野兽(禽)身上吸血。在幼虫变为若虫以及若虫变为成虫的过程中，都要经过蜕化(蜕皮)。幼虫和若虫常寄生在小野兽和禽类的体表，成虫多寄生于大动物身上。有些种的蜱各个活跃期都以家畜为宿主。大多数硬蜱在动物体上进行交配，交配方式比较特殊，雄蜱爬到雌蜱体上腹面相对，雄蜱将口器伸入雌蜱的生殖孔内出入数次或经数小时，然后抽回口器，雄蜱向前移动，使生殖孔与雌蜱生殖孔相对，射出精球一只于雌蜱生殖孔上，然后身体后退以口器将精球推入雌蜱生殖孔内。精球上有小孔，精子游出后顺阴道入内使卵受精。雄蜱一生能交配2～3次，有些种类的硬蜱可以进行孤雌生殖(单性生殖)。交配后吸饱血的雌蜱离开宿主落地，爬到缝隙内或土块下静伏不动，一般经过4～9天待血液消化及卵发育后(产卵前期或孕卵期)，开始产卵。产卵时，雌蜱假头向下弯曲，简氏器凸出于假头背面，分泌黏稠液体，由生殖孔产出的卵粘着黏液后，被须肢推到虫体的前端背面，因而整个蜱的前端被埋在一大团的卵里。雌蜱产卵高峰一般在产卵后的第2～7天，最长达15天，产完卵后1～2周内死亡。产卵量与蜱的种类和吸血量有关，可产千余个、数千个甚至万个以上。卵小，呈卵圆形，黄褐色；经2～3周或1个月以上(卵期或孵化期)孵出幼虫。幼虫经过2～7天吸饱血后落地，经过蜕化变为若虫再侵袭各种动物，经过3～9天饱血后落地，蛰伏数天至数十天蜕皮变为成虫。成虫吸血时间需8～10天。蜱的吸血量很大，饱食后幼虫的体重增加10～20倍，若虫为20～100倍，雄虫为1.6～2倍，而雌虫可达50～250倍。蜱在吸食过程中有相当部分的血液被消化和吸收，并排出大量的排泄物，因此，其总吸血量要比饱食时重量为多，幼虫为6.5～10倍，若虫为4～6倍，雌虫3～7.5倍。根据硬蜱各发育阶段吸血时是否更换宿主可分为下述3种类型(图11-6)：

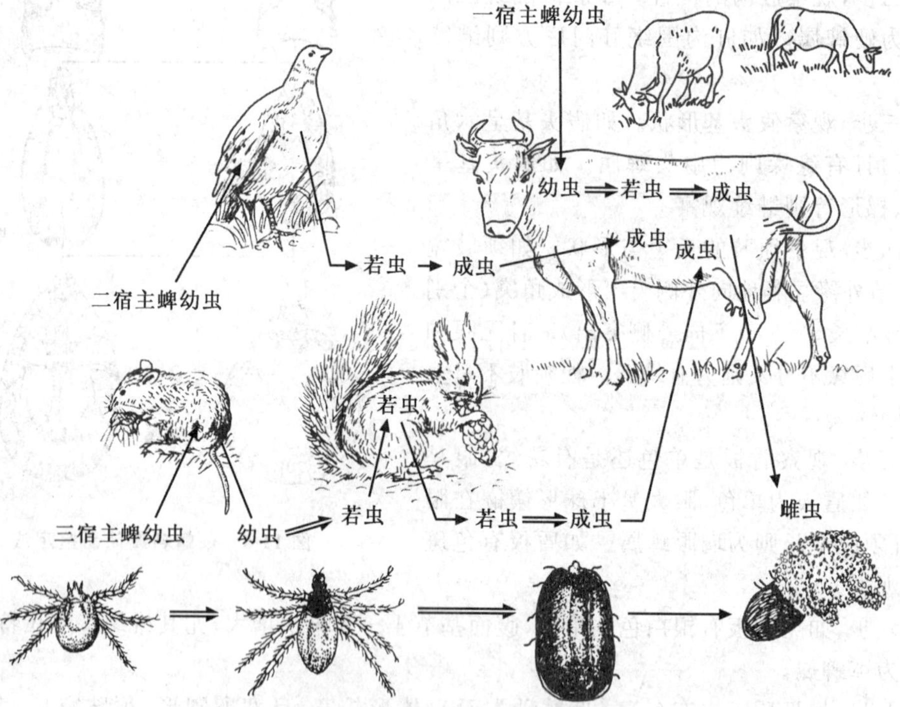

图 11-6　硬蜱更换宿主类型图(仿 Серлюкова г. в.)

(1)一宿主蜱。蜱在一个宿主体上完成幼虫至成虫的发育，成虫饱血后才离开宿主体落地产卵。如微小牛蜱。

(2)二宿主蜱。蜱的幼虫和若虫在一个宿主体上吸血，而成虫在另一个宿主体上吸血，饱血后落地产卵。如残缘璃眼蜱。

(3)三宿主蜱。蜱的幼虫、若虫和成虫分别在3个宿主体上吸血,饱血后都需要离开宿主体落地蜕皮或产卵。如硬蜱属、血蜱属和花蜱属等所有种,革蜱属、扇头蜱属中的多数种以及璃眼蜱属中的个别种。

蜱完成其生活史所需时间的长短,随蜱的种类和环境条件而异。微小牛蜱完成一个世代所需的时间仅50天,而青海血蜱则需要3年。

蜱类在各发育阶段不仅对温度、湿度等气候变化有不同程度的适应能力,而且具有较强的耐饥能力,成蜱阶段的寿命尤长,曾有报道,微小牛蜱成虫在试管内可耐饥5年,幼虫耐饥达9个月。

蜱类还存在滞育现象,这是对度过不良环境条件的一种适应。表现为饿蜱(成虫、若虫或幼虫)不活动,抑制其寻找宿主(行为滞育);饱食过程延迟(摄食停滞);饱食雌蜱产卵延迟(生殖滞育);饱食幼蜱和若蜱变态延迟及卵期胚胎发育的延迟。

蜱的分布与气候、地势、土壤、植被和宿主等有关。各种蜱均有一定的地理分布区,有的种类分布于森林地带,如全沟硬碑;有的种类分布于草原,如草原革蜱;有的种类分布于荒漠地带,如亚洲璃眼蜱;也有的种类分布于农耕地区,如微小牛蜱。

蜱类的活动有明显的季节性,这是蜱类在漫长进化过程中形成的一种对环境周期性变化条件的适应能力,即对地理景观、生境植被、气候、光周期、宿主动物习性及其洞巢微小环境等变化过程的有规律性的适应。这就使蜱类有时处于积极活动状态。在季节变化分明的地区,蜱类通常都在一年中的温暖季节活动。在同一地区,不同种类的蜱其活动季节各不相同;而同一种蜱在不同地区,由于气候和生境的不同,其活动时间的长短也有差别。

硬蜱的越冬场所因种类而异,有的在蜱的栖息场所越冬,有的则叮附在宿主体上越冬。越冬的虫期亦因种类而异,有的各虫期均可越冬,如硬蜱属和血蜱属中的多数种以及璃眼蜱属和扇头蜱属中的一些种;有的以成虫越冬,如革蜱属中所有种以及扇头蜱属和璃眼蜱属中的某些种;有的以若虫和成虫越冬,如血蜱属中的一些种类;有的则以若虫越冬,如残缘璃眼蜱;还有的以幼虫越冬,如微小牛蜱等。

蜱的嗅觉敏锐,寻找宿主叮咬吸血是依靠化学感觉,是对动物呼出的CO_2和汗臭的反应。蜱类的交配行为和聚集行为也是靠化学感觉,主要靠蜱类分泌的信息素来进行。硬蜱的化学感受器为哈氏器和须肢感受器,最近发现螯肢上也有化学感受器。光对蜱类行为有很大影响,一般对弱光为正反应,对强光为负反应。机械性的和声音的刺激对蜱无大影响。

我国家畜体常见的硬蜱种类有以下几种:

(1)微小牛蜱(*Boophilus microplus*,图11-7)为小型蜱。形态特征为无缘垛,无肛沟,有眼但很小,假头基六角形;须肢很短,第2、第3节有横脊;雄虫有尾突,腹面有肛侧板与副肛侧板各1对。主要寄生于黄牛和水牛,有时也寄生于山羊、绵羊、马、驴、猪、犬和人等。一宿主蜱。整个生活周期仅需50天,每年可发生4～5代。在华北地区出现于4～11月份。主要生活于农区,除东北、西北少数几个省区外,分布于全国各地,为常见种。已证实它是我国双芽巴贝斯虫、牛巴贝斯虫的传播媒介,也能自然感染Q热立克次体。

(2)全沟硬蜱(*Ixodes persulcatus*,图11-8)。为小型蜱。形态特征为无缘垛,无眼,肛沟围绕肛门前方。假头基宽短,五边形,腹面有钝齿状的耳状突,须肢长而宽扁。雄蜱腹面有7块板,即生殖前板、中板、肛板及1对肛侧板和1对侧板,中板后缘弧度较深。基节Ⅰ内距细长,雌蜱末端达基节Ⅱ前1/3,雄蜱末端略超过基节Ⅱ前缘。三宿主蜱。成蜱多寄生于家畜和

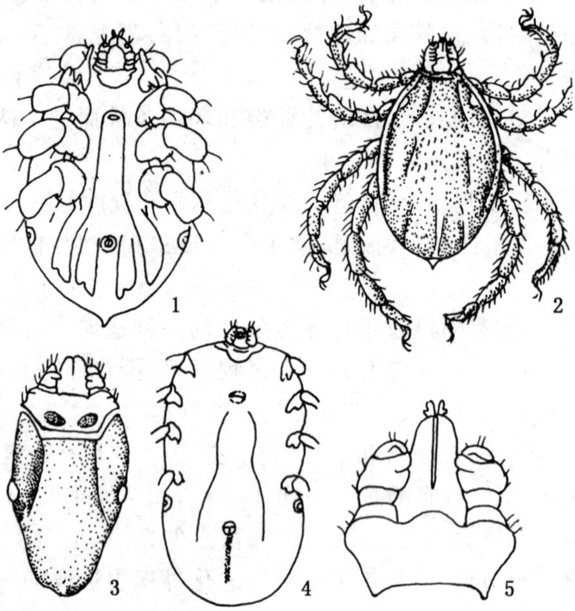

图 11-7 微小牛蜱(仿邓国藩)

1.雄虫腹面 2.雄虫背面 3.雌虫假头及盾板 4.雌虫腹面 5.雄虫假头背面

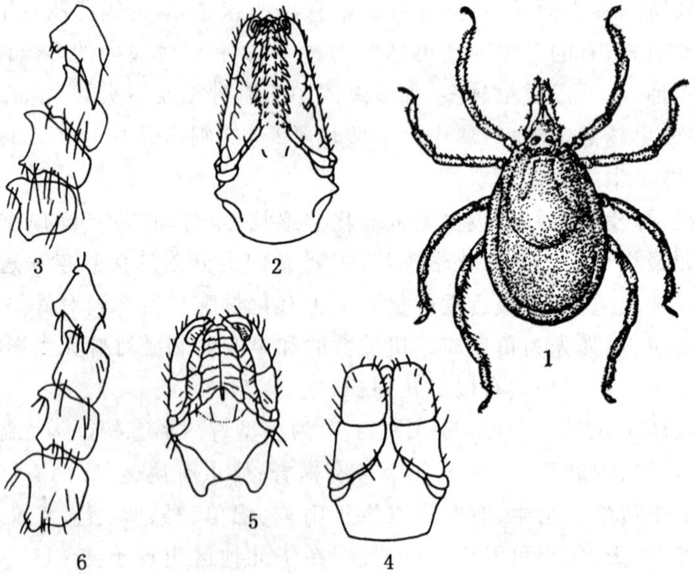

图 11-8 全沟硬蜱(仿邓国藩)

雌蜱:1.背面 2.假头腹面 3.基节

雄蜱:4.假头背面 5.假头腹面 6.基节

野生动物,也常侵袭人;幼蜱及若蜱寄生在小型哺乳动物和鸟类。在东北地区成蜱4月上、中旬开始出现,5月最多,7月中旬以后少见,幼蜱和若蜱4~10月份活动,6月份和9月份呈现两次高峰。一般 3 年完成一代，有时延长至 4 年或 5 年。分布于东北和新疆等地。该蜱是森林脑炎和莱姆病的主要传播媒介。

(3)血红扇头蜱(*Rhipicephalus sanguineus*，图 11-9)。体型中等。有眼，有缘垛。假头基宽短，六角形，侧角明显。须肢粗短，中部最宽，前端稍窄。须肢第 1、第 2 节腹面内缘刚毛较粗，排列紧密。雄蜱肛门侧板近似三角形，长为宽的 2.5～2.8 倍，内缘中部稍凹，其下方凸角不明显或圆钝，后缘向内略斜；副肛侧板锥形，末端尖细；气门板长逗点状。主要寄生于犬，也可寄生于其他家畜。三宿主蜱的整个生活周期约需 50 天，一年可发生 3 代。在华北地区活动季节为 5～9 月份，以饥饿成虫过冬。生活于农区或野地，我国大多数省、自治区都可发现。该蜱是犬巴贝斯虫和吉氏巴贝斯虫的传播媒介。

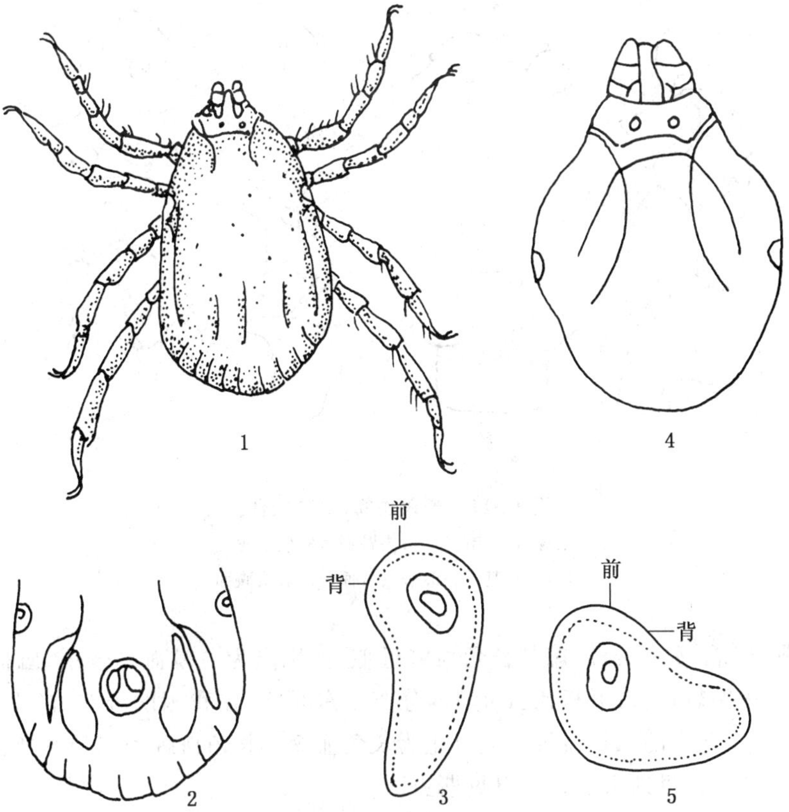

图 11-9　血红扇头蜱(仿邓国藩)

雄蜱：1. 背面　2. 腹面　3. 气门板

雌蜱：4. 假头及盾板　5. 气门板

(4)镰形扇头蜱(*Rhipicephalus haemaphysaloides*，图 11-10)。本种蜱的特征为雄蜱肛侧板呈镰刀形，内缘中部强度凹入，其下方凸角明显，后缘与外缘略直或微弯；副肛侧板短小，末端尖细。寄生于水牛、黄牛、羊、犬、猪等家畜。三宿主蜱。3～8 月份在宿主体上发现成虫。常见于我国南方农区或山地。已被确定为水牛巴贝斯虫、马巴贝斯虫、吉氏巴贝斯虫的传播媒介。

(5)长角血蜱(*Haemaphysalis longicornis*，图 11-11)。为小型蜱。无眼，有缘垛。假头基矩形。须肢外缘向外侧中度突出，呈角状；第 2 节背面有三角形的短刺，腹面有一锥形的长刺。

口下板齿式5/5。基节Ⅱ～Ⅳ内距稍大，超出后缘。盾板上刻点中等大，分布均匀而较稠密。寄生于牛、马、羊、猪、犬等家畜。三宿主蜱。在华北地区，一年发生1代；成虫4～7月份活动，6月下旬为盛期；若虫4～9月份活动，5月上旬最多；幼虫8～9月份活动，9月上旬最多，以饥饿若虫和成虫越冬。据报道，有单性生殖和两性生殖两个种群，我国尚未发现单性生殖种群。主要生活于次生林或山地，分布于我国大多数省区。

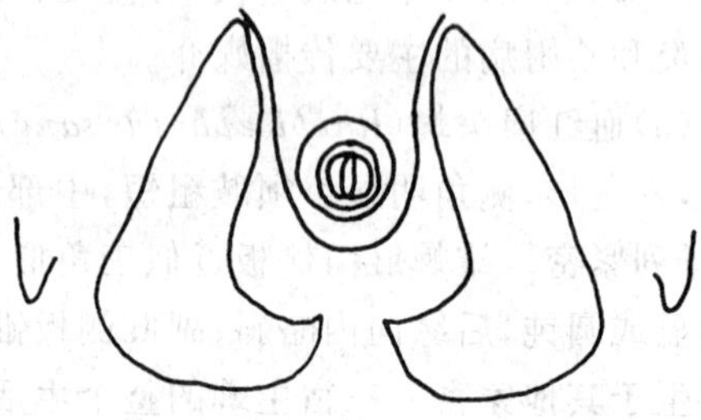

图 11-10 镰形扇头蜱(仿邓国藩)

雄蜱肛侧板

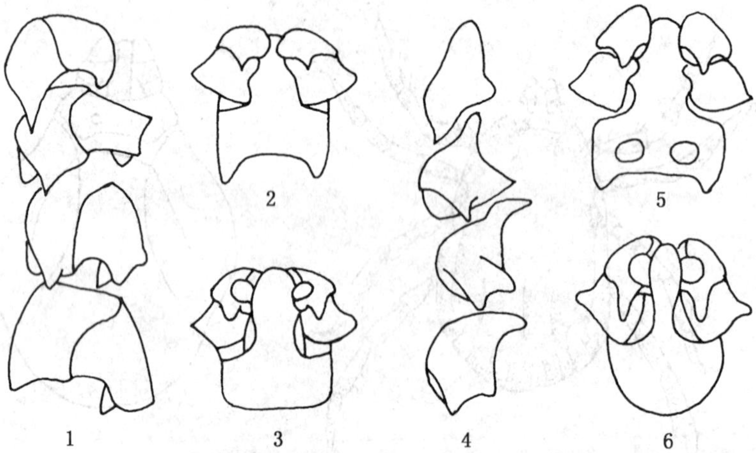

图 11-11 长角血蜱(仿陈国仕)

雄蜱：1. 基节 2. 假头背面 3. 假头腹面

雌蜱：4. 基节 5. 假头背面 6. 假头腹面

二棘血蜱(*H. bispinosa*)形态与长角血蜱近似，区别点为二棘血蜱较小，盾板刻点细而较少，基节Ⅱ～Ⅳ内距较短，口下板齿式4/4。分布于东洋区，在我国的分布，尚难肯定，以往我国所报道的分布于北方的二棘血蜱均应订正为长角血蜱。长角血蜱和二棘血蜱已被证实可传播瑟氏泰勒虫、卵形巴贝斯虫及吉氏巴贝斯虫。

(6)青海血蜱(*Haemaphysalis qinghaiensis*，图 11-12)。形态与日本血蜱近似，区别点为此种蜱须肢外缘不明显凸出，呈弧形而不呈角状，各跗节(尤其跗节Ⅳ)较粗短。雄蜱气门板长逗点形，雌蜱椭圆形。主要寄生于绵羊、山羊，其他动物如马、野兔等也有寄生。三宿主蜱。一年一次变态，3年完成1代。成蜱和若蜱4～7月份活动，5月份最多，9月份又出现，11月份消失。生活于山区草地或灌木丛，是我国西北地区常见种。已被证实是羊泰勒虫病及牦牛瑟氏泰勒虫病的传播媒介。

(7)残缘璃眼蜱(*Hyalomma detritum*，图 11-13)。为大型蜱。形态特征为须肢窄长。盾板表面光滑，刻点稀少。眼相当明显，半球形，位于眼眶内。足细长，褐色或黄褐色，背缘有浅黄色纵带，各关节处无淡色环带。雄蜱背面中垛明显，淡黄色或与盾板同色；后中沟深，后缘达到中垛；后侧沟略呈长三角形。腹面肛侧板略宽，前端较尖，后端圆钝，下半部侧缘略平行，内

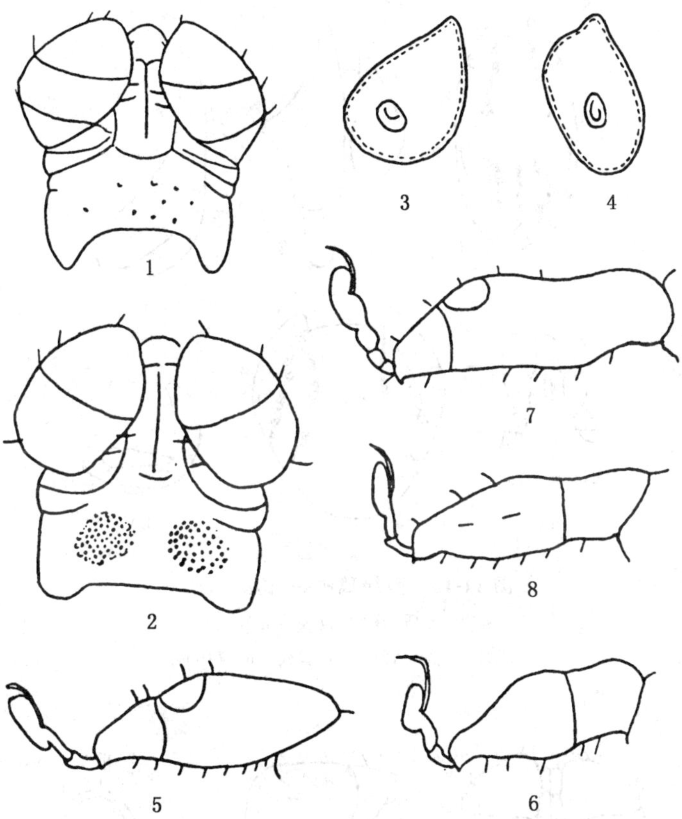

图 11-12　青海血蜱(仿邓国藩)

1. 雄蜱假头背面　2. 雌蜱假头背面　3. 雄蜱气门板　4. 雌蜱气门板
5. 雄蜱跗节Ⅰ　6. 雄蜱跗节Ⅳ　7. 雌蜱跗节Ⅰ　8. 雌蜱跗节Ⅳ

缘凸角粗短，比较明显；副肛侧板末端圆钝；肛下板短小；气门板大，曲颈瓶形，背突窄长，顶突达到盾板边缘。雌蜱背面侧沟不明显；气门逗点形，背面向背方明显伸出，末端渐窄而稍向前。主要寄生于牛，在马、羊、骆驼等家畜也有寄生。二宿主蜱。主要生活在家畜的圈舍及停留处。一年发生 1 代。在内蒙古地区成虫 5 月中旬至 8 月中旬出现，以 6、7 月份数量最多，成虫在圈舍的地面、墙上活动，陆续爬到宿主体上吸血。交配后，饱血雌虫落地产卵。至 8、9 月间，幼虫孵化，爬到宿主身上吸血。而后蜕变为若虫，若虫仍叮附在宿主体上，经过冬季，到 2～3 月份先后饱血落地，隐伏于墙缝等处蜕变为成虫。在华北地区也有一部分幼虫在圈舍墙缝附近过冬，到 3～4 月份侵袭宿主。分布于东北、华北、西北及华中一些省区。在我国已证实是环形泰勒虫病的传播媒介。

此外，尚有亚东璃眼蜱(*Hyalomma asiaticum* Kozlovi)分布于内蒙古和西北地区。特征为足各关节有明显的淡色环；雄蜱后中沟达不到中垛，后中沟与后侧沟之间有稠密的细刻点，气门板背突细长呈曲颈瓶形。生活在荒漠或半荒漠草原。三宿主蜱，成蜱 3～10 月份均见活动，春夏季较多，一年发生 1 代，饥饿成蜱在自然界过冬。成蜱寄生于大型家畜和野生动物，幼蜱、若蜱寄生于小型野生动物。

(8)草原革蜱(*Dermacentor nuttalli*，图 11-14)。为大型蜱。形态特征为盾板有银白色珐

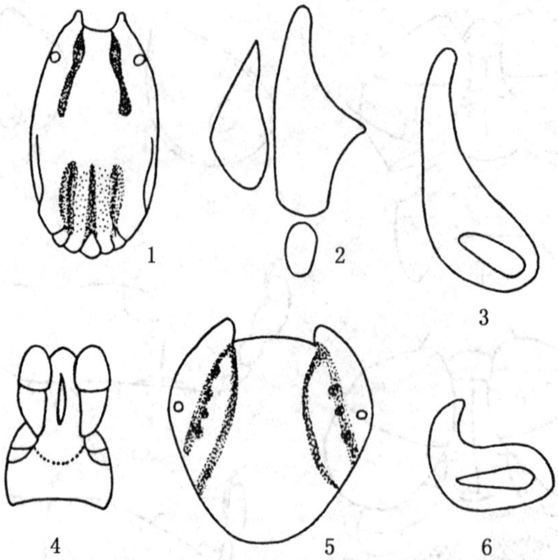

图 11-13　残缘璃眼蜱(仿陈国仕)

雄蜱:1.盾板　2.腹板　3.气门板

雌蜱:4.假头背面　5.盾板　6.气门板

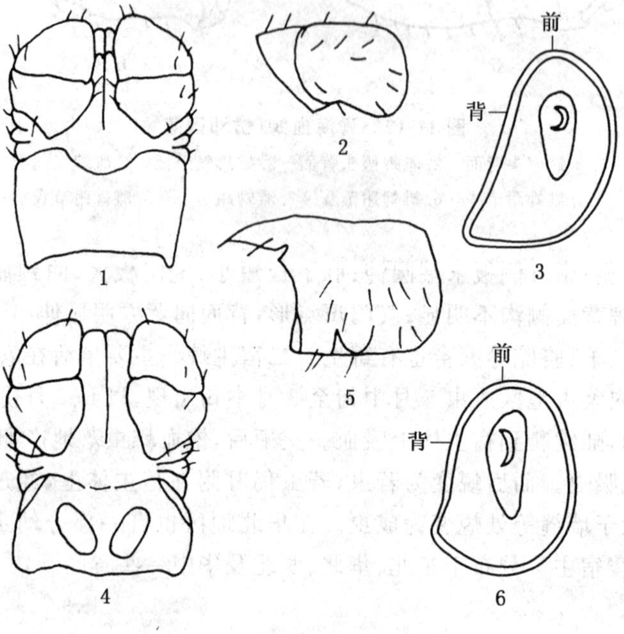

图 11-14　草原革蜱(仿邓国藩)

雄蜱:1.假头背面　2.转节Ⅰ　3.气门板

雌蜱:4.假头背面　5.基节Ⅳ　6.气门板

琅斑,有缘垛;有眼;假头基矩形,转节Ⅰ背距圆钝。雌蜱基节Ⅳ外距不超过后缘。雄蜱气门板背突达不到边缘。成虫寄生于牛、马、羊等家畜及大型野生动物,幼虫和若虫寄生于啮齿动物及小型兽类。三宿主蜱。一年发生1代,成虫活动季节主要在3～6月份,3月下旬至4月下旬最多，秋季也有少数成虫侵袭动物，但仅叮咬而不大量吸血，大多以饥饿成虫在草原上越冬。为典型的草原种类，分布于东北、华北、西北等省区。该蜱在我国是驽巴贝斯虫、马巴贝斯虫、布氏杆菌的传播媒介，还曾从其体内分离到北亚蜱媒斑点热立克次体。

(9)森林革蜱(*Dermacentor silvarum*，图 11-15)。形态与草原革蜱相似，区别点为转节Ⅰ背距显著突出，末端尖细。雄蜱假头基基突发达，长约等于其基部之宽，末端钝；气门板长逗点形，背突向背面弯曲，末端伸达盾板边缘。雌蜱基节Ⅳ外距末端超出该节后缘。成虫寄生于牛、马等家畜，若虫、幼虫寄生于小啮齿类。一年发生 1 代，以饥饿成虫越冬。在吉林省成虫出现于 3 月中旬(春分)到 6 月中旬(夏至)，以 4 月中旬(谷雨)到 5 月中旬(小满)期间最多。常见于再生林、灌木林和森林边缘区。分布于东北、华北、西北等省区。该蜱在我国是驽巴贝斯虫、马巴贝斯虫及森林脑炎病毒的传播媒介。

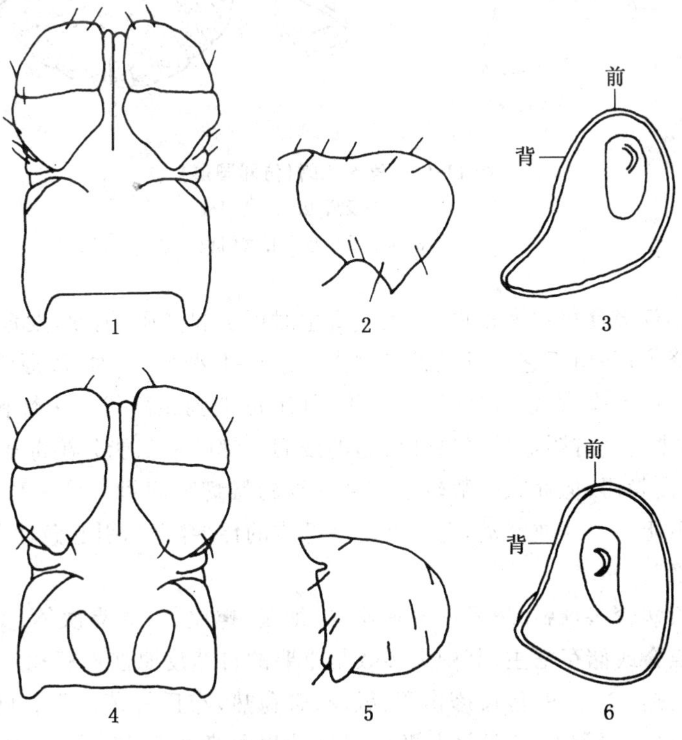

图 11-15　森林革蜱(仿邓国藩)

雄蜱：1. 假头背面　2. 转节Ⅰ　3. 气门板

雌蜱：4. 假头背面　5. 基节Ⅳ　6. 气门板

此外，尚可见到中华革蜱(*Dermacentor sinicus*)，形态特征为体型较小，盾板珐琅彩少而淡，雄蜱仅在前部及中部较明显，雌蜱在中部两颈沟之间及后方呈现底色褐斑；雄蜱气门板近似匙形，背突端部微弯，达盾板边缘，雌蜱呈圆逗点形，背突明显伸出，末端钝。分布于东北、华北以及山东等地。成蜱寄生于马、牛、羊、犬等家畜及蒙古兔、刺猬及啮齿类动物。已证实是驽巴贝斯虫和布氏杆菌的传播媒介。

(10)龟形花蜱(*Amblyomma testudinarium*，图 11-16)。为大型蜱。体形较宽，盾板有明显的珐琅色斑，雄蜱呈圆三角形。眼大突出，明亮。有缘垛。假头基矩形；须肢长，前端稍宽，

第2节长约为第3节的2倍；口下板齿式为4/4。三宿主蜱。生活于山地或田野，3～10月份在宿主体上发现，成蜱寄生于水牛、黄牛、马、羊、犬、猪等家畜，也侵袭人。幼蜱、若蜱寄生于鸟类或啮齿类。为东洋区的广布种，主要分布于华南和西南地区。

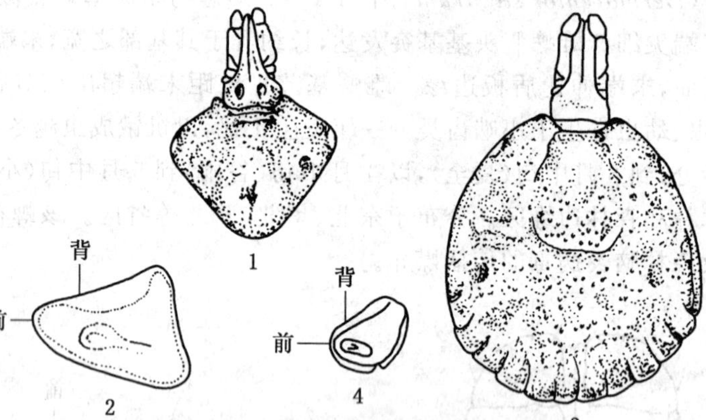

图 11-16 龟形花蜱（仿邓国藩）

雌蜱：1.假头及盾板 2.气门板

雄蜱：3.假头及盾板 4.气门板

危害 硬蜱不仅吸食宿主大量血液，大量寄生时可引起贫血，消瘦，发育不良，皮毛质量降低以及产乳量下降等，并由于它的叮刺可使宿主皮肤产生水肿、出血、胶原纤维溶解和中性粒细胞浸润的急性炎性反应，在恢复期，巨噬细胞、纤维母细胞逐渐代替中性粒细胞。对蜱有免疫性的宿主，其真皮处具有明显的嗜碱性细胞的浸润。蜱的唾腺能分泌毒素，可使家畜产生厌食、体重减轻和代谢障碍，但症状一般较轻。某些种的雌蜱唾腺可分泌一种神经毒素，它抑制肌神经接头处乙酰胆碱的释放活动，造成运动性纤维的传导障碍，引起急性上行性的肌萎缩性麻痹，称为“蜱瘫痪”。

经蜱传播的疾病较多，已知蜱是许多种病毒、细菌、螺旋体、立克次体、支原体、衣原体、原虫和线虫的传播媒介或储存宿主，其中大多数是重要的自然疫原性疾病和人兽互通病，如森林脑炎、莱姆病、出血热、Q热、蜱传斑疹伤寒、鼠疫、野兔热、布氏杆菌病等。硬蜱在兽医学上更具有特殊重要的地位，因为对家畜危害极其严重的巴贝斯虫病和泰勒虫病都必须依赖硬蜱传播。

防治 应在充分调查研究各种蜱的生活习性（消长规律、滋生场所、宿主范围、寄生部位等）的基础上，因地制宜地采取综合性防治措施才能取得较好的效果。

1. 消灭畜体上的蜱

(1)捕捉。在每天刷拭、放牧、使役归来时检查畜体，发现蜱时将其摘掉，集中杀灭。摘时应使蜱体与皮肤垂直，然后往上拔，以免蜱假头断入皮内引起炎症。在畜少、人力充足条件下，这是一种较好的辅助方法，因消灭畜体上一个雌蜱等于消灭地面上成千上万个幼蜱。

(2)化学药物灭蜱。常用的有拟除虫菊酯类杀虫剂，例如25～50 mg/kg溴氰菊酯（商品名倍特，Butox）；有机磷类杀虫剂，例如250 mg/kg二嗪农（商品名螨净，Diazinon），50～250 mg/kg巴胺磷（商品名赛福丁，Safrotin）；脒基类杀虫剂，如250～500 mg/kg双甲醚（商品名特敌克 Tektic 或阿米曲拉 Amitraz)。可根据使用季节和应用对象,选用喷涂、药浴或粉剂涂洒等不同的用药方法,还应随蜱种不同优选合适的药液浓度和使用间隔时间。各种药剂的长期使用,可使蜱产生耐药性,因此,杀虫剂应混合使用或轮流使用,以增强杀蜱效果和推迟发生抗药性。

2. 消灭畜舍的蜱

有些蜱类如残缘璃眼蜱生活在畜舍的墙壁、地面、饲槽的裂缝内。为了消灭这些地方的蜱类,应堵塞畜舍内所有缝隙和小孔,堵塞前先向裂缝内撒煤油或杀虫药,然后以水泥、石灰、黄泥堵塞,并用新鲜石灰乳粉刷厩舍。用1%~2%马拉硫磷(Malathion)、1%~2%倍硫磷(Baytex)乳剂对圈舍内墙面、门窗、柱子做滞留喷洒。璃眼蜱能耐饥7~10个月,故在必要和可能的条件下,停止使用(隔离封锁)有蜱的畜舍或畜栏10个月。

为了防止蜱随新割牧草进入畜舍,应将青草在太阳下晒干,蜱避开日光曝晒,爬到地面,因此,上层草适于喂牲畜。

3. 消灭自然界中的蜱

改变自然环境使其不利于蜱的生长,例如,翻耕牧地,清除杂草、灌木丛,在严格监督下进行烧荒等,以消灭蜱的滋生地。捕杀啮齿类等野生动物对消灭硬蜱也有重要的意义。有条件时,还可对蜱滋生场所进行超低容量喷雾,例如50%马拉硫磷乳油0.4~0.75 mL/m^2,或90%原油0.05~0.2 g/m^2。

近年来国内外相继开展了采用遗传防治、生物防治灭蜱及选育抗蜱家畜品种和抗蜱免疫的研究工作。遗传防治即利用辐射或化学不育剂使雄蜱产生染色体易位,失去生殖能力,然后释放这种不育雄蜱,促使蜱的自然种群不断衰减。生物防治即利用蜱的天敌来灭蜱,例如,已发现膜翅目跳小蜂科(Encyrtidae)的一些寄生蜂可在某些种的若蜱体内产卵,待发育为成虫后,才从蜱体内溢出,若蜱体内可寄生一至多个卵,因此,寄生后不久若蜱即死亡。猎蝽科(Reduviidae)的昆虫将吻刺入蜱的盾板下或假头基与躯体相连处,引起蜱死亡。又已发现白僵菌(*Beauveria bassiana*)、绿僵菌(*Metarhizium anisopliae*)、烟曲霉(*Aspergillus fumigatus*)等真菌均有明显的灭蜱效果。抗蜱家畜品种的选育和抗蜱免疫工作也有进展,已培育出短角与赫里福特(Hereford)杂种牛,其抗蜱性能表现为饱食蜱数降低及蜱的发育时间延长;Willadsen(1990)认为动物对蜱组织成分能产生明显的细胞和体液免疫应答,当特异的淋巴细胞和IgG随血液进入蜱体内后,就可作用于蜱的唾液腺和肠组织,影响蜱的正常功能。他测定了微小牛蜱一种保护性抗原的氨基酸序列,并合成了基因工程蜱蛋白;Almeida(1990)发现扇头蜱的唾液腺、肠管和马氏管存在着与其他蜱共有的同源性抗原成分。尽管这些工作目前还是实验阶段,但值得重视,将是今后的发展应用方向。

二、软　蜱

软蜱生活在畜禽舍的缝隙、巢窝和洞穴等处,当畜禽夜间休息时,即侵袭畜禽叮咬吸血,大量寄生时可使畜禽消瘦、生产力降低甚至造成死亡。

形态特征　虫体扁平,卵圆形或长卵圆形,体前端较窄,有的种类腹面前端突出称为顶突;未吸血前为黄灰色,饱血后为灰黑色。饥饿时其大小、形态略似臭虫,饱血后体积增大不如硬蜱明显。雌雄的形态极相似,雄蜱较雌蜱小,雄性生殖孔为半月形,雌性为横沟状。

(1)假头。隐于虫体腹面前端的头窝内,头窝两侧有1对叶片称为颊叶。假头基小,近方形,无孔区。须肢为圆柱状,游离而不紧贴于螯肢和口下板两侧,共分4节,可自由转动。口下板不发达,其上的齿较小,螯肢结构与硬蜱相同。

(2)躯体。无几丁质板,故称软蜱。表皮为革状,结构因属或种不同,或为皱纹状,或为颗粒状,或有乳状突,或有圆陷窝。大多数无眼,如有眼也极小,位于第2,3对足基节外侧。气门板小,位于第4对足基节前外侧。生殖孔及肛门的位置与硬蜱相似。在生殖孔两则向后延伸有生殖沟;肛门之前有肛前沟,肛门之后有肛后沟及肛后横沟;后部体缘有背腹沟。沿基节内、外侧有褶突,内侧为基节褶,外侧为基节上褶。足的结构与硬蜱相似。但基节无距;跗节和后跗节背缘或具有几个瘤突,其数目、大小为分类依据;爪垫退化(图11-17)。

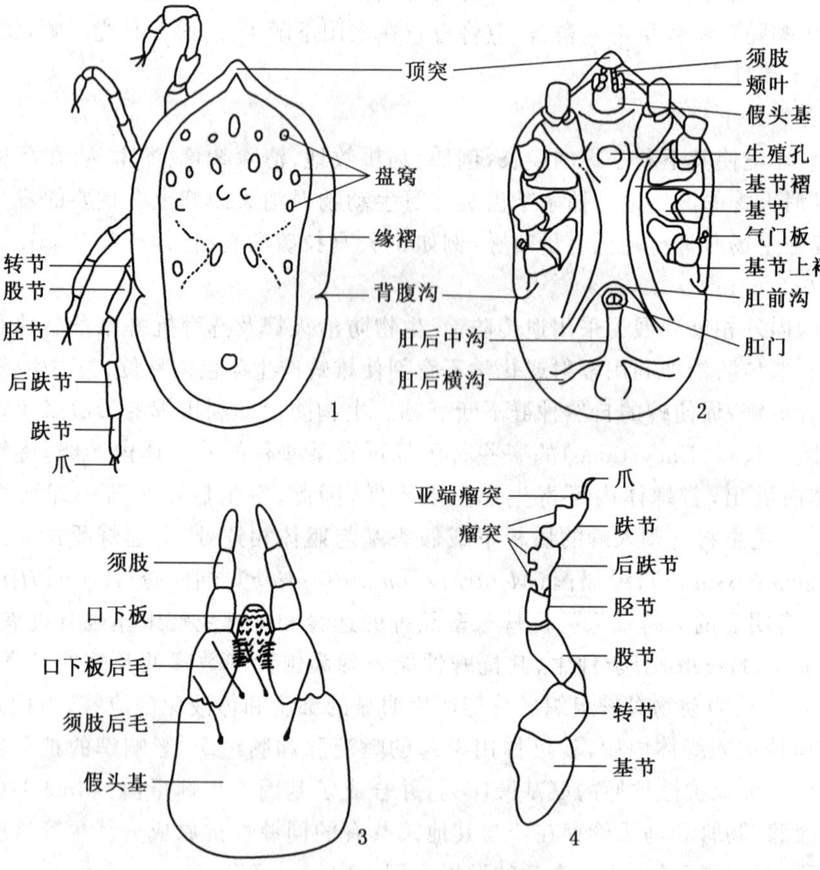

图11-17 软蜱形态(仿邓国藩)

1.背面 2.腹面 3.假头 4.足

分类 软蜱科与兽医学有关的有两个属,即锐缘蜱属(*Argas*)和钝缘蜱属(*Ornithodoros*),它们的主要特征如下:

(1)锐缘蜱属。体缘薄锐,饱血后仍较明显。虫体背腹面之间,以缝线为界,缝线由许多小的方块或平行的条纹构成,其形状在分类上具有重要意义。例如,寄生于鸡和其他禽类的波斯锐缘蜱。

(2)钝缘蜱属。体缘圆钝,饱血后背面常明显隆起。背面与腹面之间的体缘无缝线。例如,寄生于羊和骆驼等家畜的拉合尔钝缘蜱。

生物学特性 软蜱的发育也需要经过卵、幼虫、若虫及成虫 4 个阶段。软蜱一生产卵数次,每次吸血后产卵,每次产卵数个至数十个,一生产卵不超过 1 000 个。由卵孵出的幼虫,经吸血后蜕皮变为若虫,若虫蜕皮的次数随种类不同而异(1~4 期,在实验室培养条件下可多至 5~7 期),由最后一个若虫期变为成虫。软蜱只在吸血时才到宿主身上,吸完血后就落下来,藏在动物的居处。吸血多半在夜间,因此,软蜱的生活习性和臭虫很相似。软蜱在宿主身上吸血的时间一般为 0.5~1 h 左右,但很多软蜱的幼虫吸血时间要长些,例如,波斯锐缘蜱的幼虫,附着在鸡的身上达 5~6 天。成蜱一生可吸血多次,每次吸血后落下藏于窝中。从卵发育到成蜱需要 4 个月到 1 年的时间。软蜱寿命长,可长达 5~7 年,甚至 15~25 年。各活跃期均能长期耐饿,对干燥有较强的适应能力。

我国软蜱科常见的种类:

(1)波斯锐缘蜱(*Argas persicus*,图 11-18)。淡黄色,呈卵圆形,前部稍窄;体缘薄,由许多不规则的方格形小室组成。背面表皮高低不平,形成无数细密的弯曲皱纹;盘窝大小不一,呈圆形或卵圆形,放射状排列。主要寄生于鸡,其他家禽和鸟类亦有寄生,常侵袭人,有时在牛、羊身上也有发现。成虫、若虫有群聚性。白天隐伏,夜间爬出活动,叮咬在鸡的腿趾部无毛部分吸血,每次吸血只需 0.5~1 h。幼虫活动不受昼夜限制,在鸡的翼下无毛部附着吸血,可连续附着 10 余天,侵袭部位呈褐色结痂。成虫活动季节为 3~11 月份,以 8~10 月份最多。幼虫于 5 月份大量出现活动。分布于全国,华北、西北地区最为常见。

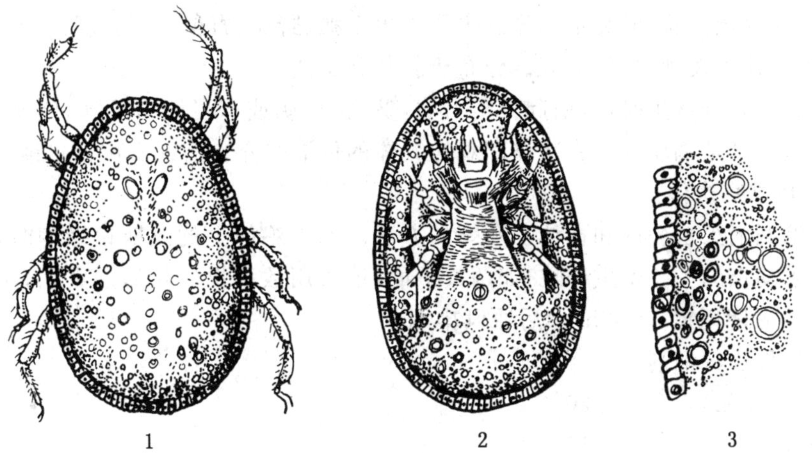

图 11-18 波斯锐缘蜱(仿邓国藩)

雌蜱:1.背面 2.腹面 3.背面体缘

另有一种翘缘锐缘蜱(*A. reflexus*)与波斯锐缘蜱区别点为体缘微翘,其上有略为整齐的细密皱褶指向中部。主要寄生于家鸽和野鸽,家鸡和其他家禽以及麻雀、燕子等鸟类也有寄生,也侵袭人。

(2)拉合尔钝缘蜱(*Ornithodoros lahorensis*,图 11-19)。土黄色,体椭圆形,前端尖窄,形成锥状顶突,雄虫较为明显,后端宽圆。表皮呈皱纹状,密布星状小窝。前半部中段有 1 对长形盘窝。中部及后部两侧有几对圆形盘窝。肛前沟浅而不完整,无肛后横沟。跗节Ⅰ背缘有2个粗大的瘤突和1个粗大的亚端瘤突。主要生活在羊圈或其他牲畜棚内。幼蜱至前两期若蜱冬季在宿主身上连续停留,第3期若蜱在春季吸饱血后离开。成蜱也在冬季活动,白天隐伏在棚圈的缝隙里或木柱树皮下或石块下,夜间爬出叮咬吸血,每次吸血10～60 min。主要寄生在绵羊或其他牲畜,有时也侵袭人。分布于新疆、甘肃、西藏等地。

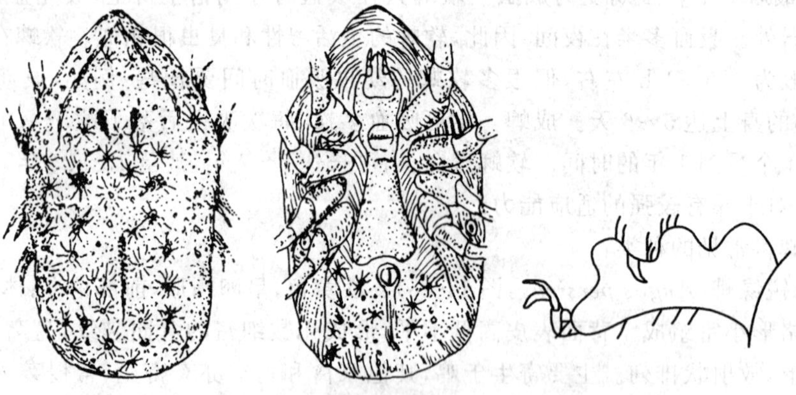

图 11-19 拉合尔钝缘蜱(仿邓国藩)

雌蜱:1.背面 2.腹面 3.跗节Ⅰ

还有一种乳突钝缘蜱(*O. papillipes*),与拉合尔钝缘蜱形态区别为顶突尖窄突出,有肛后横沟,跗节Ⅰ背缘微波状,瘤突不明显。主要寄生于狐、野兔、野鼠、刺猬等野生动物,有时也在绵羊、犬等家畜体上发现,也侵袭人。分布于新疆和山西。

危害 大量软蜱寄生时,可引起畜禽消瘦,贫血,产奶或产蛋能力下降,软蜱性麻痹,甚至死亡。波斯锐缘蜱是鸡埃及立克次体和鸡螺旋体的传播媒介。已证实拉合尔钝缘蜱可带有布氏杆菌和Q热立克次体。

防治 参阅消灭畜舍内和畜体上硬蜱的方法。消灭鸡体上的波斯锐缘蜱时,应特别注意将药物涂擦于幼虫的主要寄生部位,如两翼下面,还可用敌敌畏块状烟剂熏杀,用量每立方米0.5 g烟剂,熏后闭门窗1～2 h,然后通风排烟。

[附]敌敌畏块状烟剂

氯酸钾(工业品)	20％
硫酸铵(化肥)	15％
锯末(干)	20％
白陶土(或黄土)	25％
80％敌敌畏	20％

将氯酸钾、硫酸铵、锯末、白陶土分别研细过筛,按比例混匀,然后加入敌敌畏再充分搅拌均匀,压制成块。

国内试用伊维菌素治疗波斯锐缘蜱和拉合尔钝缘蜱,取得良好效果。

第二节 螨 类

螨类属于蜱螨亚纲，种类很多，已记载有3万余种，估计可能有50万种以上。几乎地球上任何地方，包括沙漠、苔原、山顶、河流，甚至温泉、河底、空中等都有螨的踪迹。它们有的是营自由生活，与人类毫无关系的种类；有的是寄生在植物上，危害农作物及林木的种类；有的是在食物中繁殖，危害仓库粮食及各种食品的种类。本节仅讨论寄生于畜禽的一些种类，其中有的是永久寄生虫，它们寄生于畜禽的皮肤、羽管及气囊等部位引起畜禽的螨病，例如，疥螨科、痒螨科、蠕形螨科、肉螨科及癣螨科等的各种螨；有的是仅在吸血时才与宿主接触，例如，皮刺螨科中一些种类；也有的仅在幼虫期才营寄生生活，例如，恙螨科的各种螨，它们除了可因叮咬引起皮炎外，有的还可传播立克次体、病毒或细菌等引起的许多种传染病。此外，甲螨类的螨还是裸头科绦虫的中间宿主；有的螨虽然是营自由生活，如粉螨类和尘螨类，但可引起尘螨性哮喘，过敏性皮炎及过敏性鼻炎等变态反应性疾病。

螨的头、胸、腹愈合在一起，躯体呈圆形、卵圆形或亚圆形，有的螨为了适应在羽管（羽管螨）、毛囊（蠕形螨）等特殊部位寄生，体形多延长或变为蠕虫样。为便于研究可将虫体划分为如图11-20的各部分。

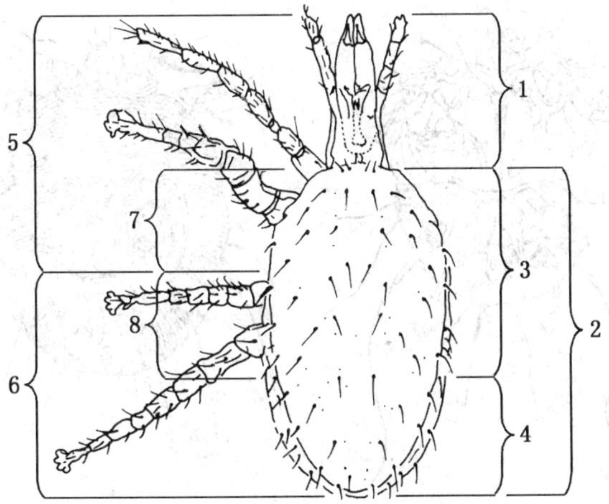

图11-20 螨类躯体的区分（仿李隆术）

1.颚体 2.躯体 3.足体 4.末体 5.前半体 6.后半体 7.前足体 8.后足体

（1）颚体（gnathosoma）。位于躯体前端（主要为口器，不含脑和眼），颚体是由背面的螯肢、两侧的须肢及下面的口下板构成的一条管子，食物由此进入食管。

（2）躯体。包括足体（podosoma）和末体（opisthosoma），一般呈卵圆形或椭圆形囊状，背面明显隆起，腹面略向外凸，全部为弹性的革状表皮构成。螨类躯体表面局部常骨化为板，骨板的数目、形状和位置是分类的重要依据。螨类的躯体及足上生有的许多刚毛，其数目、排列和形状都是分类依据。成螨与若螨有足4对，幼螨有足3对。足分7节，即基节、转节、股节、膝节、胫节、跗节及趾节。

一、螨　病

螨病又叫疥癣，俗称癞病，通常所称的螨病是指由于疥螨科或痒螨科的螨寄生在畜禽体表而引起的慢性寄生性皮肤病。剧痒，湿疹性皮炎，脱毛，患部逐渐向周围扩展和具有高度传染性为本病特征。疥螨科与痒螨科中与兽医密切相关的共有6个属，其中以疥螨属、痒螨属最为重要。

病原形态特征

(1)人疥螨(*Sarcoptes scabiei*，图11-21)。呈龟形，背面隆起，腹面扁平；浅黄色；雌螨(0.25～0.51)mm×(0.24～0.39)mm，雄螨(0.19～0.25)mm×(0.14～0.29)mm。体背面有细横纹、锥突、圆锥形鳞片和刚毛。腹面有4对粗短的足；每对足上均有角质化的支条，第1对足上的后支条在虫体中央并成一条长杆；雄螨第3,4对足后支条相连接；雄螨1,2,4对足，雌螨1,2对足跗节末端有一长柄的膜质的钟形吸盘，其余各足末端为一根长刚毛。雄螨生殖孔在第4对足之间，围在一个角质化的倒V形的构造中；雌螨腹面有两个生殖孔：一个为横裂，位于后两对肢前方中央，为产卵孔；另一个为纵裂，在体末端，为阴道，但产卵孔只在成虫时期发育完成。肛门位于体后缘正中，半背半腹。

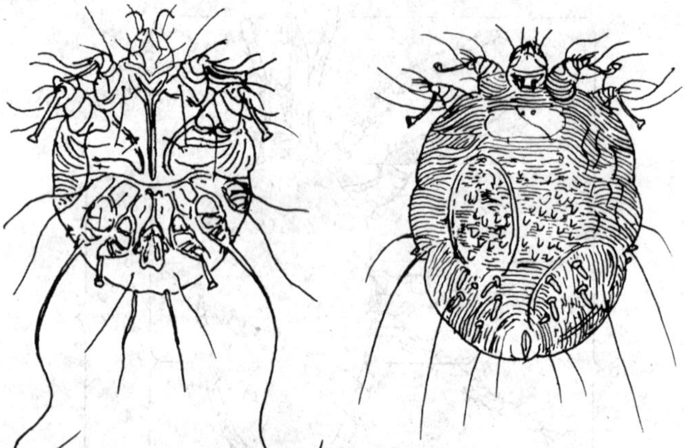

图11-21　疥螨(仿Hirst)

1.雄虫　2.雌虫

世界记录疥螨有28个种和8个亚种；宿主有7目、17科、40种哺乳动物。但近年研究倾向于单种说，因为尽管寄生于不同宿主体的疥螨，其大小、形态稍有变异，而且交互感染时，寄生时间较短暂，危害较轻，然而寄生于各种动物体的疥螨可相互杂交，并未达到生殖隔离水平，而且在转移宿主时所发生的短暂的生理上的差异也是可驯化的。根据演化研究，认为疥螨的原始宿主是人，由古猿体疥螨演化而来，随家畜驯化而从人首先传给犬，随后从家畜传至野生动物。犬疥螨、猪疥螨、骆驼疥螨、山羊疥螨、兔疥螨、马疥螨等均为人疥螨的亚种。

(2)马痒螨(*Psoroptes equi*，图11-22)。呈长圆形，(0.3～0.9)mm×(0.2～0.52)mm。透明的淡褐色角皮上具有稀疏的刚毛和细皱纹。足较长，尤其前两对足较后两对足粗大；雄螨前

3对足,雌螨1,2,4对足末端都有喇叭状的吸盘,有长而分两节的柄。雌螨第3对足末端有2根长刚毛,雄螨第4对足特别短小,无吸盘也无刚毛。雄螨体后端有2个尾突,每个尾突上有3根刚毛。尾突前方的腹面有2个棕色环状的吸盘。雄螨生殖器位于第4对足基节之间。雌螨腹面前1/4处有横裂的产卵孔,后端有纵裂的阴道,阴道背侧有肛孔。雌性第2期若虫体末端有两个突起供接合用,成虫无此构造。

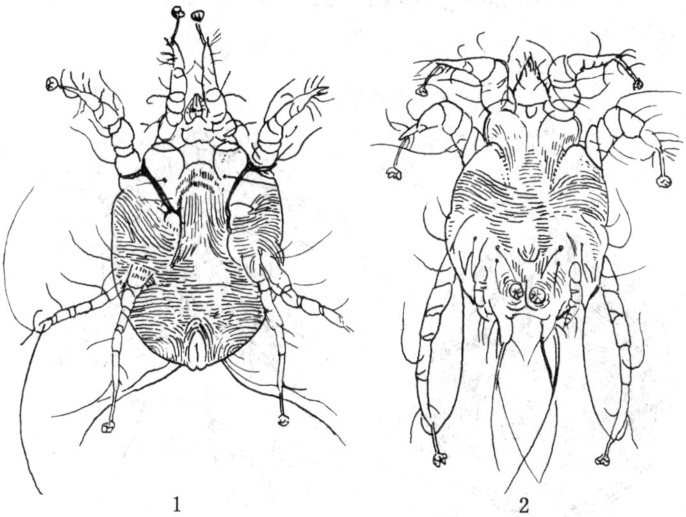

1　　2

图 11-22　痒螨(仿 Baker)

1.雌虫　2.雄虫

许多种动物都有痒螨寄生,它们形状上很相似,但彼此不易交互感染,即使感染,寄生时间也短,各种痒螨都被称为马痒螨的亚种。

(3)牛足螨(*Chorioptes bovis*,图11-23)。呈椭圆形,长0.3～0.5 mm,足长,前两对足较粗大,雄螨4对足及雌螨第1、2、4对足末端有酒杯状的吸盘,吸盘柄很短;雌螨第3对足仅有

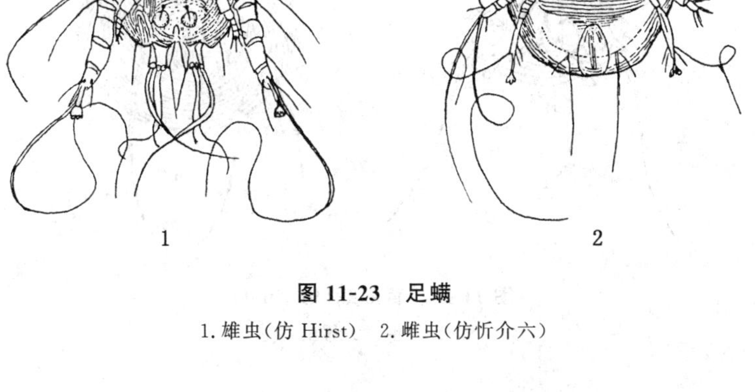

1　　2

图 11-23　足螨

1.雄虫(仿 Hirst)　2.雌虫(仿忻介六)

2 根长刚毛；雄螨第 4 对足很不发达。雄螨体后端有 2 个尾突，每个尾突上长有 4 根刚毛，其中两根呈叶片状。尾突的前方腹面有 2 个棕色环状吸盘。

寄生于各种动物的足螨形态都很相似，被看作是牛足螨的亚种。

(4)突变膝螨(*Cnemidocoptes mutans*，图 11-24)。雌螨(0.41～0.44)mm×(0.33～0.38)mm，近圆形。足极短，全无吸盘；雄螨(0.19～0.20)mm×(0.12～0.13)mm，卵圆形，足较长，足端均有吸盘。还有一种鸡膝螨(*C. gallinae*)比突变膝螨小，寄生于鸡的羽基部周围，并钻进羽干内。

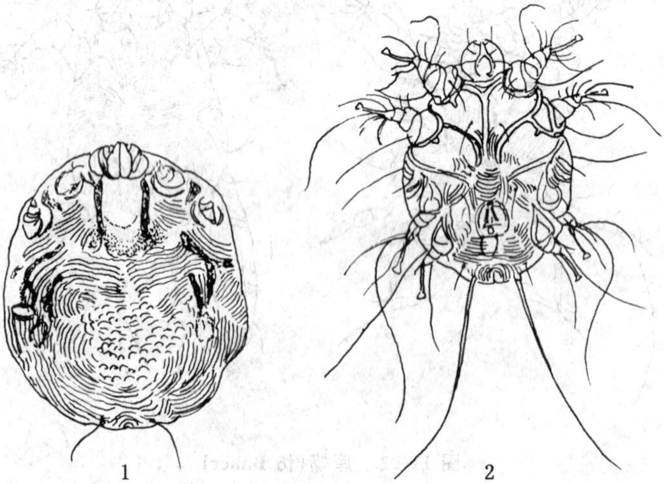

图 11-24 膝螨

1. 雌虫(仿 Mönnig) 2. 雄虫(仿 Hirst)

(5)猫背肛螨(*Notoedres cati*，图 11-25)。雌螨(0.2～0.45)mm×(0.16～0.4)mm，雄螨 0.12～0.15 mm，雌螨第 1、2 对足，雄螨第 1、2、4 对足末端有吸盘，肛门位于背面，离体后缘较远，肛门四周有环形角质皱纹。还有兔背肛螨为猫背肛螨的亚种。

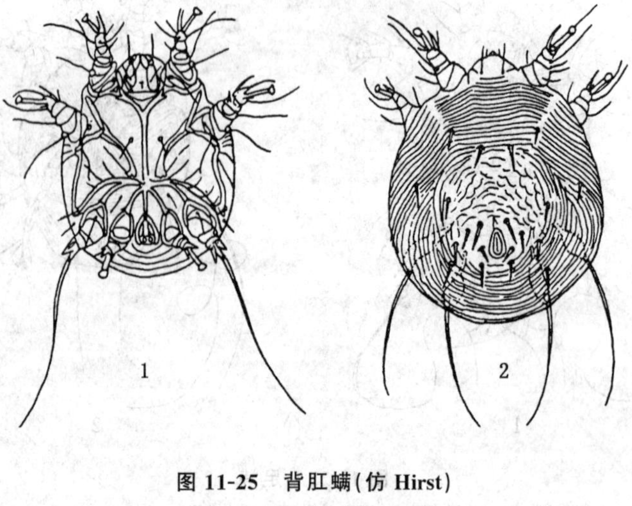

图 11-25 背肛螨(仿 Hirst)

1. 雄虫 2. 雌虫

(6)犬耳痒螨(*Otodectes cynotis* var. *canis*,图 11-26)。长椭圆形,体表有稀疏的刚毛和细皱纹。雄螨全部足,雌螨第 1、2 对足末端有吸盘。雌螨第 4 对足不发达,不能伸出体缘。雄螨体后端的尾突很不发达,每个尾突上有 2 长和 2 短 4 根刚毛,尾端前方的腹面有 2 个不明显的吸盘。另外还有猫耳痒螨亚种。

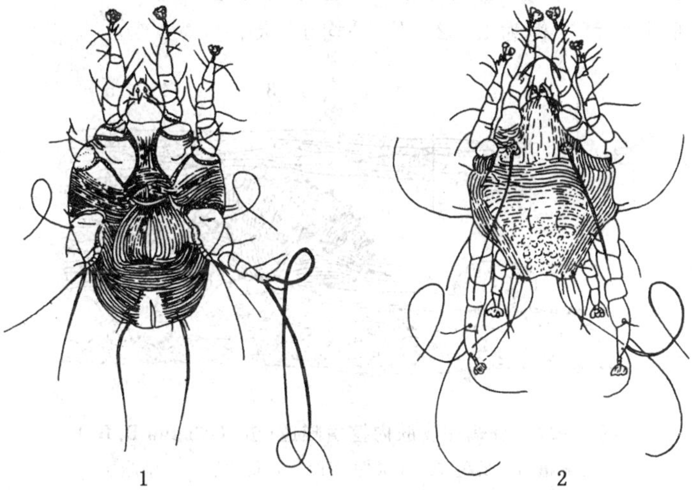

图 11-26　耳痒螨(仿 Baker)

1. 雌虫　2. 雄虫

附:疥螨科与痒螨科中与兽医密切相关的 6 个属的检索表

1(6)体近圆形;颚体(口器)短,基部背面有 2 个刺或刚毛;肢短圆锥形,后 2 对肢全部或几乎全部被遮于腹部下面;吸盘柄长,不分节;无生殖吸盘(肛吸盘)和尾突 ………………………………… 疥螨科(*Sarcoptidae*)

2(3)肛门位于体背侧;体形较小;背部鳞片及棒状刺较少;雄虫 1,2,4 对肢,雌虫 1,2 对肢有吸盘……………………………………………………………………………………………… 背肛螨属(*Notoedres*)

3(2)肛门位于体后端

4(5)背面中部有三角形鳞片及棒状刺;雄虫 1,2,4 对肢,雌虫 1,2 对肢有吸盘……… 疥螨属(*Sarcoptes*)

5(4)背面无鳞片及棒状刺;雄虫每肢末端都有吸盘,而雌虫全无吸盘 ………… 膝螨属(*Cnemidocoptes*)

6(1)体长圆形;颚体长,基部背面无刺或刚毛;肢长圆锥形,前 2 对肢粗大,后 2 对肢细长突出体缘;吸盘柄长或短,分节或不分节;体后缘有生殖吸盘和尾突各 1 对 ……………………………… 痒螨科(*Psoroptidae*)

7(8)吸盘柄长,分节;雄虫 1,2,3 对肢,雌虫 1,2,4 对肢有吸盘;颚体长圆锥形……… 痒螨属(*Psoroptes*)

8(7)吸盘柄短,不分节

9(10)颚体长宽约相等;雄虫每肢末端都有吸盘,雌虫 1,2,4 对肢有吸盘…………… 足螨属(*Chorioptes*)

10(9)雄虫每肢末端都有吸盘,雌虫 1,2 对肢有吸盘;雌虫第 4 对肢极小,不能伸出体边缘;雄虫尾突很不发达,每个尾突上有 2 长 2 短刚毛 ……………………………………………………… 耳痒螨属(*Otodectes*)

生活史与流行特点　疥螨科和痒螨科的螨全部发育过程都在动物体上度过,包括卵、幼虫、若虫、成虫 4 个阶段,其中雄螨为一个若虫期,雌螨为 2 个若虫期。

疥螨的口器为咀嚼式,在宿主表皮挖凿隧道(图 11-27),以角质层组织和渗出的淋巴液为食,在隧道进行发育和繁殖。雌螨在隧道内产卵,每两三天产卵一次,一生可产 40～50 个卵。

卵呈椭圆形，黄白色，长约 150 μm，初产卵未完全发育，后期卵透过卵壳可看到发育的幼螨。卵经 3～8 天孵出幼螨，幼螨 3 对肢，很活跃，离隧道爬到皮肤表面，然后钻入皮内造成小穴，在其中脱皮变为若螨。若螨似成螨，有 4 对肢，但体型较小，生殖器尚未显现。若螨有大小两型：小型的是雄螨的若虫，只有 1 期，约经 3 天蜕化为雄螨；大型的是雌螨的若虫，分为 2 期。蜕化形成的雄螨在宿主表皮上与新蜕化形成的雌螨进行交配，交配后的雄螨不久即死亡，雌螨寿命为 4～5 周。疥螨整个发育过程为 8～22 天，平均 15 天。

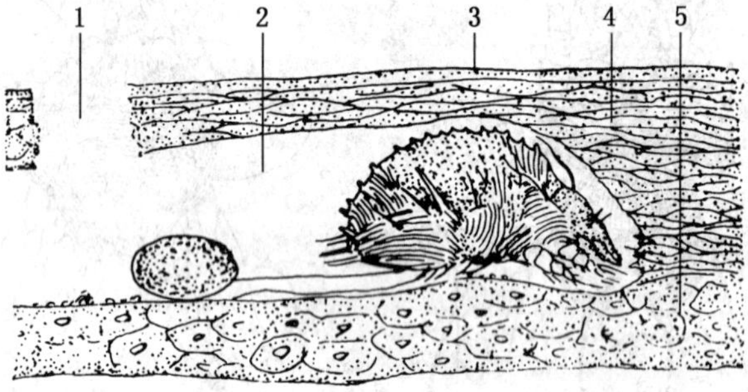

图 11-27 疥螨在皮肤内挖凿隧道(仿 Дубинин В. Б.)

1.隧道口 2.隧道 3.皮肤表面 4.角质层 5.细胞层

痒螨口器为刺吸式，寄生于皮肤表面，吸取渗出液为食(图 11-28)。雌螨多在皮肤上产卵，约经 3 天孵化为幼螨，采食 24～36 h 进入静止期后蜕皮为第一若螨，采食 24 h，经过静止期蜕皮成为雄螨或第二若螨("青春雌"pubescent females)。雄螨通常以其肛吸盘与第二若螨躯体后部的一对瘤状突起相接，抓住第二若螨。这一接触约需 48 h。以往很多学者推测这两者是在进行交配，但是由于第二若螨在变成雌成螨之前尚未形成交配囊，因此，有的学者认为这种看法是错误的。第二若螨蜕皮变为雌螨，雌雄才进行交配。雌螨采食 1～2 天后开始产卵，一生可产卵约 40 个，寿命约 42 天。痒螨整个发育过程 10～12 天。

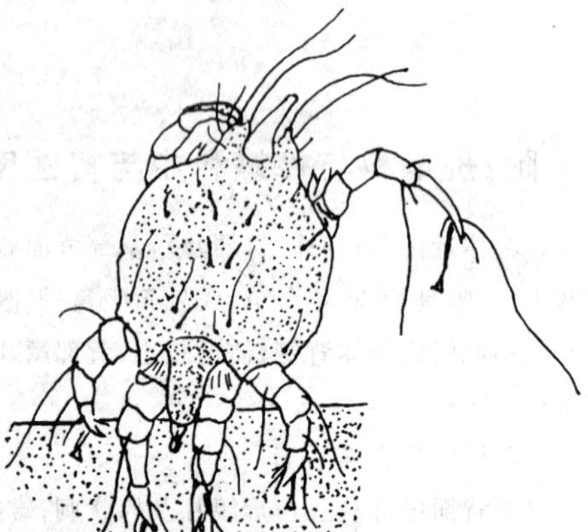

图 11-28 痒螨采食状态(仿 Дубинин В. В.)

足螨寄生于皮肤表面，采食脱落的上皮细胞如屑皮、痂皮等为生，其生活史可能与痒螨相似。牛足螨寄生于尾根、肛门附近及蹄部；马足螨寄生于四肢球节部；绵羊足螨寄生于蹄部及腿外侧；山羊足螨寄生于颈、耳及尾根；兔足螨寄生于外耳道。

耳痒螨寄生于犬、猫的外耳道内皮肤表面。其生活史与痒螨基本相似，全部发育过程需 18～28 天。

疥螨在宿主体外的生活期限，随温度、湿度和阳光照射强度等多种因素的变化而有显著的差异，一般仅能活 3 周。在 18～20℃和空气湿度为 65%时经 2～3 天死亡，而 7～8℃时则经过 15～18 天才死亡。

痒螨具有坚韧的角质表皮，对不利因素的抵抗力超过疥螨，如在 6～8℃和 85%～100%空气湿度条件下在畜舍内能活 2 个月，在牧场上能活 25 天，在 -12～-2℃经 4 天死亡，在 -25℃经 6 h 死亡。

螨病主要发生于冬季和秋末春初，因在这些季节，日光照射不足，家畜毛长而密，特别是在厩舍潮湿，畜体卫生状况不良，皮肤表面湿度较高的条件下，最适合螨的发育繁殖。夏季家畜绒毛大量脱落，皮肤表面常受阳光照射，皮温增高，经常保持干燥状态，这些条件都不利于螨的生存和繁殖，大部分虫体死亡，仅有少数螨潜伏在耳壳、系凹、蹄踵、腹股沟部以及被毛深处，这种带虫家畜没有明显的症状，但到了秋季，随着季节的改变，螨又重新活跃起来，不但引起疾病的复发，而且成为最危险的传染来源。

症状　剧痒是贯串于整个病程的主要症状。病势越重，痒觉越剧烈。引起剧痒的原因是螨体表长有很多刺、毛和鳞片，同时还能由口器分泌毒素，因此，当它们在宿主皮肤采食和活动时就刺激神经末梢而引起痒觉。螨病病畜的发痒有一个特点，即当病畜进入温暖场所或运动后皮温增高时，痒觉更加增剧，这是由于螨随周围温度增高而活动增强的结果。剧痒使病畜不停地啃咬患部，并在各种物体上用力摩擦，因而越发加重患部的炎症和损伤，同时还向周围环境散布大量病原。

结痂、脱毛和皮肤肥厚也是螨病必然出现的症状。在虫体机械刺激和毒素的作用下，皮肤发生炎性浸润，发痒处皮肤形成结节和水疱，当病畜蹭痒时，结节、水疱破溃，流出渗出液。渗出液与脱落的上皮细胞、被毛及污垢混杂在一起，干燥后就结成痂皮。痂皮被擦破或除去后，创面有多量液体渗出及毛细血管出血，又重新结痂。随着角质层角化过度，患部脱毛，皮肤肥厚，失去弹性而形成皱褶。

消瘦。由于发痒，病畜终日啃咬、摩擦和烦躁不安，影响正常的采食和休息，并使消化、吸收机能降低。加之在寒冷季节因皮肤裸露，体温大量放散，体内蓄积的脂肪被大量消耗，所以，病畜日渐消瘦，有时继发感染，严重时甚至引起死亡。

各种动物螨病的特征

绵羊痒螨病：危害绵羊特别严重，多发生于密毛的部位如背部、臀部，然后波及全身。在羊群中首先引起注意的是羊毛结成束和体躯下部泥泞不洁，零散的毛丛悬垂在羊体上，严重时全身被毛脱光。患部皮肤湿润，形成浅黄色痂皮。

绵羊疥螨病：主要在头部明显，嘴唇周围、口角两侧、鼻子边缘和耳根下面。发病后期病变部形成白色坚硬胶皮样痂皮。

山羊痒螨病：主要发生于耳壳内面，在耳内生成黄色痂，将耳道堵塞，使羊变聋，食欲不振甚至死亡。

山羊疥螨病：主要发生于嘴唇四周、眼圈、鼻背和耳根部，可蔓延到腋下、腹下和四肢曲面等无毛及少毛部位。严重时口唇皮肤皱裂，采食困难。

牛痒螨病：初期见于颈、肩和垂肉，严重时蔓延到全身。奇痒，常在墙、柱等物体上摩擦或以舌舐患部，被舐湿部的毛呈波浪状。脱毛，结痂，皮肤增厚失去弹性。

水牛痒螨病：多发生于角根、背部、腹侧及臀部，严重时头、颈、腹下及四肢内侧也有发生。体表形成很薄的"油漆起曝"状的痂皮，此种痂皮薄似纸，干燥，表面平整，一端稍微翘起，另一端则与皮肤紧贴，若轻轻揭开，则在皮肤相连端痂皮下可见许多黄白色痒螨在爬动。

牛疥螨病：开始于牛的面部、颈部、背部、尾根等被毛较短的部位，严重时可波及全身。

马痒螨病：最常发生的部位是鬃、鬣、尾、颌间、股内面及腹股沟。乘、挽马常发于鞍具、颈轭、鞍褥部位。皮肤皱褶不明显。痂皮柔软，黄色脂肪样，易剥离。

马疥螨病：先由头部、体侧、躯干及颈部开始，然后蔓延肩部，鬐甲及全身。痂皮硬固不易剥离，勉强剥落时，创面凹凸不平，易出血。

马足螨病：很少见。特征是散发性的后肢系部屈面皮炎。

猪疥螨病：猪仅寄生疥螨。仔猪多发，病初从眼周、颊部和耳根开始，以后蔓延到背部、体侧和股内侧。剧痒，脱毛，结痂，皮肤生皱褶或龟裂。

骆驼疥螨病：开始于头部、颈部和体侧皮薄的部位，随后波及全身。痂皮硬厚，不易脱落，患部皮肤往往还形成龟裂和脓疱。

兔痒螨病：主要侵害耳部，引起外耳道炎，渗出物干燥成黄色痂皮，塞满耳道如纸卷样。病兔耳朵下垂，不断摇头和用腿搔耳朵。严重时蔓延至筛骨或脑部，引起癫痫症状。

兔疥螨病：先由嘴、鼻孔周围和脚爪部发病，病兔不停地用嘴啃咬脚部或用脚搔抓嘴、鼻等处解痒，严重发痒时呈现前、后脚抓地等特殊动作。病爪上出现灰白色痂皮，嘴唇肿胀，影响采食。

犬疥螨病：先发生于头部，后扩散至全身，小狗尤为严重。患部皮肤发红，有红色或脓性疱疹，上有黄色痂；奇痒，脱毛，皮肤变厚而出现皱纹。

犬耳痒螨病：寄生于犬外耳道，引起大量耳脂分泌和淋巴液外溢，且往往继发化脓。病犬不停地摇头、抓耳、鸣叫或摩擦耳部，后期可能蔓延到额部及耳壳背面。

猫背肛螨病：寄生于面部、鼻、耳及颈部，发生皮肤龟裂和黄棕色痂皮，常可使猫死亡。

突变膝螨病：寄生于鸡胫部、趾部无羽毛处的鳞片下，引起皮肤发炎，渗出液干涸后形成灰白色痂皮，外观似涂了一层石灰，故有石灰脚之称。

鸡膝螨病：寄生于背部、翅膀、臀部、腹部等处的羽毛根部，羽毛变脆、脱落，皮肤发红，上覆鳞片。抚摸时觉有脓疱。

诊断 对有明显症状的螨病，根据发病季节、剧痒、患部皮肤病变等，确诊并不困难。但症状不够明显时，则需要采取健康与病患交界部的痂皮，检查有无虫体，才能确诊。在夏季，对带虫病猪作诊断时，应从耳壳内采取病料，则较易找到虫体。检查方法参阅技术篇。

除螨病外，钱癣（秃毛癣）、湿疹、马、骡过敏性皮炎、蠕形螨病及虱与毛虱寄生时也都有皮炎，脱毛，落屑，不同程度发痒等症状，应注意类证鉴别。

防治

(1)畜舍要宽敞，干燥，透光，通风良好；不要使畜群过于密集。畜舍应经常清扫，定期消毒，饲养管理用具应定期消毒。

(2)引入家畜时应事先了解有无螨病存在；引入后应详细观察畜群，并作螨病检查；最好先隔离观察一段时间，确定无螨病时，再并入畜群中去。

(3)经常注意畜群中有无发痒、掉毛现象。及时检出可疑患畜，隔离饲养，迅速查明原因，发现患畜及时隔离治疗。中小家畜无种用或经济价值的患畜应予以淘汰。

为了使药物能充分接触虫体，治疗前最好用肥皂水或煤酚皂液彻底洗刷患部，清除硬痂和污物后再用药。

由于大多数治螨药物对螨卵的杀灭作用差，因此，需治疗 2～3 次，每次间隔 7～10 天，以杀死新孵出的幼虫。

在治疗病畜的同时，应用杀螨药物彻底消毒畜舍和用具，治疗后的病畜应置于消毒过的畜舍内饲养。隔离治疗过程中，饲养管理人员应注意经常消毒，避免通过手、衣服和用具散布病原。治愈病畜应继续隔离观察 20 天，如未再发，再一次用杀虫药处理，方可合群。

治疗螨病的药物和处方很多，介绍数种，供选用：①5%敌百虫溶液患部涂擦；②500 mg/kg 双甲醚水乳液涂擦或喷淋；③50～100 mg/kg 溴氰菊酯喷淋；④600 mg/kg（猪 250 mg/kg）二嗪农水乳剂喷淋；⑤300 mg/kg 林丹水乳剂喷淋；⑥伊维菌素 200 μg/kg（猪 300 μg/kg）皮下注射，严重病畜间隔 7～10 天重复用药物一次。

药浴疗法，最常用于羊，既可用于治疗，也可用于预防。山羊在抓绒后、绵羊在剪毛后 5～7 天进行。可根据具体条件选用木桶、旧铁桶、大铁锅、帆布浴池或水泥浴池进行药浴。可选用下列药品进行药浴：500 mg/kg 辛硫磷、250 mg/kg 二嗪农、150～250 mg/kg 巴胺磷（赛福丁）、300～500 mg/kg 双甲醚、500 mg/kg 溴氰菊酯等。大群药浴前应先做小群安全试验。药液温度应保持在 36～38℃，最低不能低于 30℃。大群药浴时，应随时补充药液，以免影响药效。应选择无风晴朗天气进行。老弱幼畜和有病羊应分群进行。药浴前应让羊饮足水，以免误饮中毒。药浴时间为 1 min 左右，注意浸泡羊头。药浴后应注意观察，发现羊只精神不好，口吐白沫，应及时治疗，同时也应注意工作人员的安全。如一次药浴不彻底，过 7～8 天后可进行第 2 次。

二、蠕形螨病

蠕形螨病又称毛囊虫病或脂螨病，是由于蠕形螨科中的各种蠕形螨寄生于毛囊或皮脂腺而引起的皮肤病。各种家畜各有其固定的蠕形螨寄生，有犬蠕形螨（*Demodex canis*，图 11-29）、猪蠕形螨（*D. phylloides*）、山羊蠕形螨（*D. caprae*）、绵羊蠕形螨（*D. ovis*）、牛蠕形螨（*D. bovis*）、马蠕形螨（*D. equi*）等。犬、山羊和猪蠕形螨病较多见。寄生于人体的有毛囊蠕形螨（*D. folliculorum*）和皮脂蠕形螨（*D. brevis*）两种。

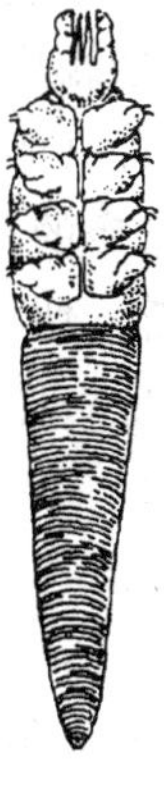

图 11-29　犬蠕形螨
（仿 Mönnig）

病原形态特征　蠕形螨虫体狭长如蠕虫样，呈半透明乳白色，一般长 0.17～0.44 mm，宽 0.045～0.065 mm。全体分为颚体、足体和末体 3 个部分。颚体（假头）呈不规则四边形，由 1 对细针状的螯肢，1 对分 3 节的须肢及一个延伸为膜状构造的口下板组成，为短喙状的刺吸式口器。足体（胸）有 4 对短粗的足，各足分 4 节，基节与躯体腹壁愈合成扁平的基节片，不能活动；其余 3 节呈套筒状，能活动，伸缩；足末端有一对锚状叉形爪。末体（腹）长，呈指状，约占体长 2/3 以上，表面具有明显的环形皮纹。雄虫的雄茎自足体的背面突出，雌虫的阴门为一狭长的纵裂，位于腹面第 4 对足基节片之间的后方。

生活史　蠕形螨的全部发育过程都在宿主体上进行，包括卵、幼虫、两期若虫和成虫。雌虫产卵于毛囊内。卵无色透明，呈蘑菇状，长 0.07～0.09 mm。卵孵化为 3 对足的幼虫；幼虫蜕化变为 4 对足的若虫；若虫蜕化变为成虫。它们多半先寄生在发病皮肤毛囊的上部，而后在毛囊底部，很少寄生于皮脂腺内。据研究证明，犬蠕形螨尚能生活在宿主的组织和淋巴结内，并部分地在该处繁殖。本病的发生主要由于病畜与健畜互相接触，通过皮肤感染。

致病作用与临床症状 蠕形螨钻入毛囊、皮脂腺内，以针状的口器吸取宿主细胞内含物，由于虫体的机械刺激和排泄物的化学刺激使组织出现炎性反应，虫体在毛囊中不断繁殖，逐渐引起毛囊和皮脂腺的带状扩张和延伸，甚至增生肥大，尚可引起毛干脱落，此外由于腺口扩大，虫体进出活动，易使化脓性细菌侵入而继发毛脂腺炎、脓疱。有的学者根据受虫体侵袭的组织中淋巴细胞和单核细胞的显著增加，认为引起毛囊破坏和化脓是一种迟发型变态反应。

(1)犬蠕形螨病。多发于3～10月龄的幼犬，成年犬常见于发情期及产后的雌犬。应激状态及免疫功能低下常是引起本病发生的诱因。部分犬的发病有明显的家族病史。

轻症多发于眼眶、口唇周围以及肘部、脚趾间或体躯其他部位。患部脱毛，逐渐形成与周围界限明显的圆形秃斑，皮肤轻度潮红，复有银白色黏性皮屑，有时皮肤肥厚，略显粗糙而龟裂或带有小结节。痒觉不明显或仅有轻度瘙痒。重症时，病变蔓延至全身，特别是下腹部和肢体内侧，患部出现蓝红色、绿豆大至豌豆大的结节，可挤压出微红色脓液或黏稠的皮脂，脓疱破溃后形成溃疡，常覆盖淡棕色痂皮或麸皮样鳞屑，并有难闻的臭味。皮肤皱裂，脱毛，逐渐呈紫铜色。由于全身感染，消瘦，沉郁，食欲减退，体温升高，最终因衰竭中毒或脓毒症死亡。

(2)山羊蠕形螨病。成年羊较幼年羊症状明显，主要发生在肩胛、四肢、颈、腹等处，皮下可触摸到黄豆至蚕豆大，圆形或近圆形，高出于皮肤的结节，有时结节处皮肤稍显红色，部分结节中央可见小孔，可挤压出干酪样内容物。重度感染时呈现消瘦，被毛粗乱。

(3)猪蠕形螨病。一般先发生于眼周围、鼻部和耳基部，而后逐渐向其他部位蔓延。痒觉轻微或没有痒觉。病变部呈现小米大的泡囊，个别有大米大，囊内含有很多蠕形螨、表皮碎屑及脓细胞，细菌感染严重时，成为单个的小脓肿。有的患猪皮肤增厚，不洁，凹凸不平而盖以皮屑，并发生皱裂。

(4)牛蠕形螨病。一般初发于头部、颈部、肩部、背部或臀部。形成针尖至核桃大的白色的小囊瘤，常见的为黄豆大，内含粉状物或脓状稠液，并有各发育阶段的蠕形螨。也有只呈现鳞屑而无疮疖的。

诊断 切破皮肤上的结节或脓疱取其内容物，置载片上，加甘油水，再加盖片，低倍显微镜检查，发现虫体，即可确诊。

防治 隔离治疗患畜，并用杀螨药剂对被污染的场所及用具进行消毒。

治疗前，应先将患部剪毛，用双氧水或1%～2%呋喃西林溶液清洗干净，然后选用下述方法进行治疗：

(1)伊维菌素剂量为200～300 μg/kg体重皮下注射，间隔7～10天重复用药。

(2)250 mg/kg双甲醚溶液患部涂擦，间隔7～10天重复应用。对脓疱型重症病例还应同时选用高效抗菌药物。对体质虚弱患畜应补给营养，以增强体质及抵抗力。

三、鸡皮刺螨病

鸡皮刺螨(图11-30)属于皮刺螨科，寄居于鸡、鸽、家雀等禽类的窝巢内，吸食禽血，有时也吸人血。严重侵袭时，可使鸡日渐消瘦，贫血，产蛋量下降；鸡皮刺螨还可传播禽霍乱和螺旋体病。

病原形态特征 鸡皮刺螨(*Dermanyssus gallinae*)呈长椭圆形，后部略宽；饱血后虫体由灰白色转为红色；雌螨长0.72～0.75 mm，宽0.4 mm，饱血后可长达1.5 mm，雄螨长

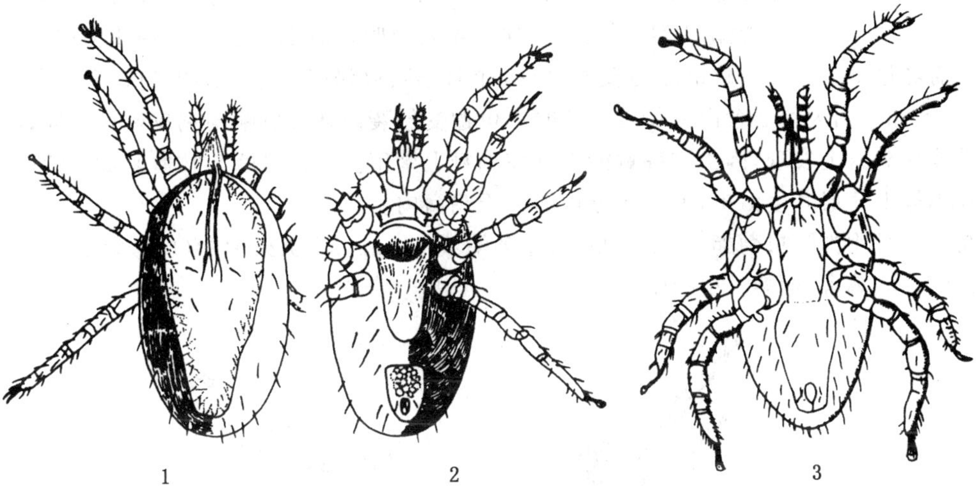

图 11-30　鸡皮刺螨(仿 Mönnig)

1. 雌虫背面　2. 雌虫腹面　3. 雄虫腹面

0.6 mm，宽 0.32 mm。体表有细皱纹并密生短毛；背面有盾板 1 块，前部较宽，后部较窄，后缘平直。雌螨腹面的胸板非常扁，前缘呈弓形，后缘浅凹，有刚毛 2 对；生殖腹板前宽后窄，后端钝圆，有刚毛 1 对；肛板圆三角形，前缘宽阔，有刚毛 3 根，肛门偏于后端。雄螨胸板与生殖板愈合为胸殖板，腹板与肛板愈合成腹肛板，两板相接。腹面偏前方有 4 对较长的肢，肢端有吸盘。螯肢细长针状。

此外，在禽体吸血的尚可有林禽刺螨(*Ornithonyssus sylviarum*，图 11-31)和囊禽刺螨(*O. bursa*，图 11-32)。林禽刺螨的鉴别特征为：盾板后端突然变细，呈舌状；盾板后端有 1 对发达的刚毛；肛板卵圆形，肛孔位于前半部；螯肢呈剪状。囊禽刺螨的鉴别特征为：盾板两侧自足基节Ⅱ水平后逐渐变窄，盾板后端有 2 对发达的刚毛，螯肢呈剪状。

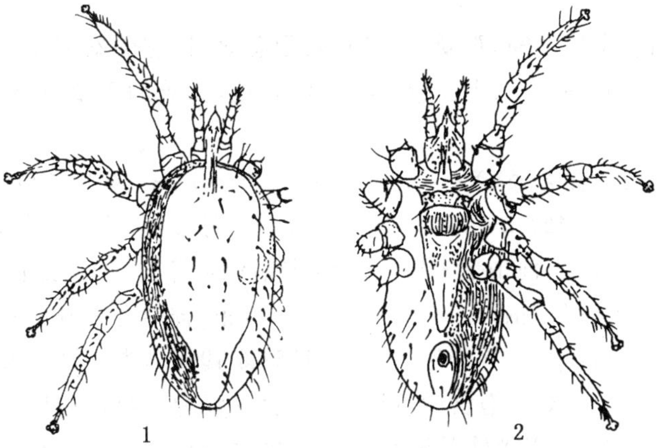

图 11-31　林禽刺螨(仿 Baker)

1. 雌虫背面　2. 雌虫腹面

生活史　鸡皮刺螨的发育包括卵、幼虫、若虫、成虫 4 个阶段，其中若虫为 2 期。侵袭鸡只的雌螨在每次吸饱血后 12～24 h 内在鸡窝的缝隙或碎屑中产卵，每次产十多粒。在 20～25℃

条件下，卵经 48～72 h 孵化出幼虫，幼虫不吸血，经 24～48 h 内蜕化为第 1 期若虫；第 1 期若虫吸血后在 24～28 h 内蜕化为第 2 期若虫；第 2 期若虫吸血后 24～48 h 内蜕化为成虫。从卵到成虫需经过 7 天。成虫耐饥能力较强，4～5 个月不吸血仍能生存。鸡皮刺螨主要在夜间侵袭吸血，但如鸡白天留居舍内或母鸡孵卵时亦可遭受侵袭。林禽刺螨与鸡皮刺螨不同，白天及夜间都能在鸡身上发现，因为这种螨能连续在鸡身上繁殖。囊禽刺螨与林禽刺螨生活史相似，也能在鸡体上完成其生活史，但大部分螨卵产于鸡窝内。

防治 可用拟除虫菊酯：50 mg/kg 溴氰菊酯或 60 mg/kg 杀灭菊酯（戊酸氰醚酯、速灭杀丁）喷洒鸡体、鸡舍、栖架。更换垫草并烧毁。

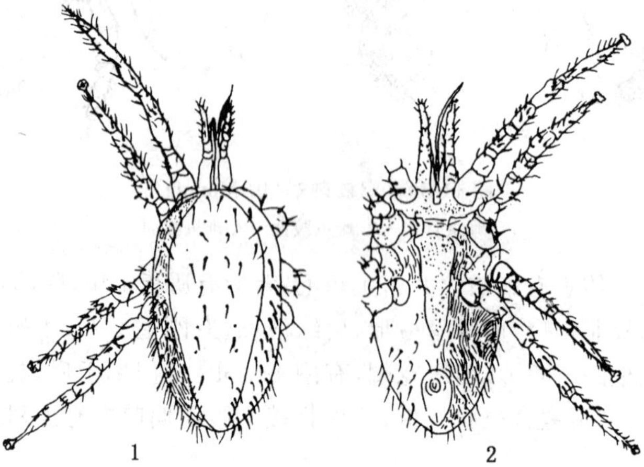

图 11-32 囊禽刺螨（仿 Baker）

1. 雌虫背面 2. 雌虫腹面

四、鸡新棒恙螨病

鸡新棒恙螨又名鸡奇棒恙螨、鸡新勋恙螨，属于恙螨科，它的幼虫寄生于鸡及其他鸟类的翅内侧、胸肌两侧和腿的内侧皮肤上。分布于全国各地，为鸡的重要外寄生虫之一，尤其多见于放饲后的雏鸡。

病原形态特征 鸡新棒恙螨（*Neoschongastia gallinarum*，图 11-33）幼虫很小，不易发现，饱食后呈橘黄色，大小为 0.421 mm×0.321 mm。有 3 对短足，背面盾板呈梯形，盾板上有刚毛 5 根，前侧与后侧毛各 1 对，前中毛 1 根，前侧毛与后侧毛等长，两者长于前中毛。盾板中央有感觉毛 1 对，其远端部膨大呈球拍形。有背刚毛 40～46 根，排列为 2，10～13，8，6，8，6，4，2。

生活史 鸡新棒恙螨仅幼虫营寄生生活，刺吸鸡或其他鸟类的体液和血液，饱食时间，快者 1 天，慢者可达 30 余天。幼虫饱食后落地，数日后发育为若虫，再过一定时间发育为成虫。成虫多生活于潮湿的草地上，以植物汁液和其他有机物为食。雌螨受精后，产卵于泥土上，约经 2 周孵化出幼虫。由卵发育为成虫，需 1～3 个月。

症状 由于幼螨的叮咬，患部奇痒，呈现周围隆起、中间凹陷的痘脐形的病灶，中央可见一小红点，用小镊子取出镜检，可见恙螨幼虫。大量虫体寄生时，腹部和翼下布满此种病灶。病鸡贫血，消瘦，垂头，不食，如不及时治疗，可能死亡。

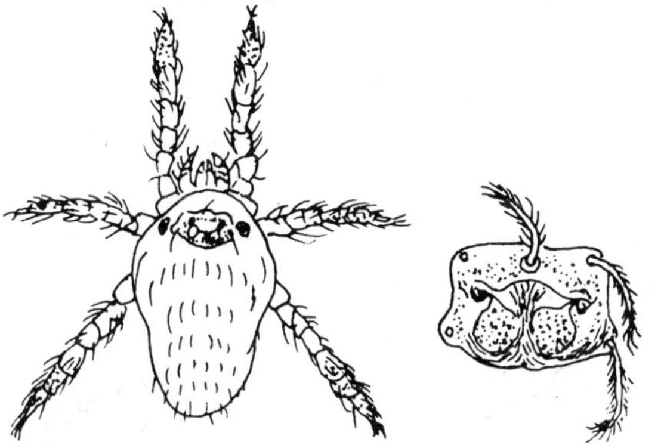

图 11-33 鸡新棒恙螨(仿裘明华)

防治 在鸡体患部涂擦70%酒精、碘酊或5%硫磺软膏,效果良好。涂擦一次即可杀死虫体,病灶逐渐消失,数日后痊愈。应避免在潮湿的草地上放鸡,以防感染。

五、小鼠螨病

可寄生于实验室小鼠的螨种类很多,常见的有属于癣螨科(Myocoptidae)的鼠癣螨、罗氏住毛螨和肉螨科(Myobiidae)的鼷鼠肉螨、亲近雷螨。它们常混合寄生,采食上皮组织和组织液。严重感染时可发生脱毛,骚痒,皮炎等症状。鼠群中螨的污染常是影响小鼠达到国家Ⅰ级实验动物标准的原因之一。

病原形态特征

(1)鼠癣螨(*Myocoptes musculinus*,图 11-34)。呈白色。螯肢大而呈螯状。雌虫卵圆形,长约 0.3 mm;第 1,2 对足末端有带短柄的吸盘,第 3,4 对足形态变异,为握毛用;体后端两侧各有一根长的后端毛。雄虫六角形;较小,长约 0.2 mm;第 1,2,3 对足与雌虫相似,第 4 对足特别大,没有形态变异;体后端有 2 长 2 短两对后端毛。卵呈狭椭圆形,大小为(189～210) μm×(49～53) μm,黏着在粗被毛的近基部。

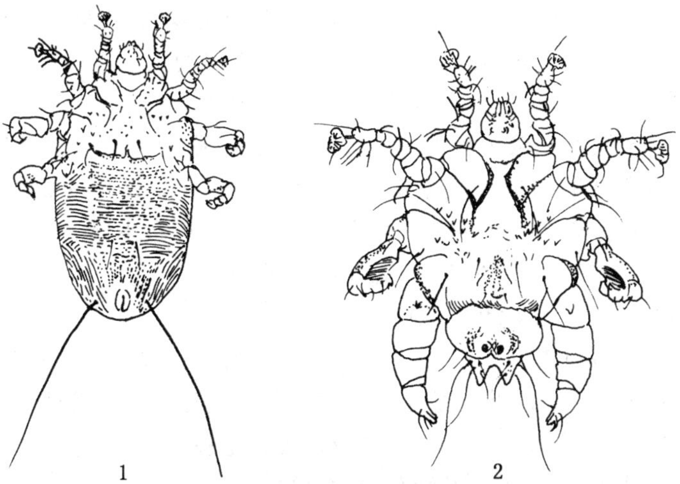

1   2

图 11-34 鼠癣螨(仿 Baker)

1. 雌虫 2. 雄虫

(2)罗氏住毛螨(*Trichoecius romboutsi*)。形态与鼠癣螨基本相似,区别点为雄虫后端有4根长的后端毛。

(3)鼷鼠肉螨(*Myobia musculi*,图11-35)。呈白色。长椭圆形,中央稍宽,每对足之间的躯体边缘鼓出。口器小,具有小而简单的须肢及匕首状的螯肢。第1对足压缩变短,适于握毛;其余3对足跗节末端各有一根大的爪样构造(爪间突爪)。雌虫长约0.4 mm,雄虫长约0.3 mm;体后端有2根后端毛,雄虫两毛之间距离较雌虫近。卵呈宽椭圆形,大小为(193~214) μm×(84~109) μm,黏着在细绒毛的近基部。

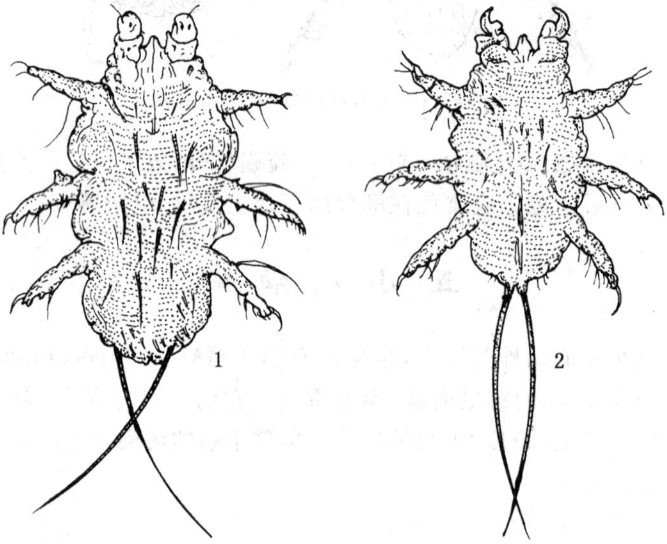

图11-35　鼷鼠肉螨

1.雌虫　2.雄虫

(4)亲近雷螨(*Radfordia affinis*)。其形态与鼷鼠肉螨基本相似,区别点为第2对足末端有1对真正的爪,不像鼷鼠肉螨仅有一根爪间突爪。

生活史与流行病学　鼠癣螨寄生于皮毛中,以皮脂样分泌物、皮垢为食物。完成全部生活史约需14天(亦有报道为8天)。卵经5天卵壳纵裂,孵出幼虫。直接接触传播,幼鼠在出生4~5天后即可被感染。在死鼠体上,鼠癣螨可存活8~9天。

鼷鼠肉螨以细胞外的组织液为食物,完成全部生活史需12~13天。卵经7~8天,卵壳一端突出并变薄以环裂方式孵出幼虫。主要通过接触传播,在新发生的感染,螨的数量在8~10周内先有所增加,随后又减少以保持均衡,均衡的螨群体可在小鼠身上生存很长时间,甚至数年。小鼠死后,鼷鼠肉螨爬到毛尖部,并能存活4天。

罗氏住毛螨与亲近雷螨的生活史和致病作用都还不清楚。

症状　鼠癣螨常与鼷鼠肉螨混合感染,严重感染时有挤掉鼷鼠肉螨寄生的趋势;它首先感染腹股沟区域、腹部和背部皮肤,也可感染头部和颈部。通常症状不明显,不引起人们注意,老龄鼠感染率较高,可引起局部脱毛,红斑,瘙痒及表皮增生和非化脓性皮炎。

鼷鼠肉螨寄生于头的后部、颈部及背部,在多量寄生时,寄生部呈现脱毛,瘙痒,常常引起细菌感染,形成痂皮。严重病例耳壳脱落,失明,迅速消瘦及繁殖能力下降,甚至引起死亡。

诊断

(1)被毛检查法。应用解剖镜观察死鼠和麻醉后小鼠的毛和皮肤。

(2)透明胶带粘取法。用透明胶带压在刚死亡的小鼠毛皮上,然后用低倍镜检查胶带。

(3)尸体周围屏障法。将新近死亡的小鼠放在一张黑纸上,上盖玻璃纸,周围用透明胶纸粘住,次日用低倍镜检查玻璃纸与黑纸上的螨。

可根据情况,采用单一法或几种方法结合应用,以提高检出率。

防治

(1)拥挤、阴暗、潮湿是螨发育繁殖最好的条件,因此,为了防止本病的发生必须加强饲养管理,搞好卫生;引入动物时必须检疫;铺垫物应清洁干燥。

(2)一旦发生有螨寄生时,可应用除虫菊酯、马拉硫磷等进行药浴。采用杀虫药灭螨代价大,而且很少完全有效,消灭感染唯一有效的方法是剖腹取胎法更新鼠群。

六、蜂　螨　病

在蜜蜂体和蜂巢内已经发现的螨类有 30 多种,在我国对养蜂业危害严重的是属于厉螨科(Laelapidae)的大蜂螨和小蜂螨,它们是西方蜜蜂最严重的病害。

病原形态特征

(1)大蜂螨(*Varroa jacobsoni*,图 11-36)。雌螨呈暗红褐色;横椭圆形,长 1.17 mm,宽 1.77 mm。背面有背板覆盖,具有网状花纹和浓密的刚毛;腹面具有胸板、生殖板、肛板、腹股板和腹侧板等结构;刺吸式口器,螯肢角质化,不动指退化短小,动指长。足 4 对,短粗,末端均有钟形爪垫。雄螨卵圆形,较雌螨小,长 0.88 mm,宽 0.72 mm。卵乳白色,卵圆形,0.6 mm×0.43 mm,卵膜薄而透明,产下时即可见卵内含有 4 对肢芽的若螨。前期若螨乳白色,体表有稀疏的刚毛,有 4 对粗壮的足,体形由卵圆形渐变成近圆形,大小由 0.63 mm×0.49 mm 增大为 0.74 mm×0.69 mm。前期若螨蜕皮变为后期若螨,体形由心脏形变为横椭圆形,大小由 0.8 mm×1.00 mm 增大为 1.09 mm×1.38 mm。

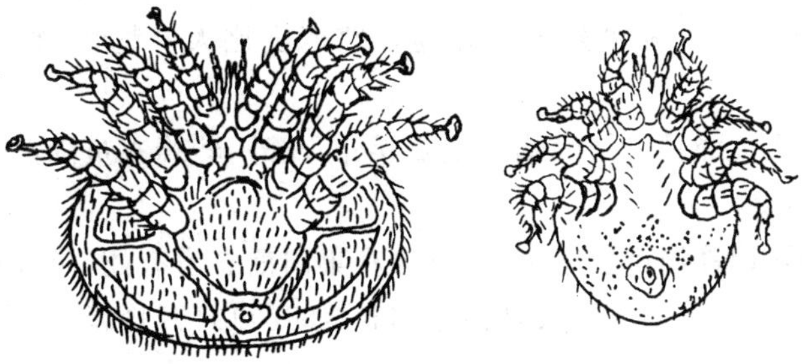

1　　2

图 11-36　大蜂螨(仿瞿守睦)

1. 雌虫　2. 雄虫

(2)小蜂螨(*Tropilaelaps clareae*,图 11-37)。雌螨呈浅棕黄色,卵圆形,前端略大,后端钝圆,长 1.03 mm,宽 0.56 mm。背板密生刚毛。腹面、胸板前缘平直,后缘极度内凹呈弓形,前侧角长，伸达1,2基节间；生殖板窄长条形，几乎达到肛板前缘；肛板钟形，肛门开口于中央。雄螨呈淡黄色，卵圆形，长0.95 mm，宽0.56 mm，背板与雌螨相似。腹面胸板与生殖板合并呈舌形，与肛板分离；肛板卵圆形。卵近圆形，0.66 mm×0.54 mm，卵膜透明。前期若螨乳白色，椭圆形，体背有细小刚毛，0.54 mm×0.38 mm。前期若螨蜕皮为后期若螨，呈卵圆形，0.9 mm×0.61 mm。

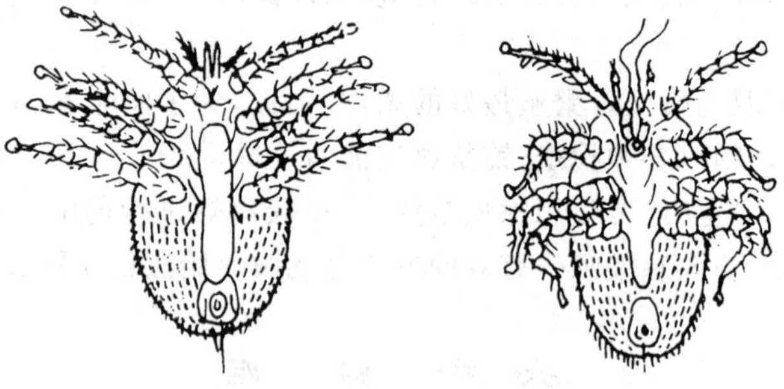

图11-37 小蜂螨(仿瞿守睦)

1.雌虫 2.雄虫

生活史与生活习性 大蜂螨雌虫在蜜蜂幼虫即将封盖之前潜入蜂房内，当蜜蜂幼虫封盖以后，雌螨就依靠吸取蜜蜂幼虫的体液进行产卵繁殖。一只雌螨每次可产卵1～3粒，产卵可持续1～2天。卵先孵化为若螨，进一步发育为成螨，随幼蜂出房时一起爬出巢房外。新成长的雌螨寄生在蜜蜂胸部和腹部环节处，刺吸蜜蜂的体液。雄螨不从蜂体上取食营养物，它在封盖的幼虫房中与雌螨交配后立即死亡。根据人工培养观察，大蜂螨卵期1天，若螨期7天，然后发育为成螨。成螨寿命在繁殖期平均为43.5天，最长53天，越冬期可长达3个月以上。

小蜂螨的整个生活过程，都寄生于蜂房子脾上，靠吸取蜜蜂幼虫的体液为生。雌螨潜入即将封盖的幼虫房内产卵繁殖。一个幼虫被寄生致死后，小蜂螨可从封盖房穿孔爬出来，重新潜入其他即将封盖的幼虫房内产卵繁殖。在封盖房内新成长的小蜂螨随着新蜂出房时一同爬出来，再潜入其他幼虫房内寄生和繁殖。小蜂螨繁殖速度比大蜂螨快，整个发育过程仅需4～4.5天。

蜂群间的盗蜂和迷巢蜂是传播蜂螨的主要媒介，此外，养蜂人员随意调换子脾或调整蜂群时，也可引起蜂螨的传播。

症状与诊断 当怀疑蜂群遭受螨害时，可检查巢门前有没有翅、足残缺的幼蜂爬行和被工蜂拖出的死蛹，有时在死蛹体上还可发现白色的若螨；还可打开蜂箱，提出巢脾(最好是子脾)，挑开封盖巢房，观察有无死亡的蜂蛹(白子烂和无头蛹)。

为了确定蜂螨的危害程度，可通过检查蜂体和封盖子房内蜂螨的寄生率来了解，即从蜂箱内提出带蜂的子脾，随机抓100个工蜂检查它们身上的带螨数，和用镊子拨开50个封盖房，将幼虫或蛹夹出，统计它们身上及巢房内的螨数。

防治 目前使用的杀螨药物基本上都只能杀灭暴露在封盖巢房外的蜂螨。因此，要较彻底地治螨，应抓紧在蜂群内无封盖子脾或封盖子脾较少的时机施药。选择杀螨药物时应考虑对蜜蜂和人畜的安全性和对蜂产品质量的影响，应杜绝滥用农药如敌百虫、杀虫脒等。另外，最好不要长期使用同一种药物，以免蜂螨产生抗药性。

治螨的药物种类很多，可根据具体情况选用：

(1)敌螨熏烟剂(硫化二苯胺 20%、硝酸钾 25%、细锯木屑 55%)。先用适量水将硝酸钾溶化，加入锯木屑拌匀，晒干，再拌入硫化二苯胺。应在傍晚蜜蜂回巢后使用。标准箱单箱群，每群使用 2 g，继箱或十六框卧式箱，每群使用 3～4 g，每隔 5～7 天熏治一次，可连续熏治 4～5 次。使用时将盛药纸袋放入蜂箱无蜂脾一边的一块瓦片上，点燃后立即将蜂箱盖严，熏治 20～30 min 后，打开蜂箱取出灰渣，整理好蜂群，次日清晨收集落下的蜂螨烧掉。此法对大、小蜂螨均有良好的防治效果，但有伤蜂和引起围王的缺点。

(2)萘硫合剂(萘粉 70%、升华硫磺 30%)。宜在气温 18℃以上时使用；有大量新蜂出房的蜂群，应等新蜂出房后 2～3 天再使用，以免引起新蜂大批死亡。使用时，将这种粉剂均匀地撒布于蜂路之间，每条蜂路用 0.3 g 左右。继箱群的上、下蜂箱按同样剂量撒布。对大、小蜂螨均有效，但必须严格掌握用量和用药时机，以减少对蜜蜂的药害。

由于蜂螨在幼虫巢房，特别是雄蜂幼虫房内产卵繁殖，所以，割除雄蜂蛹脾也可降低蜂螨的寄生率。

(3)蜂螨清(Bayvarol Strips)。为德国拜耳药厂最新人工合成的杀蜂螨剂。该药使用方便，每箱内悬挂两片蜂螨清，即可有效地控制蜂螨危害，对大、小蜂螨均有效，能在 24 h 内迅速杀灭大蜂螨，药效可长达 6 周。安全性好，对人、畜均无害。

第十二章　昆　　虫

昆虫属于节肢动物门，昆虫纲。虫体两侧对称，被有外骨骼。多数昆虫分头、胸、腹3部分，全部虫体分为20节（头部6节，胸部3节，腹部11节）。头部各节融合成为头壳，其中第1节附肢变为眼，第2节附肢变为触角，第4～6节附肢变为上颚、下颚和下唇，并由其组成口器。胸部3节（前胸、中胸、后胸）尚清晰，每节上有足1对，中胸及后胸上各有翅1对，但有些昆虫的后翅退化（如双翅目昆虫），有些则翅完全消失（如虱目、食毛目和蚤目）。腹部的节明显，其最后数节可变成外生殖器。雌雄异体。

昆虫的种类极多，已知有100万种以上，但在兽医上具有重要意义的，仅有属于双翅目、虱目、食毛目和蚤目的一些种。

第一节　双翅目昆虫

一、牛　皮　蝇

牛皮蝇是双翅目，皮蝇科（Hypodermatidae），皮蝇属（*Hypoderma*）的昆虫，它们以幼虫阶段寄生于牛或牦牛的体内（最后阶段移行至皮下）引起疾病。该虫偶尔也能寄生于马、驴和野生动物的背部皮下组织，而且可寄生于人，个别地区人的感染率可高达7%，成为人畜共患病之一。本虫在我国西北、东北、内蒙古牧区广为分布，其他地区由流行区引进的牛只也有发生。

病原体　寄生于牛的皮蝇属有2种。成虫较大，有足3对及翅1对，体表被有长绒毛，故外形似蜂；复眼不大，有3个单眼；触角芒简单，无分支；口器退化，不能采食，也不叮咬牛只。

(1)牛皮蝇（*Hypoderma bovis*，图12-1）。成蝇体长约15 mm。头部被有浅黄色绒毛；胸部的前部和后部绒毛淡黄色，中间部分为黑色；腹部绒毛前端为白色，中间为黑色，末端为橙黄色。卵的大小为(0.76～0.8)mm×(0.22～0.29)mm，长圆形，一端有柄，以柄附着在牛毛上，每根毛上只黏附一枚虫卵。第1期幼虫淡黄色，半透明，长约0.5 mm，宽0.2 mm，体分20节，各节密生小刺，后端有2个黑色圆点状后气孔。第2期幼虫长3～13 mm。第3期幼虫，体粗壮，色泽随虫体成熟由淡黄、黄褐色变为棕褐色，长可达28 mm，体分11节，无口前钩，体表具有很多结节和小刺，最后两节腹面无刺。有2个后气孔，气门板漏斗状。

(2)纹皮蝇（*Hypoderma lineatum*）。成蝇体长13 mm，体表被毛稍短。胸部毛呈灰白色或淡黄色，并具有4条黑色纵纹；腹部绒毛前端灰白色，中间黑色，末端橙黄色。卵与牛皮蝇的相似，但一根牛毛上可见一列虫卵。第1期和第2期幼虫与牛皮蝇基本相似，第3期幼虫长可达26 mm，与牛皮蝇相似，但最后一节腹面无刺。

除上述两种外，在我国尚报道有中华皮蝇（*H. sinense*）寄生于牦牛，鹿皮蝇（*H. diana*）寄生于鹿。

生活史与生活习性　本属寄生虫属完全变态。成蝇属野居,营自由生活,不采食,也不叮咬动物,只是飞翔、交配、产卵。一般多在夏季出现,在晴朗无风的白天,侵袭牛只。成蝇仅生活 5～6 天,产完卵后即死亡。产卵部位:牛皮蝇在牛体的四肢上部、腹部、乳房和体侧,每根毛上黏附虫卵一枚。纹皮蝇则在牛只的后肢球节附近和前胸及前腿部,每根毛上可见数枚多至 20 枚。每一雌蝇一生可产卵 400～800 枚。卵经 4～7 天孵出第 1 期幼虫,幼虫由毛囊钻入皮下。牛皮蝇第 2 期幼虫沿外围神经的外膜组织移行 2 个月后到椎管硬膜的脂肪组织中,在此停留约 5 个月。而后从椎间孔爬出,到腰背部皮下(少数到臀部或肩部皮下)成为第 3 期幼虫,在皮下形成指头大瘤状突起,上有一 0.1～0.2 mm 的小孔。第 3 期幼虫在其中逐步长大成熟,后离开牛体入泥土中化蛹,蛹期 1～2 个月,羽化为成虫。整个发育期为一年。纹皮蝇发育和牛皮蝇基本相似,但第 2 期幼虫寄生在食道壁上。

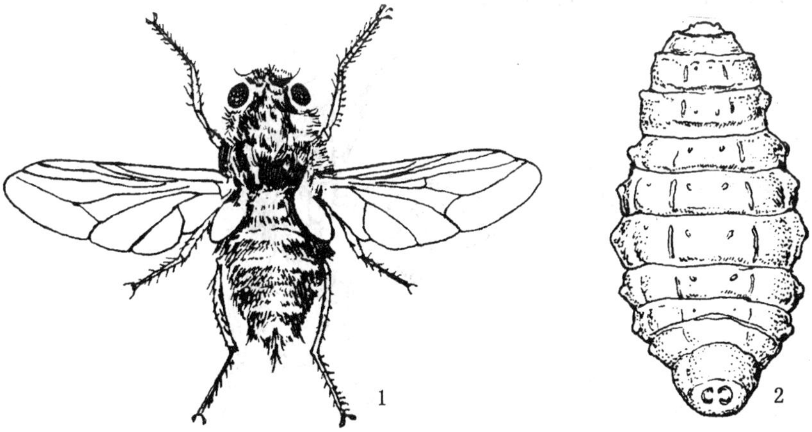

图 12-1　牛皮蝇(Smart)

1. 成虫　2. 第 3 期幼虫

因此,皮蝇的整个发育过程约需一年。皮蝇成蝇的出现季节随气候条件不同而略有差异,一般牛皮蝇成虫出现于 6～8 月份,纹皮蝇则出现于 4～6 月份。

危害　成虫虽不叮咬牛,但雌蝇飞翔产卵时可以引起牛只不安、踢蹶、恐惧而使正常的生活和采食受到影响,日久牛只变为消瘦,有时牛只出现“发狂”症状,偶尔跌伤或孕畜流产。

幼虫初钻入皮肤,引起皮肤痛痒,精神不安。幼虫在体内移行,造成移行部组织损伤。特别是第 3 期幼虫在背部皮下时,引起局部结缔组织增生和皮下蜂窝组织炎,有时细菌继发感染可化脓形成瘘管,直到幼虫走出,才始痊愈。背部幼虫寄生后,留有瘢痕,影响皮革价值。皮蝇幼虫的毒素,对牛只的血液有害,可引起贫血。患畜消瘦,肉质降低,乳畜产乳量下降。个别患畜,幼虫误入延脑或大脑脚寄生,可引起神经症状,甚至造成死亡。

因皮蝇幼虫引起的变态反应,偶尔可见,起因于幼虫的自然死亡或机械除虫挤碎的幼虫体液被吸收而致敏,当再次接触该抗原时,即发生过敏反应。表现为荨麻疹,间或有眼睑、结膜、阴唇、乳房的肿胀,流泪,流涎,呼吸加快。

诊断　幼虫出现于背部皮下时,易于诊断。最初在牛背部皮肤上,可触诊到隆起。上有小孔,隆起内含幼虫,用力挤压,可挤出虫体,即可确诊。此外,流行病学资料,包括当地流行情况和病畜来源等,有重要的参考价值。

防治 消灭寄生在牛体的幼虫,不仅是治疗而且是预防本虫的重要措施。在流行较轻的地区,在牛背部发现瘤状突起时,可用手指压迫皮孔周围,将幼虫挤出并消灭之。

在重流行地区,可在每年的温暖季节(一般 4～11 月份之间)定期给牛只进行药物治疗,可采用伊维菌素或氯氰柳胺(closantel)进行注射,氯氰柳胺片剂亦可口服,均能收到良好效果。

二、羊 狂 蝇

羊狂蝇(图 12-2)亦称羊鼻蝇,属双翅目,狂蝇科(Oestridae),狂蝇属(*Oestrus*)。它的幼虫阶段寄生于羊的鼻腔或其附近的腔窦中,引起慢性鼻炎。主要寄生于绵羊,间或寄生于山羊,在欧洲有寄生于骆驼的报道,人亦有被寄生的报道。在我国西北、内蒙古、华北、东北地区较为常见,流行严重地区感染率可高达 80%。

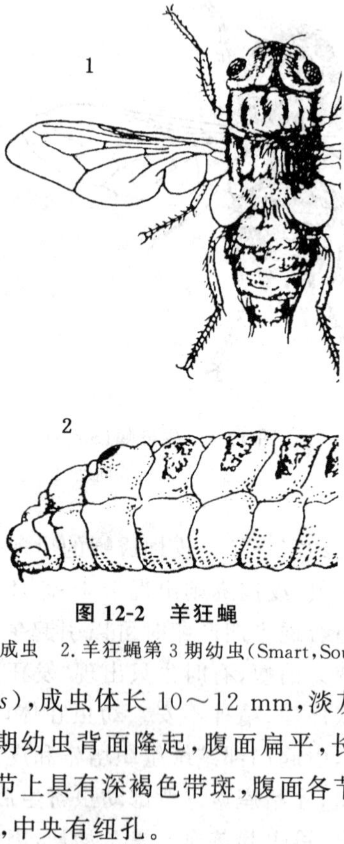

图 12-2 羊狂蝇

1. 羊狂蝇成虫 2. 羊狂蝇第 3 期幼虫(Smart,Soulsby)

病原体 羊狂蝇(*Oestrus ovis*),成虫体长 10～12 mm,淡灰色,略带金属光泽,形状似蜜蜂,头大呈黄色,口器退化。第 3 期幼虫背面隆起,腹面扁平,长 28～30 mm,前端尖,有两个口前钩,虫体背面无刺,成熟后各节上具有深褐色带斑,腹面各节前缘具有小刺数列,虫体后端平齐,凹入处有两个"D"形气门板,中央有纽孔。

生活史与生活习性 由成虫直接产出幼虫。成虫野居,不营寄生生活,不采食,交配后,雄蝇死亡。雌蝇生活至体内幼虫形成后,择晴朗天气,飞向羊只,突然冲向羊鼻,产出幼虫,一次产幼虫 20～40 只,每只雌蝇数天内可产幼虫 500～600 只。幼虫迅即爬入鼻腔,在其中蜕化两次,变为第 3 期幼虫,成熟后随喷嚏落入地面,钻入土中化蛹。而后蜕化为成虫。

根据外界环境的不同。虫体各期所需的时间也不同。在较冷地区,第 1 期幼虫期约 9 个月;蛹期可长达 49～66 天。温暖地区,第 1 期幼虫需 25～35 天,蛹期 27～28 天。因此,本虫在北方每年仅繁殖一代;而在温暖地区,则可每年两代。

危害 成虫在侵袭羊群产幼虫时，羊只不安，互相拥挤，频频摇头、喷鼻，或以鼻孔抵于地面，或以头部埋于另一羊的腹下或腿间，严重扰乱羊的正常生活和采食，使羊生长发育不良且消瘦。

当幼虫在羊鼻腔内固着或移动时，以口前钩和体表小刺机械地刺激和损伤鼻黏膜，引起黏膜发炎和肿胀，有浆液性分泌，后转为黏液脓性，间或出血，鼻腔流出浆液性或脓性鼻液，鼻液在鼻孔周围干涸，形成鼻痂，并使鼻孔堵塞，呼吸困难。患羊表现为打喷嚏，摇头，甩鼻子，磨牙，磨鼻，眼睑浮肿，流泪，食欲减退，日益消瘦。数月后症状逐步减轻，但到发育为第3期幼虫，虫体变硬，增大，并逐步向鼻孔移行，症状又有所加剧。

少数第1期幼虫可能进入鼻窦，虫体在鼻窦中长大后，不能返回鼻腔，而致鼻窦发炎，甚或病害累及脑膜，此时可出现神经症状，即所谓"假旋回症"。患羊表现运动失调，经常作旋转运动，或发生痉挛，麻痹等症状。最终可导致死亡。

诊断 根据症状、流行病学和尸体剖检，可做出诊断。为了早期诊断，可用药液喷入鼻腔，收集用药后的鼻腔喷出物，发现死亡幼虫，加以确诊。出现神经症状时，应与羊多头蚴病和莫尼茨绦虫病相区别。

防治 治疗可用以下药物：

(1)伊维菌素，1%溶液皮下注射。

(2)氯氰柳胺，按每千克体重5 mg口服，或2.5 mg皮下注射，可杀死各期幼虫。

三、马胃蝇

马胃蝇为双翅目，胃蝇科(Gasterophilidae)，胃蝇属(*Gasterophilus*)的昆虫，其幼虫阶段寄生于马属动物的体内(较长的时间寄生于胃内)引起疾病。间有寄生于人的报道。在全国各地均有存在，但主要流行于西北、东北、内蒙古等地区。

病原体 马胃蝇成虫自由生活，形似蜂，全身密布有色绒毛，故俗称"螫驴蜂"。口器退化。两复眼小而远离。触角小，藏于触角窝内。翅透明，有褐色斑纹或不透明呈烟雾色。雌虫尾部有较长的产卵管，并向腹下弯曲。蝇卵呈浅黄色或黑色，前端有一斜的卵盖。第3期幼虫(成熟幼虫)粗大，长度因种的不同而异，13～20 mm。有口前钩，虫体由11节构成，每节前缘有刺1～2列，刺的多少因种而异。虫体末端齐平，有1对后气门，气门每侧有背腹直行的3条纵裂。

在我国常见的胃蝇有4种，即肠胃蝇(*Gasterophilus intestinalis*)、红尾胃蝇(*G. haemorrhoidalis*)亦称痔胃蝇、鼻胃蝇(*G. nasalis*)(同义名*G. veterinus*，亦称喉胃蝇或烦扰胃蝇)和兽胃蝇(*G. pecorum*)亦称东方胃蝇或黑腹胃蝇。此4种胃蝇的第3期幼虫在形态上易于鉴别，主要区别在于：鼻胃蝇每节前缘仅有一列小刺；其余3种，每节均有刺2列。肠胃蝇前列刺明显大于后列刺，第9节背面中央缺刺，第10节则缺刺更多，假头表面具2组小刺突。兽胃蝇，第1列刺略大于第2列刺，第6、7、8节背部中央缺刺，第9节两侧只具1～2个小刺，假头表面具3组小刺突。红尾胃蝇的小刺虽两列，但均较小，第7、8节背部中央缺刺，第9节亦仅两侧具1～2个小刺，假头表面具2组小刺突。

除上述4种外，我国尚曾报道有黑角胃蝇(*G. nigricornis*)和红小胃蝇(*G. inermis*)。

生活史与生活习性 胃蝇属的发育属完全变态，经过卵、幼虫、蛹和成虫4个阶段。每年完成一个生活周期，仅以肠胃蝇为例说明如下。

肠胃蝇成虫不营寄生生活，也不采食，在自然界交配后，雄虫即死亡，雌虫则于炎热的白天，飞近马体，产卵于被毛上，每根毛上附着卵一枚，每一雌蝇一生可产卵700枚左右，而后死亡。成蝇活动的季节多在5～9月份，在8～9月份活动最盛。卵经5～10天或更久一些，孵化成第1期幼虫，在外力的作用下幼虫溢出，在皮肤上爬行，引起痒感，马啃咬时被食入。第1期幼虫在口腔黏膜下或舌的表层组织内寄生3～4周，经一次蜕化变为第2期幼虫，移入胃内，以口前钩固着在胃和十二指肠黏膜上寄生。约5周后，再次蜕化变为第3期幼虫并继续在胃内寄生。到翌年春季幼虫发育成熟，自动脱离胃壁，随粪便排出体外，落到地面土中化蛹，蛹期1～2个月，羽化为成蝇。

各种胃蝇成虫产卵的部位各异。肠胃蝇产卵于前肢球节及前肢上部、肩部等处；鼻胃蝇产卵于下颌间隙；红尾胃蝇产卵于口唇周围和颊部；兽胃蝇产卵于地面草上。

红尾胃蝇在第3期幼虫离开胃部、排出体外之前，还将在直肠肠壁上寄生数天(图12-3)。

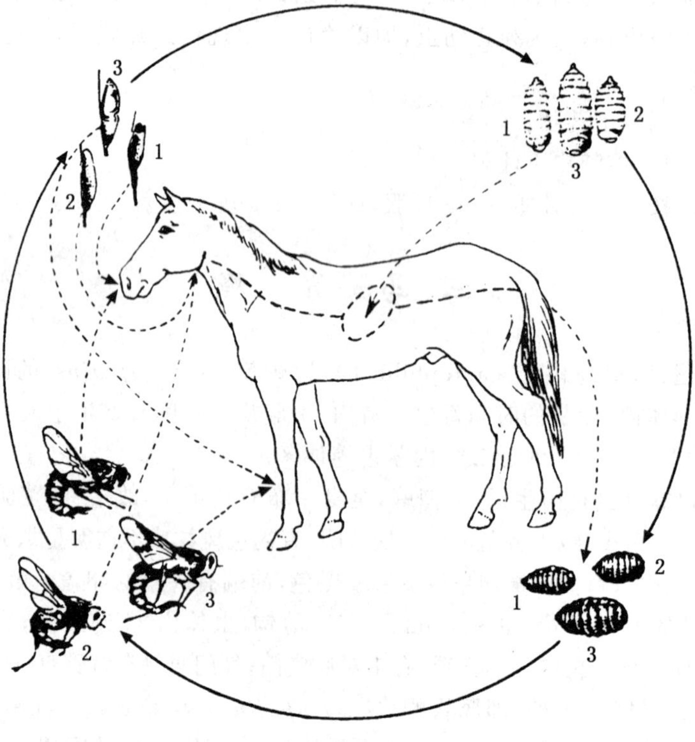

图12-3 马胃蝇生活史(板垣)

1.红尾胃蝇 2.肠胃蝇 3.鼻胃蝇

危害 马胃蝇在其整个寄生阶段均有致病作用，病的表现与马的抵抗力和寄生数量有关。成虫产卵时，对马引起骚扰，不能安心休息和采食。寄生初期在口腔、舌部和咽喉部，引起该部位的水肿、炎症或溃疡。病马表现咳嗽，流涎，打喷嚏，咀嚼和吞咽困难。而后幼虫移行到胃，间或十二指肠，以强大的口前钩，深刺入胃黏膜，形成火山喷口状的损伤，引起寄生部位的黏膜水肿、炎症和溃疡，表现为慢性胃肠炎或出血性胃肠炎，长期寄生使胃的运动机能和分泌机能发生障碍。幼虫尚吸食血液，第3期幼虫更甚；加之虫体还有毒素作用，综上各点，病马呈现以营养障碍为主的症状群，表现为食欲减退，消化不良，贫血，周期性疝痛，多汗，消瘦，使役能力下降，严重的可因渐进性衰弱而死亡。有时大量幼虫在幽门部或十二指肠部寄生，引起局部阻塞。个别可引起胃或十二指肠穿孔，并出现相应症状。在幼虫向体外排出阶段，幼虫在直肠壁短暂地附着，引起直肠黏膜充血、发炎，表现排粪频繁或努责。由于幼虫对肛门的刺激，病马常摩擦尾部，引起尾根和肛门部擦伤和炎症。

诊断 本虫寄生时以消化扰乱与消瘦为主，很难与其他消化系统疾病加以区别。因此，在诊断本病时，除根据临诊表现外，必须考虑流行病学的情况，如当地是否有本虫流行，马匹是否引自流行区，引进的时间，马的体表是否有蝇卵；在感染早期尚可打开口腔，直接检查口腔及咽部是否有虫寄生。当虫体寄生胃部时，无法证实其存在。

防治 在本虫严重流行地区，应在每年秋冬两季进行预防性驱虫。驱虫药物用采用伊维菌素或氯氰柳胺(Closantel)。

四、马鼻狂蝇

马鼻狂蝇属双翅目，狂蝇科，鼻狂蝇属(*Rhinoestrus*)，其幼虫阶段寄生于马属动物的鼻腔、鼻窦及咽部黏膜。在我国已报道的有两个种：紫鼻狂蝇(*R. purpureus*，图 12-4)和宽额鼻狂蝇(*R. latifrons*)。成蝇体长 10～12 mm，胸部背面有 4 条黑色纵纹，腹部灰白色。第 3 期幼虫形似羊狂蝇蚴，前部具有强大的口前钩。腹部有多列小刺；背面亦有小刺，比腹部刺大，且在每节的两侧接近腹面处较多且呈多列，而中部则成单列位于每节前缘或中段。后部深陷，具有二肾形后气孔。虫体的发育与羊狂蝇十分相似，每年根据气候条件不同可繁殖 1～2 代。

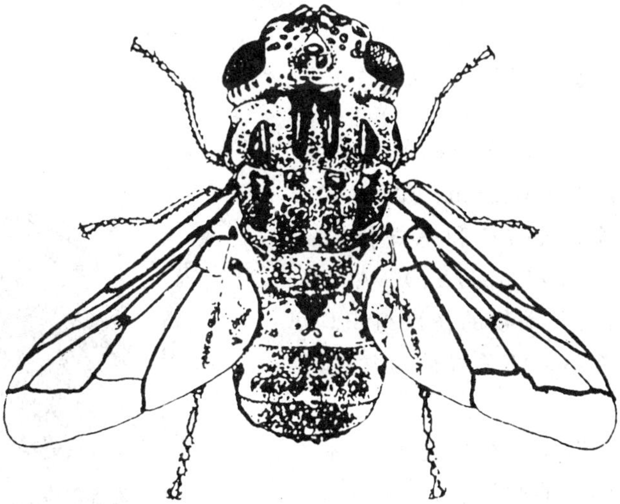

图 12-4 紫鼻狂蝇(Zumpt)

虫体寄生于鼻腔、鼻窦、咽喉等处，引起局部炎症，水肿，马流出带有血液的浆液性或脓性鼻液，咳嗽，打喷嚏，吞咽困难，饮水时出现返流，消瘦，不安，可因衰竭而死亡。在苏联曾有过死亡率高达 80％以上的报道。个别病马可能由于病变延及中枢神经系统而出现神经症状。

在出现可疑症状时，检查鼻腔和咽部，寻找虫体。死后剖检时，在相应部位，检查到幼虫即可确诊。应注意与胃蝇蚴区别。

没有有效的治疗报道。可试用伊维菌素皮下注射。

五、骆驼喉蝇

骆驼喉蝇属双翅目，狂蝇科，喉蝇属（*Cephalopsis*）。寄生于骆驼的鼻腔、鼻窦及咽部。在我国产驼地区相当普遍。寄生于骆驼的仅一个种，即骆驼喉蝇（*C. titillator*）。成蝇头大，黄色，胸部背面黄褐色，有黑色斑点，腹部有随光而变的银灰色斑块，体长约 8～11 mm。第 3 期幼虫（图 12-5）呈白色，长 30～32 mm，虫体腹面略平，前粗后细，前端有 1 对强大的口前钩；大部体节上绕生着一些锥状向后伸的大角质刺，节的中部还有很多列小刺。虫体后部有 1 对肾形后气门，位于凹陷内。

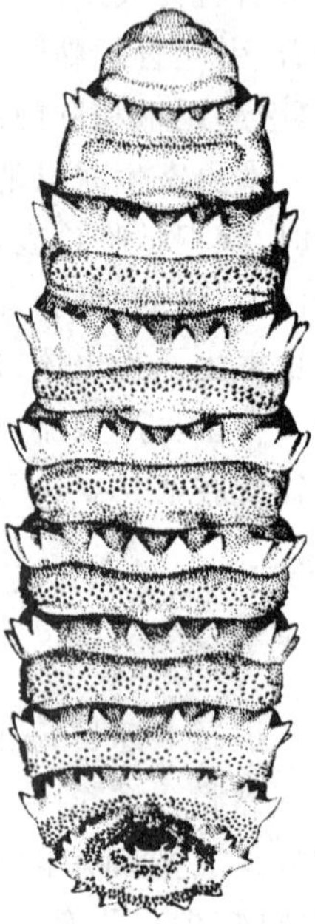

图 12-5 骆驼喉蝇第 3 期幼虫腹面

骆驼喉蝇的生活史与羊狂蝇相似。每年繁殖一代。幼虫寄生对骆驼鼻腔及咽部黏膜引起损伤，鼻孔流出浆液性或黏液性鼻液，并常混有血液。严重感染时可见呼吸困难，吞咽时有痛感或吞咽困难，精神不安，体力衰退，病畜消瘦。防治可试用伊维菌素皮下注射，或用其他治疗羊狂蝇的药物，但应用前应先对药物的浓度、剂量等进行初步试验，再行推广。

六、伤口蛆

伤口蛆是指寄生于家畜伤口的蝇类幼虫。这些蝇类属丽蝇科（Calliphoridae）的丽蝇属（*Calliphora*）、绿蝇属（*Lucilia*）和麻蝇科（Sarcophagidae）的污蝇属（*Wohlfahrtia*）。牛、马、猪、羊、骆驼、犬、猫等各种动物的伤口组织均可见有寄生，而尤以管理不善的羊群最为常见，造成一定的损失。

（1）丽蝇（图 12-6）。是一种体色青黑，有金属色泽的大型蝇种，体上毛刺较多，其中红头丽蝇（*C. erythrocephala*）最为常见。头部两颊为红棕色，舐吸式口器，胸背前缘中央为两细窄的黑色条纹。第 3 期幼虫前细后粗，位于第一胸节两侧的前气门，具 8～10 个孔突，体后端平齐，凹窝内有两个后气门。

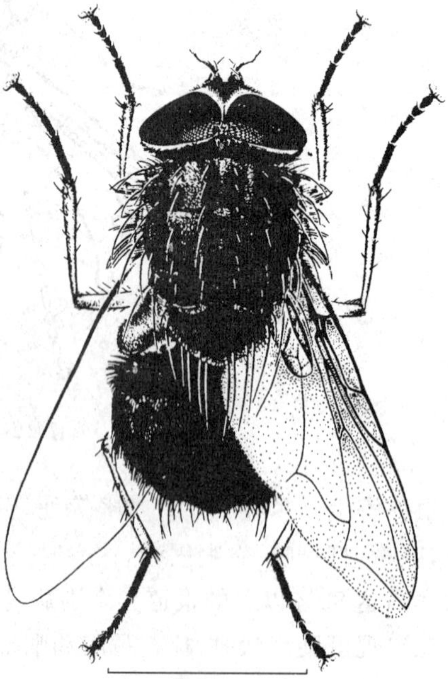

图 12-6 丽蝇成蝇（Colless and McAlpine）

（2）绿蝇（图 12-7）。成蝇体表呈绿色或铜绿色，并有金属光泽，中型蝇类，体长 5～10 mm。头部两颊为银色或金色，舐吸式口器，体表毛刺较少。常见种有丝光绿蝇(*L. sericata*)和凯撒绿蝇(*L. caesar*)。第 3 期幼虫体型较小,似丽蝇蛆,前气门有 10～12 个孔突。

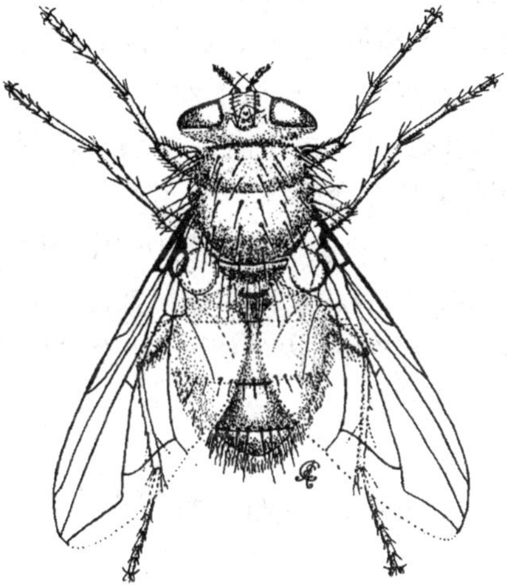

图 12-7　绿蝇成虫(雌)(Cameron A. E.)

(3)污蝇(图 12-8)。成蝇为灰白色,具有黑色斑纹,无金属光泽的大型蝇,体长 10～18 mm。胸部背面有 3 条黑色纵带,腹部背面浅灰色。常见种为黑须污蝇(*W. magnifica*),第 3 期幼虫长 10～17 mm,前端尖细,到第 8 节处最宽,每节上有向后的小刺。前气门有 5～6 个孔突,后气门环不完整。

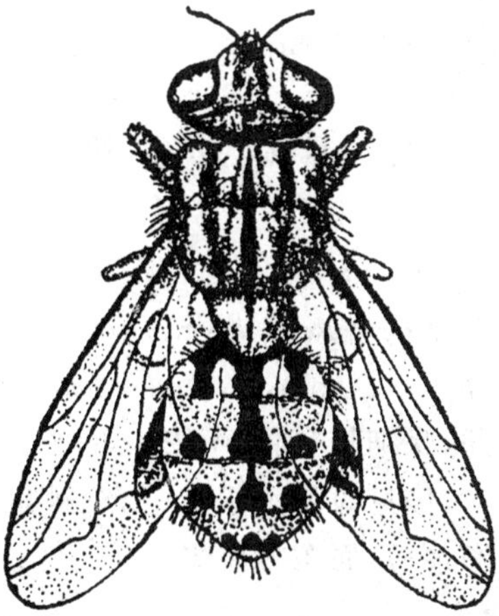

图 12-8　污蝇成虫(Zumpt)

以上各属的蝇类均系完全变态,其发育过程包括卵、幼虫、蛹、成虫 4 个阶段,但丽蝇和绿蝇产卵;污蝇卵在体内发育成幼虫后产出。产卵习性:丽蝇和绿蝇一般在腐败的物质中及人畜的粪便中产卵,但也可在活组织中发育;污蝇则只在流血的创口及动物的耳、鼻、尿道和阴道产幼虫。这些幼虫在动物体表创口寄生,经过两次蜕皮,变为第 3 期幼虫。第 2 期幼虫和第 3 期幼虫有时能钻入伤口深处,甚至侵入正常组织内发育,待成熟后落地化蛹。幼虫在体表寄生的时间,丽蝇和绿蝇为4～9天,污蝇为4～5天。蛹期,丽蝇和绿蝇为10～17天,污蝇为5～7天。成蝇寿命1～2个月。一个夏季可繁殖7～8个世代,成蝇飞翔能力较强。

这些蝇类的幼虫不仅寄生于因去势及其他手术创口、外伤、腐蹄病等的伤口内,污蝇还常寄生于肮脏的耳孔、鼻孔、眼周、阴道和尿道内;绵羊的被毛潮湿结毡而腐败,也可招致蝇类产幼虫于该处。幼虫有时还向深部组织侵入,再加上幼虫毒素的作用,给宿主造成严重的损害,常可见伤口周围组织肿胀,伤口恶化,并往往伴发细菌感染,引起创伤周围发炎、坏死和化脓,难以愈合。患畜表现不安,消瘦,生长发育受阻。

检查创伤时,发现蝇蛆的存在即可确诊。应将创伤中的蝇蛆清除。药物防治可用舒利保(Seraphos),为美国Young's Animal Health Products产品,内含巴胺磷40%,用1∶2 000的稀释液在桶内浸洗。此外,可人工清除创伤内的蝇蛆,并涂以鱼石脂软膏或碘软膏。以5%蝇毒磷粉撒布于创口亦有良效。

七、伊蝇蛆病

伊蝇属丽蝇科,本属中三色伊蝇(*Idiella tripartita*)的蝇蛆阶段,叮咬猪只吸血,引起猪只不安,消瘦,贫血,对养猪业造成危害。成蝇体长8～9 mm,舐吸式口器,以花蜜果汁为食,对家畜不形成危害。在每年6～9月份活动,雌蝇产卵于阴暗潮湿的猪舍地面缝隙中,孵化成蛆后,昼伏夜出,爬至猪体腹部吸血。未吸血幼虫乳白色,吸血后变为红色。有1对锐利的口前钩。幼虫经20天、两次蜕化后入土内化蛹,蛹期数天。由于幼虫吸血,白天检查猪只时可发现猪的腹下、腹内侧、腋窝留有出血小点,但欲发现虫体则必须在夜晚黑暗时检查猪体,方能见有蛆虫附于猪体表,叮咬吸血。阴暗潮湿的猪舍是本病发生的先决条件,因此,保持猪舍的干燥,将猪舍地面垫土、压实是重要的防治措施。

八、螫蝇和血蝇

在蝇类昆虫中,吸血蝇类主要有二属,即双翅目蝇科(Muscidae)的螫蝇属(*Stomoxys*)和血蝇属(*Haematobia*)。在我国常见的有厩螫蝇(*S. calcitrans*)和东方血蝇(*H. exigua*),见图12-9。厩螫蝇成虫呈暗灰色,长6～9 mm,外形与家蝇十分相似,但可按以下特点加以区别:此蝇吸血,属刺吸式口器,因此,喙细长,前端不膨大,停息时伸向前方,触角芒上背侧有毛;家蝇属舐吸式口器,喙部前端膨大,停息时悬垂于头下方,触角芒两侧有毛。东方血蝇形态与厩螫蝇十分相似,但厩螫蝇的下颚须短,而东方血蝇较长。

以上两种蝇的发育均属完全变态。成虫吸血后产卵于潮湿的稻草堆及牛、马的粪堆中,并在其中孵化出幼虫(蛆),幼虫在适宜条件下,经14～24天发育成熟并化蛹,蛹期6～9天。一般一个完整的生活周期约需30天以上。

吸血蝇类除骚扰和刺吸家畜血液外,还能传播锥虫病和炭疽等传染病。厩螫蝇还是马的小口柔线虫的中间宿主。

防治吸血蝇类的骚扰,主要依靠消除蝇类的滋生地,即妥善地收集畜粪,消除烂草堆等;开发沼气,利用畜粪、烂草等,收集后作为沼气的原料。在畜粪堆、烂草堆上喷洒各种杀虫药。

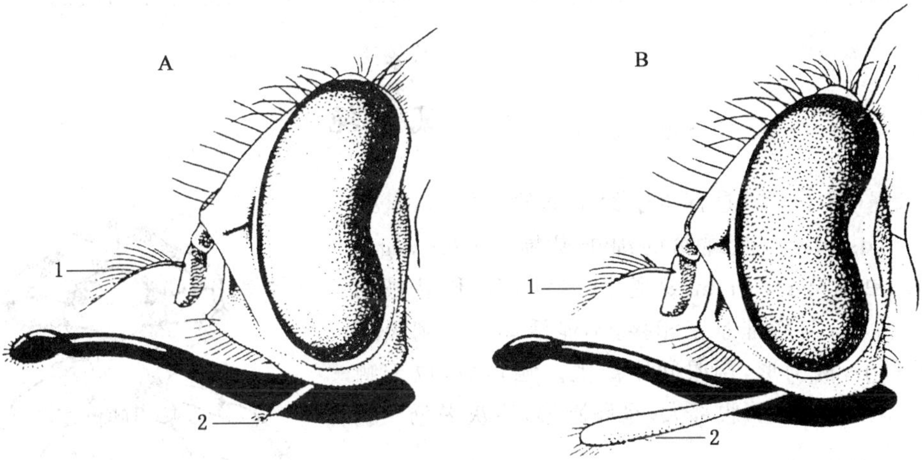

图 12-9 螯蝇和血蝇

A. 螯蝇 B. 血蝇(Kettle)

1. 触角芒 2. 下颚须

九、家 蝇

家蝇(图 12-10)为不吸血蝇,属双翅目,蝇科,家蝇属(*Musca*),在我国常见的为舍蝇(*M. vicina*)和家蝇(*M. domestica*)。2 种形态相似,长 6～9 mm,深灰色,眼红褐色,触角芒的上下面均有毛。口器舐吸式,悬垂于头下部,末端膨大。胸部背侧有 4 条宽度相等的黑色条纹。翅脉上的第 4 翅脉急剧弯曲形成角度,末端在翅缘与第 3 翅脉相接近。腹黄色,背面中央有一暗色纵纹。发育为完全变态,产卵于人畜粪便、垃圾及腐败的有机物上,在适宜的条件下经 24 h 变为幼虫,幼虫 3 期,经 5～15 天变蛹,蛹经 3～7 天羽化为成虫,以成蝇或蛹越冬。

图 12-10 家蝇(雌)(Hewitt C. G.)

家蝇虽不吸血,但以脚和身体上的绒毛,黏附和传染一些传染病和寄生虫病的病原体。更由于其舐食粪便,各种污物及动物的血、痰、唾液、脓液及各种腐败物,就更易成为一些传染病的传播媒介。家蝇还是马的柔线虫的中间宿主。

蝇类的防治：对成蝇可以采用扑打、药物诱杀等方法；对蝇蛆的滋生地，可喷洒杀虫药以杀灭之。

十、羊 虱 蝇

羊虱蝇(图12-11)是寄生于绵羊体的双翅目，虱蝇科(Hippoboscidae)，虱蝇属的绵羊虱蝇(*Melophagus ovinus*)。虫体长4～6 mm，翅退化，体表呈革质，密被细毛。头短而宽，与胸部紧密相接，不能活动。具刺吸式口器，复眼小，椭圆形，两眼间距离大。触角短，位于触角沟内。胸部暗褐色，腹部大，呈卵圆形，淡灰褐色。肢强壮并有粗壮的爪。

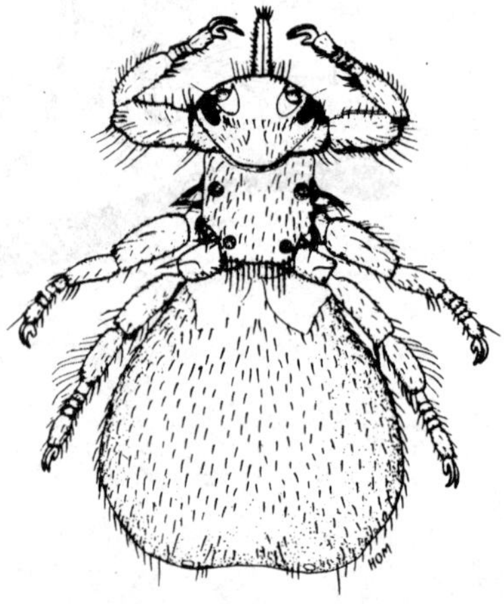

图12-11 羊虱蝇成虫(Soulsby)

虫体寄生于绵羊体表，为永久性寄生虫。直接接触传染。雌虫逐个地产生幼虫，幼虫以胶状物黏附于羊毛上并迅速变为褐色的蛹。蛹长圆形，长3～4 mm，蛹期2～5周，而后变为成虫。一般每年可繁殖6～10代。全部发育过程均在羊体表完成。如虫体离开畜体，只能短期生活，如不能转到畜体上，即行死亡。

虫体寄生于粗毛羊的颈、胸、腹、肩等部位。成虫吸羊的血液，严重感染时引起羊只不安，瘦弱，贫血，羊只啃咬寄生处皮肤，或就墙壁、棚栏处擦痒，因而使皮毛磨损，引起食毛现象；被毛干燥，粗乱，易脱落。

防治 剪毛是有效的防治措施。多数杀昆虫药，如各种菊酯类杀虫药均对成虫有较好的杀灭作用，由于这些药品仅对成虫有效，因此建议间隔25～30天重复用药多次，方能达到根治的目的。此外，服用或注射伊维菌素或氯氰柳胺，也能收到良好效果。

十一、犬 虱 蝇

犬虱蝇属双翅目，虱蝇科，学名为好望角虱蝇(*Hippobosca capensis*)。常围绕犬体飞翔，并叮咬吸血，有时亦叮咬猫、狐，间或叮咬人。雌蝇体长8 mm，雄蝇长6.8 mm，体扁，有翅，但不作长距离飞翔。体表角质，毛少而发亮，头胸界限明显，具刺吸式口器，复眼大，触角两节呈球状陷入窝内，胸部背面有深棕色纹，腹部大，褐色，呈囊状。

雌蝇产幼虫于地面或砖缝内，幼虫产出后化蛹，蛹期3～4周，后羽化为成蝇。成蝇飞翔能力弱，围绕犬体吸血。夏季活跃，冬季可能藏匿于犬窝内。吸血时造成犬只不安。

防治方法可参考羊虱蝇。

十二、虻

虻(图12-12)属于双翅目，虻科(Tabanidae)，我国已记载的约有151种，分属于3个亚科9个属，与兽医关系密切的有虻属(*Tabanus*)、麻虻属(*Haematopota*)和斑虻属(*Chrysops*)。

为大、中型吸血昆虫，具刮舐式口器，刮刺家畜皮肤吸血。头部大，呈半球形。复眼大，几乎占有头部的绝大部分，雄虫两复眼相互接近，雌虫两复眼分离，中间形成额带，额带常有粉被和毛覆盖。触角3节，第3节末端上有4～5个环节。胸部3节，有翅1对和足3对。在翅脉的分布上，形成明显的中室，乃由第二中脉与第三中脉及其间的横脉所围成。

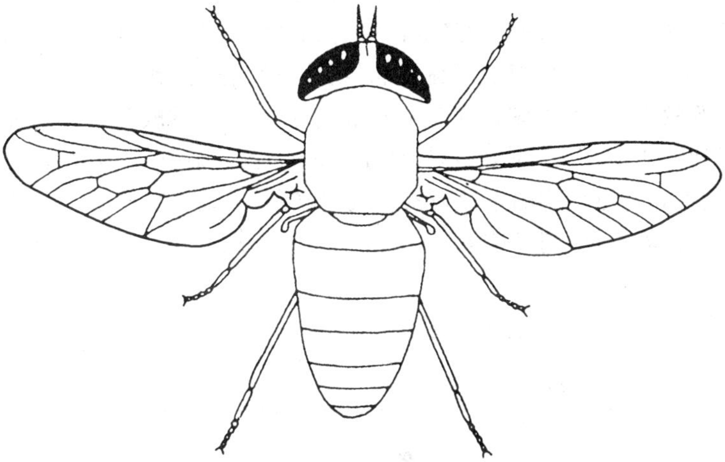

图 12-12　虻(Kettle)

虻发育属完全变态。卵产于近水边的植物或其他物体上，数日后孵出幼虫，幼虫落入浅水中或湿土中生活，杂食性，幼虫期较长，数月到一年。其间蜕化6～8次，常越冬；至次年春季，在干土中化蛹，蛹期半个月，羽化为成虫。雄性成虻不吸血，只吸植物汁液。雌虻除吸植物汁液外，产卵前必须吸血，主要侵犯家畜，偶尔也吸人血。一般不侵入畜舍和居室；在炎热季节的白天活动。虻类出现的季节、地区、活动时间和活动范围因种的不同而略有差异。雌虻叮咬动物吸血时，先以强大的口器刺入并撕裂皮肤，注入唾液，待血液流出而舐吸，故有强烈的痛觉及长时间的出血。对家畜的骚扰严重，在吸血的同时，还能机械地传播一些病原体，如伊氏锥虫、炭疽、马传染性贫血等。由于虻类数量常很多，飞翔能力强，活动范围大，因此，对家畜危害严重，使畜群不能安静休息和进食，生产性能下降，不易管理，经济损失很大，甚至达到白天不能外出放牧的程度。

目前还没有切实可行有效的防治方法。在虻多、活动集中的季节，应避开中午，在早晚放牧；或将牛赶入树荫下避虻。结合农事，做好排水和土壤改良。排除积水，填平洼地，铲除水边杂草，以减少或消除虻的滋生地，可以收到一定效果。利用天敌及驱避剂、杀虫剂灭虻，也正在研究中。

十三、蚊

蚊属双翅目，蚊科(Culicidae)，我国已记载的有300种以上，分属于3个亚科14个属，与兽医关系密切且常见的有按蚊属(*Anopheles*)、库蚊属(*Culex*)和伊蚊属(*Aedes*)；此外阿蚊属(*Armigeres*)中少数种也具有重要性。蚊是一种细长的昆虫，体狭长，翅窄，足细长；有细长的刺吸式口器。头部略呈球形，有复眼1对；触角1对，细长，分为15节(雌蚊)或16节(雄蚊)，呈鞭状，各节基部有一圈轮毛，雄蚊轮毛长而密，雌蚊轮毛短而稀。口器由上唇咽、下咽，1对上颚，1对下颚和下唇组成，细长的食物管由上唇咽与下咽并拢而成。翅1对，狭长，翅脉上有鳞片。腹细长有10节，8节明显可见，后两节转化为生殖器。

发育属完全变态，包括卵、幼虫、蛹、成虫4个阶段。卵产于水中，因蚊种不同，可能选择在静水、流水、清水、污水以至很小容积的水中（如树洞、竹筒）。卵经4～8天孵化出幼虫（孑孓），孑孓在水中生活，呼吸时浮至水面，约经3次蜕化（4龄）而成熟变蛹。蛹不食但能活动，蛹期1～3天羽化为成蚊。蚊虫活动与温度、湿度、光线和风力有关，伊蚊多在白天活动；库蚊、按蚊多在夜间活动。雌蚊吸血，雄蚊则以花蜜和植物汁液为食。雌蚊吸血的对象包括人、哺乳动物、鸟类、爬行类和两栖类，但因种类不同，而有所偏好，这种宿主的偏好性以及对病原体的适应性，都成为其危害和传播疾病的重要因素。蚊的寿命，雄蚊一般只活1～3周，雌蚊可活1个月以上，如产卵少，营养充足，则可达4～5个月或更长。蚊大多数以成蚊越冬，有些以卵或幼虫越冬。

图12-13为按蚊和库蚊发育各期形态比较。

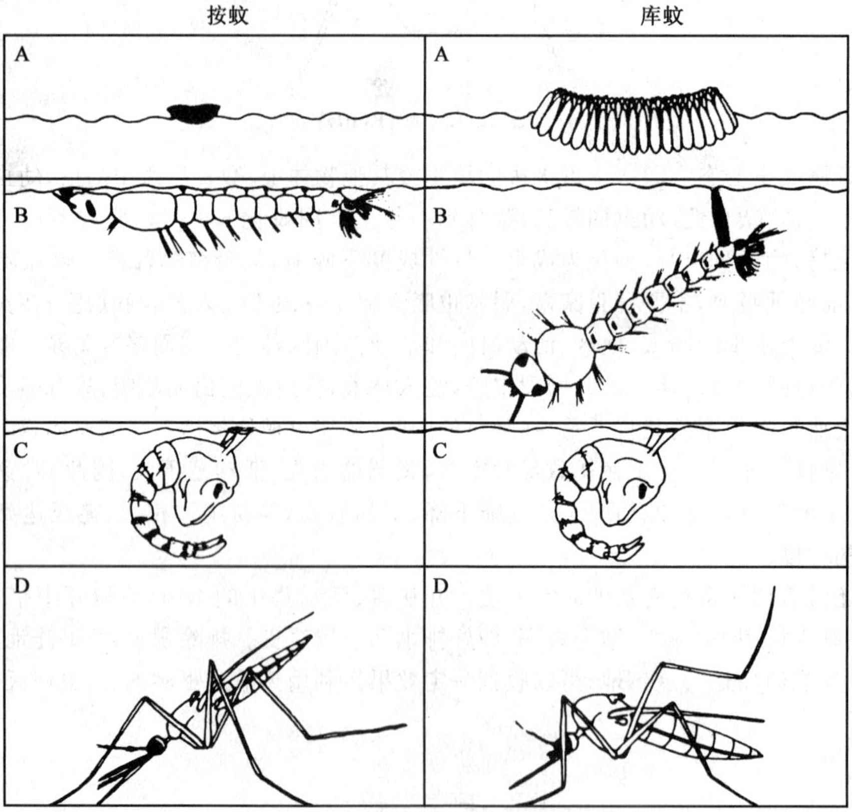

图12-13 按蚊和库蚊发育各期形态比较(Urguhart)

A. 卵 B. 幼虫 C. 蛹 D. 停息状态下的成虫

蚊虫吸食人、畜血液，在叮咬部位发生红肿，剧痒，使畜禽不能很好休息。不同种的蚊还是畜禽疾病的传播者，如埃及伊蚊（*Aedes aegypti*）、奔巴伊蚊（*A. pembaensis*）、淡色库蚊（*Culex pipiens*）传播马丝状线虫。骚扰阿蚊（*Armigeres obturbans*）、东乡伊蚊（*A. togoi*）和淡色库蚊传播指形丝状线虫病（包括马、山羊的脑脊髓丝虫病），此外，还可传播犬恶丝虫、马流行性脑脊髓炎等。

灭蚊应以消灭蚊幼虫草生地的孑孓为主。了解当地流行的蚊种，查明其生活习性，排除不必要的积水，在水中喷洒菊酯类杀虫剂。还可结合鱼、蛙的饲养以吞食孑孓。

消灭成蚊，可安装纱窗，在纱窗上喷洒长效接触性杀虫药（如吉利33），室内喷洒杀虫药气雾剂等，可收到一定效果。

十四、蚋

蚋（图12-14）又名黑蝇，属双翅目，蚋科（Simuliidae），我国已记载的有50余种，分属于14个属。在我国常见而且与兽医密切相关的有4个属，即蚋属（*Simulium*）、原蚋属（*Prosimulium*）、维蚋属（*Wilhelmia*）和真蚋属（*Eusimulium*）。蚋是一种小型、黑色、粗短、背驼、翅宽的吸血昆虫，成蚋体长2～5 mm，头部半球形，复眼发达，触角短，由9～11节组成。口器刺吸式。胸背隆起，翅1对，宽阔透明，前缘域翅脉明显，其余翅脉不明显。足粗短。腹部11节，最后1～3节转化为外生殖器。

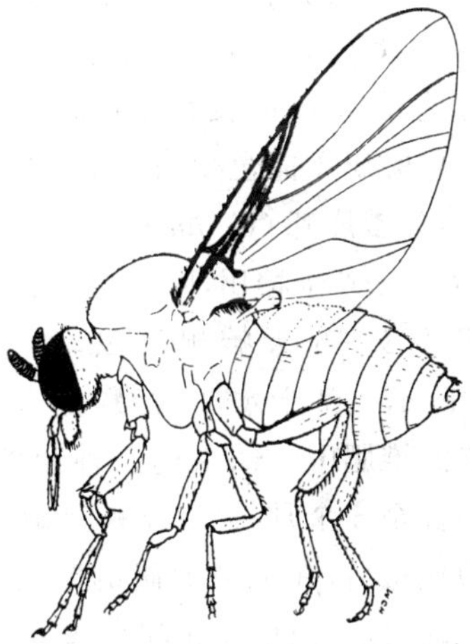

图 12-14　蚋（Soulsby）

蚋属于完全变态昆虫，交配后的雌蚋在水中产卵，卵黏附于水草上或沉于水底，经4～12天孵出幼虫。幼虫在水中经过3～10周，5～6次蜕化而成熟，成熟幼虫体长4～15 mm，而后化蛹。蛹黄褐色，成袋状为半裸茧型，头部与胸部裸露在外。蛹期2～10天，羽化为成虫。成蚋寿命，雌蚋1～2个月，雄蚋1周左右。成蚋自水中浮到水面，附着于水边植物上，开始以植物汁液或花蜜为食，待雌蚋涎腺发育形成后，雌蚋开始吸血，雄蚋不吸血。蚋出现于春、夏、秋三季，以夏季6～7月间最多。多数成蚋吸血无宿主选择性，人、畜、禽均为其攻击对象，但也有些种不吸血，与人畜疾病无关。蚋的活动多在白天。蚋以卵或幼虫越冬。

蚋吸血，不但引起被吸血动物不安，且唾液中含有毒素，在吸血部引起红肿，剧痒，皮肤柔嫩部发生水肿，有时还可出现水泡或溃烂，国外甚至有大量侵袭引起牲畜死亡的报道。蚋还是家畜盘尾丝虫和某些住白细胞原虫的传播者。

蚋的防治应考虑蚋的叮咬习性。蚋的活动多在白昼阳光明亮处，在蚋大量侵扰的地区，避开白天放牧，或在畜群周围焚烧艾蒿、树叶等，以烟熏驱走成蚋。驱避剂——邻苯二甲酸二甲酯涂擦体表，可在3～4 h内防止蚋的侵袭，但实际应用时有一定困难。土地修整，排除不必要的地面积水，消灭蚋的滋生地，可减少蚋的密度。在蚋大量滋生的水中，投入倍硫磷或除虫菊酯类药物，可有效地杀死幼虫。

十五、蠓

蠓(图 12-15)俗称墨蚊,属双翅目,蠓科(Ceratopogonidae),种类极多,全世界已知有 4 000 种左右,分属 90 个属,而有吸血习性叮咬动物的只有 6 个属,我国兽医上有重要性的是库蠓属(*Culicoides*)、细蠓属(*Leptoconops*),拉蠓属(*Lasiohelea*)亦有少量存在。

蠓是微小黑色昆虫,体长 1～3 mm,头部近于球形,复眼 1 对,刺吸式口器,触角细长,由 13～15 节组成,最后 3～5 节变长。胸部稍隆起,翅短而宽,翅尖钝圆,翅上无鳞片而密布细毛,且多数具有翅斑。足 3 对,甚发达,中足较长,后足较粗。腹部 10 节,各节体表均着生有毛,雄蠓腹部较雌蠓略细。

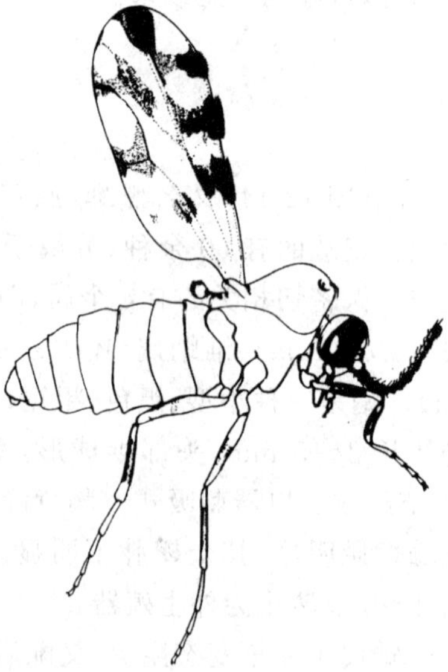

图 12-15　蠓(Kettle)

蠓属于完全变态,因种的不同,选择不同的环境产卵,如蚤库蠓(*C. pulicaris*)于缓流的溪沟,虚库蠓(*C. schultzei*)于稻田,哮库蠓(*C. arakawai*)于家畜粪肥中。卵经 3～6 天孵出幼虫,幼虫细长成蠕虫状,长 3～6 mm,生活于水底,特别是水库的淤泥中,有些则在潮湿的堆肥中。幼虫期因种和外界条件而异,由 3～5 周到长至 5 个月,而后化蛹。蛹期短,一般 3～5 天。羽化为成虫后,在无风温暖的晴天,多在近水的田野间成群活动,以日出前 1 h 和日落后 1 h 最常见,称为"群舞",也即雌雄蠓进行交配之时。在群舞和交配后,雌蠓即寻找人、畜吸血。蠓对人、畜无绝对的选择性,但有偏嗜性,如虚库蠓喜食牛、马、猪血,哮库蠓喜食禽血。成蠓寿命约 1 个月。每年可繁殖 2 代,以第 4 龄幼虫或卵越冬。

雌蠓在白天和黄昏,在野外和舍内均能侵袭畜、禽,大量出现时使畜、禽不安,被叮咬处红肿,剧痒,皮下水肿,有明显的皮炎症状。一些种还可传染盘尾线虫、住白细胞虫和血变虫,是其中间宿主或终末宿主。是牛、羊的蓝舌病的主要传播者,该病毒在蠓的体内经 7～10 天寄生增殖后,再传染给健畜。此外,尚可传播多种病毒病和细菌病。

防治蠓的危害,主要应消除蠓的滋生地;或在幼虫滋生处喷洒杀虫药(如菊酯类)。在成蠓多时可燃烧艾蒿、树叶,以烟熏驱除。

十六、白　蛉

白蛉(图 12-16)亦称沙蝇(*Sandfly*),属双翅目,毛蠓科(Psychodidae),白蛉属(*Phlebotomus*)。吸血昆虫。虫体小,长仅 1.5～ 4 mm,呈浅灰色、浅黄色或棕色,全身密被细毛。头部呈球形,眼大而黑,有长的触角及下颚须,刺吸式口器。胸部有翅 1 对,翅上多毛,腿细长而多毛。腹部亦多毛。

白蛉属完全变态,卵产于室外或附近的泥土中及墙缝、土洞、鼠洞等处,要求土质疏松,湿度适宜,隐蔽。卵经 8～12 天变为幼虫,幼虫入土内 10 cm 以下生活,幼虫期 20～45 天。在泥土表面化蛹，蛹期 8～19 天后羽化为成虫。雄蛉以植物汁液为食，雌蛉吸血。依蛉的种类不同，吸血对象有偏好。中华白蛉（*P. chinensis*）叮咬人及家畜；蒙古白蛉（*P. mongolensis*）虽亦吸人、畜血液，但更嗜吸大沙鼠血。蛉的吸血条件，亦因种而异，可分为家栖型、半家栖型和野栖型。成蛉活动温度为 18～29℃。雄蛉寿命较短，雌蛉寿命 2～3 周。一般以幼虫潜藏于 10 cm 以下的疏松土壤内越冬。

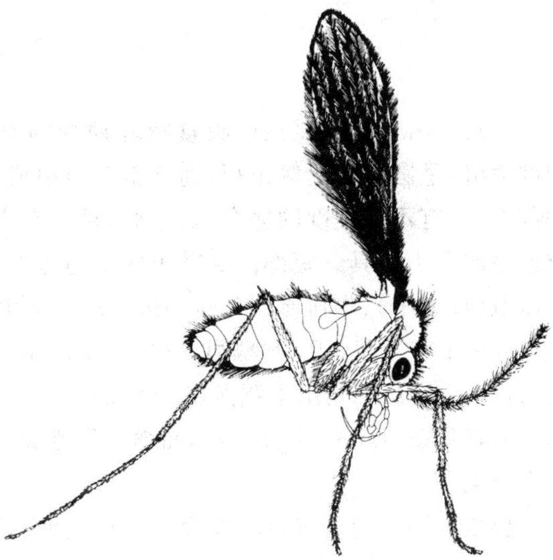

图 12-16　白蛉（Kettle）

白蛉是利什曼原虫病的主要传播者，该病不仅是人的主要疾病，而且是人、犬共患病。过去曾是我国人的 4 种主要寄生虫病之一，经全面防治，利什曼原虫病近年来在我国已基本消灭。此外，尚可传播白蛉热（sandfly fever）和奥罗亚热（oroya fever），系由巴尔通氏体（*Bartonella*）引起的疾病，在我国尚未发现。

防治　白蛉繁殖力弱，活动季节短，飞行力弱，活动范围小，对杀虫剂又较敏感，故以杀灭成虫为主。以菊酯类杀虫剂，在蛉活动季节，室内喷洒。

第二节　虱

虱（图 12-17）属昆虫纲，是哺乳动物和鸟类体表的永久性寄生虫，常具有严格的宿主特异性。虱体扁平，无翅，呈白色或灰黑色。头、胸、腹分界明显，头部复眼退化。具有刺吸型或咀嚼型口器。触角 3～5 节。胸部有足 3 对，粗短。发育属不完全变态。根据其口器构造和采食方式分为两个目。

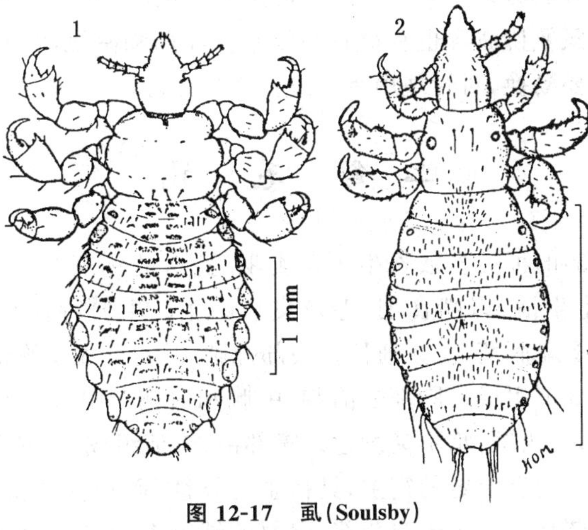

图 12-17　虱（Soulsby）

1. 牛血虱　2. 牛颚虱

一、虱

虱目(Anoplura)昆虫以吸食哺乳动物的血液为生,故通称为兽虱。体背腹扁平,头部较胸部为窄,呈圆锥形。触角短,通常由5节组成。口器刺吸式,不吸血时缩入咽下的刺器囊内。胸部3节,有不同程度的愈合;足3对,粗短有力,肢末端以跗节的爪与胫节的指状突相对,形成握毛的有力工具。腹部由9节组成。与兽医关系密切的主要有:血虱属(*Haematopinus*)的猪血虱(*H. suis*)、牛血虱(*H. eurysternus*)、水牛血虱(*H. tuberculatus*)和驴血虱(*H. asini*),它们均因宿主特异性而区分;颚虱属(*Linognathus*)的牛颚虱(*L. vituli*)、绵羊颚虱(*L. ovillus*)、绵羊足颚虱(*L. pedalis*)、山羊颚虱(*L. stenopsis*)。血虱与颚虱的区别在于:血虱属的腹部,每节两侧有侧背片(paratergal plates),而颚虱属则缺;血虱属每一腹节上有一列小刺,而颚虱属则有多列小毛。

兽虱为不完全变态。其发育过程包括卵、若虫和成虫。成虫雌雄交配后雄虱即死亡,雌虱于2~3天后开始产卵,每虱一昼夜产卵1~4枚。卵黄白色,(0.8~1)mm×0.3 mm,长椭圆形,黏附于家畜被毛上。卵经9~20天孵化出若虫,若虫分3龄,每隔4~6天蜕化一次,3次蜕化后变为成虫。雌虱产卵期2~3周,共产卵50~80枚,卵产完后即死亡。

各种兽虱都有一定的宿主,如寄居于非天然宿主体上不能长期寄生。如离开宿主落到地面或其他地方,短期生活后死亡。秋冬季节,家畜被毛增长,绒毛增多增厚,体表湿度增加,造成有利于兽虱生存的条件,因而数量增多,虱病较重。夏季家畜体表兽虱显著减少。

兽虱除有一定的宿主特异性外,在畜体上的分布,不同种也有特定的部位,如猪血虱多寄生在耳基部周围、颈部、腹下部和四肢内侧;绵羊颚虱多寄生于绵羊腹下、尾部和头部;而绵羊足颚虱则多寄生于四肢的近蹄处。

兽虱的传播方式,主要是动物与动物的直接接触,有时亦可通过混用的管理用具和褥草等间接传染。

兽虱吸血时分泌含有毒素的唾液,使被吸血部发生痒感,动物蹭痒,不安,影响采食和休息。患畜因啃咬患部和蹭痒,造成皮肤损伤,脱毛,患畜消瘦,发育不良,生产性能降低。

在畜体表面发现虱或虱卵即可确诊。防治可用杀昆虫药,如菊酯类药物,喷洒畜体。此外内服或注射伊维菌素或氯氰柳胺等也有很好的效果。在药物除虱的同时应加强饲养管理,保持畜舍清洁,通风,垫草要勤换,对管理用具要进行杀虫处理。

二、食 毛 虱

食毛目(Mallophaga)的种类多数寄生于禽类羽毛上,故称羽虱;少数寄生于哺乳动物毛上,称毛虱。营终生寄生生活,以啮食羽、毛及皮屑为生。主要特征是体长较虱目小,0.5~1.0 mm,体扁平,无翅,多扁而宽,少数细长。头部钝圆,其宽度大于胸部。咀嚼式口器。头部侧面有触角1对,由3~5节组成。胸部分前胸、中胸和后胸。中、后胸常有不同程度的愈合,每一胸节上着生1对足,足粗短,爪不甚发达。腹部由11节组成,但最后数节常变成生殖器。

每一种毛虱(或羽虱)均有一定的宿主,具宿主特异性;而一种动物又可寄生多种,每种又有其特定的部位。如鸡圆羽虱寄生于鸡背部、臀部的绒毛上,鸡翅长羽虱寄生于翅部下面,广幅长羽虱寄生于头部和颈部等。

在畜体上常见的有毛虱科（Trichodectidae）的牛毛虱（*Damalinia bovis*）、马毛虱（*D. equi*）、绵羊毛虱（*D. ovis*）、山羊毛虱（*D. caprae*）、犬毛虱（*Trichodectes canis*）。

在鸡体上常见的有长角羽虱科（Philopteridae）（触角由5节组成）的广幅长羽虱（*Lipeurus heterographus*）、鸡翅长羽虱（*L. variabilis*）、鸡圆羽虱（*Goniocotes gallinae*）、大角羽虱（*Goniodes gigas*）以及短角羽虱科（Menoponidae）的鸡羽虱（*Menopon gallinae*），见图12-18。

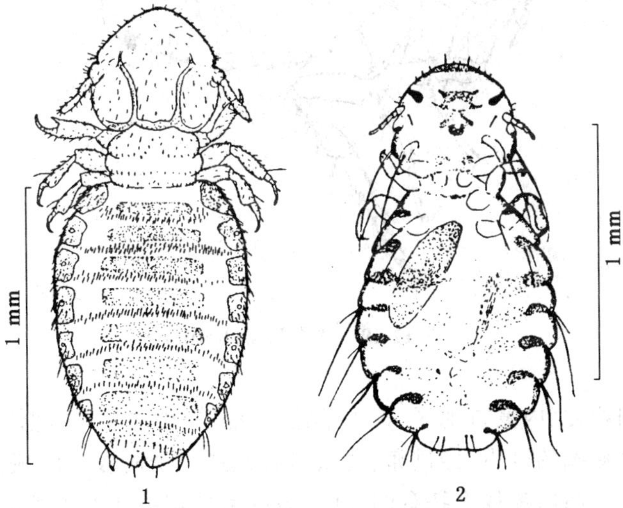

图12-18　食毛虱（Soulsby）

1. 牛毛虱　2. 鸡圆羽虱

在鸭、鹅等亦有多种羽虱寄生。

毛虱和羽虱的发育和传播方式和虱基本相似。它们在寄生时虽不刺吸血液，但亦引起畜禽痒感，精神不安，特别是禽类，常啄食寄生处，引起羽毛脱落，食欲衰退，生产力降低。

对羽虱的控制，在肉用鸡的生产中，更新鸡群时，应对整个禽舍和饲养用具进行灭虱。常用除虫菊酯类药物。在饲养期较长的鸡，可在饲养场内设置砂浴箱，砂中放置除虫药物。

对畜禽体虱可参阅虱的防治措施。

第三节　蚤

一、蠕　形　蚤

蠕形蚤属蚤目（Siphonaptera），蠕形蚤科（Vermipsyllidae），重要的种有花蠕形蚤（*Vermipsylla alacurt*）和尤氏独卡特蚤（*Dorcadia ioffi*），后者又称尤氏羚蚤。

蚤目昆虫为小形无翅昆虫，虫体左右扁平，体表覆盖有较厚的几丁质，呈棕褐色。头部三角形，侧方有1对单眼；触角3节，收于触角沟内。口器刺吸式。胸部小，3节，有3对肢，肢粗大。腹部10节，有7节清晰可见，后3节变为外生殖器。蠕形蚤科的昆虫，吸血后雌虫腹部显著增大，并呈长卵形。花蠕形蚤吸血后雌虫由原长3.9 mm增长到6 mm；羚蠕形蚤吸血后雌虫可增大到 16 mm。蚤类多数具有很强的跳跃能力，但蠕形蚤由于腹部的增大，而行动缓慢，见图 12-19。

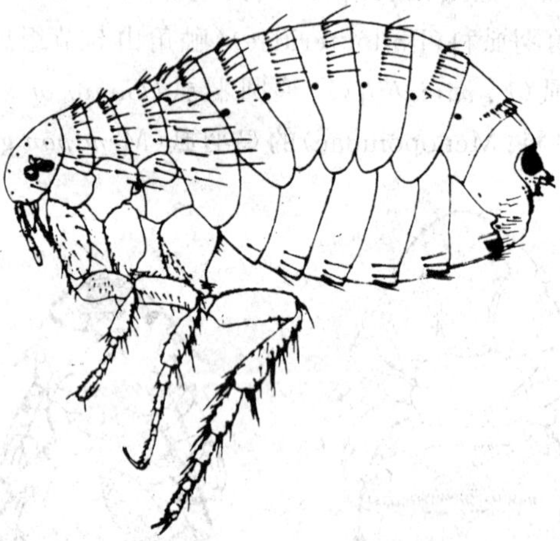

图 12-19 雌蚤侧面(Kettle)

本虫分布于我国西北、内蒙古地区，寄生于牦牛、绵羊、山羊和马、骡体表。

蠕形蚤属于完全变态的昆虫，经过卵、幼虫、蛹、成虫 4 个阶段。除成虫外，其余 3 个阶段均在夏季于地面完成。高山牧场上特有的温度、湿度条件均适于其发育；在晚秋变为成虫，开始侵袭动物，冬季落地面产卵，初春死亡。据青海报道，成虫 10 月份起，先后发现于灌木林、石头窝、石缝、帐棚内与牛粪堆中。并向畜体转移，12 月份畜体上最多，到次年青草生长时消失(落入地面产卵)。

蠕形蚤既不营固着的寄生生活，亦不经常更换宿主。在畜体大量吸血后，排出含有血色的粪便，引起皮肤炎症，痒感，影响采食和休息。在牦牛多寄生在颈部、下颌部和肩部。在马为头部、颈部、鬃毛下、臀部、腿内侧及飞节上部。绵羊和山羊则寄生于尾、尾根、臀部、颈部、股内侧、肩部、胸部。大量寄生时可致患畜贫血、消瘦或死亡。

防治 在流行地区，蚤的幼虫滋生场所，清扫地面并喷洒杀虫药；在畜体发现虫体寄生时，可用菊酯类等杀虫药喷洒杀虫。

二、栉 首 蚤

栉首蚤属蚤目，蚤科(Pulicidae)，栉首蚤属(*Ctenocephalides*)，常见的有犬栉首蚤(*C. canis*)和猫栉首蚤(*C. felis*)。基本形态如前所述，但雌蚤吸血后腹部不膨大。跳跃能力极强。此二种蚤并无严格的宿主特异性，可在犬、猫间相互流行，并可寄生于人体。为完全变态，分卵、幼虫、蛹、成虫 4 个阶段。成虫寄生于动物体表，其他 3 个阶段均在动物活动场所的地面或犬、猫的窝内完成。

蚤除咬啮宿主吸血外，尚为犬复孔绦虫的中间宿主，并能传播一些疾病。特别是作为人的宠物的寄生虫，可跳至人体引起骚痒。故为宠物饲养者所关注。

在蚤的防治上，除了对畜体喷洒杀昆虫药外，可给犬、猫佩戴“杀蚤药物项圈”，由于虫卵、幼虫、蛹阶段均在地面，因此，在杀灭畜体蚤类的同时，对地面的清洁灭虫工作更为重要。要经常清扫、更换其睡卧处的铺垫物，并在地面喷洒杀虫药。

[附]舌形虫

舌形虫（图 12-20）属节肢动物门，五口虫纲（Pentastomida），舌形虫科（Linguatulidae）。种名锯齿舌形虫（*Linguatula serrata*），是一种变形的节肢动物，分布甚广。成虫寄生于犬、狐、狼等肉食动物的呼吸道和鼻腔内，偶见于马、羊、人等。幼虫则寄生于马、绵羊、牛、兔的内脏中。人的感染主要是食入含有幼虫的未经充分煮熟的动物内脏所致。

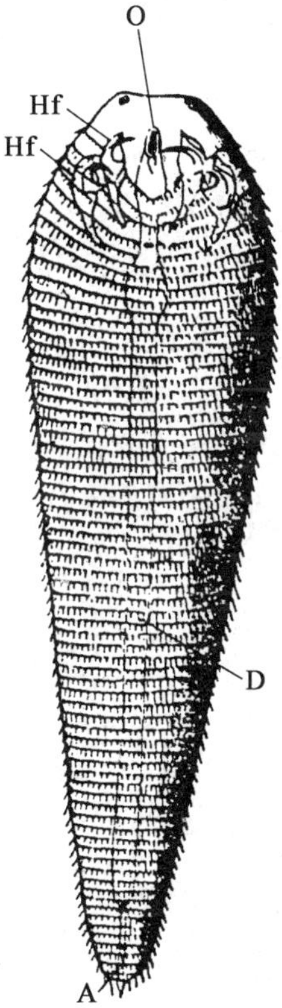

图 12-20 舌形虫（Blanchard）

O. 口 D. 肠 Hf. 两对小钩 A. 肛门

成虫呈舌形，背面隆起，腹面扁平，体表具有约 90 条横纹，前端具有 2 对钩。雌虫长 8～13 cm，雄虫长 1.8～2 cm。

在鼻腔寄生的成虫产卵后，随鼻液排出畜体；被中间宿主吞食后，在胃中孵化出幼虫。幼虫长仅 75 μm，穿过肠壁移行至肝、脾、淋巴结和肾等处，被包囊围绕；蜕化数次，经 5～6 个月后变为若虫。若虫与成虫形态相似，仅长 4～6 mm，在包囊中长期寄生。终末宿主食入含若虫的内脏而感染，移行至鼻腔中寄生。

成虫的寄生引起鼻卡他症状。

治疗较困难，可通过手术取出。有人认为有机磷杀虫剂可试用。

第四篇

兽医原生动物学

第十三章 概　论

兽医原生动物学(Veterinary Protozoology)是研究寄生于动物体的原生动物及其引起的疾病和防治的一门科学。原生动物(Protozoa)又称原虫,是单细胞动物,能由一个细胞进行和完成生命活动的全部功能。原生动物寄生于动物的腔道、体液、组织和细胞内,可致病或不致病。

简史　17世纪雷文虎克发明显微镜,并发现兔肝球虫和贾第鞭毛虫等第一批原虫。1888年巴贝斯氏首次发现罗马尼亚流行的牛巴贝斯虫病(血红蛋白尿病)的病原体,1893年史密斯氏证明该虫是由蜱传播的;后他又和基尔本氏发现双芽巴贝斯虫的生活史,从而推动了人疟原虫的研究。1897年罗斯氏证明蚊子为鸟疟原虫的媒介,阐明了疟原虫的生活史。迄今为止全世界已发现45 000种原虫,其中一些为寄生性原虫。

形态　原生动物虫体微小,变化幅度在1～30 μm之间。基本结构为细胞核和细胞质。外包表膜,最简单的表膜是3层结构的单位膜,能不断更新。在多数原虫,其表膜常常由外膜和紧靠其下方的微管或原纤维组成表膜复合体,由此保持原虫的完整性,并参与摄食、营养、排泄、运动、感觉等生理活动。细胞质内含有各种具特殊生理功能的细胞器(如线粒体、内质网、核蛋白体、高尔基氏体、溶酶体、伸缩泡等)和均匀透明的基质;有些原虫的细胞质为溶胶性,呈颗粒状。原虫的细胞核由核膜、核质、核仁和染色质构成;多数为泡状核,染色质不均匀地成网状分布在核质内;少数为实质核,染色质均匀地散布在核质内。细胞核与原虫的生理、繁殖有关。原虫的形态因种类不同而各不相同,即使同一种原虫有时也表现为多种形态。大小差别也很大。寄生性原虫都是专性寄生虫,对宿主有一定的选择性。如马梨形虫只寄生于马属动物;反之牛梨形虫也不感染马。寄生于家畜的原虫具有不同程度的致病性,有的致病力很强,可导致动物死亡,如大多数锥虫和梨形虫。

发育史　原虫的繁殖方式有无性和有性2种。无性生殖包括二分裂(binary fission)、出芽生殖(budding)、内出芽生殖(internal budding)和裂殖生殖(schizogony)等。有性繁殖包括接合生殖(conjugation)和配子生殖(syngamy)。寄生原虫的发育史各不相同。如球虫,在一个宿主体内进行生长繁殖,以直接的方式侵入宿主体内;另外一些原虫如血孢子虫,需要两个宿主,其中一个既是它发育中的终末宿主,又是它的传播媒介——传播者。有一类传播者称为生物性传播者,原虫需要在其体内发育;另一类传播者为机械性传播者,原虫并不在其体内发育,只起到一种机械地传播或搬运作用。

分类　原虫分类尚无定论。兹主要根据原虫分类学家推荐的分类系统叙述如下:

原生动物门 Protozoa
　肉足鞭毛亚门 Sarcomastigophora
　　鞭毛虫总纲 Mastigophora
　　　动物鞭毛虫纲 Zoomastigophorea
　　　　动体目 Kinetoplastida

锥体亚目 Trypanosomatina

锥体科 Trypanosomatidae

利什曼属 *Leishmania*

锥虫属 *Trypanosoma*

双滴目 Diplomonadida

双滴亚目 Diplomonadina

六鞭科 Hexamitidae

贾第属 *Giardia*

毛滴目 Trichomonadida

毛滴虫科 Trichomonadidae

毛滴虫属 *Trichomonas*

三毛滴虫属 *Tritrichomonas*

根鞭毛目 Rhizomastigida

鞭毛阿米巴科 Mastigamoebidae

组织滴虫属 *Histomonas*

肉足总纲 Sarcodina

根足纲 Rhizopodea

阿米巴目 Amoebida

管足亚目 Tubulinorina

内阿米巴科 Endamoebidae

肠阿米巴属 *Entamoeba*

内蜓属 *Endolimax*

复顶亚门 Apicomplexa(Apicocomplexa)

孢子虫纲 Sporozoa

球虫亚纲 Coccidia

真球虫目 Eucoccida

艾美耳亚目 Eimeriina

艾美耳科 Eimeriidae

艾美耳属 *Eimeria*

等孢属 *Isospora*

泰泽属 *Tyzzeria*

温扬属 *Wenyonella*

隐孢科 Cryptosporididae

隐孢属 *Cryptosporidium*

兰卡科 Lankesterellidae

兰卡属 *Lankesterella*

肉孢子虫科 Sarcocystidae

肉孢子虫属 *Sarcocystis*

贝诺孢子虫属 *Besnoitia*

弓形虫科 Toxoplasmatidae
弓形虫属 *Toxoplasma*
血孢子虫亚目 Haemosporina
疟原虫科 Plasmodiidae
疟原虫属 *Plasmodium*
住白细胞虫科 Leucocytozoidae
住白细胞虫属 *Leucocytozoon*
梨形虫纲 Piroplasmea
巴贝斯科 Babesiidae
巴贝斯属 *Babesia*
泰勒科 Theileriidae
泰勒属 *Theileria*
微孢子虫亚门 Microspora
微孢子虫纲 Microsporasida
微孢子虫目 Microsporida
粘孢子虫亚门 Myxospora
纤毛虫亚门 Ciliophora
纤毛虫纲 Ciliata
毛口目 Trichostomatida
毛口亚目 Trichostomatina
小袋虫科 Balantidiidae
小袋虫属 *Balantidium*

致病作用 动物受原虫感染后处于无症状时称为原虫感染。当动物体抵抗力下降时，则发生原虫病，甚至大批死亡。原虫与宿主相互作用的一系列复杂反应可概括为3个方面：①原虫破坏宿主细胞和组织。原虫在宿主体内迅速繁殖，消耗机体的大量营养，同时排出毒性物质。如鸡的艾美耳球虫破坏大量的肠上皮细胞并排出毒性物质；牛的泰勒虫破坏大量的红细胞和淋巴细胞等。②使宿主的营养和代谢失调。如犊牛的隐孢子虫寄生于肠绒毛的刷状缘上，引起小肠的消化和吸收不良。③引起宿主的抗损伤反应。宿主对寄生原虫的炎性反应，如细胞浸润、细胞增生与组织修复等，可形成肉芽肿、结节、瘢痕及息肉等。

免疫 动物感染原虫后可产生免疫，但其免疫力是不显著与不稳固的，常常可发生重复感染或再感染。原虫在动物体内可诱发体液免疫和细胞免疫，同时出现各种变态反应，引起免疫性病变。原虫在宿主体内诱发的特异性免疫对同种原虫的再感染具有免疫力，但只有当宿主体内保留有少量原虫时，其免疫力才能保持，否则将随之消失，称此为带虫免疫(premunity)。原虫能在有免疫力的宿主体内存活是与该原虫的抗原变异有关，这一点已在锥虫病和疟原虫病中得到证实。当锥虫的表膜抗原(又称变异表面糖蛋白，VSG)发生改变后，原来的抗体对变异后的原虫不起作用，以致表膜变异后锥虫可以逃避免疫力的作用而存活下来。

症状 原虫病的临床表现可因寄生部位、感染轻重和机体的反应性而不同。原虫病多呈急性过程，发病严重，死亡率高。有时也呈慢性过程或亚临床感染，此时动物的症状轻微或不显症状。

诊断 原虫病的确诊主要依靠发现病原体。近年来研究成功的各种快速免疫诊断方法，如对流免疫电泳、荧光抗体技术、间接血凝试验、酶联吸附试验和单克隆抗体技术等，对原虫病的诊断具有极为重要的诊断价值。

防治 原虫病的防治主要依赖于使用化学药物。由于对原虫生理生化的大量研究，在抗原虫的新药（特别是抗球虫药）研制方面有较大的进展，这类新药对原虫具有选择性的杀灭作用，而对宿主本身无害；有的还能作为饲料添加剂长期应用，如抗球虫药用作预防肉用仔鸡的球虫病时，从雏鸡出壳至上市的全过程中，均在饲料中添加抗球虫药物。但原虫对药物易产生耐药性，故需合理轮换或交替使用抗原虫药。在用化学药物治疗某些急性原虫病时，还必须采用强心、补液和加强营养等辅助疗法。另外，防治和消灭传播媒介也是控制和消灭原虫病的重要环节。在某些原虫病的预防上（如牛环形泰勒虫病和鸡球虫病等）使用免疫接种也具有良好的效果。

第十四章 鞭毛虫病

第一节 伊氏锥虫病

伊氏锥虫(*Trypanosoma evansi*)引起的疾病称伊氏锥虫病,亦称苏拉病。是马属动物、牛、水牛、骆驼的常见疾病。马属动物感染后,取急性经过,病程一般1～2个月,死亡率高。牛及骆驼,虽有急性并死亡的病例,但多数为慢性,少数呈带虫状态。

本虫的宿主范围很广,除上述动物外,犬、猪、羊、鹿、象、虎、兔、豚鼠、大白鼠、小白鼠均能感染。

病原体 伊氏锥虫为单形型锥虫,细长柳叶形,长18～34 μm,宽1～2 μm,前端比后端尖。细胞核位于虫体中央,椭圆形。距虫体后端约1.5 μm处有一小点状动基体。靠近动基体为一生毛体,自生毛体生出鞭毛1根,沿虫体伸向前方并以波动膜与虫体相连,最后游离,游离鞭毛约长6 μm。在压滴标本中,可以看到虫体借波动膜的活动而使虫体活泼运动。

图14-1为锥体科不同类型虫体。

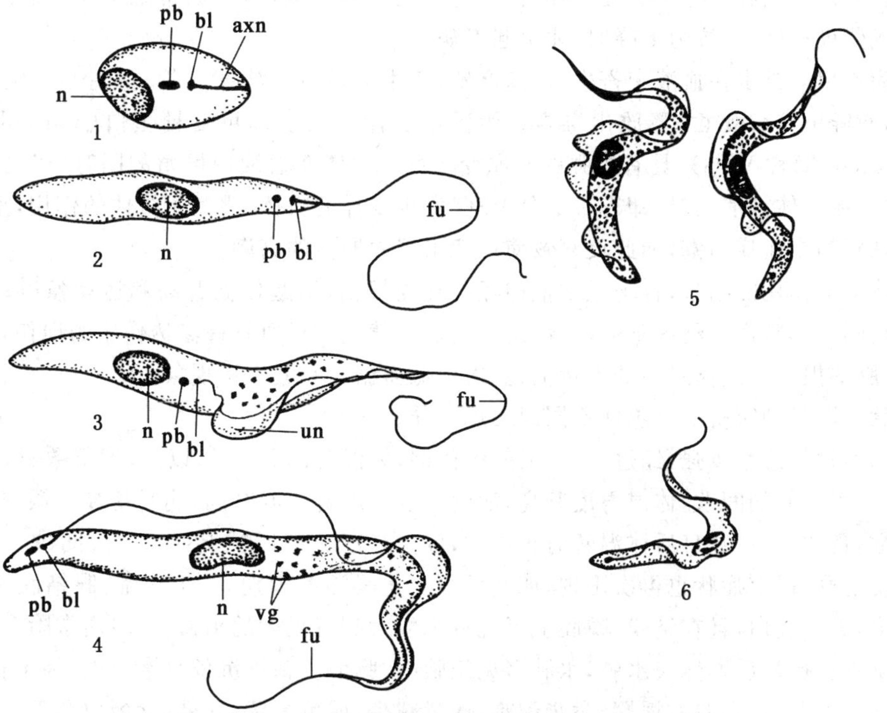

图14-1 锥体科不同类型虫体(采自板垣,Minchin)

1.利什曼小体 2.前鞭毛型虫体 3.短膜型虫体,常见于锥虫在节肢动物体内的发育过程中 4.锥虫型虫体 5.伊氏锥虫 6.马媾疫锥虫 n.核 pb.动基体 axn.轴线 fu.鞭毛 bl.生毛体 un.波动膜 vg.颗粒

生活史 伊氏锥虫寄生在动物的血液中(包括淋巴液)和造血器官中以纵分裂法进行繁殖。由虻及吸血蝇类(螯蝇和血蝇)在吸血时进行传播。这种传播纯粹是机械性的,即虻等在吸家畜血液后,锥虫进入其体内并不进行任何发育,生存时间亦较短暂,而当虻等再吸其他动物血时,即将虫体传入后者体内。人工抽取病畜的带虫血液,注射入健畜体内,能成功地将本病传给健畜。

流行病学

(1)易感动物。马、驴、骡、犬易感性最强,在实验动物中,大白鼠、小白鼠也具有极强的易感性。马感染后一般呈急性发作。小白鼠在人工接种后多在10天内发病死亡。驼、牛则易感性较弱,虽有少数在流行之初因急性发作而死亡,但多数呈带虫状态而不发病;但待畜体抵抗力减低时,特别是天冷、枯草季节则开始发作,并呈慢性经过,最后陷于恶液质而死亡。在国外多认为猪带虫而不发病,但近年来江苏、安徽、江西等地偶有发病致死的报道。

(2)传染来源。由于本虫宿主广泛,对不同种类的宿主,致病性差异很大,一些感染而不发病的动物可长期带虫,成为传染源。此外,如骆驼、牛等,在感染而未发病阶段或药物治疗后未能完全杀灭其中虫体时,亦可作为传染源。

(3)感染途径。除吸血昆虫外,消毒不完全的手术器械包括注射用具,给病畜使用后,再用于健畜时,也可造成感染。孕畜罹病可使胎儿感染。肉食兽在食入病肉时可以通过消化道的伤口感染。

(4)地理分布和流行季节。本病流行于热带和亚热带地区,发病季节和传播昆虫的活动季节相关。但在牛只和一些耐受性较强的动物,吸血昆虫传播后,动物常感染而不发病,待到枯草季节或劳役过度、抵抗力下降时,才引起发病。

致病作用 锥虫在血液中寄生,迅速增殖,产生大量有毒代谢产物,宿主亦产生溶解锥虫的抗体,使锥虫溶解死亡,释放出毒素。伊氏锥虫体表的表面可变糖蛋白(Variable Surface Glucoprotein 简称 VSG),具有极强的抗原变异性。虫体在血液中增殖的同时,宿主的抗体亦相应产生,在虫体被消灭时,却有一部分 VSG 发生变异的虫体,逃避了抗体的作用,重新增殖,从而出现新的虫血症高潮,如此反复致使疾病出现周期性的高潮。

虫体毒素作用的结果,首先是中枢神经系统受损伤,引起体温升高和运动障碍;对造血器官的损伤则引起贫血。红细胞的溶解,出现贫血与黄疸。对血管壁渗透作用的损伤,导致皮下水肿,肝脏的损伤。虫体对糖的大量消耗,出现低血糖症和酸中毒现象。

症状 因各种家畜的易感性不同而表现各异。

马属动物易感性较强,经过4～7天的潜伏期,体温升高到40℃以上,稽留数日,体温回复到正常,经短时间的间歇,体温再度升高,如此反复。随着体温升高,病马精神不振,呼吸急促,脉搏频数,食欲减退;数日后体温暂时正常时,以上症状亦有所减退或消失。间歇3～6天后,体温再度上升,以上症状也再次出现,如此反复。病马逐渐消瘦,被毛粗乱,眼结膜初充血,后变为黄染,最后苍白,且在结膜、瞬膜上可见有米粒大到黄豆大的出血斑,眼内常附有浆液性到脓性分泌物。疾病后期体表水肿,水肿多见于腋下、胸前。精神沉郁日渐发展,终至昏睡状,最后可见共济失调,行走左右摇摆,举步困难,尿量减少,尿色深黄、黏稠,含蛋白和糖。体表淋巴结轻度肿胀。消化道的变化似无一定规律。

血液检查,红细胞数急剧下降,白细胞变化无规律,有时血片中可见锥虫,锥虫的出现似有周期性,且与体温的变化有一定关系。在体温升高时较易检出虫体。

牛有较强的抵抗力，多呈慢性经过或带虫而不发病，但如果饲养管理条件较差，牛只抵抗力减弱，则可呈散发。发病时体温升高，数日后体温回复，经一定时间间歇后，体温再度升高。牛发病后其症状与马的症状基本相似，但发展较慢。水肿可由胸腹下垂部延伸到四肢下部。在发生水肿后，皮肤常龟裂，并流出淋巴液或血液。牛的另一特有症状是耳、尾的干性坏死，这种干性坏死发生在尾尖和耳尖，能致尾端和耳壳边缘坏死后脱落。但亦有认为本症状与本病无关者。

骆驼伊氏锥虫病，当地俗称"驼蝇疫"、"青干病"，多为慢性病程，可长达数年，如不治疗常最终死亡。人工感染潜伏期11～14天，而后体温升高到40℃，稽留1～2周，体温逐步恢复，一段时间后体温再度上升，如此反复后，病驼逐渐消瘦，精神沉郁，使役无力，不爱活动，嗜伏卧。伏卧时常伸颈并贴于地面，眼半闭。被毛干枯，脱落，眼结膜初充血，后郁血，有黏液性到黏液脓性分泌物，瞬膜上有时可见出血斑点。驼峰萎缩，淋巴结肿大，腹下四肢可见水肿。病后期食欲废绝，反刍停止，磨牙，腹痛，心音亢盛，终至死亡。

病理变化　皮下水肿为本病的主要特征，最多发部位是胸前、腹下、公畜的阴茎部分。体表淋巴结肿大充血，断面呈髓样浸润，血液稀薄，凝固不良。胸、腹腔内常有大量浆液性液体，胸膜及腹膜上常有出血点。骨骼肌混浊肿胀。脾肿大，表面有出血点。肝肿大瘀血，表面粗糙，质脆，有散在性脂肪变性。肾肿大，混浊肿胀，有点状出血，被膜易剥离。反刍兽第三、四胃黏膜上有出血斑。心脏肥大，有心肌炎，心包膜有点状出血。有神经症状的病畜，脑腔积液，软脑膜下充血或出血，侧脑室扩大，室壁有出血点或出血斑。腰背部脊椎出现脊髓灰白质炎。

诊断　可根据流行病学、症状、血液学检查、病原学检查和血清学诊断，进行综合判断，但以病原学检查最为可靠。

(1)流行病学诊断。在本病流行地区的多发季节，发现有可疑症状的病畜，应进一步考虑是否本病。

(2)症状。首先应注意体温变化，如同时呈现长期瘦弱、贫血(最好进行血液学检查)、黄疸、瞬膜上常可见出血斑，体下垂部水肿，在牛只耳尖及尾梢出现干性坏死等，多可疑为本病。

(3)病原学检查。在血液中查出病原，是最可靠的诊断依据。但由于虫体在末梢血液中的出现有周期性，且血液中虫体数量忽高忽低，因此，即使是病畜也必须多次检查，才能发现虫体。血液中虫体的检查方法有数种，介绍如下：

①压滴标本检查。耳静脉或其他部位采血一滴，于洁净载玻片上，加等量生理盐水，混合后，覆以盖玻片，用高倍镜检查。如为阳性可在血细胞间见有活动的虫体。此法检查时，因血片未经染色，故采光时，视野应较暗，方易发现。

②血片检查。按常规制成血液涂片，用姬姆萨染色或瑞氏染色后，镜检。

③试管采虫检查。采血于离心管中，加抗凝剂在离心机中，以1 500 r/min离心10 min，则红细胞下沉于管底，因白细胞和虫体均较红细胞轻，故位于红细胞沉淀的表面。用吸管吸取沉淀表层，涂片、染色、镜检，可提高虫体检出率。

④毛细管集虫检查。以内径0.8 mm，长12 cm的毛细玻管，先将毛细管以肝素处理，吸入病畜血液插入橡皮泥中，以3 000 r/min离心5 min，而后将毛细管平放于载玻片上，在10×10倍显微镜下，检查毛细管中红细胞沉淀层的表层，即可见有活动的虫体存在。

⑤动物接种试验。采病畜血液0.1～0.2 mL，接种于小白鼠的腹腔。隔2～3天后，逐日采尾尖血液，进行虫体检查。如病畜感染有伊氏锥虫，则在半个月内，可在小白鼠血内查到虫

体，此法检出率极高。

(4)血清学诊断。检查伊氏锥虫病的血清学诊断法，种类很多，但经实际推广并被采用的，早期是补体结合反应，近年来基层兽医站多采用间接血凝反应。该法敏感性高，操作简单。在人工接种后1周左右，即呈现阳性，并可维持到4～8个月。

治疗 治疗要早，用药量要足，现在常用的药物有以下几种，可供选用。

①萘磺苯酰脲(商品名纳加诺 Naganol 或拜尔 205 Bayer 205，苏拉明 Suramin)；②硫酸甲基喹嘧胺(商品名硫酸甲酯安锥赛，Antrycide methyl sulphate)；③三氮脒(商品名贝尼尔 Berenil，或称血虫净)；④氯化氮胺菲啶盐酸盐(商品名沙莫林 Samorin)；⑤二氟甲基鸟氨酸(Difluoromethylornithine，DFMO)；⑥锥净。

锥虫病畜经以上药物治疗后，有少数经过一定时间后可复发，复发的病例可对原使用药物产生一定抗药性，建议改用另一种药物治疗。

预防 加强饲养管理，尽可能消灭虻、厩蝇等传播媒介，临床更常用药物预防。有一种商品名为安锥塞预防盐(Antrycide pro-salt)最为理想。该药由硫酸甲基安锥塞与氯化铵锥塞以3∶2的比例混合组成，注射后，氯化铵锥塞吸收缓慢而收到预防的效果。

第二节 马 媾 疫

马媾疫(Dourine)是马媾疫锥虫寄生于马属动物引起的，拉丁名为交配疹和麻痹(Exanthema coitale paralyticum)。早年曾广泛流行于美洲、东欧、亚洲、非洲。我国西北、东北、内蒙古、河南、安徽等省均有报道，经大力防治，已很少发生。

病原 马媾疫锥虫(*Trypanosoma equiperdum*)的形态与伊氏锥虫无明显区别，但生物学特性则有很大差异。仅马属动物有易感性，主要寄生于病畜的生殖道黏膜、水肿液及短暂地寄生于血液中。实验动物虽可人工感染，但常需盲传数代。

传染途径：主要通过病马与健马交配传染，人工授精时，器械未经严格消毒也可发生感染。有些马匹感染后暂时不出现明显症状而为带虫者，常成为主要传染来源。

致病作用和症状 公马尿道或母马阴道黏膜被感染后，在局部繁殖引起炎症；少数虫体周期性地侵入病畜血液和其他器官。产生毒素，引起多发性神经炎，潜伏期一般8～28天，少数可长达3个月。

临床表现 一般可分为3期。第1期为水肿期，公马开始为阴茎鞘水肿，局部触诊呈面团状，无热无痛，并继续向阴囊及腹下扩展；尿道流出黏液，尿频，性欲旺盛。母马阴唇水肿，阴道流出黏液，水肿部亦无热无痛；后期可出现溃疡，溃疡愈合后，留有无色素斑。第2期为皮肤丘疹期，在生殖系统发生病变后的一个月，在病马的胸、腹和臀部上出现无痛的扁平丘疹，圆形或椭圆形，直径5～15 cm，中央凹陷，周边隆起，常突然出现，称"银元疹"，通常数小时或数天后自行消失；消失后在身体的其他部位可重新出现；疹块消失后局部可见脱毛或色素消失。第3期为神经症状期，即病的后期。以局部肌肉神经麻痹为主；当腰神经与后肢神经麻痹时，跛行，步态强拘；颜面神经麻痹时，则见咀唇歪斜，耳及眼睑下垂。咽麻痹的出现，则呈现吞咽困难。

整个病程中，体温只一时性升高，后期有些病马有稽留热。病后期出现贫血，瘦弱，最后死亡，死亡率可达50%～70%。

诊断 上述症状如按一定的顺序发生，则足以作为诊断的可靠依据。显微镜检查尿道或阴道的分泌物或丘疹发生时的丘疹部组织液，发现锥虫时，也是确诊的根据。动物接种可取病料接种于鼠、兔等动物，常需盲传一代，但是否能感染成功，结果往往不一致。血清学诊断有补体结合反应，补反抗体在感染后的3～4周后才出现在血液中。其他用于伊氏锥虫的血清学反应，是否适用于本病诊断，尚待证实。

治疗　治疗伊氏锥虫的药物均可用于本病。

预防　本病在我国已基本消灭，在此情况下，如发现病畜，除非是特别名贵的种马，否则应及时淘汰，以绝后患。

饲养名贵种马的马场应废除本交，采用人工授精；对公马应在配种季节前，用喹嘧胺预防盐定期进行预防注射。公、母马分开饲养；阉割无种用价值的公马。加强人工授精器械的消毒。

第三节　利什曼原虫病

利什曼原虫病又称黑热病(Kala-azar)，是流行于人与犬之间的人畜共患病。新中国成立以前在我国鲁、苏、皖、豫、冀、晋、陕、甘各省流行严重，最严重地区死亡率高达40%，成为我国人群中五大寄生虫病之一。新中国成立以后，政府大力开展防治工作，在20世纪50年代末，已达到基本消灭。

病原体　为杜氏利什曼原虫(*Leishmania donovani*)，属锥体科。在人和犬体内寄生时，为椭圆形小体，长2～4 μm，宽1.5～2 μm，俗称利杜体(Leishman Donovan Body或LD Body)，寄生于肝、脾、淋巴结的网状内皮细胞中，在血液的白细胞中少见。在染色抹片中，虫体淡蓝色，核呈深红色；动基体为紫色或红色，在传播者体内，则由圆形演变成前鞭毛型(promastigote)，为一柳叶形虫体，动基体移至核前方，有一鞭毛，无波动膜，见图14-2。

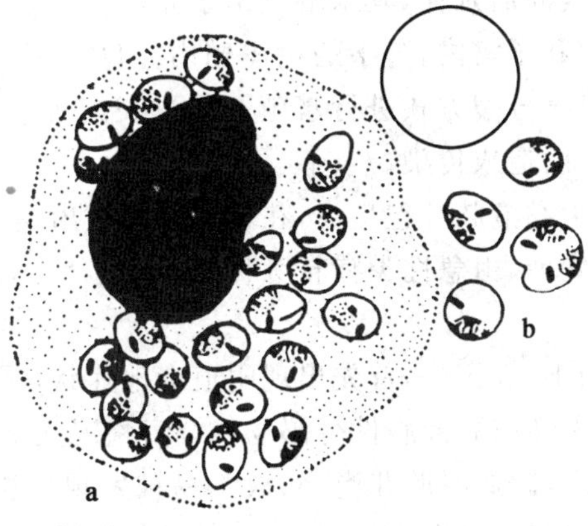

图14-2　利什曼原虫(Hoare)

a.巨噬细胞中的虫体　b.细胞外的虫体

传播者是白蛉属(*Phlebotomus*)的昆虫，虫体被白蛉吸血时食入后，在其肠内繁殖，并形成前鞭毛型虫体；7～8天后，返回口腔内。白蛉再度吸血时使宿主感染。

犬患利什曼原虫病后，症状表现很不一致，有时(通常是幼犬)有中度体温波动，并呈现渐进性贫血和消瘦。可自然康复,亦可能衰竭而死。有些因脾肿大出现腹水,淋巴结肿大和腹痛,病的后期在头部(耳、鼻、眼的周围)有脱毛,皮脂外溢,生有结节并出现溃疡。死后剖检可见脾肿胀。

治疗　常用的药物有葡萄糖酸锑钠(Sodium Antimony Gluconate)、戊烷脒(Pentamidine)、双脒替(Stilbamidine)等。由于此病为人畜共患病,且已基本消灭,因此如果突然发现新发病的病犬,以扑杀为宜。

第四节　毛滴虫病

牛的胎毛滴虫病是由三毛滴虫属的胎儿三毛滴虫(图 14-3)寄生于牛生殖道引起的,世界性分布,我国也有发生。

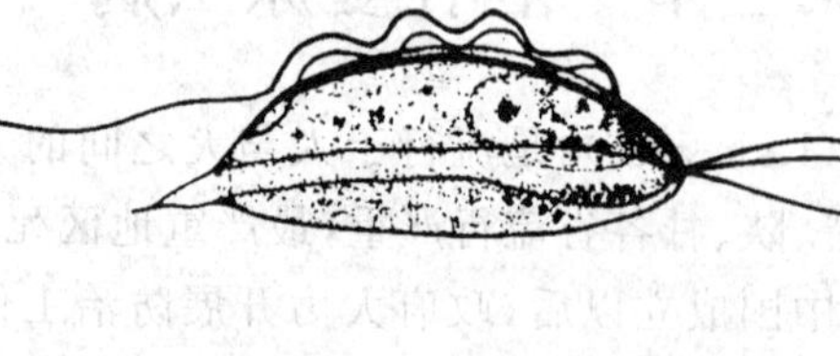

图 14-3　胎儿三毛滴虫(Wenrich and Emmerson)

胎儿三毛滴虫(*Tritrichomonas foetus*)见于病畜的阴道分泌物中,虫体纺锤形、梨形,混杂于上皮细胞与白细胞之间。在悬滴标本中,在显微镜下可见其运动活泼。姬氏染色标本中,虫体长 9～25 μm,宽 3～10 μm,细胞前半部有核,核前有动基体,由动基体伸出鞭毛 4 根,3 根向前游离,1 根向后以波动膜与虫体相连,至虫体后部再成为游离鞭毛。虫体中部有一轴柱,起于虫体前端,穿过虫体中线向后延伸,其末端突出于体后端。

主要寄生在母牛的阴道和子宫内,公牛的包皮鞘内。母牛怀孕后寄生于胎儿的第 4 胃内以及胎盘和胎液中。虫体以纵分裂方式进行繁殖。通过交配传播;在人工授精时则因精液中带虫或人工授精器械的污染而造成传染。

症状　公牛感染后,发生黏液脓性包皮炎,在包皮黏膜上出现粟粒大的小结节,排黏液,有痛感,不愿交配。随着病的发展,由急性炎症转为慢性,症状消失,但仍带虫,成为传染的主要来源。

母牛与病公牛配种后的 1～3 天内,首先出现阴道卡他症状,阴道红肿,黏膜上可见粟粒大或更大些的小结节,排出黏液性或黏液脓性分泌物。全身情况无变化,但可见尿频。多数牛只于怀孕后 1～3 个月发生流产,因此时胎儿尚小,故不易被发现。流产后再发情时常交配后不孕,如此持续相当长的一段时间。少数病例不流产,母牛似已受孕,但胎儿已死于子宫中,此时由于慢性子宫炎、子宫积液而腹围增大,状如怀孕,到预产期理所当然不见分娩,触诊有波动,但无胎动和胎音。

诊断　应首先进行畜群繁殖情况的整体调查。凡畜群繁殖异常,早期流产,母畜常需经多次发情交配始能受孕;常见阴道分泌物增加,子宫蓄脓等情况呈现时,应怀疑为本病。此时应查找虫体,加以确诊。检查病料可取病畜的生殖道分泌物或冲洗液、胎液、流产胎儿的第 4 胃内容物。

防治 本虫对消毒药抵抗力不强，用0.2%碘液、0.1%黄色素或1%血虫净溶液冲洗患畜的生殖道，均能有效地杀死虫体，可连用数天；亦可内服灭滴灵(Metronidazole)或Dimetridazole试治。

此病在我国已基本控制，因此，在发现新病例时应淘汰公牛。如高产种公牛价格昂贵，应开展人工授精，以杜绝母牛对公牛的感染。对公牛进行药物治疗时，因以上药物的治疗效果判断较难，故对公牛是否已完全治愈应慎重下结论。

第五节 组织滴虫病

组织滴虫病亦称传染性盲肠肝炎或黑头病(Black Head Disease)，是由火鸡组织滴虫(*Histomonas meleagridis*)寄生于禽类盲肠和肝引起的疾病。多发于火鸡和雏鸡，成年鸡也能感染。孔雀、珍珠鸡、鹌鹑、野鸭也有本病的流行。

病原体 火鸡组织滴虫(图 14-4)为多形性虫体，大小不一，近圆形或变形虫形，伪足钝圆。无包囊阶段。盲肠腔中虫体的直径为5～16 μm，常见一根鞭毛；虫体内有一小盾(pelta)和一个短的轴柱。在肠和肝组织中的虫体无鞭毛，初侵入者8～17 μm，生长后可达12～21 μm，陈旧病变中的虫体仅4～11 μm，存在于吞噬细胞中。

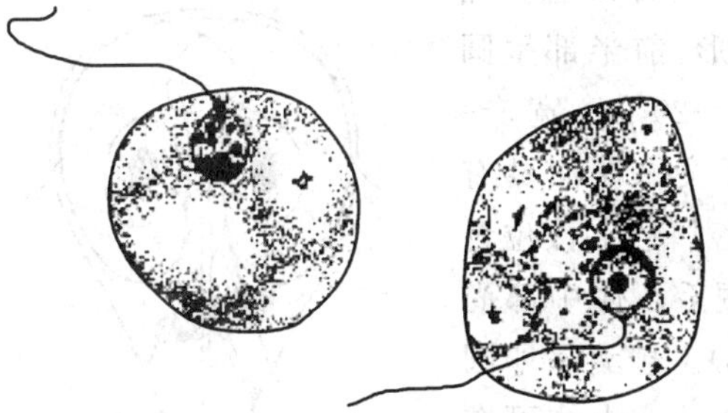

图 14-4 火鸡组织滴虫(Bishop)

生活史 以二分裂繁殖。寄生于盲肠内的组织滴虫，被盲肠内寄生的异刺线虫吞食，进入其卵巢中，转入其虫卵内；当异刺线虫排卵时，组织滴虫即存在卵中，并受卵壳的保护。当异刺线虫卵被鸡吞入时，孵出幼虫，组织滴虫亦随幼虫走出，侵袭鸡只。

症状 潜伏期7～12天，以火鸡易感性最强，病禽呆立，翅下垂，步态蹒跚，眼半闭，头下垂，食欲缺乏，部分病鸡冠、髯部发绀，呈暗黑色，因而有“黑头病”之名，病程1～3周。病变主要在盲肠及肝，剖检见一侧或两侧盲肠肿胀，肠壁肥厚，内腔有干酪状的盲肠肠心，间或盲肠穿孔。肝脏出现黄绿色圆形坏死灶，直径可达1 cm，在肝表面者，明显易见，可单独存在，亦可相互融合成片状。

诊断 根据流行病学及病理变化，特别是肝脏病变，具较大特征性，再结合观察盲肠病变，可做出确诊。检查盲肠内容物时，以温生理盐水(40℃)稀释，做悬滴标本检查，可在显微镜下发现活动的虫体。

防治 本病是通过异刺线虫的寄生进行传播，因此，防治异刺线虫在鸡群的流行，是预防本虫的根本措施。其次，火鸡对本虫具有较高的易感性，而成年鸡往往带虫而不发病，因此，火鸡与鸡不能同场饲养,更不能将养鸡场改养火鸡。

治疗可选用下列药物。

(1)呋喃唑酮(痢特灵 Furazolidonium)。治疗按 10×10^{-4} 混于饲料,连用 1 周,预防时浓度减半。

(2)甲硝唑(灭滴灵 Meteronidazole)。治疗按 4×10^{-4} 混于饲料中。

此外,二甲硝咪唑(Dimetridazole)、卡巴松(Carbarsone)、二氨基五硝基噻唑(Entramin)亦可选用。

需要指出的是,呋喃唑酮和甲硝唑是我国食品动物禁用药物,因此,上述药物不能用于肉鸡和蛋鸡等食品动物,只能用于观赏鸟类。

第六节 贾 第 虫

贾第鞭毛虫病是贾第属(*Giardia*)的一些原生动物寄生于肠道引起的疾病。本属的原虫形态均很相似,但具有宿主特异性,因此,根据宿主的不同而分为不同的种,如牛贾第虫(*G. bovis*,图 14-5)、山羊贾第虫(*G. caprae*)、犬贾第虫(*G. canis*)、蓝氏贾第虫(*G. lamblia*)(人)等。

虫体有滋养体和包囊两种形态。滋养体状如对切的半个梨形,前半部呈圆形,后半部逐渐变尖,长 9~20 μm,宽 5~10 μm,腹面扁平,背面隆突。腹面具有两个吸盘。有两个核。4 对鞭毛,按位置分别称为前、中、腹、尾鞭毛。体中部尚有 1 对中体(median rods)。包囊呈卵圆形,长 9~13 μm,宽7~9 μm,虫体可在包囊中增殖,因此,可见囊内有 2 个核或 4 个核,少数有更多的核。

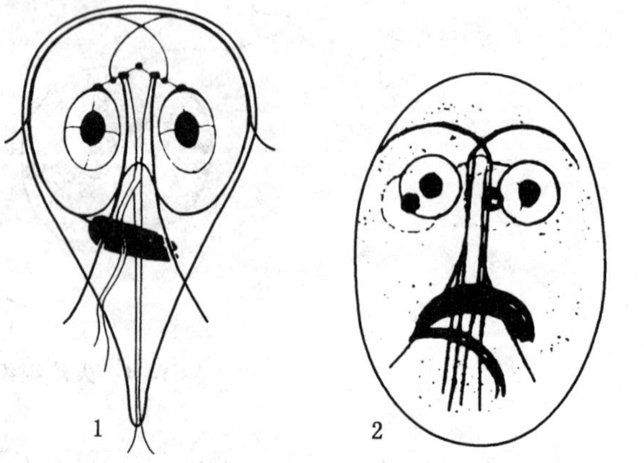

图 14-5 贾第虫(Filice 与 Becker and Frye)

1. 贾第虫滋养体 2. 牛贾第虫包囊

兽医上具有重要性的是犬的疾病。虫体以包囊传播,包囊随粪便排出体外,污染食物和饮水,被健犬食入而遭感染。在十二指肠内脱囊变成滋养体,在十二指肠壁和胆囊中寄生并繁殖,引起肠炎。滋养体落入肠腔,随食糜到达肠后端,即形成包囊排出体外。

本虫对家畜的致病性存在争议:有时粪便中查到包囊,但不发病,故有人认为无致病性。但确有发病者,用药物治疗后,虫体消失,症状消失。幼犬发病时主要表现为下痢,粪便灰色,带有黏液或血液,精神沉郁,消瘦,后期出现脱水症状。成年犬仅表现排出多泡沫的糊状粪便;体温、食欲多无变化。

检查粪便时,用新鲜粪便加生理盐水做成抹片,可见活动的虫体。如以硫酸锌漂浮法,可查到包囊。

治疗可选用甲硝唑(灭滴灵,Metronidazole)、呋喃唑酮(痢特灵 Furazolidonium)和甲硝磺咪唑(Tinidazole)。

第十五章 梨形虫病

第一节 概 述

梨形虫病(Piroplasmosis)旧称焦虫病或血孢子虫病。是一类经硬蜱传播,由顶复门(Apicomplexa),孢子虫纲(Sporozoea),梨形虫亚纲(Piroplasmea),梨形虫目(Piroplasmida)中的巴贝斯科(Babesiida)和泰勒科(Theileriidae)原虫所引起的血液原虫病的总称,包括巴贝斯虫病和泰勒虫病。多见于牛、羊、马等家畜和啮齿类动物及其他野生动物,偶尔也可感染人。本病属于动物源性人畜共患病,传染源是动物。

本病的流行历史悠久,早在1888年,Babes就从罗马尼亚流行的血红蛋白尿病牛的红细胞中观察到虫体,但当时误认是牛血液球菌(*Haematococcus bovis*)。1893年Smith和Killborne在美国得克萨斯州也发现了此病,将其病原体改称为牛双芽梨形虫(*Pirosoma bigeminum*),同年Starcovici将*Pirosoma*属名改称为*Babesia*,并确认该病是通过有环牛蜱为媒介而传播感染的,首次发现蜱类可经卵传递原虫,并能经下代幼蜱成功地传播感染给宿主动物。这表明有环牛蜱不仅是双芽巴贝斯虫的传播媒介,而且还是其储存宿主。这是人类第一次揭示出"虫媒病",证实了寄生原虫可以通过节肢动物而传播。为阐明疟疾和黄热病等的传染机制奠定了基础。

自从1957年Skrabalo和Deanovic在南斯拉夫报道第一例人体病例后,目前在欧洲、美洲和亚洲等已有40多例人巴贝斯虫病的病例报道。此外,还发现50多例血清学阳性的病例。

梨形虫病在世界上许多地区发生和流行,我国各地也常有发生,且病死率高,因而常造成畜牧业和国民经济的巨大损失。其中以对牛的危害最为严重,据联合国粮农组织(FAO)报道,全世界每年受到巴贝斯虫病威胁的牛多达10亿头以上。世界动物卫生组织(OIE)将牛和马的梨形虫病列为B类传染病,我国根据《中华人民共和国动物防疫法》将牛和马的梨形虫病列为二类动物疫病。近年来,随着人巴贝斯虫病病例的增加,该病在公共卫生学方面的意义也越来越受到关注。

一、生 活 史

梨形虫需要通过两个宿主的转换才能完成其生活史。它的一个宿主是许多家养或野生的哺乳动物;另一个宿主是硬蜱。硬蜱既是梨形虫的传播媒介又是其贮藏宿主。

由于在媒介蜱体内是否存在着有性繁殖周期问题没有定论,对梨形虫的生活史长期存在着争议。Mehlhorn H.和Schein E.(1984)通过实验室传播试验、体外培养,结合电镜观察对梨形虫的生活史进行了深入的研究,结果证实梨形虫具有典型的孢子虫生活史的3个阶段。

(一)裂殖生殖

各种梨形虫分裂生殖的方式不尽相同。大多数巴贝斯科原虫的子孢子随蜱的唾液接种到哺乳动物体内后,直接进入红细胞中,以二分裂或出芽进行裂殖生殖,产生裂殖子,当红细胞破裂后,虫体溢出再侵入新的红细胞,反复分裂最后形成配子体(gametocyte 或 gamont)。泰勒科原虫的子孢子随蜱唾液进入哺乳动物体内后,立即进入巨噬细胞和淋巴细胞进行裂殖生殖,反复分裂多次后进入红细胞内寄生,变为配子体。

(二)配子生殖

梨形虫随蜱的叮咬吸血进入蜱的肠管内,大部分虫体死亡,只有少部分虫体发育成为纺锤形、具有一个短剑样顶突和几根鞭毛样突起的虫体,称为辐肋体(strahlenkorper),或称为射线体(ray bodies)。辐肋体被认为是配子。巴贝斯虫由两个这样形态相似而电子密度不同的辐肋体配对并融合形成合子(zygote)。泰勒虫则是由一个这样的辐肋体(小配子)和另一个球形的虫体(大配子)配对融合形成合子。球形的合子转变为长形能动的动合子。

(三)孢子生殖

巴贝斯虫的动合子侵入蜱的肠上皮、血淋巴、马氏管、肌纤维等各种组织内,反复进行无性分裂的孢子生殖,形成更多的动合子。动合子侵入蜱卵母细胞后,保持休眠状态,必须等子蜱发育成熟和采食时,才开始出现与母蜱体内相似的孢子生殖过程,在子蜱叮咬吸血 24 h 内,动合子进入蜱的唾腺细胞转为多形态的孢子体(sporont),反复进行孢子生殖,形成了成千上万个对哺乳动物宿主有感染性、形态不同于动合子的子孢子。泰勒科的动合子直接侵入蜱的唾腺细胞,进行孢子生殖,不进入蜱的其他器官细胞中发育繁殖。

梨形虫以渗透方式吸取营养。梨形虫无伪足、纤毛或鞭毛等运动器官,靠虫体弯曲或滑行而移动。

二、形态学与超微结构

(一)哺乳动物体内梨形虫的形态

寄生于哺乳动物红细胞内的梨形虫呈圆形、梨籽形、杆形或阿米巴形等各种形态。不同形态的虫体,常同时存在于红细胞内。姬氏法染色后,虫体原生质呈浅蓝色,边缘着色较深,中央较浅或呈空泡状无色区,染色质呈暗红色,形成 1～2 个团块。

梨形虫极小。泰勒科原虫一般小于 1～2 μm;巴贝斯科原虫可分为两类。长度不超过 2.5 μm的小型组如马巴贝斯虫、牛巴贝斯虫、吉氏巴贝斯虫等;长度超过 2.5 μm 的大型组如驽巴贝斯虫、双芽巴贝斯虫、卵形巴贝斯虫、犬巴贝斯虫等。可根据虫体大小、排列,在红细胞中的位置,染色质团块的数目与位置,以及各种形态虫体的比例,作为鉴定梨形虫虫种的依据,特别要注意观察各个虫种的典型形态。红细胞染虫率的高低随虫种而不同,有的很低(仅千分之几),有的很高(50%～90%)。红细胞的染虫率还随着病程的发展而有高低,一般在疾病的中期和后期,其染虫率比早期高。

(二)蜱体内梨形虫的形态

寄生于蜱体内的梨形虫的动合子(Kinete,检查蜱血淋巴或蜱卵时发现)呈两端尖的纺锤形,或一端钝圆一端尖的棍棒形。虫体扁平,有的尖端稍弯曲。有一个核位于中心或稍偏。姬氏法染色,原生质呈蓝色,核呈紫红色;钝圆一端边缘染成紫红色帽状;原生质内有时有空泡或呈颗粒状。动合子大小随梨形虫种类和发育阶段不同而有很大差异,为(9～22) μm×(1.5～6) μm。

寄生于蜱唾液腺内的子孢子(sporozoite)形态和寄生于哺乳动物体内的裂殖子(merozoite)形态相似,一般呈单梨籽形,姬氏法染色后,虫体原生质呈浅蓝色,中部淡染,边缘较深,界限清晰,有一团紫红色的染色质。

寄生于哺乳动物巨噬细胞和淋巴细胞内的泰勒虫,在寄生细胞的胞浆内形成多核的虫体称为石榴体或柯赫氏蓝体,其核的数目可多达数十个。

电子显微镜观察,梨形虫虫体由薄的外膜、厚的内膜和膜下微管层 3 层构成的表膜所包被。顶复合器(apical complex)退化,由极环、棒状体组成。在一些发育阶段里有微线体,极环位于虫体钝端,内膜终止于极环上。无类锥体。细胞核具有 2 层膜,无核仁,核位于虫体较细端。胞浆内含有单膜食泡、球形体、内浆网状结构等,但无线粒体(图 15-1)。

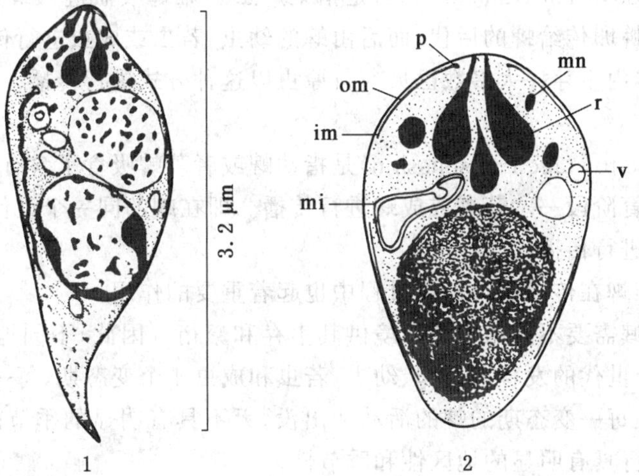

图 15-1　梨形虫超微结构

1. 双芽巴贝斯虫裂殖子　2. 环形泰勒虫裂殖子

p. 极环　mn. 微线体　om. 外膜　r. 棒状体　im. 内膜　v. 空泡　mi. 线粒体

三、流行病学

(一)传染源

梨形虫是一种永久性的寄生虫,不能离开宿主而独立生存于自然界,它的寄居处不是蜱体,便是易感动物体,而且不仅寄生在病畜体内,还可长期地寄生在带虫动物体内。据报道,患过环形泰勒虫病的牛可带虫长达 6 年之久。在蜱体内,巴贝斯虫可长期存活并经卵传递。实验证明，微小牛蜱传播牛巴贝斯虫至少可经卵传递 32 代以上。

(二)传播媒介

硬蜱是传播梨形虫的关键性环节，没有硬蜱，病原体就无法从一个易感动物传给另一个易感动物。已经证实，硬蜱科 7 个主要属中的蜱都可以作为各种梨形虫实验感染或自然感染的传播媒介。这 7 个蜱属的名称是硬蜱属(*Ixodes*)、血蜱属(*Haemaphysalis*)、扇头蜱属(*Rhipicephalus*)、革蜱属(*Dermacentor*)、牛蜱属(*Boophilus*)、璃眼蜱属(*Hyalomma*)、花蜱属(*Amblyomma*)。

不同种的梨形虫需要一定种属的蜱作为传播媒介。据文献记载，有 5 种牛蜱、3 种扇头蜱、1 种血蜱可以传播双芽巴贝斯虫；有 2 种硬蜱、2 种牛蜱和 1 种扇头蜱可以传播牛巴贝斯虫；有 3 属 14 种蜱是驽巴贝斯虫的传播者；有 3 属 17 种蜱可传播马巴贝斯虫。然而同一种蜱又可以作为几种梨形虫的传播媒介。例如，长角血蜱既是牛卵形巴贝斯虫、瑟氏泰勒虫的传播者，又是犬吉氏巴贝斯虫的传播媒介。又如残缘璃眼蜱既是马驽巴贝斯虫、马巴贝斯虫的传播者，又是牛环形泰勒虫的传播者。

硬蜱传播梨形虫的方式主要有以下 2 种。

1. 经卵传播

经卵传播(transovarian transmission)是指梨形虫随雌蜱吸血进入蜱体内发育繁殖后，转入蜱的卵巢内经过蜱卵传给蜱的后代，而后由蜱的幼虫、若虫或成虫进行传播。梨形虫可随蜱的传代，长期在其体内生存。大多数巴贝斯科原虫以这种方式进行传播。

2. 期间传播

期间传播(stage to stage transmission)是指幼蜱或者若蜱吸食了含有梨形虫的血液，可传播给它的下一个发育阶段——若蜱或成蜱进行传播。即在蜱的同一个世代内进行传播。泰勒科原虫以这种方式进行传播。

此外，已证实雄蜱在传播巴贝斯虫过程中也起着重要的作用。

不同种属的硬蜱需要不同的生态环境供其生存和繁衍。因此，不同地区有不同的蜱种分布。另外，硬蜱一个世代的发育需经卵、幼虫、若虫和成虫 4 个变态期，每一变态期都受环境和气候条件的制约，故每一变态期的蜱的活动和出没，无不具有明显的季节的规律性。因此，梨形虫病的发生和流行具有明显的地区性和季节性。

(三)易感性

以往认为巴贝斯虫有严格的宿主特异性，各种动物各有其固有的巴贝斯虫寄生，彼此互不感染。例如，马巴斯虫、驽巴贝斯虫只寄生于马而不寄生于牛和其他动物，然而最近发现这种特异性并非绝对的。例如人，特别是摘脾或免疫功能有缺陷的人，曾有感染牛巴贝斯虫、分歧巴贝斯虫、马巴贝斯虫和田鼠巴贝斯虫的病例报道；又如曾经观察到牛的双芽巴贝斯虫可隐性感染绵羊、山羊和马。

梨形虫病疫区的动物因不断地受到蜱的侵袭，成为长期的带虫者，因而保持着长期的带虫免疫现象(premunition)，故本病常发生于新引进或迁移放牧的家畜。巴贝斯虫病属于动物源性人畜共患病，人往往是因外出旅游或野外作业时，遭受蜱的叮咬而感染本病(牛源——牛巴贝斯虫、分歧巴贝斯虫；马源——马巴贝斯虫；啮齿动物源——田鼠巴贝斯虫)。

(四)流行病地区的类型

梨形虫病的传播与其传播媒介——蜱的存在密切相关。造成梨形虫病流行的3种生物体(梨形虫、硬蜱和易感动物)之间存在着错综复杂的相互关系,根据它们之间存在的不同关系,可将梨形虫流行病地区划分为4种类型。

(1)安全地区。在此地区内,虽有易感动物,但无病原体,也无传播媒介——蜱,是一个"清洁的"安全区。

(2)受威胁地区。有某种梨形虫的易感动物和相应的传播媒介——蜱,但无病原体;或有带虫者和易感动物,但无相应的传播媒介——蜱。在这一类地区只要加入所缺的一个因素即可引起梨形虫病的流行,甚至造成疾病的暴发。

(3)隐伏地区。在这一类地区存在有疾病流行的3个环节,且曾有梨形虫病的流行,但由于当地家畜的带虫免疫现象或由于某种因素所致的蜱的滋生与活动的减少,形成了隐而不显的假安全区,一旦条件适宜,即能恢复流行。特别是由安全地区引进易感动物到此类地区时,至发病季节,通常都引起发病,而且来势猛,病情重,常有全群覆没之虞。

(4)固定流行区。条件因素与隐伏地区相同,但每年到发病季节都有发病动物(已发生过病的有时可能不发病),只是时间迟早、数量多少不同而已。

四、预防和控制

(一)流行病学调查

1. 蜱种类的鉴定

蜱种类的分布决定了梨形虫的分布。由蜱种类可预测梨形虫虫种,从传播媒介蜱的分布可知梨形虫的分布。正确鉴别蜱的种类对确定梨形虫病的流行是最基本的。

2. 蜱感染梨形虫的监测

梨形虫在蜱唾液腺内的染虫率是无规律的,但在饱血雌蜱的血淋巴内或吸血的幼蜱体内易查出动合子。检查血淋巴的方法是收集脱落的饱血雌蜱,将其培育在28℃、相对湿度约85%的温箱中,经5～6天后,采用断腿法或穿刺法制作血淋巴涂片:前者是用眼科剪刀剪断腿的末端,待清亮的血淋巴由伤口渗出时,应立即涂片,避免凝结;后者是用昆虫针等尖物,轻轻刺破饱血雌蜱前端体表,用渗出液涂片,要防止蜱肠内容物弄脏涂片,影响清晰度。对卵及次代幼虫采用直接压片的方法。涂片用甲醇固定和姬氏法染色。动合子呈扁平状,前端宽而钝,逐渐变窄,后端窄而尖。有的虫体尖端稍弯曲或弯曲如钩;有的虫体有1～3个空泡和1个紫红色球形的核;有的虫体前缘分布有染色质带,或整个前端红染。

近年来,制备出了用于检查微小牛蜱带虫率的双芽巴贝斯虫探针,用它既可检测出幼蜱及成蜱的带虫率,还能显示不同蜱龄时蜱的感染强度。也有人用PCR技术检查蜱的带虫率。总之,分子生物学技术的应用为蜱感染梨形虫的检测创造了条件。

3. 哺乳动物宿主体内梨形虫的监测

为了测定哺乳动物梨形虫的感染率和流行情况,最基本而又最简单的方法是用厚(或薄)血涂片姬氏法染色后油镜检查。由于在亚临床感染或带虫免疫动物的血液涂片上难以查出梨形虫，并且血液涂片检查也不适用于梨形虫病大规模的流行病学调查。所以敏感、特异、简便、快速而实用的梨形虫病血清学诊断法成为血涂片法不可替代的检测方法。

用于梨形虫病诊断的血清学方法很多，主要有补体结合试验（CF）、间接荧光抗体试验（IFA）、间接血凝试验（IHA）、琼脂扩散试验（GD）、毛细管凝集试验（CA）、乳胶凝集试验（LA）、间接放射免疫试验（RIA）、酶联免疫吸附试验（ELISA）、单克隆抗体技术（McAb）和聚合酶链式反应技术（PCR）等。

补体结合试验具有较高的特异性，在未感染牛中仅有1%～2%的假阳性。但此法敏感性较低，仅能测出几个月内的抗体。因此，在发病地区，此法不适合用作流行病学调查。

间接荧光抗体试验在未感染牛巴贝斯虫的牛中有3%～4%的假阳性，但对有亚临床症状的病例，97%～98%测定是正确的，此法对牛巴贝斯虫和双芽巴贝斯虫的交叉反应也最低。

间接血凝试验对测定亚临床症状仅有0.5%的假阳性，具有高度可信性。但有报道指出，此法在测定双芽巴贝斯虫感染地区可信性不够。

用快速凝集试验测定非特定急性感染地区，因其操作简便快速，可用于畜群巴贝斯虫病的流行病学调查。

单克隆抗体技术、核酸探针和PCR技术由于其灵敏度高，也已用于梨形虫病的流行病学调查。

(二)控制传染源

由梨形虫病固定流行区或隐伏地区向受威胁地区或安全地区调入易感动物时，应进行梨形虫病检疫。应选择无蜱活动季节进行易感动物的调动，在调入、调出前，应做药物灭蜱处理。当畜群中已出现临床病例或由安全地区向疫区输入家畜时，可应用咪唑苯脲进行药物预防巴贝斯虫病。

(三)切断传播途径

防蜱、灭蜱是预防本病的主要环节。应在充分调查研究各种蜱的生活习性（消长规律、滋生场所、宿主范围、寄生部位等）的基础上，因地制宜地采取综合性防治措施，才能取得较好的效果。

1. 消灭畜体上的蜱

(1)捕捉。在畜少、人力充足的条件下，这是一种较好的辅助方法，因消灭畜体上一个雌蜱等于消灭地面上成千上万个幼蜱。

(2)化学药物灭蜱。常用的有拟除虫菊酯类杀虫剂，如25～50 mg/kg体重溴氰菊酯（商品名倍特，Butox）；有机磷类杀虫剂，如250 mg/kg体重二嗪农（商品名螨净，Diazinon），50～250 mg/kg体重巴胺磷（商品名赛福丁，Safrotin）。可根据使用季节和应用对象，选用喷洒、药浴、泼浇或粉剂涂撒等不同的用药方法。还应随蜱种不同优选合适的药液浓度和使用间隔时间。各种药剂的长期使用，可使蜱产生耐药性。因此，杀虫剂应混合使用或轮流使用，以增强杀蜱效果和推迟产生抗药性。

2. 消灭自然界中的蜱

改变自然环境使其不利于蜱的生存，例如，翻耕牧地，清除杂草和灌木丛，在严格监督下进行烧荒等，以消灭蜱的滋生地。捕杀啮齿类等野生动物，对消灭硬蜱也有重要的意义。有条件时，还可对蜱滋生场所用 50% 马拉硫磷乳油 0.4～0.75 mL/m^2 或用 90% 马拉硫磷乳油 0.05～0.2 g/m^2 进行超低容量喷雾。有些蜱类，如残缘璃眼蜱生活在畜舍的墙壁、地面、饲槽的裂缝内。为了消灭这些地方的蜱类，应堵塞畜舍内所有缝隙和小孔，堵塞前应先向裂缝内注入煤油或杀虫药，再堵塞缝隙。

3. 避免在有蜱的地方停留

为了预防巴贝斯虫病，牛群应避免到大量滋生蜱的草场放牧，必要时可改为舍饲；而预防牛环形泰勒虫病则应定期离圈放牧（4～10 月份），以躲避在牛圈滋生的璃眼蜱的侵袭。

（四）接种虫苗和药物预防

巴贝斯虫虫苗的研究始于 20 世纪 50 年代，澳大利亚学者 Callow 等利用感染牛巴贝斯虫的血接种易感去脾犊牛，快速连续传代，最后使虫体毒力减弱至不能使接种动物发病的程度。这种致弱虫苗在澳大利亚已使用了 20 多年，为该国的养牛业作了很大的贡献。进入 20 世纪 70 年代后，巴贝斯虫的体外连续培养技术逐渐成熟，使人们可以从培养上清液中分离到大量巴贝斯虫外抗原，配合皂苷（Saponin）等佐剂制成了培养源外抗原虫苗。开始取代了致弱虫苗，其中以牛巴贝斯虫虫苗和犬巴斯虫虫苗最为成功，已有不同类型的商品苗出售。进入 20 世纪 80 年代后，伴随细胞生物学和分子生物学等技术在这一领域的不断应用，国外又开始研究巴贝斯虫的基因工程苗。牛巴贝斯虫的宿主保护性抗原（Bv60，Bv225）、双芽巴贝斯虫抗原（P50，P58，P70）、羊巴贝斯虫抗原（Bv601-4）、犬巴贝斯虫抗原（Bv60/P58）的氨基酸组成及基因序列均已分析清楚。其中牛巴贝斯虫的 Bv60 和双芽贝斯虫的 P58 抗原的体外大量合成方法已经建立。由两种重组抗原所制备的基因工程苗正在澳大利亚进行临床试验。对泰勒虫病应用最广泛的是一种抗环形泰勒虫的减毒裂殖体细胞培养苗，接种后 20 天即产生免疫力，免疫持续期为 1 年以上，此种虫苗对瑟氏泰勒虫病无交叉免疫保护作用。

对巴贝斯虫除了应用虫苗进行预防外，还可应用咪唑苯脲（Imidocarb）进行药物预防。咪唑苯脲对各种巴贝斯虫均有较好的治疗效果，具有疗效高、毒性低、剂量小的优点，而且由于该药能在畜体内存留较长时间，因此，还具有极好的预防作用。注射本药后的预防期，牛为 2～10 周，犬为 6 周，对牛体自然免疫并无影响。

第二节　巴贝斯虫病

一、牛巴贝斯虫病

尽管寄生于牛的巴贝斯虫曾被报告过许多种，但目前公认的只有 7 种，即双芽巴贝斯虫（*Babesia bigemina*）、牛巴贝斯虫[*B. bovis*，同义名阿根廷巴贝斯虫（*B. argentina*）、小檗巴贝斯虫（*B. berbera*）]、分歧巴贝斯虫（*B. divergens*）、大巴贝斯虫（*B. major*）、卵形巴贝斯虫（*B. ovata*）、雅氏巴贝斯虫（*B. jakimovi*）和隐藏巴贝斯虫（*B. occultans*）。寄生于我国牛的巴贝斯虫的虫种为双芽巴贝斯虫、牛巴贝斯虫和卵形巴贝斯虫。刘钟灵等（1997）报道了寄生于我国水牛体内的一种巴贝斯虫新种——东方巴贝斯虫（*B. orientalis*）。

(一)牛双芽巴贝斯虫病

牛双芽巴贝斯虫病是一种经蜱传播的急性发作的季节性血液原虫病。临床上常出现血红蛋白尿,故又称红尿热。又因最早发现于美国得克萨斯州,故又称为得克萨斯热(Texas fever)或称蜱热病(Tick fever)。常造成牛只的严重发病和死亡。该虫广泛分布于北美、南美、欧洲(特别是临近地中海的国家)、北非、南非、中东、印度、日本、澳大利亚等地。我国的西藏、甘肃、陕西、河南、湖北、湖南、江西、江苏、浙江、福建、广东、广西、贵州、云南等地也均有报道。

病原 双芽巴贝斯虫寄生于黄牛、水牛、瘤牛的红细胞内,是一种大型的虫体,其长度大于红细胞半径;其形态有梨籽形、圆形、椭圆形及不规则形等。典型的形状是成双的梨籽形,尖端以锐角相连。每个虫体内有 2 团染色质块。虫体多位于红细胞的中央,每个红细胞内,虫体数目为 1～2 个,很少有 3 个以上的。红细胞染虫率为 2%～15%。姬氏法染色后,虫体胞浆呈淡蓝色,染色质呈紫红色。虫体形态随病的发展而有变化,开始出现时以单个虫体为主,随后双梨籽形虫体所占比例逐渐增多(图 15-2)。

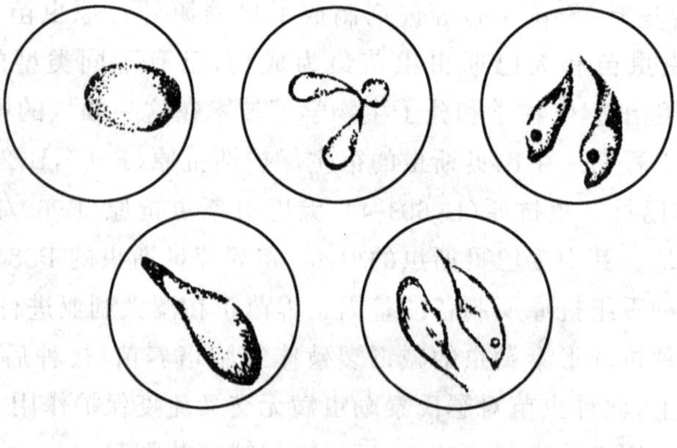

图 15-2 红细胞内的双芽巴贝斯虫

生活史 Rick(1964)详细研究了双芽巴贝斯虫在微小牛蜱体内的发育和繁殖情况,当含有虫体的红细胞被吸入到蜱的肠管后,大部分虫体被破坏,仅一小部分可以继续发育。此时可见到有 3 种形态的虫体:①球形虫体。直径为 3～5 μm,含一个大空泡,胞浆围在空泡周围,有一个核位于胞浆边缘。②长形(或钉形)虫体。大小为(4～7)μm×(1～2)μm,有一个核和 3～4 个分散的染色质小点。③双核的球形虫体。一个核为长形,围绕在空泡化的胞浆周围;另一个核为圆形,位于相对的一侧。Rick 认为第 3 种为前 2 种联合而成的,是否代表部分的配子生殖则有待于做进一步的研究。虫体进入蜱体内 24 h 后,可在肠管内见到长 8～10 μm、宽 3.5～4.5 μm 的雪茄形虫体。24～48 h 后虫体进入肠上皮细胞中发育,形成不规则的、纺锤形的虫体,单个的核略位于中央,虫体进行迅速的复分裂,形成许多卵圆形或球形、直径为 3.2～6.5 μm 大小的虫体。72 h 发育为虫样体(Vermicule),长 9～13 μm,宽 2～3 μm,由肠上皮细胞移入血淋巴内。96 h 后,虫体进入马氏管,经复分裂后移居蜱卵内。当幼蜱孵出发育时,则进入肠上皮细胞再进行复分裂,形成许多虫样体。上皮细胞破裂,虫样体进入肠管和血淋巴。当幼蜱蜕化为若蜱时,可在若蜱的唾腺内见有(2～3)μm×(1～2)μm 的梨籽形虫体(与牛红细胞中的虫体形态相似)。因此,可以认为双芽巴贝斯虫在媒介蜱体内发育至感染阶段系幼蜱蜕化为若蜱的时期(图 15-3)。双芽巴贝斯虫在牛体内以“成对出芽”方式进行繁殖。

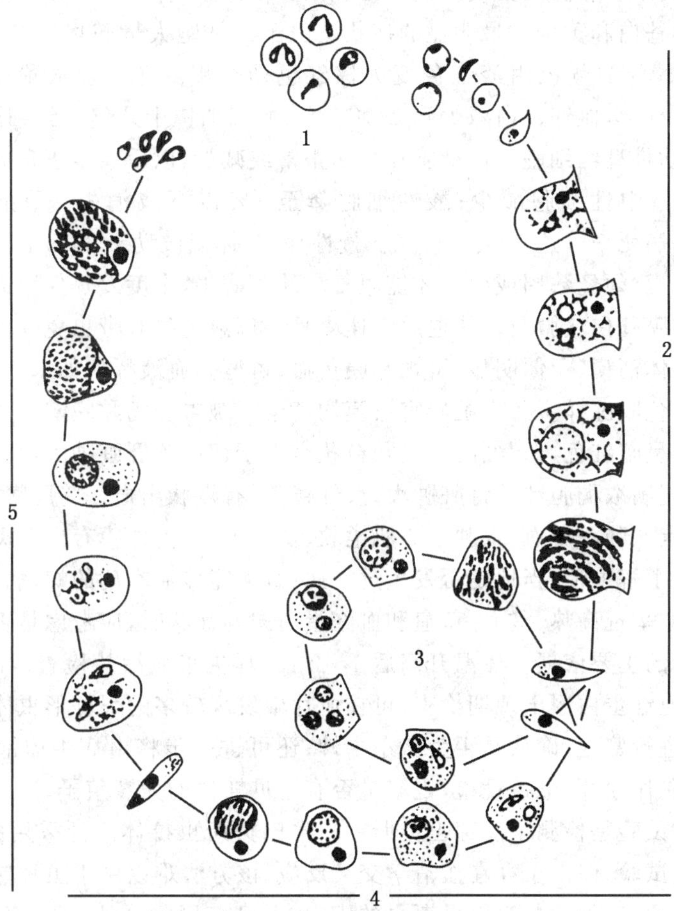

图 15-3　双芽巴贝斯虫在微小牛蜱体内的发育

1. 牛红细胞内的虫体　2. 虫体在成蜱肠上皮细胞内的发育　3. 虫体在马氏管和血淋巴内的发育　4. 虫体在幼蜱肠上皮细胞内的发育　5. 虫体在若蜱唾液腺细胞内的发育

流行病学　文献记载有 5 种牛蜱、3 种扇头蜱、1 种血蜱可以传播双芽巴贝斯虫。我国已查明,微小牛蜱为双芽巴贝斯虫的传播者,以经卵传播方式,由次代若虫和成虫阶段传播,幼虫阶段无传播能力。已证实,双芽巴贝斯虫在牛蜱体内可继代传递 3 个世代之久。双芽巴贝斯虫也可经胎盘垂直传播。

微小牛蜱为一宿主蜱,每年可繁殖 2～3 代。本病在一年之内可以暴发 2～3 次。从春季到秋季以散发的形式出现,在我国南方,本病主要发生于 6～9 月份。由于微小牛蜱在野外发育繁殖。因此,本病多发生于放牧时期,舍饲牛发病较少。在一般情况下,2 岁以内的犊牛发病率高,但症状较轻,死亡少,容易自愈;成年牛发病率低,症状重,病死率高;当地牛感受性低;良种牛和由外地引进的牛感受性高,且病情重,病死率亦高;老、弱及使役过重的牛,病情更为严重。

症状　潜伏期 8～15 天。病牛首先表现为发热,体温升高到 40～42℃,呈稽留热型。脉搏及呼吸加快，精神沉郁，喜卧地。食欲减退或消失。反刍迟缓或停止，便秘或腹泻，有的病牛还排出黑褐色、恶臭带有黏液的粪便。乳牛泌乳减少或停止，怀孕母牛常可发生流产。病牛迅速消瘦，贫血，黏膜苍白和黄染。最明显的症状是由于红细胞大量破坏，血红蛋白从肾脏排出而出现血红蛋白尿，尿的颜色由淡红色变为棕红色乃至黑红色。血液稀薄，红细胞数降至100万～200万个/mm^3，血红蛋白减少到25%左右，血沉加快十几倍。红细胞大小不均，着色淡，有时还可见到幼稚型红细胞。白细胞在病初正常或减少，以后增至正常的3～4倍；淋巴细胞增加15%～25%；中性细胞减少；酸性细胞降至1%以下或消失。重症时，如不治疗可在4～8天内死亡，病死率可达50%～80%。慢性病例，体温波动于40℃上下，持续数周，减食及渐进性贫血和消瘦，须经数周或数月才能康复。幼年病牛，中度发热仅数天，心跳略快，食欲减退，略现虚弱，黏膜苍白或微黄。热退后迅速康复。病愈的牛有带虫免疫现象。

病理变化 尸体消瘦，尸僵明显，可视黏膜贫血、黄疸。血液稀薄如水。皮下组织、肌间结缔组织和脂肪呈黄色胶冻样。各内脏器官被膜均黄染。皱胃和肠黏膜潮红并有点状出血。脾脏肿大，脾髓软化，呈暗红色，白髓肿大，呈颗粒状突出于切面。肝脏肿大，黄褐色，切面豆蔻状花纹。胆囊扩张，充满浓稠胆汁。肾脏肿大，淡红黄色，有点状出血。膀胱膨大，存有多量红色尿液，黏膜有出血点。肺脏瘀血、水肿。心肌柔软，黄红色；心内外膜有出血斑。

诊断 首先应了解疫情，当地是否发生过本病；有无能传播本病的蜱；病牛是否来自疫区。在发病季节，如病牛呈现高热、贫血、黄疸和血红蛋白尿等症状时，应考虑是否为本病。血液涂片检出虫体是确诊的主要依据。体温升高后1～2天，耳尖采血涂片检查，可发现少量圆形和变形虫样虫体；在血红蛋白尿出现期检查，可在血片中发现较多的梨籽形虫体。如在病牛体上抓到蜱时，可对其进行鉴定，确认是否为微小牛蜱；还可进一步将由病牛体饱血脱落的雌蜱断肢，采集其血淋巴制作涂片，染色镜检，观察是否有巴贝斯虫的大裂殖子。

间接荧光抗体试验是检测牛双芽巴贝斯虫和牛巴贝斯虫抗体广泛采用的方法，并被公认作为国际贸易指定试验，但由于存在血清学交叉反应，该方法难以用于虫种鉴别。酶联免疫吸附试验日益受到欢迎，一种诊断牛巴贝斯虫的ELISA已获国际公认；但尽管在不同实验室的一些研究人员做了大量工作，双芽巴贝斯虫的ELISA仍没获得公认。

治疗 应尽量做到早确诊，早治疗。除应用特效药物杀灭虫体外，还应针对病情给予对症治疗，如健胃、强心、补液等。常用的特效药有：

(1)咪唑苯脲(Imidocarb，Imizol)。对各种巴贝斯虫均有较好的治疗效果。治疗剂量为1～3 mg/kg体重，配成10%溶液肌肉内注射。该药安全性较好，增大剂量至8 mg/kg体重，仅出现一过性的呼吸困难、流涎、肌肉颤抖、腹痛和排出稀便等副反应，约经30 min后消失。该药在体内不进行降解代谢并排泄缓慢，导致它长期残留在动物体内，由于这种特性，使该药既具有较好的预防效果，却也产生了讨厌的组织内长期残留物。尽管已有试验报道认为该残留物在评价公共卫生意义上并无重要性，但仍有一些国家不允许将该药用于肉食动物和奶用乳牛上，或规定动物用药后28天内不可屠宰供食用。

(2)三氮脒(Diminazene，贝尼尔 Breenil)。剂量为3.5～3.8 mg/kg体重，配成5%～7%溶液，深部肌肉内注射。用药后黄牛偶尔出现起卧不安、肌肉震颤等副作用，但很快消失。水牛对本药较敏感，一般用药1次较安全，连续使用易出现毒性反应，甚至死亡。

(3)锥黄素(吖啶黄，Acriflavine)。剂量为3～4 mg/kg体重，配成0.5%～1%溶液静脉注射。症状未减轻时，24 h后再注射1次。病牛在治疗的数天内，避免烈日照射。

(4)硫酸喹啉脲(Quinuronium,阿卡普林 Acaprin)。剂量为0.6～1 mg/kg 体重,配成5%溶液皮下注射。有时注射后数分钟出现起卧不安,肌肉震颤、流涎、出汗、呼吸困难等副作用。妊娠牛可能流产。一般于1～4 h后自行消失。严重者可皮下注射阿托品,剂量为10 mg/kg 体重。

(5)黄花蒿。我国首次从黄花蒿(*Artemisia annua*)中提取到了新的抗疟有效成分——青蒿素。青蒿素对家畜梨形虫病亦有良好的治疗效果,主要作用于梨形虫在红细胞内配子体期。黄花蒿属菊科植物,有人比较了8种蒿属植物,结果仅黄花蒿一种含有青蒿素;黄花蒿分布于全国各地,其中以广西、四川、海南等地产的黄花蒿中青蒿素含量较高。黄花蒿叶中青蒿素含量的高峰期在花苞出现之前。一般供药用的是新采集的新鲜黄花蒿,也可用阴干黄花蒿,但保存期不能超过1年。因青蒿素具有特殊的过氧基团,易受湿热和还原性物质的影响而分解。用量与用法为:用药前1天或当天采集黄花蒿幼嫩枝叶,轧碎,冷水浸泡30～60 min,连渣灌服,每天每头牛口服3～5 kg,上、下午各服1/2剂量,直到红细胞染虫率下降至1%以下时,停药观察。

治疗的同时应停止使役,给予易消化的饲料和多饮水。检查和捕捉体表的蜱等。

预防　关键在于灭蜱。要了解当地蜱的活动规律,有计划地采取一些有效措施,消灭牛体上及牛舍内的蜱。牛群应避免到大量滋生蜱的草场放牧,必要时可改为舍饲。也应杜绝随饲草和用具将蜱带入牛舍。牛只的调动最好选择无蜱活动的季节进行,调动前应用药物灭蜱。当牛群中出现个别病例或向疫区引入敏感牛时,可应用咪唑苯脲进行药物预防,对双芽巴贝斯虫和牛巴贝斯虫可分别产生60天和21天的保护作用。

目前,国外一些地区(如澳大利亚)已广泛应用抗巴贝斯虫弱毒虫苗和分泌抗原虫苗;一次免疫接种后,3～4周内可产生免疫保护力,并能维持数年。我国也正在研制之中。

(二)牛巴贝斯虫病

牛巴贝斯虫常和双芽巴贝斯虫一起广泛存在于有牛蜱的北纬32°至南纬30°的世界各地,两者常混合感染。牛巴贝斯虫各虫株之间致病性互有差异,澳大利亚株和墨西哥株致病性强。因此,该两地牛巴贝斯虫的重要性超过双芽巴贝斯虫。我国此病的分布不如双芽巴贝斯虫广泛,已发现于西藏、陕西、河北、河南、安徽、福建、贵州、云南等地。

病原　牛巴贝斯虫寄生于红细胞内,是一种小型的虫体,长度小于红细胞半径;形态有梨籽形、圆形、椭圆形、不规则形和圆点形等。典型形状为成双的梨籽形,尖端以钝角相连,位于红细胞边缘或偏中央,每个虫体内含有一团染色质块。每个红细胞内有1～3个虫体。牛巴贝斯虫红细胞染虫率很低,一般不超过1%,有的学者认为这是由于寄生牛巴贝斯虫的红细胞黏性很大,使其易黏附于血管壁上,致使外周血涂片中观察到的感染红细胞很少,而在脑外膜毛细血管中堆集有大量感染红细胞(图15-4)。

图15-4　红细胞内的牛巴贝斯虫

生活史 牛巴贝斯虫生活史尚未完全清楚，但基本上与双芽巴贝斯虫相似。有的学者认为，牛巴贝斯虫进入牛体后，在进入红细胞前，有一个红细胞外的裂殖生殖阶段，即虫体随蜱的唾液进入牛体后，首先进入血管内皮细胞，发育为裂殖体，再经过裂殖生殖，产生许多不同形状和大小的个体。裂殖体崩解后，破内皮细胞而出；有的新个体再度侵入血管内皮细胞重复其裂殖生殖过程，有的在血液中被白细胞吞噬而死亡，有的则进入红细胞内，以出芽生殖或二分裂方式进行繁殖。关于牛巴贝斯虫进入蜱体后的发育和繁殖过程，Rick(1986)曾以微小牛蜱进行过研究，他认为与双芽巴贝斯虫相似。

流行病学 文献记载有2种硬蜱、2种牛蜱和1种扇头蜱可以传播牛巴贝斯虫。我国已证实微小牛蜱为牛巴贝斯虫的传播者，以经卵传播方式由次代幼虫传播，次代若虫和成虫阶段无传播能力。我国虽有可作为牛巴贝斯虫传播者的全沟硬蜱存在，但尚未见可证实其传播作用的报道。

本病多发生于1～7月龄的犊牛，但有些地方不受年龄限制，从外地引进的牛，其发病率均高于本地牛。成年牛多为带虫者，带虫现象可持续2～3年。本病的发生随微小牛蜱的季节动态而每年出现5月、7月、9月3个高峰期。

症状 潜伏期为4～10天。病初体温升高，可达41℃，呈稽留热型；精神沉郁，食欲和反刍减退。随着病程的发展，心血管系统和呼吸系统也发生变化，脉搏增快而弱，呼吸促迫；出现贫血、黄疸症状。

病的后期，病牛极度虚弱，食欲废绝，可视黏膜苍白，排尿频数，尿呈红色。因为大脑毛细血管中感染红细胞的潴留，通常伴有神经症状的发生。

急性病例，病程持续1周。轻症病例在血红蛋白尿出现后3～4天，体温恢复正常，尿色变清，病情逐步好转，但血液指标要经2～3个月才能恢复正常。病牛的病死率较低，一般为20%左右。

病理变化 肉眼病变基本上与牛双芽巴贝斯虫病相似。不同之处在于，本病的脾脏病变比较严重，有时出现脾脏破裂，脾髓色暗，脾细胞突出。胃及小肠有卡他性炎症。肝黄染、肿大，各脏器组织有不甚明显的出血点。

诊断 诊断方法与牛双芽巴贝斯虫病相同，确诊必须在血片中查到典型虫体。

治疗 治疗原则和药物与牛双芽巴贝斯虫病相同。用咪唑苯脲、三氮脒、锥黄素、硫酸喹啉脲等均有效，但用台盼蓝时，其疗效不如治疗牛双芽巴贝斯虫病那样有效。

预防 参照牛双芽巴贝斯虫病。

(三)牛卵形巴贝斯虫病

白启等(1986)在河南省卢氏县1头发病犊牛体内分离到1株大型的巴贝斯虫。依据虫体形态特征、媒介蜱种类、临床症状及荧光抗体试验结果等，认为该虫和发现于日本的卵形巴贝斯虫为同一种。

病原 卵形巴贝斯虫寄生于牛的红细胞中，是一种大型的虫体，虫体长度大于红细胞的半径，呈卵形、圆形、出芽形、阿米巴形、单梨籽形及双梨籽形等。虫体内有1～2个深紫色球形或不规则形的染色质团。这种染色质团有时分布于虫体边缘，形成前端较宽的带状物质。虫体中央往往不着色，形成空泡。这种虫体大多集中于血液涂片的末梢。双梨籽形虫体较宽大，一般大于红细胞半径，位于红细胞中央，成对的两个虫体的尖端以锐角或钝角相连或不相连。在疾病的发展过程中,双梨籽形虫体往往发生蜕变,变得窄而小。感染红细胞一般寄生1～2个虫体,个别可寄生4个(图15-5)。

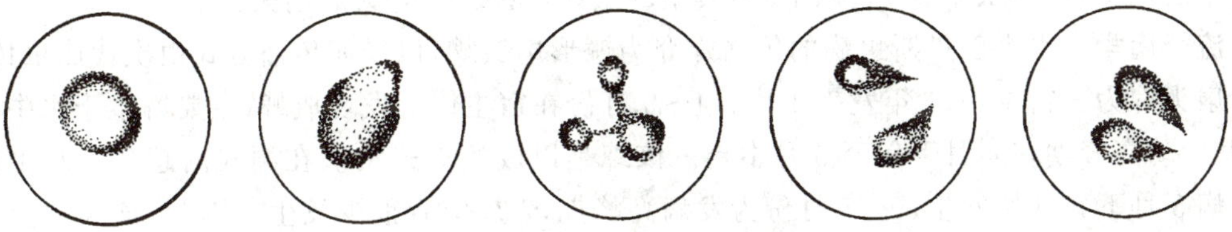

图 15-5 红细胞内的卵形巴贝斯虫

流行病学 卵形巴贝斯虫的传播媒介为长角血蜱。以经卵传播方式,由次代幼虫、若虫和成虫传播。雄虫也可以传播卵形巴贝斯虫。

卵形巴贝斯虫发现于日本、朝鲜及我国的河南、吉林、甘肃等地。由于长角血蜱也是牛瑟氏泰勒虫的传播媒介,两者常混合感染。因此,在牛瑟氏泰勒虫病疫区应注意检查是否同时存在有本病。

症状 实验感染证实,卵形巴贝斯虫具有一定的病原性。发病初期,试验牛精神沉郁,食欲减退。随着病程的发展,出现高热,稽留2～5天。牛只高度消瘦,被毛粗乱,眼、鼻有大量黏稠的分泌物,可视黏膜苍白,腹泻,呼吸加快且粗粝,脉搏快且心律不齐。摘脾试验牛呈现不同程度的黄疸和血红蛋白尿。未摘脾试验牛临床症状较轻微。

病理变化 血液稀薄。皮下、肠系膜和冠状沟高度黄染,心包大量积液,心内膜有点状和片状出血。肾脏和肝脏肿大。肺脏有多处肉样变和肺气肿。膀胱积有酱油色尿液,内膜有点状出血。除盲肠外,其他肠段有点状出血,真胃有弥漫性溃疡和出血点。

诊断、治疗、预防 可参照牛双芽巴贝斯虫病。

(四)水牛巴贝斯虫病

自从1983年刘钟灵等报道了中国水牛的巴贝斯病之后,湖北、福建、江西、湖南及江苏等地相继报道有本病存在。起初认为该病的病原为牛巴贝斯虫与双芽巴贝斯虫,以牛巴贝斯虫单独感染为主,有少量病例为2种虫体混合感染。然而通过多次对水牛、黄牛的人工感染、虫体形态(红细胞内的滋养体与蜱血淋巴中的裂殖子)反复观察以及体外培养等深入研究后发现,该病病原与牛巴贝斯虫和双芽巴贝斯虫有很多不同之处。因此,认为我国水牛巴贝斯虫病的病原不是这两种虫种,而是1个新种——东方巴贝斯虫。

病原 东方巴贝斯虫寄生于水牛的红细胞内。呈梨籽形、环形、椭圆形、边虫形及杆形。单梨籽形多于双梨籽形,病的初期以单梨籽形为主。双梨籽形(多见于病的中后期)以尖端相连呈钝角,极个别呈锐角或平行排列,虫体长度小于红细胞半径。病的后期(虫血症后5～8天),出现少数大于红细胞半径的单梨籽形或双梨籽形虫体。在镰形扇头蜱血淋巴中,见到的裂殖子呈长圆锥形,前端钝圆,呈帽状结构,核位于体中部,呈紫蓝色,后端纤细,尾部直而不形成钩,虫体大小为(12～15) μm×(1.8～3.5) μm。而牛巴贝斯虫裂殖子较大,为(14.3～16.9) μm×(2.8～5.6) μm,尾部弯曲成钩;双芽巴贝斯虫裂殖子较小,为(9～13) μm×(2～2.9) μm,尾部直。

在水牛巴贝斯虫病流行区未见有黄牛发病;用感染水牛巴贝斯虫的镰形扇头蜱叮咬黄牛或用患病水牛染虫血液给黄牛皮下注射,均未出现任何临床症状,仅在感染后 10～12 天外周血液中出现少量(染虫率 0.1%以下)不典型的虫体,持续 3～5 天后消失。

流行病学 水牛巴贝斯虫病的传播媒介为镰形扇头蜱,以经卵传播方式由次代成虫传播。镰形扇头蜱为三宿主蜱,1 年发生 1 代。4～6 月份在宿主体上发现成蜱,主要寄生于水牛耳壳内,其活动高峰期在 4 月下旬至 5 月中旬。该蜱是以成蜱形式蛰伏在洞穴内越冬。水牛巴贝斯虫病 3 月下旬开始发生,4～5 月份为发病高峰期,7 月份后很少发生。因此,该病的流行时间与镰形扇头蜱的季节动态密切相关。

症状 病牛精神沉郁,反刍停止,食欲减少或废绝。体温高达 40.5～41.6℃,呈稽留热。可视黏膜苍白而带黄色。心跳、呼吸加快。发病后 3～4 天排出血红蛋白尿,呈浅红色或深红褐色。喜饮水,但每次饮量不多;或有异嗜,啃食地上泥土。粪便稀薄呈粥状,有的有黏液和恶臭。怀孕母牛往往流产。病程 5～8 天,最后极度衰竭而死亡。轻症病例 2～3 天后尿色转淡至清,体温恢复正常,逐渐好转。

病理变化 血液稀薄,可视黏膜苍白黄染,皮下结缔组织黄染、呈胶冻样。心包液黄染,量多;心外膜有点状出血;心脏脂肪呈胶冻样变性,有出血点。肺气肿,气管内充满泡沫样液体。脾肿大,脾髓软化。肝肿大;胆囊充满胆汁,内壁充血、出血,皱胃黏膜广泛充血、出血,并有溃疡灶。大、小肠黏膜均有充血、出血。膀胱充满红褐色尿液。

诊断、治疗、预防 可参照牛双芽巴贝斯虫病。

二、马巴贝斯虫病

马巴贝斯虫病又称马梨形虫病,旧称马血孢子虫病。是由驽巴贝斯虫(旧名马焦虫)和马巴贝斯虫(旧名纳氏焦虫),寄生于马属动物的红细胞内所引起的血液原虫病。临床呈现高热、贫血、黄疸、出血和呼吸困难等重剧症状,如诊治不及时,病死率极高。它必须通过硬蜱传播。因此,本病的流行具有一定的地区性和季节性。

(一)马驽巴贝斯虫病

马驽巴贝斯虫病主要流行于东北地区和内蒙古东部及青海等地。

病原 驽巴贝斯虫(*B. caballi*)为大型虫体,虫体长度大于红细胞半径。其形状为梨籽形(单个或成双)、椭圆形、环形等,偶见有变形虫样虫体,典型形状为成对的梨籽形虫体以其尖端连成锐角。每个虫体内有两团染色质块。在一个红细胞内通常只有 1～2 个虫体,偶尔见有 3 个或 4 个。红细胞染虫率为 0.5%～10%(图 15-6)。

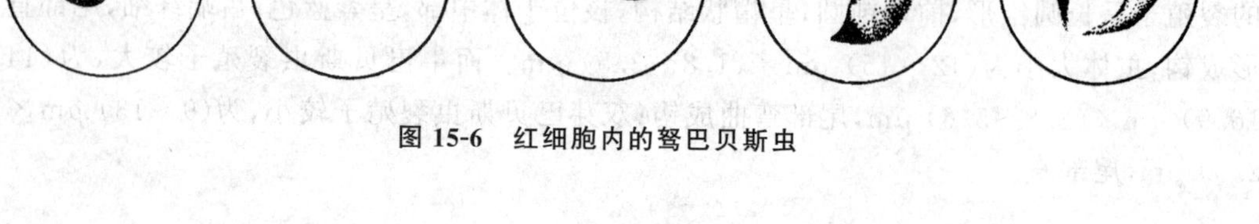

图 15-6 红细胞内的驽巴贝斯虫

流行病学　文献记载驽巴贝斯虫的媒介蜱有3属14种。我国已查明草原革蜱、森林革蜱、银盾革蜱、中华革蜱是驽巴贝斯虫传播者。草原革蜱是内蒙古草原的代表种。森林革蜱是森林型的种类，也适于生活在次生灌木林和草原地带。因此，它们是东北地区及内蒙古驽巴贝斯虫的主要传播媒介。银盾革蜱仅见于新疆，为数量较多、分布较广的蜱类之一，是新疆驽巴贝斯虫的主要传播者。我国已发现的血红扇头蜱、囊形扇头蜱、图兰扇头蜱，虽文献记载是驽巴贝斯虫的传播者，但在我国尚未证实它们的传播作用。

革蜱以经卵传递方式传播驽巴贝斯虫。实验证明，次代革蜱的幼虫、若虫和成虫阶段都具有传播驽巴贝斯虫的能力。但由于革蜱为三宿主蜱，仅成虫阶段寄生于马匹等大型哺乳动物。因此，在自然条件下，次代成虫起传播作用。除经卵传递外，还有经蜱期间传播和经胎盘垂直传播的报道。

革蜱1年发生1代，以饥饿成虫越冬。成蜱出现于春季草冒尖出芽时。驽巴贝斯虫病一般从2月下旬开始出现，3～4月份达到高峰期，5月下旬逐渐停止流行。

马匹耐过驽巴贝斯虫病后，带虫免疫可持续达4年。疫区的马匹由于经常遭受蜱的叮咬，反复感染驽巴贝斯虫。因此，一般不发病，仅表现轻微的症状而耐过。由外地引进的新马及新生的幼驹，由于没有这种带虫免疫，故很容易暴发疾病。驽巴贝斯虫与马巴贝斯虫之间无交叉免疫作用。

驽巴贝斯虫可在革蜱体内通过经卵传递，经若干世代而不失去感染能力。因此，在发病牧场，即使把全部马匹转移到其他地区，这种牧场在短期内也不能转变为安全牧场，因为带虫的蜱能依靠吸食其他家畜及野生动物的血液而生存；而且蜱类还有很强的耐饿力，短时间内不采食也不至于死亡。

症状　病初体温稍升高，精神不振，食欲减退，结膜充血或稍黄染。随后体温逐渐升高(39.5～41.5℃)，呈稽留热型，呼吸、心跳加快，精神沉郁，低头耷耳，恶寒战栗，皮温不整，躯体末梢发凉，食欲大减，饮水量少。病情发展很快，各种症状迅速加重。最令人注目的症状是黄疸现象，结膜初潮红黄染，以后呈明显的黄疸。其他可视黏膜，尤其是唇、舌、直肠、阴道黏膜黄染更为明显。有时黏膜上出现大小不等的出血点。食欲逐渐减退以至废绝，舌面布满很厚的黄色苔。常因多日不食、不饮而陷入脱水状态。肠音微弱，排粪迟滞，粪球小而干硬，表面附有多量黄色黏液。排尿淋漓，尿黄褐色、黏稠。心跳节律不齐，甚至出现杂音，脉搏细速。肺泡音粗粝，呼吸促迫，常流出黄色、浆液性鼻汁。妊娠马发生流产或早产；有些妊娠马伴发子宫大出血而死亡。后期病马显著消瘦，黏膜苍白黄染；步样不稳，躯体摇晃，最后昏迷卧地；呼吸极度困难，潮式呼吸，由鼻孔流出多量黄色带泡沫的液体。病程为8～12天，不经治疗而自愈的病例很少。血液变化为红细胞急剧减少(常降到每立方毫米200万个左右)，血红蛋白量相应减少，血沉增快；白细胞数变化不大，往往见到单核细胞增多。幼驹症状比成年马重剧，红细胞染虫率高，常躺卧地面，反应迟钝，黄疸明显。

诊断　参照牛双芽巴贝斯虫病。虫体检查一般在病马发热时进行，但有时体温不高也可检查出虫体。一次血液检查未发现虫体，应反复检查或改用集虫法检查。无条件进行血液检查时，可进行诊断性治疗。若病马血片中检出了虫体，但应用特效药治疗效果不显著时，应考虑是否与马传染性贫血混合感染。

治疗

(1)咪唑苯脲。剂量为2 mg/kg体重，配成10%溶液，一次肌肉内注射或间隔24 h再用1次。

(2)三氮脒。剂量为3～4 mg/kg体重，配成5 %溶液深部肌肉内注射。可根据具体情况用1～3次，每次间隔24 h。有些病马注射后可出现出汗、流涎、肌肉震颤、腹痛等副作用，一般经1 h左右自行恢复。

(3)锥黄素。剂量为3～4 mg/kg体重，配成0.5%溶液，成年马按120～150 mL静脉注射。

(4)台盼蓝。只对驽巴贝斯虫病有特效。剂量为5 mg/kg体重，以生理盐水配成1%溶液(过滤、灭菌)，当年驹按25～40 mL、1岁驹按50～70 mL、2岁驹按100～120 mL、成年马按120～150 mL静脉注射。

防防 参照牛双芽巴贝斯虫病。

(二)马巴贝斯虫病

我国马巴贝斯虫病主要流行于新疆、内蒙古西部地区及南方各地。

病原 马巴贝斯虫(*B. equi*)为小型虫体，虫体长度不超过红细胞的半径。呈圆形、椭圆形、单梨籽形、纺锤形、钉子形、逗点形、短杆形、圆点形及降落伞形等多种形态，以圆形、椭圆形虫体占多数，典型的形状为4个梨籽形虫体以尖端相连构成的十字形。每个虫体内只有一团染色质块。依病程不同，虫体可分为3型：大型(大小等于红细胞半径)多出现于病的初期；中型(大小等于红细胞半径1/2)多出现于病的发展过程中；小型(大小等于红细胞半径1/4)多出现于病马治愈期和带虫期。但并非一定时期只有一种类型的虫体，而仅是这种类型虫体占优势(图15-7)。

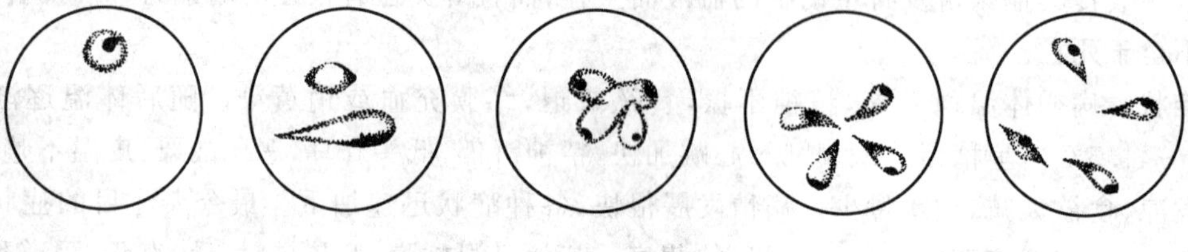

图15-7 红细胞内的马巴贝斯虫

Schein等(1981)应用电子显微镜对马巴贝斯虫进行的超微结构研究证实，马巴贝斯虫存在与泰勒虫一样的红细胞外的裂殖生殖阶段，在宿主活体和细胞培养的淋巴细胞中都观察到了大裂殖体、小裂殖体及裂殖子侵入红细胞的各个发育阶段。因此，他们认为将马巴贝斯虫归于泰勒属(*Theileria*)中，较之在巴贝斯属(*Babesia*)中更为合适，马巴贝斯虫应更名为马泰勒虫(*Theileria equi*)。Rehbein等(1982)又成功地将马巴贝斯虫的子孢子在马的成淋巴细胞系的组织细胞上进行了培养和传代。

流行病学 文献记载有3属17种蜱可传播马巴贝斯虫。我国已查明草原革蜱、森林革蜱、银盾革蜱、镰形扇头蜱是马巴贝斯虫的传播者。

马巴贝斯虫病的流行季节较驽巴贝斯虫病稍晚些，但两者常混合感染。马匹耐过马巴贝斯虫病后，带虫免疫可长达7年之久。

症状 马巴贝斯虫病分急性型、亚急性型和慢性型。

(1)急性型。症状与驽巴贝斯虫病相似，但病程稍长，一般为7～12天。热型多为间歇热或不定型热，颌下淋巴结肿大。马巴贝斯虫病因骨髓的造血功能遭到损害，贫血较为严重，恢复也较慢；病马常出现血红蛋白尿和肢体下部水肿。也有最急性病型，可在发病后1～2天死亡。病死率一般为10%以上，有时可达50%。

(2)亚急性型。也出现与驽巴贝斯虫病相类似的症状，但程度较轻，有些症状不明显，病程更长，可达30～40天，其间有一定的缓解期。

(3)慢性型。在临床上不易发现，病马外观正常或出现黄疸症状时，体温稍高于常温，逐渐消瘦、贫血，病程能持续到3个月以上，然后病情加剧或转为长期带虫者。临床上可见到驽巴贝斯虫与马巴贝斯虫混合感染的病例，主要的表现是驽巴贝斯虫病的症状。

诊断　应根据流行病学资料、临床症状、剖检变化和病原学检查做出综合性诊断。诊断时应注意：①病原体检查越早越好，因为外周血液中的虫体在发病5天后开始消失。②注意虫体的大小变化，病的初期和中期多为大、中型虫体，病的末期变为小型虫体。典型虫体为十字架形。③注意是否与驽巴贝斯虫病混合感染。马巴贝斯虫还常与马传染性贫血混合感染，可应用马传贫琼扩试验进行鉴别。

治疗　锥黄素对本病有良好效果，用药后病马多能在12～14 h后体温下降，外周血液中虫体消失。个别病例仅用2次即可痊愈。本病与驽巴贝斯虫病混合感染时，需以台盼蓝和锥黄素交替使用，先用台盼蓝，过1～3天再用锥黄素，其效果比单用1种药物为佳。咪唑苯脲效果更好，剂量为4 mg/kg体重，肌肉内注射，间隔72 h 1次，共用4次。为了减轻副作用，可将4 mg/kg体重剂量间隔1 h分2次注射。在使用抗原虫药治疗的同时，还应结合使用各种对症疗法，并改善饲养和加强护理。

预防　参照牛双芽巴贝斯虫病的预防措施。在发病季节到来之前，特别是暴发流行的马群中，对尚未出现症状的马匹可进行药物预防。台盼蓝有效预防期约为1个月，贝尼尔约为10天，咪唑苯脲约为1个月以上；预防剂量与治疗量相同。

三、犬巴贝斯虫病

引起犬的巴贝斯虫病的病原体有3种：犬巴贝斯虫(*B. canis*)、吉氏巴贝斯虫(*B. gibsoni*)和韦氏巴贝斯虫(*B. vitalii*)，我国已报道的为吉氏巴贝斯虫。其主要症状为贫血、黄疸和血红蛋白尿。对良种犬，尤其是军犬、警犬和猎犬危害严重。

犬巴贝斯虫和吉氏巴贝斯虫均为世界性分布的血液原虫，前者较后者分布更为广泛，吉氏巴贝斯虫主要分布于亚洲，在我国江苏、河南的部分地区呈地方性流行。

病原

(1)吉氏巴贝斯虫。虫体很小，多位于红细胞边缘或偏中央，呈环形、椭圆形、圆点形、小杆形，偶尔可见十字架形的四分裂虫体或成对的小梨籽形虫体，以圆点形、环形及小杆形最为多见(图15-8)。圆点形虫体为1团染色质，用姬氏法染色呈深紫色，多见于感染的初期。环形虫体为浅蓝色的细胞质包围1个空泡，带有1团或2团染色质，位于细胞质的一端，虫体小于红细胞直径的1/8。偶尔可见大于红细胞半径的椭圆形虫体。小杆形虫体的染色质位于两端，染色较深，中间细胞质着色较浅，呈巴氏杆菌样。在1个红细胞内可寄生有1～13个虫体，以寄生1～2个虫体者多见。

(2)犬巴贝斯虫。虫体很大，最长的可达7 μm。在红细胞中多呈双梨籽形排列，2个虫体的尖端以锐角相连。在红细胞中的虫体数目较多，有的可多达16个。

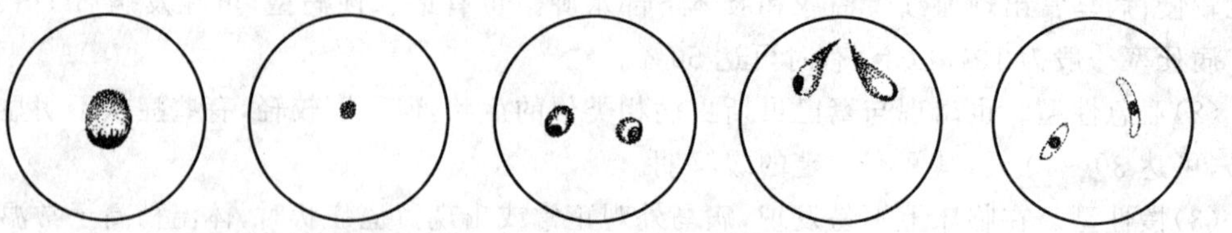

图 15-8 红细胞内的吉氏巴贝斯虫

(3)韦氏巴贝斯虫。多呈圆形、卵圆形和梨籽形，比犬巴贝斯虫小，直径 2～4 μm。也有人认为它是犬巴贝斯虫的 1 个虫株。

流行病学 吉氏巴贝斯虫传播者为长角血蜱、镰形扇头蜱、血红扇头蜱，以经卵传播或期间传播的方式传播。犬巴贝斯虫的传播者为李氏血蜱、血红扇头蜱、蓖子硬蜱、网纹革蜱和安氏革蜱。

症状 吉氏巴贝斯虫病常呈慢性经过。病初精神沉郁，喜卧厌动，活动时四肢无力，身躯摇晃。体温升高至 40～41℃，持续 3～5 天后，有 5～10 天体温正常期，呈不规则间歇热型。渐进性贫血，结膜和黏膜苍白；食欲减少或废绝，营养不良，明显消瘦。触诊脾脏肿大；肾(单侧或双侧)肿大且疼痛；尿呈黄色至暗紫色，少数病犬有血尿。轻度黄疸。部分病犬呈现呕吐症状，流浆液性鼻汁，眼有分泌物等。

犬巴贝斯虫病分急性型和慢性型。急性病例，经 2～10 天潜伏期后，首先呈现体温升高，在 2～3 天内可达 40～43℃，伴以虚弱。可视黏膜呈淡红色，后发绀；有半数病例发生黄疸。呼吸和脉搏加快，呼吸明显困难。有的病犬脾脏肿大。病犬食欲废绝，但饮水增加，有时呈现腹泻。活动困难，最后几乎不能站立。尿中含蛋白质，部分病例尿中含有血红蛋白，有时还有胆色素和尿糖。血液呈鲜红色，红细胞数下降至正常值的 1/3～1/2，白细胞数增高。慢性病例，只在病初几天发热，或者全不发热，少数病例呈现间歇热。由于高度贫血，病犬精神不振，虚弱。通常无黄疸。尽管食欲正常，但极度消瘦。尿中含蛋白质。血液中的红细胞数可减至正常值的 1/5～1/4，白细胞大量增多。个别犬可能出现神经症状。如病犬能耐过，则贫血可在 3～6 周后逐渐消失，犬体康复。耐过的犬带虫免疫可长达 2.5 年。

诊断 根据流行病学情况和临床症状可做出初步诊断。但最终确诊需在血片中查到虫体。虫种鉴别主要根据红细胞中虫体的大小和形态。有时可将病犬血接种健康幼犬，观察是否出现阳性感染结果。

治疗

(1)蒿甲醚。剂量为 7 mg/kg 体重肌肉内注射，每天 1 次，连用 2 天。

(2)磷酸伯氨喹。剂量为 0.8 mg/kg 体重加复方磺胺甲氧吡嗪，剂量为 28 mg/kg 体重，口服，每天 1 次，连用 2 天。

(3)硫酸喹啉脲。剂量为 0.5 mg/kg 体重皮下或肌肉内注射，有时需隔日重复注射 1 次，对早期急性病例疗效显著。用药后，有的病犬呈现不同程度的副作用，如兴奋、流涎、呕吐等，持续 1～2 h，此后精神沉郁，个别病犬可保持数天。剂量降低至 0.3 mg/kg 体重，可减轻不良反应。故可多次(3～4 次)低剂量给药。

(4)三氮脒。剂量为 5 mg/kg 体重，配成 5%～7%溶液，肌肉内注射，每天 1 次，连用 2 天。

(5)咪唑苯脲。剂量为 5 mg/kg 体重,配成 10%溶液,皮下或肌肉内注射,间隔 24 h 再用 1 次。

同时应对症治疗;大量输血以抗贫血;应用广谱抗菌药以防继发或伴发感染;补充大量体液、糖类及维生素,预防严重脱水及衰竭。

预防　根据蜱的活动规律,进行有计划的灭蜱工作,消灭犬体、犬舍以及运动场上的蜱。当从非流行区(安全地区)向流行区(固定流行区或隐伏地区)调运犬时,可应用特效药进行药物预防。应在非流行季节引进或调运犬只,在犬只调入和调出前对其做药物预防。

四、羊巴贝斯虫病

羊的巴贝斯虫按虫体大小有 2 种类型:一类是小型虫体,另一类是大型虫体。小型虫体仅报道羊巴贝斯虫(*B. ovis*)1 个种;大型虫体报道了 4 个种,即莫氏巴贝斯虫(*B. motasi*)、泰勒巴贝斯虫(*B. taylori*)、叶状巴贝斯虫(*B. foliata*)和粗糙巴贝斯虫(*B. crassa*)。但大多数学者认为只有莫氏巴贝斯虫和羊巴贝斯虫为独立种。

陈德明(1982)报道,四川甘孜州发现绵羊焦虫病,病原为 1 种大型的巴贝斯虫,虫体大小为(2.5～3.5)μm×1.5 μm,可能为莫氏巴贝斯虫,但未分离到病原,也未进行人工感染试验。兰州兽医研究所(1993)报道,在甘肃发病及病愈绵羊血液中分离出 2 种巴贝斯虫,一种小型虫体鉴定为羊巴贝斯虫;另一种大型虫体,虽然其大小较莫氏巴贝斯虫小,病原性较莫氏巴贝斯虫强,传播媒介也不同,不是囊形扇头蜱、森林革蜱、耳部血蜱和刻点血蜱,而是长角血蜱。然而根据 18S rRNA 基因序列分析结果表明,该虫种与莫氏巴贝斯虫亲缘关系较近,因而仍认为它是莫氏巴贝斯虫。

病原

(1)羊巴贝斯虫。为小型虫体,在感染初期以圆形、椭圆形和单梨籽形虫体为主,在红细胞染虫率升高后,双梨籽形虫体、三叶形虫体和不规则形虫体的比例也升高。双梨籽形虫大小为(1.3～1.8)μm×(1.8～2.4)μm,虫体小于红细胞半径,大部分虫体两尖端相连,两虫体之间的夹角为锐角或钝角,大部分虫体较宽,使得整个虫体看起来近圆形,也有部分虫体较窄。

(2)莫氏巴贝斯虫。为大型虫体,虫体形态具多形性,有双梨籽形、单梨籽形、圆环形、棒状、不规则形、逗点形和三叶形。典型双梨籽形虫体大小为(1.8～2.5)μm×(0.9～1.8)μm,单个虫体大于红细胞半径。虫体大小随红细胞染虫率升高而变小。虫体一端宽而钝,一端窄而尖,紫红色的染色质位于大小两端,部分仅位于宽端或边缘。原生质呈浅蓝色,有的虫体中央透明呈空泡状。双梨籽形虫体排列成锐角或钝角。有的双梨籽形虫体相连两尖端的染色质外突并延伸,逐渐变大并生出原生质,发育成另一梨籽形虫体,与原母体共同排列成具有特征性的三叶形(图 15-9)。

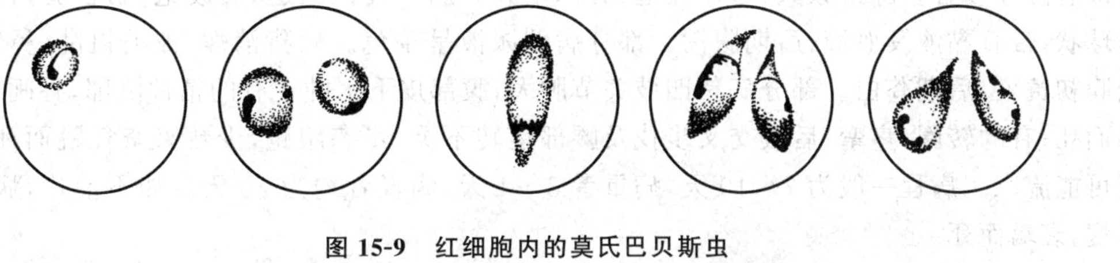

图 15-9　红细胞内的莫氏巴贝斯虫

流行病学 我国莫氏巴贝斯虫可由长角血蜱经卵传播,已证实幼蜱和若蜱具有传播能力,潜隐期5～28天。在四川甘孜藏族自治州莫氏巴贝斯虫病发生于4～6月份和9～10月份。文献记载囊形扇头蜱、森林革蜱、耳部血蜱和刻点血蜱是莫氏巴贝斯虫的传播者。但甘孜一带无上述各种蜱,仅发现青海血蜱、阿坝革蜱和微小牛蜱,其中以青海血蜱在羊体上数量最多,当地的这3种蜱在羊体上的出没规律和本病的发生是一致的,但究竟是何种蜱起传播作用,则有待今后的试验来加以证实。我国莫氏巴贝斯虫的病原性很强,可引起绵羊和山羊严重发病和大批死亡,特别是羔羊和外来羊只病死率更高。

症状 体温在发病初期几天内高达40～42℃,呈稽留热。心跳弱而快,每分钟120～160次。呼吸浅而快,每分钟80～110次。可视黏膜贫血、黄疸。血液稀薄,红细胞数减少至每立方毫米400万个以下,红细胞大小不均。血红蛋白尿。精神沉郁,喜卧,落群。有的病例出现兴奋症状,无目的地狂跑,突然倒地死亡。急性病例,发病后3～5天死亡;慢性病例,延长至1个月左右死亡,有的可自愈。

病理变化 尸体消瘦,可视黏膜及皮下组织贫血和黄疸,心内外膜有出血点。肝脏、脾脏肿大,表面也有出血点,胆囊肿大2～4倍,充满胆汁。膀胱内积有红色尿液。第三胃内容物干硬,第四胃及大小肠黏膜充血,有时有出血点。

诊断、治疗、预防 参照牛双芽巴贝斯虫病。

五、猪巴贝斯虫病

据文献记载,寄生于猪的巴贝斯虫有2种:一种为大型种,即陶氏巴贝斯虫(*Babesia trutmanni*);另一种为小型种,即柏氏巴贝斯虫(*B. perroncitoi*)。两者均具有致病性;然而由于猪接触传播媒介——蜱的机会较少,因此,与放牧动物巴贝斯虫病相比,猪巴贝斯虫病感染率较低。有关本病的报道很少,国内云南曾报道有本病发生。

病原

(1)陶氏巴贝斯虫。大型虫体,特征为长而细,长2.5～4 μm,宽1.5～2 μm;常有一大的染色质块靠近虫体狭小端,而一较小的染色质粒位于宽阔端。有卵圆形、梨籽形(单个或成对)、圆形、环形及变形虫样等各种各样形态。一个红细胞内有1～4个虫体,甚至5～6个虫体。

(2)柏氏巴贝斯虫。小型虫体,通常为直径0.7～2 μm的环形,是由一薄的原生质层环绕一个空泡构成。此外,还有卵圆形、四角形、矛形和梨籽形等,大小为(1～3)μm×(1～2)μm。虫体通常单个位于红细胞内,有时为2个以上。

猪巴贝斯虫病的传播者尚未完全确定,牛蜱属、扇头蜱属、革蜱属都有可能。

症状 体温升高至40.2～42.7℃,稽留3～7天或直至死亡。呼吸促迫,腹式呼吸,咳嗽;肺部有湿性啰音。脉搏频数;心悸亢进;心律不齐。病初食欲减退,后废绝;肠音弱;初期粪便呈球状,带有黏液及血液;后期腹泻。部分病例尿液呈茶色。病猪消瘦,被毛粗乱,鼻镜干燥,结膜初黄染,后期苍白。部分病猪四肢关节肿大,腹部皮下水肿。有的精神沉郁,昏睡,极度衰竭而死;有的转圈,痉挛;后肢交叉步伐及腰部运转不灵,步态踉跄,少数兴奋狂跳而死亡。孕猪可能流产。病程一般为7～10天,病重者3～4天,病轻者约为20天。如不治疗,病猪迅速消瘦,衰竭而死。

病理变化　尸体消瘦;可视黏膜、皮肤及皮下组织黄染、苍白;淋巴结肿大,剖面多汁,有出血点。肺水肿、气肿,切面湿润多泡沫。心肌质软、色淡,冠状脂肪胶样变性。肝脏、脾脏肿大,被膜上有出血点。全身肌肉出血,尤以肩、背、腰部严重。胃肠道炎性出血,黏膜易脱落。

诊断　诊断方法与牛双芽巴贝斯虫病相同。猪附红细胞体病症状与本病相似,确诊必须在血片中查到典型的病原体。

治疗　使用三氮脒具有良好的效果,剂量为 5～10 mg/kg 体重,配成 2%溶液,做肌肉内注射,在患病早期应用,效果更好。

预防　参照牛双芽巴贝斯虫病。

六、人巴贝斯虫病

以往认为巴贝斯虫有严格的宿主特异性,各种动物各有其固有的巴贝斯虫寄生,彼此互不感染;最近发现这种特异性并非绝对的,例如人,特别是摘脾或免疫功能有缺陷的人,曾有感染牛巴贝斯虫、分歧巴贝斯虫、马巴贝斯虫和田鼠巴贝斯虫的病例报道。人巴贝斯虫病属于动物源性人畜共患病,传染源是动物。自 1957 年 Skrabalo 和 Deanovic 在前南斯拉夫报道第一例人巴贝斯虫病病例以来,截至 1984 年报道的病例已超过 100 例。目前发现的人巴贝斯虫病的病例比较集中于欧洲和美洲,在非洲和亚洲报道很少。我国 1984 年云南耿马县报道 2 例巴贝斯虫病患者;1996 年内蒙古锡林浩特报道 1 例巴贝斯虫病例;台湾也曾报道过 1 例田鼠巴贝斯虫感染病例。

病原　目前已确认人巴贝斯虫病的病原有 4 种,即田鼠巴贝斯虫、牛巴贝斯虫、分歧巴贝斯虫和马巴贝斯虫。人类的田鼠巴贝斯虫病主要发现于北美,尤其是美国。田鼠巴贝斯虫是一种小型巴贝斯虫,寄生于野生啮齿动物,传播媒介是丹敏硬蜱。在欧洲,人巴贝斯虫病的病原大多是牛源的(分歧巴贝斯虫和牛巴贝斯虫),蓖子硬蜱被认为是重要的传播媒介。

流行病学　人巴贝斯虫病的传播途径主要有 2 种:经蜱传播和经血液传播。啮齿动物是人类田鼠巴贝斯虫感染的主要来源。据美国的流行病学资料显示,在本病流行区,啮齿动物的血清阳性率很高。啮齿动物数量大,分布广,活动场所与蜱的滋生环境一致,其身体上常寄生有很多蜱。因此,大多数患者都是在外出旅游或野外作业时,因受蜱叮咬而感染巴贝斯虫病。去脾的人和动物,对巴贝斯虫有高度的易感性。当人体处于脾功能有缺陷或其代谢、内分泌失调等情况下,也可增强对巴贝斯虫的易感性。尽管人巴贝斯虫病,尤其是牛源的和马源的巴贝斯虫引起的临床症状极为明显和严重,并常发生致死性感染。但仍有证据表明,相当一部分巴贝斯虫感染者仅出现轻微的临床症状,甚至有的完全无临床症状。但这些带虫者在输血过程中,作为献血者传播巴贝斯虫的危险是极大的。感染人的巴贝斯虫能否通过胎盘传播还缺乏证据。

症状　在人巴贝斯虫病中,以牛源的和马源的巴贝斯虫引起的症状最为明显和严重,主要表现为发热、寒颤、溶血性贫血、出汗、肌肉疼痛、关节痛、恶心、呕吐以及衰竭等。在病的初期,显现的溶血性贫血症状和恶性疟疾的症状相同,所以常被误诊。人感染田鼠巴贝斯虫时,其症状一般较感染牛巴贝斯虫、分歧巴贝斯虫等为轻。主要表现为间歇热、欠爽、食欲不佳、体重减轻、大汗淋漓、肌肉疼痛、关节痛等。在多数情况下,症状的轻重与患者的年龄、虫血症水平、机体的免疫水平以及是否去脾密切相关。由于丹敏硬蜱的若蜱可同时传播田鼠巴贝斯虫和伯氏疏螺旋体。因此,临床上常发生田鼠巴贝斯虫病和莱姆病合并感染的病例。

李金福等(1984)在云南报道的2例人巴贝斯虫病的症状为:轻度贫血,黄疸,肌肉疼痛,乏力,恶心,定期发热。在久病不愈的病人的染色血片中发现了巴贝斯虫样的虫体。虫体呈圆形(6%)、单梨籽形(45%)、双梨籽形(14%)、逗点形(3.4%)和变形虫样(1%)。各种虫体大小均小于红细胞半径,有一团染色质。双梨籽形虫体以钝角相连,位于红细胞的边缘。红细胞的染虫率可高达49.8%。每个红细胞内,一般有1~4个虫体,最多可达6个。这2例患者的巴贝斯虫究竟来自何种动物,目前尚未弄清楚。

诊断 与诊断家畜巴贝斯虫病的方法相同,外周血液涂片经姬氏法染色找到巴贝斯虫是最可靠的诊断依据。各种巴贝斯虫在人体内寄生时,其形态并不发生变化。人的巴贝斯虫感染极易与疟疾相混淆。利用血涂片在形态学上做出准确的区别是一件困难的事情。借助于流行病学,例如是否去过疟疾或巴贝斯虫病流行区、有无输血史以及接触传播媒介蜱等,对准确判断很有帮助。

间接荧光抗体试验是常用的血清学诊断方法,具有敏感性强、特异性高、重复性好的优点。人类田鼠巴贝斯虫感染者的血清与其他巴贝斯虫有交叉反应,但与疟疾之间很少出现交叉反应。间接荧光抗体试验常用于流行病学调查。

对血涂片中查不到虫体的疑似病例,最好的确诊方法是进行动物接种试验。人的啮齿动物巴贝斯虫感染,一般利用仓鼠作为接种动物,而牛源的或马源的人巴贝斯虫感染则利用沙鼠或去脾犊牛作为接种动物。动物接种后,一般经一定的潜伏期即可在末梢血涂片中查到虫体。

治疗 人巴贝斯虫病的治疗原则是特效药物治疗和对症治疗相结合,特效药物治疗就是使用抗巴贝斯虫的药物,而对症治疗则是根据病人的实际情况采取一些诸如输血、输液、强心及改善呼吸功能等措施。克林霉素(Clindamycin、氯洁霉素、氯林霉素)和奎宁(Quinine)有良好的疗效,联合用药的疗效更佳。对于严重的病例可采用换血治疗,可除去大量感染红细胞,以防止大量溶血。近年来,提出了一个在大规模换血(2~3倍的血容量)后,静脉注射克林霉素(600 mg,1天3次)和口服奎宁(600 mg,1天3~4次)的治疗方案。临床试验和实验室研究都已证实了上述联合用药的疗效。最近报道,两种新的联合用药方案,阿奇霉素(Azitromycin、阿齐红霉素)加奎宁以及阿奇霉素加克林霉素加多西环素(强力霉素、脱氧土霉素)已成功地用于治疗应用克林霉素和奎宁治疗失败的病例。

预防 如同预防家畜的巴贝斯虫病一样,防蜱、灭蜱是防治本病的主要环节。

第三节 泰勒虫病

一、牛泰勒虫病

牛泰勒虫病是世界大部分地区发展畜牧业的重要制约因素。特别是几种病原性强的虫种,如环形泰勒虫、小泰勒虫,对养牛业几乎是灾难性的,引起大批死亡和产量下降。世界各地报道的牛泰勒虫的虫种很多,但有些是同物异名,也有的是异物同名,目前为大多数学者所公认的有5个种:环形泰勒虫(*Theileria annulata*)、小泰勒虫(*T. parva*)、突变泰勒虫(*T. mutans*)、斑羚泰勒虫(*T. taurotragi*)和附膜泰勒虫(*T. velifera*)。应用代表虫种进化与分类的

18S rRNA 基因序列分析结果,进一步确认这 5 种均是独立有效的种。对于瑟氏泰勒虫(*T. sergenti*)、东方泰勒虫(*T. orientalis*)、水牛泰勒虫(*T. buffeli*)这 3 种无病原性或病原性弱的泰勒虫的命名存在着争议,现在一些学者将其统称为瑟氏/水牛/东方泰勒虫虫组群。白启等(2002)在甘肃中部黄牛体中分离到 1 种形态特异的泰勒虫,采用传统分类学研究方法和 18S rRNA 基因序列分析证实为一新种,命名为中华泰勒虫。可以肯定我国至少存在 3 种能感染牛的泰勒虫:其中环形泰勒虫致病性最强,主要感染黄牛、奶牛;瑟氏泰勒虫中等致病性,也感染黄牛和奶牛;中华泰勒虫致病性最弱,已发现的宿主有黄牛和牦牛 (表 15-1)。

表 15-1 牛主要泰勒虫的虫种

虫名	同义名和病名	宿主	媒介蜱	分布
环形泰勒虫	热带泰勒虫病 地中海岸热	所有的牛属动物,对黄牛尤其是外地引入牛致病性强	璃眼蜱属	亚洲、南欧、北非
小泰勒虫	东海岸(非洲)热 水牛泰勒虫走廊病(劳氏泰勒虫) 罗得西亚恶性泰勒虫病(牛泰勒虫)	对黄牛有很强的致病性,水牛症状不明显	扇头蜱属	东非、中非
突变泰勒虫	科里多病 津巴布韦泰勒虫病	对水牛无致病性,可自然传播给黄牛,但也不引起发病	花蜱属	非洲
斑羚泰勒虫		对斑羚和黄牛可引起轻微或不明显的感染	扇头蜱属	非洲
附膜泰勒虫		对水牛和黄牛的致病性不强	花蜱属	非洲(撒哈拉沙漠以南)
瑟氏泰勒虫/东方泰勒虫/水牛泰勒虫虫组群		对黄牛、水牛致病性中等	血蜱属	远东(日本、朝鲜、中国、俄罗斯)、澳洲及英国
中华泰勒虫(新种)		对黄牛、牦牛致病性弱	青海血蜱	中国

(一)牛环形泰勒虫病

牛环形泰勒虫病是一种季节性很强的地方性流行病,流行于我国西北、华北和东北的一些省、自治区。多呈急性经过,以高热、贫血、出血、消瘦和体表淋巴结肿胀为特征,发病率和病死率都很高,使养牛业遭受严重的损失。

病原 环形泰勒虫寄生于红细胞内的虫体称为血液型虫体(配子体),虫体很小,形态多样。有圆环形、椭圆形、圆点形、杆形、逗点形、十字形等各种形状。环形虫体的染色质位于边缘呈半月形,有时为圆形呈暗红色或紫色,虫体大小为 0.6～1.6 μm。杆形虫体多为一端较粗,另一端稍细。大部分虫体具有一团染色质,位于粗端,呈紫红色。原生质呈灰蓝色。虫体长 0.9～2.1 μm。红细胞染虫率一般为 10%～20%,最高达 95%。1 个红细胞内可寄生 1～3 个虫体,常见的为 2～3 个。环形泰勒虫的形态特征是圆形类虫体(圆环形、椭圆形、圆点形)

始终多于杆形类虫体(杆形、逗点形),杆、圆之比为1∶(2.1～16.8)(图15-10)。

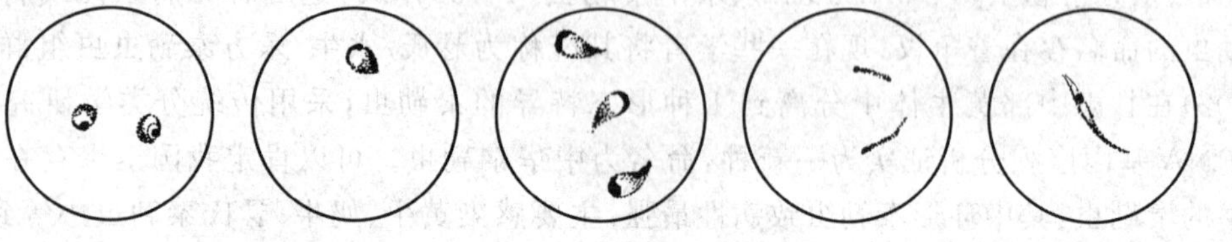

图 15-10 红细胞内的环形泰勒虫

寄生于巨噬细胞和淋巴细胞内进行裂体增殖所形成的多核虫体为裂殖体,或称石榴体或柯赫氏蓝体(Koch's blue bodies)。裂殖体呈圆形、椭圆形或肾形,位于淋巴细胞或巨噬细胞的胞浆内,有时也可见到散在于细胞外的。用姬氏法染色,虫体胞浆呈淡蓝色,其中包含许多红紫色颗粒状的核。裂殖体有2种类型:一种为大裂殖体(无性生殖体),原生质呈浅蓝色,有一层不明显的外膜,平均直径为8 μm,有的可达15～27 μm;在原生质内散布有20～40个,有时可达100个左右的染色质颗粒,颗粒为粉红色或紫红色,呈逗点形、椭圆形或不规则形,直径为0.4～1.9 μm,能产生直径为2～2.5 μm的大裂殖子。另一种为小裂殖体(有性生殖体),其形态和颜色与大型裂殖体相同。在淋巴细胞内的大小为(4～15)μm×(3～12)μm,游离者稍大,为(6～18)μm×(4～15)μm,染色质颗粒小而多,分布密集,呈圆形,着色深,为暗紫色,数量多达100个以上。染色质颗粒的大小为0.3～0.8 μm,并能产生直径为0.7～1 μm的小裂殖子(图15-11)。

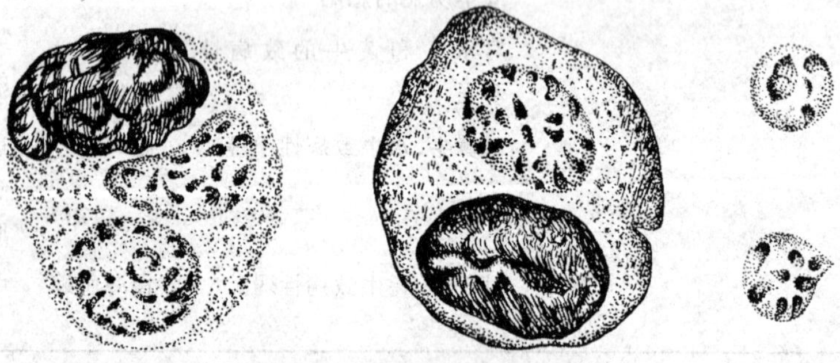

图 15-11 环形泰勒虫裂殖体

生活史 感染环形泰勒虫的蜱在牛体吸血时,子孢子随蜱的唾液进入牛体,首先侵入局部淋巴结的巨噬细胞和淋巴细胞内进行裂体增殖,形成大裂殖体(无性型)。大裂殖体发育成熟后,破裂为许多大裂殖子,又侵入其他巨噬细胞和淋巴细胞内,重复上述的裂体增殖过程。伴随虫体在局部淋巴结反复进行裂体增殖的同时,部分大裂殖子可循淋巴和血液向全身播散,侵入脾、肝、肾、淋巴结、皱胃等各器官的巨噬细胞和淋巴细胞内进行裂体增殖。裂体增殖反复进行到一定时期后,有的可形成小裂殖体(有性型)。小裂殖体发育成熟后破裂,里面的许多小裂殖子进入红细胞内变为配子体(血液型虫体)。Schein等(1977)通过超微结构的研究认为,环形泰勒虫的血液型虫体有两型:逗点形可能为小配子体,卵圆形可能为大配子体。

幼蜱或若蜱在病牛身上吸血时,把带有配子体的红细胞吸入胃内,配子体由红细胞溢出并变为大、小配子，两者结合形成合子，进而发育成为棍棒形能动的动合子。动合子穿入蜱的肠管及体腔等各处。当蜱完成其蜕化时，动合子进入蜱唾液腺的腺泡细胞内变圆为合孢体（母孢子），开始孢子增殖，分裂产生许多子孢子。在蜱吸血时，子孢子被接种到牛体内，重新开始其在牛体内的发育和繁殖（图 15-12）。

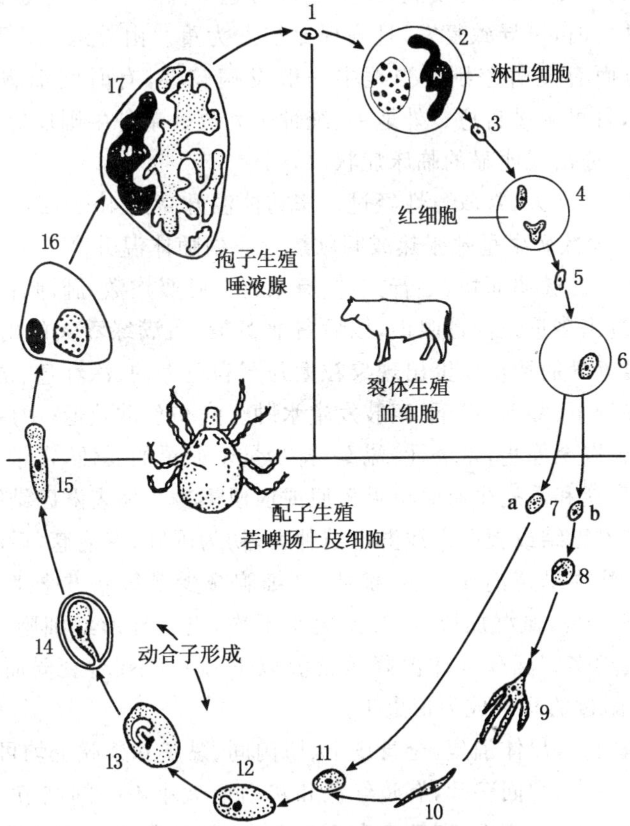

图 15-12　环形泰勒虫生活史模式图

1. 子孢子　2. 在淋巴细胞内进行裂体增殖　3. 裂殖子　4,5. 红细胞内裂殖子的双芽增殖分裂　6. 红细胞内裂殖子变成球形的配子体　7. 在蜱肠内的大配子(a)和早期小配子(b)　8. 发育着的小配子　9. 成熟的小配子体　10. 小配子　11. 受精　12. 合子　13. 动合子形成开始　14. 动合子形成接近完成　15. 动合子　16,17. 在蜱唾液腺细胞内形成的大的母孢子，内含无数子孢子

流行病学　环形泰勒虫的传播者是璃眼蜱属的蜱，现已证明有 4 种璃眼蜱是本虫的主要传播者。在我国环形泰勒虫病的流行区发现的传播者有 2 种：一种是残缘璃眼蜱，它是主要的传播者，分布在内蒙古、陕西、甘肃、宁夏、山西、河南、河北和新疆的大部分地区；另一种为小亚璃眼蜱，是新疆南部流行区的媒介蜱。残缘璃眼蜱是一种二宿主蜱，主要寄生在牛。它以期间传播方式传播泰勒虫，即幼虫或若虫吸食了带虫的血液后，泰勒虫在蜱体内发育繁殖，当蜱的下一个发育阶段（成虫）吸血时即可传播本病。泰勒虫不能经卵传播。这种蜱主要在牛圈内生活。因此，本病主要在舍饲条件下发生。本病的发生和流行随蜱的出没，有明显的季节性。在宁夏地区，残缘璃眼蜱幼虫 11 月上旬出现于牛体，饱血后，在 11 月下旬至 12 月末全部蜕皮变

为若蜱,在牛体上越冬。次年3月末至5月上旬若蜱从牛体上陆续饱血后脱落,落地爬进圈舍墙缝和墙洞中进行蜕化。5月上旬蜕化为成虫后开始侵袭牛体,6月下旬达到侵袭高峰期,7月份逐渐减少,8月份逐渐平息。成虫的寄生期为5～7个月。因此,在内蒙古及西北地区,本病于6月份开始发生,7月份达到高峰期,8月份逐渐平息。在流行地区,1～3岁牛发病者多,患过本病的牛成为带虫者,不再发病,带虫免疫可达2.5～6年。但在饲养环境变劣、使役过度或与其他疾病并发时,可导致复发,且病程比初发为重。由外地调入到流行地区的牛,其发病不因年龄、体质而有显著差别。当地牛一般发病较轻,有时红细胞染虫率虽达7%～15%,亦无明显症状,且可耐过自愈。外地牛、纯种牛和改良杂种牛则反应敏感,即使红细胞染虫率很低(2%～3%),亦出现明显的临床症状。

症状 潜伏期14～20天,常取急性经过。病初体温升高到40～42℃,为稽留热,4～10天内维持在41℃上下。少数病牛呈弛张热或间歇热。病牛随体温升高而表现精神沉郁,行走无力,离群落后,多卧少立。脉弱而快,心音亢进、有杂音。呼吸增数,肺泡音粗粝,咳嗽,流鼻涕。眼结膜初充血肿胀,流出多量浆液性眼泪,以后贫血黄染,布满绿豆大的出血斑。可视黏膜及尾根、肛门周围、阴囊等处的薄皮肤上出现粟粒大乃至扁豆大的、深红色、结节状(略高出皮肤)的出血斑点。有的在颌下、胸前、腹下、四肢发生水肿。病初食欲减退,中后期病牛喜啃土或其他异物,反刍次数减少以至停止,常磨牙,流涎,排少量干而黑的粪便,常带有黏液或血丝;病牛往往出现前胃弛缓,病初和重病牛有时可见肩肌或肘肌震颤。体表淋巴结肿胀为本病的特征。大多数病牛一侧肩前淋巴结或腹股沟浅淋巴结肿大,初为硬肿,有痛感,后渐变软,常不易推动(个别牛不见肿胀)。病牛迅速消瘦,血液稀薄,红细胞减少至每立方毫米200万～300万个,血红蛋白降至20%～30%,血沉加快,红细胞大小不均,出现异形红细胞。后期食欲、反刍完全停止,出血点增大、增多。濒死前体温降至常温以下,卧地不起,衰弱而死。大部分病牛经3～20天趋于死亡。耐过的病牛成为带虫牛。

病理变化 尸僵明显,尸体消瘦,全身皮下、肌肉间、黏膜和浆膜上均可见大量的出血点和出血斑。全身淋巴结肿大,切面多汁,有暗红色和灰白色大小不一的结节。皱胃病变明显,具有诊断意义。皱胃黏膜肿胀、充血,有针尖大至黄豆大、暗红色或黄白色的结节。结节部上皮细胞坏死后形成糜烂或溃疡。溃疡有针尖大、粟粒大乃至高粱米大,其中央凹陷,呈暗红色或褐红色;溃疡边缘不整,稍隆起,周围黏膜充血、出血,构成细窄的暗红色带。小肠和膀胱黏膜有时也可见到结节和溃疡。脾脏肿大,被膜有出血点,脾髓质变软呈紫黑色泥糊状。肾脏肿大、质软、有圆形或类圆形粟粒大暗红色病灶。肝肿大、质软,呈棕黄色或棕红色,有灰白色和暗红色病灶。胆囊扩张,充满黏稠胆汁。

诊断 该病的诊断与诊断其他梨形虫病相似,在分析流行病学资料(发病季节和传播媒介蜱)、考虑临床症状与病理变化(高热稽留、贫血、消瘦、全身出血、全身性淋巴结肿大、皱胃黏膜有溃疡斑等)的基础上,进行病原学检查(血片中的虫体和淋巴结穿刺涂片中的石榴体)。计算红细胞染虫率对确定疾病的发展和转归具有重要的诊断意义,如染虫率不断上升,临床症状日益加剧,则病情危重,预后不良。由于间接荧光抗体试验敏感性好,特异性强,易于操作。因此,结合病原鉴定被作为诊断泰勒虫病的国际贸易指定试验,用于出入境检疫。

治疗 至今尚无针对环形泰勒虫病的特效治疗药物。但如能及早使用比较有效的杀虫药物,再配合对症治疗,特别是输血疗法以及加强饲养管理,可以大大降低病死率。

目前认为较有效的治疗药物有下列几种:

(1)磷酸伯氨喹啉(PMQ)。剂量为 0.75～1.5 mg/kg 体重，每天口服 1 次，连用 3 天。该药具有良好的杀灭环形泰勒虫配子体的作用，杀虫作用迅速，投药后 24 h 配子体即开始死亡，疗程结束后 48～72 h，染虫率下降至 1%左右。被杀死的虫体表现为变形、变色和变小，死虫残骸在 1～2 周内从红细胞内消失。

(2)三氮脒。剂量为 7 mg/kg 体重，配成 7%溶液，分点做深部肌肉内注射，每天 1 次，连用 3 天；如红细胞染虫率不下降，还可继续治疗 2 次。

(3)黄花蒿。含抗疟有效成分——青蒿素。对家畜梨形虫病有良好的治疗效果，主要作用于梨形虫红细胞内配子体期，使红细胞染虫率迅速下降至 1%以下，体温、反刍、食欲等症状很快恢复正常。用法为用药前 1 天或当天采集黄花蒿幼嫩枝叶，轧碎或切碎，冷水浸泡 30～60 min，连渣灌服，每天每头牛口服 3～5 kg，上、下午各服 1/2 剂量，直到红细胞染虫率下降至 1%以下停药观察(一般为 2～6 天)。

(4)青蒿琥酯。是以青蒿素为母体合成的一种青蒿素的衍生物。每片 50 mg。剂量为 5 mg/kg 体重，首次量加倍，以后每隔 12 h 用药 1 次，常水灌服，连用 2～4 天，直到红细胞染虫率降至 1%以下时停药观察。

为了促使临床症状缓解，还应根据症状配合给予强心、补液、止血、健胃、缓泻、舒肝、利胆等中西药物以及预防继发感染的抗生素药物。对红细胞数、血红蛋白量显著下降的牛可进行输血。每天输血量，犊牛不少于 500～2 000 mL，成年牛不少于 1 500～2 000 mL。每天或隔 2 天输血 1 次，连续 3～5 次，直至血红蛋白稳定在 25%左右不再下降为止。

预防　预防的关键是消灭牛舍内和牛体上的璃眼蜱。灭蜱需从下列几方面着手：

(1)消灭圈舍内的幼蜱。在 9～10 月份，当牛体上的雌蜱全部落地，并爬进墙缝准备产卵时，用泥土将离地面 1 m 高以下的墙缝或墙洞堵死，如在泥土中加入少量杀虫剂，则杀灭效果更好。

(2)消灭圈舍内的若蜱和饥饿的成蜱。在 4 月份，大批若蜱落地并爬入墙缝，准备蜕化为成蜱时，用泥土勾抹墙缝 1 次，将饥饿的成蜱闭死在墙洞或墙缝中。

(3)消灭牛体上的蜱。使用有机磷制剂或菊酯类杀虫剂，在 5～7 月份喷洒牛体，杀灭成蜱，在 10～12 月份杀灭幼蜱和若蜱。

亦可在 5 月初成蜱出现前，牛群改舍饲为放牧或转移到新圈饲养。此外，对调入或调出的牛只都要进行灭蜱处理，以免传播病原体。

在本病流行区，可应用牛环形泰勒虫裂殖体胶冻细胞虫苗预防接种，注苗后 21 天产生免疫力，免疫持续期为 1 年。该虫苗对瑟氏泰勒虫病无交叉免疫保护作用。

(二)牛瑟氏泰勒虫病

瑟氏泰勒虫是 1930 年在俄罗斯远东地区牛体上发现并鉴定的 1 个虫种。后来发现牛瑟氏泰勒虫这个虫名是羊瑟氏泰勒虫的第二个异物同名，根据命名法优先权原则，牛瑟氏泰勒虫这个名称应是无效。因此，许多学者对于它的命名存在着争议。有的学者认为应称为东方泰勒虫，有的学者认为应称为水牛泰勒虫，也有的学者将其统称为瑟氏/东方/水牛泰勒虫组群。但本病主要流行区为俄罗斯远东地区、朝鲜、日本和中国，目前仍沿袭将其称为瑟氏泰勒虫。

病原　瑟氏泰勒虫寄生于红细胞内的虫体，除有特别长的杆状形外，其他的形态和大小与环形泰勒虫相似，也具有多型性，有杆形、梨籽形、圆环形、卵圆形、逗点形、圆点形、十字形和三叶形等各种形状。杆形虫体长度为 1.7～6 μm，占各种形态的 48％～86％。瑟氏泰勒虫的形态特征是杆形类(包括杆形或逗点形)虫体多于圆形类(包括圆形、椭圆形和梨籽形)虫体。红细胞染虫率越高，杆形虫体越多。因此，杆形类虫体和圆形类虫体的比例是随虫体的反应期而变化的，虫体反应上升期为 1∶0.33，高峰期为 1∶0.19，下降期为 1∶0.27，带虫期为 1∶0.56(图 15-13)。

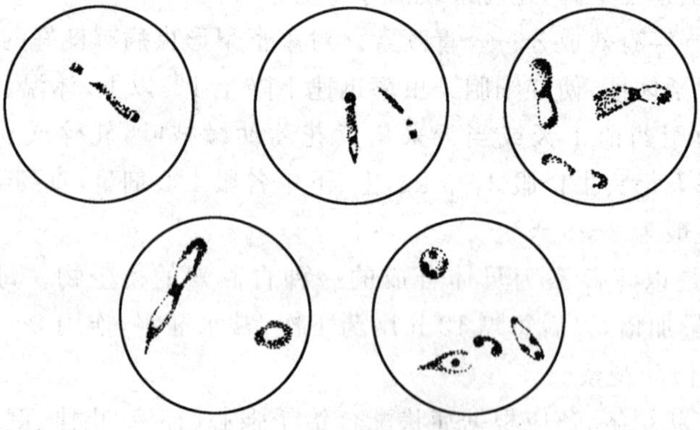

图 15-13 红细胞内的瑟氏泰勒虫

瑟氏泰勒虫的红细胞染虫率较环形泰勒虫低。用蜱人工感染牛的初期，红细胞染虫率为 0.1％～0.25％，随着病情恶化，可升高至 8.9％～16.1％，自然感染牛的染虫率为 0.11％～7.6％，严重发病牛的染虫率可达 33.5％。红细胞中虫体数量也与染虫率密切相关，染虫率高时，红细胞中虫体数量也多，绝大多数感染的红细胞中有 1 个虫体，其次为 2 个，在高染虫率情况下，1 个红细胞中可见到 7 个虫体，带虫期基本为 1 个虫体。

流行病学 瑟氏泰勒虫病的传播者是血蜱属的蜱，已知能传播瑟氏泰勒虫并具有流行病学意义的蜱有 3 种，即长角血蜱、嗜群血蜱和日本血蜱。吉林、贵州等地相继证实，在这些地区流行的瑟氏泰勒虫病是由长角血蜱传播的。在日本，瑟氏泰勒虫的传播者也是长角血蜱。在朝鲜，试验证实，除长角血蜱外，嗜群血蜱也是传播者。在俄罗斯远东地区(包括滨海地区)，传播媒介主要是日本血蜱，其次是嗜群血蜱。长角血蜱为三宿主蜱，幼虫在带虫牛或病牛体上吸血后，若蜱将病原传给健康牛，若蜱吸到含虫血液，成蜱则可传播病原体。在自然条件下，长角血蜱的若蜱和成蜱均有传播泰勒虫的能力。瑟氏泰勒虫不能经卵传播。

长角血蜱生活在山野或农区。因此，瑟氏泰勒虫病主要在放牧条件下发生。长角血蜱每年只产生 1 个世代。在宿主体寄生最多的季节是：若蜱在 5 月上旬，成蜱在 6 月下旬，幼蜱在 8 月下旬至 9 月上旬。主要以未吸血若蜱在畜圈附近和牧地的石块下或杂草堆中越冬。

瑟氏泰勒虫病的流行具有明显的季节性，1 年出现 2 次发病高峰。据河南报道，本病始发于 5 月份，6～7 月份发病最多，形成第一个高峰期。8 月份减少，9 月份又增加，出现第二个高峰期，10 月份逐渐停止。第一高峰期时的病牛数占发病牛总数的 71.2％。吉林流行情况基本上与此相似。2～3 岁的小牛最为易感，年龄越大发病率越低。但偶尔也可见到 10 岁以上的牛发病。

瑟氏泰勒虫病在我国主要分布于吉林、辽宁、甘肃、河北、河南、湖南、贵州、山东、云南等地。

症状　多呈亚急性经过,病程一般10天以上,个别可长达数十天。病死率较低。

(1)初期。体温升高至39.5～40.5℃,个别可达41.9℃,稽留3～5天,个别延长到9天。体表淋巴结肿大,多为一侧性,有的病牛肩前淋巴结和股前淋巴结肿胀如鸡卵大,发硬和有压痛。精神稍差,可视黏膜潮红。呼吸增数而浅表,每分钟40～60次,个别可达80次以上,呼吸音粗粝,支气管音增强。鼻孔周围附有少量浆液性鼻漏。心跳加快,每分钟60～80次。食欲略减,口腔湿润。有的患牛腹泻,粪中带有少量黏液和血液;有的粪便干燥,呈褐色算盘珠样;有的便秘与腹泻交替出现。

(2)中期。高热稽留过后,体温维持在39～39.5℃。可视黏膜苍白黄染,病牛多卧少站,被毛粗乱无光泽。呼吸增数,每分钟60～80次,出现轻微的干性咳嗽。心跳加快,每分钟80次以上,个别达100次以上,心跳节律不齐或第一心音出现分裂。颈静脉阳性搏动明显。瘤胃蠕动次数减少,2分钟2～3次,力量减弱。

(3)后期。病牛显著消瘦、贫血,精神委顿,个别病牛兴奋不安,行走无力或卧地不起。体温正常或低于常温,有些病例可反复数次出现体温升高,且症状愈来愈重。磨牙吃土,出现异嗜癖。呼吸、心跳加快,心跳每分钟多在100次以上,个别严重的每分钟达120次以上。个别严重病牛眼结膜发生水肿。血液呈水样,红细胞数降至每立方毫米120万～150万个,血红蛋白降至15%～20%;血片上可见异形红细胞、碱性斑点红细胞等贫血细胞像。亚急性病例可持续14～30天,有时更长。病牛恢复较慢,虽食欲好转,仍见消瘦和贫血症状。过度使役、长途运输和饲养管理不当等不良条件,可促使病情迅速恶化。

病理变化　尸体消瘦,可视黏膜黄染;皮下组织和浆膜轻度黄染,并有出血点。血液稀薄,血凝不全。肝脏肿大,呈土黄色。胆囊中充满黄绿色油状胆汁。脾脏肿大。心脏增大,心肌呈土黄色,心冠脂肪呈现黄色胶冻样浸润。皱胃黏膜上有出血点和溃疡,小肠黏膜上有出血点。体表淋巴结和肠系膜淋巴结肿大,可见出血。

诊断　诊断方法基本上与环形泰勒虫病相同。主要是依据流行病学资料(发病季节、媒介蜱的鉴定)及实验室病原体的确定。瑟氏泰勒虫病,虽然体表淋巴结也发生肿胀,但在做淋巴结穿刺检查时,较难在淋巴液涂片中发现石榴体,即使查到也往往多为游离于细胞外的石榴体。

治疗

(1)磷酸伯氨喹啉。剂量为3 mg/kg体重,每天口服1次,轻症3天为一疗程,重症5～7天为一疗程。

(2)三氮脒。剂量为7 mg/kg体重,配成7%溶液,分点做深部肌肉内注射,每天1次,连用3次为一疗程。或可与锥黄素交替使用(如第一、第三天用三氮脒,第二、第四天用锥黄素)。锥黄素用量为4～5 mg/kg体重,配成0.5%溶液1次静脉注射。

预防　重点是消灭传播媒介长角血蜱,可参照牛双芽巴贝斯虫病的防治措施。对瑟氏泰勒虫病,目前尚无有效的虫苗。在流行地区,发病高峰期,对日夜放牧的良种牛和引进牛可应用三氮脒进行药物预防。据张守发(1998)报道,选用β-环糊精制备的三氮脒缓释剂,按5 mg/kg体重剂量1次肌肉注射,无论对本地牛还是外地引进牛,在2个月内保护率达100%,而对照三氮脒水剂组的保护期仅为20天。因此,只要在每年4月下旬至5月初,对流行区内的牛群注射三氮脒缓释剂和倍硫磷,就能使牛安全度过易感季节,有效地预防该病的发生。

(三)牦牛泰勒虫病

牦牛泰勒虫病在我国青海果洛藏族自治州、新疆和田地区及甘肃陆续被发现。由于当地牦牛连年遭受蜱叮咬而形成带虫免疫。因此，成年牛很少发病，发病死亡的多为1岁牛，其次是2～3岁牛。而外来牛极为易感，1岁以上牛，于发病季节进入疫区放牧的，几乎100%发病并引起死亡。

过去认为牦牛泰勒虫病的病原为瑟氏泰勒虫。白启等(2002)报道，根据虫体特异形态、传播媒介为青海血蜱以及18S rRNA基因序列测定等比较研究后认为，该病的病原应是我国新发现的泰勒虫新种——中华泰勒虫(*Theileria sinensis*)，并推断牦牛是中华泰勒虫的真正脊椎动物宿主。中华泰勒虫形态特异，具有多型性：有梨籽形、圆环形、椭圆形、杆状、三叶形、边虫形、十字架形，还有许多难以形容的不规则形虫体；在同一红细胞内不同数目的边虫样虫体可发育变大，生成的原生质延伸，而后互相连接或交融，重新构成各种不同形态的虫体；有些虫体具有出芽增殖的特性。

通过传播试验，已证实牦牛泰勒虫病的传播媒介是青海血蜱。青海血蜱系三宿主蜱，3个变态期可在牛体内同时存在，是当地牛体的优势蜱种，2月下旬开始出现，其高峰期在4月上旬至5月上旬。牦牛泰勒虫病发病开始于春天青草萌发时，多集中于4～5月份，秋季草黄时也有少数病例发生。因此，牦牛泰勒虫病的流行与青海血蜱的消长活动相一致。

根据外来牦牛于发病季节进入疫区半个月后才开始发病，推断本病的潜伏期为15天以上。急性病例病程为5～7天，多数为10天以上。病初低头耷耳，静立不动，行走不稳。食欲减退，反刍停止，迅速消瘦。体温41～41.5℃。肩前淋巴结一侧性肿大。结膜潮红，严重者可见出血斑，后期结膜苍白、黄染。鼻镜干燥，浆液性鼻漏。呼吸促迫浅表，每分钟40～60次。心跳每分钟80～120次，出现心杂音。粪便早期干燥，中、后期干稀不定。胃肠蠕动停止。怀孕母牛流产。后期卧地不起。病愈后康复缓慢。肩前淋巴结穿刺未发现石榴体。

剖检变化为全身皮下、肌肉间、黏膜和浆膜上呈现广泛的点状或斑状出血。体表淋巴结肿大，切面多汁并见点状出血。胸、腹腔及心包积水，呈黄红色。肺气肿。肝脏肿大，质地松软，易碎，间质明显。胆囊极度肿胀，充满胆汁，胆囊内膜有大量出血斑和出血点。脾肿大，被膜下有绿豆大出血点，切面外翻呈粥样，小梁不明显。肾肿大，皮质、髓质界限不甚明显。皱胃有大面积弥漫性出血点和出血斑。空肠和小结肠黏膜有出血斑，淋巴滤泡肿大。

治疗、预防 可参照牛瑟氏泰勒虫病。

二、羊泰勒虫病

羊泰勒虫病是绵羊和山羊的一种蜱传性血液原虫病，呈地方性流行，危害严重，可引起羔羊和外地引进羊大量死亡，使慢性发病的山羊和绵羊发育变缓，产肉量和产毛量显著下降，给养羊业造成巨大的经济损失。

病原 国外报道，寄生于羊的泰勒虫有4种：莱氏泰勒虫(*T. lestoquardi*，同义名山羊泰勒虫 *T. hirci*)、绵羊泰勒虫(*T. ovis*)、分离泰勒虫(*T. separata*)和隐藏泰勒虫(*T. recondita*)。其中仅莱氏泰勒虫具有致病性，可引起恶性羊泰勒虫病。我国自1958年四川甘孜藏族自治州报道本病以来，甘肃、青海、宁夏、陕西、辽宁、内蒙古陆续有本病发生，多年来专家一致认为该泰勒虫为致病性较强的病原。因此，也就自然而然地认为我国羊泰勒虫病的病原是莱氏泰勒虫。然而殷宏等（2002）通过系统而深入的研究后发现，我国羊泰勒虫病的病原并非莱氏泰勒虫而是新种（*Theileria* spp. nov）。

羊泰勒虫寄生于红细胞内的虫体呈多形性，有圆形、逗点形、杆形、椭圆形和钉子形等，以圆形最多见。每个红细胞内有 1～4 个虫体或更多，以 1～2 个最为多见。红细胞染虫率 0.3%～30%。虫体大小不等，圆形虫体直径为 0.6～2 μm。姬氏法染色，原生质染成天蓝色，染色质在一边染成紫红色。

在病羊淋巴结、脾脏、肝脏、肾脏、肺脏的压片及末梢血液涂片中可见到裂殖体。裂殖体分为 2 种类型：小型裂殖体，裂殖子很小，圆点状，仅有深紫色的核，无原生质，数目很多，数十至数百不等；大型裂殖体，裂殖子较大，梨籽形。大量见到的是小型裂殖体，大型裂殖体则少见。无论是发病早期还是晚期，染色涂片中很少观察到胞内裂殖体，所见到的则是大量游离的裂殖体和裂殖子。

流行病学　我国羊泰勒虫病的传播媒介为青海血蜱。传播方式为阶段性传播。幼蜱阶段感染，若蜱阶段传播，并将所有子孢子释放，成蜱阶段不传播。若蜱阶段感染，成蜱阶段传播。已证实不能经卵传播。青海血蜱为我国西部高原地区的常见种类，生活于山区草地和灌丛中；主要寄生在绵羊和山羊体上，其次为牛，其他动物如马、野兔等也有寄生；幼蜱、若蜱主要寄生在耳壳内外，成蜱可在全身寄生。青海血蜱 4～7 月份活动，5 月份最多，9 月份又有出现，11 月份消失。4～7 月份常在同一宿主上寄生有成蜱、若蜱和幼蜱。由此推断该蜱以饥饿的成蜱、若蜱、幼蜱越冬，越冬后 3～4 月间开始活动；1 年 1 次吸血，1 次变态，生活史一般需要 2～3 年。在甘肃兰州地区，羊泰勒虫病发生于每年 3 月中旬至 6 月中旬，发病高峰期为 4 月上旬至 5 月中旬，9 月中旬至 11 月初亦可见到病羊，但不引起死亡。发病羊只年龄多在 1～6 月龄，成年羊发病率和病死率均低。绵羊和山羊均有发病，绵羊发病率稍高。外地引进羊发病较重。

症状　潜伏期 4～12 天。病羊精神沉郁，食欲减退，体温升高到 40～42℃，稽留 4～7 天，少数病羊呈间歇热。呼吸促迫。反刍及胃肠蠕动减弱或停止。有的病羊排恶臭稀粥样粪，混有黏液或血液。个别羊尿液混浊或有血尿。结膜初充血，继而出现贫血和轻度黄疸。体表淋巴结肿大，以肩前淋巴结最显著，一般如胡桃大，最大的可达鸭蛋大，触诊有痛感。肢体僵硬，以羔羊最明显，有的羊行走时，一前肢提举困难或后肢僵硬，举步十分艰难；有的羔羊四肢发软，卧地不起。病程 6～12 天。

病理变化　尸体消瘦，血液稀薄，皮下脂肪胶冻样，有点状出血。全身淋巴结呈不同程度肿胀，以肩前、肠系膜、肝、肺等处较显著；切面多汁、充血，有一些淋巴结呈灰白色，有时表面可见颗粒状突起。肝、脾肿大。肾呈黄褐色，表面有结节和点状出血。

皱胃黏膜上有溃疡斑，肠黏膜上有少量出血点。

诊断　根据临床症状（高热稽留、淋巴结肿大、肢体僵硬）、流行病学资料（青海血蜱、发病季节）及病理变化，可做出初步诊断。在血片上找到虫体以及在淋巴结或脾脏涂片上发现石榴体即可确诊。

治疗

（1）三氮脒。剂量为 7～10 mg/kg 体重，用蒸馏水配成 1%～5% 溶液，肌肉内注射，1～2 次即可治愈，羊只无不良反应。如使用 5 mg/kg 体重剂量，则需注射 2～3 次。

(2)磷酸伯氨喹啉。剂量为3～6 mg/kg体重，口服，1天1次，连用3天。

(3)硫酸喹啉脲。配成5%溶液，每10 kg体重用0.2 mL，做皮下或肌肉内注射。

(4)蒿甲醚。剂量为8 mg/kg体重，每天颈侧肌肉内注射，连用4天。

(5)青蒿琥酯。剂量为10 mg/kg体重，口服，首次量加倍，以后每隔12 h用药1次，经2～22天达到治愈标准。

预防 首先应做好灭蜱工作，全年要适时灭除畜体、圈舍及环境中的蜱类。青海血蜱在疫区为优势种，生活周期长，寄生宿主种类多，感染季节长，使得消除自然环境中的蜱很困难，重点应放在消灭畜体上的蜱。在疫区，发病季节对当年羔羊应用2%三氮脒溶液进行药物预防注射，剂量为5 mg/kg体重，肌肉内注射，每隔10～15天注射1次。也可应用咪唑苯脲进行药物预防注射，剂量为1.5～2 mg/kg体重，肌肉内注射。

第十六章　孢子虫病

第一节　球　虫　病

一、概　　述

球虫病是畜牧生产中重要的和常见的一种原虫病。在自然界中，球虫病的分布极为广泛，在家畜中，马、牛、羊、猪、犬、骆驼、兔、鸡、火鸡、鸭、鹅和鹌鹑都发生球虫病。其中以鸡、兔、牛和猪的球虫病危害最大，尤其是幼龄动物，常有本病流行，引起大批死亡。

家畜球虫病的病原体属复顶亚门、孢子虫纲、真球虫目中的艾美耳科和隐孢科，均系细胞内寄生。各种家畜都有其专性寄生的球虫，不相互感染。在兽医学上，重要的有5个属，即艾美耳属(*Eimeria*)、等孢属(*Isospora*)、泰泽属(*Tyzzeria*)、温扬属(*Wenyonella*)和隐孢属(*Cryptosporidium*)。根据球虫生活史的宿主体外阶段——卵囊(图16-1)的构造，卵囊中孢子囊的有无、数目和每个孢子囊内所含子孢子数目将球虫分为不同的属，兹列检索表如下：

一、无孢子囊

1. 8个子孢子直接处于卵囊内………泰泽属，鸭和鹅的球虫。

2. 4个子孢子直接处于卵囊内………隐孢子虫属，人、牛和禽类的常见寄生虫。

二、有孢子囊

1. 4个孢子囊

A. 每个孢子囊内含4个子孢子(1个卵囊内共含16个子孢子)……温扬属，鸭和鸡的球虫。

B. 每个孢子囊内含2个子孢子(1个卵囊内共含8个子孢子)……艾美耳属，马、牛、羊、骆驼、猪、鸡、火鸡、鸭、鹅等的球虫。

2. 2个孢子囊，每个孢子囊内含4个子孢子(1个卵囊内共含8个子孢子)………等孢属，主要是猫、犬的球虫，亦见于猪。

艾美耳属球虫的生活史最具代表性，属直接发育型，不需中间宿主，发育需经过3个阶段：①无性生殖阶段，在其寄生部位的上皮细胞内以裂殖生殖法进行。②有性生殖阶段，以配子生殖法形成雌性配子，即大配子；雄性配子，即小配子。大配子和小配子结合形成合子。这一阶段也是在宿主的上皮细胞内进行的。③孢子生殖阶段，是指合子变为卵囊后，在卵囊内发育形成孢子囊和子孢子，含有成熟的子孢子的卵囊称为感染性卵囊。裂殖生殖和配子生殖在宿主体内进行，称内生性发育；孢子生殖是在外界环境中完成，称外生性发育。家畜感染球虫，是由于吞食了散布在土壤、地面、饲料和饮水等外界环境中的感染性卵囊而发生的。不同种球虫的发育过程稍有差异，用柔嫩艾美耳球虫(*E. tenella*)7天的生活周期可说明球虫的典型生活史(图16-2)。当鸡通过饲料和饮水摄食了孢子化卵囊后，进入肌胃中的卵囊，通过机械和酶的作用，卵囊壁和孢子囊破裂，释出子孢子；由于小肠中的胰蛋白酶和胆汁的作用，子孢子的释放得到了促进。释放出来的子孢子被肠内容物带到盲肠，子孢子首先进入表层上皮细胞，再通过

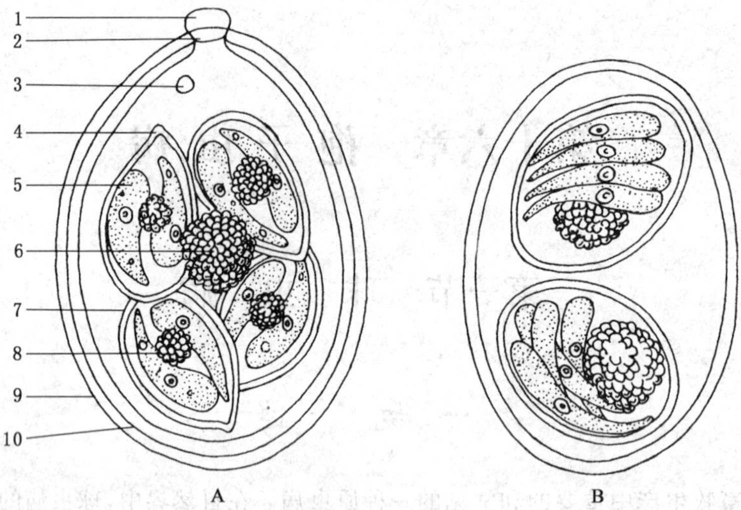

图 16-1 球虫卵囊

A. 艾美耳属球虫卵囊 B. 等孢属球虫卵囊

1. 极帽 2. 卵膜孔 3. 极粒 4. 斯氏体 5. 子孢子 6. 卵囊残体

7. 孢子囊 8. 孢子囊残体 9. 卵囊壁外层 10. 卵囊壁内层

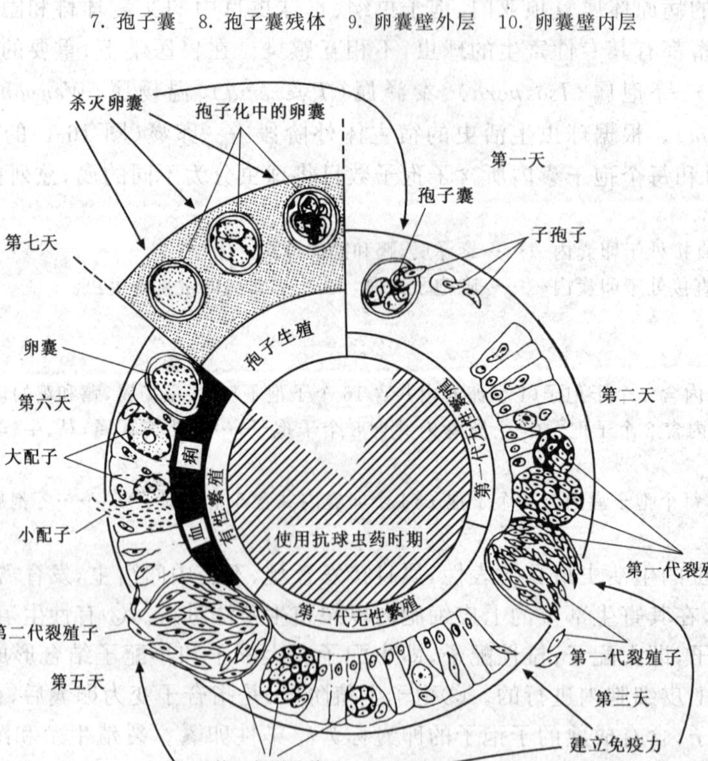

图 16-2 柔嫩艾美耳球虫的 7 天生活史(仿 Reid,1991)

注:包括两代或两代以上的无性繁殖和一代有性繁殖,从宿主排出的卵囊必须在孢子化(第 7 天)后才具有感染性

基底膜到达固有层。在上皮细胞内虫体变圆,称为滋养体(trophozoite)。滋养体的细胞核进行无性的复分裂,称作裂殖生殖(schizogony),这时虫体称为裂殖体(schizont)。一个裂殖体分裂成大约 900 个第 1 世代的裂殖子(merozoite,图 16-3),后者呈香蕉形,长 2～4 μm,这时宿主细胞即遭破坏,裂殖子进入肠腔,这发生于鸡感染后的 2.5～3 天,每一个第 1 世代裂殖子进入一个新的上皮细胞,它们在上皮细胞核与游离缘之间,也有许多在基底膜下的固有层中,发育为第 2 代裂殖体。其后每个裂殖体分裂为 200～350 个长约 16 μm 的第 2 代裂殖子,并再度破坏宿主细胞而进入肠腔,此阶段是鸡感染后的第 5 天左右。有一些第 2 代裂殖子再次进入上皮细胞进行第 3 代裂殖生殖,每个裂殖体生成 4～30 个第 3 代裂殖子,其长度约为 7 μm。大多数第 2 代裂殖子在上皮细胞内发育为大配子体(macrogametocytes)和小配子体(microgametocytes),后者的数量要少得多。由小配子体产生数量众多的小的具有两根鞭毛的小配子(microgametes)。小配子离开宿主细胞,进入含大配子的细胞,使大配子受精成为合子(zygote)。合子周围形成一厚壁,合子即变为卵囊(oocyst)。宿主细胞破裂后,卵囊随宿主的排泄物排出体外,第一批卵囊排出宿主体外的时间大约在感染后第 7 天。从吃进卵囊到粪便中出现新世代卵囊所需的时间称为潜在期(prepatent period),潜在期的长短是不同种球虫的重要诊断特征。

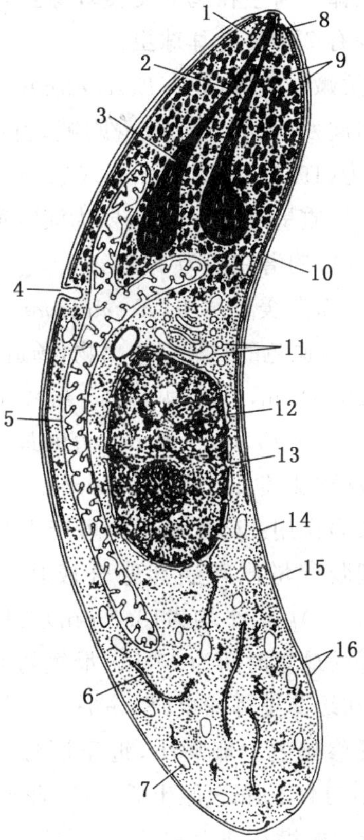

图 16-3　球虫裂殖子超微结构(仿 Scholtyseck,1979)

1. 锥体　2. 棒状体管　3. 棒状体　4. 微孔　5. 线粒体　6. 内质网　7. 支链淀粉颗粒　8. 极环　9. 微线　10. 微管　11. 高尔基体　12. 核被膜　13. 核孔　14. 内膜　15. 外膜　16. 表膜

卵囊随宿主粪便排到外界后,在适宜的温度、湿度条件下,细胞核和细胞质发生分裂,最终形成 8 个子孢子,包含在 4 个孢子囊中,完成孢子化过程最短需要 18 h。卵囊呈椭圆形、圆形、卵圆形等不同形状。囊壁有两层,外层为保护性膜,结实,有较大的弹性,化学成分类似角蛋白;内层是由大配子在发育过程中形成的小颗粒物质构成的,化学成分属类脂质;原生质呈颗粒状;某些种的卵囊有卵膜孔,有的卵囊内膜突出于卵膜孔外形成极帽。

二、鸡球虫病

鸡球虫病是养禽业中重要的常见的一种疾病,它对养鸡生产的危害十分严重,分布很广,世界各地普遍发生,15～50 日龄的雏鸡发病率高,死亡率可高达 80%,病愈的雏鸡,生长发育受阻,长期不能康复。成年鸡多为带虫者,但增重和产蛋受到一定的影响。全世界每年用于药物预防的费用已超过数十亿美元。

病原体 寄生在鸡的艾美耳球虫，全世界报道的有9种，但为世界所公认的有7种。我国报道至少有7种艾美耳球虫。

(1)柔嫩艾美耳球虫(*E. tenella*)。寄生于盲肠，致病力最强，实验感染100 000个孢子化卵囊能引起发病、死亡或增重剧减，盲肠高度肿胀，黏膜出血。卵囊为宽卵圆形，少数为椭圆形，大小为(19.5～26.0) μm×(16.5～22.8) μm，平均为22.0 μm×19.0 μm，卵囊指数为1.16。原生质呈淡褐色，卵囊壁为淡绿黄色，厚度约1 μm，孢子发育的最短时间为18 h，最长为30.5 h，最短的潜在期为115 h。

(2)巨型艾美耳球虫(*E. maxima*)。寄生于小肠，以中段为主，有较强的致病作用，可引起肠壁增厚，带血色的黏液性渗出物，肠道出血等病变。卵囊大，卵圆形，大小为(21.5～40.7) μm×(16.5～20.8) μm，平均为30.5 μm×20.7 μm。卵囊指数为1.47。原生质呈黄褐色，卵囊壁为浅黄色，厚0.75 μm。孢子发育的最短时间为30 h。最短的潜在期为121 h。

(3)堆型艾美耳球虫(*E. acervulina*)。寄生于十二指肠和小肠前段，主要在十二指肠。有较大的致病作用。轻度感染时可产生散在的局灶性灰白色病灶，横向排列成梯状。严重感染时可引起肠壁增厚和病灶融合成片。卵囊中等大小，卵圆形，大小为(17.7～20.2) μm×(13.7～16.3) μm，平均为18.3 μm×14.6 μm。原生质无色，卵囊壁呈浅绿黄色，厚度约1 μm。孢子发育的最短时间为17 h。最短的潜在期为97 h。

(4)和缓艾美耳球虫(*E. mitis*)。寄生于小肠前段，致病力弱，一般不引起明显的病变，仅有黏液性渗出物。卵囊小，近于圆形，大小为(11.7～18.7) μm×(11.0～18.0) μm，平均为15.6 μm×14.2 μm。原生质无色，卵囊壁呈淡绿黄色，厚度约1 μm。孢子发育的最短时间为15 h。最短的潜在期为93 h。

(5)早熟艾美耳球虫(*E. praecox*)。寄生于十二指肠和小肠的前1/3段，致病力弱，一般不引起明显的病变，仅出现黏液性渗出物。卵囊较大，多数为卵圆形，其次为椭圆形，大小为(19.8～24.7) μm×(15.7～19.8) μm，平均为21.3 μm×17.1 μm。卵囊指数为1.24。原生质无色，囊壁呈淡绿黄色，厚度约1 μm。孢子发育的最短时间为12 h。最短的潜在期为84 h。

(6)毒害艾美耳球虫(*E. necatrix*)。寄生于小肠中1/3段，致病力强，引起肠壁扩张，增厚，坏死及出血等病变，在肠壁浆膜上可见到许多圆形的裂殖体白色斑点，此为本病的特异性病变。卵囊中等大小，呈长卵圆形，大小为(13.2～22.7) μm×(11.3～18.3) μm，平均为20.4 μm×17.2 μm。卵囊指数为1.19。孢子发育的最短时间为18 h。最短的潜在期为138 h。

(7)布氏艾美耳球虫(*E. brunetti*)。寄生于小肠后段、直肠和盲肠近端区。致病力较强，引起肠道的凝固性坏死和黏液性带血的肠炎。卵囊较大，仅次于巨型艾美耳球虫，呈卵圆形，大小为(20.7～30.3) μm×(18.1～24.2) μm，平均大小为24.6 μm×18.80 μm。卵囊指数为1.31。孢子发育的最短时间为18 h。最短的潜在期为120 h。

(8)变位艾美耳球虫(*E. mivati*)。寄生于十二指肠袢至盲肠和泄殖腔。该虫种最早被鉴定为堆型艾美耳球虫的一种小型球虫株，早期病变出现于十二指肠，轻度感染时的孤立病灶与堆型艾美耳球虫相似；后期病变出现在小肠中段和下段。感染1 000 000个孢子化卵囊可引起增重下降和发病，偶尔发生死亡。卵囊小，呈椭圆形至宽卵圆形，大小为(11.6～17.7) μm×(10.5～16.1) μm，平均为15.5 μm×13.1 μm，卵囊指数为1.16。孢子发育的最短时间为

12 h。最短的潜在期为 93 h。同功酶的研究进展使一些学者对本种的有效性产生了疑问，尚需作进一步的研究才能确定该种的分类学地位。

(9)哈氏艾美耳球虫(*E. hagani*)。一直被描述为一个独立种。可引起十二指肠和小肠出血点、卡他性炎症、含水样肠内容物，具有中等程度的致病力。由于原始描述(Levine，1983)不完整，对其生活史中的内生性阶段也没有做过描述，因此目前本虫的独立性值得怀疑，除非通过进一步的研究来确定该种的特点和现场感染的存在，否则可能会被宣布无效。

流行病学　鸡是上述各种球虫的唯一天然宿主。所有日龄和品种的鸡对球虫都有易感性，但是其免疫力发展很快，并能限制其再感染。刚孵出的雏鸡由于小肠内没有足够的胰凝乳蛋白酶和胆汁使球虫脱去孢子囊，因而对球虫是不易感的。球虫病一般暴发于 3～6 周龄雏鸡，很少见于 2 周龄以内的鸡群。堆型艾美耳球虫、柔嫩艾美耳球虫和巨型艾美耳球虫的感染常发生在 21～50 日龄的鸡，而毒害艾美耳球虫常见于 8～18 周龄的鸡。

鸡球虫的感染途径是摄入有活力的孢子化卵囊，凡被带虫鸡的粪便污染过的饲料、饮水、土壤或用具等，都有卵囊存在；其他种动物、昆虫、野鸟和尘埃以及管理人员，都可成为球虫病的机械传播者。被苍蝇吸吮到体内的卵囊，可以在肠管中保持活力达 24 h 之久。

卵囊对恶劣的外界环境条件和消毒剂具有很强的抵抗力。在土壤中可以存活 4～9 个月，在有树荫的运动场上可达 15～18 个月。温暖潮湿的地区最有利于卵囊的发育，当气温在 22～30℃之间时，一般只需 18～36 h，就可形成子孢子，但卵囊对高温、低温和干燥的抵抗力较弱。55℃或冰冻能很快杀死卵囊，即使在 37℃情况下连续保持 2～3 天也是致命的。在相对湿度为 21%～30%时，柔嫩艾美耳球虫的卵囊，在 18～40℃下，经 1～5 天死亡。

饲养管理条件不良能促使本病的发生。当鸡舍潮湿、拥挤、饲养管理不当或卫生条件恶劣时，最易发病，而且往往可迅速波及全群。

发病时间与气温和雨量有密切关系，通常多在温暖的季节流行。在我国北方，大约从 4 月份开始到 9 月末为流行季节，7～8 月份最严重。据我们调查，全年孵化的养鸡场和笼养的现代化养鸡场中，一年四季均有发病。

症状和致病作用　视鸡球虫的种类而异。对雏鸡危害最大的是柔嫩艾美耳球虫，它引起严重的盲肠球虫病。病初表现为不饮不食，继之由于盲肠损伤，导致发生下痢，血便，以致排出鲜血。病鸡拥簇成堆，战栗，临死前体温下降，重症者常表现为严重的贫血，可能在感染后第 5，6 天，红细胞数和细胞压积降低 50%，并成为死亡的直接致因。此外，由于肠细胞崩解、肠道炎症和细胞产物而造成的有毒物质，蓄积在肠管中不能迅速排出，使机体发生自体中毒，从而引起严重的神经症状和死亡。柔嫩艾美耳球虫主要损害盲肠，其病变程度与虫体增殖过程相关。随着第 1 世代和第 2 世代裂殖体的出现而逐渐加剧，感染后第 4 天末，盲肠高度肿大，出血严重，肠腔中充满凝血块和盲肠黏膜碎片。至感染后的第 6 天和第 7 天，盲肠心逐渐变硬和干固，在感染后第 8 天可从黏膜上剥脱下来，上皮的更新是迅速的，至第 10 天即可修复。病变常可从浆膜面观察到，外观为暗红色的瘀斑或连片的瘀斑。

毒害艾美耳球虫的致病性也很严重，患鸡精神不振，翅下重，弓腰，下痢，排血便和引起死亡。小肠中段高度肿胀，有时可达正常体积的 2 倍以上。肠管显著充血，出血和坏死；肠壁增厚。肠内容物中含有多量的血液、血凝块和脱落的黏膜。从浆膜面观察，在病灶区可见到小的白斑和红瘀点。在感染后的 4～5 天，在作涂片检查时可见到成簇的大裂殖体(66 μm)，这是本种的特征。用75 000～100 000个卵囊感染雏鸡可导致严重的体重下降、发病和死亡，耐过的雏鸡可出现消瘦，继发感染和失去色素。在商品化的养鸡场，自然感染引起的死亡率超过25％；在实验感染时，死亡率可高达100％。

堆型艾美耳球虫属中等致病力的种，有时可达到严重的程度。病变可以从十二指肠的浆膜面观察到，病初肠黏膜变薄，覆有横纹状的白斑，外观呈梯状；肠道苍白，含水样液体。轻度感染的病变仅局限于十二指肠袢，每厘米只有几个斑块；但在严重感染时，病变可沿小肠扩展一段距离，并可能融合成片。本种可引起饲料转化率下降、增重率降低和蛋鸡的产蛋量下降。

巨型艾美耳球虫的致病力也属中等程度，病变发生在小肠中段，从十二指肠袢以下直到卵黄蒂以后，严重感染时，病变可能扩散到整个小肠。由于它有特征性的大卵囊，故很易鉴别。感染200 000个卵囊可引起增重下降，腹泻，有时出现死亡，常出现严重的消瘦、苍白、羽毛蓬松和食欲下降。主要的病变为出血性肠炎，肠壁增厚、充血和水肿，肠内容物为黏稠的液体，呈褐色或红褐色。严重感染时，肠黏膜大量崩解。

布氏艾美耳球虫引起中等的死亡率，增重下降和饲料转化率下降。感染100 000～200 000个卵囊，常引起10％～30％的死亡率和存活鸡的增重下降。该种寄生于小肠下段，通常在卵黄蒂至盲肠连接处。在感染的早期阶段，小肠下段的黏膜可被小的瘀点所覆盖，黏膜稍增厚和褪色。在严重感染时，黏膜严重受损，凝固性坏死出现在感染后5～7天，整个小肠黏膜呈干酪样侵蚀，在粪便中出现凝固的血液和黏膜碎片。黏膜增厚和水肿发生在感染后的第6天。

早熟艾美耳球虫的致病力弱，仅引起增重减少，色素消失，严重脱水和饲料报酬下降。

和缓艾美耳球虫的致病力弱。其病变一般不明显，该种对增重有一定的影响，大量感染时可引起轻度发病和失去色素。

变位艾美耳球虫和哈氏艾美耳球虫的分类地位尚待确定，其独立性问题尚在争论之中。因而其症状和致病作用的资料也难以确认。在实际生产上，球虫病的症状是由数种球虫混合感染所引起的。

诊断 成年鸡和雏鸡的带虫现象极为普遍，所以不能只根据从粪便和肠壁刮取物中发现卵囊，就确定为球虫病。正确的诊断，须根据粪便检查、临床症状、流行病学调查和病理变化等多方面因素加以综合判断。鉴定球虫的种类，可将病鸡的粪便或病变部位的刮取物少许，放在载玻片上，与甘油水溶液（等量混合液）1～2滴调和均匀，加盖玻片，置显微镜下观察。可根据卵囊特征做出初步鉴定。也可用饱和盐水漂浮法检查粪便中的卵囊。

治疗 早期治疗的重点是在感染症状出现之后，用磺胺药或其他化学药物进行治疗，不久就发现这一方法的局限性，因为抗球虫药物应当在球虫生活史的早期显示其作用，一旦出现症状和造成组织损伤，再使用药物往往已无济于事。由于这一原因，应用药物预防的观点就基本上取代了治疗。实施治疗，若不晚于感染后96 h给药，有时可降低鸡的死亡率。在一个大型鸡场中，应随时储备一些治疗效果好的药物，以防鸡球虫病的突然暴发。常用的治疗药物有以下几种：

(1)磺胺二甲基嘧啶（SM_2）按0.1％混入饮水，连用2天；或按0.05％混入饮水，饮用4天，休药期为10天。

(2)磺胺喹噁啉(SQ),按0.1%混入饲料,喂2~3天,停药3天后用0.05 %混入饲料,喂药2天,停药3天,再给药2天,无休药期。

(3)氨丙啉(Amprolium),按0.012%~0.024%混入饮水,连用3天,无休药期。

(4)碘胺氯吡嗪(Esb_3,商品名为三字球虫粉),按0.03%混入饮水,连用3天,休药期为5天。

(5)磺胺二甲氧嘧啶(SDM),按0.05%混入饮水,连用6天,休药期为5天。

(6)百球清(Baycox)2.5%溶液,按0.002 5%混入饮水,即1 L水中用百球清1 mL。在后备母鸡群可用此剂量混饲或混饮3天。

预防　以往在球虫病的预防上建议搞好环境卫生和消毒,现在已不再认为这样做是十分有效的,这是因为卵囊对普通的消毒药有极强的抵抗力,在生产上也无法对鸡舍进行彻底的消毒,再者无卵囊的环境对平养鸡不能较早地建立免疫力。实践证明采用环境卫生和消毒措施并不能控制球虫病。目前所有的肉鸡场都应无条件地进行药物预防,而且应从雏鸡出壳后第1天即开始使用预防药。使用的抗球虫药物有下列几种:

(1) 氨丙啉,按0.012 5%混入饲料,从雏鸡出壳第1天用到屠宰上市为止,无休药期。

(2) 尼卡巴嗪(Nicarbazinum),按0.012 5%混入饲料,休药期为4天。

(3) 球痢灵(Zoalene),按0.012 5%混入饲料,休药期为5天。

(4) 克球多(Clopidol),按0.012 5%混入饲料,无休药期;按0.025%混饲,休药期为5天。

(5) 氯苯胍(Robenidine),按0.003 3%混入饲料,休药期为5天。

(6) 常山酮(Halofuginone),按0.000 3%混入饲料,休药期为5天。

(7) 杀球灵(Diclazuril),按0.000 1%混入饲料,无休药期。

(8) 莫能菌素(Monensin),按0.01%~0.012 1%混入饲料,无休药期。

(9) 拉沙菌素(Lasalocid),按0.007 5%~0.012 5%混入饲料,休药期为3天。

(10) 盐霉素(Salinomycin),按0.005%~0.006%混入饲料,无休药期。

(11) 那拉菌素(Narasin),按0.005%~0.007%混入饲料,无休药期。

(12) 马杜霉素(Maduramycin),按0.000 5%~0.000 6%混入饲料,无休药期。

生产实践证明,各种抗球虫药在使用一段时间后,都会引起虫体的抗药性,甚至产生抗药虫株,有时可对该药的同类的其他药物也产生抗药性。因此,必须合理使用抗球虫药。对肉鸡生产常以下列两种用药方案来防止虫体产生抗药性:

(1)穿梭方案。即在开始时使用一种药物,至生长期时使用另一种药物。如在1~4周龄时使用一种化药(如球痢灵或尼卡巴嗪),自4周龄至屠宰前使用一种离子载体抗生素(如盐霉素或马杜霉素)。

(2)轮换方案。即合理地变换使用抗球虫药,在春季和秋季变换药物可避免抗药性的产生,从而可改善鸡群的生产性能。

对于一直饲养在金属网上的后备母鸡和蛋鸡,不需采用药物预防。对于从平养移至笼养的后备母鸡,在上笼之前,需使用常规用量的抗球虫药进行预防,但在上笼之后就不需再使用药物预防。

免疫预防　为了避免药物残留对环境和食品的污染和抗药虫株的产生,现已研制了数种球虫疫苗,一种是利用少量未致弱的活卵囊制成的活虫苗(称为Coccivac或Immucox),包装在藻珠中，混入幼雏的饲料中或是将活虫苗直接喷入鸡舍的饲料或饮水中服用；另一种是连续选育的早熟弱毒虫株制成虫苗，已选育出 7 种早熟虫株并混配成疫苗（称为 Paracox），并已在生产中推广使用。上述两种疫苗均已在生产上取得了较好的预防效果。

三、鸭球虫病

鸭球虫病是北京鸭中常见的球虫病，其发病率为 30%～90%，死亡率为 29%～70%，耐过的病鸭生长发育受阻，增重缓慢，对养鸭业造成巨大的经济损失。

病原体 对北京鸭具有致病力的球虫有两种：

（1）毁灭泰泽球虫（*Tyzzeria perniciosa*）。寄生于小肠。卵囊小，短椭圆形，呈浅绿色。无卵膜孔。卵囊的大小为（9.2～13.2）μm×（7.2～9.9）μm，平均为 11 μm×8.8 μm，卵囊指数为 1.2。孢子化的卵囊中不形成孢子囊，8 个子孢子游离于卵囊中，子孢子呈香蕉形。有一个大的卵囊残体。

（2）菲莱氏温扬球虫（*Wenyonella philiplevinei*）。寄生于小肠。卵囊较大，卵圆形。有卵膜孔。卵囊的大小为（13.3～22）μm×（10～12）μm，平均为 17.2 μm×11.4 μm。卵囊指数为 1.5。孢子化卵囊内有 4 个呈瓜籽形的孢子囊，每个孢子囊内含 4 个孢子。无卵囊残体（图 16-4）。

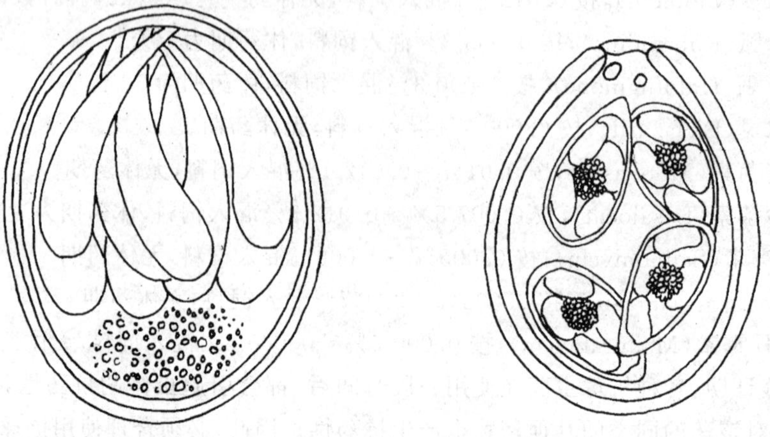

1　　2

图 16-4　鸭球虫图（殷佩云等）

1. 毁灭泰泽球虫　2. 菲莱氏温扬球虫

根据中国农业大学寄生虫学教研室的调查，京津地区北京鸭暴发的球虫病系毁灭泰泽球虫和菲莱氏温扬球虫混合感染所致，前者的致病力强，后者的致病力弱。

症状 感染球虫后第 4 天，雏鸭出现精神委顿，缩脖，不食，喜卧，渴欲增加等症状，病初拉稀，随后排血便，粪便呈暗红色。多数于第 4，5 天发生死亡；第 6 天以后耐过的病鸭逐步恢复食欲，但生长发育受阻，增重缓慢。慢性球虫病虽不显症状，偶见有拉稀，往往成为球虫的携带者和传染源。

病理变化 毁灭泰泽球虫引起的病变严重，肉眼可见小肠呈泛发性出血性肠炎，尤以小肠中段更为严重。肠壁肿胀，出血；黏膜上密布针尖大小的出血点，有的黏膜上覆盖着一层麸糠样或奶酪状黏液，或有淡红色或深红色胶胨状血样黏液，但不形成肠心。

菲莱氏温扬球虫的致病力较弱，肉眼病变仅见于回肠后部和直肠，轻度充血，偶尔在回肠后部黏膜上见有散在的出血点，直肠黏膜呈现弥漫性充血。

诊断 成年鸭和雏鸭带虫现象都极为普遍，所以不能仅根据粪便中有无卵囊做出诊断。必须根据临床症状、流行病学资料和病理变化等进行综合判断。急性死亡的病例可根据病理变化和镜检肠黏膜涂片做出诊断。从病变部位刮取少量黏膜，制成涂片，可在显微镜下观察到大量裂殖体和裂殖子。用硫酸镁溶液作粪便漂浮，可在漂浮液的表面检查到大量卵囊。

防治 在球虫病的流行季节，当雏鸭由网上转为地面饲养时，或已在地面饲养 2 周龄时，可用 0.02%磺胺甲基异噁唑（SMZ）或复方新诺明（SMZ＋TMP，比例为 5：1）、0.1%磺胺间甲氧嘧啶（SMM）或 1 mg/kg 杀球灵（Diclazuril）混入饲料，连喂 4～5 天。当发现地面污染的卵囊过多时，或有个别鸭发病时，应立即对全群进行药物预防。

四、鹅球虫病

已报道的鹅球虫有 15 种，其中以截形艾美耳球虫（*Eimeria truncata*）致病力最强，寄生在肾小管上皮，使肾组织遭到严重损伤。3 周至 3 月龄的幼鹅最易感，常呈急性经过，病程为 2～3 天，死亡率颇高。其余 14 种球虫均寄生于肠道，致病力不等，有的球虫，如鹅艾美耳球虫（*E. anseris*）可引起严重发病；另一些种类单独感染时，相对来说是无害的，但混合感染时可能严重致病。

症状 肾球虫病在 3～12 周龄的小鹅通常呈急性，表现为精神不振，极度衰弱和消瘦，食欲缺乏，腹泻，粪带白色。眼迟钝和下陷，翅膀下垂。幼鹅的死亡率可高达 87%。

肠道球虫可引起鹅的出血性肠炎，临床症状为食欲缺乏，步态摇摆，虚弱和腹泻，甚至发生死亡。

病理变化 在尸体剖检时，可见到肾的体积肿大至拇指大，由正常的红褐色变为淡灰黑色或红色，可见到出血斑和针尖大小的灰白色病灶或条纹。在这些病灶中含有尿酸盐沉积物和大量的卵囊，涨满的肾小管中含有将要排出的卵囊、崩解的宿主细胞和尿酸盐，使其体积比正常增大 5～10 倍。病灶区还出现嗜伊红细胞和坏死。

在患肠球虫的病鹅，可见小肠肿胀，其中充满稀薄的红褐色液体。小肠中段和下段的卡他性炎症严重，在肠壁上可出现大的白色结节或纤维素性类白喉坏死性肠炎。在干燥的假膜下面有大量的卵囊、裂殖体和配子体。寄生阶段的虫体侵入小肠后半段的上皮细胞，密集地拥挤成排。发育中的配子体深深地嵌入绒毛的上皮下组织。

防治

（1）多种磺胺药已用于治疗鹅球虫病，尤以磺胺间甲氧嘧啶和磺胺喹噁啉值得推荐，用量可参照鸭球虫病。

（2）将鹅群从高度污染的地区移开，幼鹅和成年鹅分群饲养。在小鹅未产生免疫力之前，应避开靠近有水的、含有大量卵囊的潮湿地区。

五、兔球虫病

兔球虫病是家兔中最常见的一种寄生虫病，对养兔业的危害极大。4～5月龄内的幼兔对球虫的抵抗力很弱，其感染率可高达100%，患病后幼兔的死亡率也很高，一般可达70%。耐过的病兔长期不能康复，生长发育受到严重影响，一般可减轻体重12%～27%。

病原体 兔球虫(图16-5)均属艾美耳属。据文献记载共有14个种，其中除斯氏艾美耳球虫寄生于胆管上皮细胞内之外，其余各种都寄生于肠黏膜上皮细胞内，一般为混合感染。

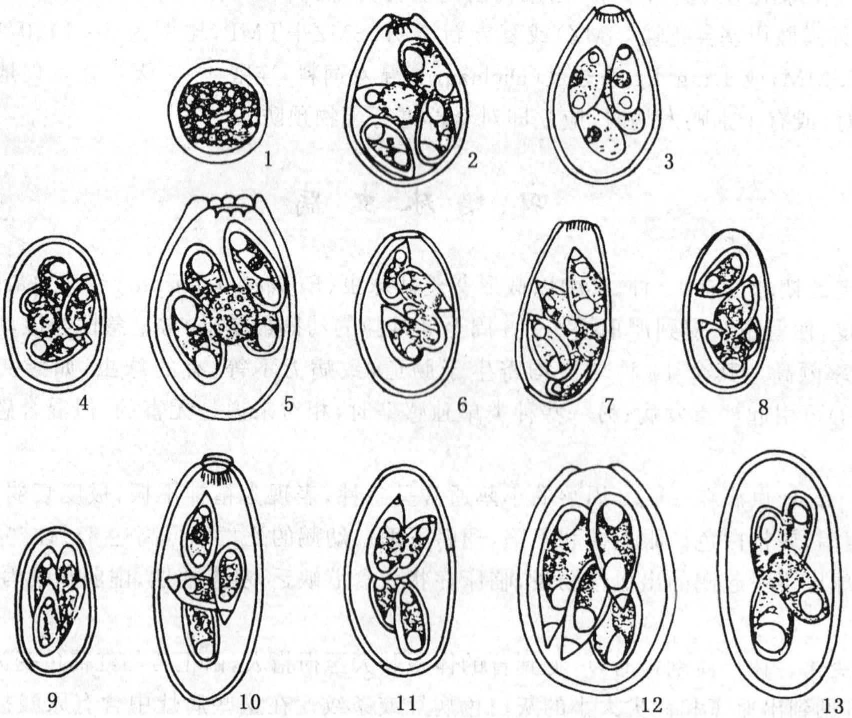

图16-5 各种兔球虫卵囊(仿汪志楷等)

1. 小型艾美耳球虫 2. 肠艾美耳球虫 3. 梨形艾美耳球虫 4. 穿孔艾美耳球虫 5. 大型艾美耳球虫 6. 松林艾美耳球虫 7. 盲肠艾美耳球虫 8. 中型艾美耳球虫 9. 那格浦尔艾美耳球虫 10. 长形艾美耳球虫 11. 斯氏艾美耳球虫 12. 无残艾美耳球虫 13. 新兔艾美耳球虫

(1)斯氏艾美耳球虫(*Eimeria stiedai*)。寄生于肝胆管上皮细胞，是兔球虫中致病力最强的一种，能引起严重的肝球虫病。卵囊较大，为长圆形，呈淡黄色，在卵膜孔的一端较平。大小为(26～40)μm×(16～25)μm。孢子化时间为41～51 h。潜在期为16天。

(2)穿孔艾美耳球虫(*E. perforans*)。寄生于小肠上皮细胞，致病力较弱。卵囊小，呈椭圆形，无色，卵膜孔不明显。大小为(13.3～30.6)μm×(10.6～17.3)μm。孢子化时间为35～51 h。潜在期为5～6天。

(3)中型艾美耳球虫(*E. media*)。寄生于空肠和十二指肠，可引起较严重的球虫病。卵囊为中等大小，短椭圆形，呈淡黄色，有卵膜孔。大小为(18.6～33.3)μm×(13.3～21.3)μm。

孢子化时间为 42～72 h。潜在期为 6～7 天。

(4)大型艾美耳球虫(*E. magna*)。寄生于小肠和大肠，致病力很强。卵囊较大，卵圆形，呈淡黄色，卵膜孔明显，呈堤状突出于卵囊壁之外。大小为(26.6～41.3)μm×(17.3～29.3)μm。孢子化时间为 32～48 h。潜在期为 7～8 天。

(5)梨形艾美耳球虫(*E. piriformis*)。寄生于小肠和大肠。致病作用轻微。卵囊为梨形，呈淡黄色和淡褐色，有明显的卵膜孔，位于卵囊的窄端。大小为(26～32.5)μm×(14.6～19.5)μm。孢子化时间为 57 h。潜在期为 9～10 天。

(6)无残艾美耳球虫(*E. irresidua*)。寄生于小肠中部，致病力较强。卵囊为长椭圆形或卵圆形，呈淡黄色。卵膜孔明显，卵囊内无外残体。大小为(25.3～47.8)μm×(15.9～27.9)μm。孢子化时间为 72～96 h。潜在期为 7 天。

(7)盲肠艾美耳球虫(*E. coecicola*)。寄生于小肠后段和盲肠，致病力不强。卵囊为卵圆形，呈淡黄色或淡褐色。大小为(25.3～39.3)μm×(14.6～21.3)μm。孢子化时间为 3 天。潜在期为 9 天。

(8)肠艾美耳球虫(*E. intestinalis*)。寄生于小肠(十二指肠除外)，致病力较强。卵囊为梨形，其窄端有显著的卵膜孔。孢子化卵囊内有 1 个明显的外残体(梨形艾美耳球虫无外残体)。卵囊的大小为(24.7～31)μm×(17.8～23.3)μm。孢子化时间为 24～48 h。潜在期为 10 天。

(9)小型艾美耳球虫(*E. exigua*)。寄生于肠道。卵囊呈圆形或近似球形，囊壁光滑无色，卵膜孔极不明显。卵囊孢子化后无残体。大小为(13～9)μm×(10.5～11)μm。致病力尚不清楚。

(10)黄艾美耳球虫(*E. flavescens*)。寄生于小肠后部、盲肠及大肠，致病力较强。卵囊为卵圆形，囊壁光滑，呈黄色，在宽的一端有明显的卵膜孔。卵囊的大小为(25～37)μm×(14～24)μm。潜在期为 8～11 天。

(11)松林艾美耳球虫(*E. matsubayashii*)。寄生于回肠。卵囊呈宽卵圆形，有卵膜孔和外残体。卵囊的大小为(22～29)μm×(16～22)μm。严重感染时引起回肠伪膜性肠炎。孢子化时间为 32～48 h。潜在期为 7 天。Kheysin 氏(1972)对本种的确切性有疑义。

(12)新兔艾美耳球虫(*E. neoleporis*)。寄生于回肠和盲肠，具有轻度至明显的致病性。卵囊呈长圆形，有卵膜孔。孢子囊有外残体。卵囊的大小为(35.6～43.8)μm×(21.9～27.4)μm。潜在期为 12 天。

(13)长形艾美耳球虫(*E. elongata*)。寄生于小肠。卵囊呈长椭圆形，有卵膜孔和外残体。卵囊的大小为(35～40)μm×(17～20)μm。孢子化时间为 4 天。生活史和致病性不详。Levine 氏(1973)认为此种与新兔艾美耳球虫为同物异名。

(14)那格浦尔艾美耳球虫(*E. nagpurensis*)。卵囊呈桶形，两边对称，无卵膜孔和外残体。卵囊的大小为(20～27)μm×(10～15)μm，平均为 23 μm×13 μm。生活史和致病性不详。

生活史　兔艾美耳球虫的发育需要经过 3 个阶段：裂殖生殖、配子生殖和孢子生殖阶段。

前面 2 个阶段是在胆管上皮细胞(斯氏艾美耳球虫)或肠上皮细胞(小肠和大肠寄生的各种球虫)内进行的，后一发育阶段是在外界环境中进行的。

家兔在吃食或饮水时，吞下成熟的孢子化卵囊。卵囊进入肠道后，在胆汁和胰酶的作用下，子孢子从卵囊溢出，并主动钻入肠(或胆管)上皮细胞，开始变为圆形的滋养体。长大以后细胞核多次分裂变为多核体，最后发育成为球形的裂殖体，内含许多香蕉形的裂殖子。上述过程为第1代裂殖生殖。这些裂殖子又侵入肠(或肝胆管)上皮细胞,进行第2代、第3代,甚至第4代或第5代裂殖生殖。如此反复多次,大量地破坏上皮细胞,致使家兔发生严重的肠炎或肝炎。在裂殖生殖之后,部分裂殖子变为大配子体,部分裂殖子变为小配子体。由大配子体发育成为大配子;在小配子体内发育形成许多小配子。大配子与小配子结合形成合子。合子周围形成卵囊壁,即变为卵囊。卵囊侵入肠腔,并随粪便排到外界,在适宜的温度(20～28℃)和湿度(55%～60%)条件下进行孢子生殖,即在卵囊内形成4个孢子囊,在每个孢子囊内形成2个子孢子。这种发育成熟的卵囊称为孢子化卵囊。图16-6为中型艾美耳球虫的发育。

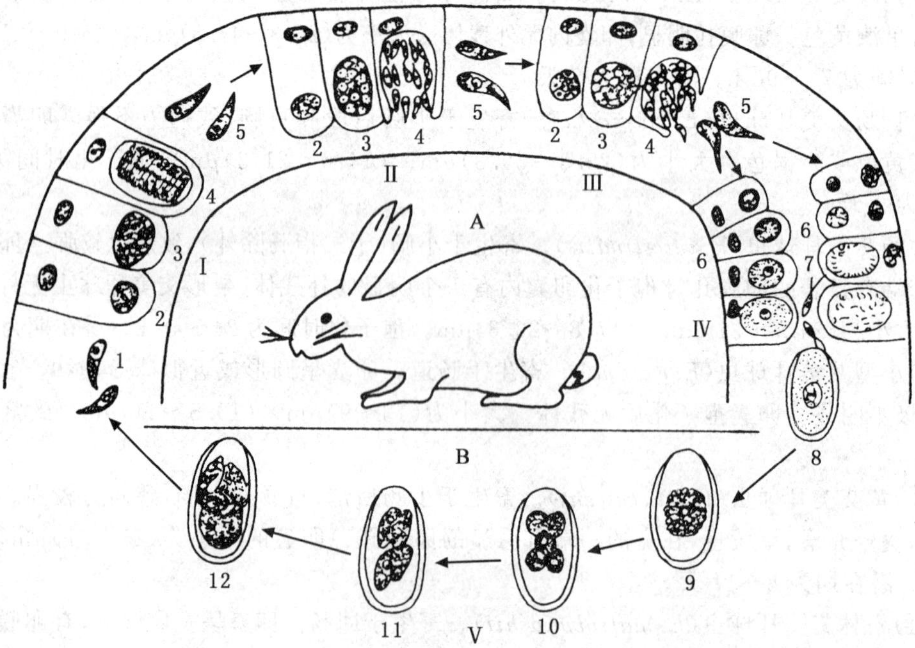

图16-6 中型艾美耳球虫在兔肠上皮细胞内的发育(A)及在外界环境中的发育(B)(蒋金书,1986)

Ⅰ. 第1代裂殖生殖 Ⅱ. 第2代裂殖生殖 Ⅲ. 第3代裂殖生殖 Ⅳ. 配子生殖 Ⅴ. 孢子生殖
1. 子孢子 2～4. 裂殖体发育的各个阶段 5. 第1代、第2代、第3代裂殖子 6. 大配子及小配子发育的各个阶段 7. 大配子和小配子正待结合 8. 合子 9. 未孢子化卵囊 10～11. 卵囊的孢子化过程 12. 孢子化卵囊,内含4个孢子囊,每个孢子囊内含有2个子孢子

流行病学 各种品种的家兔对兔球虫都有易感性,断奶后至3月龄的幼兔感染最为严重,死亡率也高;成年兔发病轻微。本病的感染途径是通过吃食和饮水。仔兔的感染主要是通过在哺乳时吃入母兔乳房上沾污的卵囊;幼兔的感染主要是通过吃草、吃料或饮水。此外,饲养员、工具、野鼠、苍蝇也可机械地搬运球虫卵囊而传播球虫病。营养不良、兔舍卫生条件恶劣所造成的饲料与饮水遭受兔粪等污染,最易促成本病的发生和传播。成年兔多为带虫者,在幼兔球虫病的传播中起着重要的作用。流行时间视温度和湿度条件而定,一般多在温暖多雨季节流行,如兔舍内温度经常保持在10℃以上时,则随时可发生球虫病。

致病作用 球虫对上皮细胞的破坏,有毒物质的产生以及肠道细菌的综合作用是致病的主要因素。病兔的中枢神经系统不断地受到刺激,使之对各个器官系统的调节机能发生障碍,从而呈现出各种临床症状。胆管和肠上皮受到严重破坏时,正常的消化过程陷于紊乱,从而造成机体的营养缺乏，水肿，并出现稀血症和白细胞减少。由于肠上皮细胞的大量崩解，造成有利于细菌繁殖的环境，导致肠内容物中产生大量的有毒物质，被机体吸收后发生自体中毒，临床上表现为痉挛、虚脱、肠臌胀和脑贫血等。

症状　按球虫的种类和寄生部位的不同，将兔球虫病分为3型：肠型、肝型和混合型，临床上所见的多为混合型。其典型病状是：食欲减退或废绝，精神沉郁，动作迟缓，伏卧不动，眼、鼻分泌物增多，唾液分泌增多，口腔周围被毛潮湿，腹泻或腹泻和便秘交替出现。病兔尿频或常作排尿姿势，后肢和肛门周围为粪便所污染。病兔由于肠膨胀，膀胱积尿和肝肿大而呈现腹围增大，肝区触诊有痛感。病兔虚弱消瘦，结膜苍白，可视黏膜轻度黄染。在发病的后期，幼兔往往出现神经症状，四肢痉挛，麻痹，多因极度衰弱而死亡。死亡率一般为40%～70%，有时可达80%。病程为十余天至数周。病愈后长期消瘦，生长发育不良。

病理变化　尸体外观消瘦，黏膜苍白，肛门周围污秽。

肝球虫病时，肝表面和实质内有许多白色或黄白色结节，呈圆形，如粟粒至豌豆大，沿小胆管分布。取结节作压片镜检，可以看到裂殖子、裂殖体、配子体和卵囊等不同发育阶段的虫体。陈旧病灶中的内容物变稠，形成粉粒样的钙化物质。在慢性肝球虫病时，胆管周围和小叶间部分结缔组织增生，使肝细胞萎缩，肝脏体积缩小（间质性肝炎）。胆囊黏膜有卡他性炎症，胆汁浓稠，内含许多崩解的上皮细胞。肠球虫病的病变主要在肠道，肠道血管充血，十二指肠扩张、肥厚，黏膜发生卡他性炎症，小肠内充满气体和大量黏液，黏膜充血，上有溢血点。在慢性病例，肠黏膜呈淡灰色，上有许多小的白色结节，压片镜检可见大量卵囊，肠黏膜上有时有小的化脓性、坏死性病灶。

诊断　根据流行病学资料、临床症状及病理剖检结果，可做出初步诊断。

用饱和盐水漂浮法检查粪便中的卵囊；或将肠黏膜刮取物及肝脏病灶刮屑物制成涂片，镜检球虫卵囊、裂殖体或裂殖子等。如在粪便中发现大量卵囊或在病灶中发现大量各个不同发育阶段的球虫，即可确诊为兔球虫病。

治疗　发生家兔球虫病时，可用下列药物进行治疗：

(1)磺胺六甲氧嘧啶（SMM），按0.1%的浓度混入饲料中，连用3～5天，隔1周，再用一个疗程。

(2)磺胺二甲基嘧啶（SM_2）与三甲氧苄氨嘧啶（TMP），按5∶1混合后，以0.02%的浓度混入饲料中，连用3～5天，停1周后，再用一个疗程。

(3)100 mg/kg 克球粉（Clopidol）和8.35 mg/kg 的苄喹硫酯（Methylbenzoquate）合剂，商品名为Lerbek。以此剂量混饲，可使卵囊排出量减少80%，增重率提高41%。

(4)氯苯胍（Robenidine），按30 mg/kg 体重混入饲料中连用5天，隔3天后再重复一次。

(5)杀球灵（Diclazuril），按1 mg/L 浓度混入饲料中，连用1～2个月，可预防兔球虫病。

(6)莫能菌素（Monensin），按40 mg/L 浓度混入饲料中，连用1～2个月，可预防兔球虫病。

(7)盐霉素（Salinomycin），按50 mg/L 浓度混入饲料中，连用1～2个月，可预防兔球虫病。

预防

(1) 养兔场应建在干燥向阳处，兔场要保持干燥，兔舍应保持清洁和通风。

(2) 幼兔和成年兔分笼饲养，发现病兔立即隔离治疗。

(3) 加强饲养管理，注意饲料及饮水卫生，及时清扫粪便，防止兔粪污染草料和饮水。

(4) 最好使用铁丝兔笼，笼底应有网眼，使粪尿流入下面的底盘之中。对兔笼等可用开水、蒸汽或火焰进行消毒，或将兔笼放在阳光下暴晒以杀死卵囊。

(5) 合理安排母兔的繁殖，使幼兔断奶不在梅雨季节。

(6) 在球虫病的流行季节里，对断奶的仔兔，可在饲料中拌入药物(如杀球灵、氯苯胍、莫能菌素等)，用以预防兔球虫病。

六、牛球虫病

牛球虫病以出血性肠炎为特征，主要发生于犊牛。文献上记载的牛球虫有10余种：邱氏艾美耳球虫(*E. zurnii*)、斯密氏艾美耳球虫(*E. smithi*)、拨克朗艾美耳球虫(*E. bukidnonensis*)、奥氏艾美耳球虫(*E. orlovi*)、椭圆艾美耳球虫(*E. ellipsoidalis*)、柱状艾美耳球虫(*E. cylindrica*)、加拿大艾美耳球虫(*E. canadensis*)、奥博艾美耳球虫(*E. auburnensis*)、阿拉巴艾美耳球虫(*E. alabamensis*)、亚球形艾美耳球虫(*E. subspherica*)、巴西艾美耳球虫(*E. brasiliensis*)、艾地艾美耳球虫(*E. ildefonsoi*)、怀俄明艾美耳球虫(*E. wyomingensis*)、皮利他艾美耳球虫(*E. pellita*)、牛艾美耳球虫(*E. bovis*)和阿沙卡等孢球虫(*Isospora aksaica*)等。其中以邱氏艾美耳球虫、牛艾美耳球虫和奥博艾美耳球虫的致病性最强，在北方地区常见的种类是邱氏艾美耳球虫和牛艾美耳球虫。

邱氏艾美耳球虫的致病力最强，可引起血痢。寄生于整个大肠和小肠。卵囊为亚球形或卵圆形，光滑，大小为18 μm×15 μm。

牛艾美耳球虫的致病力较强，寄生于小肠和大肠。卵囊为卵圆形，光滑，大小为(27～29)μm×(20～21)μm。

奥博艾美耳球虫的致病力为中等，寄生于小肠中部和后1/3处。卵囊细长，呈卵圆形，通常光滑，大小为(36～41)μm×(22～26)μm，见图16-7。

流行病学 各种品种的牛都有易感性，2岁以内的犊牛发病率高，死亡率亦高，老龄牛多为带虫者。多发于放牧期，特别是放牧在潮湿、多沼泽的牧场上时最易发病，因为潮湿的环境有利于球虫的发育和存活。冬季舍饲期间也可能发病。饲料、垫草和母牛乳房被粪便污染时，常引起犊牛感染。由舍饲改为放牧，或由放牧转为舍饲时，由于饲料的突然变换，容易诱发本病。患某种传染病时(如口蹄疫等)，由于机体的抵抗力减弱，也容易诱发本病。犊牛的肠道线虫有诱发球虫病的作用。实验感染证明，感染少量牛艾美耳球虫的感染性卵囊时，不至于引起疾病发作，反而能激发一定的免疫力；感染10万个卵囊以上，可产生明显的症状；感染25万个以上时，可致犊牛于死亡。

致病作用 牛球虫主要寄生于小肠下段和整个大肠的上皮细胞内，在裂殖生殖阶段，使黏膜上皮大量遭受破坏；黏膜下层出现淋巴细胞浸润，并发生溃疡和出血。肠黏膜被大量破坏之后，造成了有利于肠道腐败细菌的生长繁殖的环境，其所产生的毒素和肠道中的其他有毒物质被吸收后，引起全身性中毒，导致中枢神经和各个器官的机能失调。

症状 潜伏期为2～3周，有时达1个月。发病多为急性型，病期通常为10～15天，个别情况有在发病后1～2天内引起犊牛死亡的。病初精神沉郁，被毛松乱，体温略高或正常，粪便稀，稍带血液，母牛产乳量减少。约1周后，精神更加沉郁，身体消瘦，喜躺卧，体温升至40～41℃。瘤胃蠕动和反刍停止，肠蠕动增强，排带血的稀粪，其中混有纤维性薄膜，有恶臭。后肢及尾部被稀粪污染。病之后期，粪便呈黑色，几乎全为血液，体温下降，在极度贫血和衰弱的情

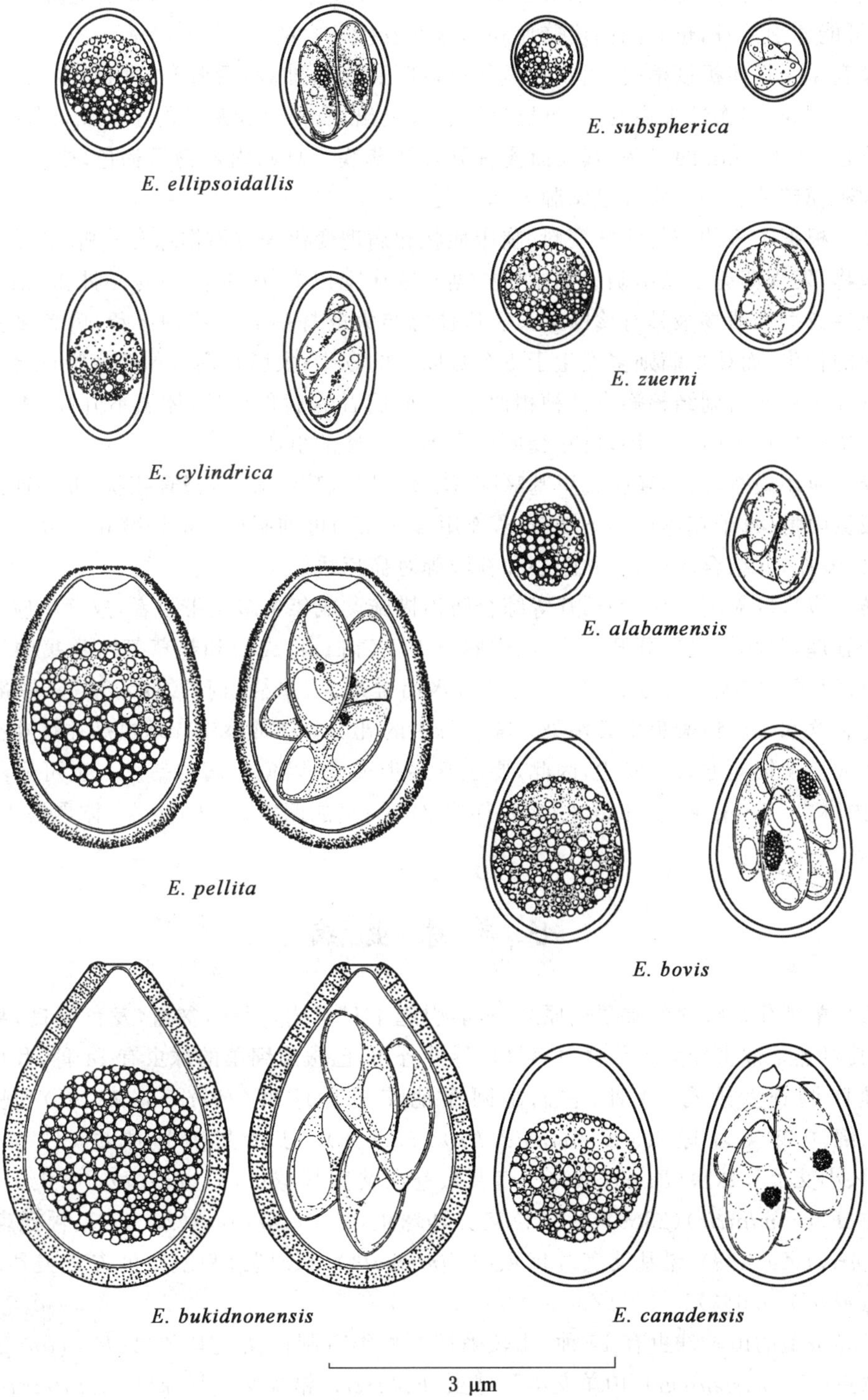

图 16-7　牛的各种未孢子化与孢子化球虫卵囊

(×1 000,引自 Joyner 等,1966)

况下发生死亡。慢性型的病牛一般在发病后3～5天逐渐好转，但下痢和贫血症状仍持续存在，病程可能缠绵数月，也有因高度贫血和消瘦而发生死亡的。

病理变化 尸体极度消瘦，可视黏膜贫血；肛门敞开，外翻，后肢和肛门周围为血粪污染。直肠黏膜肥厚，有出血性炎症变化；淋巴滤胞肿大突出，有白色和灰色的小病灶，同时在这些部位出现直径4～15 mm的溃疡，其表面覆有凝乳样薄膜。直肠内容物呈褐色，带恶臭，有纤维性薄膜和黏膜碎片。肠系膜淋巴结肿大和发炎。

诊断 根据本病的流行病学资料、临床症状和病理变化等方面作综合分析；并镜检粪便和直肠刮取物，发现卵囊是做出确诊的主要根据。临床上以血便、粪便恶臭、剖检时见直肠有特殊的出血性炎症和溃疡最具有诊断意义。应注意与大肠杆菌病作鉴别诊断，后者多发生于生后数日内的犊牛，而球虫病则多发生于1个月以上的犊牛；大肠杆菌病的病变特征之一是脾脏肿大。慢性球虫病与副结核病有某种相似之处，但后者的病程很长，体温不升高，粪中间或有血丝。犊牛新蛔虫等引起腹泻，可在粪便中查到特征性的虫卵。

治疗 应用磺胺药(如磺胺二甲基嘧啶、磺胺六甲氧嘧啶等)可减轻症状，抑制球虫病的发展。口服氨丙啉(每千克体重20～25 mg，连用4～5天)可抑制球虫的繁殖和发育。贫血严重时，应考虑输血，并结合应用止泻、强心和补液等对症疗法。

预防 应采取隔离、卫生和治疗等综合防治措施。成年牛多系带虫者，故犊牛应与成年牛分群饲养管理，放牧场也应分开。牛舍、牛圈要天天清扫，将粪便和垫草等污物集中运往贮粪地点，进行消毒。定期用开水、3%～5%热碱水消毒地面，牛栏、饲槽、饮水槽等，一般每周一次。饲草和饮水要严格避免牛粪污染。哺乳母牛的乳房要经常擦洗。球虫病往往在突然更换饲料种类或变换饲养方式时发生，因此，要注意逐步过渡，以免疾病的暴发。也可用药物进行预防：氨丙啉，以5 mg/kg体重混入饲料，连用21天；莫能菌素，以1 mg/kg体重混入饲料，连用33天。

七、羊球虫病

球虫是羊消化道疾病的重要病原之一，能引起羊只下痢，消瘦，贫血，发育不良，甚至发生死亡，尤其对羔羊危害较大。羊球虫病呈世界性分布，已报道绵羊的球虫有14种，我们在北京和河北地区调查发现有10种，它们是阿撒他艾美耳球虫(*Eimeria ahsata*)(感染率为41.1%)、绵羊艾美耳球虫(*E. ovinoidalis*)(55.6%)、巴库艾美耳球虫(*E. bakaensis*)(57.8%)、小艾美耳球虫(*E. parva*)(55.7%)、苍白艾美耳球虫(*E. pallida*)(7.8%)、槌形艾美耳球虫(*E. crandallis*)(28.9%)、颗粒艾美耳球虫(*E. granulosa*)(23.3%)、浮氏艾美耳球虫(*E. faurei*)(24.4%)、错乱艾美耳球虫(*E. intricata*)(11.1%)和温布里吉艾美耳球虫(*E. weybridgensis*)(9.6%)。

全世界报道的山羊球虫有15种，比较确切的种类有阿氏艾美耳球虫(*E. arloingi*)、柯氏艾美耳球虫(*E. christenseni*)、山羊艾美耳球虫(*E. hirci*)、错乱艾美耳球虫(*E. intricata*)、雅氏艾美耳球虫(*E. ninakohlyakimovae*)和提鲁帕艾美耳球虫(*E. tirupatiensis*)。

图16-8为绵羊的各种未孢子化与孢子化球虫卵囊。

流行病学 各种品种的绵羊、山羊均有易感性；羔羊极易感染，时有死亡，成年羊一般都是带虫者。据调查，在内蒙古牧区和河北省农区，1～2月龄春羔的粪便中，常发现大量的球虫卵

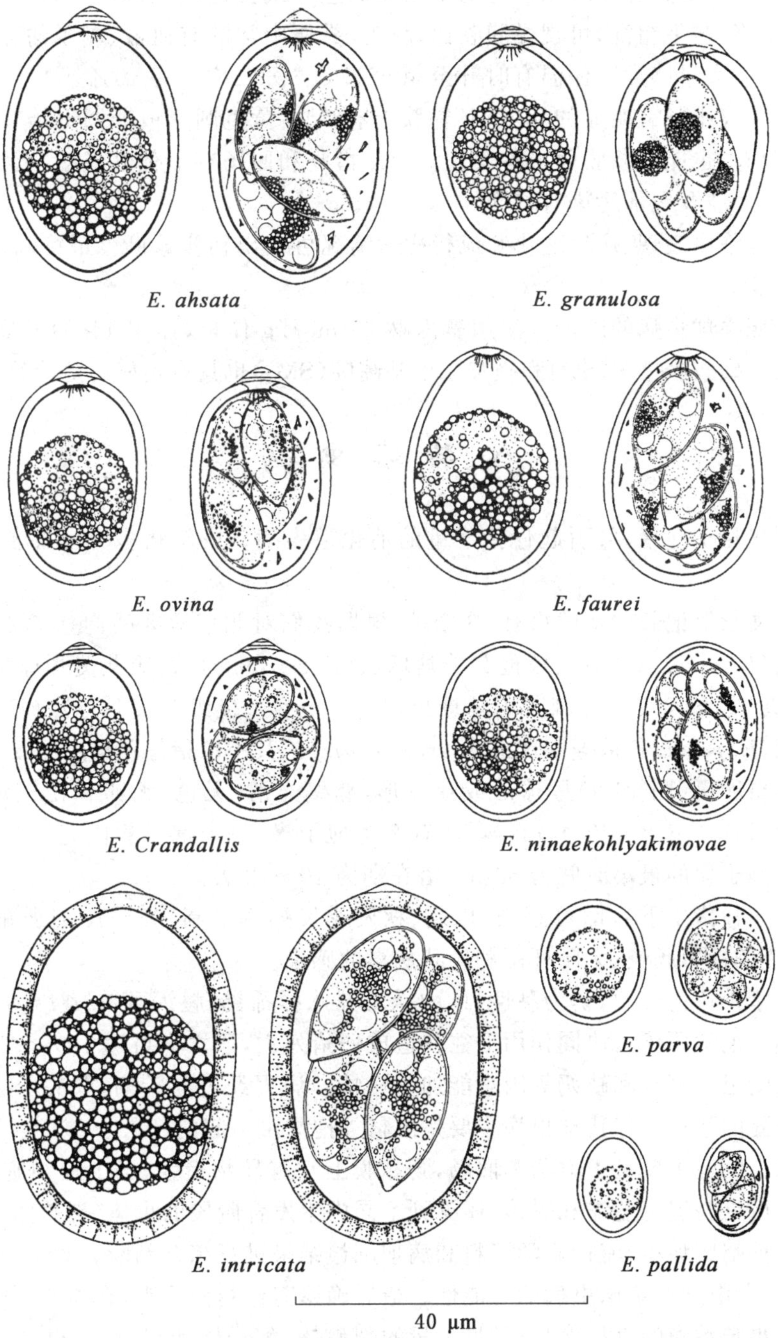

图 16-8　绵羊的各种未孢子化与孢子化球虫卵囊

(×1 000,引自 Joyner 等,1966)

囊。流行季节多为春、夏、秋三季。感染率和感染强度依不同球虫种类及各地的气候条件而异。冬季气温低,不利于卵囊发育,很少发生感染。

症状　人工感染时的潜伏期为 11～17 天。本病可能依感染的种类、感染强度、羊只的年龄、机体的抵抗力以及饲养管理条件等的不同而取急性或慢性过程，病羊精神不振，食欲减退或消失，体重下降，被毛粗乱，可视黏膜苍白，腹泻，粪便中常混有血液、剥脱的黏膜和上皮，有恶臭，粪便中含有大量卵囊。体温有时升至40～41℃。死亡率约为10%。

病理变化 仅小肠有明显的病变，肠黏膜上有淡白-黄色圆形或卵圆形结节，如粟粒至豌豆大，常成簇分布，也能从浆膜面上观察到。十二指肠和回肠有卡他性炎症，有点状或带状出血。尸体消瘦，后肢及尾部污染有稀粪。

诊断 根据临床表现、病理变化和流行病学情况可做出初步诊断。最终确诊需在粪便中检到大量的卵囊。

防治 参照牛球虫病的防治。使用氨丙啉25 mg/kg体重，连用14～19天，可防治羊球虫的严重感染。磺胺喹噁啉(SQ)和磺胺二甲基嘧啶(SM_2)也具有良好的防治效果。

八、猪球虫病

猪球虫病多见于仔猪，可引起仔猪严重的消化道疾病。成年猪多为带虫者，是本病的传染源。

病原体 文献上记载的猪球虫有13个种，根据我们对北京地区的调查有2属8种，即粗糙艾美耳球虫(*Eimeria scabra*)、蠕孢艾美耳球虫(*E. cerdonis*)、蒂氏艾美耳球虫(*E. debliecki*)、猪艾美耳球虫(*E. suis*)、有刺艾美耳球虫(*E. spinosa*)、极细艾美耳球虫(*E. perminuta*)、豚艾美耳球虫(*E. porci*)和猪等孢球虫(*Isospora suis*)。其中以猪等孢球虫的致病力最强。

猪等孢球虫卵囊(图16-9)呈球形或亚球形，囊壁光滑，无色，无卵膜孔。卵囊的大小为(18.7～23.9)μm×(16.9～20.1)μm，囊内有2个孢子囊，每个孢子囊内有4个子孢子，子孢子呈腊肠形。孢子化的最早时间为63 h。潜在期为10～12天。

流行病学 仔猪生下后即可感染，以夏、秋两季发病率最高。5～10日龄的仔猪最为易感，并可伴有传染性胃肠炎、大肠杆菌和轮状病毒的感染。

症状 病猪排黄色粪便，初为黏性，1～2天后排水样稀粪，腹泻可持续4～8天，导致仔猪脱水、失重，在其他病原体的协同作用下往往造成仔猪死亡，死亡率可达10%～50%。存活的仔猪生长发育受阻。寒冷和缺奶等因素能加重病情。病程经过与转归，取决于摄入的球虫种类及感染性卵囊的数量。仔猪球虫病主要是由猪等孢球虫引起的。

病理变化 病变主要见于空肠和回肠，肠黏膜上常有异物覆盖，肠上皮细胞坏死并脱落。在组织切片上可见肠绒毛萎缩和脱落，还见到不同内生发育阶段的虫体(裂殖体、配子体等)。

诊断 根据临床症状、流行病学资料和病理剖检结果进行综合判断。对于15日龄以内的仔猪腹泻，即应考虑到仔猪球虫病的可能性。最后确诊需作粪便检查，在粪便中应查出大量的球虫卵囊。作小肠黏膜的直接涂片，可见大量的裂殖体、配子体和卵囊，这也是一种快速而有效的诊断方法。

防治 可用磺胺药或氨丙啉进行试治。在有本病流行的猪场，可在产前和产后15天内的母猪的饲料中，拌加抗球虫药物，如癸喹酸酯(decoquinate)或氨丙啉(amprolium)以预防仔猪感染。对猪舍应经常清扫，将猪粪和垫草运往贮粪地点进行消毒处理；地面可用热水冲洗，可用含氨和酚的消毒液喷洒，并保留数小时或过夜，而后用清水冲去消毒液，这样也可明显降低仔猪的球虫感染率。

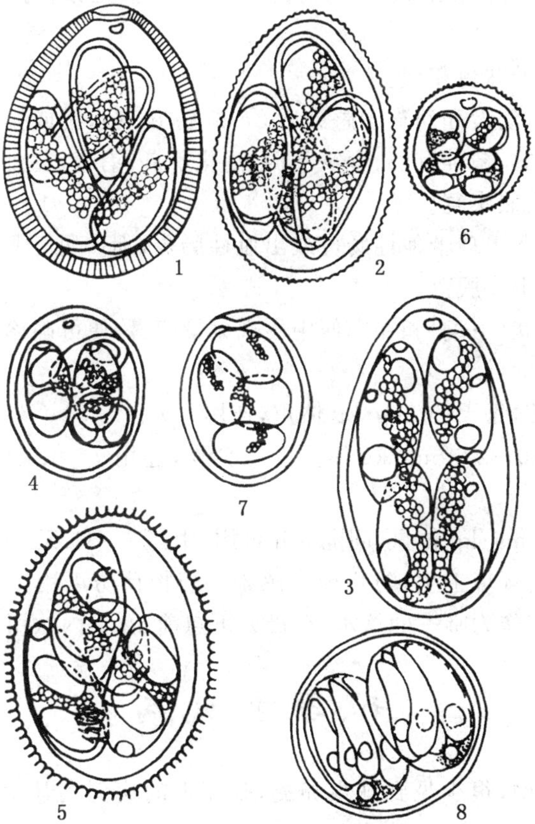

图 16-9　猪的各种孢子化球虫卵囊(蒋金书,1988)

1. *Eimeria scabra*　2. *E. cerdonis*　3. *E. debliecki*　4. *E. suis*
5. *E. spinosa*　6. *E. perminuta*　7. *E. porci*　8. *Isospora suis*

九、犬、猫球虫病

犬、猫球虫病是由艾美耳科等孢属(*Isospora*)的球虫引起的,寄生于犬、猫的小肠和大肠黏膜上皮细胞内,造成出血性肠炎。

病原体

(1)犬等孢球虫(*I. canis*)。寄生于犬的小肠和大肠,具有轻度至中度致病力。卵囊呈椭圆形至卵圆形,大小为(32～42)μm×(27～33)μm,囊壁光滑,无卵膜孔。孢子发育时间为 4 天。

(2)俄亥俄等孢球虫(*I. ohioensis*)。寄生于犬小肠,通常无致病性。卵囊呈椭圆形至卵圆形,大小为(20～27)μm×(15～24)μm,囊壁光滑,无卵膜孔。

(3)猫等孢球虫(*I. felis*)。寄生于猫的小肠,有时在盲肠,主要在回肠的绒毛上皮细胞内,具有轻微的致病力。卵囊呈卵圆形,大小为(38～51)μm×(27～39)μm,囊壁光滑,无卵膜孔。孢子发育时间为 72 h。潜在期为 7～8 天。

(4)芮氏等孢球虫(*I. rivolta*)。寄生于猫的小肠和大肠,具有轻微的致病力。卵囊呈椭圆形至卵圆形，大小为(21～28)μm×(18～23)μm，囊壁光滑，无卵膜孔。孢子发育时间为4天。潜在期为6天。

生活史与其他动物的球虫相似。

症状 严重感染时，幼犬和幼猫于感染后3～6天，出现水泻或排出泥状粪便，有时排带黏液的血便。病者轻度发热，精神沉郁，食欲不振，消化不良，消瘦，贫血。感染3周以后，临床症状逐步消失，大多数可自然康复。

病理变化 整个小肠出现卡他性肠炎或出血性肠炎，但多见于回肠段尤以回肠下段最为严重，肠黏膜肥厚，黏膜上皮脱落。

诊断 根据临床症状(下痢)和在粪便中发现大量卵囊，便可确诊。

治疗

(1)磺胺六甲氧嘧啶，每天50 mg/kg体重，连用7天。

(2)氨丙啉，犬按110～220 mg/kg体重混入食物，连用7～12天。当出现呕吐等副作用时，应停止使用。

(3)呋喃唑酮，1.25 mg/kg体重，间隔6 h再用，用药7～10天。

预防 搞好犬、猫的环境卫生，防止球虫感染。药物预防可用1～2大汤匙9.6%的氨丙啉溶液混于4.5 L水中，作为唯一的饮水，在母犬下崽前10天内饮用。

十、马球虫病

在马属动物的粪便中，很少见到球虫卵囊，临床上的病例尤其罕见。已发现的马球虫有3种：①鲁氏艾美耳球虫(*E. leuckarti*)。卵囊呈卵圆形，大小为(75～88)μm×(50～59)μm。囊壁为深黄色，半透明，有颗粒。卵膜孔明显，卵囊内无外残体。孢子囊的大小为(30～42)μm×(12～14)μm，有内残体。子孢子长约35 μm。在20～22℃时，孢子化时间为21天。严重感染鲁氏艾美耳球虫时，病驹可出现下痢、消瘦等症状，甚至可造成死亡。剖检时见小肠有炎性病变。据报道，由于卵囊比重较大，用一般漂浮法检查粪便，不易发现它们，需用糖溶液漂浮进行浮集。

②单指兽艾美耳球虫(*E. solipedum*)。卵囊呈圆形，亮黄-淡黄色，直径为15～28 μm，无卵膜孔，无外残体。孢子囊为椭圆形或卵圆形，大小为5 μm×3 μm，子孢子为梨形。寄生于马和驴。生活史和致病性不详。

③单蹄兽艾美耳球虫(*E. uniungulati*)。卵囊呈卵圆形，亮黄色，大小为(15～24)μm×(12～17)μm。无卵膜孔，无外残体。孢子囊的大小为(6～11)μm×(4～6)μm，有内残体。寄生于马和驴。生活史和致病性不详。

对马属动物球虫病的防治可参照牛球虫病。

十一、隐孢子虫病

隐孢子虫病是一种世界性的人畜共患病。它能引起哺乳动物(特别是犊牛和羔羊)的严重腹泻和禽类的剧烈的呼吸道症状；也能引起人(特别是免疫功能低下者)的严重腹泻。本病是一种严重的公共卫生问题，同时也可给畜牧生产造成巨大的经济损失。

病原体 隐孢子虫在分类上属真球虫目,隐孢科的隐孢属(*Cryptosporidium*)。经我们调查发现我国家畜中有 2 种隐孢子虫:

(1)小鼠隐孢子虫(*C. muris*)。寄生于胃黏膜上皮细胞上,虫体大小为 7.5 μm×6.5 μm。

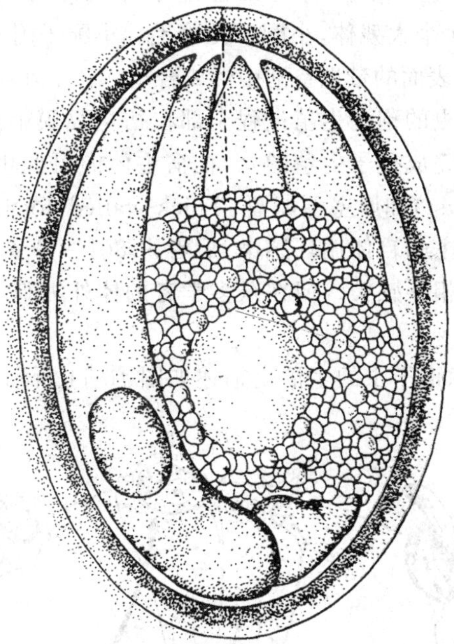

图 16-10 隐孢子虫卵囊的模式图(仿 Current,1991)

卵囊壁为两层,囊壁上有裂缝。卵囊内有 4 个香蕉形的子孢子和 1 个颗粒状的残体

(2)小隐孢子虫(*C. parvum*)。寄生于小肠黏膜上皮细胞上,虫体大小为 4.5 μm×4.5 μm。

寄生于家禽的隐孢子虫有 2 个种:

(1)贝氏隐孢子虫(*C. baileyi*)。寄生于禽类的法氏囊、泄殖腔和呼吸道,虫体大小为 6.3 μm×5.1 μm。

(2)火鸡隐孢子虫(*C. meleagridis*)。寄生于禽类的肠道,大小为 4.7 μm×3.9 μm。

隐孢子虫的卵囊(图 16-10)呈圆形或椭圆形,卵囊壁光滑,囊壁上有裂缝。无微孔、极粒和孢子囊。每个卵囊内含有 4 个裸露的香蕉形的子孢子和 1 个残体,残体由 1 个折光体和一些颗粒组成。在电子显微镜下观察,虫体寄生于宿主黏膜上皮细胞表面微绒毛刷状缘内带虫空泡中,带虫空泡来源于宿主上皮细胞的微绒毛,带虫空泡直接与宿主细胞的胞浆膜相连。上皮细胞与虫体紧密结合,以至使虫体与宿主细胞相融合。融合区的电子致密度较高,位于基部的虫体表膜反复折叠形成板层状的外观,称此为营养器(feeder organelle),因此,隐孢子虫的寄生部位是在宿主上皮细胞的细胞膜内和细胞浆膜外。

生活史 根据 Current 氏等(1983～1986)和本章作者的研究(1986～1994),隐孢子虫的发育过程与球虫的发育基本相似,全部生活史需经 3 个发育阶段。

(1)裂殖生殖。孢子化卵囊进入体内后,由于温度的作用而使其内部的子孢子活力增强,引起子孢子的运动和位置移动,卵囊壁上的裂缝扩大,子孢子即从裂缝中钻出。脱囊后的子孢子很活跃，以其头端与黏膜上皮细胞表面相接触后，逐步发育为球形的滋养体。滋养体经2～3次核分裂后产生3代裂殖体。其中第1、3代裂殖体内含8个裂殖子，第2代裂殖体含4个裂殖子。

(2)配子生殖。裂殖子进一步发育为雄性配子体和雌性配子体。成熟的小配子体含有16个子弹形的小配子和1个大残体，小配子无鞭毛。小配子附着于大配子上受精，受精后的大配子在宿主黏膜上皮细胞表面的带虫空泡中形成合子。合子外层形成囊壁后即发育为卵囊。

(3)孢子生殖。隐孢子虫的孢子生殖过程全部在宿主黏膜上皮细胞表面的带虫空泡中进行(而球虫是在外界环境中完成孢子生殖的)。在宿主体内可产生两种不同类型的卵囊，即薄壁型卵囊(Thin-walled oocyst)和厚壁型卵囊(Thick-walled oocyst)。前者占20%，在宿主体内可自行脱囊，从而造成宿主的自体循环感染；后者占80%，卵囊随粪便和痰液排至外界，污染周围环境，造成个体间的相互感染。但在众多学者的体外细胞培养和鸡胚培养中，未能观察到薄壁型卵囊。

现将我们观察的贝氏隐孢子虫的生活史描述如图16-11所示。

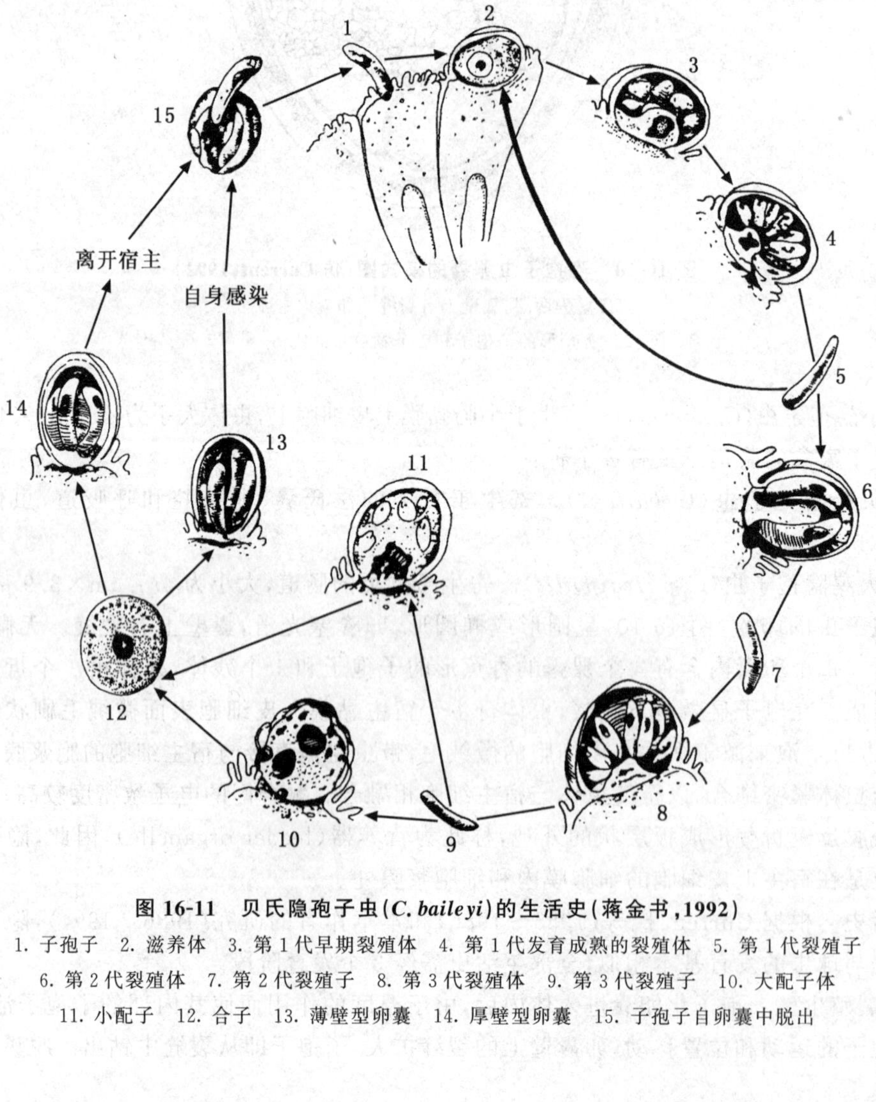

图16-11 贝氏隐孢子虫(*C. baileyi*)的生活史(蒋金书,1992)

1. 子孢子 2. 滋养体 3. 第1代早期裂殖体 4. 第1代发育成熟的裂殖体 5. 第1代裂殖子 6. 第2代裂殖体 7. 第2代裂殖子 8. 第3代裂殖体 9. 第3代裂殖子 10. 大配子体 11. 小配子 12. 合子 13. 薄壁型卵囊 14. 厚壁型卵囊 15. 子孢子自卵囊中脱出

流行病学

1. 传染源

隐孢子虫的传染源是人和畜禽排出的卵囊。这种卵囊对外界环境有很强的抵抗力。在潮湿的环境下能存活数月;卵囊对大多数消毒剂有明显的抵抗力,只有50%以上的氨水和30%以上的福尔马林作用30 min才能杀死隐孢子虫卵囊。人和畜禽的主要感染方式是粪便中的卵囊污染食物和饮水,经消化道而发生感染。家禽也可经呼吸道感染。用仔猪的卵囊进行气管注射及结膜囊接种均获得成功。人的隐孢子虫感染主要是由牛传给的;但在城市居民中,有同一家庭或邻居同时发病的报道,这可证明隐孢子虫可在人群间传播。由于隐孢子虫发育过程中产生薄壁型卵囊,因而隐孢子虫可发生自身感染。

2. 易感宿主

隐孢子虫的宿主范围很广,可寄生于哺乳类、鸟类、鱼类、爬行类的多种动物中。除感染人外,已报道的有黄牛、水牛、奶牛、马、绵羊、山羊、猪、犬、猫、鹿、猴、兔、大鼠、小鼠、豚鼠等哺乳动物。血清学检查表明,猪100%阳性,马94%,牛92%,绵羊84%,兔40%,豚鼠30%。在禽类中的宿主也很广泛,已报道隐孢子虫寄生于鸡、鸭、鹅、火鸡、鹌鹑、珍珠鸡、鹧鸪、雉、孔雀、鹦鹉、金丝雀、天鹅和情鸟等。

隐孢子虫不具有很明显的宿主特异性。自牛分离的隐孢子虫虫株除感染牛外,尚能感染绵羊、山羊、猪、豚鼠和小鼠。自豚鼠分离的虫株可感染豚鼠、小鼠和羔羊,其结果是小鼠呈亚临床型发病;豚鼠发生腹泻并死亡;2只羔羊仅有1只感染成功。用来自人的虫株感染SPF羔羊引起了发病,但与来自牛的虫株相比较则发病较轻。另一自人分离的虫株引起了SPF仔猪和犊牛的小肠炎及结肠炎,动物呈现腹泻症状,其致病性与自牛分离的虫株基本上相似。用自鸭分离的贝氏隐孢子虫虫株,成功地感染了鸡、鸭、鹅、鹌鹑,并使上述动物严重发病,引起了剧烈的呼吸症状并发生死亡;但自鸭和鸡分离的虫株不能感染小鼠。

3. 流行情况

隐孢子虫呈全球分布。我国黑龙江、陕西、北京、安徽、湖南、广东、四川、新疆、上海、天津等地均已报道了畜禽隐孢子虫感染。在禽类中以贝氏隐孢子虫流行最为广泛,尤其在肉用仔鸡群中流行更为严重。Goodwin氏等(1989)和Tzipori氏等(1981)报道,鸡在自然感染的情况下,其感染率为6.4%～88.0%。我国鸡隐孢子虫感染情况在北京为37.8%,新疆9.8%,广东82.3%～100%;北京鸭隐孢子虫感染率为29%～64%,鹌鹑为4%。贝氏隐孢子虫可经消化道和呼吸道引起感染。良好的环境卫生和饲养管理条件对防止隐孢子虫感染极为重要。经调查表明,一般饲养密度大、鸡舍通风不良、饲养管理不善或环境卫生较差的鸡场,隐孢子虫的感染率明显增高。

症状和致病作用　由于隐孢子虫常作为起始性的条件致病因子,在生产条件下,与其他病原体如禽腺病毒、呼肠病毒、新城疫病毒、传染性法氏囊病毒、支原体和大肠杆菌等同时存在,因而在自然病例中很难确定其纯种卵囊的致病性,有关这方面的资料大多来自人工感染的病例报告。

(1)家畜隐孢子虫病。其中以犊牛、羔羊和仔猪的发病较为严重。本病主要是由小隐孢子虫引起的。潜伏期为3～7天。主要临床症状为精神沉郁,厌食,腹泻,粪便带有大量的纤维素,有时含有血液。患畜生长发育停滞,极度消瘦,有时体温升高。羊的病程为1～2周,死亡率可达40%;牛的死亡率可达16%～40%,尤以4～30日龄的犊牛和3～14日龄的羔羊死亡率更高。病理剖检的主要特征为空肠绒毛层萎缩和损伤，肠黏膜固有层中的淋巴细胞、浆细胞、嗜酸性白细胞和巨噬细胞增多，肠黏膜的酶活性较正常黏膜的低，呈现出典型的肠炎病变，在这些病变部位发现大量的隐孢子虫内生发育阶段的各期虫体。

(2)家禽隐孢子虫病。以鸡、火鸡和鹌鹑的发病最为严重。主要是由贝氏隐孢子虫引起的。潜伏期为 3～5 天。排卵囊时间为 4～24 天。其主要症状为呼吸困难，咳嗽，打喷嚏，有啰音。病禽饮、食欲锐减或废绝，体重减轻和发生死亡。病理组织学变化主要表现在上皮细胞微绒毛肿胀、萎缩性变性和炎性渗出。在隐性感染时，虫体多局限于泄殖腔和法氏囊。由于火鸡隐孢子虫寄生于肠道，其主要症状为腹泻，故不引起呼吸道症状。曾报道一例鸡肾隐孢子虫病，在病鸡的肾集合管、输尿管的上皮细胞上有大量隐孢子虫寄生，引起了上皮细胞的增生和炎性细胞的浸润。

诊断　由于隐孢子虫感染多呈隐性经过，感染者可以只向外界排出卵囊，而不表现出任何临床症状。对一些发病的禽类来说，即使有明显的症状，也常常属于非特异性的，故不能用以确诊。另外，由于动物在发病时常伴有许多条件性病原体的感染，因此，确切的诊断只能依靠实验室手段观察隐孢子虫的各期虫体，或采用免疫学技术检测抗原或抗体的方法。

(1)生前诊断。采用粪便(或呼吸道排出的黏液)集卵法。用饱和蔗糖溶液漂浮法收集粪便中的卵囊，再用显微镜检查。因隐孢子虫卵囊很小，往往容易被忽略，因此，需用放大至 1 000 倍的油镜观察。在显微镜下可见到圆形或椭圆形的卵囊，内含 4 个裸露的、香蕉形的子孢子和 1 个较大的残体。

(2)死后诊断。在作尸体剖解时可刮取消化道(特别是禽的法氏囊和泄殖腔)或呼吸道黏膜，做成涂片，用姬姆萨氏液染色，虫体的胞浆呈蓝色，内含数个致密的红色颗粒。最佳的染色方法是齐-尼氏染色法，在绿色的背景上可观察到多量的红色的虫体，呈圆形或椭圆形，大小约为 2～5 μm。

对可疑的病例也可采用实验动物感染加以确诊。

防治　对于人和牛的隐孢子虫病已进行了大量试验，证明现有的一些抗生素、磺胺类药物和抗球虫药均属无效。曾试用最新的一些高效抗球虫药，如杀球灵(Diclazuril)和马杜霉素(Maduramicin)等，防治鸡的隐孢子虫病均未获得成功。因此，目前只能从加强卫生措施和提高免疫力来控制本病的发生，尚无可值得推荐的预防方案。

(1)卫生措施。鸡隐孢子虫卵囊对常用的消毒剂均有明显的抵抗力，悬浮在 2.5%重铬酸钾溶液中的卵囊在 4℃条件下贮存数月能保持活力。卵囊在 25%次氯酸钠(漂白粉)中 10～15 min 仍有活力。在室温下分别用 9 种常用的消毒剂，按生产厂家推荐的高浓度(与水混合)与卵囊作用 30 min 后，均不能杀死隐孢子虫卵囊。当卵囊在 50%氨水中培养时，可大大地减少其脱囊率；50%商用漂白粉能杀死大多数卵囊。因此，在尚未开发出更高效的消毒剂之前，在商品化畜牧业生产条件下，要消灭卵囊和进行消毒是不切实际的。使用蒸汽清洁可能是目前较为有效和较安全的消毒方法，因为 65℃以上的温度可杀灭隐孢子虫卵囊。

(2)提高免疫力。改善饲养管理条件，增强机体免疫力，无疑可有效地控制隐孢子虫病的流行。试验业已证明，贝氏隐孢子虫的一次肠道和呼吸道感染即能引起鸡只的免疫应答，并足以使宿主从已感染的黏膜上清除虫体，而且对肠道或呼吸道同种卵囊的再攻击产生免疫力。当给 8～14 日龄肉鸡经口或经气管接种卵囊后，可导致 14～16 日龄时黏膜的严重感染，不久之后机体可迅速地清除虫体，因此称隐孢子虫病为自限性感染疾病。当鸡体清除初次感染时，能检测出高滴度的对贝氏隐孢子虫的特异性循环抗体，并显示有针对贝氏隐孢子虫抗原的迟发型超敏反应。对于能否利用隐孢子虫抗原制作疫苗问题，值得进一步的探讨。

第二节 弓形虫病

弓形虫病是由刚第弓形虫（*Toxoplasma gondii*）引起的。这一病原体于1908年由Nicolle和Manceaux在北非突尼斯的啮齿类梳趾鼠（*Ctenodactylus gondii*）体内发现，并正式命名。几乎是同时，Splendole亦于1908年在巴西一个实验室的家兔体内发现了弓形虫。自此以后，陆续在世界各地的人和动物中发现弓形虫病。我国于20世纪50年代由于恩庶首先在福建猫、兔等动物体内发现了本病的病原体，但直至1977年后才陆续在上海、北京等地发现过去所谓的"猪无名高热"是由本病引起的，并引起普遍的重视。目前各省市均有本病的存在。

弓形虫病是一种人畜共患病，宿主种类十分广泛，人和动物的感染率都很高。据国外报道，人群的平均感染率25%～50%，有人推算全世界约1/4的人感染弓形虫。猪暴发弓形虫病时，可使整个猪场发病，死亡率高达60%以上，其他家畜如牛、羊、马、犬、猪和实验动物等也都能感染弓形虫病。

病原体 弓形虫属真球虫目，弓形虫科，弓形虫属。目前，大多数学者认为发现于世界各地人和各种动物的弓形虫只有一个种，但有不同的虫株。

弓形虫在其全部生活史中可出现数种不同的形态：

(1)滋养体（trophozoites）。又称速殖子（tachyzoite，图16-12，图16-13），呈弓形、月牙形或香蕉形，一端偏尖，一端偏钝圆，平均大小为(4～7)μm×(2～4)μm。经姬姆萨氏液染色或瑞氏液染色后，胞浆呈淡蓝色，有颗粒。核呈深蓝色，位于钝圆的一端。速殖子主要出现于急性病例的腹水中，常可见到游离的（细胞外的）单个虫体；在有核细胞（单核细胞、内皮细胞、淋巴细胞等）内可见到正在进行内双芽增殖（endodyogeny）的虫体；有时在宿主细胞的胞浆里，许多滋养体簇集在一个囊内形成"假囊"（pseudocyst）。

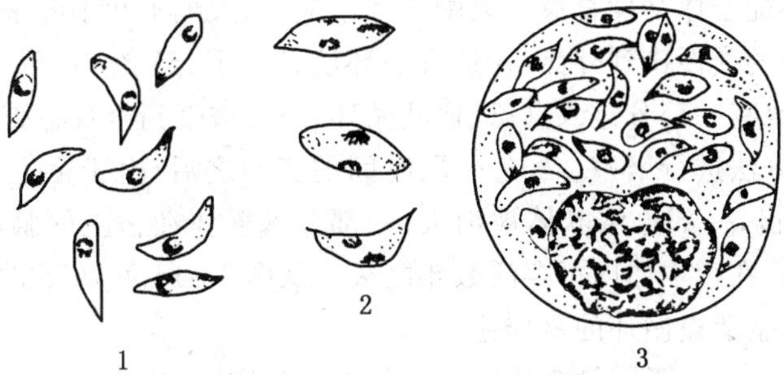

图16-12 弓形虫速殖子

1. 游离于体液 2. 在分裂中 3. 寄生于细胞内

(2)包囊（cyst）。或称组织囊，见于慢性病例的脑、骨骼肌、心肌和视网膜等处。包囊呈卵圆形，有较厚的囊膜，囊中的虫称为慢殖子（bradyzoite），数目可由数十个至数千个；包囊的直径为50～60 μm，可在患者体内长期存在，并随虫体的繁殖而逐渐增大，可大至100 μm。包囊在某些情况下可破裂，虫体从包囊中溢出后进入新的细胞内繁殖，再度形成新的包囊。在机体内脑组织的包囊数可占包囊总数的57.8%～86.4%。

(3)卵囊(oocyst)。见于猫科动物(家猫、野猫及某些野生猫科动物)。卵囊呈椭圆形,大小为(11～14)μm×(7～11)μm。孢子化后每个卵囊内有 2 个孢子囊,大小为3～7 μm,每个孢子囊内有 4 个子孢子。子孢子一端尖,一端钝,其胞浆内含暗蓝色的核,靠近钝端。

(4)裂殖体(schizont)。成熟的裂殖体呈圆形,直径为 12～15 μm,内有 4～20 个裂殖子。

(5)裂殖子(merozoites)。游离的裂殖子大小为(7～10)μm×(2.5～3.5)μm,前端尖,后端钝圆,核呈卵圆形,常位于后端。裂殖子进入另一细胞内重新进行裂殖生殖,经过数代增殖后的裂殖子变为配子体(gametocyte),配子体有大小两种,大配子体(macrogametocyte)的核致密,较小,含有着色明显的颗粒;小配子体(microgametocyte)色淡,核疏松,后期分裂形成许多小配子,每个小配子有一对鞭毛。大小配子结合形成合子,由合子形成卵囊。

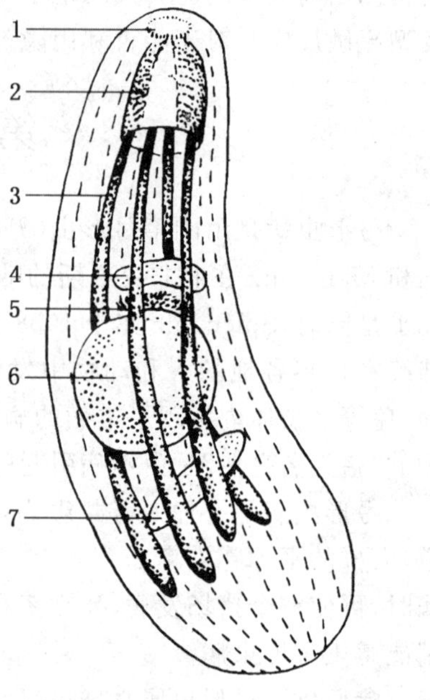

图 16-13 弓形虫速殖子电镜结构图

1. 极环 2. 锥体 3. 微线 4. 高尔基体 5. 高尔基附加体 6. 细胞核 7. 线粒体

生活史 在 20 世纪 70 年代以前,人们对弓形虫的生活史尚不了解,自 1970 年在 Hutchison 等发现弓形虫在猫肠道中的有性生殖阶段之后,才基本上阐明了弓形虫的整个发育史。

弓形虫的全部发育过程需要两个宿主,在终末宿主(猫科中的猫属和山猫属)肠内进行球虫型发育,在中间宿主(哺乳类、鸟类等)体内进行肠外期发育。

猫吞食了弓形虫的包囊或卵囊,子孢子或速殖子和慢殖子侵入小肠的上皮细胞,进行球虫型的发育和繁殖。开始是通过裂殖生殖产生大量的裂殖子,经过数代裂殖生殖后,部分裂殖子转化为配子体,大、小配子体又发育成为大配子和小配子,大配子和小配子结合形成合子,最后产生卵囊。卵囊随猫的粪便排到外界,在适宜的环境条件下,经 2～4 天,发育为感染性卵囊。被猫摄入的滋养体,也有一部分进入淋巴、血液循环,随之被带到全身各脏器和组织,侵入有核细胞,以内出芽或二分法进行繁殖。经过一段时间的繁殖之后,由于宿主产生免疫力,或者其他因素,使其繁殖变慢,一部分滋养体被消灭,一部分滋养体在宿主的脑和骨骼肌形成包囊。包囊有较强的抵抗力,在宿主体内可存活数年之久。从图 16-14 可以看出,猫摄入中间宿主体内的组织囊是弓形虫生活史循环的最佳途径。

在外界成熟的孢子化卵囊污染食物和水源而被中间宿主(包括人和多种动物)食入或饮入后释出的子孢子,和通过口、鼻、咽、呼吸道黏膜、眼结膜和皮肤侵入中间宿主体内的滋养体,均将通过淋巴血液循环侵入有核细胞,在胞浆中以内出芽的方式进行繁殖。如果感染的虫株毒力很强,而且宿主又未能产生足够的免疫力,或者还由于其他因素的作用,即可引起弓形虫病的急性发作;反之,如果虫株的毒力弱,宿主又能很快产生免疫力,则弓形虫的繁殖受阻,疾病发作得较缓慢,或者成为无症状的隐性感染,这样,存留的虫体就会在宿主的一些脏器组织(尤其是脑组织)中形成包囊型虫体。

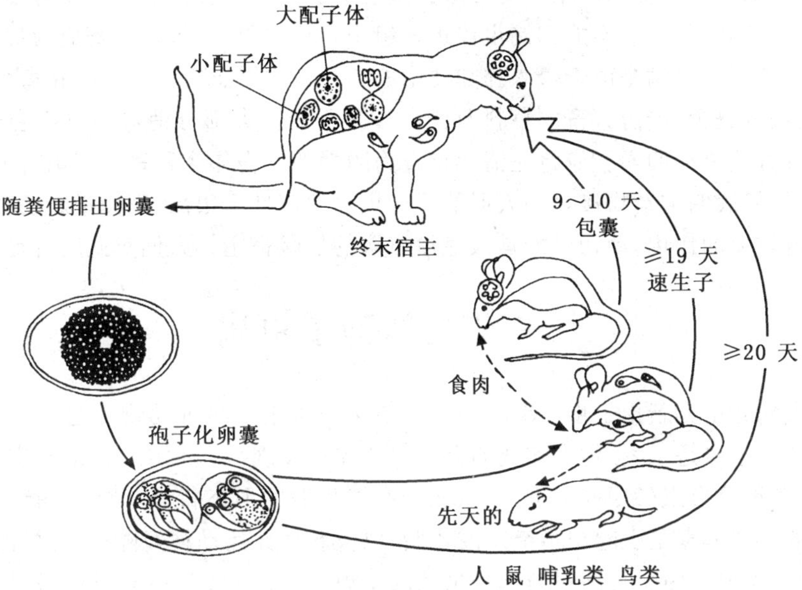

图 16-14　弓形虫生活史(仿 Dubey)

症状　弓形虫病的急性症状为突然废食，体温升高，呼吸急促，眼内出现浆液性或脓性分泌物，流清鼻涕。病畜精神沉郁，嗜睡，发病后数日出现神经症状，后肢麻痹，病程 2～8 天，常发生死亡。慢性病例的病程则较长，病畜表现为厌食，逐渐消瘦，贫血。随着病程的发展，病畜可出现后肢麻痹，并导致死亡，但多数病畜可耐过。

病理变化　急性病例出现全身性病变，淋巴结、肝、肺和心脏等器官肿大，并有许多出血点和坏死灶。肠道重度充血，肠黏膜上常可见到扁豆大小的坏死灶。肠腔和腹腔内有多量渗出液，病理组织学变化为网状内皮细胞和血管结缔组织细胞坏死，有时有肿胀细胞的浸润，弓形虫的滋养体位于细胞内或细胞外。急性病变主要见于幼畜。

慢性病例可见有各内脏器官的水肿，并有散在的坏死灶。病理组织学变化为明显的网状内皮细胞的增生，淋巴结、肾、肝和中枢神经系统等处更为显著，但不易见到虫体。慢性病变常见于老龄家畜。

隐性感染的病理变化主要是在中枢神经系统内见有包囊，有时可见有神经胶质增生性和肉芽肿性脑炎。

诊断　弓形虫病的临床表现、病理变化和流行病学虽有一定的特点，但仍不足以作为确诊的依据，而必须在实验室诊断中查出病原体或特异性抗体，方可做出结论。

急性弓形虫病可将病畜的肺、肝、淋巴结等组织做成涂片，用姬姆萨氏或瑞氏液染色，检查有无滋养体。也可将肺、肝、淋巴结等组织研碎，加入 10 倍生理盐水，在室温下放置 1 h，取其上清液 0.5～1 mL 接种于小鼠腹腔，而后观察小鼠有否症状出现，并检查腹腔液中是否存在虫体。

血清学诊断可采用染料试验(Sabin-Feldman dye test)、间接血球凝集试验、补体结合反应、中和抗体试验、荧光抗体法及酶联免疫吸附试验等。

治疗　对于本病的治疗主要是采用磺胺类药物。有人报道磺胺嘧啶、磺胺六甲氧嘧啶、磺胺甲氧吡嗪、甲氧苄胺嘧啶和敌菌净对弓形虫病有效。应注意在发病初期及时用药，如用药较晚，虽可使临床症状消失，但不能抑制虫体进入组织形成包囊，结果使病畜成为带虫者。

预防 已知弓形虫病是由于摄入猫粪便中的卵囊而遭受感染的，因此，在畜舍内应严禁养猫，并防止猫进入厩舍，严防家畜的草料及饮水接触猫粪。大部分消毒药对卵囊无效，但可用蒸汽和加热等方法杀灭卵囊。应将血清学检查为阴性的家畜作为种畜。英国有人用染料试验进行测定，其结果表明与动物接触的人群的弓形虫血清阳性率很高，因而推断动物在弓形虫病的流行上起着重要的作用，动物可能是人弓形虫病的贮藏宿主。人们对此应有足够的重视。

第三节 新孢子虫病

新孢子虫病是由犬新孢子虫（*Neospora caninum*）寄生于多种动物引起的，广泛分布于世界各地。犬新孢子虫是1984年在挪威的犬体内首先被发现，1988年由Dubey定名为新属、新种，因为其与龚地弓形虫（*Toxoplasma gondii*）有着相似的形态特点，此前可能一直被认为是弓形虫。它的主要危害是引起孕畜流产或死胎，以及新生儿运动神经障碍，对牛的危害尤为严重，是牛流产的主要原因。我国对新孢子虫病的认识较晚，2003年后对奶牛、牦牛、羊、犬等动物的血清流行病学调查表明，多种动物体内存在着不同程度的感染，并分别于2007年和2008年在奶牛、狐狸体内证实了虫体的存在。

已经证实犬和狐狸是新孢子虫的终末宿主。其他多种动物如牛、绵羊、山羊、马、鹿、猪、兔等均是其中间宿主，犬也是其重要的中间宿主，虫体在中间宿主的体内主要寄生于中枢神经系统、肌肉细胞、肝、脑以及多种有核细胞内。

病原体 犬新孢子虫（*Neospora caninum*，Dubey，1988）隶属于顶复门（Apicomplexa）、孢子虫纲（Sporozoa）、球虫亚纲（Coccidia）、真球虫目（Eucoccida）、肉孢子虫科（Sarcocystidae）、新孢子虫属（*Neospora*）。除了犬新孢子虫外，目前还确认的另一个虫种为胡氏新孢子虫（*N. hughesi*），主要寄生于马的体内。

速殖子、组织包囊和卵囊是目前已知的新孢子虫生活史中3个重要阶段的虫体形态。卵囊是在终末宿主犬科动物的肠道中形成的，随粪便排出体外。卵囊近圆形，直径10～11 μm，新鲜卵囊未孢子化，在合适的温度和湿度下发育为孢子化卵囊，孢子化卵囊内含2个孢子囊，每个孢子囊内含有4个子孢子。

速殖子（滋养体）和组织包囊存在于中间宿主内。速殖子（彩图1）呈新月形，大小为（4.8～5.3）μm×（1.8～2.3）μm，可以感染多种细胞，一个细胞可以同时感染多个速殖子，虫体存在于带虫空泡中，每个带虫空泡内虫体分裂繁殖形成含多个速殖子的假囊，挤压宿主细胞，最终宿主细胞死亡，虫体释放出来重新侵入新细胞。速殖子具备顶复门原虫的基本特征，具有顶复合器、锥体、微管以及微线体、棒状体和致密颗粒等器官。主要存在于急性病例的胎盘、流产胎儿的脑组织和脊髓组织中，也可寄生于胎儿的肝脏、肾脏等部位。

包囊也叫组织囊，主要存在于中枢神经系统中，最初在犬脑组织中发现。呈圆形或椭圆形，大小不等，直径最长可达107 μm，成熟包囊壁约4 μm厚。在牛的肌肉组织和自然感染的犬体内发现的包囊壁较薄，为0.3～1.0 μm。包囊内含大量缓殖核子，缓殖子大小7 μm×2 μm。缓殖子在形态上与速殖子较为相似，核位于近末端，而速殖子的则较靠中间。另外，缓殖子内棒状体较速殖子少，支链淀粉颗粒多。过碘酸雪夫氏染色时包囊壁颜色变化很大，通常呈嗜银染色。包囊内的缓殖子之间经常呈分支的管状结构，无间隔膜。

生活史　迄今为止，新孢子虫的生活史尚未完全阐明。已知犬感染后随粪便排出新孢子虫卵囊，但其在肠道内的发育过程和寄生部位尚不可知。从犬体内刚刚排出的卵囊没有感染性，卵囊在合适的温度、湿度以及有氧条件下完成孢子化过程，发育为孢子化卵囊，亦即感染性卵囊。当中间宿主(包括犬)吞食了外界的孢子化卵囊时遭受感染。孢子化卵囊进入中间宿主体内，子孢子在消化道内释放出来，随血流到达全身的多种有核细胞内寄生，在宿主细胞内形成的带虫空泡内分裂繁殖，形成虫体集落，当虫体数量达到临界值时宿主细胞破裂释放出的速殖子随即侵入临近的细胞。在免疫应答正常的宿主体内，宿主能够清除部分虫体，而部分速殖子转变为增殖较为缓慢的缓殖子，最终在细胞内形成组织包囊。组织包囊可以在感染宿主体内长期存在而不表现出临床症状。速殖子可通过胎盘传给胎儿，主要侵入胎盘、胎儿的脑组织和脊髓。

犬食入了含有新孢子虫组织包囊的动物组织，动物组织和包囊囊壁被胃蛋白酶消化，缓殖子游离出来，进入犬的小肠，在小肠的上皮细胞内进行球虫型的发育，最终以卵囊形式随粪便排出体外。排到体外的卵囊在外界急性孢子发育，发育为具有感染性的孢子化卵囊，完成整个生活史。

新孢子虫病主要有水平传播和垂直传播 2 种传播方式。已经证实垂直传播是同种动物群体内的主要传播方式，即同种中间宿主群内主要由母体传播给胎儿。水平传播可发生在中间宿主与终末宿主之间，中间宿主食入终末宿主排出的卵囊，终末缩主食入中间宿主体内的包囊造成感染；水平传播亦发生在中间宿主之间，即中间宿主吞食了其他动物体内的包囊。同种中间宿主群内可能也存在水平传播，具体传播途径尚不清楚，但水平传播被认为是造成新一轮感染的主要原因(图 16-15)。

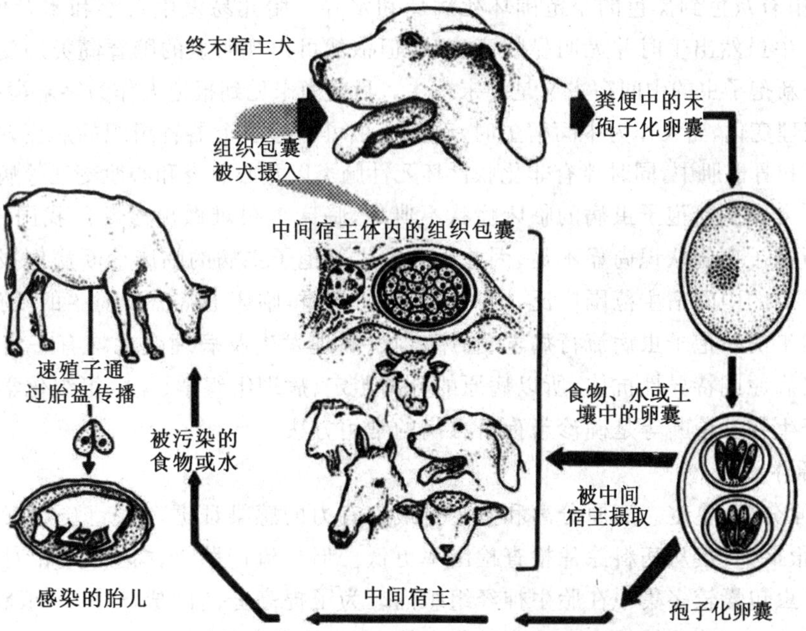

图 16-15　新孢子虫生活史(根据 Dubey 修改，2007)

症状 新孢子虫病是多种动物共患的一种原虫病，对牛的危害尤其严重，主要造成孕畜流产、死胎以及新生儿的运动神经系统疾病。

当犬作为终末宿主时，新孢子虫在其肠道上皮细胞内发育，无明显临床症状。而当犬为中间宿主出现时，可引起各年龄段犬的严重神经肌肉损伤，先天感染的幼犬，可见严重后肢瘫痪和脊柱过伸；其他症状还包括肌肉萎缩、疼痛、眼球震颤、精神抑郁、头倾斜、厌食，吞咽困难，四肢无力，运动共济失调，瞳孔反射迟钝，感觉反应降低等；还可发生心力衰竭。一般有脑炎、肌炎、肝炎和持续性肺炎等症状。在老年犬中，偶尔有皮肤新孢子虫病发生。临床上可出现感染母犬妊娠后发生死胎或产出衰弱的胎儿。

流产是唯一能观察到的成年牛新孢子虫病临床症状。临床表现为流产、产弱胎、死胎、木乃伊胎和产下先天性神经肌肉损伤的犊牛。母牛流产前没有明显症状，流产往往突然发生，常呈局部、散发性或地方性流行，一年四季均可发生，但以春末至秋初较多。流产可能反复发生，牛从妊娠3个月到妊娠期结束这一段时期均可发生流产，但多发生于妊娠期的5～6个月。先天感染的犊牛一般不表现临床症状，严重感染者可表现四肢无力、关节拘谨、后肢麻痹、运动失调，头部震颤明显，头盖骨变形，眼睑及反射迟钝，角膜轻度混浊。大部分先天感染牛处于隐性感染状态，当发育至成年牛并怀孕时，包囊内虫体可能活化并经胎盘传给胎儿，也有部分牛可能清除体内感染的虫体。

其他动物感染新孢子虫后出现类似的临床症状，但一般没有牛的症状严重。

病理变化 新孢子虫引起的最常见疾病是孕牛流产，流产胎牛的主要病变是各器官组织的出血、细胞变性和炎性细胞浸润，以中枢神经系统、心脏和肝脏的病变为主。脊髓和脑等神经组织，一般表现为非化脓性脑脊髓炎的典型病变，伴发多位点非化脓性炎性细胞浸润和多位点或弥散性的脑膜下白细胞浸润，有时还存在多位点坏死灶。心脏和骨骼肌可出现灰白色病灶，脑组织中有灰色到黑色的小范围坏死病灶和水肿。胎儿易发生自溶和木乃伊化。有些先天感染的犊牛虽然出生时并无明显临床症状，但依然可出现明显的脑脊髓炎病变。

犬既是新孢子虫的中间宿主又是终末宿主。目前尚未见到报道犬作为终末宿主时临床危害和引起的病理变化，当犬作为中间宿主时，新孢子虫可引起多个器官组织的病变，主要集中在中枢神经系统和骨骼肌中，同时伴有非化脓性坏死性脑炎以及心肌炎和心肌变性等病理变化。

诊断 犬发生新孢子虫病的临床症状不典型，临床上很难做出诊断。我国兽医临床工作中对犬的新孢子虫病认识尚显不足，因此无犬发生新孢子虫病的临床诊断病例报道。

新孢子虫的中间宿主范围广泛，因对牛的危害严重，临床上常需要对牛的新孢子虫病进行诊断。虽然牛的新孢子虫病流行病学、临床症状、病理发生及病理变化均有一定的特点，但确诊需鉴定出病原或特异性抗体，所以病原的分离鉴定、病理组织学、免疫组织化学、血清中抗体检测及分子生物学诊断等是确诊新孢子虫病的常用方法。

1. 病原学诊断

(1)病原分离、鉴定。病原分离和鉴定是最为有力的感染证据，但新孢子虫的分离较为困难，成功率很低，直接从病料涂片检查检出率更低。但从流产胎牛体内分离相对容易，一般情况下新孢子虫包囊较多集中在胎牛神经组织内。为了提高分离的成功率，一般将胎牛的脑神经组织匀浆后用胰酶或胃蛋白酶消化进行虫体富集，将富集的沉淀物处理后进行细胞培养；或直接感染免疫抑制小鼠及IFN-γ敲除鼠(GKO)等，经鼠传代。连续传代几次后对虫体进行进一步的鉴定。

(2)病理组织学及免疫组织化学。对分离后的虫体或病理组织切片均可用免疫组织化学染色确认虫体。在 HE 染色的切片上,能够观察到的速殖子或包囊,但不能与龚地弓形虫、哈氏哈芒球虫、枯氏肉孢子虫的速殖子或包囊相区分。用特异性抗体染色能够确认新孢子虫的存在。免疫组织化学染色在脑和心脏中检测到虫体的几率远高于其他器官(彩图 2)。

2. 血清学诊断

血清学检测是较为方便、快捷的方法,尤其适用于群体动物的筛查。国外已经有多种商品化试剂盒应用。间接免疫荧光试验(IFAT)、直接凝集试验(DAT)和酶联免疫吸附试验(ELISA)是最常用的血清学检测方法。

3. 分子生物学诊断

主要是应用 PCR 技术检测流产胎牛或其他中间宿主组织内的新孢子虫 DNA。已报道多种新孢子虫特异性引物可用于特异性基因的扩增。

特别要注意的是新孢子虫与弓形虫病的鉴别诊断。

防控措施　尚未发现治疗新孢子虫病的特效药物,复方新诺明、羟基乙磺胺戊烷脒、四环素类、磷酸克林霉素以及抗鸡球虫的离子载体抗生素类等可能有一定的疗效,可试用于临床但需对疗效进行观察。

已经有商业化新孢子虫灭活疫苗,但应用范围有限,只是在美国以及新西兰等国家小部分地应用。

新孢子虫病的有效防控应根据目标牛群的感染状态和所处环境的风险因素分析,并在流行病学调查的基础上进行。淘汰病牛和血清抗体阳性牛是防止该病继续扩散的有效方法,但是由此会造成较大的经济损失。另外,防止犬与牛等中间宿主之间的传播可有效阻断外源性感染(水平传播),主要采取的措施是对牛场内及其周围的犬进行严格的管理,禁止犬进入牛栏,禁止犬接触动物饲草、饲料和饮水,减少犬与牛接触的机会;同时禁止用流产胎儿饲喂犬。

第四节　肉孢子虫病

家畜的肉孢子虫病是由肉孢子虫引起的一种原虫病。肉孢子虫属真球虫目,肉孢子虫科,肉孢子虫属(*Sarcocystis*)。它是 Kuhn 氏(1865)首先在猪的舌肌和心肌上发现的。广泛寄生于家畜(马、牛、羊、猪、兔等)、鼠类、鸟类、爬行类和鱼类,偶尔也寄生于人。我国南方的水牛和黄牛,北方的绵羊和山羊常有发现。据湖北、湖南和内蒙古等地的不完全统计(屠宰观察),水牛的感染率几乎达 100%,羊的感染率约 16%。家畜和家禽感染肉孢子虫病时,通常不显临床症状,即使在严重感染时,病情亦甚轻微,但胴体则因大量虫体寄生,致使局部肌肉变性、变色而不能食用。

病原　已报道的肉孢子虫已有 100 种以上,其中常见的有猪肉孢子虫(*S. miescheriana*)、牛肉孢子虫(*S. fusiformis*)、羊肉孢子虫(*S. tenella*)、马肉孢子虫(*S. bertrami*)、兔肉孢子虫(*S. cuniculi*)、鼠肉孢子虫(*S. muris*)及人肉孢子虫(*S. lindemanni*)。过去对肉孢子虫的分类主要根据宿主的种类、囊壁的构造和囊体的大小。经深入研究后发现肉孢子虫并无严格的宿主特异性,可相互感染。同一种虫体寄生于不同的宿主中,其形态大小有显著的差异。因此,目前提出的种名,仅是为了方便和习惯,并无确切根据。最近有人基于对肉孢子虫发育方面知识的增加，发现一种中间宿主可能有一种以上的肉孢子虫寄生，因此，提出了新的命名和分类法，认为牛可被来自不同终宿主的3种肉孢子虫(*S. cruzi*，*S. hirsuta*，*S. hominis*)所感染，羊为2种肉孢子虫(*S. ovicanis*，*S. tenella*)，猪为3种(*S. miescheriana*，*S. porcifelis*，*S. suihominis*)和马为2种(*S. bertrami*，*S. fayeri*)。

肉孢子虫寄生在宿主的肌肉，形成与肌纤维平行的包囊(称之为米氏囊，Miescher's tube)，多呈纺锤形、圆柱形或卵圆形，色灰白至乳白，小的肉眼难以看到，大的可达数厘米。囊壁由两层组成，内壁向囊内延伸，构成很多中隔，将囊腔分成若干小室。发育成熟的包囊，小室中包藏着许多肾形或香蕉形的慢殖子(滋养体)，又称为南雷氏小体(Rainey's corpuscle)，长10～12 μm，宽4～9 μm，一端稍尖，一端偏钝。

生活史 经Fayer氏(1970)和Heydom氏(1972)等人的研究证明，肉孢子虫的发育必须更换宿主。中间宿主是草食动物和杂食动物、禽类、啮齿类和爬行类等；终末宿主是肉食动物和猪、犬、人等。终末宿主吞食了中间宿主的包囊之后，囊壁被消化，慢殖子溢出。慢殖子钻入小肠黏膜的固有层，直接发育为大配子体和小配子体，无裂殖生殖阶段。小配子体又分裂成许多小配子，然后大、小配子结合为合子，最后形成卵囊，卵囊在肠壁上完成孢子化。孢子化的卵囊内含有2个孢子囊，其内各形成4个子孢子。卵囊壁薄而脆弱，常在肠内自行破裂，因此，在粪便中常见的虫体为含子孢子的孢子囊。孢子囊被中间宿主吞食后，子孢子经血液循环到达各脏器，在血管内皮细胞中进行裂殖生殖，产生裂殖子，通常进行两代裂殖生殖，然后裂殖子进入肌细胞发育为包囊，再经1个月或数月发育成熟(图16-16)。

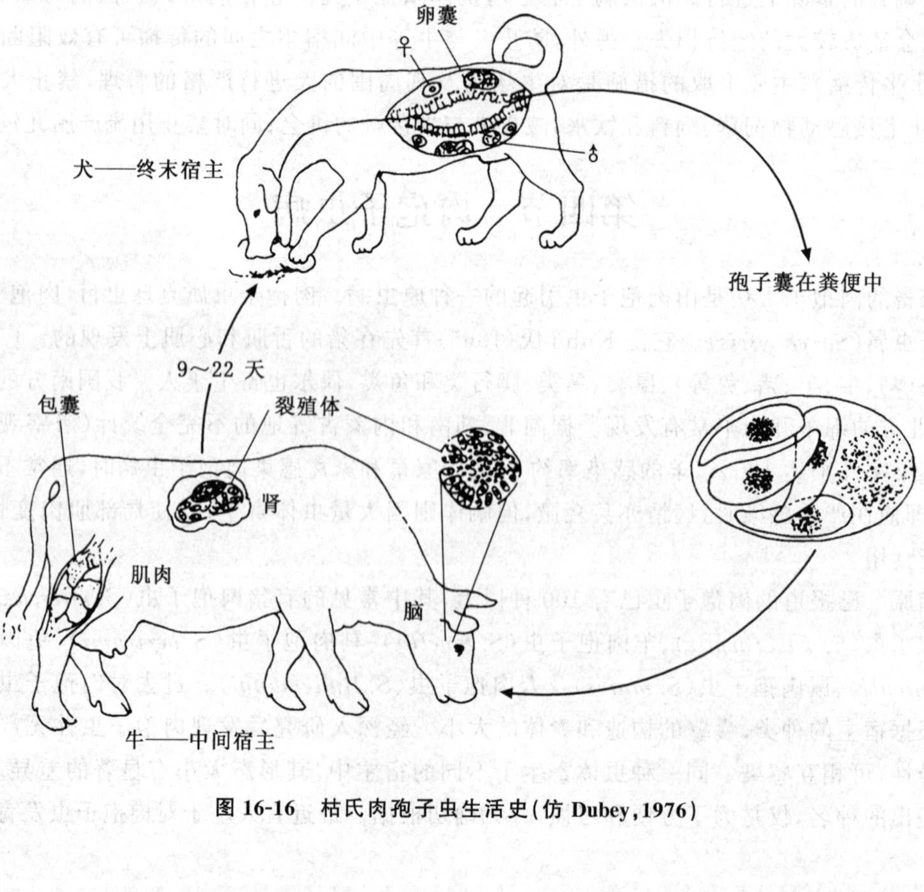

图16-16 枯氏肉孢子虫生活史(仿Dubey，1976)

致病作用　一般认为致病性比较低。但近年来研究确定犊牛、猪及羔羊经口感染犬粪中的肉孢子虫包囊，可出现一定的症状。如用枯氏肉孢子虫的孢子囊感染犊牛，会引起厌食，贫血，发热，消瘦，水肿，淋巴结肿大，尾端脱毛坏死等症状。少数还表现有角弓反张，四肢伸直，肌肉僵硬；孕牛可发生流产，严重者发生死亡。猪在严重感染时(每 1 g 重的膈肌有 40 个以上的虫体)，表现不安，腰无力，并有肌肉僵硬和短时期的后肢瘫痪等症状。有的绵羊发生呼吸困难，甚至死亡。羊在严重感染时，可引起羔羊厌食、虚弱以至死亡；孕羊可出现高热，共济失调和流产等症状。人作为终末宿主感染时，可出现厌食、恶心、腹痛和腹泻，有时还有呕吐、腹胀及呼吸困难等症状。当人作为中间宿主感染时，其症状轻微，有时有肌肉疼痛、发热等症状。

病理变化　在心肌和骨骼肌，特别是后肢、侧腹和腰部肌肉容易发现病变。严重感染时，肉眼可见大量顺着肌纤维方向着生的许多白色条纹。显微镜检查时可见到肌肉中有完整的包囊而不伴有炎性反应；但也可见到包囊破裂，释出的慢殖子导致严重的心肌炎或肌炎，其病理特征是淋巴细胞、嗜酸性白细胞和吞噬细胞的浸润和钙化。包囊产生的内毒素称为肉孢子虫毒素(sarcocystin)，其毒力很强，兔对此毒素最为敏感，静脉注射的最小致死量为 0.005 mg/kg，一般认为这种毒素与肌炎有关。

诊断　死后诊断比较容易，可根据在肌肉组织中发现的包囊而确诊。肉眼可见与肌纤维平行的白色带状包囊。制作涂片时可取病变肌肉压碎，在显微镜下检查香蕉状的慢殖子，也可用姬姆萨氏染色法染色后观察。作组织切片时，可见到肉孢子虫囊壁上有辐射状棘突，包囊中有中隔。有人试用枯氏肉孢子虫作为抗原进行间接血凝诊断牛肉孢子虫病，血清滴度超过 1∶162 认为是特异性的。感染后 90 天血清滴度可高达 1∶39 000。

防治　目前尚无特效的治疗药物。在实验条件下，给牛喂服 100 mg/kg 剂量的氨丙啉，可减少牛接种枯氏肉孢子虫所引起的病理损伤。预防措施主要是在屠宰时将寄生有肉孢子虫的肌肉、脏器和组织剔除烧毁，不使猪和肉食动物有摄食的机会。

第五节　贝诺孢子虫病

贝诺孢子虫属真球虫目，肉孢子虫科，贝诺孢子虫属(*Besnoitia*)。其包囊寄生于草食动物的皮下、结缔组织、浆膜和呼吸道黏膜等处。本属中以寄生于牛的贝氏贝诺孢子虫(*B. besnoiti*)的危害性最大，引起皮肤脱色、增厚和破裂，因此称之为厚皮病。本病不仅可降低皮革质量，严重时可引起死亡。而且还引起母牛流产和公牛精液量下降，因此，对养牛业危害甚大。

病原体　贝氏贝诺孢子虫的包囊近于圆形，无中隔，直径 100～500 μm，包囊中含有大量的慢殖子或称囊殖子(cystozoite)，新月形或香蕉形，一端尖，一端圆，大小为 8.4 μm×1.9 μm。在急性病牛的血液涂片中有时可见到速殖子或称内殖子(endozoite)，大小为 5.9 μm×2.3 μm，其形状与慢殖子相似。

生活史　终末宿主为猫；天然中间宿主为牛和羚羊，实验感染的中间宿主有羊、兔、小鼠等。贝诺孢子虫的卵囊随猫粪排到外界并孢子化，卵囊内有 2 个孢子囊，每个孢子囊内有 4 个子孢子。牛吞食了孢子化卵囊后，子孢子自卵囊溢出并进入血液循环系统，在血管内皮细胞尤其是真皮、皮下、筋膜和上部呼吸道黏膜等部位进行内双芽生殖。速殖子由破裂的细胞溢出，再侵入邻近或较远处的细胞继续增殖。速殖子从组织中消失后，转入结缔组织中形成包囊。猫吃了牛体内的包囊而被感染，包囊内的慢殖子在小肠的固有层和肠上皮细胞中变为裂殖体，进行裂殖生殖和配子生殖，最后形成卵囊并随粪便排出体外。

本病有一定的季节性，吸血昆虫可作为传播媒介，有人曾从刚吸食牛血后的虻体内检出虫体。

症状 人工感染时的潜伏期，牛为4～10天，家兔为6～16天，在热反应出现后6～28天，可在皮肤上发现包囊。临床可分为3期，即发热期、脱毛期和干性皮脂溢出期。

(1)发热期。病初体温可升高至40℃以上；病畜畏光，常躲在阴暗处。被毛失去光泽，腹下、四肢发生水肿，有时甚至全身发生水肿，步伐僵硬。呼吸、脉搏增数，反刍缓慢或停止，有时下痢，常引起流产。肩前和股前淋巴结肿大。流泪，巩膜充血，角膜上布满白色隆起的虫体包囊。鼻黏膜鲜红，上有许多包囊；有鼻漏，初为浆液性，后变浓稠，带有血液，呈脓样。咽、喉受侵害时发生咳嗽。经5～10天后转入脱毛期。

(2)脱毛期。主要表现为皮肤显著增厚，失去弹性，被毛脱落，有龟裂，流出浆液性血样液体。病畜长期躺卧时，与地面接触的皮肤发生坏死。晚期，在肘、颈和肩部发生硬痂，水肿消退。此期可能发生死亡；如不发生死亡，这一病期可持续半个月至1个月，转入第3期。

(3)干性皮脂溢出期。在发生过水肿的部位，被毛大都脱落，皮肤上生一层厚痂，有如橡皮和患疥癣的样子。淋巴结肿大，其中含有包囊。病畜乏力无神，牛体极度消瘦。

牛群的发病率为1%～20%，东北和华北地区牛群的自然感染率为10.5%～36%，死亡率约为10%。

诊断 对重症病例，可根据临床症状和皮肤活组织检查便可确诊。在病变部取皮肤表面的乳突状小结节，剪碎压片镜检，发现包囊或滋养体即可确诊。对轻症病例，可详细检查眼巩膜上是否有针尖大白色结节状的包囊。为了进一步确诊，可将病牛头部固定好，用止血钳夹住巩膜结节处黏膜，用眼科剪剪下结节，压片镜检，这一方法简便易行，检出率高。

防治 目前尚无有效的治疗药物，有人报道用1%锑剂有一定疗效。氢化可的松对急性病例有缓解作用。国外利用从兰羚羊分离到的虫株，用组织培养制成疫苗可用于免疫。在预防方面要着重消灭吸血昆虫。

第六节 血孢子虫病

一、禽住白细胞虫病

鸡住白细胞虫病系由血孢子虫亚目，住白细胞虫科(Leucocytozoidae)，住白细胞虫属(*Leucocytozoon*)的原虫寄生于鸡的白细胞(主要是单核细胞)和红细胞内引起的一种血孢子虫病。

鸡的住白细胞虫，已知有两种，即卡氏住白细胞虫(*L. caulleryi*，或称 *Akiba caulleryi*)和沙氏住白细胞虫(*L. sabrazesi*)。沙氏住白细胞虫的传播者为蚋，卡氏住白细胞虫为蠓。卡氏住白细胞虫的分布地区为东南亚、北美和中国等地；沙氏住白细胞虫的分布地区有东南亚、印度和中国。鸡住白细胞虫病在我国南方的福建、广东相当普遍，常呈地方性流行。此病对成年鸡的危害性较小，发病率低，症状轻微，但能引起贫血和产蛋力降低；对雏鸡和童鸡危害严重，症状明显，发病率高，能引起大批死亡。

病原体 卡氏住白细胞虫的成熟配子体近于圆形，大小为 15.5 μm×15.0 μm。大配子体的直径为 12～14 μm，有一个核，直径为 3～4 μm；小配子体的直径为 10～12 μm，核的直径亦为 10～12 μm。即整个细胞几乎全为核所占有。宿主细胞为圆形，直径 13～20 μm，细胞核被压挤成一深色狭带，围绕虫体。

沙氏住白细胞虫的成熟配子体为长形，大小为 24 μm × 4 μm。大配子体的大小为 22 μm×6.5 μm，小配子体为 20 μm×6 μm。宿主细胞变形为纺锤形，大小约为 67 μm×6 μm，细胞核被虫体挤压至一侧。

此外，在北美、欧洲等地的鸭与鹅类中报道有西氏住白细胞虫(*L. simondi*)。

生活史 生活史中包括无性和有性两个世代。以沙氏住白细胞虫为例叙述如下(图 16-17)。

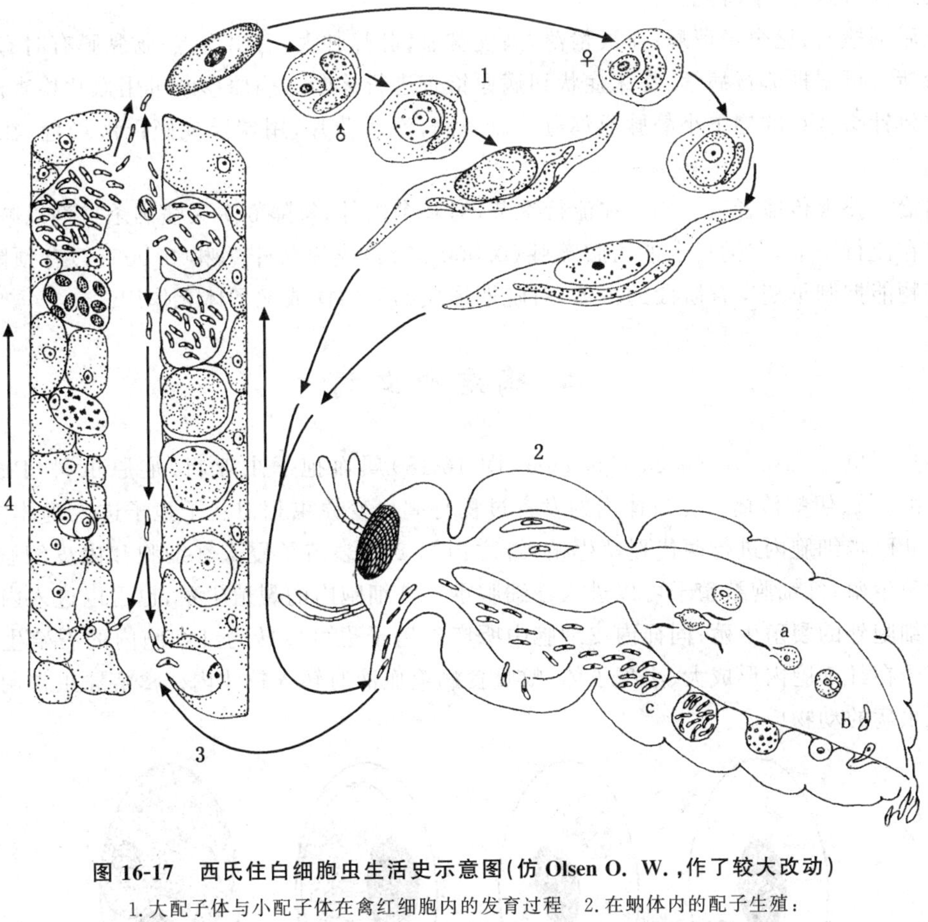

图 16-17 西氏住白细胞虫生活史示意图(仿 Olsen O. W.，作了较大改动)

1. 大配子体与小配子体在禽红细胞内的发育过程 2. 在蚋体内的配子生殖：
a. 小配子与大配子结合 b. 动合子 c. 卵囊与子孢子
3. 在肝细胞内进行裂殖生殖 4. 在肝巨噬细胞内的大裂殖体生殖
(megaloschizogony)过程，大裂殖体及其裂殖子

无性世代在中间宿主鸡体内进行。当带有子孢子的蚋吸血时，子孢子随蚋的唾液进入鸡的皮内，随即经血液循环到达肝脏，侵入肝实质细胞内寄生。子孢子在肝细胞内发育为裂殖

体，称肝裂殖体。成熟的肝裂殖体内含有许多裂殖子，裂殖体破裂后，一部分裂殖子重新侵入肝细胞；一部分裂殖子随血循环到各内脏器官，被吞噬细胞吞食，此等裂殖子可以发育为大裂殖体；成熟的大裂殖体内含有许多裂殖子，破裂释出后，侵入白细胞（主要是单核细胞）内发育为配子体。被配子体寄生的白细胞膨大变为梭形，随血液循环进入宿主的外周血液中。有性世代是在蚋体内进行的。当蚋吸食病鸡血液时，配子体随血液进入蚋的消化管，雌、雄配子体在蚋的消化液的作用下溢出，雄性配子体形成有鞭毛的雄性配子，与雌性配子结合为合子；合子变为动合子，动合子移行到蚋的消化道壁上形成卵囊，发育成熟的卵囊中含许多子孢子；子孢子破囊而出，移行到蚋的唾腺中。当蚋吸食健康鸡的血液时，子孢子即随着蚋的唾液进入鸡体内，并开始其无性世代。如此循环不已。

症状 自然潜伏期为6～10天。雏鸡和童鸡的症状明显。病初发高烧，食欲不振，精神沉郁，流口涎，下痢，粪呈绿色。贫血，鸡冠和肉垂苍白。生长发育迟缓，四肢轻瘫，活动困难。病程一般约为数日，严重者死亡。

死后剖检时，见全身消瘦；血液稀薄，高度贫血；肝脾肿大，有出血点；肠黏膜有时有溃疡。

诊断 可根据流行病学、临床症状和病原检查进行诊断。病原诊断可用血片检查法，以消毒的注射针头从鸡的翅下小静脉或鸡冠采血一滴，涂成薄片，用瑞氏或姬氏液染色，在高倍镜下观察。

防治 扑灭传播者——蚋。在流行季节，对鸡舍内外，每隔6、7天喷洒杀虫剂以减少蚋的侵袭。在流行季节，在饲料中加乙胺嘧啶（0.000 25%）或磺胺喹噁啉（0.005%）有预防作用。这些药物能抑制早期发育阶段的虫体，对晚期形成的裂殖体或配子体无作用。

二、鸡疟原虫病

鸡疟原虫（*Plasmodium gallinaceum*，图16-18）属血孢子虫亚目、疟原虫科（Plasmodiidae），由库蚊、伊蚊传播。在蚊体内的发育过程与鸽血变原虫相似。子孢子进入鸡体内之后，先在皮肤巨噬细胞内进行两代裂殖生殖；继之由第2代裂殖子侵入红细胞和内皮细胞，分别进行裂殖生殖；红细胞裂殖子可以进入红细胞重复红细胞内的裂殖生殖，也可以进入内皮细胞进行红细胞外的裂殖生殖；同样内皮细胞中所产裂殖子也可以转为红细胞内的裂殖生殖。最后裂殖子在红细胞内形成大、小配子体；蚊吸食病鸡血液时转入蚊体内。禽疟原虫常用作研究人疟原虫病的动物模型。

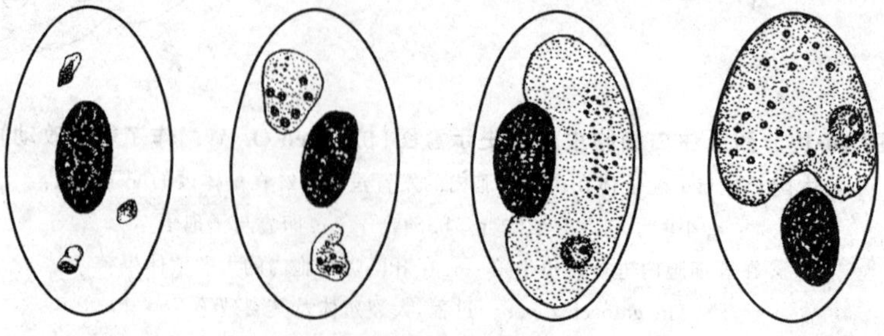

图16-18 鸡疟原虫（采自 Richardson U. F. and Kendall S. B.）

1.滋养体 2.幼年裂殖体 3.大配子母细胞 4.小配子母细胞

三、鸽血变原虫病

鸽血变原虫(*Haemoproteus columbae*,图 16-19)属血孢子虫亚目、疟原虫科。鸽的血液原虫。配子体寄生于红细胞内,裂殖阶段在血管内皮细胞中进行。传播媒介为虱蝇(*Pseudolynchia* sp.)。虱蝇吸食病鸡血液时,将带有配子体的红细胞吸入体内。成熟的配子体呈长形腊肠状,常略弯曲,围绕着宿主细胞核。配子体在虱蝇消化管内发育成为大配子和小配子,两者结合后成为动合子;后者移行至中肠壁内形成卵囊,在卵囊内直接生成子孢子,并移行至唾液腺。带有子孢子的虱蝇吸血时,子孢子随唾液进入鸽的血液,并侵入肺、肝、脾等器官的血管内皮细胞中进行裂殖生殖;而后裂殖子侵入红细胞,变为大、小配子体。

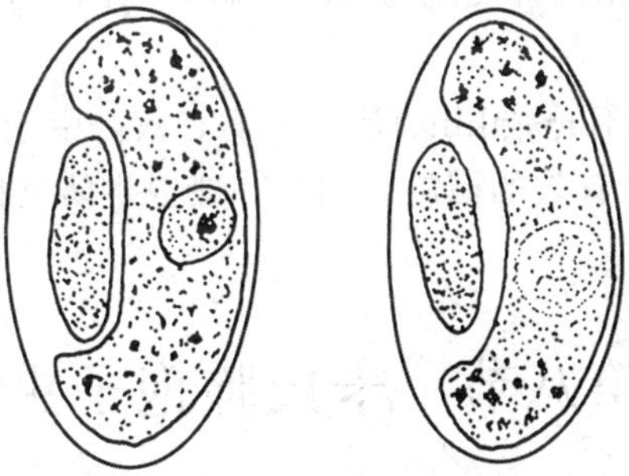

图 16-19　鸽血变原虫(Chandler)

1. 红细胞内的雌配子体　2. 红细胞内的雄配子体

第七节　兔脑原虫病

兔脑原虫病是由兔脑原虫(*Encephalitozoon cuniculi*)引起的一种慢性病,通常呈隐性感染。本病在很多兔场中广泛流行,发病率为 15%～76%。在野兔中也有发生兔脑原虫病的报道。

病原体　兔脑原虫病是在 1917 年由 Bull 首次发现的,其病原体是在 1922 年由 Wright 和 Craihead 检出的,1923 年 Levadit 等定名为脑原虫(*E. cuniculi*)。1960 年 Linson 等发现它与微粒子虫属(*Nosema*)非常相似,故改名为 *Nosema*。1972 年 Benirschke 等对 *Encephalitozoon* 与 *Nosema* 进行了对比研究,发现两者的生活史不同,而且超微结构迥异,故又重新恢复使用 *Encephalitozoon* 这一属名。

兔脑原虫在分类上属微孢子虫纲、微孢子虫目、微粒子虫科。成熟的孢子呈卵圆形或杆形,长 1.5～2.5 μm,内有一核及少数空泡。囊壁厚,两端或中间有少量空泡;一端有极体,由此发出极丝,沿内壁盘绕。极丝常自然伸出。孢子可用姬姆萨氏染色、革兰氏染色或郭氏(Goodpasture)石炭酸品红染色。

生活史　目前尚未完全阐明。初步认为,传染性单位孢子原浆(sporoplasm)从孢子中释出的部位是极丝末端,孢子原浆进入宿主细胞后即进行增殖,并发育为孢子。随着孢子的成熟和分离,最后宿主细胞破裂,释出孢子,开始新的生活周期。

症状　本病主要是通过传染性排泄物传播,也可通过胎盘传播。通常为隐性感染,在运输、气候变化或使用免疫抑制剂时就可出现临床症状。病兔逐渐衰弱，体重减轻，出现尿毒症；严重者呈现神经症状，如惊厥、颤抖、斜颈、麻痹和昏迷。病兔常出现蛋白尿。病的末期出现下痢，后肢的被毛常被沾污，引起局部湿疹，在3～5天内死亡。

病理变化 病变特征为肉芽肿性脑炎和肉芽肿性肾炎。脑上分布有不规则的肉芽肿病灶，病灶的中心区坏死，周围有淋巴细胞和浆细胞等的浸润。非化脓性脑炎，特别是脑损害相邻区域的非化脓性脑膜炎是本病的特征之一。在肾脏表面有很多散乱的针尖状白点，或在皮质表面有小的灰色凹陷区。如肾脏广泛受累积，则表面呈颗粒样外观。显微病变为间质有不同程度的淋巴细胞和浆细胞浸润，同时伴有纤维化及肾小管的变性和扩张，瘢痕常从皮质表面延伸至髓质。虫体常位于髓质部的肾小管细胞内或游离于管腔中。

诊断 由于本病无特征性临床症状，故只能根据病理剖检做出大致诊断。用病理组织学方法在肾脏发现肉芽肿肾炎和在脑发现肉芽肿性脑炎，并在病变部位找到虫体即可确认为脑原虫病。

防治 有人用烟曲霉素(fumagillina)治疗本病有效。由于对脑原虫病的传播方式尚缺乏了解，故对本病的控制也缺乏有效的措施。加强一般卫生防疫措施，及时淘汰受感染的幼兔将有助于对本病的预防。

第八节 卡氏肺孢子虫病

卡氏肺孢子虫病是由卡氏肺孢子虫(*Pneumocystis carinii*)寄生于肺脏而引起的一种原虫病。本病是一种人畜共患病，它既能感染人，也能感染多种动物，如大鼠、小鼠、兔、马、羊、猪、猫、犬和灵长类等，动物的感染常常是隐性的，没有明显的临床症状和病变，但在使用大量的免疫抑制剂如考的松之后，即可出现临床症状。大鼠、小鼠、家兔可作为研究人类卡氏肺孢子虫病的动物模型。

病原体 卡氏肺孢子虫的分类地位尚无定论。在病畜肺组织的涂片和切片上，小滋养体呈圆形或椭圆形，直径大小约为1 μm，有一个核，胞膜薄而光滑；大滋养体形状不规则，有伪足，具活动力，胞膜表面较粗糙。包囊前期呈圆形，具单核，壁较厚，体内有散在的染色质团块，大小为5～12 μm，含有8个不规则分散的或呈玫瑰花结形排列的小体，可能是子孢子。

生活史 尚未完全阐明，据推测，当孢子囊被宿主吞食后，子孢子即溢出，穿过肠壁侵入上皮细胞。在患病动物的肺泡及小支气管的泡沫状分泌物中即可见到卡氏肺孢子虫，体小、单核，呈圆形或长圆形，以二分裂法繁殖，最后形成8个子孢子，这种8核包囊即为诊断上的重要依据。

传播方式 本病是以直接传播的方式而传播的。有人用患肺孢子虫的病人和病兔的肺组织经鼻内感染健康兔而获得成功，由此证明本病可通过呼吸道感染。也有人报道本病可通过子宫传播，动物的隐性感染也可能是通过胎盘感染的(Frenkel,1971)。

症状 动物的卡氏肺孢子虫病的症状不明显。Frenkel氏等(1966)对大鼠使用考的松(免疫抑制剂)后出现了呼吸困难等症状；但Sheldan氏(1959)报道，对兔使用考的松后未出现明显的临床症状。本病多流行于早产儿、婴幼儿及营养不良者，且可出现高热，气促，干咳和呼吸困难等症状，并发生死亡。

诊断 主要依靠对肺组织的涂片和切片进行检查，当发现肺脏中有包囊和滋养体时即可确诊。在医学上，可用针头作肺穿刺进行活组织检查，或以患者的气管冲洗物和肺组织作抗原，进行补体结合试验及间接荧光抗体试验。

防治 由于其传播途径未明，故尚缺乏预防措施。有人认为使用磺胺嘧啶(100～200 mg/100 g 饲料)和乙胺嘧啶(30 mg/100 g 饲料)效果很好。但这种疗法可导致骨髓中粒细胞的成熟受到阻碍。磺胺嘧啶抑制叶酸的生物合成，乙胺嘧啶干扰叶酸转变成四氢叶酸，这可通过补充叶酸来拮抗这种副作用。单独使用任何一种药物效果都较差。在医学上，用戊烷脒治疗人的卡氏肺孢子虫病有效。

第十七章　猪小袋纤毛虫病

本病是由结肠小袋虫(图 17-1)引起的一种人畜共患的原虫病。主要感染猪和人,有时也感染牛和羊。轻度感染时不显症状,严重感染时有肠炎症状。本病呈世界性分布,尤其多发于热带和亚热带地区。

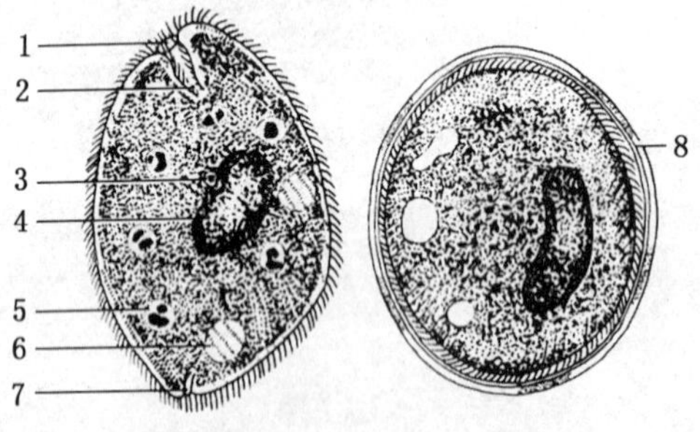

图 17-1　结肠小袋虫(仿崔祖让,1981)

2. 胞咽　3. 小核　4. 大核　5. 食物泡　6. 伸缩泡　7. 胞肛　8. 囊壁

病原体　结肠小袋虫(*Balantidium coli*)属纤毛虫纲、毛口目、小袋科、小袋属。虫体较大。在其发育过程中有滋养体和包囊两种形态。滋养体能运动,呈卵圆形或梨形,大小为(30～150)μm×(25～120)μm;身体前端有一略为倾斜的沟,沟的底部为胞口,向下连接一管状构造,以盲端终于胞浆内。有一大的腊肠样的主核,位于体中部,其附近有一小核。身体后端有肛孔。胞浆中尚有空泡和食物泡等结构。全身覆有纤毛,胞口附近的纤毛较长。包囊不能运动,呈球形或卵圆形,直径 40～60 μm,有两层囊膜。囊内包藏着一个虫体;有时有 2 个处于接合过程中的虫体。

生活史　人和猪吞食了小袋虫的包囊而感染,囊壁被消化后,滋养体溢出。以血细胞、组织细胞、淀粉及细菌等为营养。以横分裂法进行繁殖。在不利的环境或其他条件下,滋养体形成包囊。宿主的粪便中常有许多小袋虫的滋养体和包囊,宿主吞食了散播在外界环境中的包囊而遭感染。

致病作用　本病可因宿主的种类、年龄、饲养管理条件、季节及其他因素而有很大的差异,在一般情况下,虫体对肠黏膜无损害,故不显症状;但当宿主的消化功能紊乱,特别是并发有沙门氏菌感染时,虫体可趁机侵入,破坏组织,造成溃疡性肠炎。感染的部位主要是在结肠,其次是直肠和盲肠。在我国南方地区,小猪常发生本病。病程有急性和慢性两型。急性型多突然发病,可于 2～3 天内发生死亡;慢性型可持续数周至数月。患猪表现为精神沉郁,食欲减退或废绝,喜躺卧,有颤抖现象,体温有时升高;腹泻为常见的症状,粪便先为半稀,后水泻,带有黏膜碎片和血液,并有恶臭。重症病猪可发生死亡。仔猪发病严重,成年猪常为带虫者。猪的感染率为 20%～100%。

值得注意的是人可以感染结肠小袋虫，且病情较为严重，常引起顽固性下痢，病灶与阿米巴痢疾所引起的相似，结肠和直肠壁的深层发生溃疡。

诊断　生前诊断可根据临床症状和在粪便中找到小袋虫的滋养体和包囊而确诊。死后剖检时着重观察结肠和直肠有无溃疡性肠炎病变，并作肠黏膜涂片检查找到虫体。黏膜上的虫体要比肠内容物中为多。

防治　治疗可用土霉素、四环素、金霉素或灭滴灵等；以 0.02%～0.04% 浓度的呋喃唑酮混入饲料中喂服也有一定的疗效。预防应着重于搞好猪场的环境卫生和消毒工作；饲养人员应注意手的清洁消毒和饮食卫生，以免遭受感染。

第五篇

技　　术

第十八章　家畜寄生虫病的实验诊断技术

第一节　蠕虫病的实验诊断技术

由于蠕虫病的症状缺少特异性，因此，仅仅依靠临床症状，很难对家畜蠕虫病做出肯定的诊断，所以，在很大的程度上需依赖于实验室的检查，用实验室检查方法在被检家畜的粪、尿、血液等的内容物中，寻找虫卵、幼虫、虫体或虫体碎片，并根据对所发现的虫卵等的鉴定做出正确诊断。

但仍值得注意的是，一个正确的诊断，必须对病畜的全身状况进行全面的、综合的分析和考虑。实验室检查时，虫卵等的发现，只能说明该受检畜体内已有某种寄生虫的寄生，但它是否是受检畜呈现疾病的主要原因，则还需要对本病的流行病学、症状、病理等各方面作综合的分析和判断。

此外，在因蠕虫幼虫所引起的疾病和一些用虫卵或幼虫检查法检出率比较低的寄生虫病，在诊断时还常采用一些免疫诊断的方法，此类方法，尚在发展阶段，正在不断地改进和充实中，将在第十九章介绍。

一、粪便检查

以成虫期寄生的蠕虫大部分寄生于家畜的消化道，它们的卵、幼虫和某些虫体或虫体片段通常和粪便一同排出，因此，粪便检查法是诊断这类蠕虫病的主要方法。此外，与消化道相连的器官（如肝、胰）中的寄生虫，其所产出的虫卵，也随粪便排出体外。呼吸道的寄生虫，其虫卵或幼虫随痰液排出，在痰液进入口腔后，多数又被咽下，因此，也可以在粪便中查见其虫卵或幼虫。在禽类，泌尿生殖器官内的寄生虫排出的虫卵等，同样出现在粪便中。

检查时所采用的粪便材料，一般应是新排出的，这样可以使虫卵保存固有的状态。有时可直接由动物直肠采粪，更可减少混杂污染，取得更好的效果。

（一）蠕虫虫体检查法

在消化道内寄生的绦虫常以含卵节片（孕卵节片）整节排出体外，此外，有时一些蠕虫的完整虫体也可因寿命或驱虫药的影响等原因而排出体外。粪便中的节片和虫体，其中较大型者，很易发现，对较小的，应先将粪便收集于盆（或桶）内，加入5～10倍的清水，搅拌均匀，静置待自然沉淀，而后将上层液体倾去。重新加入清水，搅拌沉淀，反复操作，直到上层液体清澈为止。最后将上层液倾去，取沉渣置大玻皿内，先后在白色背景和黑色背景上，以肉眼或借助于放大镜寻找虫体，有所发现时，用铁针或毛笔将虫体挑出供检查。

(二)虫卵检查法

又分涂片检查法和集卵法。

1.涂片检查法

涂片检查法是最简便和常用的方法,但检查时因被检查的粪便数量少,检出率也较低。也就是说,当体内寄生虫数量不多而粪便中虫卵少时,有时不能查出虫卵。

本法是在载玻片上滴一些甘油和水的等量混合液,再用牙签或火柴棍挑取少量粪便加入其中,混匀,夹去较大的或过多的粪渣,最后使玻片上留有一层均匀的粪液,其浓度的要求是将此玻片放于报纸上,能通过粪便液膜模糊地辨认其下的字迹为合适。在粪膜上覆以盖玻片,置显微镜下检查。检查时应顺序地查遍盖玻片下的所有部分。

2.集卵法

本法总的原则是利用各种方法,将分散在粪便中的虫卵集中起来,再行检查,以提高检出率。所采用的方法一般有两种类型。其一是利用虫卵和粪渣中其他成分的比重的差别,而将其集中。虫卵的比重一般比水略重,但轻于饱和食盐水(在1 000 mL水中加食盐380 g,比重约1.18)。这样,当粪便中的虫卵在水中时则沉于水底,而粪便中的一些饲料纤维和可溶性物则混于或溶于粪液中。当粪便以饱和盐水稀释时,虫卵则漂浮于溶液表面,而有些较重的粪渣则下沉于底部。这样根据虫卵在不同溶液中沉或浮的情况,而采取沉渣或浮起物检查,就可以在其中检查到比较多的虫卵,而提高检出率。但各种虫卵常具有不同的比重,一般吸虫卵比重最大,在各种溶液中多数不能浮起;而有些虫卵(如猪的后圆线虫卵)在饱和食盐水中不能浮起,但可以用一些比重更大溶液(如硫代硫酸钠溶液——1 000 mL水中加硫代硫酸钠1 750 g,比重在1.4左右)使之漂浮。此外,曾被采用的还有饱和硫酸镁溶液、硫酸锌溶液、硝酸铅溶液、饱和糖溶液和甘油等。但也应注意到,除了特殊的需要外,采用过大比重的溶液也是不适宜的,因为加大了比重会浮起更多的粪内杂质,反而影响检出率,有时过浓的溶液,虽然可使比重加大,但同时出现黏稠度的增加,使虫卵浮起的速度减缓。

虫卵在溶液中下沉或浮起的时间,一般需20～60 min。有时将粪液放入离心管中,在离心管中远心分离,利用离心力加速其中虫卵的下沉或浮起的时间。

另一种使虫卵集中的方法是筛滤法,即利用孔径大小不同的金属筛,过滤粪液。当用260～250 μm(40～60目)(铜筛的编号一般沿用英制。每2.5 cm距离中有60孔时称60目)筛时,虫卵可通过筛孔,而较大的粪渣则被铜筛所扣留,这时可取滤下液经沉淀或漂浮法处理后检查。目前常采用58 μm(260目)的锦纶筛兜过滤粪液,过滤时大部分虫卵被留于其上,然后取筛内物检查。但较细小的(如球虫卵囊)仍可通过,遇此种情况仍应取滤出液检查。

根据以上两种原理为基础,已有多种具体的方法被采用,较常用的有以下几种:

(1)沉淀法。取粪便5 g,加清水100 mL以上,搅匀成粪液,通过260～250 μm(40～60目)铜筛过滤,滤液收集于三角烧瓶或烧杯中,静置沉淀20～40 min,倾去上层液,保留沉渣,再加水混匀,再沉淀,如此反复操作直到上层液体透明后,吸取沉渣检查。此法特别适用于检查吸虫卵。

(2)漂浮法。取粪便10 g,加饱和食盐水100 mL,混合,通过250 μm(60目)铜筛,滤入烧杯中,静置30 min,则虫卵上浮;用一直径5～10 mm的铁丝圈,与液面平行接触以蘸取表面液膜,抖落于载玻片上检查。此法又称费勒鹏法(Fulleborn's method)。此法适用于线虫卵的检查。

也可以取粪便 1 g，加饱和食盐水 10 mL。混匀，筛滤，滤液注入试管中，补加饱和盐水溶液使试管充满，上覆以盖玻片，并使液体和盖玻片接触，其间不留气泡，直立 30 min 后，取下盖玻片，覆于载玻片上检查。

在检查比重较大的后圆线虫卵时，可先将猪粪按沉淀法操作，取得沉渣后，在沉渣中加入饱和硫酸镁溶液，进行漂浮，收集虫卵。

以上漂浮法或沉淀法，均使液体静置待其自然地下沉或上浮。但有些方法则将以上粪液置于离心管中，在离心机内离心，借助离心力以加强和加速其沉或浮的过程。

(3)锦纶筛兜集卵法。取粪便 5～10 g，加水搅匀，先通过 260 μm(40 目)或 250 μm(60 目)的铜丝筛过滤；滤下液再通过 58 μm(260 目)锦纶筛兜过滤，并在锦纶筛兜中继续加水冲洗，直到洗出液体清澈透明为止；而后挑取兜内粪渣抹片检查。此法适用于宽度大于 60 μm 的虫卵，通过以上处理，粗大粪渣被铜筛扣留，纤细粪渣(直径小于 40 μm)和可溶性色素均被冲洗走而使虫卵集中。

3. 虫卵计数法

虫卵计数法是测定每克家畜粪便中的虫卵数，而以此推断家畜体内某种寄生虫的数量的方法；有时尚以使用驱虫药前后虫卵数量的对比，以检查驱虫效果。

虫卵计数所得数字，受很多因素影响，因此，只能对寄生虫的寄生量做一个大致的判断。影响虫卵计数精确性的因素，首先是虫卵在粪便内的分布不均匀，因此，我们测定少量粪便内的虫卵量以推算全部粪便中的虫卵总量就不会准确；此外寄生虫的年龄，宿主的免疫状态，粪便的浓稠度，雌虫的数量，驱虫药的服用等很多因素，均影响着排出虫卵的数量和体内虫体数量的比例关系。虽然如此，虫卵计数仍常被用为某种寄生虫感染强度的指标。虫卵计数的结果，常以每克粪便中虫卵数(简称 e. p. g)表示之，兹介绍目前常用的两种方法如下：

(1)斯陶尔氏法(Stoll's method)。在一小玻璃容器上(如小三角烧瓶或大试管)，在容量 56 mL 和 60 mL 处各作一个标记；先取 0.4%的氢氧化钠溶液注入容器内到 56 mL 处，再加入被检粪便使液体升到 60 mL 处，而后加入一些玻璃珠，振荡使粪便完全破碎混匀；而后在混匀的情况下以 1 mL 的吸管吸取粪液 0.15 mL，滴于 2～3 张载玻片上，覆以盖玻片，在显微镜下循序检查，统计其中虫卵总数(注意不可遗漏和重复)。因 0.15 mL 粪液中实际含原粪量是 0.15×4÷60＝0.01(g)，因此，所得虫卵总数乘以 100 即为每克粪便中的虫卵数。本法适用于大部分虫卵的计数。

(2)麦克马斯特氏法(McMaster's method)。本法是将虫卵浮集于一个计数室中。计数室是由两片载玻片制成。制作时为了使用方便，常将其一片切去一条，使之较另一片窄一些。在较窄的玻片上刻以 1 cm 见方的划度 2 个，而后选取厚度 1.5 mm 的玻片切成小条垫于两玻片间，以环氧树脂粘合。如图 18-1 所示。

操作方法是：取粪便 2 g，放于乳钵中，先加水 10 mL，搅匀，再加饱和盐水 50 mL。混匀后，吸取粪液，注入计数室，置显微镜台上，静置 1～2 min。而后在镜下计数 1 cm^2 刻度中的虫卵总数；求两个刻室中虫卵数的平均数，(该小室中的容积为 1 cm×1 cm×0.15 cm＝0.15 cm^3)，乘以 200 即为每克粪便中的虫卵数。本法只适用于可被饱和盐水浮起的各种虫卵。

(3)片形吸虫卵的计数法。片形吸虫卵在粪便中量少，比重大，因此，要求采用特殊的方法，而在牛羊又有所不同。

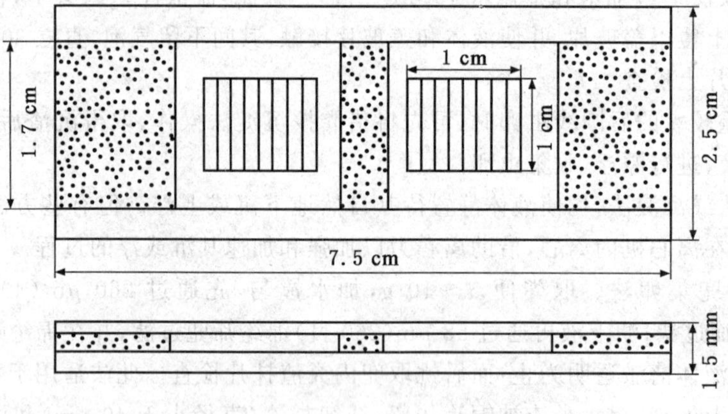

图 18-1 麦克马斯特虫卵计数器

在羊，称取羊粪 10 g，置于一 300 mL 的容量瓶中。加入少量 1.6%浓度的氢氧化钠溶液，静置过夜。次日，将粪块搅碎，再加入 1.6%的氢氧化钠溶液到 300 mL 刻度处。再摇匀，立即吸取此粪液 7.5 mL 注入到一离心管内，在离心机内以每分钟 1 000 r 离心 2 min，倾去上层液体，换加饱和盐水，再次离心后，再倾去上层液体，再换加饱和盐水，如此反复操作，直到上层液体完全清澈为止。倾去上层液体，将沉渣全部分别滴于数张载玻片上，检查全部所制的载玻片，统计其虫卵总数，以总数乘以 4，即为每克粪便中的肝片形吸虫虫卵数。

在进行牛粪便肝片形吸虫虫卵的计数时，操作步骤基本同上，但用粪量改为 30 g。加入离心管中的粪液量为 5 mL，因此，最后计得虫卵总数乘以 2，即为每克粪便中虫卵总数。

虫卵计数的结果，常可作为诊断寄生虫病的参考。在马，当线虫卵数量达到每克粪便中含卵 500 枚时，为轻感染；800～1 000 枚时为中感染；1 500～2 000 枚时为重感染。在羔羊还应考虑感染线虫的种类，一般每克粪便中含 2 000～6 000 枚虫卵时应认为是重感染；在每克粪便中含虫卵 1 000 枚以上，即认为应给以驱虫。在牛，每克粪便中含虫卵 300～600 枚时，即应给以驱虫。

在肝片形吸虫，牛每克粪便中的虫卵数达到 100～200 枚时，羊达到 300～600 枚时即应考虑其致病性。

(三)幼虫检查法

有些寄生虫(如网尾科线虫)，其虫卵在新排出的粪便中已变为幼虫；类圆属线虫的卵随粪便排出后，在外界温度较高时，经 5～12 min 后，即孵出幼虫。对粪便中幼虫的检查虽可用直接抹片或其他虫卵检查法，但如采用以下的方法，则检出率可以高得多。

(1)漏斗幼虫分离法。亦称贝尔曼法(Baermann's technique)。取粪便 15～20 g，放在漏斗内的金属筛上(可将金属筛布剪成圆片，放于漏斗中)，漏斗下接一短橡皮管，管下再接一小试管。装置如图 18-2 所示。

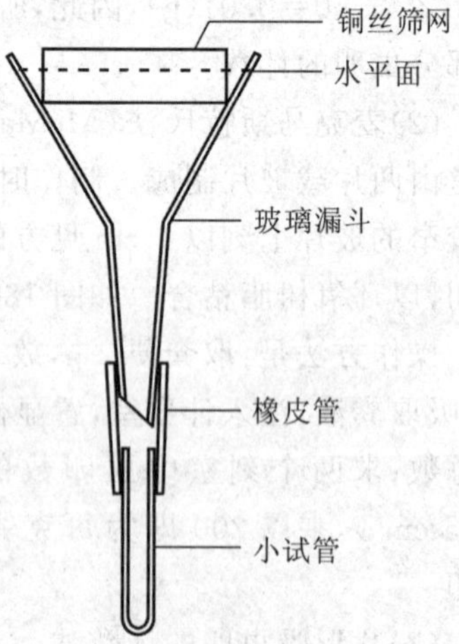

图 18-2 贝尔曼幼虫分离装置

将粪便放于漏斗内铜筛上，不必捣碎，加入 40℃温水到淹没粪球为止，静置 1～3 h。此时大部分幼虫游走于水中，并沉于试管底部。拔取底部小试管，取其沉渣在显微镜下检查。

(2)平皿法。特别适用于球状的粪便，取粪球 3～10 个，放于培养皿内或表面玻璃上，加少量 40℃温水。10～15 min 后取出粪球，将留下的液体在低倍镜下检查。

用以上两种方法检查时，可见到运动活泼的幼虫，如欲致其死亡，作较详细的观察，可在有幼虫的载玻片上，滴加卢戈氏碘液，则幼虫很快死去，并染成棕黄色。

(四)粪便培养

圆线虫目所属线虫种类很多，其虫卵在形态上又很相似，很难区别。有时为了区别这些线虫的种类，常将含有虫卵的粪便加以培养，待其中虫卵发育成为幼虫时，再检查幼虫，根据幼虫形态上的差异，加以鉴别。

最常用的方法是在培养皿底部加草纸或滤纸一张，而后将欲培养的粪便加水调成硬糊状，塑成半球形，放于皿内的纸上，并使半球形粪球的顶部略高出平皿边沿，使其加盖时与皿盖相接触。将此皿置 25℃温箱中，注意保持皿内湿度(应使底部的垫纸保持潮湿状态)。经 7 天后，多数虫卵即可发育成第 3 期幼虫，并集中于皿盖上的水滴中。将幼虫吸出置载玻片上，放显微镜下检查。

[附]测微法

各种虫卵和幼虫，常有恒定的大小，测量虫卵或幼虫的大小，可作为确定某一种虫卵或幼虫的依据。虫卵和幼虫的测量需用测微器。

测微器由目镜测微尺和镜台测微尺组成。目镜测微尺是一个可放于目镜中隔环上的圆形玻片，其上刻有 50～100 刻度的小尺。使用时，将目镜的上端旋开，将此测微尺放于镜头内隔位上，再将镜头旋好，此时通过此镜头即可在视野内见到一清晰的刻度尺。此刻度并不具有绝对的长度意义，而必须通过镜台测微尺换算之。镜台测微尺是一载玻片，其中央封有一标准刻度尺，一般是将 1 mm 均分为 100 小格，亦即每小格的绝对长度为 10 μm。使用时放在显微镜载物台上，调节显微镜使能清楚地看到镜台测微尺上的刻度，移动镜台测微尺，使与目镜测微尺重合，此时即可确定在固定的物镜、目镜和镜筒长度的条件下，目镜测微尺每格所表示的长度。其测算方法是：将目镜测微尺和镜台测微尺的零点对齐，再寻找目镜测微尺和镜台测微尺上较远端的另一重合线，算出目镜测微尺的若干格相当于镜台测微尺的若干格，从而计算出目镜测微尺上每格的长度。例如，在用 10 倍接目镜、40 倍接物镜、镜筒不抽出的情况下目镜测微尺的 44 格相当于镜台测微尺的 15 格(150 μm)，即可算出目镜测微尺的每格长为：

$$150\ \mu m \div 44 = 3.409\ \mu m$$

在测量具体虫卵时，可将镜台测微尺移去，只用目镜测微尺量度。如量得某虫卵的长为 24 格，则其具体长度应为 3.409 μm×24＝81.816 μm，但应注意，以上算得的目镜测微尺的换算长度只适用于一定的显微镜，一定的目镜，一定的物镜等条件。更换其中任一因素，其换算长度必须重行测算。

(五)毛蚴孵化法

本法为诊断分体吸虫病特用的方法。在诊断日本分体吸虫病时，诊断工作应在春、夏、秋各季进行，为了提高诊断的可靠性，应采用三粪六检(每头牛采粪3次，每次粪样检查2次)。

在工作进行前应先准备用水。洗粪和孵化用水应选取未经工业污染的或化肥、农药污染的，pH值在6.8～7.2的水。河水、池水、井水常含有大量水虫，水质较浑，使用前应先杀水虫(加温至60℃以上或加漂白粉后待其放出余氯)与澄清(每百千克水中加明矾6～10 g)。

取新鲜牛粪100 g，置500 mL容器内，加水调成糊状，通过260～250 μm(40～60目)铜筛过滤，收集滤液。

在有58 μm(260目)锦纶筛兜时，可将以上滤液倒入兜内，加水充分淘洗，直到滤出液变清为止，而后将兜内粪渣供孵化用。

在没有锦纶筛兜时，可将以上滤液收集于500～1 000 mL的量杯中，加水，静置20 min，待粪渣和虫卵下沉后，倾去上层液，再换入清水；此后每隔15 min换一次水，直到水清澈为止。当水温在15℃以上时，第1次换水后，应改用1.0%的食盐水洗粪，当水温在18℃以上时，全部洗粪和沉淀用水均应改用1.0%的食盐水，以抑制毛蚴过早孵出。

以上洗净的含有虫卵的粪渣，即可用于孵化。将粪渣倾入500 mL三角烧瓶内，加入温水(不可用盐水)进行孵化。孵化时外界温度以22～26℃为宜，室温在20℃以上时，即无需加温。孵化时应有一定的光线。

样品进行孵化后，经1 h，3 h，5 h各观察一次，检查有无毛蚴在瓶内出现。毛蚴为灰白色，折光性强的梭形小虫，多在距水面下方4 cm以内的水中作水平的或略斜向的直线运动。应在光线明亮处，衬以黑色背景用肉眼观察，必要时可借助于放大镜。观察时应与水虫区别，毛蚴大小较一致，水虫则大小不一，一般略大于毛蚴，显微镜下观察，毛蚴呈前宽后狭的三角形，前端并有一突起，水虫多呈鞋底状。

除以上在三角瓶中进行孵化的方法外，有些地区尚采用顶管法或试管倒插法，均收到良好的效果。

二、肛门周围刮下物检查

这是诊断马尖尾线虫病的特有方法，采用牛角药匙，蘸取50%甘油水溶液，而后轻刮肛门周围、尾底和会阴部分的表面，将刮下物直接涂布于载玻片上，即可供检查。

三、血液内蠕虫幼虫的检查

有些丝虫目线虫的幼虫，均可在血液中出现，这些病的诊断就依靠血液中幼虫的发现。检查血中的幼虫可采用下列方法之一：

(1)取新鲜血液一滴滴于载玻片上，覆以盖玻片，在低倍显微镜下检查，可见微丝蚴在其中活动。

(2)如血中幼虫量多，可推制血片，按血片染色法染色后检查。

(3)如血中幼虫较少，可采血一大滴，在载玻片上略加涂布，待其自然干燥，使结成一层厚血膜，而后将此玻片反转，血膜面向下，斜浸入一小杯蒸馏水中，待其完全溶血，取出，晾干，再浸入甲醇中固定10 min，取出，晾干后，以明矾苏木素染色，待白细胞的核染成深紫色，取出以蒸馏水冲洗1～2 min，显微镜下检查。如见染色过深，则应以0.42%的盐酸褪色30 s，如染色已适度，则用自来水冲洗 10 min，而后以 1%伊红染液染 0.5～1 min，水洗 2～5 min 检查。明矾苏木素由甲乙二液合成：甲液以苏木素 1.0 g，无水酒精 12 mL 配成；乙液以明矾 1.0 g 溶于 240 mL 蒸馏水内。使用前临时以甲液 2～3 滴加入乙液数毫升内，即成。

(4)如血中幼虫很少，可采血于离心管中，加入 5%醋酸溶液以溶血。待溶血完成后，离心并吸取沉渣检查。

四、尿液检查

寄生在泌尿系统的寄生蠕虫(如有齿冠尾线虫)，其虫卵常随尿液排出，可收集尿液进行虫卵检查。最好采取清晨排出的尿液，收集于小烧杯中，沉淀 30 min 后，倾去上层尿液，在杯底衬以黑色背景，肉眼检查即可见杯底粘有白色虫卵颗粒。虫卵黏性大，如欲将其吸出检查比较困难，须用力冲洗，方能冲下。

第二节 螨病的实验诊断技术

一、病料的采取

疥螨、痒螨等大多数寄生于家畜的体表或皮内，因此，应刮取皮屑，置于显微镜下，寻找虫体或虫卵。

刮取皮屑的方法很重要，应选择患病皮肤与健康皮肤交界处，这里的螨较多。刮取时先剪毛，取凸刃小刀，在酒精灯上消毒，用手握刀，使刀刃与皮肤表面垂直，刮取皮屑，直到皮肤轻微出血(此点对检查寄生于皮内的疥螨尤为重要)。

在野外进行工作时，为了避免风将刮下的皮屑吹去，可根据所采用的检查方法的不同，在刀上先蘸一些水、煤油或 5%的氢氧化钠溶液，这样，可使皮屑黏附在刀上。将刮下的皮屑集中于培养皿或试管内带回供检查。

蠕形螨病，可用力挤压病变部，挤出脓液，将脓液摊于载玻片上供检查。

二、检查方法

(1)直接检查法。在没有显微镜的条件下，可将刮下的干燥皮屑，放于培养皿内或黑纸上，在日光下曝晒，或用热水或炉火等对皿底或黑纸底面给以 40～50℃的加温，经 30～40 min 后，移去皮屑，用肉眼观察(如在培养皿中，在观察时则应在皿下衬以黑色背景)，可见白色虫体在黑色背景上移动。此法仅适用于体形较大的螨(如痒螨)。

(2)显微镜直接检查法。将刮下的皮屑，放于载玻片上，滴加煤油，覆以另一张载玻片。搓压玻片使病料散开，分开载玻片，置显微镜下检查。煤油有透明皮屑的作用，使其中虫体易被发现，但虫体在煤油中容易死亡；如欲观察活螨，可用 10%氢氧化钠溶液、液体石蜡或 50%甘油水溶液滴于病料上，在这些溶液中，虫体短期内不会死亡，可观察到其活动。

(3)虫体浓集法。为了在较多的病料中检出其中较少的虫体，而提高检出率，可采用浓集法。此法先取较多的病料，置于试管中，加入10%氢氧化钠溶液，浸泡过夜（如亟待检查可在酒精灯上煮数分钟），使皮屑溶解，虫体自皮屑中分离出来。而后待其自然沉淀（或以每分钟2 000 r的速度离心沉淀5 min），虫体即沉于管底，弃去上层液，吸取沉渣检查，或向沉淀中加入60%硫代硫酸钠溶液，直立，待虫体上浮，再取表面溶液检查。

第三节 原虫病的实验诊断技术

寄生于家畜的病原原虫，根据其寄生部位不同，可分为血液原虫、生殖道原虫、消化道原虫和组织内原虫等，它们的病料采集与检查方法也各有不同，兹分述如下。

(一)血液内原虫检查法

一般用消过毒的针头自耳静脉或颈静脉采取血液。此法适用于检查寄生于血液中的伊氏锥虫、梨形虫和住白细胞虫。血液采取后的检查方法有以下几种。

1. 鲜血压滴标本检查

将采出的血液滴在洁净的载玻片上，加等量的生理盐水与之混合，覆以盖玻片，立即放显微镜下用低倍镜检查，发现有运动的可疑虫体时，可再换高倍镜检查。冬季室温过低，应先将玻片在酒精灯上或炉旁略加温，以保持虫体的活力。由于虫体未染色，检查时应使视野中的光线弱些。本法适用于检查伊氏锥虫。

2. 涂片染色标本检查

采血，滴于载玻片之一端，按常规推制成血片，并使晾干。滴甲醇2～3滴于血膜上，使其固定，而后用姬氏或瑞氏液染色。染后用油浸镜头检查。本法适用于各种血液原虫。

姬氏瑞氏法，都是以市售的姬氏（或瑞氏）染色剂自行在实验室中加入一定溶剂配制而成，但因加入溶剂的种类和配制浓度的不同，而配成的姬氏（或瑞氏）染色液，在染色时所用的步骤和染色时间也不同。现市场更有配成的染液供应，则应按供应者提供的说明进行染色。现简介其各一种如下。

(1) 姬氏染色法。取市售姬氏染色粉0.5 g，中性纯甘油25.0 mL，无水中性甲醇25.0 mL。先将姬氏染色粉置研钵中，加少量甘油充分研磨，再加再磨，直到甘油全部加完为止。将其倒入60～100 mL容量的棕色小口试剂瓶中；在研钵中加少量的甲醇以冲洗甘油染液，冲洗液仍倾入上述瓶中，再加再洗再倾入，直至25 mL甲醇全部用完为止。塞紧瓶塞，充分摇匀，而后将瓶置于65℃温箱中24 h或室温内3～5天，并不断摇动，此即为原液。

染色时将原液2.0 mL加到中性蒸馏水100 mL中，即为染液。染液加于血膜上染色30 min，后用水洗2～5 min，晾干，镜检。

(2)瑞氏染色法。以市售的瑞氏染色粉0.2 g，置棕色小口试剂瓶中，加入无水中性甲醇100 mL，加塞，置室温内，每日摇4～5 min，1周后可用。如需急用，可将染色粉0.2 g，置研钵中，加中性甘油3.0 mL，充分摇匀，然后以100 mL甲醇，分次冲洗研钵，冲洗液均倒入瓶内，摇匀即成。

本法染色时，血片不必预先固定，可将染液5～8滴直接加到未固定的血膜上，静置2 min（此时作用是固定），其后加等量蒸馏水于染液上，摇匀，过3～5 min（此时为染色）后，流水冲洗，晾干，镜检。

3. 虫体浓集法

上法虽然可以查到血液中的原虫，但血液中的虫体较少时，则不易查出虫体。为此，常先进行集虫，再行制片检查。其操作过程是，在离心管中加2%的柠檬酸钠生理盐水3～4 mL，再加病畜血液6～7 mL，混匀后，以每分钟500 r离心5 min，使其中大部分红细胞沉降；而后将含有少量红细胞、白细胞和虫体的上层血浆，用吸管移入另一离心管中，并在这血浆中补加一些生理盐水，将此管以每分钟2 500 r离心10 min，可得到沉淀物。取此沉淀物制成抹片，按上述染色法染色检查。此法适用于伊氏锥虫病和梨形虫病。其原理是锥虫和感染有梨形虫的红细胞的比重较轻，所以在第1次沉淀时，正常红细胞下降，而锥虫和感染有梨形虫的红细胞尚悬浮在血浆中。第2次离心沉淀时，则将其浓集于管底。

(二)生殖道原虫检查法

1. 牛胎儿毛滴虫检查

(1)病料采集。牛胎儿毛滴虫存在于病母牛的阴道与子宫的分泌物、流产胎儿的羊水、羊膜或其第4胃内容物中，也存在于公牛的包皮鞘内，应采取以上各处的病料寻找虫体。

由于虫体的鉴定，常以能见到运动活泼的虫体为准，故在采集病料时必须尽可能地避免污染，以免其他鞭毛虫混入病料造成误诊。采集用的器皿和冲洗液等应加热使接近体温，否则虫体骤然遇冷会失去活动力或死亡。冲洗液应采用以玻璃蒸馏装置制备的蒸馏水配制生理盐水，以保证冲洗液中不含金属离子，减少金属离子对虫体的影响。病料采集后应尽快地进行检查。

由母畜采集病料，是取阴道分泌的透明液体，以直接自阴道内采取为好。建议用一根长45 cm，直径1.0 cm的玻璃管，在距一端的12 cm处，弯成一150°角，而后消毒备用。使用时将管的“短臂”插入受检畜的阴道，另一端接一橡皮管并抽吸，少量阴道黏液即可吸入管内。取出玻管，两端塞以棉球，带回实验室检查。

收集公牛包皮冲洗液，应先准备100～150 mL加温到30～35℃的生理盐水，用注射器注入包皮腔。用手指将包皮口捏紧，用另一手按摩包皮后部，而后放松手指，将液体收集于广口瓶中待查。

流产胎儿，可取其第4胃内容物，胸水或腹水检查。

(2)检查法。应将收集到的病料，立即放于载玻片上，并防止材料干燥。对浓稠的阴道黏液，检查前最好以生理盐水稀释2～3倍，羊水或包皮洗涤物最好先以每分钟2 000 r离心沉淀5 min，而后以沉淀物制片检查。未染色的标本主要检查活动的虫体，在显微镜下可见其长度略大于一般的白细胞，能清楚地看到波动膜，有时尚可看到鞭毛，在虫体内部可见含有一个圆形或椭圆形的有强折光性的核。波动膜的发现常作为本虫与其他一些非致病性鞭毛虫和纤毛虫在形态上相区别的依据。

以上收集到的标本，也可以固定染色制成永久性标本，制片方法很多，兹介绍其中一种姬氏染色法。此法简便，步骤如下：

A. 取含虫的阴道分泌物制成抹片；

B. 不待干，立即用20%的福尔马林蒸气固定，约需1 h(用一培养皿，皿内放些加有20%福尔马林的棉花，用二玻棒架于棉花上，将涂片抹面向下，置玻棒上)；

C. 取下玻片，待干后，甲醇固定2 min；

D. 用姬氏染色法染色；

E. 水洗，晾干，检查。

2. 马媾疫锥虫检查法

马媾疫锥虫在末梢血液中很少出现，而且数量也很少，因此，血液学检查在马媾疫诊断上的用处不大。检查材料主要应采取浮肿部皮肤或丘疹的抽出液，尿道及阴道的黏膜刮取物，特别在黏膜刮取物中最易发现虫体。

采取病料时，浮肿液和皮肤丘疹液用消毒的注射器抽取，为了防止吸入血液发生凝固，可于注射器内先吸入适量的2%柠檬酸钠生理盐水。马阴道黏膜刮取物的采取，用阴道扩张器扩张阴道，再用长柄锐匙在其黏膜有炎症的部位刮取，刮时应稍用力，使刮取物微带血液，则其中容易检到锥虫。采取公马尿道刮取物时，应先将马保定，左手伸入包皮内，以食指插入龟头窝中，徐徐用力以牵出阴茎。当阴茎牵出困难时，可用奴佛卡因在坐骨切迹部作阴内神经的传导麻醉。即先以触诊法在肛门下，通过会阴部的软组织确定坐骨结节及阴茎脚间隙的位置，然后用手指将尿道和通过脚间隙的阴茎血管推向侧方，将注射针头于会阴中线侧方直对触知的坐骨切迹缘刺入，如术者站立右侧，则针头由上向下及由右向左的与会阴表面呈 60°～70°角刺入，深度一般不超过 2.5 cm，如此，针头正好避开血管在两阴茎脚间直达坐骨切迹中央，然后注入 30%奴佛卡因液 20 mL，经 5 min 后，阴茎即由包皮内脱出，此时可用消毒的长柄锐匙插入尿道中，刮取病料。

以上所采的病料均可加适量的生理盐水，置载玻片上，覆以盖玻片，制成压滴标本检查；也可以制成抹片，用姬氏液染色后检查，方法与血液原虫检查时所用者同。

也可用灭菌纱布以生理盐水浸湿，用敷料钳夹持，插入公马尿道或母马阴道擦洗后，取出纱布，洗入无菌生理盐水中，将盐水离心沉淀，取沉淀物检查，方法同上。

（三）粪便内原虫检查法

1. 球虫卵囊检查法

一般情况下，采取新排出的粪便，按蠕虫虫卵的检查方法，或直接做成抹片检查，或经过浓集法处理后检查，以提高检出率。应注意，卵囊较小，利用锦纶筛兜浓集时，卵囊能通过筛孔，故应留取滤下的液体，待其沉淀后，吸取沉渣检查。

有时需观察孢子形成后的卵囊，以对不同种的球虫进行区别。为此可将浓集后的卵囊，加2.5%的重铬酸钾溶液，在25℃温箱中培养，待其孢子形成。

2. 隐孢子虫检查法

标本的采集与球虫相似，但本虫卵囊较小，仅(5～8)μm×(4.5～5.6)μm，因此，常加以染色，以便识别。今介绍沙黄-美蓝染色法如下：

(1)试剂。30%的盐酸甲醇溶液(第1液)，10%的沙黄(Safranin)水溶液(第2液)，10%美蓝水溶液(第3液)。

(2)操作步骤。做粪便抹片，待干燥后，火焰固定。滴加第1液，3～5 min后水洗，滴加第2液，在火焰上加热至发出蒸气，2～3 min，冷后水洗，再滴加第3液，30 s，水洗，待干后镜检。

(3)结果。卵囊染成橘红色。背景为蓝色。但应注意抹片中可出现染成橘红色的杂质，应加以区别。

3. 结肠小袋纤毛虫检查法

当猪等动物患结肠小袋纤毛虫病时，在粪便中可查到活动的虫体。检查时取新排出的粪便一小团，在载玻片上和 1～2 滴加温的生理盐水混合，挑去粗大的粪粒，覆以盖玻片，在低倍显微镜下检查，即可见到活动的虫体。也可以滴加碘液进行染色。碘液是以碘片 2.0 g，碘化钾 4.0 g 和蒸馏水 100 mL 配成，虫体经碘液染色后，细胞质呈淡黄色，虫体内含有的肝糖呈暗褐色，核则透明。

也可用检查毛滴虫时所采用的苏木素染色法染粪抹片，封片保存。

(四)组织内原虫检查法

有些原虫可以在动物身体的不同组织寄生。一般在死后剖检时，取一小块组织，以其切面在载玻片上做成抹片，触片，或将小块组织固定后做成组织切片，染色检查，抹片或触片可用瑞氏染色法或姬氏染色法染色。

泰勒原虫病的病畜，常呈现局部的体表淋巴结肿大，采取淋巴结穿刺物，进行显微镜检查以寻找病原体对本病的早期诊断很有帮助。其法是，首先将病畜保定，用右手将肿大的淋巴结稍向上方推移，并用左手固定淋巴结，局部剪毛，消毒，以 10 mL 注射器和较粗的针头，刺入淋巴结，抽取淋巴组织，拔出针头，将针头内容物推挤到载玻片上，涂成抹片，固定，染色(与血片染色法同)，镜检，可以找到柯赫氏蓝体。

家畜患弓形虫病时，除死后可在一些组织中找到包囊和滋养体外，生前诊断可取腹水，检查其中有否滋养体存在。收集腹水，猪只可采取侧卧保定，穿刺部位在白线下侧脐的后方(公畜)或前方(母畜)1～2 cm 处，穿刺时局部先消毒，将皮肤推向一侧，针头以略倾斜的方向向下刺入，深度 2～4 cm，针头刺入腹腔后会感到阻力骤减，而后有腹水流出。有时针头被网膜或肠管堵住，可用针芯消除此障碍。取得腹水可在载玻片上抹片，以瑞氏液或姬氏液染色后检查。

第十九章　免疫与分子生物学技术诊断方法

第一节　免疫学诊断方法

同其他病原体一样，寄生虫感染动物后，在其整个寄生过程中，从生长、发育、繁殖到死亡，有分泌，有排泄，有死后虫体的崩解。这些代谢物和虫体崩解产物在宿主体内均起着抗原的作用，诱导动物机体产生免疫应答。因此，我们可以利用抗原抗体反应或是其他免疫反应来诊断寄生虫病。但由于寄生虫结构复杂，生活史的不同阶段有各不相同的阶段特异性抗原，加上一些寄生虫的表膜抗原不断发生变异，因此，寄生虫病的免疫诊断就不如病原诊断可靠。然而，对于一些只有解剖动物或检查活组织才能发现病原的寄生虫来讲，如猪囊尾蚴病、棘球蚴病、旋毛虫病、住肉孢子虫病等，免疫学诊断仍是最有效的办法。此外，在寄生虫病的流行病学调查中，免疫学方法也有着其他办法不可替代的优越性。

就寄生虫病而言，理想的免疫学诊断方法应具有高度的敏感性和高度的特异性，能够反映感染强度，能够区别既往感染与现有活动感染，能够考核疗效价值等。但目前采用的方法均不能完全达到上述要求。一般以检测血清抗体为主的方法虽有较好的敏感性和特异性，但患病动物经驱虫治愈后，血清中抗体持续时间很久，故不能判定现有活动感染，也不能作为疗效考核的方法。检测血中的循环抗原，从理论上讲，可以区别既往与活动感染，也能考核疗效。但从目前的报道看，也存在不足，主要问题是血中循环抗原的浓度时高时低，高时容易检出，低时往往出现阴性反应。所以，提高循环抗原检测的灵敏度，应是改进现有方法的重要方面。

已报道的寄生虫免疫学诊断方法很多，包括变态反应、沉淀反应、凝集反应、补体结合试验、免疫荧光抗体技术、免疫酶技术、放射免疫分析技术、免疫印迹技术等。此处仅介绍主要几种。

一、间接血凝试验

间接血凝试验(indirect heamagglutination assay，IHA)是凝集试验的一种，已在许多寄生虫病诊断和流行病学调查中得到应用。如肝片吸虫、日本分体吸虫、猪囊尾蚴病、棘球蚴病、旋毛虫病、弓形虫病、伊氏锥虫病等。

1. 基本原理

抗原与相应抗体结合形成复合物，在电解质存在下，复合物相互凝集形成肉眼可见的凝集小块或沉淀物。根据是否产生凝集现象来判定相应抗原或抗体，称为凝集试验。颗粒性抗原与抗体直接结合后出现的凝集现象，称直接凝集试验。将可溶性抗原或抗体先吸附于一种与免疫无关的、一定大小的载体颗粒表面，然后与相应抗体或抗原作用，在适宜的条件下由于抗原抗体的特异性结合，会带动载体颗粒的凝集，山现肉眼可见的凝集现象，称间接凝集试验。

常用的载体颗粒有红细胞（"O"形人红细胞，羊红细胞）、聚苯乙烯胶乳颗粒、白陶土、离子交换树脂、火棉胶等。以红细胞为载体时，就称作间接血凝试验。

2. 间接血凝试验步骤及操作

现以弓形虫病为例加以介绍。

(1)抗原制备。用弓形虫 RH 或其他强毒株感染小鼠 48 h 后，收集腹腔洗液经 3 μ 微孔多碳膜过滤，并洗 3 次，将最后沉淀虫体加 10 倍量的重蒸馏水，－20℃冻融 3 次，超声粉碎裂解 15 min，低温下 10 000 r 离心 30 min，收集上清液即为纯化抗原，测抗原蛋白质含量，置－30℃贮存。

(2)试剂与器材。绵羊红细胞；Alsever 液；洗涤与稀释液为 0.11 mol/L pH 值 7.2 PBS；pH 值 7.2 的 3%丙酮液；3%甲醛；叠氮钠；鞣酸；0.1 mol/L pH 值 4.8 醋酸缓冲液；96 孔 V 形微量血凝反应板。

(3)操作步骤。

①醛化固定的红细胞：国内常用双醛化法。取年轻公绵羊血 1 份，加 Alsever 液 1.0～1.5 份，用 PBS 洗 5 次，并配成 8%悬液。取 1 份红细胞悬液，滴加等量 3%丙酮液，边加边摇，置室温连续摇动 17～18 h。用 PBS 洗 5 次，仍配成 8%悬液。取 1 份丙酮醛化红细胞悬液，滴加等量 3%甲醛，摇动及洗涤同上，再用 PBS 配成 10%双醛固定红细胞悬液，加万分之一叠氮钠防腐，置 4℃保存。可使用 3～6 个月。

②致敏红细胞：取 10%双醛红细胞 1 mL，用 PBS 洗 1 次，配成 2.5%悬液，加等量新配制的 1∶20 000 鞣酸混匀，置 37℃水浴中鞣化 15 min，经 3 000 r 离心 10 min 后，弃上清液，取沉积红细胞用 PBS 洗 1 次，配成 2.5%鞣化红细胞悬液，并立即致敏。取 2.5%鞣化红细胞 4 mL，注入 10 mL 刻度离心管离心，弃上清液，沉积红细胞用醋酸缓冲液洗 1 次，弃上清液，加弓形虫抗原 0.25～0.3 mL(视抗原浓度而定)。加醋酸缓冲液至 1 mL 刻度处，混匀，在 37℃水浴中作用 1 h，不时轻轻搅拌，取出后，用含 1%健康兔血清 PBS 洗 5 次，用同液配成 1%致敏红细胞，加万分之一叠氮钠，置 4℃保存。在致敏过程中若发现红细胞于 5 min 左右下沉，即示致敏失败，若 10～15 min 内呈混悬状态，则致敏成功率较大。

③对照绵羊红细胞：除用生理盐水代替抗原外，其他过程同上。被检血清置 56℃水浴中灭活 30 min。必要时可用绵羊红细胞或双醛固定绵羊红细胞吸收。

④操作方法：用 96 孔 V 形血凝反应板。为排除被检血清与绵羊红细胞产生非特异性凝集，每份被检血清滴 2 行，1 行作为测定血凝效价，另 1 行作为对照(加 1%正常红细胞)。血清倍比稀释，每孔 1 滴(0.025 mL)，然后每孔再加 1 滴致敏红细胞，在振荡器上振荡 2～3 min，置室温 2～3 h，观察结果。每次实验均有已知效价阳性和阴性血清对照。

结果判断 ＋＋＋＋：红细胞均匀地呈膜样沉于管底，中心无红细胞沉淀点，或有针尖大沉淀点。＋＋＋：红细胞均匀呈膜样沉着，颗粒较粗，中心沉淀点较大。＋＋：红细胞部分呈膜样沉着，周围凝集呈团点，中心沉淀点较大。＋：红细胞沉积于中心，周围仅见极少量颗粒状沉着物。－：红细胞沉积于中心，周围无沉着物。本试验以出现＋＋的血清最高稀释倍数为血凝效价。≥1∶64 为阳性。一般认为≥1∶200 以上是特异性的。≥1∶64 示既往感染，≥1∶256 示最近感染，≥1∶1 024 示活动性感染。

3. 影响因素

(1)红细胞浓度。致敏红细胞浓度与试验的敏感性和特异性有密切关系，在一定范围内，致敏红细胞浓度和血凝效价成反比，若浓度过低，则假阳性增高，过高则不敏感，一般认为1%～2%为宜。可根据自己的实验选择适当浓度。

(2)血凝板类型。血凝试验目前多采用微量方法，国内生产血凝板主要有U形和V形两种。血凝模型在很大程度上取决于血凝板的类型。阴性沉降模型V形板比U形板更为清晰典型；而敏感性则U形板比V形板高2～3个稀释度。

(3)用微量稀释器稀释血清准确、快速，使用方便。

(4)血清标本。未完全凝固收缩而分离出的血清样本，吸血清时若吸入纤维蛋白块，明显阻止红细胞下沉，造成假阳性。

(5)血凝板使用后用10%过氧乙酸浸泡，常在孔底有变性蛋白沉积而出现假阳性，用15%安替福民(NaOCl)处理无假阳性。

4. 间接血凝技术的优缺点

IHA已广泛用于寄生虫病的诊断和流行病学调查，有较高的敏感性和一定的特异性，如对日本血吸虫病的诊断，阳性检出率可达91.9%～100%，假阳性为0.7%～3.2%。

致敏红细胞冷冻干燥后，在4℃可保存1～2年，所用器材简单，国内均已生产。且方法简便快速，便于基层单位使用。

缺点是不同实验室制备的红细胞和不同批号制品，其敏感性和特异性可能不一致，因此试剂制品需标准化和商品化。另外，还存在一定的非特异性反应，这与致敏红细胞的质量优劣有关。必要时可用血凝抑制试验来排除非特异性反应。

二、免疫荧光技术

免疫荧光技术(immunofluorescence method)又称荧光抗体标记技术(fluorescent-labelled antibooly technique)，是指用荧光素对抗体或抗原进行标记，然后用荧光显微镜观察所标记的荧光以分析示踪相应的抗原或抗体的方法。目前，荧光免疫技术已在许多寄生虫病中得到应用。如血吸虫病、锥虫病、旋毛虫病、弓形虫病、利什曼病等。

1. 基本原理

某些物质在光的照射下吸收光能进入激发状态，而从原来的激发状态回到原来的基态时，能够从电磁辐射形式放射出所吸收的光能，这种现象叫光致发光。在光致发光现象中，如果用一波长较短的光(如紫外光)照射某种物质时，这种物质在极短的时间内能发射出波长较照射光波长为长的光(如可见光)，这种光称荧光。能产生荧光的物质称为荧光色素或荧光素。通过物理的或化学的方法使抗体或抗原与荧光素结合，形成荧光抗体或抗原。然后，用荧光抗体或抗原检测被检样品。如被检样品中存在相应的抗原或抗体，则在荧光显微镜下，可以看到发出的荧光，从而达到诊断的目的。常用于标记抗体或抗原的荧光素有异硫氰酸荧光素(fluorescein isothiocyanate，FITC)、四乙基罗丹明(lissamine rhodamine B200，RB200)和四甲基异硫氰基罗丹明(tetramethyl rhodamine isothiocyanate，TRITC)3种。其中异硫氰酸荧光素是最常用的一种，而四甲基异硫氰基罗丹明较多用于双标记。

2. 荧光抗体制备

一般都直接从生物制品公司购买荧光抗体。也可自己标记。

待标记的抗体要求特异性强、纯度高，通常应用亲和层析法提纯。应用于荧光素标记的主要是 IgG。FITC 含有异硫氰基，在碱性条件下能与 IgG 的自由氨基（主要是赖氨酸的 ε 氨基）结合，形成 IgG 与荧光素的结合物。

FITC 标记的方法很多，有透析法、直接标记法等，一般以直接法应用最广。该法以 0.5 mol/L pH 值 9.5 碳酸盐缓冲液稀释 IgG 浓度至 2%，取相当于蛋白质量 1/150～1/100 的 FITC 溶于相当于 IgG 溶液量 1/10 的 pH 值 9.5 碳酸盐缓冲液中，将 FITC 溶液在磁力搅拌下，缓慢加入抗体溶液。反应时间与温度的关系：2～4℃，6 h；7～9℃，4 h；20～25℃，1～2 h，抗体标记后应立即进行纯化处理，以除去结合物中的非特异因素，如有必要，有时还需作荧光抗体的化学鉴定、特异性鉴定。

3. 免疫荧光染色

免疫荧光染色主要是检查、鉴定、定位和示踪各种抗原或抗体成分，故对标本的基本要求是维持待测抗原或抗体的完整性，即形态变化小，不溶解，不变性，所在位置不变等。

被检标本可以是涂片、融片、组织切片或培养细胞。染色之前，标本要进行固定。固定的目的是防止标本从玻片上脱落，并易于保存，同时除去妨碍抗原-抗体结合的物质，如脂质等，大多数蛋白抗原用 95%乙醇或 100%丙酮固定（室温 3～10 min，4℃ 30 min）。脂多糖抗原用 10%福尔马林室温下固定 3～10 min 或 4℃下 30～60 min。固定后的标本在 pH 值 7.4 的 PBS 中浸泡洗 4 次，每次 2 min，再于 pH 值 7.4 的蒸馏水中脱盐，晾干后进行染色。一般要求尽快进行染色，4℃下可放 1 天，－20℃下放 1 周左右。

荧光抗体染色方法种类较多。常用的为直接法和双层法。

直接法为直接滴加 2～4 个单位的标记抗体于标本区，置湿盒中，于 37℃染色 30 min 左右，然后置大量 pH 值 7.0～7.2 的 PBS 中漂洗 15 min，干燥、封载即可镜检。直接法应有以下对照：标本自发荧光对照、阳性标本对照、阴性标本对照和抑制试验对照。

双层法为标本先滴加未标记的抗血清，置湿盒内，37℃ 30 min。漂洗后，再用标记的抗体染色 37℃ 30 min，漂洗、干燥、封载。对照除自发荧光、阳性和阴性对照外，首次试验时应设无中间层对照（标本＋标记抗抗体）和阴性血清对照（中间层用阴性血清代替抗血清）。

4. 观察与结果判定

标本滴加缓冲甘油（分析纯甘油 9 份加 PBS 1 份）后用盖玻片封载，即可在荧光显微镜下观察。

观察时，首先点燃高压汞灯 5～10 min 后调节暗视野，观察标本。判定结果时，－为无荧光，±为极弱的可疑荧光，＋荧光弱但清楚可见，＋＋荧光明亮，＋＋～＋＋＋荧光强而明亮。

三、酶联免疫吸附试验

酶联免疫吸附试验（enzyme linked immunosorbent assay，ELISA）是固相免疫酶测定法中应用最广、发展最快的一种。其基本过程是将抗原（或抗体）吸附于固相载体，在载体上进行免疫酶反应，底物显色后用肉眼或分光光度计判定结果。目前，已经在寄生虫病诊断中得到广泛应用。

1. 基本原理

酶联免疫吸附试验是免疫酶技术的一种。免疫酶技术是根据抗原与抗体特异性结合，以酶作标记物，酶对底物具有高效催化作用的原理而建立的。酶与抗体或抗原结合后，既不改变抗体或抗原的免疫学反应的特异性，也不影响酶自身的酶学活性。酶标抗体或抗原与相应的抗原或抗体结合后，形成酶标抗体-抗原复合物。复合物中的酶在遇到相应的底物时，催化底物分解，使供氢体氧化而生成有色物质。有色物质的出现，客观地反映了酶的存在。根据有色产物的有无及其浓度，即可间接推测被检抗原或抗体是否存在以及其数量，从而达到定性或定量的目的。

免疫酶技术在方法上分为两类，一类用于组织细胞中的抗原或抗体成分检测和定位，称为免疫酶组织化学或免疫酶染色法；另一类用于检测液体中可溶性抗原或抗体成分，称为免疫酶测定法。ELISA是固相免疫酶测定法中应用最广泛的一种。

2. 用于标记的酶及其底物

用于标记的酶种类较多，到目前为止，应用最广的为辣根过氧化物酶。辣根过氧化物酶(horseradish peroxidase, HRP)，是由无色酶蛋白和深棕色的铁卟啉构成的一种糖蛋白(含糖18%)，由多个同功酶组成，相对分子质量约为40 000，等电点为pH值3.9，催化的最适pH值因供氢体不同而稍有差异，一般多在pH值5左右。溶于水和50%饱和度以下硫酸铵溶液。HRP的作用底物为过氧化氢，催化时需要供氢体，使产生一定颜色的产物。ELISA方法中常用的是邻苯二胺(o-phenylenylendiamine)，简称OPD，橙色，最大吸收值为490 nm，可用肉眼判别。

3. 酶标抗体

酶标抗体可直接购自生物试剂公司，亦可实验室标记。

抗体的酶标记中，酶的活性和纯度至关重要。抗体也要求纯化程度高，最好用亲和层析纯化，但在单抗标记中也可直接标记小鼠的腹水。HRP的标记主要采用过碘酸钠法，优点是标记率高，未标记的抗体量少，但结合物分子量较大，穿透细胞的能力稍差。标记过程可参见有关免疫学书籍。

4. 操作

现以弓形虫为例加以介绍。

抗原制备同IHA。所需主要器材有微量反应板、酶标仪。洗液为0.05%吐温-20 PBS，pH值7.4，含0.02% NaN_3。被检血清稀释液为上述洗液加1%牛血清蛋白。被检血清经56℃ 30 min灭活。底物为磷酸-枸橼酸缓冲液100 mL，邻苯二胺40 mg，30%过氧化氢0.15 mL所组成。兔抗人或猪IgG辣根过氧化物酶结合物。羊抗人或猪IgG辣根过氧化物酶结合物。包被抗原用0.1 mol/L pH值9.6碳酸盐缓冲液稀释为10 μg/mL，加入微量反应板，每孔100 μL，置4℃过夜。次日用洗液洗3次，每次5 min，甩干。每孔加1∶400稀释的被检血清100 μL，37℃湿盒孵育2 h，同上法洗涤。每块板均有空白(未包被抗原)、PBS、阴性及阳性对照孔。每孔加兔抗人或猪IgG酶结合物100 μL。孵育及洗涤方法同上。每孔加底物100 μL。室温暗处放置15 min后，每孔加入4 mol/L H_2SO_4 0.02 mL终止反应。读数：以空白对照孔调零点，在微量板阅读仪上读取光密度值，波长490 nm，计算P/N比值。

$$P/N=(A_{490}\text{标本}-A_{490}\text{PBS对照})/(A_{490}\text{阴性对照血清}-A_{490}\text{PBS对照})$$

式中，P为代表待检血清；N为阴性对照血清；A_{490}为在490 nm时的光密度值。

5. 结果判断

P/N大于2者，判为阴性。定量结果以终点滴度表示。将血清稀释，出现阳性的最高稀释度为该血清的ELISA滴度。

近年来，在 ELISA 的基础上，又创建了一些新的酶免疫测定法不下十余种。其中主要的有：①金葡菌 A 蛋白（Staphylococcal protein A，SPA）-ELISA，用辣根过氧化物酶标记 SPA，取代酶标第 2 抗体。②亲和素-生物素（biotin-avidin，ABC）-ELISA：系将亲和素-生物素和 SPA 同时引入免疫酶技术，用生物素标记 SPA，用辣根过氧化物酶标记亲和素而建立的一种新的酶免疫技术。本法可检测抗体，也可检测抗原，测出抗原的下限为 4 ng/mL，比常规 ELISA 的 30～50 ng/mL 更为灵敏。③斑点（Dot）-ELISA：将微量抗原点于硝酸纤维素膜圆片上，置平板微量滴定板凹孔底部进行 ELISA 检测。可检测 IgM 与 IgG 抗体。此法可以目测，2 h 即能完成反应，抗原玻片保存于－20℃ 270 天仍具有抗原性。本法价廉，适用于现场应用。④单克隆抗体（monoclonal antibody，McAb）-ELISA 等。

第二节　分子生物学诊断技术

随着分子生物学的飞速发展和学科间的交叉渗透，许多分子生物学技术已应用于寄生虫病的诊断和流行病学调查。这些技术具有更高的灵敏性和特异性，同时，也为探索寄生虫的系统进化过程及亚种和虫株鉴别、虫株的标准化，提供了新的更可靠的手段。

已在寄生虫上得到应用的分子生物学技术很多，如核型分析、NDA 限制性内切醇酶切图谱分析、限制性 DNA 片段长度多态性分析，DNA 探针技术，DNA 指纹分析，DNA 聚合酶链式反应（PCR），随机扩增多态性 DNA（RAPD），核酸序列分析等。这些技术的应用，极大地推动了寄生虫病诊断及寄生虫分类的研究。本节仅介绍核酸探针和 PCR。

一、DNA 探针（DNA probe）技术

1. 基本原理

DNA 探针是带有标记物的已知序列的 DNA 片段。DNA 探针技术的基本原理是碱基配对。在变性而成为单链的被检 DNA 中加入变性的探针，随着温度的降低，探针便可与被检 DNA 中的互补序列形成双链，这一过程称杂交。通过捕捉探针标记物释放出的信号，便可知被检 DNA 中有无与探针序列相同的 DNA。每一种病原体都具有独特的 DNA 片段，通过分离和标记这些片段，就可制备出探针，用于疾病的诊断等研究。

2. DNA 探针的种类

按 DNA 探针的来源可分为 cDNA 探针、基因组 DNA 探针和动基体 DNA（kDNA）3 大类。

cDNA 探针是将病原的 mRNA 反转录为 DNA 后获得的。其检测的对象往往是在生命活动中可以被激活并进行表达的基因 DNA。

基因 DNA 探针来源于基因组。在寄生虫上常用基因组重复序列作为探针。这些重复序列在基因中高度重复，拷贝数很多，便于检出。但这些重复序列并不一定表达。

kDNA 探针是较特殊的一类。在动基体目原生动物中存在动基体，内含大量环状 DNA，分大环和小环 2 种。其中小环拷贝数占绝对多数。故往往以克隆的小环或小环片段作为探针。

近年来，人们往往根据已知的序列，人工合成寡聚 DNA 片段作为 DNA 探针。

3. DNA 探针的标记物及标记

用于 DNA 探针标记的有放射性同位素和非放射性标记物。

常用的放射性同位素有^{32}P，^{35}S，^{14}C，^{125}I 等。^{32}P 能量强，是制备高比活放射性探针和大多数放射自显影方法优先选用的同位素，^{35}S 能量低，不引起核酸损伤，多用于 DNA 序列测定。^{3}H 能量低，多用于原位杂交。^{14}C 和^{125}I 在个别情况下使用。

目前应用较多的非放射性标记物是生物素(biotin)和地高辛(digoxigeninj)。二者都是半抗原。生物素是一种小分子水溶性维生素，对亲和素有独特的亲和力，两者能形成稳定的复合物，通过连接在亲和素或抗生物素蛋白上的显色物质(如酶、荧光素等)进行检测。地高辛是一种类固醇半抗原分子，可利用其抗体进行免疫检测，原理类似于生物素的检测。地高辛标记核酸探针的检测灵敏度可与放射性同位素标记的相当，而特异性优于生物素标记，其应用日趋广泛。

DNA 探针的放射性同位素标记常将放射性同位素连接到某种脱氧核糖核苷三磷酸(dNTP)上作为标记物，然后进行标记。标记的方法常用的为切口平移法(nick translation)和随机引物法(random priming)。这些标记方法，可使探针的全长均得到标记，所得标记探针的比活高。切口平移法和随机引物法的详细操作过程可参见各种分子生物学实验技术书籍或标记试剂盒使用指南。

非放射性标记法可将生物素、地高辛连接在 dNTP 上，然后像放射性标记一样掺入到核酸链中制备标记探针。也可让生物素、地高辛等直接与核酸进行化学反应而连接上核酸链。其中，生物素的光化学标记法较为常用。其原理是利用能被可见光激活的生物素衍生物——光敏生物素(photobiotin)。光敏生物素与核酸探针混合后，在强的可见光照射下，可与核酸共价相连，形成生物素标记的核酸探针。可适用于单、双链 DNA 的标记，探针可在－20℃下保存 8～10 个月以上。具体操作方法如下：

将双链 DNA 变性或用 NaOH 处理形成缺口，单链 DNA 无须处理，将核酸样品溶于水。

暗室下在微量离心管中加入 10 μg DNA，1 mg/mL 光敏生物素 20 μL，加水至 50 μL，混匀。

冰浴中打开离心管盖，在 300～500 W 灯下照射 10 min(液面距灯泡 10 cm)。

加入 100 μL 0.1 mol/L Tris-HCl，pH 值 8.0，加入 100 μL 2-丁醇抽提两次，离心，弃上层。

乙醇沉淀核酸探针；用 70％乙醇漂洗真空抽干，备用。

除上述标记法外，探针的制备和标记还可通过 PCR 反应直接完成。

4. DNA 杂交

杂交技术有固相杂交和液相杂交之分。固相杂交技术目前较为常用，先将待测核酸结合到一定的固相支持物上，再与液相中的标记探针进行杂交。固相支持物常用硝酸纤维素膜(nitrocellulose filter membrane，简称 NC 膜)或尼龙膜(nylon membrane)。

固相杂交包括膜上印迹杂交和原位杂交。前者包括 3 个基本过程：第一，通过印迹技术将核酸片段转移到固相支持物上；第二，用标记探针与支持物上的核酸片段进行杂交；第三，杂交信号的检测。

用探针对细胞或组织切片中的核酸杂交并进行检测的方法称为核酸原位杂交。其特点是靶分子固定在细胞中，细胞固定在载玻片上，以固定的细胞代替纯化的核酸，然后将载玻片浸入溶有探针的溶液里，探针进入组织细胞与靶分子杂交，而靶分子仍固定在细胞内，以确定有无该病原体的感染。原位杂交不需从组织中提取核酸，对于组织中含量极低的靶序列有极高的敏感性，在临床应用上有独特的意义。

杂交的第一步是将 DNA 或 RNA 转移到膜上。

(1)斑点印迹(dot-blot)。将待测核酸样品变性后直接点样在膜上，称为斑点印迹。为使核酸牢固结合在膜上，通常还将点样后的膜进行 80℃真空烘烤 2 h。

应用斑点印迹技术，可在一张膜上同时进行多个样品的检测，操作简便、快速，在临床诊断中应用较广，适合进行特定基因的定性及定量研究，但不能鉴定所测基因的分子量。

(2)Southern 印迹(southern blot)。是指将 DNA 片段经琼脂糖凝胶电泳分离后转移到固相支持物上的过程。

常规处理如下，先用限制性内切酶对 DNA 样品进行酶切处理，经琼脂糖凝胶电泳将所得 DNA 片段按分子量大小分离，接着对凝胶进行变性处理，使双链 DNA 解离成单链，并将其转移到 NC 膜或其他固相支持物上，转移后各 DNA 片段的相对位置保持不变。Southern 印迹的方法有 3 种，分别为毛细管转移(或虹吸印迹)、电转移和真空印迹，详细操作可参阅有关书籍。

Southern 印迹后的滤膜仍需进行固定处理，对 NC 膜可用 80℃真空烘烤 2 h，对尼龙膜还可用短波紫外线(波长 254 nm)照射几分钟。

(3)Northern 印迹(Northern blot)。Northern 印迹是指将 RNA 片段变性及电泳分离后，转移到固相支持物上的过程。RNA 的变性方法与 DNA 不同，RNA 不能用碱变性，因为碱会导致 RNA 水解。因此，在 Northern 印迹前，须进行 RNA 变性电泳，在电泳过程中使 RNA 解离形成单链分布在凝胶上，再进行印迹转移。转移方法与 DNA 相似。

RNA 变性电泳的原理，是用一定剂量的乙二醛-二甲基亚砜，或甲醛和甲基氢氧化汞等处理 RNA 样品和凝胶，使双链 RNA 在电泳过程中变性而完全解离形成单链。

第二步为杂交反应。杂交反应包括预杂交、杂交和漂洗几步操作。

预杂交的目的是用非特异性 DNA 分子(鲑精 DNA 或小牛胸腺 DNA)及其他高分子化合物(Denhart's 溶液)将待测核酸分子中的非特异性位点封闭，以避免这些位点与探针的非特异性结合。杂交反应是使单链核酸探针与固定在膜上的待测核酸单链在一定温度和条件下进行复性反应的过程。杂交反应结束后，应进行洗膜处理以洗去非特异性杂交以及未杂交的标记探针，以避免干扰特异性杂交信号的检测。膜洗净后，将继续进行杂交信号的检测。

以放射性标记探针与固定在 NC 膜上的核酸进行杂交为例，杂交反应操作如下：

配制所需试剂：

SSC 溶液(20×)：3 mol/L NaCl，0.3 mol/L 柠檬酸钠。

Denhardt's 溶液(50×)：聚蔗糖 5 g，聚乙烯吡咯烷酮 5 g，牛血清白蛋白(BSA)5 g 加水至 500 mL。

预杂交液：6×SSC，5×Denhardt's 溶液，0.5%SDS，100 μg/mL 经变性或断裂成片段的鲑精 DNA。

将含靶核酸的 NC 膜漂浮于 6×SSC 液面，使其由下至上完全湿润，并继续浸泡 2 min。

将湿润 NC 膜装入塑料袋中，按 0.2 mL/cm^2 的量加入预杂交液，尽可能挤出气泡，将袋封口，置 68℃水浴 1～2 h 或过夜。

将双链探针做变性处理使成单链，即于 100℃加热 5 min，然后立即置冰浴使其骤冷。

从水浴中取出杂交袋，剪去一角，将单链探针加入，尽可能将袋内空气挤出去，重新封口，并将杂交袋装入另一个干净的袋内，封闭，以防放射性污染。

将杂交袋浸入 68℃水浴，温育 8～16 h。

取出杂交袋，剪开，取出滤膜迅速浸泡于大量 2×SSC 和 0.5% SDS 溶液的容器中，室温振荡 5 min，勿使滤膜干燥。

将 NC 膜移入盛有大量 2× SSC 和 0.1%SDS 溶液的容器中，室温漂洗 15 min。

将 NC 膜移入一盛有大量 0.1 × SSC 和 0.5%SDS 溶液的容器中，37℃漂洗 30～60 min。

将 NC 膜移入一盛有新配 0.1×SSC 和 0.5%SDS 溶液的容器中，68℃漂洗 30～60 min。

取出滤膜，用 0.1×SSC 室温稍微漂洗，然后置滤纸上吸去大部分液体，待做杂交信号的检测。

第三步为杂交信号的检测。当探针是放射性标记时，杂交信号的检测通过放射自显影进行。即利用放射线在 X 光片上的成影作用来检测杂交信号。操作时，在暗室内将滤膜与增感屏、X 光片依序放置暗盒中，再将暗盒置－70℃曝光适当时间，取出 X 光片，进行显影和定影处理。

对于非放射性标记的探针，则需将非放射性标记物与检测系统偶联，再经检测系统的显色反应来检测杂交信号。以地高辛的碱性磷酸酶检测反应为例，地高辛(Dig)是一种半抗原，杂交反应结束后，可加入碱性磷酸酶标记的抗 Dig 抗体，使之在膜上的杂交位点形成酶标抗体-Dig 复合物，再加入酶底物如氮蓝四唑盐（NBT）和 5-溴-4-氯-3-吲哚酚磷酸甲苯胺盐（BCIP），在酶促作用下，底物开始显蓝紫色。其基本反应程序类似 ELISA，杂交信号的强弱，通过底物显色程度的深浅、有无来确定。

5. 注意事项

放射性标记的优点是灵敏度高，可以检测到 pg 级。缺点是易造成放射性污染，同位素半衰期短，不稳定，成本高等。为了预防放射性污染，应在专门的实验室进行。实验室应密闭，所有废物应放入专门容器内，专门处理。操作完后，应用便携式 r-计数器对操作台、仪器、实验人员进行检测，以确定无放射性污染后方可。

二、DNA 聚合酶链式反应(Polymerase chain reaction, PCR)

1. 基本原理

PCR 技术是在模板 DNA、引物和 4 种脱氧核糖核苷酸存在的条件下依赖于 DNA 聚合酶的酶促合成反应。PCR 技术的特异性取决于引物和模板 DNA 结合的特异性。反应分 3 步。①变性。通过加热使 DNA 双螺旋双链解离形成单链 DNA。②退火。当温度突然降低时由于模板分子结构较引物要复杂得多，而且反应体系中引物 DNA 量大大多于模板 DNA，使引物和其互补的模板在局部形成杂交链，而模板 DNA 双链之间互补的机会较少。③延伸。在 DNA 聚合酶和 4 种脱氧核糖核苷三磷酸底物及 Mg^{2+} 存在的条件下，5′-3′的聚合酶催化以引物为起始点的 DNA 链延伸反应。以上 3 步为一个循环，每一循环的产物可以作为下一个循环的模板，数小时之后，介于两个引物之间的特异性 DNA 片段得到了大量复制，数量可达 $2\times10^{6\sim7}$ 拷贝。

经过高温变性、低温退火和中温延伸3个温度的循环，模板上介于两个引物之间的片段不断得到扩增。每循环一次，目的DNA的拷贝数加倍，随着循环次数的增加，目的DNA以2^n-2n的形式堆积。PCR扩增的特异性是由人工合成的一对寡核苷酸引物所决定的。在反应的最初阶段，原来的DNA担负着起始模板的作用，随着循环次数的递增，由引物介导延伸的片段急剧地增多而成为主要模板。因此，绝大多数扩增产物将受到所加引物5′末端的限制，最终扩增产物是介于两种引物5′之间的DNA片段。

2. PCR反应体系

根据多年的实践经验，已提供了一个标准的PCR反应体系。一般选用50～100 μL体积。其中含有：

50 mmol　KCl，

10 mmol　Tris・HCl(室温下pH值为8.4)，

1.5 mmol　$MgCl_2$，

100 μg/mL　明胶或牛血清白蛋白(BSA)，

上游引物　100 pmol，

下游引物　100 pmol，

4种底物(dATP+dCTP+dGTP+dTTP)，各200 μmol，

模板DNA，1～100 μg，

Taq DNA聚合酶，2.5单位。

公司市售的Taq DNA聚合酶，一般均带有缓冲液，成分为KCl，Tris・HCl和明胶或牛血清白蛋白，浓度为10×，使用时只要做10倍稀释即可。$MgCl_2$一般单独销售，浓度多为25 mmol/L，使用时应做相应稀释。dNTP往往配成10 mmol/L或5 mmol/L的工作贮备液。

3. PCR基本操作

一典型的PCR反应可按以下步骤进行。

将下列成分依序加入0.5 mL灭菌管中并混匀：

灭菌双蒸水　30 μL，

10× Taq DNA酶缓冲液　10 μL，

5 mmol/L dNTP　16 μL，

引物1　5 μL(100 pmol)，

引物2　5 μL(100 pmol)，

模板DNA　2 μL，

加灭菌双蒸水至终体积　100 μL。

置94℃加热5 min。置冰浴。加入0.5 μL(2.5单位)Taq DNA聚合酶。将100 μL轻矿物油加到混合液表面，以防水分蒸发。在PCR仪上进行循环反应。一般变性温度为94℃，退火55℃，延伸72℃。各段时间依扩增的片段长短而定。一般扩增1 kb的DNA，延伸时间需1 min，变性和退火时间可稍短。

反应终止后取样品进行凝胶电泳，鉴定是否得到特异性扩增产物。

4. 影响PCR特异性的因素

影响PCR特异性的因素较多。主要有：

(1)引物的特异性。引物的特异性是影响PCR特异性的根本因素。若引物在模板DNA

上有多个结合位点，则特异性差。因此，应选择在模板上只有一处结合位点的引物。必要时，可用计算机辅助设计引物。

(2)Mg^{2+} 的浓度。Mg^{2+} 的浓度在一定程度上可影响特异性。一般讲，Mg^{2+} 的浓度高，可降低特异性，Mg^{2+} 的浓度低，可提高特异性。但 Taq DNA 聚合酶的活性与 Mg^{2+} 的存在有关，Mg^{2+} 的浓度过低，可影响聚合酶的活性。

(3)退火温度。提高退火温度，可以提高特异性，降低退火温度，促进非特异性扩增。

(4)其他金属离子。在反应体系中加入适量的 Na^{+} 可以帮助消除非特异性扩增。

5. PCR 衍生技术

PCR 可扩增双链 DNA 和单链 DNA，并能以 RNA 为模板，进行反转录 PER 以扩增 cDNA。经不断发展和完善，已有多种衍生 PCR 技术。除反转录 PCR 外，尚有不对称 PCR、反向 PCR、锚定 PCR、多重 PCR、着色互补 PCR、免疫 PCR 和套式 PCR 等。近年来，又出现了实时定量 PCR(Real-time PCR)，可以对被检 DNA 多少进行定量，得到了广泛的应用。

另一个与 PCR 原理基本相似的重要方法为随机扩增多态性 DNA(RAPD)。其基本原理是，在动物基因组中存在许多反向重复序列，以单个或以上的随机引物扩增 DNA，引物可以和这些反向重复序列结合，产生长度不等的片段，从而进行多态性分析。RAPD 在本质上和 PCR 是一样的，所不同的是，PCR 引物是专门设计的特异性引物，其扩增产物通常是预知的，而 RAPD 的引物是完全随机的，只有 10 bp 左右，与模板的结合也是随机的，其扩增产物不可预知。PCR 为了得到特异性产物，退火温度较高，RAPD 为了得到更多的扩增条带，往往要降低退火温度，多为 35～36℃，允许适当的碱基错配。

目前，RAPD 同 PCR 一样，已在许多寄生虫病的研究中得到了应用。

第二十章　寄生虫标本的采集、保存和观察方法

第一节　剖检家畜时寄生虫标本的采集法

采集剖检家畜的全部寄生虫标本并进行鉴定和计数，对寄生虫病的诊断和了解寄生虫的流行情况具有重要意义，根据工作要求的不同，可分为寄生虫学完全剖检法、个别器官的寄生虫学剖检法和对某一种寄生虫的采集法。

一、寄生虫学完全剖检法

在家畜死亡(或捕杀)后，首先制作血片，染色检查，观察血液中有无寄生虫，而后仔细检查体表，观察有无体表寄生虫，并收集之。而后剥皮，观察皮下组织有无虫体寄生。

将各内部脏器依次取出，先收集胸水、腹水，沉淀后观察其中有无寄生虫。然后取出全部消化器官及其所附的肝、胰等腺体。取出呼吸系统、泌尿系统和生殖系统器官，心脏和大的动脉和静脉血管。

要劈开颅骨对脑进行检查，检查脊髓。检查眼和结膜腔，检查鼻腔和额窦，检查唇、颊和舌。采取全身有代表性的肌肉进行检查。

各类器官和检查方法，实际可分为两种：一种如肠、胃是有大量内容物的腔道，应在水中剖开，将内容物洗入液体中，而后对黏膜循序仔细检查，洗下的内容物则反复加水沉淀，待液体清澈无色为止，再取沉渣进行检查。另一种如肝、肺等实质器官，则首先将其撕碎成小块，置37℃温水中，待其虫体自行走出(贝尔曼法原理)，再用手在水中压组织块，将其中残留的虫体挤出，最后将液体经过反复沉淀，检查沉渣。

为了检查沉渣中纤细的较小虫体，可在沉渣中滴加浓碘液，使粪渣和虫体均染成棕黄色，继之以5%的硫代硫酸钠溶液脱色，但虫体着色后不脱色，仍保持棕黄，而粪渣及纤维均脱色，故棕色虫体易于辨认。

现将各系统的检查法分述如下：

(1)消化系统。先将附着其上的肝、胰取下，再将食道、胃(反刍动物应将4个胃分开)、小肠、大肠、盲肠分别结扎后分离。

食道应剖开，检查食道黏膜下有无虫体寄生，应注意有无筒线虫和纹皮蝇幼虫(牛)，在食道浆膜面应检查有无肉孢子虫。

胃和各肠段应分别置于容器内，剖开，加水将内容物洗入水中。仔细检查洗净的胃及肠黏膜上是否附有虫体，并用小刀刮取胃、肠黏膜，将刮下物置解剖镜下检查。洗下物应多加生理盐水，反复地多次洗涤，沉淀，等液体清净透明后，分批取少量沉渣，洗入大培养皿的清水中，先后放于白色和黑色的背景上，寻找虫体。

肝和胰用剪刀沿胆管或胰管剪开,检查其中虫体,而后将其撕成小块,用贝尔曼法分离虫体,并用手挤压组织,最后在液体沉淀中寻找虫体。

(2)呼吸器官。用剪刀将鼻、喉、气管、支气管切开,寻找虫体。用小刀刮气管黏膜,刮下物在解剖镜下检查,肺组织按肝脏处理方法。

(3)泌尿器官。切开肾,先对肾盂作肉眼检查,再刮取肾盂黏膜检查,最后将肾实质切成薄片,压于两玻片间,在放大镜或解剖镜下检查。剪开输尿管、膀胱和尿道检查其黏膜,并注意黏膜下有无包囊。收集尿液,用反复沉淀法处理。

(4)生殖器官。切开并刮下黏膜,压片检查,怀疑为马媾疫或牛胎儿毛滴虫时,应涂片染色后油浸镜检查。

(5)脑。先用肉眼检查有无多头蚴,再切成薄片,压片检查。

(6)眼。结膜和结膜腔以括搔法处理检查,剖开眼球,将前房水收集于器皿中,在放大镜下检查。

(7)心和主要血管。剖开将内容物洗于生理盐水中,用反复沉淀法检查(对血管内分体吸虫的收集见后)。

(8)膈脚。特别是猪,应先肉眼检查,见有小白点状可疑物,应剪取置玻片间压薄,在显微镜下检查。

以上是一般动物剖检时通用的方法。对不同的动物,根据解剖构造的差异,方法上有所不同。

在进行以上剖检前,最好先取粪便进行虫卵检查,初步确定该畜体内寄生虫的寄生情况,对以后寻找虫体时可能有所帮助。但也应注意,不要因为粪检结果,而给工作者带来不全面的主观印象,忽视了未在粪便中发现虫卵的那些虫体的寻找。

以上剖检法的工作量极大,因此,在某些情况下为了不同的目的,可采取下列的剖检方法。

二、个别器官的寄生虫学剖检法

有时为了特殊的目的(如检查某一地区某一器官中寄生虫寄生的情况),仅对某一器官进行检查,而对其他器官则不进行检查。

三、个别虫种(对某一种寄生虫)的采集法

为了一定的目的(如调查某一地区某种寄生虫的流行情况,或某一药品对某种寄生虫的驱虫效果),仅对某一器官中的某种寄生虫进行收集检查。

日本分体血吸虫的收集应采用专用的方法,兹介绍如下:

动物经宰杀停止挣扎后,为防止发生血液凝固,影响虫体收集,应有 4 个人分别从 4 条腿开始从速进行剥皮。事毕,将牛头弯至牛体左侧,使牛仰卧成偏左倾斜姿势,剖开胸腔及腹腔,除去胸骨。第一,分开肺找出暗红色的后腔静脉进行结扎。第二,在胸腔紧靠脊柱的部位找到白色胸主动脉,术者左手将其托起,右手用尖头剪刀取与血管平行的方向剪一开口,然后将带有橡皮管的玻璃接管以离心方向插入,并以棉线结扎固定。橡皮管的一端与压缩式喷雾器相接,以备进水。第三,在肾脏后方紧贴脊柱处,同时结扎并列的腹主动脉和后腔静脉,以免冲洗

液流向后躯其他部分。第四，在胆囊附近，肝门淋巴结背面，细心地分离出门静脉，向肝的一端紧靠肝脏处先用棉线扎紧，离肝的一端取与血管平行的方向剪一开口(应尽可能靠近肝脏，以免接管进入门静脉的肠支，而影响胃支中虫体的收集)，插入带有橡皮管的玻璃接管，并固定之。为防止凝血，接管内应事先装满5%柠檬酸钠溶液，在插入接管时此溶液即倾入血管中。橡皮管的一端接有铜丝筛，以备出水收集虫体。手术结束后，即可启动喷雾器注入0.9%加温至37～40℃的食盐水进行冲洗，虫体即随血水落入铜丝筛中，直至水液变清，无虫体冲出为止。

第二节　蠕虫标本的采集、保存和观察方法

一、吸　　虫

(一)采集

在各脏器中或其冲洗物沉淀中，如发现吸虫时，应以弯头解剖针或毛笔将虫体挑出(注意：不应采用镊子夹取，否则镊子夹住的部位，会使虫体损坏变形，影响以后的观察)。挑出的虫体，体表常附有粪渣、黏膜等污物，应先放入1%的盐水溶液中。较小的虫体，可和盐水放入小试管中，加塞塞紧，充分振荡将污物除去洗净。较大的虫体可用毛笔刷洗。有些虫体的肠管内含有大量的食物，可在生理盐水中放置过夜，等其食物消化或排出。

(二)固定法

标本洗净后，较小的虫体，可先在薄荷脑溶液中使虫体松弛。薄荷脑溶液的配制是取薄荷脑(Menthol)24 g，溶于10 mL 95%的酒精中，为薄荷脑饱和酒精溶液，使用时将此液一滴，加入100 mL水中即可。

在上液中松弛的虫体，即可投入下述固定液中固定。较大、较厚的虫体标本，为了以后制作压片标本的方便，可将虫体先压入两载玻片间，为了不使虫体压得过薄可在玻片两端垫以适当厚度的纸片，而后以橡皮筋扎紧玻片两端。

固定吸虫时常用的固定液有如下各种：

(1)劳氏(Looss)固定液。适用于小型吸虫。取饱和升汞溶液(约含升汞7%)100 mL，加冰醋酸2 mL，混合即成。固定虫体时，将虫体放于一小试管中，加入盐水，达试管的1/2处，充分摇洗，再加入劳氏固定液摇匀，12 h后，将虫体取出移入加有0.5%碘的70%的酒精中，并更换溶液数次，直到碘酒精溶液不再褪色为止，再将虫体移到70%酒精溶液中保存，若欲长期保存应在酒精中加5%甘油。

(2)酒精-福尔马林-醋酸固定液(A.F.A固定液)。本液以95%酒精50份，福尔马林(实含甲醛40%)10份，醋酸2份，水40份混合而成。大型的已夹于玻片间的虫体，可浸入此固定液中过夜。小型的虫体可先放于充满2/3生理盐水的小瓶内，用力摇振，待虫体疲倦而伸展时，再将盐水倾去1/2，再加入本固定液，放置过夜。次日将虫体取出，保存于加有5%甘油的70%酒精中。

(3)福尔马林固定液。取福尔马林1份与水9份混合即得。将小型吸虫虫体或夹于玻片间的虫体投入固定液中,经24 h即固定完毕。较大的夹于两玻片间的吸虫,固定液渗入较难,可在固定数小时后,将两玻片分开,这时虫体将贴附于一玻片上,将附有虫体的玻片继续投入固定液中过夜。最后将虫体置3%～5%的福尔马林溶液中保存。

经以上3种方法中任何一种固定的标本,在保存时均应给以标签。标签应用较硬的纸片(如道林纸)用铅笔书写,内容应包括标本编号、采集地点、宿主及其产地、寄生部位、虫名、保存液种类和采集时间,将以上内容一式两份书写,一份与虫体一同放于瓶内,一份贴于瓶外。

在采集标本时,尚应有登记本,将标本采集时的有关情况,按标本编号,记于登记本上。对虫体所引起的宿主的病理变化也应做详细的记载。

吸虫标本的形态观察,常需制成染色装片标本或切片标本。切片标本的制作与组织切片相同。整体装片标本的制法有以下数种。

1. 苏木素法

常用的为德氏(Delafield)苏木素染液,其配法如下:先将苏木素4 g溶于95%酒精25 mL中,再向其中加入400 mL的饱和铵明矾(Ammonium Alum)溶液(约含铵明矾11%)。将此混合液暴晒于日光及空气中3～7天(或更长时间),待其充分氧化成熟,再加入甘油100 mL和甲醇100 mL保存,并待其颜色充分变暗,滤纸过滤,装于密闭的瓶中备用。染色时步骤如下:

(1)将保存于福尔马林溶液中的虫体,取出以流水冲洗。如虫体原保存于70%酒精中,则先后将虫体移经50%和30%酒精中各1 h,再移入蒸馏水中。

(2)将德氏苏木素染液加蒸馏水10～15倍,使呈浓葡萄酒色。将以上虫体移入此稀释的染液内,染色过夜。

(3)取出染色后的虫体,在蒸馏水中除去多余的染液,再依次通过30%,50%,70%酒精各0.5～1 h。

(4)虫体移入酸酒精中褪色(酸酒精是在80%酒精100 mL中加入盐酸2 mL),待虫体变成淡红色。

(5)再将虫体移回80%酒精中,再循序通过90%,95%和100%酒精中各0.5～1 h。

(6)将虫体由100%的酒精中移入二甲苯或水杨酸甲酯(亦称冬绿油或冬青油)中,透明0.5～1 h。

(7)将透明的虫体放于载玻片上,滴一滴加拿大树胶,加盖玻片封固,待干,即成。

2. 卡红染色法

以卡红为原料,常用的染色液有盐酸卡红和硼砂卡红等。

盐酸卡红的配制是以蒸馏水15 mL加盐酸2 mL,煮沸,趁热加入卡红染粉4 g,再加入85%的酒精95 mL,再滴加浓氨水以中和,等出现沉淀,放凉,过滤,滤液即为盐酸卡红染液。

硼砂卡红是以4%硼砂($Na_2B_4O_7$)溶液100 mL,加入卡红染粉1 g,加热使其溶解,再加入70%酒精100 mL,过滤,滤液即为硼砂卡红染液。

染色方法是:

(1)原保存于70%酒精内的标本,可直接取出投入染色液中染色。保存于福尔马林液内的虫体标本,应先取出水洗1～2 h,而后循序通过30%,50%,70%的酒精各0.5～1 h,再投入染液中,在染液中过夜使虫体染成深红色。

(2)自染液中取出虫体,放入酸酒精中褪色(酸酒精是以 70%酒精 100 mL 加浓盐酸 2 mL),使颜色深浅分明,即虫体外层呈淡红色,内部构造呈深红色。

(3)虫体移入 80%,95%和纯酒精中各 0.5～1 h。

(4)移入二甲苯或水杨酸甲酯中透明。

(5)已透明的虫体,移置载玻片上,加一滴加拿大树胶,加盖玻片封固。

二、绦　　虫

(一)采集

绦虫大部分寄生于肠管中,并以头节牢固地附着于肠壁上。采集标本时,为了保证虫体的完整,切勿用力猛拉,而应将附着有虫体的肠段剪下,连同虫体浸入水中,5～6 h 后,虫体会自行脱落,体节也自行伸直。

(二)固定

将收集到的虫体,浸入劳氏固定液,70%酒精或 5%福尔马林液中固定。准备做瓶装陈列的标本,以福尔马林溶液固定较好。如欲制成染色装片标本以观察其内部结构,则以劳氏固定液或酒精固定为好。

绦虫有时很长(可达数米),易于断裂而又易于相互缠结,故固定时应注意。不太长的虫体,可提住虫体后端,将虫体悬空伸长,而后将虫体下放,逐步地浸入固定液内。过长的虫体,可先绕于一玻璃瓶上,连瓶浸入固定液内。亦可在大烧杯中,先放入以固定液浸润的滤纸一张,提取虫体后端,使虫体由头节始,逐步放落在滤纸上,加盖一层湿滤纸;再以同样操作,放上第 2 条虫体;如是操作,全部放好所有虫体,最后将固定液轻轻注满烧杯内,固定 24 h 后取出。

保存于瓶内的标本应登记并加标签,其注意事项同吸虫。

(三)绦虫制片法

绦虫虫体较长,因此,制片时要切断虫体,根据观察的需要,采取一定部位的节片,染色后做成装片标本。绦虫的头节是决定绦虫种类的重要依据之一,应选为装片标本的材料;此外,成熟节片和孕卵节片,亦常各切取 3～5 节,制成染色装片标本。其染色和装片方法与吸虫同,可参阅吸虫的有关资料。

三、线　　虫

(一)采集

在剖检家畜时,按第一节寻找虫体的方法,发现虫体后,以弯头解剖针或毛笔将虫体挑出,移入生理盐水中,洗净;寄生于肺部的线虫和丝虫目的线虫,在略为洗净后即应尽快地放于固定液中固定,否则虫体易于破裂。

线虫雌雄异体,雌虫一般较雄虫大,在虫体鉴定时,常需依雄虫的某些形态特征作为依据,因此，采集虫体时不可忽视较小虫体的采集。一些有较大口囊的线虫(如圆线虫、夏伯特线虫、钩口线虫等)和有发达交合伞的线虫，其口囊或交合伞中，常包含有大量杂质，妨碍以后的观察，应在固定前用毛笔洗去，或充分振荡以洗去，而后固定。

(二)固定

可采用酒精或福尔马林固定。用酒精固定时，系用70%酒精，加热到70℃左右(在火焰上加热时，酒精中有小气泡升起时即约为70℃)，将洗净的虫体移入，虫体即在热固定液中伸直而固定，待酒精冷后，将虫体移入含5%甘油的80%酒精中，加标签保存。标签的书写内容与吸虫同。

福尔马林固定液是福尔马林3 mL加到生理盐水100 mL中。固定虫体时也应先将固定液加热到70℃，再投入虫体。固定后标本即保存于固定液内，也可以移入含5%甘油的80%酒精中，加标签保存。

(三)线虫的观察与制片

线虫经固定后，是不透明的，欲进行线虫形态的观察，必先进行透明或装片。为了能从不同的侧面对虫体形态进行观察，以不做固定装片为好，这样可以在载玻片上将虫体翻动，观察得更仔细。

虫体的透明方法，常用的有以下各种：

(1)甘油透明法。将保存于含5%甘油的80%酒精中的虫体，连同保存液倾入蒸发皿中，置温箱中，并不断滴加少量甘油，直到酒精蒸发殆尽，此时留于残存甘油中的虫体即已透明，可供检查。

如欲在短时间内完成这一透明过程，可将蒸发皿放于一加有热水的烧杯上，以酒精灯加热，促使蒸发皿中的酒精在短时间内挥发，而达到虫体透明的目的。

此法透明后的标本，即可保存于甘油内。

(2)乳酚(Lacto-phenol)法。乳酚系由甘油2份，乳酸1份，石炭酸1份和蒸馏水1份混合而成，是一种良好的透明液。虫体自保存液中取出后，应先移入乳酚液与水的等量混合液中，30 min后再移入乳酚液中，数分钟后，虫体即透明，可供检查。检查后虫体应自透明液中取出，移回原保存液中保存。

(3)石炭酸透明法。虫体自保存液中取出，放于纯石炭酸溶液中(石炭酸原为针状结晶，纯溶液指含水10%的溶液)，虫体很快即透明。若透明过度，可于检查时，在盖玻片边缘处(盖玻片下是浸在石炭酸中的虫体)滴加无水酒精一滴，此法透明快。透明液对人有腐蚀性，对虫体也有损害，故观察后应立即将虫体移回原保存液中，并在短期内更换保存液3次，以除去残留的石炭酸，否则虫体将变为棕褐色。

有时为了某种需要，亦可将线虫制成装片标本。制作时虫体不染色，直接循序通过70%、80%、90%、100%的酒精各0.5 h脱水，最后在水杨酸甲酯或二甲苯中透明，透明后移载玻片上，滴加拿大树胶，拨正所需位置，加盖玻片封固。

如在虫体脱水前，按吸虫制片的方法，将虫体先以苏木素或卡红染色，而后制成装片标本，则效果更好。

四、蠕虫卵的保存法

为了教学与研究的需要,常需将蠕虫虫卵保存,留待以后的检查。

(一)虫卵材料的采集

(1)自患畜粪便中收集虫卵。可参照蠕虫卵的各种集卵法。自家畜粪便中收集虫卵的缺点在于多数家畜体内常有多种寄生虫同时寄生,不易获得单一种的虫卵。

(2)生理盐水收集虫卵。将解剖家畜时所采集的每种寄生虫挑入生理盐水中,此时虫体尚未死亡,常可在盐水中继续产出一部分虫卵,而后将虫体取出,将此盐水静置沉淀,待虫卵集中于底部后收集之。

本法所得虫卵,因为未经肠道与粪便混合,所以是无色的,与粪便中所见虫卵,在颜色上有所不同,为此可将取得的虫卵混入粪便中,存放数天,使之染色。

(二)虫卵标本的保存

将虫卵保存于瓶内。将含有虫卵的沉淀倾入一小烧杯中,加入已加热到 70～80℃的巴氏液,等冷后,保存于小口试剂瓶中,用时吸取沉淀,放于玻片上检查。巴氏液是用福尔马林 30 mL,氯化钠 7.5 g,水 1 000 mL 混合而成。在以上操作中,保存液的加热很为重要。否则有些虫卵在保存液中仍然存活并继续发育或变形。有建议改用下液加入虫卵沉淀中以保存虫卵者:福尔马林 10 mL,95%酒精 30 mL,甘油 40 mL,蒸馏水 56 mL。

第三节 昆虫和蜱螨的采集、保存和观察方法

一、采 集

采集这些标本,首先应了解这些采集对象的发育规律和生活习性。如有些昆虫常以较常的时间寄生于畜体的皮肤和体表,但另一些昆虫仅短时间地附着于畜体上吸血,这样其采集方法自应有所不同。

采集昆虫和蜱螨标本时,还必须记住昆虫和蜱螨都是雌雄异体的,尤其是蜱,雌雄虫体的差异极大,雌虫较雄虫要大得多,如不注意,则采集的结果,将均为大型的雌虫,而遗漏了雄虫,但雄虫却正是鉴定虫体时的主要依据,缺少雄虫将给鉴定带来困难。

(一)畜禽体上昆虫和蜱、螨的采集

在畜禽体表,常有吸血虱、毛虱、虱蝇、蚤和蜱类寄生,在检查发现后用手或小镊子捏取,或将附有虫体的羽或毛剪下,置于培养皿中,再仔细收集。

寄生在畜体上的蜱类,常将假头深刺入皮肤,如不小心拔下,则可将其口器折断而留于皮肤中,致使标本既不完整,且留在皮下的假头还会引起局部炎症。拔取时应使虫体与皮肤垂直,慢慢地拔出假头,或以煤油、乙醚或氯仿,抹在蜱身上和被叮咬处,而后拔取。

畜体上的蚤类，大多活动性较强，捕捉困难。可以用撒有樟脑(naphthalene)的布将畜体包裹，数分钟后，取下布来，则蚤即落于布内。也可用杀虫药喷洒畜体，待其死亡后采集。

畜体上螨的收集，可参考前面章节螨病诊断中的病料采取方法。

蝇蚴的寄生阶段，多在家畜体内。除牛皮蝇寄生于畜体背部皮下时，可用手挤压而得到标本外，其他蝇蚴多需在家畜死后解剖时，在其寄生局部发现。

(二)周围环境中昆虫和蜱螨的采集

(1)双翅目吸血昆虫成虫的采集。在畜舍内，阴暗潮湿和空气不流通的场所，白天常有大量蚊类栖息，采集时可用一大口径试管扣捕。夜间可在畜体上用试管扣捕。吸血的蝇、虻、蚋可在畜舍内或动物体上用试管捕取，也可以用捕虫网在畜舍周围捕取。但捕虫网不应在家畜附近挥舞，以免造成家畜惊跑。

(2)畜舍地面和墙缝内昆虫和蜱螨的采集。在畜舍和运动场的疏松潮湿的土中，常可找到牛皮蝇、马胃蝇或羊狂蝇的成熟幼虫(应考虑其季节性)或蛹，可将其收集。如欲获得其成蝇，则应连同沙土收集于广口瓶中，罩以纱布，待其在瓶中羽化。

在牛舍的墙边或墙缝中，可找到璃眼蜱。在鸡的窝巢内栖架上，可找到软蜱和刺皮螨。

(3)牧地上蜱的收集。用白绒布旗一块，长 45～100 cm，宽 25～100 cm，一边穿入木棍，在木棍两端系上长绳，以便拖曳。将此旗在草地上或灌木间拖动，草地或灌木上的蜱，即附着在旗面上，检查并收集于小瓶内。

二、保　　存

收集到的虫体，根据其种类的不同或今后工作的需要，采用下列方法之一保存。

(一)浸渍保存

适用于无翅昆虫等(如虱、虱蝇、蚤和蜱，以及各种昆虫的幼虫和蛹)。如采集的标本饱食有大量血液，则在采集后应先存放一定时间，待体内吸食的血液消化吸收后再固定。

固定液可用 70%酒精或 5%～10%的福尔马林。但用专门的昆虫固定液效果更好，其配法是在 120 mL 的 75%酒精中，溶解苦味酸 12 g，待溶后再加入氯仿 20 mL 和冰醋酸 10 mL。当虫体较大时，浸入 75%酒精中的虫体，于 24 h 后，应将原浸渍的酒精倒去，重换 70%酒精。在昆虫固定液中固定的虫体，经过一夜后，也应将虫体取出，换入 75%酒精中保存。在保存标本用的 70%酒精中，最好加入 5%甘油。浸渍标本加标签后，保存于标本瓶或标本管内，每瓶中的标本约占瓶容量的 1/3，不宜过多，保存液则应占瓶容量的 2/3，加塞密封。

(二)干燥保存

本法主要是保存有翅昆虫，如蚊、虻、蝇等的成虫，又分为针插保存和瓶装保存 2 种。

采集到的有翅昆虫，应先放入毒瓶中杀死，毒瓶的制备如下：氯仿毒瓶是取一大标本管(长 10 cm，直径 3 cm)，在管底放入碎橡皮块，约占管高的 1/5；注入氯仿，将橡皮块淹没，用软木塞塞紧(不可用橡皮塞)过夜；此时氯仿即被橡皮块吸收，然后剪取一与管口内径相一致的圆形厚纸片，其上用针刺穿若干小孔，盖于橡皮块上即可。氯仿用完后，应将圆纸片取出，再度注入氯仿,处理方法同前。使用时,将活的昆虫移入瓶内,每次每瓶放入的昆虫不宜过多。昆虫入毒瓶后,很快即昏迷而失去运动能力,但到完全死亡,则需待 5～7 h 之后。死后,将昆虫取出保存。

1. 针插保存

本法保存的昆虫,能使体表的毛、刚毛、小刺、鳞片等均完整无缺。并保有原有的色泽,是较理想的方法。其具体步骤如下:

(1)插制。对大型昆虫,如虻蝇等,可将虫体放于手指间以 2 号或 3 号昆虫针,自虫体的背面中胸的偏右侧垂直插进。针由虫体腹面穿出,并使虫体停留于昆虫针上部的 2/3 处,注意保存虫体中胸左侧的完整,以便鉴定。对小型昆虫如蚊、蚋、蠓等,应采用二重插制法。即先将 00 号昆虫针(又称二重针)先插入一硬纸片或软木条(硬纸片长 15 mm,宽 5 mm)的一端,并使纸片停留于 00 号昆虫针的后端,再将此针向昆虫胸部腹面第 2 对足的中间插入,但不要穿透。再以一根 3 号昆虫针在硬纸片的另一端,针头与 00 号昆虫针相反而平行的方向插入,即成。在缺少 00 号昆虫针时,可用硬纸片胶粘法,即取长 8 mm 和底边宽 4 mm 的等腰三角形硬纸片,在三角形的顶角蘸取加拿大树胶少许,粘在昆虫胸部的侧面,再将此硬纸片的另端,以 3 号昆虫针插入。插制昆虫标本,应在新采集到时进行,如虫体已干,则插制前应使虫体回软,以免断裂。

(2)标签。标签用硬质纸片制成,长 15 mm,宽 15 mm,以黑色墨水写上虫名、采集地点、采集日期等,并将其插于昆虫针上,虫体的下方。

(3)整理与烘干。将插好的标本,以解剖针或小镊子将虫体的足和翅等的位置加以整理,使保持生活状态时的姿势,再插于软木板上,放入 20～35℃温箱中待干。

(4)保存。将烘干的标本,整齐地插入标本盒中,标本盒应有较密闭的盖子,盒内应放入樟脑球(可用大头针烧热,插入球内,再将其插在标本盒的四角上),盒口应涂以二二三油膏,以防虫蛀。标本盒应放于干燥避光的地方。在梅雨季节,尤应减少开启次数,以防潮湿发霉。

2. 瓶装保存

大量同种的昆虫,不需个别保存时,可将经毒瓶毒死的昆虫,放在大盘内,在纱橱中或干燥箱内干燥,待全部干燥后,放于广口试剂瓶中保存。在广口试剂瓶底部先放一层樟脑粉,在樟脑粉上加一层棉花压紧,在棉花上再铺一层滤纸。将已干的虫体逐个放入,每放入少量后,可放一些软纸片或纸条,以使虫体互相隔开,避免挤压过紧。最后在瓶塞上涂以木馏油或二二三软膏,塞紧。在瓶内和瓶外应分别贴上标签。

三、观察和制片

多数昆虫和蜱螨的鉴定分类,均以其外部形态结构为依据。可直接在解剖镜下或低倍显微镜下观察,也可制成永久装片标本观察。

干燥保存的标本,在虫体取出后,脆而易碎,应先经过回软(瓶装干燥标本,如再行针插,也应先经过回软)。回软是在干燥器内进行的,在干燥器底部铺一薄层洗净的沙粒,沙中加少量的清水,再滴几滴石炭酸,放上有孔的瓷隔板,然后将要回软的标本放在隔板上,加盖,经 2～8 h 后即可达到回软的目的。

1. 直接观察

将浸渍的昆虫标本或回软的标本直接放于解剖镜下或放大镜下观察。必要时可在解剖镜镜台上放一小玻皿，内加清水或浸渍液，使被检虫体浸没于液体中，可减少折光，便于观察。

2. 制成标本

为了工作的需要，可将小昆虫的整个虫体或昆虫身体的某些部位制成装片标本。制片的准备工作是先将虫体或其局部浸入10%氢氧化钾溶液中，煮沸数分钟使虫体内部的肌肉和内脏溶解，并使体表软化透明，便于制片观察。较大的虫体，浸入氢氧化钾溶液后，尚可用昆虫针在虫体上刺些小孔，以利虫体内部组织的溶出。身体较柔软的昆虫或幼虫，也应浸入10%氢氧化钾溶液中，待虫体软化透明后制片。经氢氧化钾处理后的虫体，应在水中洗去其碱液再行制片。其后的操作如下：

(1)加拿大树胶封片。取已准备好的昆虫虫体或虫体的一部分，经30%，50%，70%，85%，90%，95%各级酒精逐级脱水，最后移入无水酒精中，使完全脱水；再移入二甲苯或水杨酸甲酯中透明，透明后，取出放在载玻片上，滴一些加拿大树胶，覆以盖玻片即成。本法经过各级酒精所需的时间，按虫体的大小而有所不同，一般需15～30 min，较大的虫体时间要长一些。

(2)洪氏液封片。取洪氏液滴于载玻片上，再取以氢氧化钾处理过并经洗净的小型昆虫虫体，无须脱水，直接移洪氏液中，加盖玻片盖好即成。洪氏液是以鸡蛋白50 mL，福尔马林40 mL，甘油40 mL三者混匀于瓶中，加塞振荡，彻底均匀后待其中气泡上升逸去；最后倒入平皿中，置干燥器内吸去其中水分，待液体仅占原容量的1/2时，即可取出装入瓶中，密封待用。

(3)甘油明胶封片。甘油明胶是在6份水中溶入1份明胶，溶后，加入甘油7份混匀，并在其中加石炭酸1%，加温15 min制成。另可用培氏胶液(Berlese's fluid)，是用阿拉伯胶15 g溶于20 mL蒸馏水中，再加入葡萄糖浆(每100 mL水中含糖68 g)10 mL，醋酸5 mL，再加入水化氯醛100 g，即成。

用以上两种封片剂的任何一种时，氢氧化钾处理过的虫体经洗净后均无需脱水，直接放于载玻片上，除去多余的水分，滴加甘油明胶或培氏胶液，加盖玻片封固即可。

以上各法中，以加拿大树胶封制的装片保存较久；其余各法的封固剂，时间过久后，会失去水分而干裂，有时在盖片周围用油漆环封，以减少水分散失，延长保存时间。但并不能完全阻止水分的丧失。

附　录

附录一　各种寄生蠕虫虫卵图谱

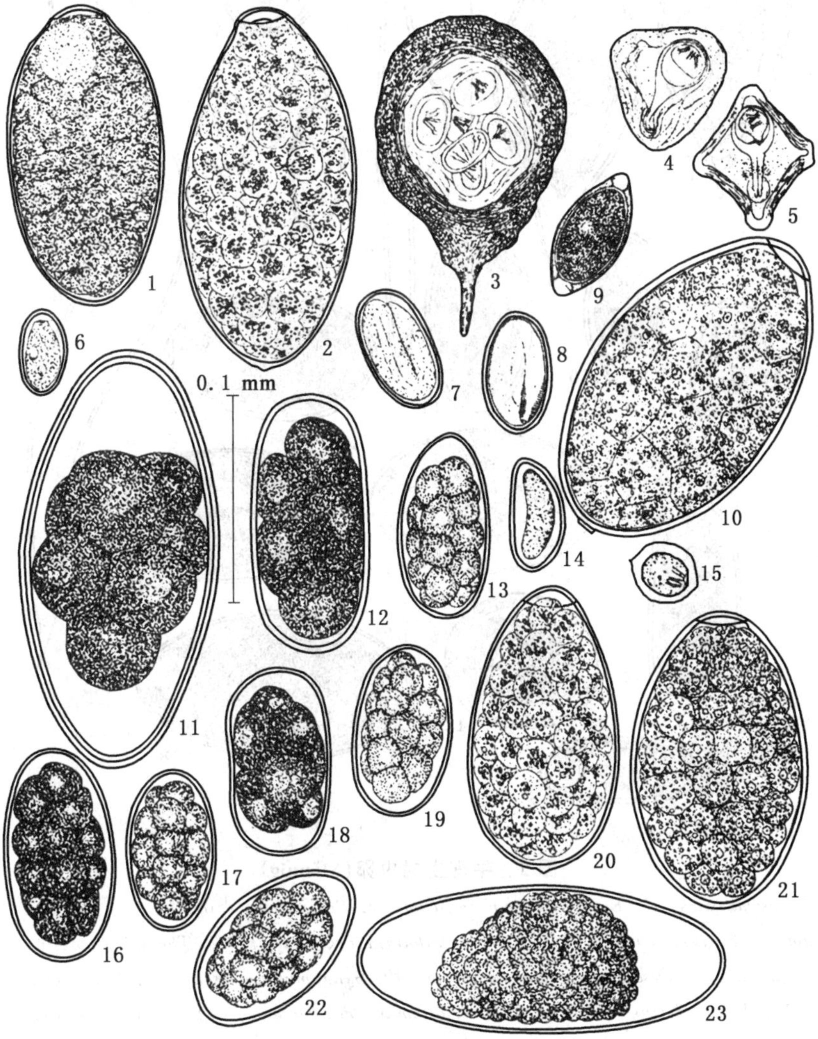

图 1　绵羊寄生蠕虫卵(Mönnig)

1. *Fasciola hepatica*　2. *Paramphistomum cervi*　3. *Thysaniezia giardi*　4. *Moniezia expansa*　5. *Moniezia benedeni*　6. *Dicrocoelium dendriticum*　7. *Strongyloides papillosus*　8. *Gongylonema pulchrum*　9. *Trichuris globulosa*　10. *Fasciola gigantica*　11. *Nematodirus spathiger*　12. *Gaigeria pachyscelis*　13. *Trichostrongylus* spp.　14. *Skrjabinema ovis*　15. *Avitellina centripunctata*　16. *Chabertia ovina*　17. *Hcemonchus contortus*　18. *Bunostomum trigonocephalum*　19. *Oesophagostomum columbianum*　20. *Cotylophoron cotylophorum*　21. *Fascioloides magna*　22. *Ostertagia circumcincta*　23. *Marshallagia marshalli*

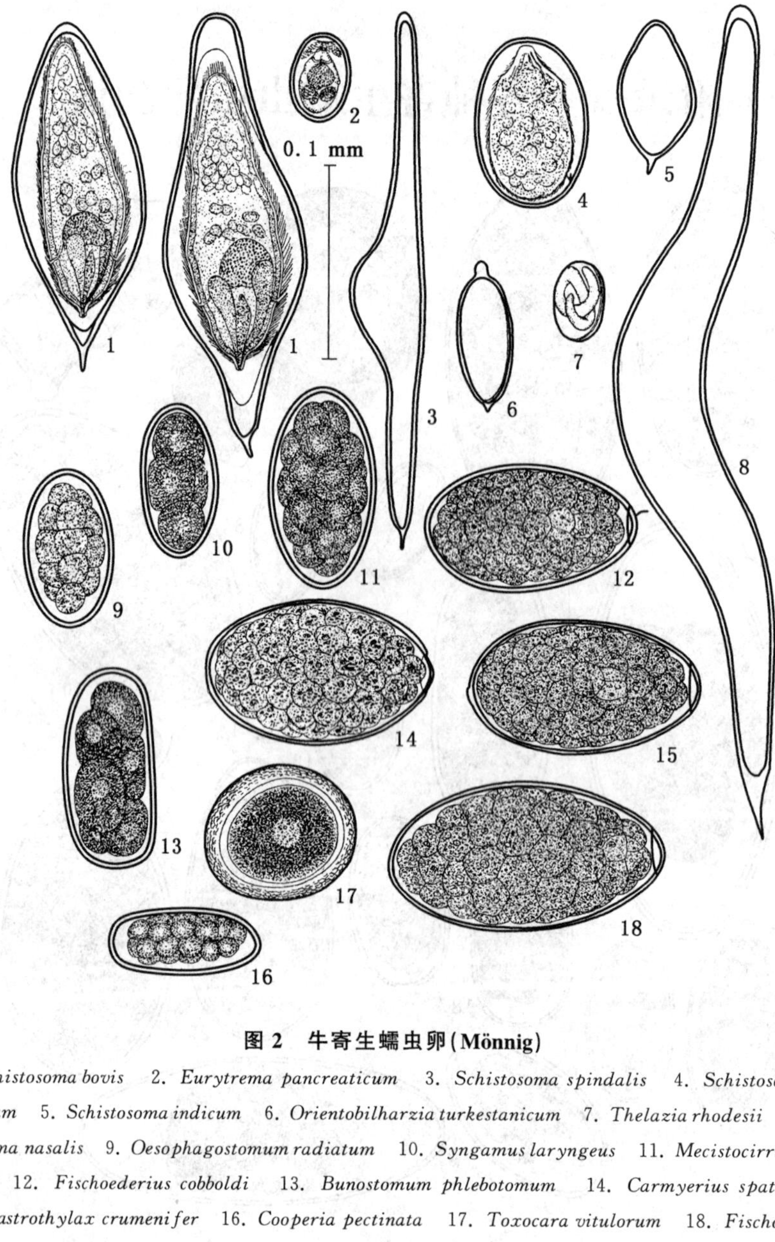

图 2 牛寄生蠕虫卵(Mönnig)

1. *Schistosoma bovis* 2. *Eurytrema pancreaticum* 3. *Schistosoma spindalis* 4. *Schistosoma japonicum* 5. *Schistosoma indicum* 6. *Orientobilharzia turkestanicum* 7. *Thelazia rhodesii* 8. *Schistosoma nasalis* 9. *Oesophagostomum radiatum* 10. *Syngamus laryngeus* 11. *Mecistocirrus digitatus* 12. *Fischoederius cobboldi* 13. *Bunostomum phlebotomum* 14. *Carmyerius spatiosus* 15. *Gastrothylax crumenifer* 16. *Cooperia pectinata* 17. *Toxocara vitulorum* 18. *Fischoederius elongatus*

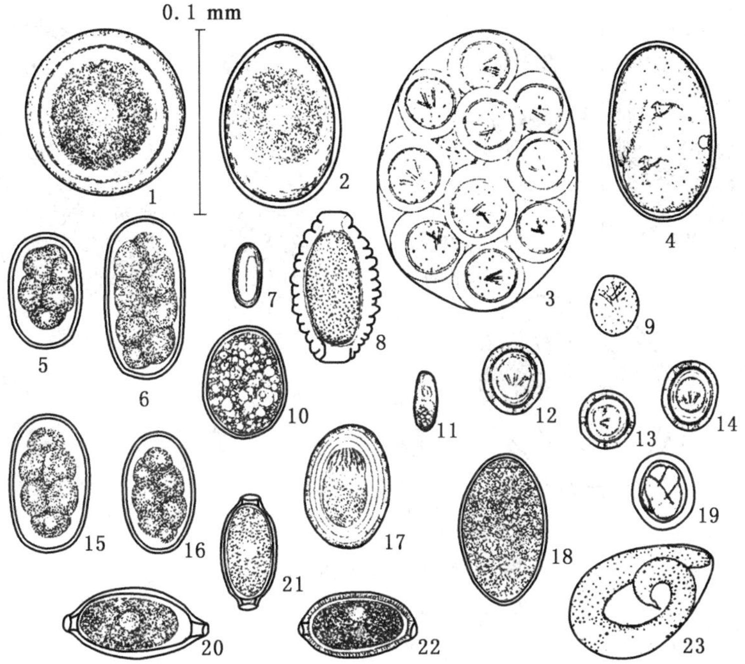

图 3　犬、狐寄生蠕虫卵(Mönnig)

1. *Toxocara canis*　2. *Toxascaris leonina*　3. *Dipylidium caninum*　4. *Linguatula serrata*　5. *Ancylostoma caninum*　6. *Ancylostoma braziliense*　7. *Spirocerca lupi*　8. *Dioctophyma renale*　9. *Mesocestoides lineatus*　10. *Diphyllobothrium latum*　11. *Euryhelmis squamula*　12. *Echinococcus granulosus*　13. *Taenia hydatigena*　14. *Taenia ovis*　15. *Uncinaria stenocephala*　16. *Necator americanus*　17. *Oncicola canis*　18. *Troglotrema salmincola*　19. *Physaloptera canis*　20. *Trichuris vulpis*　21. *Capillaria plica*　22. *Capillaria aerophila*　23. *Filaroides osleri*

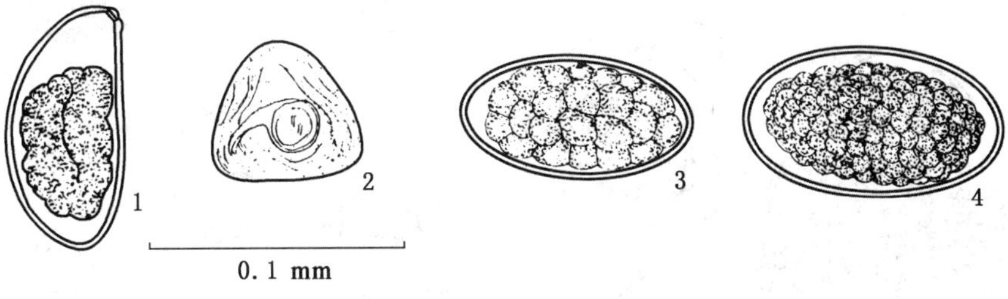

图 4　兔寄生蠕虫卵(Mönnig)

1. *Passalurus ambiguus*　2. *Cittotaenia ctenoides*

3. *Trichostrongylus retortaeformis*　4. *Graphidium strigosum*

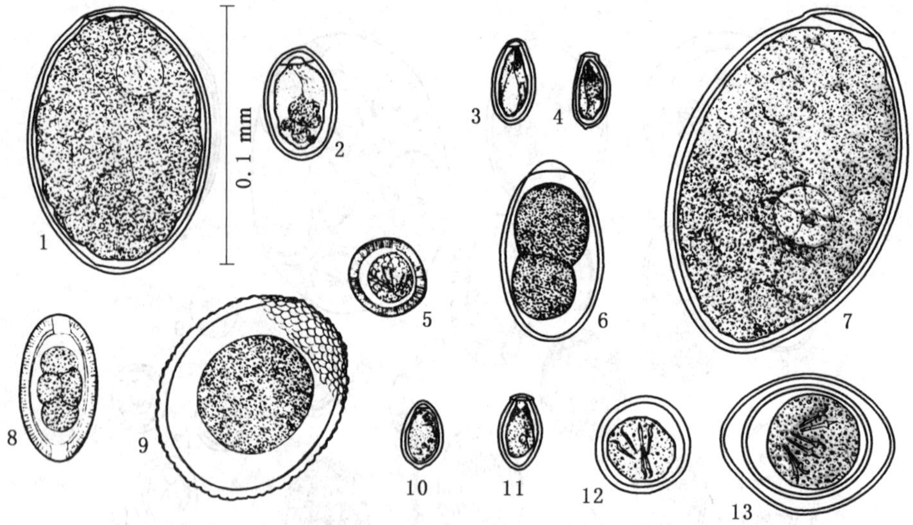

图 5 猫寄生蠕虫卵(Mönnig)

1. *Echinochasmus perfoliatus* 2. *Platynosomum concinnum* 3. *Opisthorchis sinensis* 4. *Opisthorchis tenuicollis* 5. *Taenia taeniaeformis* 6. *Gnathostoma spinigerum* 7. *Euparyphium melis* 8. *Capillaria hepatica* 9. *Toxocara mystax* 10. *Heterophyes heterophyes* 11. *Metagonimus yokogawai* 12. *Diplopylidium zchokkei* 13. *Foyeuxiella furhmanni*

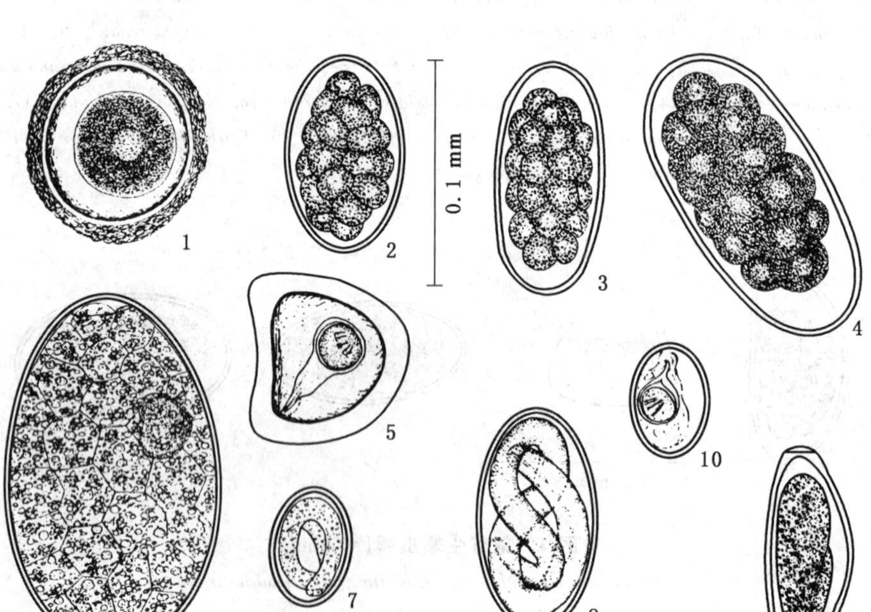

图 6 马寄生蠕虫卵(Mönnig)

1. *Ascaris equorum* 2. *Strongylus* spp. 3. *Trichonema* spp. 4. *Triodontophorus tenuicollis* 5. *Anoplocephala* spp. 6. *Gastrodiscus aegyptiacus* 7. *Strongyloides westeri* 8. *Dictyocaulus arnfieldi* 9. *Oxyuris equi* 10. *Paranoplocephala mamillana*

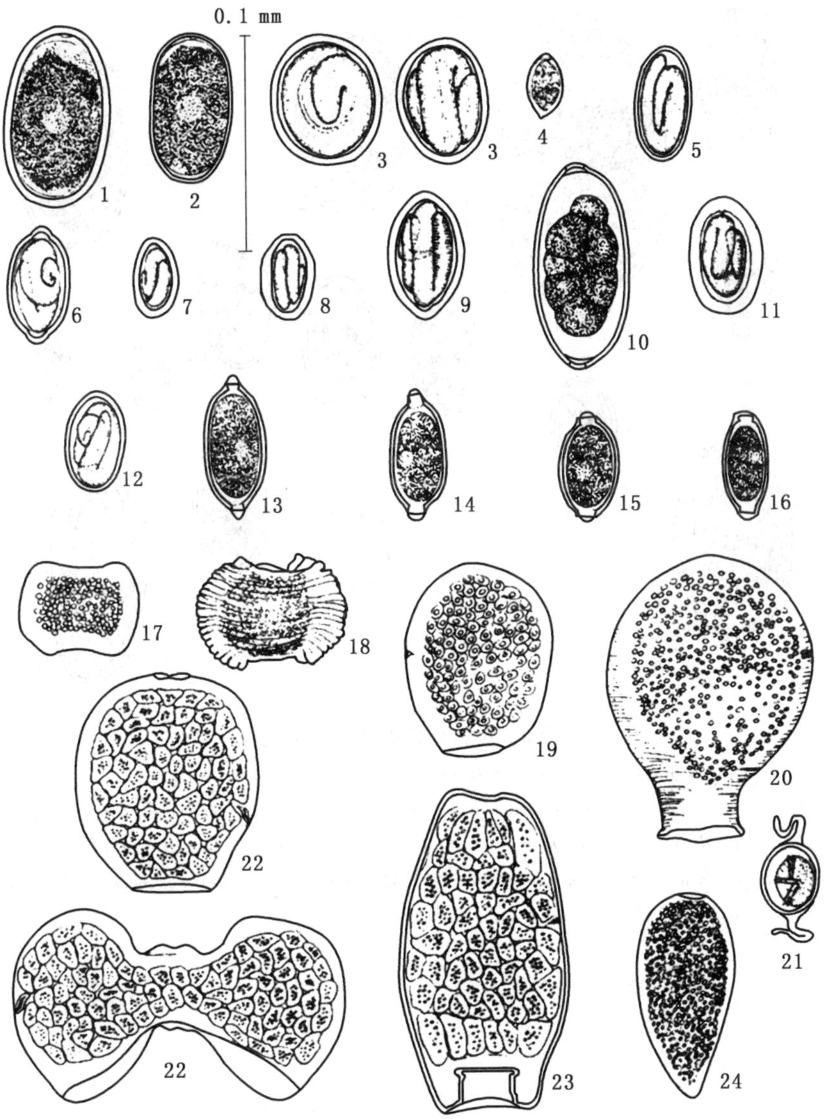

图 7　禽寄生蠕虫卵(Mönnig)

1. *Ascaridia galli*　2. *Heterakis gallinae*　3. *Subulura brumpti*　4. *Prosthogonimus* spp.　5. *Strongyloides avium*　6. *Tetrameres americana*　7. *Acuaria spiralis*　8. *Acuaria hamulosa*　9. *Gongylonema ingluvicola*　10. *Syngamus trachea*　11. *Hartertia gallinarum*　12. *Oxyspirura mansoni*　13. *Capillaria annulata*　14. *Capillaria retusa*　15. *Capillaria columbae*　16. *Capillaria longicollis*. Ripe segments of tapeworms(not drawn to scale)　17. *Amaebotaenia sphenoides*　18. *Hymenolepis carioca*　19. *Raillietina cesticillus*　20. *Choanotaenia infundibulum*　21. single egg of *C. infundibulum*　22. *Raillietina echinobothrida*　23. *Raillietina tetragona*　24. *Davainea proglottina*

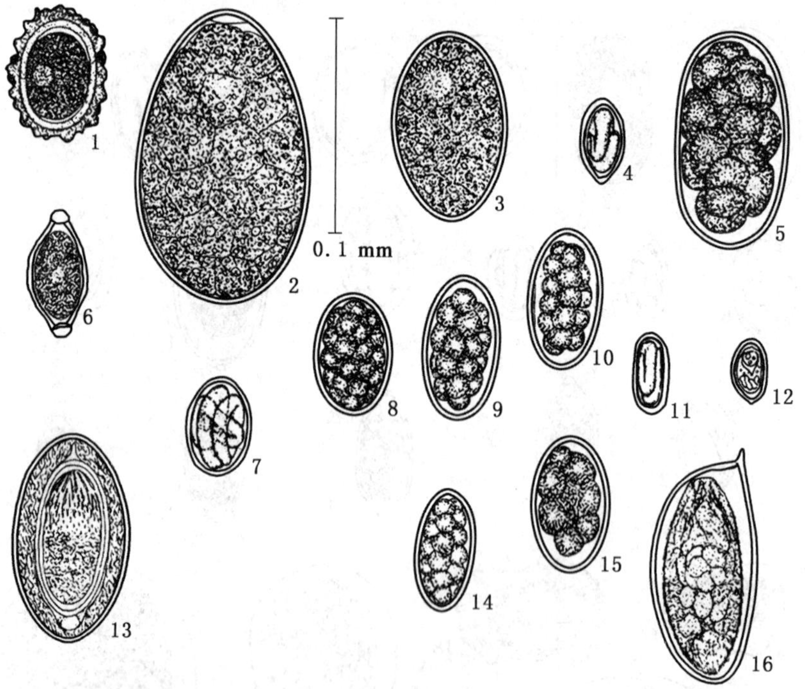

图 8 猪寄生蠕虫卵(Mönnig)

1. *Ascaris lumbricoides* 2. *Fasciolopsis buski* 3. *Paragonimus westermanii* 4. *Ascarops strongylina* 5. *Stephanurus dentatus* 6. *Trichuris trichiura* 7. *Metastrongylus apri* 8. *Bourgelatia diducta* 9. *Oesophagostomum dentatum* 10. *Hyostrongylus rubidus* 11. *Physocephalus sexalatus* 12. *Brachylaemus suis* 13. *Macracanthorhynchus hirudinaceus* 14. *Globocephalus connorfilii* 15. *Necator* spp. 16. *Schistosoma suis*

附录二　宿主及其寄生虫

人与其他灵长类动物

消化道

Trematodes　吸虫

Echinostoma hortense　圆圃棘口吸虫
Echinostoma ilocanum　伊族棘口吸虫
Echinostoma revolutum　卷棘口吸虫
Fasciolopsis buski　布氏姜片吸虫
Gastrodiscoides homini　人似腹盘吸虫
Heterophyes heterophyes　异形吸虫
Metagonimus yokogawi　横川后殖吸虫属
Nanophyetus schikhobalowi　希氏侏形吸虫
Opisthorchis sinensis　中华支睾吸虫

Cestodes　绦虫

Bertiella mucronata　古巴伯特绦虫
Bertiella studeri　萨氏绦虫
Diphyllobothrium dalliae　达林裂头绦虫
Diphyllobothrium dendriticus　树状裂头绦虫
Diphyllobothrium latum　宽节裂头绦虫
Diphyllobothrium minus　微小裂头绦虫
Diphyllobothrium pacificum　太平洋裂头绦虫
Diphyllobothrium strictum　狭小裂头绦虫
Diplogonoporus grandis　巨大殖孔绦虫
Dipylidium caninum　犬复孔绦虫
Hymenolepis nana　短膜壳绦虫
Inermicapsifer cubensis　古巴无头绦虫
Inermicapsifer madagascariensis　马达加斯加绦虫
Mesocestoides spp.　中殖孔绦虫属
Taenia saginata　牛带绦虫
Taenia solium　猪带绦虫

Nematodes 线虫

Ancylostoma braziliense　巴西钩口线虫
Ancylostoma caninum　犬钩口线虫
Ancylostoma ceylanicum　锡兰钩口线虫
Ancylostoma duodenale　十二指肠钩口线虫
Angiostrongylus costaricensis　脊形管圆线虫
Ascaris lumbricoides　人蛔虫
Ascaris suum　猪蛔虫
Capillaria philippinensis　菲律宾毛细线虫
Enterobius vermicularis　蠕形住肠蛲虫
Necator americanus　美洲板口线虫
Oesophagostomum aculeatum　有刺食道口线虫
Oesophagostomum bifurcatum　分叉结节线虫
Oesophagostomum stephanostomum　猩猩食道口线虫
Physaloptera caucasia　高加索泡翼线虫
Physaloptera dilitata　膨胀泡翼线虫
Physaloptera poicilometra　普奇洛米特泡翼线虫
Physaloptera tumefasciens　肿胀泡翼线虫
Streptopharagus armatus　有嵴链咽线虫
Strongyloides fuelleborni　费氏类圆线虫
Strongyloides stercoralis　粪类圆线虫
Trichinella spiralis　旋毛(线)虫
Trichostrongylus axei　艾克(氏)毛圆线虫
Trichostrongylus colubriformis　蛇形毛圆线虫
Trichostrongylus orientalis　东方毛圆线虫
Trichostrongylus probolurus　突尾毛圆线虫
Trichostrongylus vitrinus　透明毛圆线虫
Trichuris trichiura　鞭尾鞭虫

Acanthocephalan　棘头虫

Prosthenorchis elegans　秀丽前睾棘头虫
Prosthenorchis spicula　针状前睾棘头虫

Protozoa　原虫

Balantidium coli　结肠小袋纤毛虫
Chilomastix mesnili　迈氏唇鞭毛虫
Dientamoeba fragilis　脆双核阿米巴，脆弱双核阿米巴
Endolimax nana　小内蜒,微小内蜒变形虫
Entamoeba coli　结肠内阿米巴
Entamoeba gingivalis　龈内阿米巴
Entamoeba histolytica　溶组织内阿米巴,痢疾内变形虫
Entamoeba hartmanni　哈特曼内阿米巴

Enteromonas hominis 人肠滴虫
Giardia lamblia 兰伯贾第虫，肠兰伯鞭毛虫
Iodamoeba butschlii 布氏嗜碘阿米巴
Pentatrichomonas hominis 人五毛滴虫
Retortaemonas intestinalis 肠曲滴虫
Sarcocystis hominis 人肉孢子虫
Sarcocystis porcihominis 猪人肉孢子虫
Trichomonas fecalis 粪毛滴虫
Trichomonas tena 口腔毛滴虫

肝脏

Trematodes 吸虫
Athesmia foxi 福氏侧黄吸虫
Clonorchis sinensis 华支睾吸虫
Concinnum brumpti 布氏整洁吸虫
Dicrocoelium dendriticum 分支双腔吸虫
Fasciola hepatica 肝片吸虫
Opisthorchis tenuicollis 猫后睾吸虫
Pseudamphistomum truncatum 截形伪端盘吸虫
Schistosoma spp. 分体吸虫，血吸虫属
Cestodes 绦虫
Hydatid cyst 棘球囊，棘球蚴
Nematodes 线虫
Toxocara spp. 弓首蛔虫

循环系统

Trematodes 吸虫
Schistosoma bovis 牛分体吸虫
Schistosoma haematobium 埃及分体吸虫
Schistosoma japonicum 日本分体吸虫
Schistosoma mansoni 曼氏分体吸虫
Schistosoma mattheei 梅氏分体吸虫
Nematodes 线虫
Brugia malayi 马来布鲁丝虫
Brugia timori 帝汶布鲁丝虫
Dipetalonema perstans 常现双瓣线虫 常现棘唇线虫
Dipetalonema streptocerca 链尾棘唇线虫
Dirofilaria immitis 犬恶丝虫
Mansonella ozzardi 奥扎尔德线虫
Toxocara spp. 弓首蛔虫
Wuchereria bancrofti 班氏吴策线虫
Protozoa 原虫
Babesia divergens 分歧巴贝斯虫
Babesia microti 果氏巴贝斯虫
Babesia pitheci 狐尾猴巴贝斯虫
Babesia spp. 巴贝斯虫
Leishmania braziliensis braziliensis 巴西利什曼原虫巴西亚种
Leishmania braziliensis guyanensis 巴西利什曼原虫圭亚那亚种
Leishmania braziliensis panamensis 巴西利什曼原虫巴拿马亚种
Leishmania donovani 杜氏利什曼原虫
Leishmania infantum 婴儿利什曼原虫
Leishmania mexicana amazonensis 墨西哥利什曼原虫亚马逊亚种
Leishmania mexicana mexicana 墨西哥利什曼原虫墨西哥亚种
Leishmania mexicana pifano 墨西哥利什曼原虫披法依亚种
Leishmania peruviana 秘鲁利什曼原虫
Leishmania tropica 热带利什曼原虫
Plasmodium brasilianum 巴西疟原虫
Plasmodium coatneyi 柯[特内]氏疟原虫
Plasmodium cynomolgi 猴疟原虫
Plasmodium eylesi 艾氏疟原虫
Plasmodium falciparum 镰状疟原虫，恶性疟原虫
Plasmodium gonderi 岗[德尔]氏疟原虫
Plasmodium inui 猴疟原虫
Plasmodium knowlesi 诺尔斯(氏)疟原虫
Plasmodium kochi 柯赫疟原虫(猩猩)
Plasmodium malariae 三日疟原虫
Plasmodium ovale 卵形疟原虫
Plasmodium reichenowi 里[赫诺夫]氏疟原虫
Plasmodium rodhaini 罗氏疟原虫
Plasmodium schwetzi 许氏疟原虫
Plasmodium simium 吼猴疟原虫
Plasmodium vivax 间日疟原虫
Pneumocystis carinii 卡氏肺囊虫
Toxoplasma gondii 龚地弓形体虫
Trypanosome cruzi 枯氏锥虫
Trypanosome diasi 迭氏锥虫
Trypanosome gambiense 冈比亚锥虫
Trypanosome minasense 米纳斯锥虫
Trypanosome primatum 灵长类锥虫

Trypanosome rangeli 兰氏锥虫
Trypanosome rhodesiense 罗德西亚锥虫
Trypanosome saimirii 赛米氏锥虫
Trypanosome sanmartini 血锥虫

呼吸系统

Trematodes 吸虫
Paragonimus westermanii 卫氏并殖吸虫
Cestodes 绦虫
Hydatid cyst 棘球囊，棘球蚴
Nematodes 线虫
Filaroides cebus 悬猴类丝虫
Filaroides gordius 戈氏类丝虫
Metastrongylus apri 猪圆线虫
Metathelazia ascaroides 蛔次吸吮线虫
Leeches 水蛭
Dinobdella ferox 恐蛭
Limnatis Africana 非洲软水蛭
Protozoa 原虫
Toxoplasma gondii 龚地弓形虫
Arthropods 节肢动物
Pneumonyssus simicola 猴肺刺螨

泌尿系统

Nematodes 线虫
Dioctophyma renale 肾膨结线虫
Protozoa 原虫
Trichomonas macacovaginae 狐猿阴道毛滴虫
Trichomonas vaginalis 阴道毛滴虫

皮肤和皮下组织

Cestodes 绦虫
Sparganum mansoni 曼氏裂头蚴
Nematodes 线虫
Anatrichosoma cutaneum 皮肤安纳毛体线虫
Dirofilaria corynodes 猴恶丝虫
Dracunculus medinensis 麦地那龙线虫
Gnathostoma spinigerum 棘颚口线虫
Loa loa 非洲眼线虫,罗阿丝虫
Leeches 水蛭
Hirudo medicinalis 医蛭
Limnatis Africana 非洲软水蛭
Arthropods 节肢动物
Argas persicus 波斯锐缘蜱
Auchmeromyia luteola (larva) 黄燥蝇，黄火蝇(蛆)
Callitroga hominivorax (larva) 嗜人锥蝇
Ceratophyllus gallinae 鸡角叶蚤
Cordylobia anthropophaga (larva) 嗜人瘤蝇
Demodex folliculorum 牛蠕螨
Dermacentor spp. 革蜱
Dermatobia hominis (larva) 人皮蝇
Gastrophilis intestinalis (larva) 肠胃蝇
Haemsphysalis leporispalustris 野兔血蜱
Hypoderma bovis (larva) 牛皮蝇
Hypoderma lineata (larva) 纹皮蝇
Ixodex spp. 硬蜱
Ornithdoros moubata 毛白钝缘蜱
Ornithdoros turicata 回归热钝缘蜱
Ornithonyssus bacoti 巴氏禽刺螨
Ornithonyssus bursa 囊禽刺螨
Ornithonyssus sylvarium 林禽刺螨
Otobius megnini 刺耳扁虱牛残缘蜱,耳残缘蜱
Paracoroptes allenopitheci 短肢猴拟皮螨
Pedicinus erygaster 红灰梗节虱
Pedicinus mjobergi 米氏梗节虱
Pedicinus obtusus obtusus 圆头梗节虱
Pedicinus patas 赤猴虱
Pediculus humanus 人虱
Phthirus pubis 阴虱
Prosarcoptes faini 法依尼原疥螨
Prosarcoptes pitheci 狐尾猴原疥螨
Pulex irritans 人蚤，扰蚤
Sarcoptes scabiei 人疥螨
Trombicula spp. 恙螨
Tunga penetrans 穿皮蚤骚

肌肉及肌腱

Cestodes 绦虫
Cysticercus cellulosae 猪囊尾蚴
Nematodes 线虫
Trichinella spiralis 旋毛(线)虫
Protozoa 原虫
Neospora caninum 犬新孢子虫
Sarcocystis kortei 猴肉孢子虫

Sarcocystis lindenmanni 林氏肉孢子虫
Sarcocystis nesbitti 内氏肉孢子虫
Toxoplasma gondii 龚地弓形虫

眼

Nematodes 线虫
Dirofilaria conjunctivae 结膜恶丝虫
Thelazia callipaeda 结膜丽嫩吸吮线虫
Toxocara spp. (larva) 弓首线虫(幼虫)
Arthropods 节肢动物
Oestrus ovis (larva) 羊狂蝇(蛆)
Protozoa 原虫
Toxoplasma gondii 龚地弓形虫

中枢神经系统

Cestodes 绦虫
Taenia solium (*Cysticercus cellulosae*) 猪带绦虫(猪囊尾蚴)
Nematodes 线虫
Angiostrongylus cantonensis 广州管圆线虫
Protozoa 原虫
Hydatid cyst 棘球蚴,棘球夹
Naegleria fowleri 福乐耐格里原虫
Neospora caninum 犬新孢子虫
Toxoplasma gondii 龚地弓形虫

浆膜腔

Nematodes 线虫
Dipetalonema gracile 细薄双瓣线虫
Dipetalonema marmosetae 绒双瓣线虫
Dipetalonema obtuse 钝双瓣线虫
Dipetalonema perstans 常现双瓣线虫
Dipetalonema tamarinae 小涓猴双瓣线虫
Mansonella ozzardi 奥兹曼森线虫

马、驴、骡

消化道

Trematodes 吸虫
Gastrodiscus aegyptiacus 埃氏腹盘吸虫
Gastrodiscus secundus 偏腹盘吸虫
Pseudodiscus collinsi 柯氏伪盘吸虫,马假伪盘吸虫
Cestodes 绦虫
Anoplocephala magna 大裸头绦虫
Anoplocephala perfoliata 叶状裸头绦虫
Paranoplocephala mamillana 侏儒副裸头绦虫
Nematodes 线虫
Cooperia oncophora 肿孔古柏线虫,点状古柏线虫
Craterostomum acuticaudatum 锐尾盆口线虫
Craterostomum tenuicauda 细尾盆口线虫
Cyathostomum spp. 杯口属线虫
Cylicocyclus spp. 杯环属线虫
Cylicodontophorus spp. 双冠属线虫
Cylicostephanus spp. 杯冠属线虫
Draschia megastoma 大口德拉斯线虫
Gongylonema pulchrum 美丽筒线虫
Gyalocephalus capitatus 头状辐首线虫
Habronema majus 小口胃线虫
Habronema muscae 蝇柔线虫
Oesophagodontus robustus 粗壮食管齿线虫
Oxyuris equi 马尖尾线虫,马蛲虫
Oxyuris poculum 杯状尖尾线虫
Oxyuris tenuicauda 细尾尖尾线虫
Parascaris equorum 马副蛔虫
Poteriostomum spp. 杯口属线虫
Probstmayria vivipara 胎生普氏线虫
Rhabditis ginggivalis 齿龈小杆线虫
Strongyloides westeri 韦氏类圆线虫
Strongylus asini 驴圆线虫
Strongylus edentatus 无齿圆线虫
Strongylus equines 马圆线虫
Strongylus vulgaris 普通圆线虫
Trichonema spp. 毛线属线虫
Trichostrongylus axei 艾克毛圆线虫
Triodontophorus brevicauda 短尾三齿线虫
Triodontophorus minor 小三齿线虫
Triodontophorus serratus 锯齿三齿线虫
Triodontophorus tenuicollis 细颈三齿线虫
Arthropods 节肢动物
Gasterophilus haemorrhoidalis (larva) 红尾胃蝇(蛆)
Gasterophilus inermis (larva) 小无刺胃蝇(蛆)
Gasterophilus intestinalis (larva) 肠胃蝇(蛆)

Gasterophilus meridionalis　鲇南方胃蝇(蛆)
Gasterophilus nasalis (larva)　喉鼻胃蝇(蛆)
Gasterophilus nigricornis　黑角胃蝇(蛆)
Gasterophilus pecorum (larva)　兽胃蝇(蛆)

Protozoa　原虫
Chilomastix equi　马唇鞭毛虫
Eimeria leuckarti　鲁氏留氏艾美球虫
Eimeria solipedum　奇蹄兽艾美球虫
Eimeria uniungulati　单蹄兽艾美球虫
Entamoeba equibuccalis　马小颊马内阿米巴
Entamoeba equi　马内阿米巴
Entamoeba gedoelsti　格多尔斯特氏内阿米巴
Giardia equi　马贾第鞭毛虫
Trichomonas caballi　马毛滴虫
Trichomonas equibuccalis　马颊毛滴虫
Tritichomonas equi　马三毛滴虫

肝脏

Trematodes　吸虫
Dicrocoelium dendriticum　分支双腔吸虫
Fasciola gigantica　大片形吸虫
Fasciola hepatica　肝片形吸虫
Fascioloides magna　大拟片形吸虫

Cestodes　绦虫
Hydatid cyst　棘球蚴，棘球囊
Taenia hydatigena (*Cysticercus tenuicollis*)　水泡绦虫(细颈囊尾蚴)

循环系统

Trematodes　吸虫
Ornithobilharzia turkestanicum　土耳其斯坦东毕吸虫
Schistosoma bovis　牛分体吸虫
Schistosoma indicum　印度分体吸虫
Schistosoma intercalatum　间插分体吸虫
Schistosoma japonicum　日本分体吸虫
Schistosoma margrebowiei　马氏分体吸虫
Schistosoma mattheei　梅氏分体吸虫
Schistosoma nasalis　鼻腔分体吸虫

Nematodes　线虫
Elaeophora bohmi　伯氏血管线虫
Strongylus vulgaris (larva)　普通圆形线虫(幼虫)

Protozoa　原虫
Babesia caballi　驽巴贝斯虫
Babesia equi　马巴贝斯虫
Neospora hughesi　胡氏新孢子虫
Trypanosoma brucei　布鲁斯锥虫
Trypanosoma congolense　刚果锥虫
Trypanosoma dimorphon　双态锥虫，二形锥虫
Trypanosoma equinum　马锥虫
Trypanosoma equiperdum　马媾疫锥虫
Trypanosoma evansi　伊氏锥虫
Trypanosoma vivax　活跃锥虫

泌尿生殖系统

Nematodes　线虫
Dioctophyma renale　肾膨结线虫

Protozoa　原虫
Klossiella equi　马克洛西埃拉孢子虫
Trypanosoma equiperdum　马媾疫锥虫

呼吸系统

Trematodes　吸虫
Schistosoma nasalis　鼻腔分体吸虫

Cestodes　绦虫
Hydatid cyst　棘球蚴，棘球囊

Nematodes　线虫
Dictyocaulus arnfieldi　安氏网尾线虫
Habronema spp. (larva)　柔线虫(幼虫)

Leeches　水蛭
Limnatis nilotica　尼罗河水蛭

Arthropods　节肢动物
Rhinoestrus purparensis (larva)　鼻狂蝇(蛆)

皮肤与皮下组织

Nematodes　线虫
Dracunculus medinensis　麦地那龙线虫
Habronema spp. (larva)　柔线虫(幼虫)
Parafilaria multipapillosa　多乳突副丝虫

Leeches　水蛭
Limnatis nilotica　尼罗河水蛭

Arthropods　节肢动物
Amblyomma americanus　美洲花蜱
Amblyomma cajennense　卡延花蜱
Amblyomma hebraeum　希伯来花蜱

Amblyomma imitator 摹仿花蜱
Amblyomma maculatum 斑点花蜱
Boophilus annulatus 具环牛蜱
Boophilus decoloratus 消色牛蜱
Boophilus microplus 微小牛蜱
Callitroga hominivorax(larva) 螺旋嗜人锥蝇
Chorioptes equi 马足螨
Chrysomyia bezziana(larva) 白氏金蝇(蛆)
Damalinia equi 马畜虱
Demodex equi 马蠕形螨
Dermacentor albipictus 白纹革蜱
Dermacentor nigrolineatus 棕色革蜱
Dermacentor nitens 闪光革蜱
Dermacentor occidentalis 西海岸革蜱
Dermacentor reticulates 网纹革蜱
Dermacentor venustus 美丽革蜱
Haematopinus asiniasina 驴血虱
Hippobosca equine 马虱蝇
Hippobosca maculate 斑点虱蝇
Hippobosca rufipes 牛虱蝇
Hypoderma bovis(larva) 牛皮蝇(蛆)
Hypoderma lineate(larva) 纹皮蝇(蛆)
Ixodes canisuga 犬硬蜱
Ixodes cookie 库克硬蜱
Ixodes pacificus 太平洋岸硬蜱
Ixodes ricinus 蓖子硬蜱
Ixodes scapularis 肩突黑足硬蜱
Margaropus winthemi 温氏巨肢蜱
Otobius megnini 梅格宁残喙蜱
Psoroptes equi 马痒螨
Psoroptes hippotis 马耳痒螨
Rhipicephalus appendiculatus 具尾扇头蜱
Rhipicephalus bursa 囊状扇头蜱
Rhipicephalus evertsi 外翻扇头蜱
Sarcoptes scabiei 人疥螨
Trombicula spp. 恙螨
Vermipsylla alacurt 花蠕形蚤
Vermipsylla dorcadia 蹬羚蠕形蚤
Vermipsylla ioffi 约费蠕形蚤
Vermipsylla perplexa 似花蠕形蚤

Protozoa 原虫
Besnoitia bennetti 贝氏贝诺孢子虫

肌肉及肌腱

Nematodes 线虫
Onchocerca cervicalis 颈蟠尾线虫
Onchocerca raillieti 雷林特盘蟠尾丝虫
Onchocerca reticulate 网状蟠尾丝虫

Protozoa 原虫
Neospora hughesi 胡氏新孢子虫
Sarcocystis bertrami 马住肉孢子虫
Sarcocystis fayeri 法依尔肉孢子虫
Toxoplasma gondii 龚地弓形虫

眼

Nematodes 线虫
Setaria equine(*microfilariae*) 马丝状线虫(微丝蚴)
Thelazia lacrymalis 有泪吸吮线虫

中枢神经系统

Cestodes 绦虫
Hydatid cyst 棘球囊,棘球蚴
Coenurus cerebralis 脑多头蚴

Nemadodes 线虫
Micronema deletrix 破坏微线虫
Setaria digitata 指形丝状线虫
Neospora hughesi 胡氏新孢子虫

浆膜腔

Cestodes 绦虫
Cysticercu tenuicollis 细颈囊尾蚴

Nemadodes 线虫
Setaria equina 马丝状线虫

绵羊、山羊、鹿、羚羊

消化道

Trematodes 吸虫
Calicophoron calicophorun 杯殖吸虫
Calicophoron cauliorchis 茎睾杯殖吸虫
Calicophoron raja 鳐杯殖吸虫
Ceylonocotyle scoliocoelium 侧肠锡叶吸虫

Ceylonocotyle streptocoelium 链肠锡叶吸虫
Cotylophoron cotylophorum 殖盘吸虫
Cymbiforma indica 印度舟形吸虫
Gastrothylax crumenifer 荷包腹袋吸虫
Ogmocotyle indica 印度槽盘吸虫
Paramphistomum cervi 鹿同盘吸虫
Paramphistomum ichikawai 市川同盘吸虫
Paramphistomum microbothrioides 似小盘同盘吸虫
Paramphistomum microbothrium 小盘同盘吸虫
Platynosomum ariestis 绵羊扁体吸虫
Skrjabinotrema ovis 羊斯孔吸虫

Cestodes 绦虫
Avitellina centripunctata 中点无卵黄腺绦虫
Avitellina chalmersi 钱氏无卵黄腺绦虫
Avitellina goughi 古氏无卵黄腺绦虫
Avitellina tatia 塔提无卵黄腺绦虫
Moniezia benedeni 贝氏莫尼茨绦虫
Moniezia expansa 扩展莫尼茨绦虫
Stilesia globipunctata 球点斯泰勒绦虫
Thysaniezia giardi 盖氏曲子宫绦虫
Thysanosoma actinoides 放射繸体绦虫

Nematoes 线虫
Agriostomum cursoni 柯索氏旷口线虫
Agriostomum equidentatum 马旷口线虫
Bunostomum trigonocephalum 羊仰口线虫
Capillaria longipes 长刺毛细线虫
Chabertia ovina 绵羊夏氏伯特线虫
Cooperia curticei 柯氏库柏线虫
Cooperia oncophora 肿孔古柏线虫
Cooperia pectinata 栉状古柏线虫
Cooperia punctata 斑点古柏线虫
Cooperia spatulata 匙形库柏线虫
Cooperia surnabada 敕拿巴古柏线虫
Gaigeria pachyscelis 粗肋盖杰线虫
Gongylonema monnigi 孟氏筒线虫
Gongylonema pulchrum 美丽筒线虫
Gongylonema verrucosum 多瘤筒线虫
Haemonchus bedfordi 贝氏血矛线虫
Haemonchus contortus 捻转血矛线虫
Haemonchus dinniki 金氏血矛线虫
Haemonchus krugeri 克氏血矛线虫
Haemonchus larwrenci 劳氏血矛线虫
Haemonchus mitchelli 米奇耳血矛线虫
Haemonchus placei 柏氏血矛线虫
Haemonchus similes 似血矛线虫
Haemonchus vegliai 韦氏血矛线虫
Longistrongylus meyeri 迈氏长圆线虫
Marshallagia dentispicularis 牙刺马歇尔线虫
Marshallagia marshalli 马氏马歇尔线虫
Marshallagia mongolica 蒙古马歇尔线虫
Marshallagia orientalis 东方马歇尔线虫
Marshallagia schikhobalovi 希氏马歇尔线虫
Mecistocirrus digitatus 指形长刺线虫
Nematodirus abnormalis 畸形细颈线虫
Nematodirus andreevi 安得氏细颈线虫
Nematodirus battus 巴氏细颈线虫
Nematodirus filicollis 丝颈细颈线虫
Nematodirus helvetianus 贺氏细颈线虫
Nematodirus hsuei 熊氏细颈线虫
Nematodirus longispiculata 长刺细颈线虫
Nematodirus odocoelei 奥氏线虫
Nematodirus spathiger 匙形细颈线虫
Nematodirus tarandi 塔氏细颈线虫
Oesophagostomum aspersum 粗纹食道口线虫
Oesophagostomum columbianum 哥伦比亚食道口线虫
Oesophagostomum multifoliatum 多叶食管口线虫
Oesophagostomum okapi 奥氏食道口线虫
Oesophagostomum venulosum 微管食道口线虫
Oesophagostomum walkeri 沃克食道口线虫
Ostertagia circumcincta 普通奥斯特线虫
Ostertagia hamata 钩形奥斯特线虫
Ostertagia leptospicularis 细刺奥斯特线虫
Ostertagia lyrata 竖琴奥斯特线虫
Ostertagia orloffi 奥氏奥斯特线虫
Ostertagia ostertagi 奥氏奥斯特线虫
Ostertagia pinnata 羽状奥斯特线虫
Ostertagia podjapolskyi 波氏奥斯特线虫
Ostertagia trifurcate 三叉奥斯特线虫
Pseudostertagia bullosa 泡状假斯特线虫
Skrjabinagia dagestanica 德杰斯坦尼卡斯克里亚宾线虫
Skrjabinagia kolchida 柯奇斯克里亚宾线虫
Skrjabinagia popovi 朴氏斯克里亚宾线虫
Skrjabinema africana 非洲斯克里亚宾线虫
Skrjabinema alata 有翼斯克里亚宾线虫

Skrjabinema caprae 山羊斯克里亚宾线虫
Skrjabinema ovis 羊斯克里亚宾线虫
Skrjabinema tarandi 特伦氏斯克里亚宾线虫
Spiculopteragia bohmi 拨氏刺翼线虫
Spiculopteragia spiculoptera 有刺刺翼线虫
Strongyloides papillosus 乳突类圆线虫
Teladorsagia davtiani 达氏膜背线虫
Trichostrongylus affinis 联邻毛圆线虫
Trichostrongylus axei 艾氏毛圆线虫
Trichostrongylus capricola 山羊毛圆线虫
Trichostrongylus colubriformis 蛇形毛圆线虫
Trichostrongylus drepanoformis 镰形毛圆线虫
Trichostrongylus falculatus 镰状毛圆线虫
Trichostrongylus hamatis 钩状毛圆线虫
Trichostrongylus longispicularis 长刺毛圆线虫
Trichostrongylus orientalis 东方毛圆线虫
Trichostrongylus probolurus 突尾毛线虫
Trichostrongylus retortaeformis 曲颈瓶形毛圆线虫
Trichostrongylus rugatus 皱纹毛圆线虫
Trichostrongylus skrjabini 斯氏毛圆线虫
Trichostrongylus vitrinus 脆弱毛圆线虫
Trichuris discolor 异色毛首线虫
Trichuris globulosa 球鞘毛首线虫
Trichuris ovis 羊毛首线虫

Protozoa 原生动物
Chilomastix caprae 山羊唇鞭毛虫
Cryptosporidium agni 阿格纳氏隐孢子虫
Eimeria ninakohlyakimovae 尼娜柯雅克艾美耳球虫
Eimeria absata 阿萨塔艾美耳球虫
Eimeria arkhari 阿克哈艾美耳球虫
Eimeria arloingi 阿氏艾美球耳虫
Eimeria christenseni 克氏艾美耳球虫
Eimeria crandallis 槌状艾美耳球虫
Eimeria danielle 丹妮饵艾美耳球虫
Eimeria faurei 福氏艾美球虫
Eimeria gilruthi 吉氏艾美耳球虫
Eimeria gonzalezi 冈萨雷斯艾美耳球虫
Eimeria granulosa 颗粒艾美耳球虫
Eimeria hawkinsi 霍金斯艾美耳球虫
Eimeria intricata 错乱艾美耳球虫
Eimeria marsica 马耳斯卡艾美耳球虫
Eimeria ovina 绵羊艾美耳球虫
Eimeria pallida 苍白艾美耳球虫
Eimeria parva 小型艾美耳球虫
Eimeria punctata 斑点艾美耳球虫
Eimeria weybridgensis 韦布里奇艾美耳球虫
Entamoeba ovis 绵羊内阿米巴
Giardia caprae 羊贾第虫
Retortamonas ovis 羊内滴虫
Tetratrichomonas ovis 羊四毛滴虫

肝脏

Trematodes 吸虫
Cymbiforma indica 印度槽盘吸虫
Dicrocoelium dendriticum 分支岐腔吸虫
Eurytrema pancreaticum 胰阔盘吸虫
Fasciola gigantica 大片吸虫
Fasciola hepatica 肝片吸虫
Fascioloides magna 大拟片吸虫
Parafasciolopsis fasciolaemorpha 片形副片形吸虫

Cestodes 绦虫
Hydatid cyst 棘球囊,棘球蚴
Stilesia globipunctata 球点斯泰勒绦虫
Stilesia hepatica 獐耳细辛斯泰勒绦虫
Taenia hydatigena (*Cysticercus tenuicollis*) 水泡绦虫(细颈囊尾蚴)
Thysanosoma actinioides 放射状繸体绦虫

循环系统

Trematodes 吸虫
Ornithobilharzia turkestanicum 土耳其斯坦鸟毕吸虫
Schistosoma bovis 牛分体吸虫
Schistosoma indicum 印度分体吸虫
Schistosoma intercalatum 刚果分体吸虫
Schistosoma japonicum 日本分体吸虫
Schistosoma margrebowiei 马氏分体吸虫
Schistosoma mattheei 梅氏分体吸虫
Schistosoma nasalis 鼻腔裂分体吸虫
Schistosoma spindale 梭形分体吸虫

Nematodes 线虫
Elaephora schneideri 施氏血管线虫
Parelaphostrongylus ododoilei 奥德氏拟马鹿圆线虫

Protozoa 原虫

Anaplasma ovis　绵羊无形原体
Babesia foliata　叶形巴贝斯虫
Babesia motasi　莫氏巴贝斯虫
Babesia ovis　绵羊巴贝斯虫
Babesia taylori　泰勒巴贝斯虫
Cytauxzoon taurotragi　陶若氏胞殖原虫
Cytauxzoon sylvicaprae　灰色遁羚胞殖原虫
Haematoxenus separatus　分离血异原虫
Neospora caininum　犬新孢子虫
Theileria cervi　鹿泰勒虫
Theileria hirci　羊泰累尔氏梨浆虫
Theileria ovis　卵形泰累尔梨浆虫
Theileria tarandi　塔雷特氏泰勒虫
Toxoplasma gondii　龚地弓形虫
Trypanosoma brucei　布氏锥虫
Trypanosoma congolense　刚果锥虫
Trypanosoma dimorphon　二形锥虫
Trypanosoma evansi　伊氏锥虫
Trypanosoma melophagium　蜱蝇锥虫
Trypanosoma theodori　山羊锥虫
Trypanosoma uniforme　类活动锥虫
Trypanosoma vivax　活跃锥虫

呼吸系统

Trematodes　吸虫
Paragonimus kellicotti　克氏并殖吸虫
Paragonimus westermanii　卫氏并殖吸虫
Schistosoma nasalis　鼻腔分体吸虫
Cestodes　绦虫
Hydatid cyst　棘球囊,棘球蚴
Nematodes　线虫
Bicaulus sagittatus　具矢岐尾线虫
Bicaulus schulzi　舒氏岐尾线虫
Cystocaulus nigrescens　黑色囊尾线虫
Cystocaulus ocreatus　带鞘囊尾线虫
Dictyocaulus filarial　丝状网尾线虫
Mammomonogamus laryngeus　咽兽单翼线虫
Mammomonogamus nasicola　鼻腔兽单翼线虫
Muellerius capillaries　毛细缪勒线虫
Neostrongylus linearis　线形新圆线虫
Protostrongylus brevispiculum　短刺原圆线虫
Protostrongylus davtiani　达氏原圆线虫
Protostrongylus hobmaieri　何氏原圆线虫
Protostrongylus kochi　柯氏原圆线虫
Protostrongylus rufescens　红色原圆线虫
Protostrongylus rushi　汝氏原圆线虫
Protostrongylus skrjabini　斯氏原圆线虫
Protostrongylus stilesi　司氏原圆线虫
Spiculocaulus austriacus　奥地利刺尾线虫
Spiculocaulus kwongi　邝氏刺尾线虫
Spiculocaulus leuckarti　鲁氏刺尾线虫
Spiculocaulus orloffi　奥氏刺尾线虫
Arthropods　节肢动物
Cephenemyia alrichii(larva)　奥瑞氏鹿头狂蝇(蛆)
Cephenemyia auribarbis(larva)　奥瑞巴鹿头狂蝇(蛆)
Cephenemyia jellisoni(larva)　杰氏鹿头狂蝇(蛆)
Cephenemyia opicata(larva)　奥坡卡鹿头狂蝇(蛆)
Cephenemyia phobifer(larva)　费比菲尔鹿头狂蝇(蛆)
Cephenemyia pratti(larva)　坡染氏鹿头狂蝇(蛆)
Cephenemyia stimulator(larva)　刺激鹿头狂蝇(蛆)
Cephenemyia trompe(larva)　驯鹿头狂蝇(蛆)
Oestrus ovis(larva)　羊狂蝇(蛆)
Protozoa　原虫
Toxoplasma gondii　龚地弓形虫

皮肤与皮下组织

Nematodes　线虫
Cutifilaria wenki　温氏副丝虫
Elaeophora schneideri　施氏血管线虫
Parafilaria antipini　安替氏副丝虫
Wehrdikmansia cervipedis　鹿足韦尔迪曼虫
Wehrdikmansia flexuosa　锯齿韦尔迪曼虫
Wehrdikmansia rugosicauda　玫瑰尾韦尔迪曼虫
Arthropods　节肢动物
Amblyomma americanum　美洲花蜱
Amblyomma cajennense　卡延花蜱
Amblyomma hebraeum　希伯来花蜱
Amblyomma maculatum　斑点花蜱
Amblyomma variegatum　彩饰花蜱
Boophilus decoloratus　消色牛蜱
Boophilus microplus　微小牛蜱
Bovicola painei　痛苦牛羽虱
Calliphora albifrontalis(larva)　白额丽蝇(蛆)
Calliphora augur(larva)　蝗丽蝇(蛆)

Calliphora australis (larva) 南极光丽蝇(蛆)
Calliphora erythrocephala (larva) 红头丽蝇(蛆)
Calliphora fallax (larva) 下落丽蝇(蛆)
Calliphora nociva (larva) 凹陷丽蝇(蛆)
Calliphora stygia (larva) 幽暗丽蝇(蛆)
Calliphora vomitoria (larva) 黑颊丽蝇(蛆),反吐丽蝇(蛆)
Callitroga hominivorax (larva) 食人锥蝇(蛆)
Chorioptes ovis 绵羊足螨
Chorioptes texanus 德州足螨
Chrysomyia albiceps (larva) 白头金蝇(蛆)
Chrysomyia bezziana (larva) 倍氏金蝇(蛆)
Chrysomyia chloropyga (larva) 绿尾金蝇(蛆)
Chrysomyia micropogon 微须金蝇
Chrysomyia rufifacies (larva) 红面金蝇
Damalinia caprae 山羊毛虱
Damalinia limbata 花边毛虱
Damalinia ovis 绵羊毛虱
Demodex ovis 绵羊蠕形螨
Dermacentor nitens 光亮革蜱
Dermacentor occidentalis 西方革蜱
Dermacentor variabilis 变异革蜱
Dermacentor venustus 风雅革蜱
Dermatobia hominis (larva) 人皮蝇(蛆)
Haemaphysalis cinnabarina 朱红血蜱
Haemaphysalis leporispalustris 野兔血蜱
Hydrotaea irritans 刺激股蝇(蛆)
Hypoderma actaeon (larva) 亚克托安皮蝇(蛆)
Hypoderma ageratum (larva) 藿香皮蝇(蛆)
Hypoderma capreola (larva) 卷曲皮蝇(蛆)
Hypoderma crossi (larva) 克氏皮蝇(蛆)
Hypoderma dianadiana (larva) 鹿皮蝇(蛆)
Hypoderma moschiferi (larva) 莫氏皮蝇(蛆)
Hypoderma silenus (larva) 森林皮蝇(蛆)
Ixodes pacificus 太平洋硬蜱
Ixodes persulcatus 全沟硬蜱
Ixodes pilosus 多毛硬蜱
Ixodes ricinus 蓖子硬蜱
Ixodes rubicundus 浅红硬蜱
Ixodes scapularis 肩突硬蜱
Linognathus africanus 非洲长颚虱
Linognathus ovillus 绵羊长颚虱
Linognathus pedalis 有足长颚虱
Linognathus stenopsis 狭面长颚虱
Lucilia caesar (larva) 凯撒绿蝇(蛆)
Lucilia caeson (larva) 簇生绿蝇(蛆)
Lucilia illustris (larva) 亮绿蝇(蛆)
Lucilia sericata (larva) 丝光绿蝇(蛆)
Melophagus ovinus 绵羊虱蝇
Microcalliphora varipes (larva) 变异微小丽蝇(蛆)
Oedemagena tarandi (larva) 驯鹿肿蝇(蛆)
Ornithodoros lahorensis 拉河钝缘蜱
Ornithodoros moubata 毛白钝缘蜱
Otobius megnini 梅氏耳蜱
Phormia regina (larva) 女王黑花蝇(蛆)
Phormia terraenovae (larva) 新陆黑花蝇(蛆)
Psoroptes caprae 山羊痒螨
Psoroptes cervinus 鹿痒螨
Psoroptes ovis 羊痒螨
Rhipicephalus appendiculatus 具尾扇头蜱
Rhipicephalus evertsi 外翻扇头蜱
Rhipicephalus sanguineus 血红扇头蜱
Sarcoptes scabiei 疥螨
Trombicula sarcina 八叠恙螨
Vermipsylla alacurt 花蠕形蚤
Vermipsylla dorcadia 瞪羚蠕形蚤
Vermipsylla ioffi 尤氏蠕形蚤
Vermipsylla perplexa 似花蠕形蚤

肌肉及肌腱

Cestodes 绦虫
Taenia ovis (*cysticercus ovis*) 羊带绦虫(羊囊尾蚴)
Nematodes 线虫
Onchocerca garmsi 加曼盘尾丝虫
Onchocerca tarsicola 塔尔斯可纳盘尾丝虫
Onchocerca tubingensis 蒂宾根盘尾丝虫
Parelaphostrongylus andersoni 安德氏副鹿圆线虫
Parelaphostrongylus odocoilei 空齿鹿副鹿圆线虫
Protozoa 原虫
Besnoitia tarandi 驯鹿贝诺孢子虫
Sarcocystis cervi 塞氏肉孢子虫
Sarcocystis hemionlatrantis 异角鹿肉孢子虫
Sarcocystis ovicanis 羊—犬肉孢子虫
Sarcocystis tenella 柔嫩肉孢子虫

眼

Nematodes　线虫
Thelazia californiensis　加利福尼亚吸吮线虫
Thelazia rhodesii　罗德西(氏)吸吮线虫

中枢神经系统

Cestodes　绦虫
Taenia multiceps (*Coenurus cerebralis*)　多头带绦虫(多头蚴)
Nematodes　线虫
Elaphostrongylus cervi　鹿鹿圆线虫
Elaphostrongylus panticola　泛生鹿圆线虫
Elaphostrongylus rangiferi　鹿角状鹿圆线虫
Parelaphostrongylus tenuis　薄副鹿圆线虫
Setaria digitata (*immature*)　指形丝状丝虫
Protozoa　原虫
Neospora caninum　犬新孢子虫
Toxoplasma gondii　龚地弓形虫

浆膜腔

Nematodes　线虫
Setaria altaica　阿尔泰山丝状线虫
Setaria cervi　鹿丝状线虫
Setaria cornuta　麦角丝状线虫
Setaria tundrae　苔原丝状线虫

黄牛、瘤牛

消化道

Trematodes　吸虫
Calicophoron calicophorum　杯殖吸虫
Calicophoron cauliorchis　茎睾杯殖吸虫
Calicophoron raja　鳐杯殖吸虫
Carmyerius gregarius　群居卡妙吸虫
Carmyerius spatiosus　长大卡妙吸虫
Ceylonocotyle sreptocoelium　链肠锡叶吸虫
Cotylophoron cotylophorum　殖盘吸虫
Cymbiforma indica　印度槽盘吸虫
Fischoederius cobboldi　柯氏菲策吸虫
Fischoederius elongatus　长形菲策吸虫
Gastrothylax crumenifer　荷包腹袋吸虫
Ogmocotyle indica　印度裂叶吸虫
Paramphistomum cervi　鹿同盘吸虫
Paramphistomum gotoi　后藤同盘吸虫
Paramphistomum hiberniae　冬寒同盘吸虫
Paramphistomum ichikawi　市川氏同盘吸虫
Paramphistomum liorchis　滑睾同盘吸虫
Paramphistomum microbothrioides　类微槽同盘吸虫
Paramphistomum scotiae　野牛同盘吸虫
Cestodes　绦虫
Avitellina spp.　无卵黄腺绦虫
Moniezia benedeni　贝氏莫尼茨绦虫
Moniezia expansa　扩张莫尼茨绦虫
Thysaniezia giardi　贾氏曲子宫绦虫
Thysanosoma actinioides　放射状縫体绦虫
Nematodes　线虫
Agriostomum uryburgi　弗里伯格旷口线虫
Bunostomum phlebotomun　牛仰口线虫
Capillaria bilobata　二叶毛细线虫
Capillaria bovis　牛毛细线虫
Capillaria longipes　长颈毛细线虫
Chabertia ovina　绵羊夏伯特线
Cooperia oncophora　肿孔古柏线虫
Cooperia pectinata　栉状古柏形线虫
Cooperia punctata　斑点古柏线虫
Cooperia spatulata　匙状古柏线虫
Cooperia surnabada　苏(拿巴拉)古柏线虫
Gongylonema pulchrum　美丽筒线虫
Gongylonema verrucosum　多瘤筒线虫
Haemonchus contortus　捻转血矛线虫
Haemonchus placei　柏氏血矛线虫
Haemonchus similis　似血矛线虫
Mecisrocirrus digitatus　指形长刺线虫
Nematodirus filicollis　尖刺细颈线虫
Nematodirus helvetianus　海尔维第细颈线虫
Nematodirus spathiger　钝刺细颈线虫
Oesophagostomum radiatum　辐射食道口线虫
Ostertagia bisonis　野牛奥斯特线虫
Ostertagia leptospicularis　细刺奥斯特线虫
Ostertagia lyrata　琴形奥斯特线虫
Ostertagia orloffi　阿氏(奥洛夫)奥斯特线虫
Ostertagia ostertagi　奥斯特线虫
Ostertagia podjapolskyi　波(帕)[迪,德]奥斯特

(原刺)线虫

Ostertagia trifurcata 三叉奥斯特线虫

Skrabinagia boevi 鲍氏斯克里亚宾线虫

Strongyloides papillosus 乳突类圆线虫

Toxocara vitulorum 牛弓首蛔虫

Trichostrongylus axei 艾氏毛圆线虫

Trichostrongylus colubriformis 蛇形毛圆线虫

Trichostrongylus longipicularis 长刺毛圆线虫

Trichuris discolor 异色毛首线虫

Trichuris globulosa 球鞘毛首线虫

Trichuris ovis 绵羊毛首线虫

Acanthocephala 棘头虫

Macracanthorhychus hirudinaceus 猪巨吻棘头虫

Protozoa 原虫

Crytosporidium bovis 牛隐孢子虫

Eimeria alabamensis 阿拉巴[玛]艾美耳球虫

Eimeria auburnensis 奥本艾美耳球虫

Eimeria bombayensis 孟买艾美耳球虫

Eimeria bovis 牛艾美耳球虫

Eimeria brasiliensis 巴西艾美耳球虫

Eimeria bukidnonensis 布基尼艾美耳球虫

Eimeria canadensis 加拿大艾美耳球虫

Eimeria cylindrica [圆]柱形艾美耳球虫

Eimeria ellipsoidalis 椭圆艾美耳球虫

Eimeria illinoisensis 伊利诺伊艾美耳球虫

Eimeria mundaragi 蒙德拉艾美耳球虫

Eimeria pellita 复膜艾美耳球虫

Eimeria subspherica 亚球形艾美耳球虫

Eimeria wyomingensis 怀俄明艾美耳球虫

Eimeria zuernii 邱氏艾美耳球虫

Entamoeba bovis 牛内阿米巴

Giardia bovis 牛贾第虫

Monocercomonas ruminantium 反刍单尾滴虫

Tetratrichomonas pavlovi 巴氏四鞭毛滴虫

Tritrichomonas enteris 肠三毛滴虫

肝脏

Trematodes 吸虫

Dicrocoelium dendriticum 矛形双腔吸虫

Dicrocoelium hospes 牛双腔吸虫

Eurytrema coelomaticum 牛腔阔盘吸虫

Eurytrema pancreaticum 胰阔盘吸虫

Fasciola gigantica 大片吸虫

Fasciola hepatica 肝片吸虫

Fascioloides magna 大拟片吸虫

Gigantocotyle explannatum 扩展巨盘吸虫

Cestodes 绦虫

Hydatid cyst 囊蚴

Stilesia globipunctata 球状斯氏绦虫

Stilesia hepatica 肝斯氏绦虫

Taenia hydatigena (*Cysticercus tenuicollis*) 泡状带绦虫(细颈囊尾蚴)

Thysanosoma actinioides 放射繸体绦虫

循环系统

Trematodes 吸虫

Ornithobilharzia bomfordi 彭氏东毕吸虫

Ornithobilharzia turkestanicum 土耳其斯坦东毕吸虫

Schistosoma bovis 牛分体吸虫

Schistosoma indicum 印度分体吸虫

Schistosoma japonicum 日本分体吸虫

Schistosoma mansoni 曼氏分体吸虫

Schistosoma margrebowiei 马格里分体吸虫

Schistosoma mattheei 梅氏分体吸虫

Schistosoma nasalis 鼻分体吸虫

Schistosoma spindale 梭形分体吸虫

Nematodes 线虫

Elaeophora poeli 波尔血管丝虫

Onchocerca armillata 圈形盘尾丝虫

Protozoa 原虫

Anaplasma centrale 中央微粒孢子虫

Anaplasma marginale 边缘微粒孢子虫

Babesia bigemina 双芽巴贝斯虫

Babesia bovis 牛巴贝斯虫

Babesia divergens 分歧巴贝虫

Babesia major 大巴贝斯虫

Neospora caninum 犬新孢子虫

Theileria annulata 环形泰勒虫

Theileria lawrenci 劳氏泰勒虫

Theileria mutans 突变泰勒虫

Theileria parva 小泰勒虫

Theileria sergenti 瑟氏泰勒虫

Toxoplasma gondii 龚地弓形虫

Trypanosoma brucei 布氏锥虫

Trypanosoma congolense 刚果锥虫

Trypanosoma dimorphon　二形锥虫
Trypanosoma evansi　伊氏锥虫
Trypanosoma theileri　泰氏锥虫
Trypanosoma uniforme　类活动锥虫
Trypanosoma vivax　活跃锥虫

泌尿生殖系统

Nematodes　线虫
Dioctophyma renale　肾膨结线虫
Stephanurus dentatus　有齿冠尾线虫
Protozoa　原虫
Tritrichomonas foetus　胎儿三毛滴虫

呼吸系统

Trematodes　吸虫
Fasciola hepatica　肝片吸虫
Schistosoma nasalis　鼻分体吸虫
Cestodes　绦虫
Hydatid cyst　棘球囊,棘球蚴
Nematodes　线虫
Dictyocaulus viviparous　胎生网尾线虫
Mammomonogamus laryngeus　兽比翼线虫
Mammomonogamus nasicola　鼻腔比翼线虫
Leeches　水蛭
Limnatis africana　非洲软水蛭
Dinobdella ferox　凶猛水蛭
Protozoa　原虫
Toxoplasma gondii　龚地弓形虫

皮肤与皮下组织

Nematodes　线虫
Dracunculus medinensis　麦地那龙线虫
Onchocerca dukei　杜克盘尾丝虫
Parafilaria bovicola　牛副丝虫
Rhabditis bovis　牛小杆线虫
Stephanofilaria assamensis　阿萨姆冠丝虫
Stephanofilaria dedoesi　德氏冠丝虫
Stephanofilaria kaeli　凯尔冠丝虫
Stephanofilaria okinawaensis　冲绳冠丝虫
Stephanofilaria stilesi　斯氏冠丝虫
Arthropods　节肢动物
Amblyomma americanum　美洲花蜱
Amblyomma cajennense　卡延花蜱
Amblyomma hebraeum　希伯来花蜱
Amblyomma imitator　模仿花蜱
Amblyomma maculatum　斑点花蜱
Amblyomma variegatum　彩饰花蜱
Boophilus annulatus　具环牛蜱
Boophilus calcaratus　有距牛蜱
Boophilus decoloratus　消色牛蜱
Boophilus microplus　微小牛蜱
Callitroga hominovorax (larva)　舐人锥蝇(蛆)
Callitroga macellaria (larva)　副螺旋锥蝇(蛆)
Chorioptes bovis　牛足螨
Chrysomyia bezziana (larva)　倍氏金蝇(蛆)
Damalinia bovis　牛毛虱
Demodex bovis　牛蠕形螨
Dermacentor albipictus　白染革蜱
Dermacentor andersoni　安氏革蜱
Dermacentor nigrolineatus　夜出革蜱
Dermacentor nitens　光亮革蜱
Dermacentor occidentalis　西方革蜱
Dermacentor reticulatus　网纹革蜱
Dermacentor variabilis　变异革蜱
Dermacentor venustus　风雅革蜱
Dermatobia hominis (larva)　人皮蝇(蛆)
Haemaphysalis bancrofti　班氏血蜱
Haemaphysalis bispinosa　二棘血蜱
Haemaphysalis cinnabarina punctata　朱砂血蜱,斑点亚种
Haemaphysalis longicornis　长角血蜱
Haematobia exigua　东方血蝇
Haematobia irritans　扰血蝇
Haematobia minuta　微小血蝇
Haematobia stimulans　刺激血蝇
Haematopinus eurysternus　牛血虱
Haematopinus quadripertasus　四孔血虱
Hippobosca equine　马虱蝇
Hippobosca maculate　斑虱蝇
Hippobosca rufipes　赭虱蝇
Hyalomma detritum mauretanicum　残缘璃眼蜱毛里塔尼亚变种
Hyalomma detritum　残缘璃眼蜱
Hyalomma impressum　刻痕璃眼蜱
Hyalomma plumbeum plumbeum　裂痕铅色璃眼蜱

Hypoderma bovis(larva) 牛皮蝇(蛆)
Hypoderma lineate(larva) 纹皮蝇(蛆)
Ixodes cookie 库氏硬蜱
Ixodes pacificus 太平洋岸硬蜱
Ixodes persulcatus 全沟硬蜱
Ixodes pilosus 多毛硬蜱
Ixodes ricinus 蓖子硬蜱
Ixodes rubicundus 浅红硬蜱
Ixodes scapularis 肩突硬蜱
Linognathus vituli 犊血虱
Margaropus winthem 温特海姆巨肢蜱
Otobius megnini 梅氏耳蜱
Psorergates bovis 牛疮螨
Psoroptes bovis 牛痒螨
Psoroptes natalensis 纳塔痒螨
Raillietia auris 牛耳螨
Raillietia hopkinsi 霍氏耳螨
Rhipicentor bicornis 双角扇革蜱
Rhipicephalus appendiculatus 具尾扇头蜱
Rhipicephalus ayrei 艾尔氏扇头蜱
Rhipicephalus capensis 好望角扇头蜱
Rhipicephalus evertsi 埃氏扇头蜱
Rhipicephalus jeanelli 简氏扇头蜱
Rhipicephalus neavei 尼夫氏扇头蜱
Rhipicephalus pulchellus 美丽扇头蜱
Rhipicephalus sanguineus 血红扇头蜱
Rhipicephalus simus 拟态扇头蜱
Sarcoptes bovis 牛疥螨
Solenopotes capillatus 水牛盲虱
Trombicula spp. 恙螨
Vermipsylla alacurt 花蠕形蚤
Vermipsylla dorcadia 小瞪羚蠕形蚤
Vermipsylla ioffi 尤氏蠕形蚤
Vermipsylla perplexa 似花蠕形蚤

Protozoa 原生动物
Besnoitia besnoiti 贝诺孢子虫

肌肉及肌腱

Cestodes 绦虫
Cysticercus bov 牛囊尾蚴

Nematodes 线虫
Onchocerca gibsoni 吉氏盘尾丝虫
Onchocerca gutturosa 喉瘤盘尾丝虫
Onchocerca lienalis 脾盘尾丝虫

Protozoa 原生动物
Sarcocystis bovifelis 牛猫肉孢子虫
Sarcocystis cruzi 枯氏肉孢子虫
Sarcocystis hominis 人肉孢子虫

眼

Nematodes 线虫
Setaria spp. (*immature*) 丝状线虫(童虫)
Thelazia alfortensis 阿尔夫吸吮线虫
Thelazia gulosa 大口结膜吸吮线虫
Thelazia rhodesii 罗氏吸吮线虫
Thelazia skrjabini 斯克鲁亚宾吸吮线虫

中枢神经系统

Cestodes 绦虫
Coenurus cerebralis 脑多头绦虫蚴

Protozoa 原生动物
Neospora caninum 犬新孢子虫
Toxoplasma gondii 龚地弓形虫

浆膜腔

Nematodes 线虫
Setaria digitata 指形丝状线虫
Setaria labiato-papillosa 唇乳突丝状线虫
Setaria yehi 叶氏丝状线虫

水牛

消化道

Trematodes 吸虫
Calicophoron calicophorum 杯殖吸虫
Carmyerius gregarious 群居杯殖吸虫
Carmyerius spatiosus 长大卡妙吸虫
Ceylonocotyle scoliocoelium 侧肠锡叶吸虫
Ceylonocotyle streptocoelium 弯肠锡叶吸虫
Cotylophoron cotylophorum 殖盘吸虫
Eurytrema pancreaticum 胰阔盘吸虫
Fischoederius elongates 长形菲策吸虫
Fishchoederius cobboldi 拷博奥氏菲策吸虫
Gastrothylax crumenifer 荷包状腹袋吸虫

Gigantocotyle explanatum　扩展巨盘吸虫
Paramphistomum cervi　鹿前后盘吸虫
Paramphistomum gotoi　后藤前后盘吸虫
Paramphistomum microbothrium　微槽前后盘吸虫
Cestodes　绦虫
Avitellina centripunctata　中点无卵黄腺绦虫
Moniezia benedeni　贝氏莫尼茨绦虫
Moniezia expansa　扩展莫尼茨绦虫
Thysaniezia giardi　盖氏曲子宫绦虫
Nematodes　线虫
Agriostomum vryburgi　弗氏旷口线虫
Bunostomum phlebotomum　牛仰口线虫
Capillaria bovis　牛毛细线虫
Chabertia ovina　绵羊夏氏线虫
Cooperia oncophora　肿孔古柏线虫
Cooperia pectinata　栉状古柏线虫
Cooperia punctata　点状古柏线虫
Gaigeria pachyscelis　粗肋盖杰线虫
Gongylonema pulchrum　美丽筒线虫
Gongylonema verrucosum　多瘤筒线虫
Haemonchus bedfordi　拜氏血矛线虫
Haemonchus contortus　捻转血矛线虫
Haemonchus similes　似血矛线虫
Longistrongylus meyeri　麦耶氏血矛线虫
Oesophagostomum radiatum　辐射食道口线虫
Ostertagia circumcincta　普通奥斯特线虫
Ostertagia ostertagi　奥氏奥斯特线虫
Paracooperia nodulosa　结节副古柏线虫
Skrjbinagiar boevi　包氏斯克里亚宾线虫
Strongyloides papillosa　乳突类圆线虫
Toxocara vitulorun　弓首蛔虫
Trichostrongylus axei　艾氏毛圆线虫
Trichuris discolor　褪色毛首线虫
Trichuris ovis　绵羊毛首线虫
Protozoa　原虫
Eimeria ankarensis　安卡拉艾美球虫
Eimeria auburnensis　奥博艾美耳球虫
Eimeria azerbaidschanica　阿塞拜疆艾美球虫
Eimeria bareillyi　贝氏艾美球虫
Eimeria bovis　牛艾美尔球虫
Eimeria braziliensis　巴西艾美耳球虫
Eimeria bukidnonensis　拨克朗艾美耳球虫
Eimeria canadensis　加拿大艾美耳球虫
Eimeria cylindrical　柱状艾美耳球虫
Eimeria ellipsoidalis　椭圆艾美耳球虫
Eimeria gokaki　戈氏艾美球虫
Eimeria ovoidalis　卵形艾美球虫
Eimeria subspherica　亚球形艾美耳球虫
Eimeria thianethi　赛氏艾美球虫
Eimeria wyomingensis　怀俄明艾美耳球虫
Eimeria zuernii　邱氏艾美耳球虫

肝脏

Trematodes　吸虫
Dicrocoelium dendriticum　矛形双腔吸虫
Eurytrema pancreaticum　胰阔盘吸虫
Fasciola gigantica　大片吸虫
Fasciola hepatica　肝片吸虫
Gigantocotyle explanatum　扁平巨孔吸虫
Cestodes　绦虫
Cysticercus spp.　囊尾蚴
Hydatid cysts　棘球囊,棘球蚴

循环系统

Trematodes　吸虫
Ornithobilharzia turkestanicum　土耳其斯坦东毕吸虫
Schistosoma bovis　牛分体吸虫
Schistosoma indicum　印度分体吸虫
Schistosoma japonicum　日本分体吸虫
Schistosoma nasalis　鼻腔分体吸虫
Schistosoma spindale　梭形分体吸虫
Nematodes　线虫
Elaeophora poeli　坡氏膜脂丝虫
Onchocerca armillata　圈形盘尾丝虫
Protozoa　原虫
Anaplasma marginale　边缘微粒孢子虫
Babesia bigemina　双芽巴贝斯虫
Neospora caninum　犬新孢子虫
Theileria annulata　环形泰勒虫
Theileria lawrenci　劳氏泰勒虫
Theileria parva　小泰勒虫
Trypanosoma congolense　刚果锥虫
Trypanosoma theileri　泰氏锥虫
Trypanosoma vivax　活跃锥虫

呼吸系统

Cestodes 绦虫

Hydatid cysts 棘球囊,棘球蚴

Nematodes 线虫

Dictyocaulus viviparus 胎生网尾线虫

Mammomonogamus laryngeus 喉比翼线虫

Leeches 水蛭

Dinobdella ferox 恐蛭

Limnatus nilotica 尼劳提沼地蛭

眼

Nematodes 线虫

Thelazia bubalis 猬羚吸吮线虫

Thelazia gulosa 大口结膜吸吮线虫

Thelazia rhodesii 罗氏吸吮线虫

腹腔

Cestodes 绦虫

Cysticercus tenuicollis 细颈囊尾蚴

Nematodes 线虫

Setaria digitata 指形丝状线虫

Setaria labiato-papillosa 唇乳突丝状线虫

肌肉、肌腱及韧带

Cestodes 绦虫

Cysticercus bovis 牛囊尾蚴

Nematodes 线虫

Onchocerca gutturosa 喉瘤盘尾丝虫

Protozoa 原生动物

Sarcocystis fusiformis 梭状肉孢子虫

Sarcocystis tenella 柔嫩肉孢子虫

耳

Nematodes 线虫

Stephanofilaria kaeli 咖氏冠丝虫

Stephanofilaria zaheeri 扎氏冠丝虫

皮肤与结缔组织

Nematodes 线虫

Onchocerca armillata (*microfilariae*) 圈形盘尾丝虫(微丝蚴)

Onchocerca cebei 塞氏盘尾丝虫

Onchocerca gibsoni 吉氏盘尾丝虫

Onchocerca sweetae 甜盘尾丝虫

Onchocerca synceri 辛塞氏盘尾丝虫

Parafilaria bovicola 牛副丝虫

Stephanofilaria assamensis 阿萨麦冠丝虫

Stephanofilaria kaeli 咖氏冠丝虫

Arthropods 节肢动物

Amblyomma variegatum 彩饰花蜱

Boophilus annulatus 具环牛蜱

Boophilus decoloratus 消色牛蜱

Chorioptes kenyensis 肯尼亚皮痒螨

Chrysomyia bezziana (larva) 倍氏金蝇(幼虫)

Demodex spp. 蠕形螨

Dermatophagiodes spp. 表皮螨

Haemaphysalis bispinosa 二棘血蜱

Haematopinus bufali 水牛血虱

Haematopinus eurysternus 牛血虱

Haematopinus tuberculatus 瘤突血虱

Hyalomma detritum 残缘璃眼蜱

Hyalomma dromedarii 骆驼璃眼蜱

Hyalomma excavatum 璃眼蜱

Hypoderma bovis (larva) 牛皮蝇(蛆)

Lyperosia exigua 东方角蝇

Lyperosia irritans 扰角蝇

Lyperosia minuta 小角蝇

Psoroptes natalensis 网式痒螨

Rhipicephalus appendiculatus 具尾扇头蜱

Rhipicephalus sanguineus 血红扇头蜱

Sarcoptes scabiei 疥螨

骆驼与美洲驼

消化道

Trematodes 吸虫

Eurytrema pancreaticum 胰阔盘吸虫

Cestodes 绦虫

Moniezia expansa 扩展莫尼茨绦虫

Stilesia globipunctata 球点状斯泰勒绦虫

Nematodes 线虫

Camelostrongylus mentulatus 阴茎骆驼圆线虫

Chabertia ovina　绵羊夏伯特线虫
Cooperia oncophora　肿孔古柏线虫
Gongylonema pulchrum　美丽筒线虫
Haemonchus longistipes　长血矛线虫
Haemonchus longistipes　捻转血矛线虫
Marshallagia marshalli　马氏马歇尔线虫
Marshallagia mongolica　蒙古马歇尔线虫
Nematodirella cameli　骆驼似细颈线虫
Nematodirella dromedarii　德氏似细颈线虫
Nematodirus abnormalis　畸形细颈线虫
Nematodirus helvetianus　奥利春细颈线虫
Nematodirus lamae　驼羊细颈线虫
Nematodirus spathiger　匙形细颈线虫
Oesophagostomum venulosum　微管食道口线虫
Ostertagia ostertagi　奥氏奥斯特线虫
Ostertagia occidentalis　西方奥斯特线虫
Ostertagia trifurcata　三叉奥斯特线虫
Physocephalus cristatus　有嵴膨首线虫
Spiculopteragia peruviana　秘鲁刺翼线虫
Strongyloides papillosus　乳突类圆线虫
Trichostrongylus colubriformis　蛇形毛圆线虫
Trichostrongylus orientalis　东方毛圆线虫
Trichostrongylus probolurus　突尾毛圆线虫
Trichostrongylus vitrinus　透明毛圆线虫
Trichuris cameli　驼毛首线虫
Trichuris globulosa　球鞘毛首线虫
Trichuris raoi　拉奥氏毛首线虫
Trichuris skrjabini　斯克里亚宾毛首线虫
Trichuris tenuis　细毛首线虫

Protozoa　原虫
Eimeria alpacae　美洲驼艾美耳球虫
Eimeria bactriani　双峰驼艾美耳球虫
Eimeria cameli　骆驼艾美耳球虫
Eimeria dromedarii　单峰驼艾美耳球虫
Eimeria lamae　羊驼艾美耳球虫
Eimeria macusaniensis　马库沙里艾美耳球虫
Eimeria pellerdyi　佩氏艾美耳球虫
Eimeria peruviana　秘鲁艾美耳球虫
Eimeria punoensis　普诺艾美耳球虫
Eimeria rajasthani　拉贾斯坦艾美耳球虫
Isospora orlovi　奥氏等孢球虫

肝脏

Trematodes　吸虫
Dicrocoelium dendriticum　矛形双腔吸虫
Eurytrema pancreaticum　胰阔盘吸虫
Fasciola gigantica　大片吸虫
Fasciola hepatica　肝片吸虫

Cestodes　绦虫
Hydatid cysts　棘球囊，棘球蚴
Stilesia hepatica　肝泰勒绦虫

循环系统

Trematodes　吸虫
Ornithobilharzia turkestanicum　土耳其斯坦东毕吸虫
Schistosoma bovis　牛分体吸虫
Schistosoma indicum　印度分体吸虫
Schistosoma nasalis　鼻腔血分体吸虫

Nematodes　线虫
Dipetalonema evansi　埃氏双瓣线虫
Onchocerca gibsoni　吉氏盘尾丝虫

Protozoa　原虫
Anaplasma marginale　边缘无形体
Theileria camelensis　骆驼泰勒虫
Trypanosoma brucei　布氏锥虫
Trypanosoma congolense　刚果锥虫
Trypanosoma dimorphon　二形锥虫
Trypanosoma evansi　伊氏锥虫
Trypanosoma simiae　猿猴锥虫
Trypanosoma vivax　活跃锥虫

呼吸系统

Cestodes　绦虫
Hydatid cysts　棘球囊，棘球蚴

Nematodes　线虫
Dictyocaulus cameli　骆驼网尾线虫
Dictyocaulus filaria　羊丝状网尾线虫
Dictyocaulus viviparus　胎生网尾线虫

肌腱韧带

Cestodes　绦虫
Hydatid cyst　棘球囊，棘球蚴
Taenia solium　猪带绦虫

眼

Nematodes　线虫

Thelazia leesei 李氏吸吮线虫
Thelazia rhodesii 罗氏吸吮线虫

中枢神经系统

Cestodes 绦虫
Coenurus cerebralis 脑多头蚴

皮肤与结缔组织

Nematodes 线虫
Onchocerca fasciata 扁形盘尾丝虫
Onchocerca gibsoni 吉氏盘尾丝虫
Arthropods 节肢动物
Amblyomma variegatum 彩饰花蜱
Boophilus decoloratus 消色牛蜱
Hippobosca camelina 骆驼虱蝇
Hyalomma detritum 残缘璃眼蜱
Hyalomma dromedarii 嗜驼璃眼蜱
Hyalomma impressum 印象璃眼蜱
Hyalomma plumbeum 裂痕铅色璃眼蜱
Microthoracius cameli 双峰驼
Microthoracius mazzi 麦氏微胸虱
Microthoracius minor 微型微胸虱
Microthoracius praelongiceps 微胸虱
Ornithodoros savignyi 双子钝缘蜱
Rhipicephalus appendiculatus 具尾扇头蜱
Rhipicephalus sanguineus 血红扇头蜱
Sarcophaga dux 优质麻蝇
Vermipsylla alakurt 花蠕形蚤
Vermipsylla dorcadia 瞪羚蠕形蚤
Vermipsylla ioffi 约费蠕形蚤
Vermipsylla perplexa 似花蠕形蚤

猪

消化道

Trematodes 吸虫
Brachylaemus suis 猪短咽吸虫
Echinochasmus perfoliatus 叶形棘隙吸虫
Fasciolopsis buski 布氏姜片吸虫
Gastrodiscoides hominis 人拟腹盘吸虫
Gastrodiscus aegyptiacus 埃及腹盘吸虫
Metagonimus yokogawai 横川后殖吸虫
Postharmostomum suis 猪后复口吸虫
Cestodes 绦虫
Diphyllobothrium latum 宽节裂头绦虫
Nematodes 线虫
Ancylostoma duodenale 十二指肠钩虫
Ascaris suum 猪蛔虫
Ascarops dentata 有齿似蛔线虫
Ascarops strongylina 圆形似蛔线虫
Bourgelatia diducta 双管鲍氏线虫
Globocephalus longemucronatus 长尖球头线虫
Globocephalus samoensis 萨摩亚球头线虫
Globocephalus urosubulatus 锥尾球头线虫
Globocephalus versteri 弗斯特氏球头线虫
Gnathostoma doloresi 杜氏颚口线虫
Gnathostoma hispidum 刚棘颚口线虫
Gongylonema pulchrum 美丽筒线虫
Hyostrongylus rubidus 红色猪圆线虫
Mecistocirrus digitatus 指形长刺线虫
Necator americanus 美洲板口线虫
Oesophagostomum brevicaudum 短尾食道口线虫
Oesophagostomum dendatum 有齿食道口线虫
Oesophagostomum georgianum 佐治亚食道口线虫
Oesophagostomum granatensis 格拉纳特食道口线虫
Oesophagostomum quadrispinulatum 四刺食道口线虫
Ollulanus tricuspis 三尖壶肛线虫
Physocephalus sexalatus 有性膨首线虫
Simondsia paradoxa 奇异西蒙线虫
Strongyloides ransomi 兰氏类圆线虫
Strongyloides westeri 韦氏类圆线虫
Trichinella spiralis 旋毛形线虫
Trichostrongylus axei 艾氏毛圆线虫
Trichostrongylus colubriformis 蛇形毛圆线虫
Trichuris suis 猪毛首线虫
Acanthocephala 棘头虫
Macracanthorhynchus hirudinaceus 猪巨吻棘头虫
Arthropods 节肢动物
Gasterophilus haemorrhoidalis 赤尾胃蝇
Gasterophilus intestinalis 肠胃蝇
Protozoa 原虫
Balantidium coli 结肠小袋虫

Chilomasti mesnili 孟尼氏唇鞭毛虫
Eimeria cerdonis 光滑艾美耳球虫
Eimeria debleicki 得力克艾美耳球虫
Eimeria guevarai 盖氏艾美耳球虫
Eimeria neodebliecki 新狄艾美耳球虫
Eimeria perminuta 极细艾美耳球虫
Eimeria polita 光滑艾美耳球虫
Eimeria porci 猪艾美耳球虫
Eimeria scabra 粗糙艾美耳球虫
Eimeria scrofae 家猪艾美耳球虫
Eimeria spinosa 有刺艾美耳球虫
Entamoeba suis 猪内阿米巴
Enteromonas suis 猪肠滴虫
Giardia lamblia 蓝氏贾第虫
Iodamoeba butschlii 布氏嗜碘阿米巴
Isopora almaataensis 阿拉木图等孢球虫
Isopora suis 猪等孢球虫
Tetratrichomonas buttreyi 巴特里四毛滴虫
Tritrichomonas rotunda 圆三毛滴虫
Tritrichomonas suis 猪三毛滴虫

肝脏

Trematodes 吸虫
Clonorchis sinensis 中华支睾吸虫
Dicrocoelium dendriticum 矛形双腔吸虫
Eurytrema pancreaticum 胰阔盘吸虫
Fasciola hepatica 肝片吸虫
Opisthorchis tenuicollis 猫后睾吸虫
Cestodes 绦虫
Hydatid cyst 棘球囊,棘球蚴
Taenia hydatigena 泡状带绦虫
Nematodes 线虫
Ascaris suum(larva) 猪蛔虫(幼虫)

循环系统

Trematodes 吸虫
Schistosoma japonicum 日本分体吸虫
Schistosoma suis 猪分体吸虫
Protozoa 原虫
Trypanosoma brucei 布氏锥虫
Trypanosoma congolense 刚果锥虫
Trypanosoma cruzi 枯氏锥虫
Trypanosoma dimorphon 二形锥虫
Trypanosoma evansi 伊氏锥虫
Trypanosoma simiae 猿猴锥虫
Trypanosoma suis 猪锥虫
Babesia perroncitoi 柏氏巴贝斯虫
Babesia trautmanni 陶氏巴贝斯虫
Toxoplasma gondii 龚地弓形虫

泌尿生殖系统

Nematodes 线虫
Dioctophyma renale 肾膨结线虫
Stephanurus dentatus 有齿冠尾线虫

呼吸系统

Trematodes 吸虫
Paragonimus kellicotti 克里克氏并殖吸虫
Paragonimus westermannii 卫氏并殖吸虫
Nematodes 线虫
Ascaris suum(larva) 猪蛔虫(幼虫)
Metastrongylus elongates 长后圆线虫
Metastrongylus madagascariensis 节尾孤猴后圆线虫
Metastrongylus pudendotectus 复阴后圆线虫
Metastrongylus salmi 萨氏后圆线虫

皮肤与皮下组织

Nematodes 线虫
Suifilaria suis 猪丝虫
Arthropods 节肢动物
Amblyomma americanum 美洲华蜱
Amblyomma maculatum 斑点花蜱
Boophilus decoloratus 消色牛蜱
Callitroga hominivorax(larva) 食人锥蝇(蛆)
Cuterebra spp.(larva) 黄蝇(蛆)
Demodex phylloides 叶状蠕形螨
Dermacentor nitens 光亮革蜱
Dermacentor variabilis 变异革蜱
Dermacentor venustus 安[德逊]氏革蜱
Haematopinus hopkinsi 郝珀金斯血虱
Haematopinus suis 猪血虱
Ixodes scapularis 肩突硬蜱
Ornithodorus porcinus 豪猪纯缘蜱

Pulex irritans 扰蚤
Sarcoptes scabiei 疥螨
Tunga penetrans 穿皮潜蚤

肌腱

Cestodes 绦虫
Spargana 裂头蚴
Cysticercus cellulosae 猪囊尾蚴
Nematodes 线虫
Trichinella spiralis 旋毛形线虫
Protozoa 原虫
Sarcocystis miescheriana 猪肉孢子虫
Sarcocystis porcifelis 猪猫肉孢子虫
Sarcocystis porcihominis 猪人肉孢子虫
Toxoplasma gondii 龚地弓形虫

浆膜腔

Nematodes 线虫
Setaria congolensis 腹腔丝虫

眼

Nematodes 线虫
Thelazia erschowi 埃氏吸吮线虫

中枢神经系统

Cestodes 绦虫
Cysticercus cellulosae 猪囊尾蚴
Protozoa 原虫
Neospora caninum 犬新孢子虫

犬、猫、狐、鼬等

消化道

Trematodes 吸虫
Alaria alata 有翼重翼吸虫
Alaria Americana 美洲重翼吸虫
Alaria arisaemoides 阿里萨木特重翼吸虫
Alaria canis 犬重翼吸虫
Alaria marcianae 马尔希安那重翼吸虫
Alaria michiganensis 密歇根重翼吸虫
Alaria mustelae 马斯特纳重翼吸虫
Apophallus donicum 同利离尾吸虫
Apophallus muhlingi 马氏离尾吸虫
Cryptocotyle concave 凹形隐穴吸虫
Cryptocotyle jejuna 空肠隐穴吸虫
Cryptocotyle lingua 舌隐穴吸虫
Echinochasmus perfoliatus 叶形棘隙吸虫
Euparyphium ilocanum 伊族真缘吸虫
Euparyphium melis 獾真缘吸虫
Heterophyes heterophyes 异形吸虫
Isthmiophora melis 獾下吸虫
Metagonimus yokogawai 横川后殖吸虫
nanophyetus salmincola 鲑隐孔吸虫
Plagiorchis lutrae 水獭斜睾吸虫
Rossicotrema donicum 多妮卡俄罗斯吸虫
Cestodes 绦虫
Atriotaenia procyonis 腹袋绦虫
Diphyllobothrium latum 宽节裂头绦虫
Diplopylidium spp. 复孔绦虫
Dipylidium caninum 犬复孔绦虫
Dipylidium sexcoronatum 六冠复孔绦虫
Echinococcus granulosus 细粒棘球绦虫
Echinococcus multilocularis 多房棘球绦虫
Echinococcus oligarthus 少头棘球绦虫
Echinococcus vogeli 沃氏棘球绦虫
Joyeuxiella spp. 约优克斯绦虫
Mesocestoides lineatus 线中殖孔绦虫
Mesocestoides 中殖孔绦虫
Oschmarenia oklahomensis 俄克拉何奥什马林绦虫
Oschmarenia pedunculata 具柄奥什马林绦虫
Oschmarenia wallacei 华氏奥什马林绦虫
Spirometra erinacei 猬叠宫绦虫
Spirometra mansoni 曼森氏叠宫绦虫
Spirometra mansonoides 拟曼森(氏)叠宫绦虫
Taenia brauni 布氏带绦虫
Taenia bubesi 巴氏带绦虫
Taenia crocutae 克罗卡特带绦虫
Taenia erythraea 百金花带绦虫
Taenia gongamai 冈氏带绦虫
Taenia hlosei 侯氏带绦虫
Taenia hyaenae 鬣狗带绦虫
Taenia hydatigena 水泡带绦虫
Taenia krabbei 克氏带绦虫
Taenia laticodis 莱替拷第斯带绦虫

Taenia lycaontis　莱卡替斯带绦虫
Taenia macrocystis　大囊带绦虫
Taenia martis　马堤带绦虫
Taenia multiceps　多头带绦虫
Taenia mustela　鼠带绦虫
Taenia omissa　奥味沙带绦虫
Taenia ovis　羊带绦虫
Taenia parva　小带绦虫
Taenia pisiformis　豆状带绦虫
Taenia polyacantha　多刺带绦虫
Taenia regis　里吉斯带绦虫
Taenia rileyi　里氏带绦虫
Taenia serialis　锯齿状带绦虫
Taenia taeniaeformis　巨颈带绦虫
Taenia twitchelli　特氏带绦虫

Nematodes　线虫
Ancylostoma braziliense　巴西钩口线虫
Ancylostoma caninum　犬钩口线虫
Ancylostoma ceylanicum　锡兰钩口线虫
Ancylostoma duodenale　十二指肠钩虫
Ancylostoma kusimaensis　库斯曼钩口线虫
Ancylostoma paraduodenale　十二指肠旁钩口线虫
Ancylostoma tubaeforme　管形钩口线虫
Capillaria entomelas　貂毛细线虫
Capillaria erinacea　刺猬毛细线虫
Capillaria putorii　帕特尔毛细线虫
Gnathostoma nipponicum　日本颚口线虫
Gnathostoma spinigerum　棘颚口线虫
Necator americanus　美洲板口线虫美洲钩虫
Ollulanus tricuspis　三尖壶肛线虫
Physaloptera canis　犬泡翼线虫
Physaloptera felidis　费利德泡翼线虫
Physaloptera praeputialis　包皮泡翼线虫
Physaloptera rara　稀泡翼线虫
Protospirura bestianum　贝斯特安原旋线虫
Protospirura numidia　努米底亚原旋线虫
Soboliphyme baturini　巴氏索巴利吸虫
Spirocerca artica　阿替卡尾旋线虫
Spirocerca lupi　卢氏尾旋线虫
Spirura rytipleurites　旋尾线虫
Strongyloides cati　猫类圆线虫
Strongyloides procyonis　普罗基利类圆线虫
Strongyloides stercoralis　粪类圆线虫
Strongyloides tumefaciens　肿胀类圆线虫
Toxascaris leonine　狮弓蛔虫
Toxascaris transfuga　横走弓蛔虫
Toxocara canis　犬弓首蛔虫
Toxocara cati　猫弓首线虫
Trichinella spiralis　旋毛线虫
Trichuris campanula　风铃草毛首线虫
Trichuris serrata　有齿毛首线虫
Trichuris vulpis　狐毛首线虫
Uncinaria criniformis　发状钩虫
Uncinaria stenocephala　狭头钩口线虫

Acanthocephalan　棘头虫
Corynosoma semerme　塞膜米棒体棘头虫
Corynosoma strumosum　瘤状棒体棘头虫
Macrocanthorhynchus catalinum　催化巨吻棘头虫
Macrocanthorhynchus ingens　巨型巨吻棘头虫
Oncicola canis　犬钩棘头虫

Protozoa　原虫
Besnoitia besnoiti　牛贝诺孢子虫
Besnoitia darlingi　蜥蜴贝诺孢子虫
Besnoitia wallacei　华氏贝诺孢子虫
Entamoeba histolytica　溶组织内阿米巴
Giardia canis　犬贾第虫
Giardia cati　猫贾第虫
Hammondia hammondi　哈氏哈芒球虫
Hoaresporidium pellerdyi　佩氏华尔孢子球虫
Isospora bahiensis　巴赫恩等孢球虫
Isospora burrowsi　布氏等孢球虫
Isospora canis　犬等孢球虫
Isospora felis　猫等孢球虫
Isospora heydorni　赫氏等孢球虫
Isospora ohioensis　俄亥俄等孢球虫
Isospora rivolta　芮氏等孢球虫
Isospora wallacei　华氏等孢球虫
Neospora caninum　犬新孢子虫
Sarcocystis bertrami　马肉孢子虫
Sarcocystis bigemina　二联肉孢子虫
Sarcocystis bovifelis　牛猫肉孢子虫
Sarcocystis cruzi　枯氏肉孢子虫
Sarcocystis fayeri　马肉孢子虫
Sarcocystis gigantean　巨型肉孢子虫
Sarcocystis hemionilatrantis　赫米利拉特兰肉孢子虫
Sarcocystis hirsuta　多毛肉孢子虫

Sarcocystis miescheriana 猪肉孢子虫
Sarcocystis muris 鼠肉孢子虫
Sarcocystis ovicanis 羊肉孢子虫
Sarcocystis ovifelis 羊猫肉孢子虫
Sarcocystis porcifelis 猪猫肉孢子虫
Sarcocystis tenella 柔嫩肉孢子虫
Toxoplasma gondii 龚地弓形虫
Trichomonas canistomae 犬口毛滴虫
Trichomonas felistomae 猫口毛滴虫

肝脏

Trematodes 吸虫
Clonorchis sinensis 中华支睾吸虫
Concinnum procyonis 整洁吸虫
Concinnum ten 十整洁吸虫
Dicrocoelium dendriticum 矛形双腔吸虫
Eurytrema procyonis 普塞利阔盘吸虫
Fasciola hepatica 肝片吸虫
Fasciolopsis buski 布氏姜片吸虫
Metorchis albidus 微白次睾吸虫
Metorchis conjunctus 结合次睾吸虫
Opisthorchis tenuicollis 猫后睾吸虫
Opisthorchis viverrini 麝猫后睾吸虫
Parametorchis complexus 复合次睾吸虫
Platynosomum fastosum 法斯特平体吸虫
Pseudamphistomum truncatum 截形伪端盘吸虫
Cestodes 绦虫
Mesogyna hepatica 肝中殖绦虫
Protozoa 原虫
Hepatozoon canis 犬肝簇虫
Leishmania donovani 杜氏利什曼原虫

循环系统

Trematodes 吸虫
Heterobilharzia americanum 美洲异毕吸虫
Ornithobilharzia turkestanicum 土耳其斯坦东毕吸虫
Schistosoma incognitum 不明分体吸虫
Schistosoma japonicum 日本分体吸虫
Schistosoma mekongi 湄公河分体吸虫
Schistosoma rodhaini 罗氏分体吸虫
Schistosoma spindale 梭形分体吸虫
Nematodes 线虫
Angiostrongylus vasorum 广州管圆线虫
Brugia beaveri 毕氏布鲁丝虫
Brugia ceylonensis 锡兰布鲁丝虫
Brugia pahangi 彭氏鲁线虫
Brugia patei 派氏鲁丝虫
Dirofilaria immitis 犬恶丝虫
Gurltia paralysans 致痹格尔特线虫
Protozoa 原虫
Babesia canis 犬巴贝斯虫
Babesia felis 猫巴贝斯虫
Babesia gibsoni 吉氏巴贝斯虫
Babesia vogeli 伏氏巴贝斯虫
Cytauxzoon spp. 胞殖原虫
Leishmania chagasi 恰氏利什曼原虫
Leishmania donovani 杜氏利什曼原虫
Leishmania infantum 婴儿利什曼原虫
Trypanosoma brucei 布氏锥虫
Trypanosoma congolense 刚果锥虫
Trypanosoma cruzi 枯氏锥虫
Trypanosoma dimorphon 二形锥虫
Trypanosoma evansi 伊氏锥虫
Trypanosoma rangeli 让氏锥虫
Trypanosoma vivax 活跃锥虫

泌尿生殖系统

Nematodes 线虫
Capillaria feliscati 猫毛细线虫
Capillaria mucronata 有尖毛细线虫
Capillaria plica 狐膀胱毛细线虫
Dioctophyma renale 肾膨结线虫

呼吸系统

Trematodes 吸虫
Paragonimus westermanii 卫氏并殖吸虫
Paragonimus africanus 非洲并殖吸虫
Paragonimus caliensis 卡里并殖吸虫
Paragonimus iloktsuensis 怡乐村并殖吸虫
Paragonimus kellicotti 猫肺并殖吸虫
Paragonimus mexicanus 墨西哥并殖吸虫
Paragonimus ohirai 大平氏并殖吸虫
Paragonimus peruvianus 秘鲁并殖吸虫

Paragonimus uterobilateralis 双侧宫并殖吸虫

Troglotrema acutum 急隐孔吸虫

Nematodes 线虫

Aelurostrongylus abstrusus 深奥猫圆线虫

Anafilaroides rostratus 具喙似丝线虫

Angiostrongylus vasorum 血脉管圆线虫

Broncostrongylus subcrenatus 近钝齿气管圆线虫

Capillaria aerophila 嗜气毛细线虫

Capillaria didelphis 双子宫毛细线虫

Crenosoma mephiditis 臭鼬锯体线虫

Crenosoma petrowi 彼氏锯体线虫

Crenosoma vulpis 狐锯体线虫

Filaroides bronchialis 支气管类丝虫

Filaroides hirthi 赫氏类丝虫

Filaroides martis 马蒂类丝虫

Filaroides milski 米氏类丝虫

Filaroides osleri 奥氏类丝虫

Mammomonogamus auris 耳兽单翼线虫

Mammomonogamus ierei 伊氏单翼线虫

Mammomonogamus megaughei 麦格氏单翼线虫

Metathelazia californica 加洲次吸吮线虫

Metathelazia felis 猫次吸吮线虫

Metathelazia multipapillata 多乳头次吸吮线虫

Perostrongylus falciformis 镰形猫圆线虫

Perostrongylus pridhami 普氏猫圆线虫

Pneumospiruria capsulate 囊内肺旋线虫

Skrjabingylus chitwoodorum 岐特武德斯旋线虫

Skrjabingylus magnus 大斯克里亚宾线虫属

Skrjabingylus nasicola 鼻居斯克里亚宾线虫

Skrjabingylus petrowi 彼氏斯克里亚宾线虫

Troglostrongylus subcrenatus 下圆齿窦圆线虫

Vogeloides massinoi 玛斯次吸吮线虫

Leeches 水蛭

Dinobdella ferox 恐蛭

Limnatis Africana 非洲软水蛭

Arthropods 节肢动物

Linguatula serrata 锯齿状舌形虫

Pneumonyssus caninum 犬肺刺螨

Protozoa 原虫

Toxoplasma gondii 龚地弓形虫

皮肤与皮下组织

Nematodes 线虫

Dipetalonema grassi 格氏双瓣丝虫

Dipetalonema reconditum 隐现双瓣丝虫

Dirofilaria repens 匐行恶丝虫

Dirofilaria tenuis 细弱恶丝虫

Dirofilaria ursi 厄氏恶丝虫

Dracunculus fuelleborni 菲勒伯恩龙线虫

Dracunculus insignis 缘木林跳鼠龙线虫

Dracunculus lutrae 水獭龙线虫

Dracunculus medinensis 麦地那龙线虫

Pelodera strongyloides 类圆小杆线虫

Rhabditis clavopapillata 裂孔突小杆线虫

Rhabditis macrocerca 大尾小杆线虫

Arthropods 节肢动物

Amblyomma americanum 美洲花蜱

Amblyomma cajennense 卡延花蜱

Amblyomma maculatum 斑点花蜱

Archaeopsylla erinacei 刺猬昔蚤

Boophilus decoloratus 消色牛蜱

Cheyletiella blakei 布莱克姬螯螨

Cheyletiella yasguri 犬姬螯螨

Cordylobia arthropophaga (larva) 关节瘤蝇(蛆)

Ctenocephalides canis 犬栉头蚤

Ctenocephalides felis 猫栉头蚤

Cuterebra Americana (larva) 美国黄蝇(蛆)

Dermacentor reticulates 网纹革蜱

Dermacentor variabilis 变异革蜱

Dermacentor venustus 美丽革蜱

Dermatobia hominis (larva) 人皮蝇(蛆)

Echidnophaga gallinacea 禽冠蚤

Felicola subrostratus 近喙状猫毛虱

Haemaphysalis bispinosum 双刺血蜱

Haemaphysalis leachi 犬血蜱

Haemaphysalis leporispalustris 野兔血蜱

Haemaphysalis parmata 盾血蜱

Heterodoxus longitarsus 长趾袋鼠虱

Heterodoxus spiniger 带刺袋鼠虱

Ixodes angustus 海马硬蜱

Ixodes canisuga 犬硬蜱

Ixodes cookie 库克硬蜱

Ixodes hexagonus 六角形硬蜱

Ixodes holocyclus 全环硬蜱

Ixodes kingi 大王硬蜱

Ixodes muris 鼠硬蜱

Ixodes pacificus 太平洋硬蜱
Ixodes persulcatus 全沟硬蜱
Ixodes ricinus 蓖子硬蜱
Ixodes rubicundus 浅红硬蜱
Ixodes rugosus 皱纹硬蜱
Ixodes scapularis 肩突硬蜱
Ixodes sculptus 雕纹硬蜱
Ixodes texanus 得克萨斯硬蜱
Linognathus setosus 棘颚虱
Notoedres cati 猫耳螨
Ornithonyssus bacoti 柏(科特)氏禽刺螨
Otobius megnini 刺耳耳蜱
Otodectes cynotis 犬耳痒螨
Rhipicentor nutalli 弩塔扇革蜱
Rhipicephalus bursa 囊状扇头蜱
Rhipicephalus sanguineus 血红扇头蜱
Rhipicephalus simus 拟态扇头蜱
Sarcoptes scabiei 人疥螨
Trichodectes canis 犬啮毛虱
Trombicula spp. 恙螨

肌肉及肌腱

Nematodes 线虫
Trichinella spiralis 旋毛形线虫
Protozoa 原虫
Neospora caninum 犬新孢子虫

眼

Nematodes 线虫
Thelazia californiensis 加利福尼亚吸吮线虫
Thelazia callipaeda 结膜吸吮线虫

中枢神经系统

Protozoa 原虫
Encephalitozoon cuniculi 家兔脑胞内原虫
Neospora caninum 犬新孢子虫
Toxoplasma gondii 龚地弓形虫

浆膜腔

Nematodes 线虫
Dipetalonema dracunculoides 似龙线双瓣线虫
Dipetalonema reconditum 隐现双瓣线虫

有袋类

皮肤与皮下组织

Arthropoda 节肢动物
Haemaphysalis bancrofti 班袋鼠血蜱
Heterodoxus longitarsus 长趾袋鼠虱
Heterodoxus macropus 大袋鼠袋鼠虱
Nematodes 线虫
Dirofilaria roemeri 罗氏恶丝虫

肌组织

Protozoa 原生动物
Besnoitia darlingi 蜥蜴贝诺孢子虫

肝脏

Trematodes 吸虫
Fasciola hepatica 肝片吸虫

呼吸系统

Nematodes 线虫
Filaroides pilbarensis 皮尔巴拉类丝虫

象

消化道

Nematodes 线虫
Bathmostomum sangeri 余氏层口线虫
Choniangium epistomum 上口漏管线虫
Choniangium magnostomum 大口漏管线虫
Decrusia additicta 附加戴克拉斯线虫
Equinurbia sipunculiformis 星虫形埃唓诺线虫
Khalilia buta 布塔哈利勒线虫
Khalilia pileata 皮利塔哈利勒线虫
Khalilia sameera 塞米热哈利勒线虫
Leiperenia galebi 盖氏莱帕线虫
Leiperenia leiperi 莱氏莱帕线虫
Murshidia murshida 缪氏缪西德线虫
Quilonia spp. 奎隆线虫
Arthropods 节肢动物

Cobboldia elephantis(*larva*)　大象蝇(蛆)
Cobboldia loxodontis(*larva*)　斜纹齿蝇(蛆)

肝脏

Trematodes　吸虫
Fasciola hepatica　肝片吸虫
Fasciola jacksoni　杰氏片形吸虫
Nematodes　线虫
Grammocephalus clathratus　有格纹首线虫
Grammocephalus hybridatus　杂交纹首线虫
Grammocephalus intermedius　中型首线虫
Grammocephalus varedatus　分片纹首线虫

呼吸系统

Nematodes　线虫
Mammomonogamus indicus　印度单兽翼线虫
Mammomonogamus loxodontus　斜齿单兽翼线虫
Arthropods　节肢动物
Pharyngobolus africanus　非洲滤咽线虫

皮肤与皮下组织

Arthropods　节肢动物
Haematomyzus elephantis　海象象虱
Nematodes　线虫
Dipetalonema loxodontis　纹齿双瓣线虫
Indofilaria patabiramani　帕氏印度丝虫

肌腱

Arthropods　节肢动物
Neocuterebra squamosa　鳞新黄蝇

循环系统

Trematodes　吸虫
Bivitellobilharzia loxodontae　斜牙双卵小毕哈吸虫
Bivitellobilharzia nairi　耐氏小毕哈吸虫
Protozoa　原虫
Trypanosoma congolense　刚果锥虫

啮齿类与兔类

消化道

Trematodes　吸虫
Echinostoma hortense　圆圃棘口吸虫
Echinostoma ilocanum　伊族棘口吸虫
Hasstilesia tricolor　三色哈氏双氏吸虫
Cestodes　绦虫
Cittotaenia ctenoides　栉状鸣绦虫
Cittotaenia denticulate　齿状鸣绦虫
Cittotaenia pectinata　梳状鸣绦虫
Hymenolepis diminuta　长膜壳绦虫
Hymenolepis microstoma　小口膜壳绦虫
Hymenolepis nana　短膜壳绦虫，微小膜壳绦虫
Inermicapsifer spp.　无头绦虫
Nematodes　线虫
Aspicularis tetraptera　四翼无刺线虫
Capillaria annulosa　多环毛细线虫
Capillaria bacielata　柏斯拉塔毛细线虫
Capillaria gastrica　胃毛细线虫
Capillaria intestinalis　肠毛细线虫
Capillaria tavernae　塔弗钠毛细线虫
Dermatoxys veligera　带缘膜皮尖线虫
Graphidium strigosum　条纹组钻线虫
Heterakis spumosa　海绵异刺线虫
Mastophorus muris　鼠乳突线虫
Nematodirus aspinosus　无刺细颈线虫
Nematodirus leporis　兔细颈线虫
Obeliscoides cuniculi　穴兔尖柱线虫
Paraspidodera uncinata　有钩副盾皮线虫
Passalurus ambiguus　安比瓜栓尾线虫
Physaloptera clausa　猬咆翼线虫
Physaloptera erinacea　猬泡翼线虫
Protospiruria muricola　嗜鼠原旋尾线虫
Protospiruria numidia　努米底亚原旋尾线虫
Spirura talpae　台派旋尾线虫
Strongyloides ratti　鼠类圆线虫
Strongyloides venezuelensis　委内瑞拉类圆线虫
Syphacia abvelata　阿拉塔管状线虫
Trichostrongylus affinis　联邻毛圆线虫
Trichostrongylus retortaeformis　曲形毛圆线虫
Trichuris leporis　兔毛首线虫
Trichuris sylvilagi　西氏毛首线虫
Protozoa　原生动物
Chilomastix bettencourti　柏特康提唇鞭毛虫
Chilomastix cuniculi　兔唇鞭毛虫
Chilomastix intestinalis　肠唇鞭毛虫

Chilomastix wenrichi 韦氏唇鞭毛虫
Chilomitus caviae 豚鼠唇毛虫
Cryptosporidium muris 鼠隐孢子虫
Cryptosporidium parvum 小球隐孢子虫
Cryptosporidium wrairi 赖氏隐孢子虫
Eimeria carinii 卡氏艾美耳球虫
Eimeria caviae 豚鼠艾美耳球虫
Eimeria coecicola 盲肠艾美耳球虫
Eimeria dolichotis 巴塔亚豚鼠艾美耳球虫
Eimeria elongata 长形艾美耳球虫
Eimeria exigua 微小艾美耳球虫
Eimeria falciformis 镰形艾美耳球虫
Eimeria ferrisi 费氏艾美耳球虫
Eimeria hasei 哈斯氏艾美耳球虫
Eimeria hindlei 欣氏艾美耳球虫
Eimeria intestinalis 肠艾美耳球虫
Eimeria irresidua 无残艾美耳球虫
Eimeria keilini 凯琳氏艾美耳球虫
Eimeria krijismanni 克氏艾美耳球虫
Eimeria magna 大型艾美耳球虫
Eimeria matsubayashii 松林艾美耳球虫
Eimeria media 中等艾美耳球虫
Eimeria miyairii 宫入氏艾美耳球虫
Eimeria musculi 小家鼠艾美耳球虫
Eimeria nagpurensis 那格蒲尔艾美耳球虫
Eimeria neoleporis 新兔艾美耳球虫
Eimeria nieschultzi 尼氏艾美耳球虫
Eimeria nochti 诺氏艾美耳球虫
Eimeria piriformis 梨形艾美耳球虫
Eimeria ratti 鼠艾美耳球虫
Eimeria schueffneri 梨形艾美耳球虫
Eimeria separata 分离艾美耳球虫
Eimeria stiedae 斯氏艾美耳球虫
Endolimax caviae 豚鼠内蜒虫
Endolimax ratti 鼠内蜒虫
Entamoeba caviae 豚鼠阿米巴
Entamoeba cuniculi 隧道阿米巴
Entamoeba histolytica 痢疾阿米巴痢疾内变形虫溶组织内阿米巴
Entamoeba muris 鼠内阿米巴
Enteromonas caviae 豚鼠肠滴虫
Giardia caviae 豚鼠贾第虫
Giardia chinchillae 栗鼠贾第虫
Giardia duodenalis 十二指肠贾第鞭毛虫
Giardia muris 鼠贾第鞭毛虫
Hexamastix caviae 豚鼠六鞭虫
Hexamastix muris 鼠六鞭虫
Hexamastix robustus 粗六鞭虫
Isospora ratti 鼠等孢球虫
Monocercomonas caviae 豚鼠单尾滴虫
Monocercomonas cuniculi 隧道单尾滴虫
Monocercomonas minuta 微小单尾滴虫
Monocercomonas pistillum 雌蕊单尾滴虫
Retortamonas caviae 豚鼠内滴虫
Retortamonas cuniculi 兔内滴虫
Tetratrichomonas microti 微小四毛滴虫
Trichomitus wenyoni 温阳微小毛滴虫
Tritrichomonas caviae 豚鼠三毛滴虫
Tritrichomonas minuta 微小三毛滴虫
Tritrichomonas muris 鼠三毛滴虫

循环系统

Trematodes 吸虫
Schistosomatium douthitti 杜西特血吸虫
Nematodes 线虫
Brugia tupaiae 突派布鲁丝虫
Protozoa 原虫
Babesia microti 果氏巴贝斯虫
Babesia rodhaini 罗氏巴贝斯虫
Leishmania aethiopica 埃塞俄比亚利什曼原虫
Leishmania braziliensis braziliensis 巴西利什曼原虫巴西亚种
Leishmania braziliensis guyanensis 巴西利什曼原虫圭亚那亚种
Leishmania braziliensis panamensis 巴西利什曼原虫巴拿马亚种
Leishmania donovani 杜氏利什曼原虫
Leishmania enriettii 豚鼠利什曼原虫
Leishmania major 硕大利什曼原虫
Leishmania mexicana amazonensis 墨西哥利什曼原虫亚马逊亚种
Leishmania mexicana mexicana 墨西哥利什曼原虫墨西哥亚种
Leishmania mexicana pifano 墨西哥利什曼原虫亚种
Leishmania peruviana 秘鲁利什曼原虫

Leishmania tropica　热带利什曼原虫
Plasmodium berghei　柏氏鼠疟原虫
Plasmodium chabaudi　夏氏疟原虫
Plasmodium vinckei　文氏疟原虫
Trypanosoma lewisi　路氏锥虫
Trypanosoma nabiasi　长颈鹿锥虫

呼吸系统

Nematodes　线虫
Crenosoma striatum　条纹环体线虫
Pneumospirura rodentium　啮齿肺旋线虫
Protostrongylus boughtoni　鲍氏原圆线虫
Protostrongylus cantonensis　广东原圆线虫
Protostrongylus costaricensis　肋原圆线虫
Protostrongylus oryctolagi　奥氏原圆线虫
Protostrongylus pulmonalis　肺原圆线虫
Protostrongylus sylvilagi　棉尾兔原圆线虫
Protostrongylus tauricus　公牛原圆线虫

肌腱

Nematodes　线虫
Sarcocystis cuniculi　兔肉孢子虫
Sarcocystis muris　鼠肉孢子虫
Trichinella spiralis　旋毛线虫

泌尿系统

Nematodes　线虫
Capillaria papillosa　乳突毛细线虫
Capillaria prashadi　普拉斯德毛细线虫
Trichosomoides crassicauda　粗尾似毛体线虫
Protozoa　原虫
Hammondia hammondi　哈氏哈芒德虫
Klossiella cobaye　好伴克洛斯球虫

肝脏

Protozoa　原虫
Hepatozoon cuniculi　枯尼库丽肝簇虫
Hepatozoon griseisciuri　格氏肝簇虫
Hepatozoon muris　鼠肝簇虫
Hepatozoon musculi　肌肝簇虫

中枢神经系统

Protozoa　原虫
Encephalitozoom cuniculi　家兔脑胞内原虫
Neospora caninum　犬新孢子虫
Thelohania apodemi　阿泡德米单极虫

皮肤与皮下组织

Arthropods　节肢动物
Allodermanyssus sanguineus　血异刺皮螨
Ceratophyllus fasciatus　具带角叶蚤
Cheyletiella farmani　法玛尼姬螯螨
Cheyletiella parasitivorax　旋涡寄生姬螯螨
Cheyletiella strandtmanni　斯氏姬螯螨
Cuterebra americana　美洲黄蝇
Cuterebra buccata　布卡塔黄蝇
Cuterebra emasculator　去睾黄蝇
Cuterebra lepivora　列波黄狂蝇
Echinolaelaps echidninus　毒棘厉螨
Eulaelaps stabularis　厩真厉螨
Gliricola porcelli　婆氏长虱
Gyropus ovalis　豚鼠圆羽虱
Haemaphysalis humerosa　硕鼠血蜱
Haemaphysalis leporispalustris　野兔血蜱
Haemodipsus ventricosus　巨腹兔虱
Haemogamasus pontiger　桥胸血革螨
Haemolaelaps casalis　茅舍血厉螨
Hoplopleura acanthopus　刺足甲胁虱
Hoplopleura captiosa　挑剔甲胁虱
Hoplopleura pacifica　太平洋甲胁虱
Myobia musculi　肌肉肉螨
Notoedres　耳螨
Notoedres budemansi　部德曼斯耳螨
Notoedres douglasi　道格拉斯耳螨
Ornithonyssus bacoti　柏(科特)氏禽刺螨
Otobius lagophilus　兔残缘蜱耳蜱
Polyplax serrata　锯状耳蜱
Polyplax spinulosa　有刺鳞虱
Psorergates oettlei　欧氏疮螨
Psorergates simplex　简单疮螨
Psoroptes cuniculi　兔痒螨
Radfordia affinis　相似拉德弗螨
Radfordia ensifera　剑形拉德弗螨
Spilopsyllus cuniculi　隧道兔蚤
Trimenopon hispidum　刚棘毛鸟虱
Xenopsylla cheopis　开皇客蚤，印鼠客蚤

Protozoa 原虫

Besnoitia jellisoni 杰氏贝诺孢子虫

Besnoitia wallacei 华氏贝诺孢虫

海兽

消化道

Nematodes 线虫

Anisakis spp. 异尖线虫

Contracaecum osculatum 结合对盲囊线虫

Phocanema spp. 鼠海豚线虫

Uncinaria lucasi 卢氏弯口线虫

循环系统

Nematodes 线虫

Dirofilaria immitis 犬恶丝虫

Dipetalonema spirocauda 旋尾双瓣线虫

皮肤与皮下组织

Nematodes 线虫

Dipetalonema odendhali 奥(登德哈)氏双瓣线虫

呼吸系统

Arthropods 节肢动物

Halarachne spp. 喘螨

Orthohalarachne spp. 鳍脚螨虫

Nematodes 线虫

Parafilaroides decorus 饰副丝虫

Parafilaroides gymnurus 鼠副类丝虫

Parafilaroides nanus 小副丝虫

Parafilaroides prolificus 多育副丝虫

禽(含水鸟、海鸟)

消化道

Trematodes 吸虫

Brachylaemus commutatus 转换短咽吸虫

Catatropis verrucosa 疣状吓弯吸虫

Echinoparyphium recurvatum 反曲棘睾吸虫

Echinostoma revolutum 卷棘口吸虫

Hypoderaeum conoideum 似锥低颈吸虫

Notocotylus attenuatus 细背孔吸虫

Prosthogonimus pellucidus 前殖吸虫

Cestodes 绦虫

Amoebotaenia sphenoides 楔状变形带绦虫

Choanotaenia infundibulum 漏斗状带绦虫

Cotugnia digonopora 两棱对殖绦虫

Davainea proglottina 节戴文氏绦虫

Fimbriaria fasciolaris 片形绉缘绦虫

Hymenolepis carioca 鸡膜壳绦虫

Metroliasthes lucida 鲁斯达宫融绦虫

Raillietina cesticillus 有轮赖利绦虫

Raillietina echinobothrida 棘颈赖利绦虫

Raillietina tetragona 方形赖利绦虫

Nematodes 线虫

Ascaridia galli 鸡蛔虫

Capillaria anatis 鸭毛细线虫

Capillaria annulata 环首毛细线虫

Capillaria caudinflata 膨尾毛细线虫

Capillaria contorta 扭转毛细线虫

Capillaria obsignata 封闭毛细线虫

Cheilospirura hamulosa 钩形头饰带线虫

Codiostomum struthionis 鸵鸟球口线虫

Cyrnea colini 克氏鸟胃线虫

Cyrnea piliata 皮利塔鸟胃线虫

Dispharynx spiralis 螺旋咽饰带线虫

Gongylonema crami 克氏筒线虫

Gongylonema ingluvicola 嗉囊筒线虫

Gongylonema sumani 苏氏筒线虫属

Hartertia gallinarum 鸡哈特线虫

Heterakis beramporia 家鸡异刺线虫

Heterakis brevispiculum 短刺异刺线虫

Heterakis indica 印度异刺线虫

Heterakis linganensis 岭南异刺线

Heterakis gallinarum 鸡异刺线虫

Physaloptera gemina 成双泡翼线虫

Strongyloides avium 禽类圆线虫

Subulura brumpti 布氏锥尾线虫

Subulura differens 异样锥尾线虫

Subulura minetti 米氏锥尾线虫

Subulura strongylina 圆线锥尾线虫

Tetrameres Americana 美洲四棱线虫

Tetrameres confuse 失常四棱线虫

Tetrameres fissispina　裂棘四棱线虫
Tetrameres mohtedai　莫氏四棱线虫
Trichostrongylus tenuis　微细毛圆线虫
Acanthocephala　棘头虫
Polymorphus boschadis　鸭多形棘头虫
Protozoa　原虫
Chilomastix gallinarum　禽唇鞭毛虫
Cryptosporidium tyzzeri　泰泽氏隐孢子
Eimeria acervulina　堆形艾美球虫属
Eimeria brunette　布氏艾美球虫
Eimeria hagani　哈氏艾美球虫
Eimeria maxima　巨型艾美球虫
Eimeria mitis　和缓艾美球虫
Eimeria mivati　变位艾美球虫
Eimeria necatrix　毒害艾美球虫
Eimeria praecox　早熟艾美球虫
Eimeria tenella　柔嫩艾美球虫
Frenkelia clethrionomyobuteonis　克里特里诺米巴特力弗伦克虫
Histomonas meleagridis　火鸡组织滴虫
Tetratrichomonas gallinarum　鸡四毛滴虫
Trichonomas gallinae　鸡毛滴虫
Tritrichomonas eberthi　埃伯特三毛滴虫
Wenyonella gallinae　鸡温扬球虫

肝脏

Protozoa　原虫
Histomonas meleagridis　火鸡组织滴虫
Parahistomtnas wenrichi　温氏副组织滴虫

循环系统

Nematodes　线虫
Bhalfilaria ladamii　拉氏刺翼线虫
Protozoa　原虫
Haemoproteus columbae　鸽血变原虫
Haemoproteus dnilewskii　德尼氏血变原虫
Leucocytozoon caulleryi　卡氏住白细胞原虫
Leucocytozoon sakharoffi　沙氏住白细胞原虫
Neospora caninum　犬新孢子虫
Plasmodium cathemerium　金丝雀疟原虫
Plasmodium circumflexum　弯曲疟原虫
Plasmodium durae　硬膜疟原虫
Plasmodium elongatum　长角疟原虫
Plasmodium fallax　珠鸡疟原虫
Plasmodium gaincaeum　鸡疟原虫
Plasmodium hexamerium　六基疟原虫
Plasmodium juxtanucleare　并列核疟原虫
Plasmodium lophurae　雉疟原虫
Plasmodium polare　极鸟疟原虫
Plasmodium relictum　鸟疟原虫
Plasmodium rouxi　劳氏疟原虫
Plasmodium vaughani　沃氏疟原虫
Toxoplasma gondii　龚地弓形虫
Trypanosoma avium　鸟锥虫
Trypanosoma gallinarum　鸡锥虫

泌尿生殖系统

Trematodes　吸虫
Prosthogonimus macrorchis　巨睾前殖吸虫
Prosthogonimus ovatus　卵形前殖吸虫
Prosthogonimus pellucidus　透明前殖吸虫

呼吸系统

Trematodes　吸虫
Typhlocoelum cymbium　鸭盲腔吸虫
Nematodes　线虫
Syngamus skrjabinomorpha　斯氏比翼线虫
Syngamus trachea　气管比翼线虫
Arthropods　节肢动物
Cytodites nudus　裸胞螨

皮肤与皮下组织

Trematodes　吸虫
Collyriclum faba　豆形表孔吸虫
Cestodes　绦虫
Dithyridium variabile　变异复窗蚴
Nematodes　线虫
Avioserpens taiwana　台湾鸟蛇线虫
Ornithofilaria fallisensis　鸟丝虫
Arthropods　节肢动物
Amblyomma americanum　美洲花蜱
Amblyomma hebraeum　希伯来花蜱
Argas miniatus　微小锐缘蜱
Argas persicus　波斯锐缘

Argas reflexus 鸽锐缘蜱
Argas sanchezi 散氏锐缘蜱
Callitroga hominivorax 嗜人锥蝇
Ceratophyllus gallinae 鸡角叶蚤
Cnemidocoptes gallinae 鸡脚螨
Cnemidocoptes mutans 突变脚螨
Cuclotogaster heterographus 违规库羽虱
Dermanyssus gallinae 鸡皮刺螨
Echidnophaga gallinacea 禽冠蚤
Epidermoptes bifurcata 分叉表皮螨
Epidermoptes bilobatus 二叶表皮螨
Goniocotes gallinae 鸡姬虱
Goniodes dissimilis 圆羽虱
Goniodes gigas 吉嘉圆羽虱
Haemaphysalis chordeilis 声带炎血蜱
Haemaphysalis cinnabarina 砅红血蜱
Haemaphysalis leporispalustris 野兔血蜱
Laminosioptes cysticola 禽皮下囊皮膜螨
Lipeurus caponis 去势长圆虱
Megninia cubitalis 肘麦皮螨
Menacanthus stramineus 曼陀罗刺虱
Menopon gallinae 鸡禽虱
Neoschongastia americana 美洲新许恙螨
Ornithonyssus bacoti 柏(科特)氏禽刺螨
Ornithonyssus bursa 交合伞禽刺螨
Ornithonyssus savignyi 塞氏禽刺螨
Ornithonyssus sylvarum 林禽刺螨
Pterolichus obtusus 钝翅螨
Trombicula spp. 恙螨

肌肉及肌腱

Protozoa 原虫
Neospora caninum 犬新孢子虫
Sarcocystis rileyi 赖氏肉孢子虫
Toxoplasma gondii 龚地弓形虫

眼

Nematodes 线虫
Oxyspirura mansoni 孟氏尖旋尾线虫
Oxyspirura parvovum 婴儿尖旋尾线虫
Oxyspirura petrowi 彼氏尖旋尾线虫

中枢神经系统

Protozoa 原虫
Neospora caninum 犬新孢子虫
Toxoplasma gondii 龚地弓形虫

火鸡、珠鸡、孔雀

消化道

Trematodes 吸虫
Brachylaemus commutatus 普通短咽吸虫
Plagiorchis megalorxchis 巨睾斜睾吸虫
Postharmostomum commutatus 变化后口吸虫
Cestodes 绦虫
Choanotaenia infundibulum 漏斗漏带绦虫
Metroliasthes lucida 鲁斯卡吸虫
Raillietina cesticillus 有轮赖利绦虫
Raillietina georgiensis 乔治赖利绦虫
Raillietina magninumida 大珠鸡赖利绦虫
Raillietina ransomi 兰氏赖利绦虫
Raillietina williamsi 威廉赖利绦虫
Nematodes 线虫
Ascaridia dissimilis 迥异禽蛔虫
Ascaridia galli 鸡蛔虫
Ascaridia numidate 珠鸡禽蛔虫
Capillaria contorta 扭曲毛细线虫
Capillaria obsignata 封闭毛细线虫
Cheilospirura hamulosa 钩状头饰带线虫属
Dispharynx spiralis 螺旋咽饰带线虫
Heterakis brevispiculum 短刺异刺线虫
Heterakis gallinarum 鸡异刺线虫
Heterakis meleagridis 火鸡异刺线虫
Heterakis pavonis 孔雀异刺线虫
Pseudoaspidodera pavonis 假白坚木线虫
Strongyloides avium 禽类圆线虫
Subulura brumpti 短刺异刺线虫
Subulura differens 异样锥尾线虫
Tetrameres americana 美洲四棱线虫
Tetrameres fissispina 分棘四棱线虫
Trichostrongylus tenuis 纤细毛圆线虫
Protozoa 原虫

Chilomastix gallinarum 鸡唇鞭毛虫
Cryptosporidium meleagridis 火鸡隐孢子虫
Eimeria adenoeides 腺样艾美耳球虫
Eimeria dispersa 分散艾美耳球虫
Eimeria gallopavonis 加洛帕沃尼艾美耳球虫
Eimeria gorakhpuri 戈兰卡艾美耳球虫
Eimeria grenieri 格(伦尼)氏艾美耳球虫
Eimeria innocua 无毒艾美耳球虫
Eimeria mayurae 麦山酮艾美耳球虫
Eimeria meleagridis 珠鸡艾美耳球虫
Eimeria meleagrimitis 珠鸡和缓米堤艾美耳球虫
Eimeria numida 珍珠鸡艾美耳球虫
Eimeria pavonina 孔雀艾美耳球虫
Eimeria pavonis 孔雀艾美耳球虫
Eimeria subrotunda 亚圆艾美耳球虫
Hexamita meleagridis 火鸡六鞭毛虫属
Histomonas meleagridis 火鸡组织滴虫
Histomonas wenrichi 温氏组织滴虫
Tetratrichomonas gallinae 鸡四毛滴虫
Trichomonas gallinae 鸡毛滴虫

肝脏

Protozoa 原虫
Histomonas meleagridis 火鸡组织滴虫
Trichomonas gallinarum 鹑鸡毛滴虫

循环系统

Protozoa 原虫
Haemoproteus melesgridis 火鸡血变原虫
Leucocytozoon smithi 史密斯住白细胞虫
Neospora caninum 犬新孢子虫
Plasmodium griffit hsi 格瑞夫疟原虫
Plasmodium durae 硬膜疟原虫
Toxoplasma gondii 龚地弓形虫

呼吸系统

Nematodes 线虫
Syngamus trachea 气管比翼线虫
Arthropods 节肢动物
Cytodites nudus 气囊胞螨

皮肤与皮下组织

Trematodes 吸虫
Collyriclum faba 豆形表孔吸虫
Cestodes 绦虫
Dithyridium variabile 变异复孔绦虫
Arthropods 节肢动物
Argas persicus 波斯锐缘蜱
Chelopistes meleagridis 火鸡角虱
Cnemidocoptes mutans 突变膝螨
Dermanyssus gallinae 鸡皮刺螨
Menacanthus stramineus 曼陀罗刺虱
Ornithonyssus bursa 囊形刺脂螨

中枢神经系统

Protozoa 原虫
Neospora caninum 犬新孢子虫

鸭、鹅

消化道

Trematodes 吸虫
Apatemon gracilis 优美异幻吸虫
Catatropis verrucosa 多疣下殖吸虫
Cotylurus cornutus 角杯尾吸虫
Cotylurus flabelliformis 伞形杯尾吸虫
Cotylurus platycephalus 扁头杯尾吸虫
Cotylurus variegates 多形杯尾吸虫
Echinojparyphium recurvatum 曲领棘缘吸虫
Echinostoma paraulum 接睾棘口吸虫
Echinostoma revolutum 卷棘口吸虫
Hypoderaeum conoideum 似锥形低颈吸虫
Hyptiasmus tumidus 肿胀下隙吸虫
Notocotylus attenustus 纤细背孔吸虫
Opisthorchis simulans 似后睾吸虫
Parastrigea robusta 大叶桉副号形吸虫
Prosthgonimus macrorchis 巨睾前殖吸虫
Prosthogonimus pellucidus 透明前殖吸虫
Typhlocoelum obvale 倒卵形盲腔吸虫
Cestodes 绦虫
Cotugnia fastigata 高举杯首绦虫
Diorchis nyrocae 秋沙鸭双睾绦虫
Fimbriaria fasciolaris 片形绉缘绦虫
Hymenolepis cantaniana 分枝膜壳绦虫

Hymenolepis lanceolata 予形剑带绦虫

Nematodes 线虫

Amidostomum acutum 尖锐裂口线虫

Amidostomum anseris 鹅裂口线虫

Amidostomum cygni 辛加氏裂口线虫

Amidostomum stimile 非特异裂口线虫

Ascaridia galli 鸡蛔虫

Capillaria contorta 扭转毛细线虫

Contracaecum spiculigerum 有刺对盲囊线虫

Echinuria uncinata 有钩棘结线虫

Epomidiostomum orispinum 口棘瓣口线虫

Epomidiostomum skrijabini 斯氏瓣口线虫

Epomidiostomum uncinatum 有钩瓣口线虫

Epomidiostomum vogelsangi 福氏瓣口线虫

Eustrongyloides papillosus 多乳头胃瘤线虫

Eustrongyloides tubifex 颤引胃瘤线虫

Heterakis galllinarum 鸡异刺线虫

Herterakis dispar 不等异刺线虫

Hystrichis tricolor 三色棘首线虫

Porrocacum crassum 肥大前盲囊线虫

Tetrameres crami 克氏四棱线虫

Tetrameres fissipina 分棘四棱线虫

Trichostrongylus tenuis 纤细毛圆线虫

Acanthocephala 棘头虫

Filicollis anatis 鸭细颈棘头虫

Polymorphus boschadis 鸭多形棘头虫

Polymorphus botulus 腊肠状多形棘头虫

Polymorphus magnus 大多形棘头虫

Protozoa 原虫

Cochlosoma anatis 鸭旋体鞭毛虫

Eimeria abramovi 阿氏艾美耳球虫

Eimeria anatis 鸭艾美耳球虫

Eimeria anseris 鹅艾美耳球虫

Eimeria battakhi 巴氏艾美耳球虫

Eimeria boschadis 绿头鸭艾美耳球虫

Eimeria brantae 黑雁艾美耳球虫

Eimeria bucephalae 鹊鸭艾美耳球虫

Eimeria christianseni 克氏艾美耳球虫

Eimeria clarkei 克拉克艾美耳球虫

Eimeria danailovi 丹氏艾美耳球虫

Eimeria farri 法尔氏艾美耳球虫

Eimeria fulva 棕黄艾美耳球虫

Eimeria hermani 赫氏艾美耳球虫

Eimeria koganae 科根艾美耳球虫

Eimeria kotlani 考氏艾美耳球虫

Eimeria magnalabia 大唇艾美耳球虫

Eimeria nocens 有害艾美耳球虫

Eimeria parvula 细小艾美耳球虫

Eimeria saitamae 埼玉艾美耳球虫

Eimeria schachdagica 沙赫达艾美耳球虫

Eimeria somateriae 绒鸭艾美耳球虫

Eimeria stigmosa 多斑艾美耳球虫

Eimeria striata 条纹艾美耳球虫

Trichomonas anatis 鸭毛滴虫

Trichomonas anseris 鹅毛滴虫

Tyzzeria pellerdyi 裴氏泰泽球虫

Tyzzeria perniciosa 毁灭泰泽球虫

Tyzzeria alleni 阿伦氏泰泽球虫

Tyzzeria anseris 鹅泰泽球虫

Wenyjonella anatis 鸭温扬球虫

Wenyjonella gagari 盖式温扬球虫

Wenyjonella philiplevinei 菲莱氏温扬球虫

循环系统

Trematodes 吸虫

Austrobilharzia variglandis 瓦格拉蒂澳毕吸虫

Bilharziella polomica 钟小毕哈吸虫

Dendritobilharzia spp. 枝毕吸虫

Pseudobiharziella spp. 拟毕哈吸虫

Trichobiharzia spp. 毛毕吸虫

Protozoa 原虫

Haemoproteus nettionis 小鸭血变原虫

Leucocytozoo simondi 西氏住白细胞原虫

Plasmodium circumflexum 弯曲疟原虫

Trypanosoma calmetti 卡(尔莫特)氏锥虫

泌尿生殖系统

Trematodes 吸虫

Prosthogonimus anatinus 鸭前殖吸虫

Prosthogonimus cuneatus 楔形前殖吸虫

Prosthogonimus macrorchis 巨睾前殖吸虫

Prosthogonimus ovatus 卵形前殖吸虫

Prosthogonimus oviformis 卵形前殖吸虫

Prosthogonimus pellucidus 透明前殖吸虫

Protozoa 原虫

Eimeria boschadis　绿头鸭艾美耳球虫
Eimeria truncate　截形艾美耳球虫

呼吸系统

Trematodes　吸虫
Tracheophilus cymbius　舟形嗜气管吸虫
Nematodes　线虫
Cyathostoma bronchialis　支气管杯口线虫
Syngamus skrjabinomorpha　斯氏比翼线虫
Protozoa　原虫
Toxoplasma gondii　龚地弓形虫

皮肤与皮下组织

Trematodes　吸虫
Collyriclum faba　豆形表孔吸虫
Nematodes　线虫
Avioserpens mosgovoyi　莫氏鸟龙线虫
Avioserpens Taiwana　台湾鸟龙线虫
Arthropods　节肢动物
Anaticola crassicornis　粗角鸭虱
Argas persicus　波斯锐缘属
Ceratophyllus garei　盖氏角叶蚤
Holomenopon leucoxanthum　黄白全羽虱
Megninia velata　缘膜麦尼螨
Menopon gallinae　鸡羽虱
Trinoton anserinum　鹅巨羽虱

肌组织

Protozoa　原虫
Sarcocystis rileyi　李氏住肉孢子虫
Toxoplasma gondii　龚地弓形虫

水鸟(亦参见鸭、鹅)

消化道

Trematodes　吸虫
Apophallus muhlingi　马氏离尾吸虫
Clinostomum complanatum　平坦曲口吸虫
Clinostomum marginatum　有边弯口吸虫
Cryptocotyle concava　凹形隐穴吸虫
Cryptocotyle jejuna　空肠隐穴吸虫
Cryptocotyle lingua　舌隐穴吸虫
Diplostomum spathaceum　佛焰苞双穴吸虫
Neodiplostomum multicellulata　多细胞新穴吸虫
Neodiplostomum perlatum　珍珠新穴吸虫
Prosthodiplostomum cuticula　角皮前双穴口吸虫
Prosthodiplostomum minimum　小前双穴口吸虫
Cestodes　绦虫
Ligula intestinalis　肠舌状绦虫
Schistocephalus solidus　健实裂头绦虫
Nematodes　线虫
Contracaecum microcephalum　鸟胃对盲囊线虫
Contracaecum osculatum　结合对盲囊线虫
Porrocaecum angusticolle　宫颈前盲囊线虫
Porrocaecum aridae　阿里达前盲囊线虫
Porrocaecum depressum　低沉前盲囊线虫

循环系统

Trematodes　吸虫
Dendritobilharzia spp.　枝毕吸虫
Gigantobilharzia spp.　巨毕吸虫
Pseudobilharziella spp.　假毕吸虫
Trichobilharzia spp.　毛毕吸虫

呼吸系统

Nematodes　线虫
Cyathostoma brantae　黑雁杯口线虫
Cyathostoma lari　劳氏杯口线虫
Cyathostoma variegatum　多色杯口吸虫

鸽、鸵鸟

消化道

Cestodes　绦虫
Cotugnia cuneata　楔形对殖绦虫
Nematodes　线虫
Ascaridia columbae　鸽蛔虫
Ascaridia razia　拉基雅蛔虫
Libyostrongylus douglassii　道氏利比亚圆形线虫
Ornithostrongylus quadriradiatus　四射鸟圆线虫
Physaloptera alata　翼状泡翼线虫
Protozoa　原虫

Eimeria columbae 鸽艾美耳球虫
Eimeria columbarum 原鸽艾美耳球虫
Eimeria labbeana 唇艾美耳球虫
Eimeria tropicalis 热带艾美耳球虫

皮肤与皮下组织

Arthropods 节肢动物
Argas reflexus 翘缘锐缘蜱
Ceratophyllus columbae 鸽角叶蚤
Columbicola columbae 鸽长羽虱
Megninia columbae 鸽麦尼螨
Sarcopterinus nidulans 囊腔疥螨
Syringophilus columbae 鸽羽管螨

循环系统

Protozoa 原虫
Haemoproteus columbae 鸽血变原虫
Haemoproteus sachariovi 萨氏血变原虫
Leucocytozoon marchouxi 马氏住白细胞虫
Plasmodium relictum 鸟疟原虫

狩猎鸟(雉,松鸡等)

消化道

Trematodes 吸虫
Tetrameres pattersoni 帕氏四棱线虫
Nematodes 线虫
Ascaridia compar 结合禽蛔虫
Heterakis isolonche 等矛异刺线虫
Trichostrongylus tenuis 微细毛圆线虫
Protozoa 原虫
Eimeria augusta 奥古斯塔艾美耳球虫
Eimeria bonasae 花尾榛鸡艾美耳球虫
Eimeria brinkmanni 布林克曼艾美球虫
Eimeria colchici 环颈雉艾美耳球虫
Eimeria coturnicus 鹌鹑艾美耳球虫
Eimeria dispersa 分散艾美耳球虫
Eimeria duodenalis 十二指肠艾美耳球虫
Eimeria fanthami 范萨姆艾美耳球虫
Eimeria kofoidi 科氏艾美耳球虫
Eimeria lagopodis 雷鸟艾美耳球虫
Eimeria langeroni 兰氏艾美耳球虫
Eimeria lyruri 琴鸟艾美耳球虫
Eimeria megalostromata 巨口艾美耳球虫
Eimeria nadsoni 纳氏艾美耳球虫
Eimeria pacifica 太平洋艾美耳球虫
Eimeria phasiani 雉艾美耳球虫
Eimeria procera 高大艾美耳球虫
Eimeria tetricis 黑琴鸡艾美耳球虫

呼吸系统

Nematodes 线虫
Syngamus trachea 气管比翼线虫
Protozoa 原虫
Trichomonas phasioni 费氏毛滴虫

循环系统

Protozoa 原虫
Haemoproteus canachites 恰纳赤塔血变原虫
Haemoproteus lophortyx 洛白霍特血变原虫
Leucocytozoon bonasae 博纳斯住白细胞虫
Leucocytozoon mansoni 曼氏住白细胞虫

皮肤与皮下组织

Arthropods 节肢动物
Dasypsyllus gallinulae 禽蓬松蚤
Megninia phasiani 费氏麦尼螨

两栖类与爬行类

消化道

Nematodes 线虫
Tachygonetria spp. 速植线虫

循环系统

Protozoa 原虫
Leishmania adleri 艾德氏利什曼原虫

呼吸系统

Arthropods 节肢动物
Entonyssus spp. 内刺螨
Entophionyssus spp. 内生刺螨

Pentastomids　舌形虫

Porocephalus crotali　响尾蛇舌状虫

Armillifer armillatus　有环蛇舌状虫

皮肤与皮下组织

Arthropods　节肢动物

Aponomma spp.　盲花蜱

Ophionyssus natricis　醋碘蛇刺螨

Nematodes　线虫

Dracunculus alii　艾琳氏龙线虫

Dracunculus globocephalus　球头线虫

Dracunculus ophidensis　奥菲德龙线虫

鱼

消化道

Trematodes　吸虫

Crepidostomum spp.　履口吸虫

Stephanostomum baccatum　浆果状冠冕吸虫

Cestodes　绦虫

Caryophyllaeus fimbriceps　伞毛石竹绦虫

Caryophyllaeus laticeps　宽头石竹绦虫

Cyathocephalus truncatus　截形杯头绦虫

Khawia sinensis　中华许氏绦虫

Proteocephalus ambloplitis　弱视幻首绦虫

Triaenophorus spp.　三枝钩绦虫

Eubothrium spp.　真槽绦虫

Nematodes　线虫

Capillaria cantenata　坎特纳塔毛细线虫

Capillaria catostomi　凯特斯特毛细线虫

Capillaria eupomotis　毛细线虫

Capillaria lewaschoffi　柳氏毛细线虫

Capillaria petruschewskii　彼(特鲁斯丘斯)氏毛细线虫

Capillaria tomentosa　被绒毛细线虫

Capillaria tuberculata　结节毛细线虫

Acanthocephala　棘头虫

Acanthocephalus spp.　棘头虫

Echinorhynchus salmonis　鲑棘吻虫

Pomphorhynchus laevis　利文斯泡吻棘头虫

Protozoa　原虫

Ceratomyxa shasta　萨斯塔角突孢子虫

Eimeria aurata　金光原仓鼠艾美耳球虫

Eimeria carpelli　卡佩尔艾美耳球虫

Eimeria ciprini　斯普日尼艾美耳球虫

Eimeria subepitheliasis　表皮下艾美耳球虫

Eimeria truttae　鳟艾美耳球虫

血管系与鳃

Trematodes　吸虫

Sanguinicola inermis　无棘血居吸虫

Sanguinicola klamathensis　克拉麦斯血居吸虫

Protozoa　原虫

Chilodonella cypruni　鳗斜管纤毛虫

Chilodonella hexasticha　六行斜管虫

Cryptobia borreli　博雷尔氏隐鞭虫

Cryptobia brachialis　鳃隐鞭毛虫

Cryptobia cyprini　鲤隐鞭虫

Henneguya exilis　纤细尾孢虫

Myxosoma dujarine　零售黏体虫

Nosema branchialis　支气管微粒子虫

Plistophora salmonae　鲑匹里虫

Trichodina spp.　车轮虫

肝脏

Protozoa　原虫

Plistophora cepedianae　塞派第安匹里虫

肌、结缔组织、软骨

Trematodes　吸虫

Clinostomum spp. (*metacercariae*)　弯口吸虫(后尾蚴)

Protozoa　原虫

Glugea anomala　异状格留虫

Glugea hertwigi　赫氏格留虫

Glugea stephani　斯蒂芬格留虫

Henneguya zchokkei　左氏尾孢子虫

Ichthyosporidium gigantea　巨大鱼孢子虫

Myxosoma cartilaginis　软骨黏体虫

Myxosoma cerebralis　脑黏体虫

Plistophora anguillarum　鳗状匹里虫

Plistophora hyphessobryconis　鲃脂鲤匹里虫

Plistophora macrozoarcidis　大合体匹里虫

Thelohanellus piriformis 梨状单极虫

中枢神经系统

Protozoa 原虫

Nosema lophi 洛菲氏微孢子虫

生殖系统

Protozoa 原虫

Plistophora ovariae 卵形匹里虫

Thelohania baueri 保氏狄鲁单极虫

皮肤与皮下组织

Trematodes 吸虫

Benedenia spp. 本尼迪虫

Dactylogyrus extensus 伸展指环虫

Dactylogyrus vastator 坏鳃指环虫

Diplozoon paradoxum 奇异双身吸虫

Discocotyle sagittata 矢状盘杯吸虫

Gyrodactylus elegans 秀丽三代虫

Neodiplostomum multicellulata 多细胞新穴吸虫

Neodiplostomum perlatum 珍珠新穴吸虫

Posthodiplostomum cuticula 表皮基双穴吸虫

Posthodiplostomum minimum 最小茎双穴吸虫

Protozoa 原虫

Ambiphyra spp. 杯状虫

Chilodonella cyprini 鲤斜管虫

Costia necatrix 毒害克里特原虫

Costia pyriformis 克里特原虫

Cryptocaryon irritans 刺激隐核纤毛虫

Epistylis spp. 累枝原虫

Ichthyophthirius multifiliis 多子小瓜虫

Crustacea 甲壳类

Argulus spp. 鱼虱

Ergasilus spp. 鱼蚤

Lernaea spp. 锚头鱼蚤

索　引

A

B

C

D

E

F

G

H

I

K

L

M

N

O

P

R

S

T

U

V

W

Z

参考文献

1. 郑策平. 家畜锥虫病. 上海:上海科学技术出版社,1966.
2. 邓国藩. 中国经济昆虫志. 第十五册，北京:科学出版社，1978.
3. 陆宝麟. 中国重要医学动物鉴定手册. 北京:人民卫生出版社,1982.
4. 赵慰先. 人体寄生虫学. 北京:人民卫生出版社,1983.
5. 陈心陶,等. 中国动物志. 扁形动物门，吸虫纲,复殖目(一). 北京:科学出版社,1985.
6. 世界卫生组织编. 利什曼病. 黄一心,译. 北京:人民卫生出版社,1986.
7. 唐仲璋,唐崇惕. 人畜线虫学. 北京:科学出版社,1987.
8. 于恩庶,徐秉锟. 中国人畜共患病学. 福州:福建科学技术出版社,1988.
9. 中国农业科学院哈尔滨兽医研究所主编. 家畜传染病学. 北京:中国农业出版社,1989.
10. 沈杰,郑韧坚. 家畜锥虫和锥虫病. 北京:中国农业科学技术出版社,1993.
11. 陈淑玉，汪溥钦. 禽类寄生虫学. 广州:广东科学技术出版社,1994.
12. 板垣四郎，板垣博. 家畜寄生虫学. 东京:金原出版株式会社,1983.
13. 兽医临床寄生虫学编辑委员会. 兽医临床寄生虫学(3 版). 东京:文永堂株式会社,1980.
14. 陈天铎. 实用兽医昆虫学. 北京:中国农业出版社,1996.
15. 钱万红,等. 消毒杀虫灭鼠技术. 北京:人民卫生出版社,2008.
16. 李国清,等. 高级寄生虫学. 北京:高等教育出版社,2007.
17. 赵辉元,等. 畜禽寄生虫与防制学. 长春:吉林科学技术出版社,1996.
18. 蒋金书. 动物原虫病学. 北京:中国农业大学出版社,2000.
19. Campbell, W. C. Chemotherapy of Parasitic Diseases. New York: London Plenum Press,1985.
20. Flynn, R. T. Parasites of Laboratory Animals. Iowa State University Press,1973.
21. Kettle, D. S. Medical and Veterinary Entomology. New York: A Wiley-Interscience Publication,1987.
22. Lancaster, J. L. , Meisch, M. V. Arthropods in Livestock and Poultry Production. New York: John Wiley and Sons,1986.
23. Lapage, G. Veterinary Parasitology Springfield. Thomas Publisher,1956.
24. Levine, N. D. Nematode Parasites of Domestic Animals and Man Minn. Burgess Publishing Company,1968.
25. Levine, N. D. Veterinary Protozoology. Ames Iowa State University Press,1985.
26. Molyneux, D. H. , Ashford, R. W. The Biology of Trypanosoma and Leishmania Parasites of Man and Donmestic Animals. London: Taylor Francis Ltd. 1983.
27. Ristic, M. Babesiosis of domestic animals and man. CRC Press Inc. , 1988.
28. Schmidt, G. D. ,Roberts, L. S. Foundations of Parasitology. St. Louis: The C. V. Mosby Company, 1981.
29. Soulsby, E. J. L. Helminths Arthropods and Protozoa of Domesticated Animals. 7th edition. London: Bailliere Tindall,1982.

30. Stephen, L. E. Trypanosomiasis A Veterinary Perspective. Oxford: Pergamon Press, 1986.

31. Urqhart, G. M. et al., Veterinary Parasitology. New York: Churchill Livingstone Inc., 1987.

32. Williams, R. E. et al., Livestock Entomology. New York: A Wiley-interscience Publication, 1985.

33. Dubey J., Schares P. G., Ortega-Mora L. M., Eqidemiology and Control of Neosporosis and *Neospora caninum*. clinical microbiology reviews, 2007. 20(2):323-367.

34. Taylor M. A., Coop R. L., Wall R. L. Veterinary parasitology. Third Edition. Blackwell, 2007.

35. Zhang W., Deng C., Liu Q., et al., First identification of Neospora caninum infection in aborted bovine foetuses in China, Veterinary Parasitology. 2007, 149:72-76.